ANSYS FLUENT 流体分析与工程实例（配视频教程）

段中喆　编著

電子工業出版社
Publishing House of Electronics Industry
北京 • BEIJING

内容简介

本书详细介绍了 ANSYS FLUENT 软件的基础理论、操作方法和模拟实例，简单介绍了 Pointwise 软件和 ICEM CFD 软件的使用方法。

全书共 8 章。第 1 章介绍流体力学的基础知识、CFD 发展简史，以及几种主流的 CFD 前处理、求解器和后处理软件；第 2 章介绍采用 Pointwise 划分结构网格和采用 ICEM 划分非结构网格；第 3 章讲解 ANSYS FLUENT 的安装与基本操作，以冷热水换热模型算例进行 ANSYS FLUENT 流程介绍；第 4 章讲解 ANSYS FLUENT 的各种边界条件意义及设置方法；第 5 章讲解 ANSYS FLUENT 的湍流模型设置方法及各项参数的意义；第 6 章对 FLUENT 中的传热模型、燃烧模型、污染物模型、离散相模型、多相流模型、凝固与熔化模型及气动噪声模型的理论和设置方法进行讲解和说明；第 7 章对工程中二维流体力学问题给出了 11 个常用的模型算例；第 8 章对工程中三维流体力学问题给出了 7 个算例。

本书理论讲解翔实、算例丰富，可以作为航空航天、船舶、汽车、机械、水利、能源等众多领域的研究生和高年级本科生的学习资料或教材，也可供上述领域的科研人员（特别是从事 CFD 开发的人员）参考。

图书在版编目（CIP）数据

ANSYS FLUENT 流体分析与工程实例：配视频教程/段中喆编著. —北京：电子工业出版社，2015.10

ISBN 978-7-121-27102-1

Ⅰ. ①A…　Ⅱ. ①段…　Ⅲ. ①工程力学－流体力学－有限元分析－应用软件　Ⅳ. ①TB126-39

中国版本图书馆 CIP 数据核字（2015）第 207522 号

策划编辑：陈韦凯
责任编辑：万子芬
印　　刷：北京虎彩文化传播有限公司
装　　订：北京虎彩文化传播有限公司
出版发行：电子工业出版社
　　　　　北京市海淀区万寿路 173 信箱　邮编 100036
开　　本：787×1092　1/16　印张：28.25　字数：760 千字
版　　次：2015 年 10 月第 1 版
印　　次：2020 年 8 月第 8 次印刷
定　　价：65.00 元（含 DVD 光盘 1 张）

凡所购买电子工业出版社图书有缺损问题，请向购买书店调换。若书店售缺，请与本社发行部联系，联系及邮购电话：（010）88254888，88258888。

质量投诉请发邮件至 zlts@phei.com.cn，盗版侵权举报请发邮件至 dbqq@phei.com.cn。

本书咨询联系方式：chenwk@phei.com.cn。

前　言

ANSYS FLUENT 是一款世界上流行的 CFD（Computational Fluid Dynamic）软件，通过使用 FLUENT 求解流动方程，可以求解流动、传热、燃烧、相变等多种物理现象，计算结果可以显示流场中各项参数的详细信息。相对实验而言，CFD 技术具有更好的时间经济性，同时可以大大节约成本。CFD 技术在现代流体力学领域中占据了非常重要的地位，在工程中为设计提供了重要的参考。随着计算机技术的发展，CFD 技术的优势会越来越明显，在未来，CFD 技术必的应用定会越来越广泛，而 FLUENT 软件作为 CFD 技术的主要软件，未来必定令占有很大的市场份额。

全书共 8 章，分为两个部分。第 1～6 章为第一部分，主要介绍计算流体力学基础知识与 ANSYS FLUENT 的操作；第 7～8 章为第二部分，主要介绍 ANSYS FLUENT 工程实例应用。第 1 章主要介绍流体力学的基础知识，CFD 发展简史以及几种主流的 CFD 前处理，求解器和后处理软件；第 2 章着重介绍采用 Pointwise 划分结构网格和采用 ICEM 划分非结构网格；第 3 章主要讲解 ANSYS FLUENT 的安装与基本操作，以冷热水换热模型算例进行 ANSYS FLUENT 流程介绍；第 4 章主要讲解 ANSYS FLUENT 的各种边界条件意义及设置方法；第 5 章主要讲解 ANSYS FLUENT 的湍流模型设置方法及各项参数的意义；第 6 章对 FLUENT 中的传热模型、燃烧模型、污染物模型、离散相模型、多相流模型、凝固与熔化模型及气动噪声模型的理论和设置方法进行了讲解和说明；第 7 章主要对工程中一些二维流体力学问题给出了 11 个常用的模型算例；第 8 章主要对工程中一些三维流体力学问题给出了 7 个算例。第 7、8 章所有算例涉及可压缩流动、传热模型、周期性边界条件、自然对流换热、气体燃烧、VOF 模型、空化模型、混合多相流模型、欧拉多相流模型、凝固与熔化模型、UDF 的使用、动网格模型等多个工程中常用的模型。

本书理论讲解翔实，论述细致，介绍直观，由浅入深，算例丰富。书中主要内容依据 ANSYS FLUENT 的官方使用手册。本书偏向实际工程中的使用方法较多，具有较强的实用性，涉及航空航天、船舶、汽车、机械、水利、能源、生物、石油、化工、冶金、建筑、材料等众多领域，是一本非常实用的 FLUENT 操作参考书。

本书可以作为研究生和本科生流体力学的学习资料或教材，也可以作为上述各种工程应用领域中的科研人员、特别是从事 CFD 开发的人员参考。

本书主要由段中喆编写，高克臻、张云霞、王东、王龙、张银芳、周新国、陈作聪、聂阳、沈毅、蔡娜、张华杰、彭一明、张秀梅、李爽等也参与了部分编写工作。在编写过程中，得到了北京航空航天大学航空学院多位老师和研究生的帮助，以及中国航空研究院的大力支持，在此一并表示感谢！本书的编写也得到了家人和朋友的关心支持，万分感谢！

编著者

目　　录

第一部分　基础知识与ANSYS FLUENT操作

第二部分　模拟实例

第一部分　基础知识与 ANSYS FLUENT 操作

第 1 章　计算流体力学（CFD）概述

流体力学（Fluid Mechanics）是力学的一个分支，一般来说，流体包括气体和液体，流体力学主要研究流体的特性以及流体间的相互作用力。流体力学中最重要的假设就是连续性假设，即把流体看作由大量的连续质点组成的连续介质，每一个质点含有大量分子团，质点之间没有间隙。流体力学按照运动方式可以分为流体静力学和流体动力学；按照流体种类可以分为水力学及空气动力学等。对计算流体力学的了解，应该先从流体力学的基础知识开始。

1.1　流体力学基础知识

流体力学涉及的研究领域非常广泛，包括航空航天、汽车交通、土木建筑、热力学与热管理、热能工程、水利水电、风力发电、船舶、生物技术等领域，具体的研究领域会在下面的小节详细描述。总之，流体力学在工业和国防领域发挥着巨大的作用。

目前而言，对流体力学的研究方法一般可以分为三种：

（1）理论分析；

（2）实验研究；

（3）数值计算。

理论分析的方法是指，在对所研究的流动现象有一个简单的基本认识后，通过建立简化流动模型的方法，运用公式形成流动控制方程来表述流动现象，在一定条件下通过必要的假设来推导出线性方程组，从而可以计算出解析解或简化解。理论分析的方法可以求出较精确的解，特别是可以在某些特定的封闭情况下求出一些普遍性的信息，对于简单的流动问题非常有效。但是理论分析的问题在于控制方程简单，对于复杂流动的非线性控制方程组无能为力，且由于理论分析做了大量简化和假设，无法反映流动的细节。而在工程中，大量的流体力学问题是复杂的非线性问题，理论分析的方法基本无法应用。总的来说，理论分析的方法适用于解决简单流体问题或者对流体力学进行定性分析。

实验研究是解决流体问题最为常用的一个办法，人类对流体力学问题的实验研究可以追溯到古希腊时代，阿基米德曾通过实验研究建立了包括物理浮力定律和浮体稳定性在内的液体平衡理论，奠定了流体静力学的基础。流体力学实验研究的核心是利用相对运动的原理，通过相似性准则建立模型，通过诸如水洞、风洞、水槽、激波管等的实验设备进行模拟实验，再通过测量设备测量流动参数，直接或间接获取速度、压力、力矩、温度等相关数据。实验研究方法由于直接测量得到流动参数，可以获得比较大的流动信息，并且可以看出流动现象，比较真实可靠，一直以来都是流体力学研究领域中最重要的部分之一。实验研究近年来的突破主要体现在测量方法以及显示技术方面，特别是如热线风速仪、激光多普勒测速仪、粒子图像测速仪（PIV）等一批先进实验设备的问世更是推动了流体力学实验研究的进步。但是实验研究也存在一定的问题，一般来说，实验研究都是在模拟条件下完成的，特别是大部分做缩比模型实验，流动环境与实际工况中的流动环境不可能得到完全模拟；加之实验还存在支架、测量仪设备等在流场中对流动产生的干扰；另外还有洞壁效应和测量误差的问题；此外还会受到场地和环境等制约因素，建立风洞水洞需要大场地，运行成本高也不可忽视。总的来说，实验研究可以很好地获得流动中的参数，结果可靠性高，但是实验研究制约因素多，研究周期长并且费用较高。

理论分析和实验研究的方法伴随着人类对流动的认识而逐步发展，是不可忽视的重要方法，但数值计算方法，通常称为计算流体力学（Computational Fluid Dynamics，CFD），是伴随着计算机技术的进步而发展起来的，特别是近 40 年来的发展更是突飞猛进，成为了一个独立的学科分支，是流体力学研究方法中最有活力的领域。

根据流体力学的知识，流体的运动服从三大守恒定律，即质量守恒、动量守恒和能量守恒，并且由三大守恒定律来给出流体动力学的控制方程组。流体力学科学家在 18 世纪初开始创立多种流动控制方程，如经典的欧拉（Euler）方程和 N-S（Navier-Stokes）方程，但是这些方程除一些特定的流动形式可以求出解析解外，大部分没有解析解，只能采用数值分析的方法得到近似解，即流体力学数值计算。随着电脑技术的发展，求解的过程通过计算机来完成，而造就了今天的 CFD 技术。CFD 技术相比其他两种方法而言，具有成本低（计算机和人工）、时间短（计算时间一般短于实验时间）、数据提取方便（全流场各点的数据能通过计算机迅速提取）等优点；但也存在一定的缺点，比如网格划分的方法没有具体的标准，数值模拟方法对流动本身会造成一定误差等。但是总的来说，CFD 技术的研究方向是未来主流的研究方向，会不断完善。

1.2 计算流体动力学的主要方法

CFD 技术是一项比较复杂的集合了流体力学和数学及计算机科学的技术，一般来说有三种方法：直接数值模拟（DNS）、大涡模拟方法（LES）和雷诺平均 N-S（RANS）方法。

1）直接数值模拟（DNS）方法

直接数值模拟方法就是通过直接求解流体运动的 N-S 方程而得到流动的瞬态流场，包括全流场的流动信息和各个尺度的流动细节。事实上，在直接求解三维非稳态的流动控制方程时，采用直接求解的方法会对计算机的计算性能提出非常高的要求，对于相对较复杂的流动，直接数值模拟的方法无法实行。当然，伴随着计算机技术的发展，也许会有一天可以实现对复杂流动的直接数值模拟，但按照目前的计算机水平，直接数值模拟无法解决工程问题。

2）大涡模拟（LES）方法

大涡模拟方法是对 N-S 方程在一定的空间区域内进行平均，从而在流场中滤掉小尺度的涡

而导出大尺度涡所满足的方程的方法。小涡对大涡的影响会体现在大涡方程中，再通过亚格子尺度模型来模拟小涡的影响。LES 方法可以解决简单的工程问题，而对于复杂的工程问题而言，LES 方法也同样受到计算机条件等的限制无法应用。与 DNS 方法一样，LES 方法也会随着计算机技术的发展逐渐趋于主流。

3）雷诺平均 N-S 方程（RANS）方法

雷诺平均 N-S 方程（RANS）方法是目前主流的解决实际工程问题的方法，广泛应用于各类工程实际中。RANS 方法是将满足动力学方程的瞬时运动分解为平均运动和脉动运动两部分，对脉动项的贡献通过雷诺应力项来体现，再根据各自经验、实验等方法对雷诺应力项假设，从而封闭湍流的平均雷诺方程而求解的方法。按照对雷诺应力的不同模型化方式，又分为雷诺应力模型和涡黏模型。相对于涡黏模型，雷诺应力模型对计算机的要求较高，所以在工程实际问题中应用广泛的是涡黏模型。而求解方程的方法一般包括有限差分法、有限体积法、有限元法、边界元法、有限分析法和谱方法等，应用最广的是有限差分法和有限体积法。本书主要讲的 ANSYS FLUENT 主要就是应用有限体积法求解雷诺平均 N-S 方程。

1.3　计算流体动力学问题的解决过程

一般来说，采用 CFD 方法求解一个问题的过程分为三个步骤：前处理、求解流场和后处理。

1）前处理

前处理是指，分析遇到的流体力学问题，对模型进行处理，使之可以由求解器求解的过程。也就是简单分析流体力学问题，选取合适的求解器，处理模型几何并根据经验划分网格的过程。前处理是 CFD 解决问题最耗时的一步，也是求解问题准确与否的重要步骤。

分析遇到的流体力学问题，选取合适的计算域，可以减小网格数量，节约计算时间。比如，对于求解翼型的二维亚音速流动问题，可以做 20 倍弦长的圆形流动区域，而不用选取 50 倍弦长的远场；或者旋转机械流动问题只需要画出一片叶片所在的流动区域即可，而其他的区域可用对称边界条件。

相比计算域的选取，网格的划分更为重要，网格数量以及质量对结果有比较大的影响。网格的数目过少，无法模拟流动细节，甚至会计算出错误结果；而网格数量过多，则占用大量计算资源，一些计算机甚至无法读取过大的计算网格；选取合适数量的网格主要是靠经验的积累，也可以阅读相关的参考文献来划分。网格的质量如果不够高，会产生一定的奇点，对计算产生一定的影响。划分网格的时候，结构网格一般来说要优于非结构网格，但是结构网格划分起来需要的时间较长。

在网格划分好以后，需要设置网格的边界条件，然后导入求解器。

2）求解流场

将划分好的网格导入求解器（本书主要讲 ANSYS FLUENT），首先检查网格，通过后检查尺寸比例，选好正确的尺寸后，设置求解器，选取定常或非定常，湍流模型种类、能量方程、其他模型、求解方法、离散格式等；然后设置流体的物理性质，如密度、黏性、比热容等；设置合适的参考值后给定合适的初始条件进行初始化，最后选取迭代步数进行计算。总之，求解器的选取和设置是一个复杂的过程，针对不同的问题应具体分析，本书重点讲的就是求解器 ANSYS FLUENT 在不同问题中的设置。在求解收敛后，可以进行下一步操作。

3）后处理

后处理是对已经收敛的流场进行更加清晰的展示和对流动结果的分析，得到图标、动画、曲线、云图、矢量图等。ANSYS FLUENT 软件本身自带了后处理功能，本书将主要讲 ANSYS FLUENT 的后处理。其他一些软件也可以进行后处理，常用到的有：Tecplot、Ensight 和 Fieldview 等。

总的来说，CFD 求解问题的三个步骤都是建立在对流动有一定认识的基础上的，三个步骤相辅相成，缺一不可，其关系如图 1.1 所示。

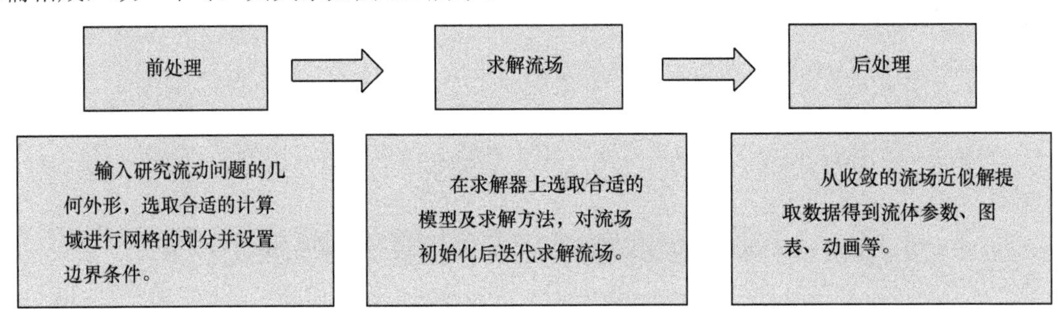

图 1.1　CFD 求解过程原理

1.4　计算流体动力学商业软件介绍

随着计算流体力学的发展，许多公司及个人对流体力学软件进行了开发，目前比较流行的前处理软件有 GAMBIT、Pointwise、ICEM 等，求解器有 Fluent、CFD++、Star-CD、CFL3D、CFX 等，后处理软件有 Tecplot、Ensight、Fieldview 等，本节将对目前主流的一些商业 CFD 软件进行介绍。

1.4.1　前处理软件

前处理软件，也就是网格划分软件，是 CFD 解决问题中不可缺少的一环，也是占据人工时间最多的一个步骤，本小节将介绍 GAMBIT、Pointwise 和 ICEM。

1. GAMBIT

GAMBIT 软件原本是 FLUENT 被 ANSYS 收购前自带的专门为 FLUENT 设计的用来划分网格的软件，是为了帮助分析者和设计者建立并网格化计算流体力学（CFD）模型和进行其他科学应用而设计的一个软件包。

GAMBIT 通过它的用户界面（GUI）来接受用户的输入。GAMBIT 可以简单而又直接地做出建立模型、网格化模型、指定模型区域大小等基本步骤，然而这对很多的模型应用已足够了。与其他前处理软件一样，GAMBIT 主要功能包括几何建模和网格生成。使用 GAMBIT 划

分网格如图 1.2 所示。

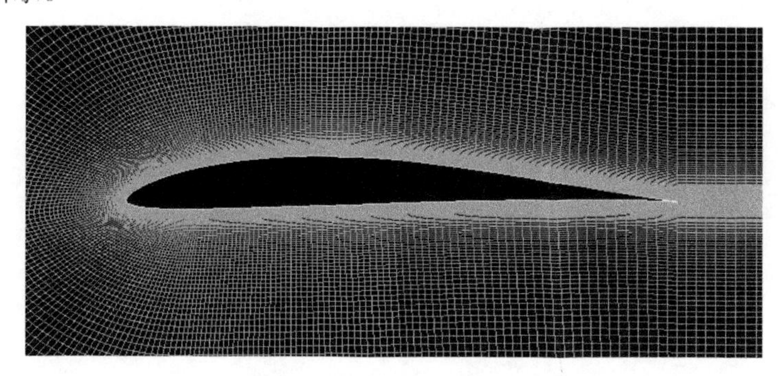

图 1.2　GAMBIT 划分网格

GAMBIT 软件具有以下特点：

（1）基于 ACIS 内核进行全面三维几何建模的能力，通过多种方式直接建立点、线、面、体，而且具有布尔运算能力；

（2）可对自动生成的 Journal 文件进行编辑，以自动控制修改或生成新几何与网格；

（3）可以导入 PRO/E、UG、CATIA、SOLIDWORKS、ANSYS、PATRAN 等大多数 CAD/CAE 软件所建立的几何和网格；

（4）强大的几何修正功能，在导入几何时会自动合并重合的点、线、面；

（5）G/TURBO 模块可以准确而高效地生成旋转机械中的各种风扇以及转子、定子等的几何模型和计算网格；

（6）强大的网格划分能力，可以划分包括边界层等 CFD 特殊要求的高质量网格；GAMBIT 中专用的网格划分算法可以保证在复杂的几何区域内直接划分出高质量的四面体、六面体网格或混合网格；

（7）GAMBIT 可为 FLUENT、POLYFLOW、 FIDAP、ANSYS 等解算器生成和导出所需要的网格和格式。

2. Girdgen/Pointwise

Gridgen 的前身是美国空军和宇航局出资，由通用动力公司在研制 F16 战机的过程中于 20 世纪 80 年代开发的产品。后由美国空军免费发放给美国各研究机构和公司使用。由于各用户要求继续开发该产品，Gridgen 的编程人员在 1994 年成立了 Pointwise 公司，推出了商用化的后继产品。

Gridgen 是 Pointwise 公司的旗舰产品。Gridgen 是专业的网格生成器，被工程师和科学家用于生成 CFD 网格和其他计算分析。它可以生成高精度的网格以使得分析结果更加准确。同时它还可以分析并不完美的 CAD 模型，且不需要人工清理模型。 Gridgen 可以生成多块结构网格、非结构网格和混合网格，可以引进 CAD 的输出文件作为网格生成基础。生成的网格可以输出十几种常用商业流体软件的数据格式，直接为商业流体软件所使用。对用户自编的 CFD 软件，可选用公开格式（Generic），如结构网格的 PLOT3D 格式和结构网格数据格式。Gridgen 网格生成主要分为传统法和各种新网格生成方法。传统方法的思路是由线到面、由面到体的装配式生成方法；各种新网格生成法，如，推进方式可以高速地由线推出面，由面推出体。另外还采用了转动、平移、缩放、复制、投影等多种技术。可以说各种现代网格生成技术都能在 Gridgen 找到。Gridgen 是在工程实际应用中发展起来的，实用可靠是其特点之一，如图 1.3 所示。

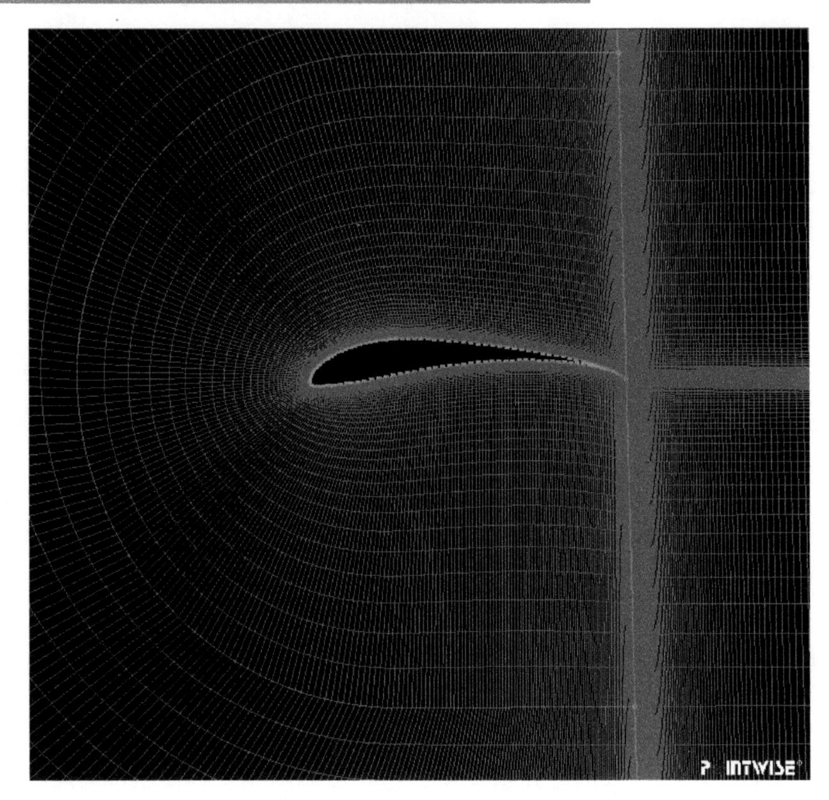

图 1.3　Gridgen 划分网格

在 2008 年 Pointwise 公司推出了全新的下一代产品 Pointwise，其继承了 Gridgen 划分网格的优秀能力，转动、平移、缩放、复制、投影、优化、合并等多种技术大大加强了软件的可用性，并且具有了全新的操作界面，支持 Win7 的 64 位系统，可以方便生成百亿数量的网格，为巨大项目工程的网格划分提供了解决方案。目前其最新版本是 V16，Pointwise 与 Gridgen 相比，最大的优势就是优化了用户体验，界面更加友好，上手快，非常适用于结构网格的生成。本书将在第 2 章对 Pointwise 的使用方法进行介绍。

3. ICEM

ICEM CFD 是 The Integrated Computer Engineering and Manufacturing code for Computational Fluid Dynamics 的简称，成立于 1990 年的 ICEM CFD Engineering 公司，是一家专注于解决网格划分问题的公司。2000 年 ICEM CFD Engineering 被 ANSYS 收购后对 ICEM 做了进一步的改进。ICEM 是一款非常专业的前处理软件，几乎可以为世界所有流行的 CAE 软件提供高效可靠的分析模型。

ICEM 的主要特点是有：

- ✧ CAD 模型修复能力强大；
- ✧ 自动中面抽取；
- ✧ 网格“雕塑”技术；
- ✧ 网格编辑技术丰富；
- ✧ 集成于 ANSYS Workbench 平台，获得 Workbench 的所有优势；
- ✧ 直接几何接口丰富（CATIA，CADDS5，ICEM Surf/DDN，I-DEAS，SolidWorks，Solid

Edge，Pro/ENGINEER and Unigraphics）；

✧ 有忽略细节特征设置（可自动跨越几何缺陷及多余的细小特征）；

✧ 完备的模型修复工具，方便处理较差的模型；

✧ 一劳永逸的 Replay 技术（对几何尺寸改变后的几何模型自动重划分网格）；

✧ 快速自动生成六面体为主的网格；

✧ 自动检查网格质量，自动进行整体平滑处理（坏单元自动重划，可视化修改网格质量）；

✧ 超过 100 种求解器接口（ FLUENT、Ansys、CFX、Nastran、Abaqus、LS-Dyna）。

ICEM 作为 FLUENT 和 CFX 标配的网格划分软件，已经基本取代了 GAMBIT 的地位。ICEM CFD 在几何模型封闭的情况下，能非常快速地生产非结构网格，对于结构网格的划分也很方便，如图 1.4 所示，特别适用于相似模型的网格划分，本书将在第 2 章对 ICEM CFD 的使用方法进行介绍。

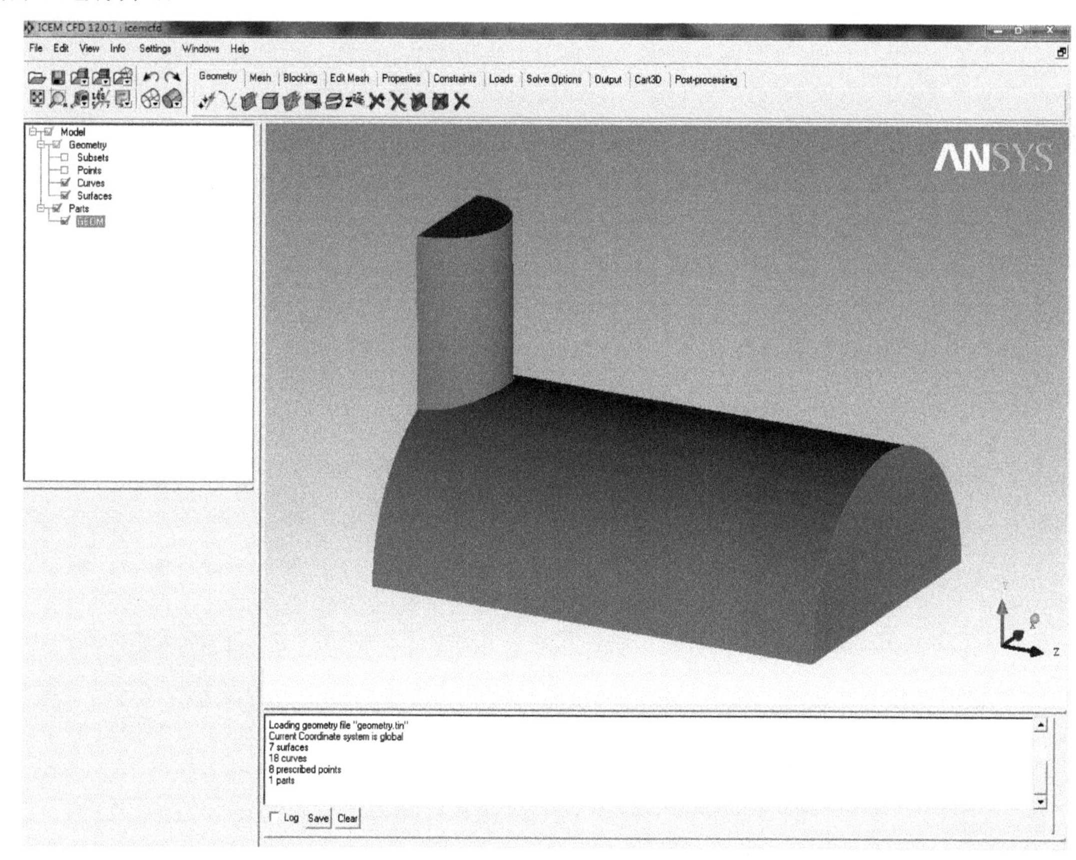

图 1.4　ICEM 划分网格界面

1.4.2　求解器

求解器是 CFD 解决问题的核心所在，正确地选取及设置求解器会得到正确的结果。目前商用的 CFD 软件有很多种，本节将针对 FLUENT、CFX、Star-CD、CFL3D 等商业流体力学求解器进行介绍。

1. FLUENT

FLUENT 是目前国际上比较流行的商用 CFD 软件包，在美国的市场占有率为 60%，凡是和流体、热传递和化学反应等有关的工业均可使用。它具有丰富的物理模型、先进的数值方法和强大的前后处理功能，在航空航天、汽车设计、石油天然气和涡轮机设计等方面都有着广泛的应用。CFD 商业软件 FLUENT，是通用 CFD 软件包，用来模拟从不可压缩到高度可压缩范围内的复杂流动。由于采用了多种求解方法和多重网格加速收敛技术，FLUENT 能达到最佳的收敛速度和求解精度。灵活的非结构化网格和基于解的自适应网格技术及成熟的物理模型，使 FLUENT 在转换与湍流、传热与相变、化学反应与燃烧、多相流、旋转机械、动/变形网格、噪声、材料加工、燃料电池等方面有广泛应用。目前与 FLUENT 配合最好的标准网格软件是 ICEM，而不是早已过时的 GAMBIT。FLUENT 软件具有以下特点：FLUENT 软件采用基于完全非结构化网格的有限体积法，而且具有基于网格节点和网格单元的梯度算法；采用定常/非定常流动模拟，而且新增快速非定常模拟功能。

FLUENT 软件中的动/变形网格技术主要解决边界运动的问题，用户只需指定初始网格和运动壁面的边界条件，余下的网格变化完全由解算器自动生成。网格变形方式有三种：弹簧压缩式、动态铺层式以及局部网格重生式。其中局部网格重生式是 FLUENT 所独有的，而且用途广泛，可用于非结构网格、变形较大以及物体运动规律事先不知道而完全由流动所产生的力所决定的问题；FLUENT 软件具有强大的网格支持能力，支持界面不连续的网格、混合网格、动/变形网格以及滑动网格等。值得强调的是，FLUENT 软件还拥有多种基于解的网格的自适应、动态自适应技术以及动网格与网格动态自适应相结合的技术；FLUENT 软件包含三种算法：非耦合隐式算法、耦合显式算法、耦合隐式算法，这是商用软件中最多的；FLUENT 软件包含丰富而先进的物理模型，使得用户能够精确地模拟无黏流、层流、湍流。湍流模型包含 Spalart-Allmaras 模型、k-ω 模型组、k-ε 模型组、雷诺应力模型（RSM）组、大涡模拟模型（LES）组以及最新的分离涡模型（DES）和 V2F 模型等。

用户还可以定制或添加自定义的湍流模型；自定义湍流模型适用于多种形式的流动情况，如牛顿流体、非牛顿流体；含有强制/自然/混合对流的热传导，固体/流体的热传导、辐射；化学组分的混合/反应；自由表面流模型，欧拉多相流模型，混合多相流模型，颗粒相模型，空穴两相流模型，湿蒸汽模型；融化/溶化/凝固；蒸发/冷凝相变模型；离散相的拉格朗日跟踪计算；非均质渗透性、惯性阻抗、固体热传导，多孔介质模型（考虑多孔介质压力突变）；风扇，散热器，以热交换器为对象的集中参数模型；惯性或非惯性坐标系，复数基准坐标系及滑移网格；动静翼相互作用模型化后的接续界面；基于精细流场解算的预测流体噪声的声学模型；质量、动量、热、化学组分的体积源项；丰富的物性参数的数据库；磁流体模块主要模拟电磁场和导电流体之间的相互作用问题；连续纤维模块主要模拟纤维和气体流动之间的动量、质量以及热的交换问题；高效率的并行计算功能，提供多种自动/手动分区算法；内置 MPI 并行机制大幅度提高并行效率等复杂流动情况。另外，FLUENT 特有动态负载平衡功能，确保全局高效并行计算；该软件也提供了友好的用户界面，并为用户提供了二次开发接口（UDF）；FLUENT 软件采用 C/C++语言编写，从而大大提高了对计算机内存的利用率。

在 CFD 软件中，FLUENT 软件是目前国内外使用最多、最流行的商业软件之一。FLUENT 的软件设计基于“CFD 计算机软件群的概念”，针对每一种流动的物理问题的特点，采用与之

适应的数值解法，在计算速度、稳定性和精度等各方面达到最佳。由于囊括了 FLUENT Dynamical International 比利时 PolyFlow 和 Fluent Dynamical International（FDI）两家公司的全部技术力量（前者是公认的在黏弹性和聚合物流动模拟方面占领先地位的公司，后者是基于有限元方法在 CFD 软件方面领先的公司），因此 FLUENT 具有以上软件的许多优点。

FLUENT 系列软件包括通用的 CFD 软件 FLUENT、POLYFLOW、FIDAP，工程设计软件 FloWizard、FLUENT for CATIAV5，TGrid、G/Turbo，CFD 教学软件 FlowLab，面向特定专业应用的 ICEPAK、AIRPAK、MIXSIM 软件等。

FLUENT 软件包含基于压力的分离求解器、基于压力的耦合求解器、基于密度的隐式求解器、基于密度的显式求解器，多求解器技术使 FLUENT 软件可以用来模拟从不可压缩到高超音速范围内的各种复杂流场。FLUENT 软件包含非常丰富、经过工程确认的物理模型，可以模拟高超音速流场、转捩、传热与相变、化学反应与燃烧、多相流、旋转机械、动/变形网格、噪声、材料加工等复杂机理的流动问题。

FLUENT 软件的动网格技术处于绝对领先地位，并且包含了专门针对多体分离问题的六自由度模型，以及针对发动机的两维半动网格模型。FLUENT 的优点如下。

（1）适用面广，包括各种优化物理模型，如计算流体流动和热传导模型（包括自然对流、定常和非定常流动，层流，湍流，紊流，不可压缩和可压缩流动，周期流，旋转流及时间相关流等）；辐射模型，相变模型，离散相变模型，多相流模型及化学组分输运和反应流模型等。对每一种物理问题的流动特点，有与之适应的数值解法，用户可对显式或隐式差分格式进行选择，以期在计算速度、稳定性和精度等方面达到最佳。

（2）高效省时，FLUENT 将不同领域的计算软件组合起来，成为 CFD 计算机软件群，软件之间可以方便地进行数值交换，并采用统一的前、后处理工具，这就省却了科研工作者在计算方法、编程、前后处理等方面投入的重复、低效的劳动，而可以将主要精力和智慧用于物理问题本身的探索上。

（3）污染物生成模型，包括 NOX 和 ROX（烟尘）生成模型。其中 NOX 模型能够模拟热力型、快速型、燃料型及由于燃烧系统里回燃导致的 NOX 的消耗；而 ROX 的生成是通过使用两个经验模型进行近似模拟的，且只使用于紊流。

（4）稳定性好，FLUENT 经过大量算例考核，同实验符合较好。

2. CFX

CFX 是全球第一个通过 ISO9001 质量认证的大型商业 CFD 软件，是英国 AEA Technology 公司为解决其在科技咨询服务中遇到的工业实际问题而开发出来的。诞生在工业应用背景下的 CFX 一直将精确的计算结果、丰富的物理模型、强大的用户扩展性作为其发展的基本要求，并以其在这些方面的卓越成就，引领着 CFD 技术的不断发展。目前，CFX 已经遍及航空航天、旋转机械、能源、石油化工、机械制造、汽车、生物技术、水处理、火灾安全、冶金、环保等领域，为其在全球 6000 多个用户解决了大量的实际问题。1995 年，CFX 收购了旋转机械领域著名的加拿大 ASC 公司，推出了专业的旋转机械设计与分析模块——CFX-Tascflow，CFX-Tascflow 一直占据着 90%以上的旋转机械 CFD 市场份额。同年，CFX 成功突破了 CFD 领域在算法上的又一大技术障碍，推出了全隐式多网格耦合算法，该算法以其稳健的收敛性能和优异的运算速度，成为 CFD 技术发展的重要里程碑。CFX 一直和许多工业和大型研究项目保持着广泛的合作，这种合作确保了 CFX 能够紧密结合工业应用的需要，同时也使得 CFX 可以及时加入最先进的物理模型和数值算法。作为 CFX 的前处理器，ICEM CFD 优质的网格技术进一步确保了 CFX 的模拟结果精确而可靠。2003 年，CFX 加入了全球最大的 CAE 仿真软件 ANSYS 的大家庭中。CFX 的用户将会得到包括从固体力学、流体力学、传热学、电学、磁学等在内的多物理场及多场耦合整体解决方案。

3．STAR-CD

STAR-CD 是 Computational Dynamics 公司开发出来的全球第一个采用完全非结构化网格生成技术和有限体积方法来研究工业领域中复杂流动的流体分析商用软件包。网格生成工具软件包 Proam 软件利用“单元修整技术”核心技术，使得各种复杂形状几何体能够简单快速地生成网格。CD 公司还开发了各种特殊用途的网格工具软件：用于发动机内部热分析的 es-ice 软件、汽车空气动力学分析 es-aero 软件等 es 系列软件，用于曲面分析、非结构化网格生成的专业软件 ICEM CFD Tetra，适用于涡轮机械流体分析的旋转体网格自动生成工具软件 TIGER，以及用于搅拌器内流体分析的专业网格生成软件 Mixpert。STAR-CD 能够对绝大部分典型物理现象进行建模分析，并且拥有较为高速的大规模并行计算能力，还可以应用到工业制造、化学反应、汽车动力、结构优化设计等其他许多领域的流体分析，此外 STAR-CD 可以同全部的 CAE 工具软件数据进行连接对口，大大方便了各种工程开发与研究。

4．CFL3D

CFL3D 是美国宇航局 NASA 朗利研究中心（Langley Research Center）开发的一款专注于解决航空航天方面问题的专业软件，CFL3D 一直以来坚持发展求解 Navier-Stokes 方程的程序，主要是求解结构网格的二维和三维问题。CFL3D 始于 1980 年底，具有非常高的可靠性和稳定性，有能力解决许多复杂问题。

5．CART3D

CART3D 核心技术由 NASA Ames 研究中心开发，包括几何输入，表面处理和相交，网格生成及流动模拟，完全集成于 ANSYSICEM CFD 仿真环境中。通过应用最新的计算图形学，计算几何学和计算流体动力学技术，CART3D 提供了无与伦比的自动和高效的几何处理和流体分析功能。该软件与求解 N-S 方程的 CFD 分析相比，最大优势在于分析速度提高了至少 10 倍。CART3D 在 NASA 研究中心、美军研究机构、航空航天工业公司都得到了成功的应用，也因此荣获了 NASA2002 年度软件大奖。CART3D 的特色功能主要是快，另外还专注于气动分析，整体气动升阻力及力矩计算和六自由度投掷分析。其核心技术由 NASA Ames 研究中心开发，充分体现权威性；可以输入多种几何模型（CATIA，UG，Pro/E，SolidWorks，I-deas…）；可以读入外部网格文件（ANSYS，CFX-5，CGNS，Plot3d，STL，TecPlot，…）；基于部件的表面处理，使各部件可以单独移动旋转，程序自动确定部件之间的相交，并提出模拟的外部湿表面；空间网格自动生成，对表面描述的复杂性不敏感；有限体积法中心差分求解无黏欧拉方程；行效率优异，并行加速与 CPU 数目成近似直线关系；适合多攻角、多马赫数、多侧滑角批处理计算，方便生成气动数据库。

6. ICEPAK

Icepak 是专业的、面向工程师的电子产品热分析软件。借助 Icepak 的分析，用户可以减少设计成本、提高产品的一次成功率（get-right-first-time），改善电子产品的性能、提高产品可靠性、缩短产品的上市时间。ICEPAK 软件是由全球最优秀的计算流体力学软件提供商 FLUENT 公司专门为电子产品工程师定制开发的专业的电子热分析软件。Icepak 软件广泛应用于通信、汽车及航空电子设备、电源设备，通用电器及家电等领域。Icepak 具有快速几何建模功能、友好界面和操作、基于对象建模、各种形状的几何模型、大量的模型库、ECAD/IDF 输入、专用的 CAD 软件接口 IcePro；强大的 zoom-in 功能：能够自动将上一级模型的计算结果传递到下一级模型，从系统级到板极，从板极到元件级，层层细化，大大提高工作效率。该软件拥有先进的网格技术，具有自动化的非结构化网格生成能力，支持四面体、六面体以及混合网格，具有强大的网格检查功能；拥有参数化和优化设计功能，可以通过设计变量来定义任何一个复选框——active、湍流、辐射、风扇失效等，任意量都可设置成变量，通过变量的参数化控制来完成不同工况、不同结构、不同状态的统一计算，通过对变量自动优化，获得热设计的最优方案；拥有丰富的物理模型，自然对流、强迫对流和混合对流、热传导、热辐射、流-固的耦合换热、层流、湍流、稳态、非稳态等流动现象；拥有强大的解算功能，FLUENT 求解器、结构化与非结构化网格的求解器，能够实现任何操作系统下的网络并行运算。

7. AIRPAK

Fluent Airpak 是面向工程师、建筑师和室内设计师等专业领域工程师的专业人工环境系统分析软件，特别是 HVAC 领域。它可以精确地模拟所研究对象内的空气流动、传热和污染等物理现象，准确地模拟通风系统的空气流动、空气品质、传热、污染和舒适度等问题，并依照 ISO 7730 标准提供舒适度、PMV、PPD 等衡量室内空气质量（IAQ）的技术指标，从而减少设计成本，降低设计风险，缩短设计周期。Fluent Airpak 2.1 是目前国际上比较流行的商用 CFD 软件。Airpak 软件的应用领域包括建筑、汽车、楼房、化学、环境、HVAC、加工、采矿、造纸、石油、制药、电站、打印、半导体、通讯、运输等行业。Airpak 已在如下方面的设计得到了应用：住宅通风、排烟罩、电讯室、净化间、污染控制、工业空调、工业通风、工业卫生、职业健康和保险、建筑外部绕流、运输通风、矿井通风、烟火管理、教育设施、医疗设施、动植物生存环境、厨房通风、餐厅和酒吧、电站通风、封闭车辆设施、体育场、竞技场、总装厂房等。Airpak 的特点如下所述。

（1）建模快速，Airpak 是基于“Object”的建模方式，这些“Object”包括房间、人体、块、风扇、通风孔、墙壁、隔板、热负荷源、阻尼板（块）、排烟罩等模型。另外，Airpak 还提供了各式各样的 Diffuser 模型，以及用于计算大气边界层的模型。Airpak 同时还提供了与 CAD 软件的接口，可以通过 IGES 和 DXF 格式导入 CAD 软件的几何。

（2）自动的网格划分功能，Airpak 具有自动化的非结构化、结构化网格生成能力。支持四面体、六面体以及混合网格，因而可以在模型上生成高质量的网格。Airpak 还提供了强大的网格检查功能，可以检查出质量较差（长细比、扭曲率、体积）的网格。另外，网格疏密可以由用户自行控制，如果需要对某个特征实体加密网格，局部加密不会影响到其他对象。非结构化的网格技术可以逼近各种形状复杂的几何，大大减少网格数目，提高模型精度，四面体网格用来模拟形状极其复杂的形状，从而保证求解精度。

（3）广泛的模型能力，可建立强迫对流、自然对流和混合对流模型、热传导模型、流体与固体耦合传热模型、热辐射模型，也可解决层流、湍流，稳态及瞬态问题。

（4）强大的解算功能、求解器——FLUENT，全球最强大的 CFD（计算流体动力学）求解器、有限体积方法（Finite Volume Method），结构化与非结构化网格的求解器、并行算法，能够实现 UNIX 或 NT 的网络并行。

（5）强大的可视化后置处理，面向对象的、完全集成的后置处理环境，可视化速度矢量图、温度（湿度、压力、浓度）等值面云图、粒子轨迹图、切面云图、点示踪图等，图片可以通过：Postscripts，PPM，TIFF，GIF，JPEG 和 RGB 格式输出到文件，动画可以存成 AVI，MPEG，GIF 等格式的多媒体文件，Airpak 具备强大的报告和可视化工具，可提供强大的数值报告，可以模拟不同空调系统送风气流组织形式下室内的温度场、湿度场、速度场、空气龄场、污染物浓度场、PMV 场 、PPD 场等，可以对房间的气流组织、热舒适性和室内空气品质（IAQ）进行全面综合评价，可使用户更方便地理解和比较分析结果，看到速度矢量、云图和粒子流线动画等，并能实时描绘出气流运动情况。

8. PHOENICS

PHOENICS 是 Parabolic Hyperbolic Or Elliptic Numerical Integration Code Series 的缩写，这意味着只要有流动和传热都可以使用 PHOENICS 来模拟计算。PHOENICS 是世界上第一套计算流体与计算传热学的商业软件，它是国际计算流体与计算传热的主要创始人、英国皇家工程院院士 D.B.Spalding 教授及 40 多位博士 20 多年心血的典范之作。除了通用计算流体/计算传热学软件应该拥有的功能外，PHOENICS 有着自己独特的功能。PHOENICS 主要特点如下所述。

（1）开放性：PHOENICS 最大限度地向用户开放了程序，用户可以根据需要任意修改添加用户程序和用户模型。PLANT 及 INFORM 功能的引入使用户不再需要编写 FORTRAN 源程序，GROUND 程序功能使用户修改添加模型更加任意和方便。In-Form 可实现用户接口功能，完成用户数学表达式的输入、IF 判断等功能，方便了用户控制自定义的边界条件、初始条件、材料物性等参数的输入。

（2）CAD 接口：PHOENICS 可以读入任何 CAD 软件的图形文件。Shapemaker 为三维造型功能。

（3）MOVOBJ：运动物体功能可以定义物体运动，避免了使用相对运动方法的局限性。

（4）大量的模型选择：20 多种湍流模型，多种多相流模型，多流体模型，燃烧模型，辐射模型。

（5）提供了欧拉算法和基于粒子运动轨迹的拉格朗日算法。

（6）计算流动与传热时能同时计算浸入流体中的固体的机械和热应力。

（7）VR（虚拟现实）用户界面引入了一种崭新的 CFD 建模思路。

（8）PARSOL（CUT CELL）：PHOENICS 独特的网格处理技术，特别对于 CAD 图形的导入，能自动生成网格。

（9）软件自带 1000 多个例题，附有完整的可读可改的原始输入文件。

（10）固体应力计算；前后处理有了较大改进；对所有模型均使用动态内存分配；初始数组的给定无需再通过 FORTRAN 编译。

（11）在 VR 下，增加了新的物体类型（曲面、斜板），及力的积分功能，并监视点参数变化曲线。

1.4.3 后处理

后处理软件也是 CFD 解决问题中往往容易忽视的一部分，而选择正确的后处理软件，作出良好的图片或者动画，可以更加有效地分析流体力学中的问题。目前常用的后处理软件有 Tecplot、Ensight、Fieldview 等，本小节将对后处理软件进行介绍。

1. Tecplot

Tecplot 系列软件是由美国 Tecplot 公司推出的功能强大的数据分析和可视化处理软件。它包含数值模拟和 CFD 结果可视化软件 Tecplot 360，提供了丰富的绘图格式，包括 x-y 曲线图，2-D、3-D 面和 3-D 体多种绘图格式，而且软件易学易用，界面友好。此外针对 FLUENT 软件有专门的数据接口，可以直接读入*.cas 和*.dat 文件，也可以在 FLUENT 软件中选择输出的面和变量，然后直接输出 Tecplot 格式文档。Tecplot 360 是一款将至关重要的工程绘图与先进的数据可视化功能合为一体的数值模拟和 CFD 可视化软件。它能按照用户的设想迅速地根据数据绘图并生成动画，对复杂数据进行分析，进行多种布局安排，并将结果与专业的图像和动画联系起来。同时 Tecplot 360 还有助于节省处理日常事务的时间和精力。

Tecplot 360 可直接读入常见的网格、CAD 图形及 CFD 软件（PHOENICS、FLUENT、STAR-CD）生成的文件。

Tecplot 360 能直接导入 CGNS、DXF、EXCEL、GRIDGEN、PLOT3D 格式的文件。Tecplot 360 能导出的文件格式包括 BMP、AVI、FLASH、JPEG、WINDOWS 等常用格式。

Tecplot 360 能直接将结果在互联网上发布，利用 FTP 或 HTTP 对文件进行修改、编辑等操作。Tecplot 360 也可以直接打印图形，并在 Microsoft Office 上复制和粘贴。

Tecplot 360 可在 Windows 9x\Me\NT\2000\XP 和 UNIX 操作系统上运行，文件能在不同的操作平台上相互交换。

在 Tecplot 360 中，利用鼠标单击即可直接知道流场中任一点的数值，能随意增加和删除指定的等值线（面）。

Tecplot 360 中的 ADK 功能使用户可以利用 FORTRAN、C、C++等语言开发特殊功能。

2. EnSight

EnSight 由美国 CEI 公司研发，是一款尖端的科学工程可视化与后处理软件，拥有比当今任何同类工具更多更强大的功能。其基于图标的用户接口易于掌握，并且能够很方便地移动到新增功能层中。EnSight 能在所有主流计算机平台上运行，支持大多数主流 CAE 程序接口和数据格式。

EnSight 提供了一些旨在满足后处理和可视化的 CAE 用户需求的产品范围。从个人的小项目，到大型机构的合作项目，工程师、学生和科学家们都可以从 EnSight 软件中受益。免费版的 EnSight CFD 可以帮助学生或其他任何人可视化一些小型数据集，而 EnSight Gold 和 DR 通常使用在世界最大的超级计算机中，后处理超过数以百亿元素的数据集，而在两者之间的全部范围，EnSight 亦有完整的产品，以适应一般工程任务的需要。

除了标准的后处理，EnSight 还提供了许多强大的选择让用户与他人分享自己的发现：从美观的揭示图像和有趣的动画图形输出，到利用全功能免费的 3D 浏览器来分享模型和后处理结果，再到充分沉浸式虚拟现实演示。EnSight 具有以下功能：

（1）可以轻松把握大型、暂态模型；

（2）可以从不同的求解器加载多个数据集；

（3）可以将计算流体力学、有限元分析、计算机辅助设计、多体动力学的结果结合到同一个视图中。相比其他求解器的运行，在流体结构相互作用方面，或者在计算机辅助设计模型中显示计算流体力学结果上，EnSight 都非常卓越；

（4）具有强大的计算流体力学和流体结构相互作用功能；

（5）具有优秀的图形质量和输出选择；

（6）具有广泛的动画功能；

（7）具备成为整个组织标准的后处理工具的能力。

3. Fieldview

ILight Fieldview 11 通用流体力学后处理系统，Fieldview 为针对计算流体力学专用的后处理工具，强大的功能使工程及研发人员能完整地表达模型内流场以及物理行为，而友善的操作界面，使用户能快速上手并轻易完成整个后处理工作，与其他 CFD 软件良好的结合性，更减少了使用者在转档上的麻烦，它不仅能提供套装软件如：STAR-CD、CFX、FLUENT 等直接读入 Fieldview，而且使用者亦可自行编译程序，将网格以及后处理结果用 PLOT3D 标准格式转入至 Fieldview 内，进而以图形或动画的方式来呈现研究的成果与想法。Fieldview 是计算流体力学（CFD）中最受欢迎的后处理器，它在整个世界有超过 500 个大型组织在使用该软件作流体后处理分析。Fieldview 有着丰富的图形和视觉包，且能给 CFD 解决办法和复杂的批处理方式的分析过程实现自动化，并提供先进方法、添加有价值的数值计算。这些特征帮助工程师和分析家设计更好的产品，以较少的时间和花费进行产品开发。

在数值模拟领域内，后处理的过程往往是最重要但却最容易被忽视的一个部分，Fieldview 可以帮助使用者以图形及动画的方式来表达所有的资讯，而不再只是一连串的数字资料，Fieldview 提供了丰富及强大的功能，使用者可以在同一画面上表达多样的资料，如 Scalar Data、Vector Data、Streamline、Iso-surface、XYZplot 及暂态等资料，并可转成 avi 档以动画的方式来表达数值成果，且因 Fieldview 支持 OpenGL 格式，呈现的画面非常华丽，在作投影简报或书面资料时更能充分吸引聆听者的注意力并表达出研究人员的想法。Fieldview 可以自动察觉算法处理 CFD 特征（如涡核，分离和再附着等情况），目前，这些流动特征的识别依赖于用户的流体力学知识的间接识别方法。ILight Fieldview 将间接判断变自动识别。Fieldview 具有关键框架动画功能（流体分析的动画直观演示化），提供给客户直观的演示，不管在研发中还是在给客户有影响的演示中都可以很好地演示。Fieldview 的远程服务操作，可让用户分享并分析储存在远程服务器机器上的数据。Fieldview 对三维区域和旋转机械设备的处理有一定的提高，并提升了 CFD 后处理开发的标准性。

1.5 本章小结

本章主要介绍了流体力学的基础知识，CFD 发展的简单历史以及几种主流的 CFD 前处理、求解器和后处理软件。借助于 CFD 的不断进步以及计算机技术的迅速发展，CFD 已逐渐成为航空、航天、船舶、气象、水利、武器、汽车、机械、海洋、环境、化工、生物及建筑等领域中不可缺少的一部分，CFD 技术取得了举世瞩目的成就。近 40 年来，CFD 逐渐步入了三种流体力学研究方法中的领先地位，CFD 方法、实验方法、理论方法相辅相成，其中 CFD 方法所占的比重则日益提高。

通过对第 1 章的学习，读者可以对计算流体力学 CFD 的概况有比较清楚的认识，对 CFD 方法解决问题的流程方法，采用的软件，数据的处理等方面也有了比较宏观的认识，在下面的章节中，本书将主要根据不同的算例，向读者讲解不同的解决方法，使读者能更加直观地认识并最终可以使用 ANSYS FLUENT 软件解决问题。

第 2 章　网格基础与基本操作

网格是进行流体力学分析的基础，网格的划分是每一个流体力学研究人员应具备的基本技术，它会关系到流体力学求解的准确性和精确性。对网格的划分是流体力学研究最为耗时的一部分工作。网格一般粗略地分为结构网格、非结构网格和混合网格。

本章将主要讲解关于网格的基础知识，以及如何运用网格划分工具 Pointwise 和 ICEM 来划分网格。

2.1　CFD 网格前处理

在遇到流体力学问题并选好采用计算流体力学分析方法后，若对求解方法有了总体思路，开始动手解决问题的第一大步就是前处理，即划分网格。

2.1.1　划分网格的目的

计算网格的合理设计和高质量生成是 CFD 计算的前提条件，即使在 CFD 高度发展的国家，网格生成仍然是最占人力时间的一部分，可以达到 60%～80%。一套划分良好的网格是 CFD 解决问题的关键。划分网格，用学术的语言就是将空间中，特定外形的计算区域，按照拓扑结构划分成需要的子区域，并确定每个区域中的节点。生成网格的本质在数学上就是用有限个离散的点来代替原来的连续空间，之后将控制偏微分方程组转化为各个节点上的代数方程组。

CFD 和网格生成的先驱 Steger 在 1991 年就指出，网格生成仍然是 CFD 走向全面应用的一个关键步骤，复杂外形网格生成大的工作需要专职队伍的投入。复杂外形的网格生成技术已经成为 CFD 推广的主要难题，因此世界各国都在积极努力减小网格划分的难度，提高网格划分的精度。

2.1.2　网格划分的几何要素

网格划分结束后，可以得到大约 6 种几何要素，如图 2.1 所示。

- ✧ Cell：单元体，由表征流体和固体区域的网格所确定的离散化的控制体计算域。
- ✧ Face：面，Cell 的边界。
- ✧ Edge：边，Face 的边界。
- ✧ Node：节点，Edge 的交汇处/网格点。
- ✧ Block：块，由一定数量 Cell 组成的特定区域。
- ✧ Zone：区域，可以是一组节点、面和单元体。

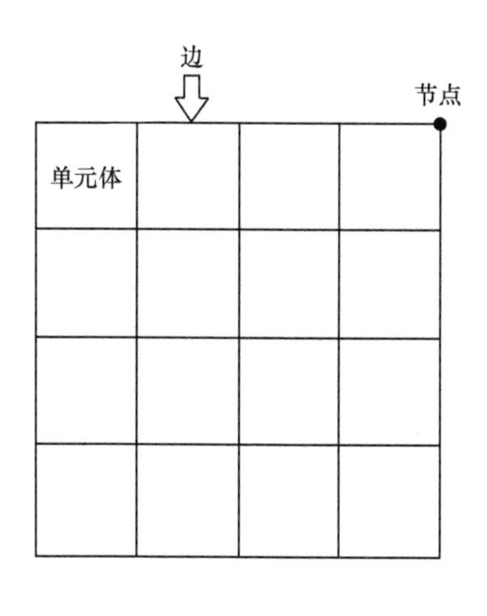

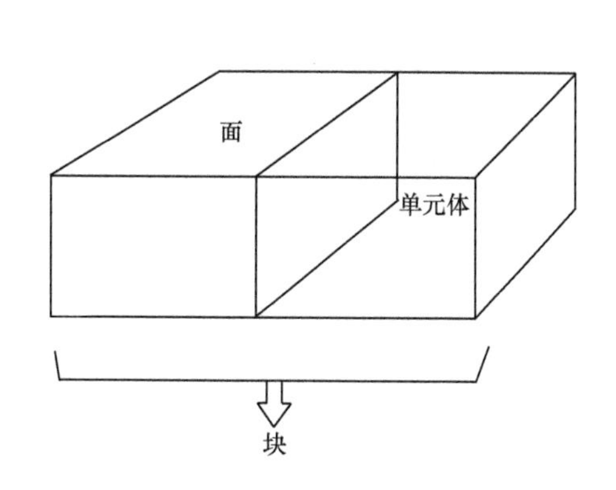

图 2.1 网格单元几何要素

边界条件都存储在 Face 中，材料数据和源项等存储在 Zone 的 Cell 中。

不同的网格划分软件，对几何要素的控制力是不同的，比如说，Pointwise 软件对 Node 的控制不是直接的，而是依附在 Edge 上，不能单独地创建点；而 ICEM 则可以单独地创建点这种几何要素。另外，不同的格式对于几何要素的把控也是不同的，有些软件没有 Block 这个概念，有些则不能处理多区域的网格，这些需要针对具体问题具体分析。

2.1.3 网格形状及拓扑结构

1. 网格形状

ANSYS FLUENT 中，可以处理二维和三维的网格，下面对网格的形状进行描述：

1）四边形网格

如图 2.2 所示的四边形网格是 2D 和 3D 中结构网格的基本单元，是最为常用的一种网格形状，四边形网格往往生成质量较高的网格。

2）三角形网格

三角形网格（图 2.3）是 2D 和 3D 中非结构网格的基本单元，是非结构网格的标志，在 ANSYS FLUENT 中，三角形网格和四边形网格可以混合在一套网格中使用。

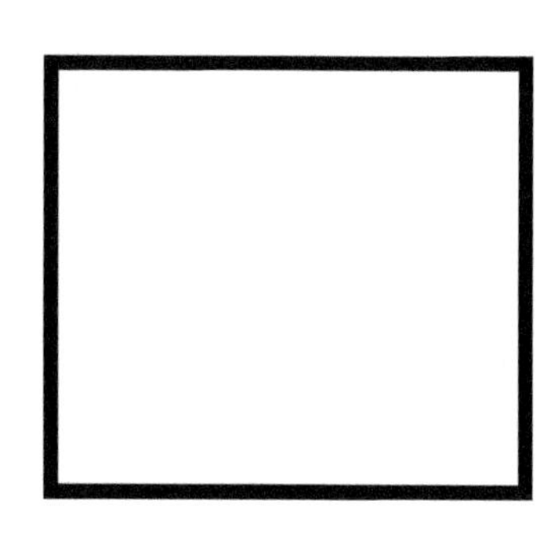

图 2.2 四边形网格

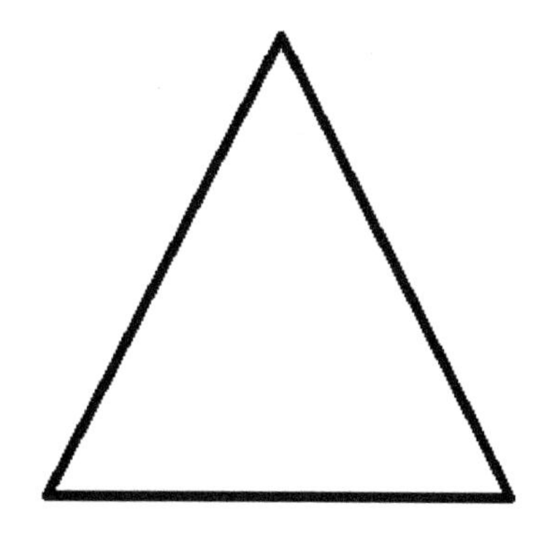

图 2.3 三角形网格

3）六面体网格

六面体网格（图 2.4）是结构网格的单元，六面体网格往往具有较高的网格质量，主要是通过四面体网格组合而成的，在壁面处理时，六面体网格的正交性更好，计算精度较高，速度快；但是生成复杂，需要人工时间较长。

4）四面体网格

四面体网格（图 2.5）一般由三角形网格组合而成，是非结构网格的主要组成部分，四面体网格的优点在于生成迅速，逼近实体壁面程度高，但是计算精度不高，且生成的网格数量较大，计算量大。

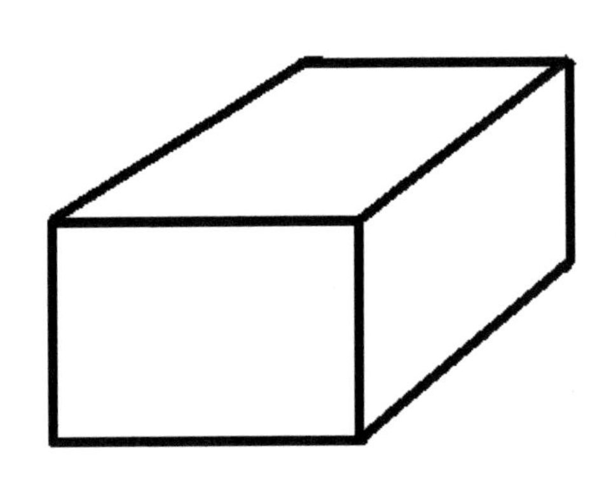

图 2.4　六面体网格

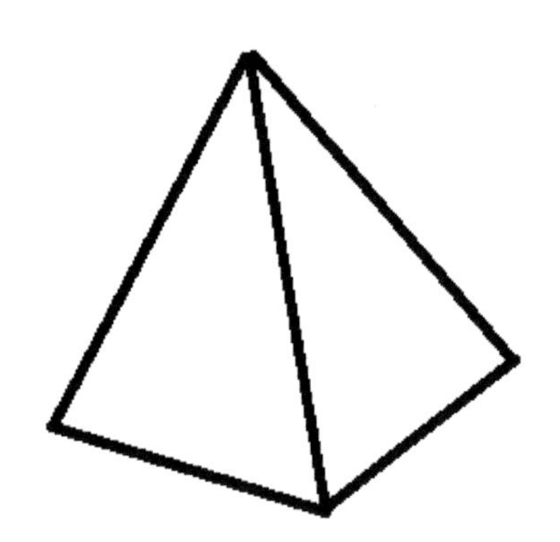

图 2.5　四面体网格

5）棱柱网格

棱柱网格（图 2.6）是非结构网格边界层中运用比较多的一种网格，由三角形网格和四边形网格组成，在非结构网格的边界层内，三角形网格作为贴体网格能更好地逼近壁面。四边形网格生成的棱柱层又能较好地满足边界层内流体的流动，采用棱柱边界层作为非结构网格的边界层网格可以提高计算精度。

6）金字塔网格

金字塔网格（图 2.7）是在生成混合网格时，四面体和六面体之间的连接网格，一般来说，金字塔网格用得不是很多，并非是结构网格中占据大多数的网格，而是一种辅助性质的网格，但是也不能忽视。

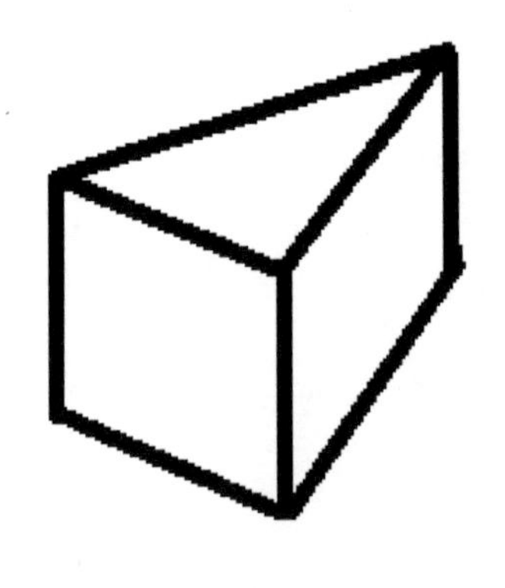

图 2.6　棱柱网格

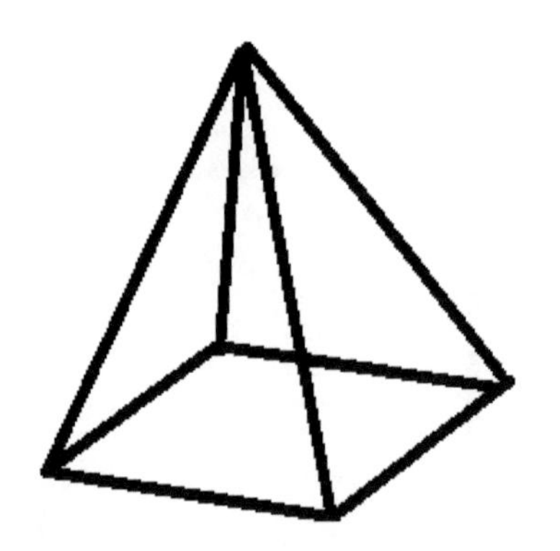

图 2.7　金字塔网格

2．网格拓扑结构

从拓扑结构来分析，结构网格一般可以分为：O 型、C 型和 H 型，如图 2.8～图 2.10 所示。H 型拓扑结构适合于两端都是尖截面的物体，如菱形截面的物体；C 型拓扑结构适合于一端是钝头而另一端是尖截面的物体，如锥形截面物体；O 型拓扑结构适合于两端都是钝截面的物体，如圆形或椭圆形截面物体。三维结构化网格的拓扑结构是以上三种形式的组合。对于复杂的外形部件，若采用单一的拓扑结构则不能生成较好的计算网格，要采用分区的方法，把流场空间分为几个不同的区域，在子区内采用适当的拓扑结构来生成网格。

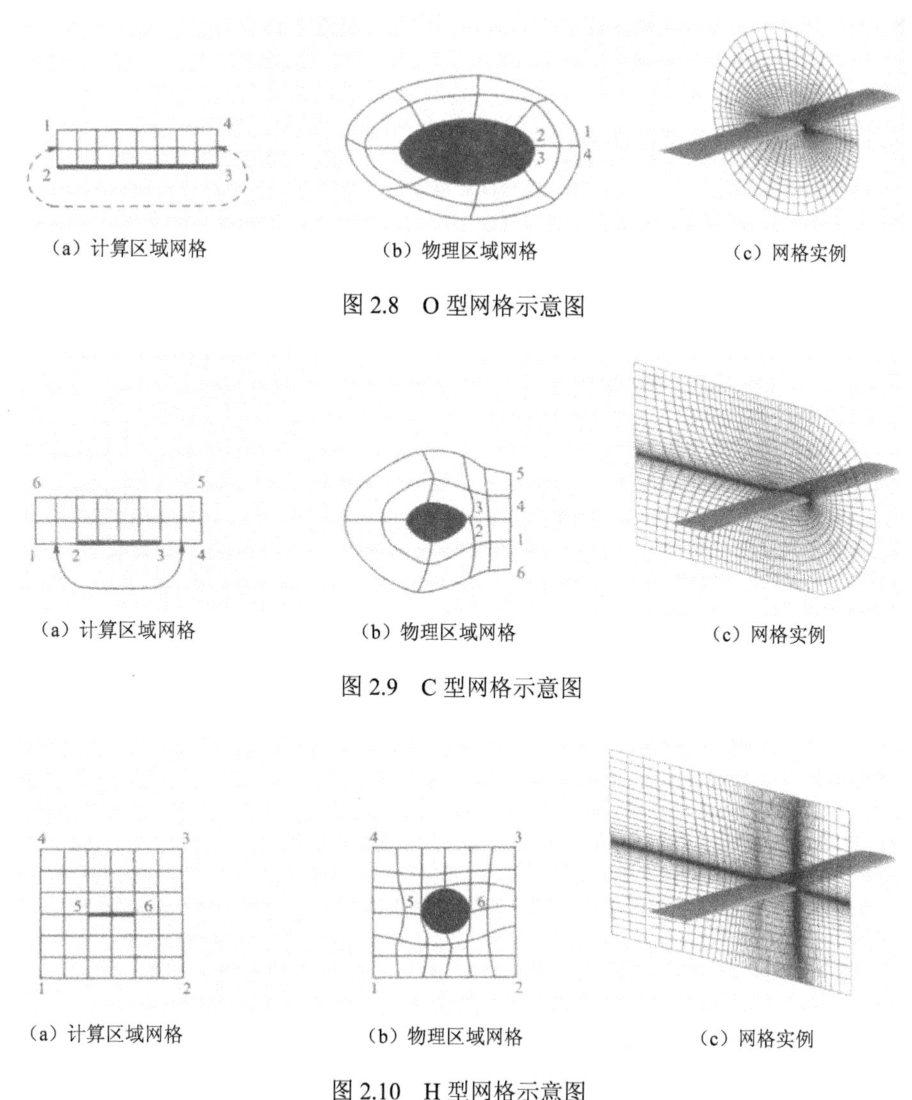

（a）计算区域网格　（b）物理区域网格　（c）网格实例

图 2.8　O 型网格示意图

（a）计算区域网格　（b）物理区域网格　（c）网格实例

图 2.9　C 型网格示意图

（a）计算区域网格　（b）物理区域网格　（c）网格实例

图 2.10　H 型网格示意图

2.1.4　结构与非结构网格

计算网格按网格点之间的邻接关系可分为结构网格、非结构网格和混合网格三种类型，如图 2.11 所示。

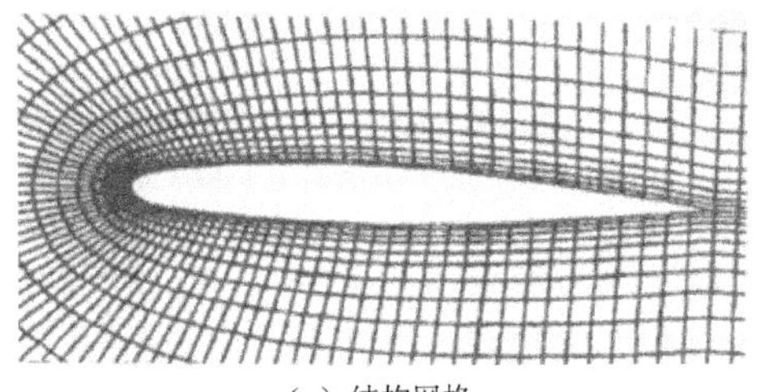

（a）结构网格

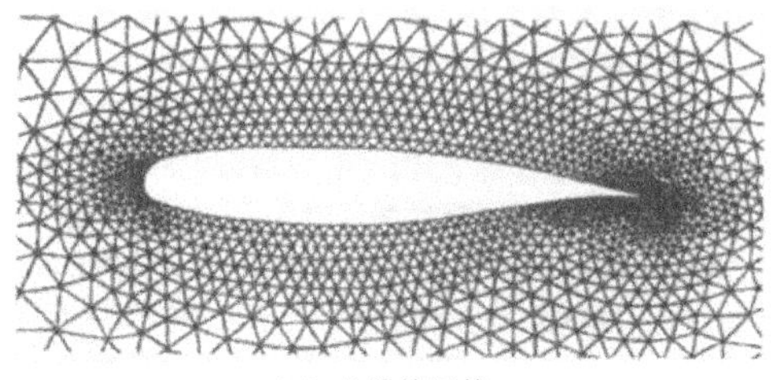

（b）非结构网格

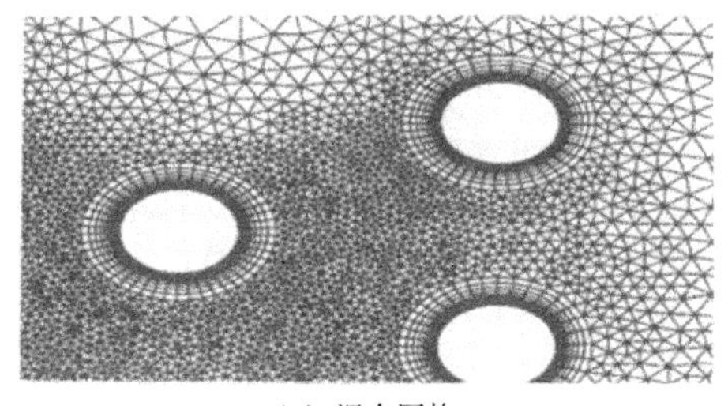

（c）混合网格

图 2.11　网格类型示意图

1）结构网格

结构网格的网格点之间的邻接是有序而规则的，除了边界点外，内部网格点都有相同的邻接网格数（一维是 2 个，二维是 4 个，三维是 6 个）。

结构网格的数据按照顺序存储，其单元是二维的四边形和三维的六面体，在拓扑奇点处可退化为二维三角形和四面体；结构网格同计算区域中流体的流动方向有很好的一致性，能够较好地模拟壁面边界层、激波和自由剪切层等流动，其计算精度高于非结构网格。

结构网格的优点：

（1）网格的质量高。

（2）网格生成的数据结构简单。

（3）网格生成计算时间短。

（4）数值模拟时容易收敛。

（5）网格容易实现区域边界拟合。

2）非结构网格

非结构网格点之间的邻接是无序的、不规则的，每个网格节点可以有不同的邻接网格数。常用的非结构网格包括：三角形网格、四面体网格和金字塔形网格。

非结构网格则没有自动隐含这种方便的索引结构，其每个单元都是一个相对独立的个体，需要人工生成相应的数据结构以便对网格数据进行索引和查找，单元有二维的三角形、四边形，三维的四面体、六面体、三棱柱和金字塔等多种形状。

非结构网格舍去了网格节点的结构性限制，节点和单元的分布是任意的，能较好地处理边界，对于复杂的几何外形具有很强的适应性。对于复杂的计算区域，非结构网格的生成速度要高于结构网格，但是对于相同尺寸的流场空间而言，要求达到相同的计算精度，非结构网格的网格数量远远大于结构网格，导致计算机内存和计算时间增加。

非结构网格优点：

（1）网格生成需要的人工时间少。

（2）网格容易贴近壁面，拟合实体精确。

（3）适用于外形过于复杂的实体。

（4）对于一些未知方向的流动有更好的适应性。

3）混合网格

混合网格是将结构网格和非结构网格混合起来布置，在一些对于正交性要求较高的地方采用结构网格划分，而对于一些流动比较复杂和对正交性要求不是很高的区域可以采用非结构网格划分。可以说混合网格的划分将结构网格和非结构网格的优点都结合到了一起。

混合网格优点：

（1）网格生成需要的人工时间适中。

（2）网格生成的质量较好。

（3）适用于外形过于复杂的实体。

（4）能较大限度地模拟流动的真实性。

2.1.5　壁面和近壁区网格处理原则

采用 ANSYS FLUENT 解决流体力学问题时，多采用湍流模型来处理，需要注意的是湍流模型一般是针对充分发展的湍流，一般应用于高 Re 数的流动中。但是，一般近壁区由于黏性的作用，Re 数往往并不大，湍流的发展不充分，脉动项不如黏性项的作用大，所以近壁区一般不能用湍流模型来简单处理，需要对近壁区采取特殊处理。在划分网格时就需要注意这一点。

1. 壁面边界层

对于有壁面的流动，一般分为近壁区和核心区进行考虑，近壁区主要是未充分发展的湍流，而核心区则是充分发展的湍流。

近壁区由于受到壁面的影响，可以分为三个部分：

1）黏性底层

黏性底层是紧贴壁面的一层极薄的流体，在黏性底层的流动中，能量、质量和动量的交换主要是黏性力的作用，可以忽略湍流切应力，看成是层流流动。在黏性底层平行于壁面分析的速度分量沿壁面法线方向呈线性分布。

2）过渡层

过渡层是在黏性底层之外对数层之间的一层流体，过渡层中，黏性力和湍流切应力的作用处在同一个量级，流动的情况比较复杂，但是过渡层非常薄，在实际中，过渡层一般作为对数层来处理。

3）对数层

对数层是近壁区的最外层，黏性力的影响不明显，主要是受湍流切应力的控制，湍流基本处于充分发展的状态，流苏的分布接近对数规律。

ANSYS FLUENT 处理近壁区的流动时，采用的是壁面函数法，有标准壁面函数法、非平衡壁面函数法和增强壁面函数法，壁面函数法的本质是在黏性底层直接按照半经验公式求解，而在对数层应用湍流模型来求解。

1）标准壁面函数法

标准壁面函数法利用对数校正法提供了必需的壁面边界条件。

优点：应用广泛、计算量较小，适用性更强，精度较高。

缺点：适用于高 Re 数的流动，对低 Re 数流动适应性较差，不适用于大压力梯度、大体积力、低 Re 数、高速三维流动、高度蒸腾等问题。

2）非平衡壁面函数

非平衡壁面函数法可以用来改善高压力梯度、分离、再附着等情况。

优点：考虑了压力梯度，可以计算分离、再附着、撞击等问题。

缺点：对于低 Re 数、较强压力梯度、强体积力、强三维性的问题不适用。

3）增强壁面处理

增强壁面处理的方法把混合边界模型和两层边界模型结合起来，对低 Re 数流动或者复杂近壁流动现象比较合适，湍流模型在内层上得到了修正。

优点：不依赖壁面法则，对于复杂壁面流动，低 Re 数流动非常合适。

缺点：要求网格细密，占用计算机资源大。

总的来说，一般高 Re 数流动选用标准壁面函数法和非平衡壁面函数法即可较好地解决问题，而对于低 Re 数和复杂近壁区流动的问题则选取增强壁面函数法可以较好地解决问题。

2．近壁区网格的处理

采用壁面函数法来处理近壁区流动，对于网格的划分有一定的要求，需要把第一层网格节点布置在对数律区域内。

在此之前，需要先介绍一下划分边界层中最重要的一个量 y^+, y^+是反映近壁区内不同子层的无量纲高度。

$$y^+ = \frac{yU_\tau}{\upsilon}$$

$$U_\tau = \sqrt{\frac{\tau_w}{\rho}}$$

其中，U_τ 是壁面摩擦速度，y 是与壁面的垂直距离，υ 为黏性系数，τ_w 是壁面切应力，ρ 是密度。

第一层网格厚度的选取方式对于不同的函数有不同方法：

对于标准壁面函数和非平衡壁面函数法来说，第一层网格的布置需要在对数层内，一般来说选取 y^+=30～300。

对于增强壁面函数来说，第一层网格的布置需要在亚黏性层上，y^+定为 1 左右。

一般来说，第一层网格的厚度估算公式为：

$$y = \frac{y^+\upsilon}{U_\tau}$$

$$U_\tau = \sqrt{\frac{\tau_w}{\rho}} = U_e\sqrt{\frac{\overline{C}_f}{2}}$$

其中，$\overline{C}_f$ 为表面摩擦系数，对于平板 $\overline{C}_f=2\times0.037/\mathrm{Re}_L^{1/5}$，对于管道 $\overline{C}_f=2\times0.037/\mathrm{Re}_{D_h}^{1/4}$。

2.1.6 网格质量评价标准

网格的质量直接影响计算的精度，所以对网格质量的把控也是十分重要的一件工作，目前来说，网格质量的评判方法有很多。

网格的质量包括所有网格节点的压扁程度，节点压扁程度定量描述了节点偏离其相应正交面的程度。节点的聚集度和密度因为流动的连续性而被离散化，即节点的布置方式主要应该取决于流动的情况，而在计算前又不知道流动的情况，这就需要在划分网格前对流动的基本情况有一定的认识，根据已有的流体力学经验来调整节点的密度和聚集度。当然，流动现象复杂的地方应该加密处理，如果网格数量不够，甚至会得到一些非物理的解。

网格单元的质量一般由扭曲率和横纵比来确定判断。

扭曲率（Skewness）为实际节点的形状与同体积等边节点的比例。一般来说，高扭曲率是不希望得到的，扭曲率越低越容易收敛。理想的四边形网格是正方形，理想的三角形网格是等边三角形，理想的六面体网格是正六面体。根据经验，三角形与四面体网格的扭曲率不宜大于0.95，平均不宜大于 0.33。因为过大的扭曲率会导致收敛困难，有时候解算器会出现“算不过去”的情况。

横纵比（Aspect Ratio）是指网格最小单元内，最短边与最长边的比值，反映了节点被拉长的程度。根据经验，流动核心区应尽量保持在 1，不宜低于 0.2，而对于边界层内的网格，不宜低于 0.05。

2.1.7 选择合适的网格

选择合适的网格，需要结合所遇问题和自身情况再考虑划分网格时间、计算量和计算精度等方面来确定。

1）划分网格的时间

划分网格的时间与所遇到的实体复杂程度和选取的网格类型以及自身操作熟练度等方面有关。一般的原则是，在自身能力及时间允许的范围内尽量选取结构网格，而如果遇到复杂外形、精度要求不是非常高的问题，应选取非结构网格。对于特别简单的几何外形，如某些二维问题，尽量选用结构网格。当然，随着计算机技术的不断发展，非结构网格会是未来的主流趋势。

2）计算量

对于非常复杂的外形，采用非结构的网格会比结构网格更节省网格数量，因为在特定的小区域内，非结构网格不需要做到有序化的对应，而网格总是直接决定着迭代每一步的时间和总时间。

3）精确度

对于流体计算而言，多尺度的计算容易产生数值扩散，数值扩散不是实际的物理扩散，会严重影响求解的结果。所以在实际的网格划分中，应该尽量提高最差网格的精度和平均网格的精度。

另外，对于复杂的流动区域，生成单域的计算网格是十分困难的，即使勉强生成，网格质量也难以保证，从而影响数值计算精度。因此，目前常采用分区网格及分区计算技术，即根据物体的外形特点将流场划分为若干个子区域，对每个子区域分别建立网格，并在其中对流动控制方程求解，各子域的解在相邻子域边界处通过耦合条件来实现光滑。分区包括相邻子域无重叠部分的对接和相邻子域有重叠部分的覆盖两种方法，ANSYS FLUENT 支持这两种方法。

2.2 Pointwise 结构网格的划分

Pointwise 是 Gridgen 的升级版本，与 Gridgen 一样都是 Pointwise 公司旗下的产品。Pointwise 在划分网格时有其独到之处，可以输入多种格式的几何外形，也可以针对不同的求解器来输出不同格式的网格；另外，Pointwise 在划分网格时有比如增长及优化等其他工具没有的特点，值得读者学习，不介绍 Gambit 主要是因为其基本已经被市场淘汰了，虽然在 CFD 发展的历史上，Gambit 曾作出过巨大的贡献，但是因为划分速度慢、没有技术突破等方面的原因，被 Pointwise 和 ICEM 取代是不可避免的历史趋势。

Pointwise 是一款强大的网格划分软件，可以划分三角形、四边形、四面体、六面体、棱柱等多种形式的网格，也能采用多种方式检查网格质量，对网格进行优化，并输出不同形式的网格。

本章将以 Pointwise V16.02 介绍其基本功能和使用方法，以及如何运用 Pointwise 来划分结构网格。

2.2.1 Pointwise 界面

首先需要对 Pointwise 进行安装。Pointwise 的安装方法非常简单，找到安装包后，双击即可进入安装界面，Pointwise 的安装界面与其他优秀软件一样，非常简洁方便，只需要选择好安装路径按照提示一步一步操作即可，如图 2.12 所示。

需要注意的是 Pointwise 有 32 位版本和 64 位版本两种，如果是 64 位系统，建议选择 64 位版本的 Pointwise，因为 64 位版本的 Pointwise 处理网格更快速，并且可以处理更多数量的网格。

在安装好 Pointwise 后，双击桌面上的图标，可以进入 Pointwise，如图 2.13 所示，一般来说，Pointwise 的操作界面主要分为以下几个区域。

- ✧ 菜单栏：菜单栏中的各个选项下面几乎可以进行 Pointwise 所有的操作，但是部分操作在菜单栏的展开项里面，用起来相对麻烦。
- ✧ 快捷操作栏：Pointwise 中一些应用比较多的功能，都可以在快捷操作栏中显示来，并在菜单栏中设定。
- ✧ 网格数据栏：在网格数据栏中，可以看到几何模型、线、面、体等网格数据的具体信息，比如，网格的数量、网格的类型等。
- ✧ 信息栏：可以看到每一步操作的具体信息，目前版本的信息都是英文，需要用户有一定的英文功底。

✧ 网格划分操作区：这是 Pointwise 中最为重要的区域，所有的网格划分操作都需要在这个区域内完成。

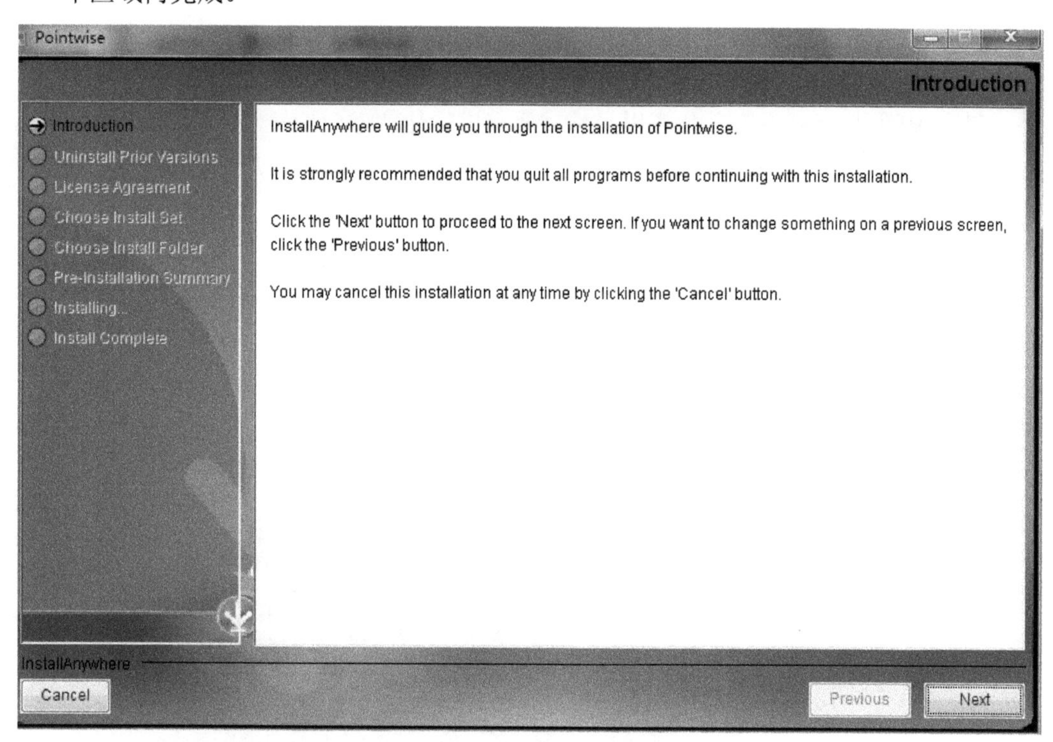

图 2.12　Pointwise 安装界面

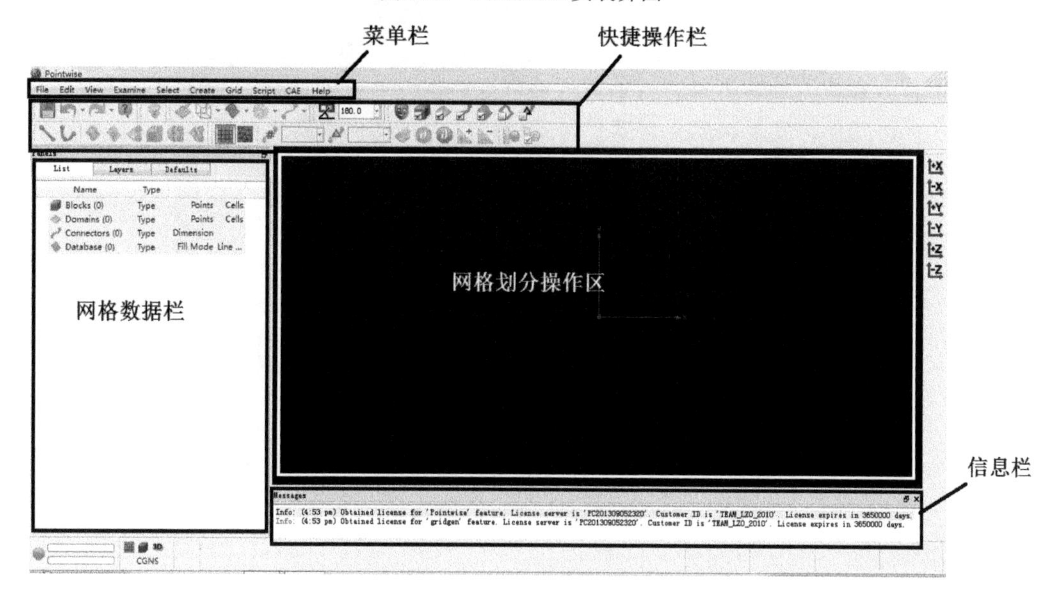

图 2.13　Pointwise 操作界面

2.2.2　Pointwise 基本操作

在对每个区域的功能有了概况的认识后，就可以先介绍一下 Pointwise 的基本操作。

- ✧ 单击鼠标左键：代表选择确认。
- ✧ 单击鼠标右键：无实际功能。
- ✧ 滑动滚轮：代表快速放大缩小。
- ✧ 单击滚轮并拖动：代表慢速放大缩小。
- ✧ 长按 Ctrl 并按鼠标右键：代表以坐标轴原点进行任意方向旋转。
- ✧ 长按 Ctrl 并按鼠标中键：代表以垂直于当前视角方向为轴进行旋转。
- ✧ 长按 Shift 并按鼠标右键：代表平移。
- ✧ 长按 Shift 并按鼠标中键：代表按照选择框大小进行放大。

另外，对于熟练的操作者来说，在拿到新安装的 Pointwise 软件后，要做的第一件事情就是打开 Pointwise 的所有快捷功能，在菜单栏中选取 View 选项卡，再选取最后一项 Toolbars 中的 Customize，打开所有的快捷操作，如图 2.14 所示，然后再拖动快捷操作中的每一块内容，保证所有的快捷操作可以显示即可。

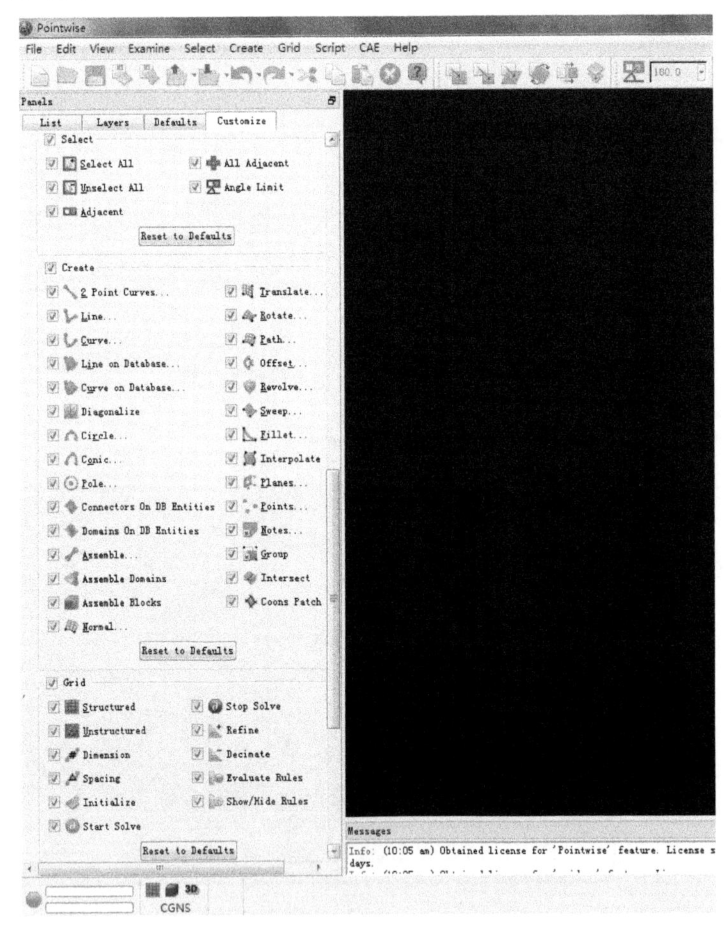

图 2.14　Customize 中开启快捷操作

2.2.3　Pointwise 几何处理

Pointwise 可以对导入的几何模型进行操作，但功能不是很丰富，主要原因是 Pointwise 对

几何模型的要求并不高。

下面以某三角翼模型为例来讲解几何模型的处理。首先，将几何模型导入 Pointwise 中，在菜单栏中选取 File→Import→Datebase 命令，如图 2.15 所示。

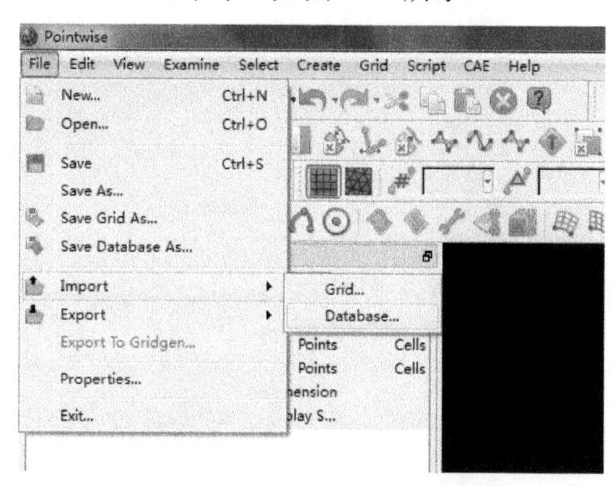

图 2.15　导入几何模型操作

导入的模型可以是 Gridgen 格式的，通用的 IGS/IGES、Nastran、Plot3D、Patran、STL 等格式，基本上涵盖了工程中用到的所有格式，即使有些格式不被允许，也可以通过 CATIA、Solidworks 等软件转换为 IGS 格式来进行。

导入模型后，视图一般为框架图，如图 2.16 中（a）图所示，为了视图方便，一般将框架图转变为阴影图，选取 View→Attributes→Display Style→Shaded ，再单击 Update Entity Display 按钮进行更新操作，如图 2.16 中（b）图所示。

Pointwise 对于专门的几何操作不多，通过菜单栏中 Create 进行选取，有以下几种操作，如表 2.1 所示。

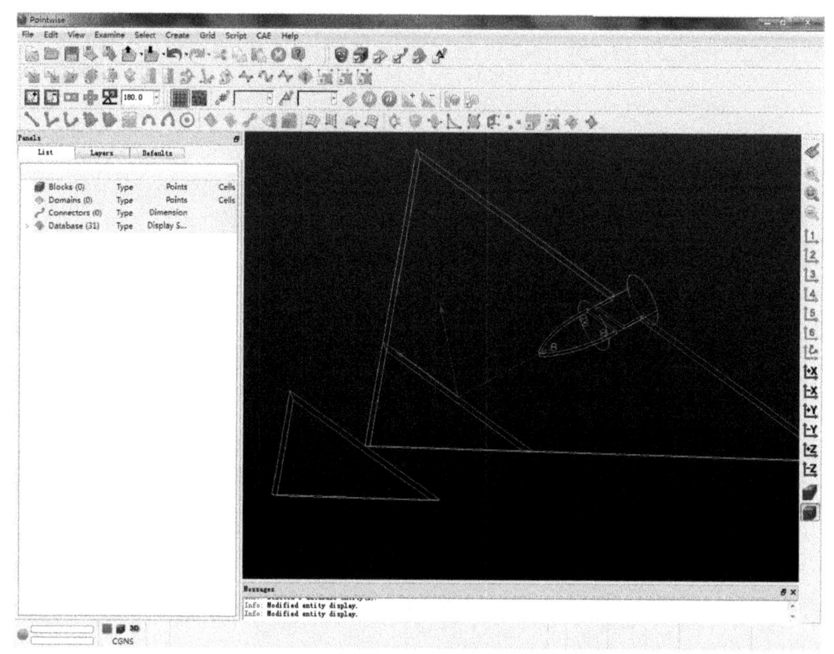

（a）导入三角翼模型

图 2.16　模型显示示意图

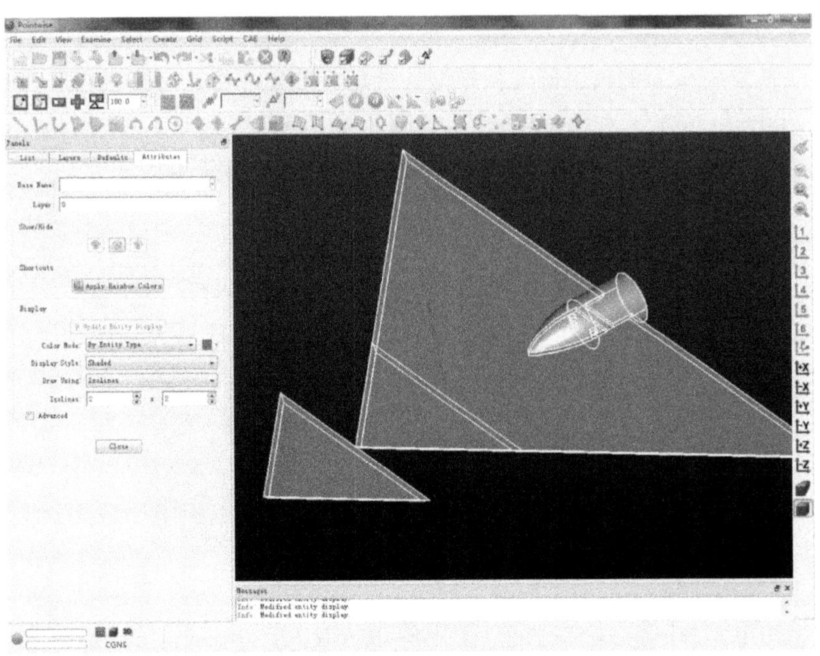

（b）更新模型显示

图 2.16　模型显示示意图（续）

表 2.1　Pointwise 几何操作

图　　标	功 能 名 称	解　　释
	Offset	此功能是在选取数据曲线的基础上建立一个一定距离的新曲线
	Revolve	此功能是由选定曲线旋转出一个数据面
	Sweep	此功能是由选定的曲线扫掠出一个数据面
	Fillet	此功能是由两条曲线和一条控制曲线生成一个数据面
	Interpolate	此功能是由一对曲线插入一个数据面
	Planes	此功能是创建一个新的参考平面
	Points	此功能是创建一些数据点
	Intersect	此功能是创建两组数据的交界线
	Coons patch	此功能是由任意的交界曲线创建一个新的数据面

另外，在 Pointwise 中，对于线的所有操作都是既可以对网格线又可以对实体线进行的，具体的内容将在下一节说明。

2.2.4　Pointwise 划分网格

采用 Pointwise 划分网格的逻辑是由线到面再到体逐层推进的，与 Icem 有些区别。

1．Pointwise 关于线的操作

Pointwise 中，没有专门对于点的操作，对于点的操作只在数据中有所体现，而在网格的划分中，对于点的操作基本上依附于对线的操作，而对线的操作通过菜单栏中 Create 进行选取。下面将对线的操作进行介绍，如表 2.2 所示。

表 2.2　Pointwise 线操作

图　标	功 能 名 称	解　释
	Connectors on Database Entities	此功能创建依附于数据的（网格）线，是 Pointwise 中的核心功能之一
	2 Points Curves	此功能是创建两点间的线，是 Pointwise 中常用的基础功能之一
	Line	此功能是创建折线
	Curve	此功能是创建曲线
	Line on Datebase	此功能是在数据实体上创建折线
	Curve on Datebase	此功能是在数据实体上创建曲线
	Circle	此功能是创建圆弧
	Conic	此功能是创建圆锥曲线
	Pole	此功能是创建极点，即一个点可以连任意多线

需要注意的一点是，采用 Connectors on Database Entities 这一功能作线时，往往会产生两个问题：

（1）生成许多多余或者几乎重复的线，这些线会导致划分网格时的困难，一般的解决方法有两种，第一种方法是找出多余的线并删除，第二种方法相对更好，即合并相近的线。在选取 Grid→Merge 命令会后弹出如图 2.17 所示的 Merge 功能选项卡。Merge 功能的使用也是 Pointwise 的精髓之一，Merge 功能中可以有几种方法：按照容忍度自动合并（Auto Merge）、选择性合并（Merge by Picking）、合并实体（Merge Pairs of Entities）、只对自由线进行操作（Only Free Connectors）等功能。合并多余的线会让网格划分时事半功倍。

（2）生成出一些相交的线，但是间距很小。面对这种问题也有两种解决方法，第一种是把其中一条线删除后重新画线，这种方法不太科学。第二种相对更好，即采用 Stretch 功能，即拉伸功能，可以通过在菜单栏中选取 Edit→Transform→Stretch 命令进行拉伸，该功能是对所有几

何体和网格结构都可以使用的功能之一。Transform 下的各种功能同样对所有几何体和网格结构都可以使用，包括平移（Translate）、缩放（Scale）、拉伸（Stretch）、旋转（Rotate）、镜像（Mirror）。另外一些可以对所有几何体和网格结构都可以使用的功能有：投影（Project）、分割（Split）、合并（Join）。以上提到的功能都是非常实用的，也是 Pointwise 中最为常用的功能。

本节主要讲拉伸（Stretch）功能。

拉伸功能可以将某一点拉伸与另一点合并，也可以按照一定的向量拉伸。选取 Edit→Transform→Stretch 命令后弹出如图 2.18 所示对话框。选取拉伸元素是在网格划分操作区进行的，第一个选取的点为拉伸的锚点（Repick Anchor），即不动的点，第二个点为需要动的点，第三个选取的点为将第二点的拉伸目的点，即将第二点合并到第三点。也可以在选取第二点后，在 Point Placement 中输入拉伸的向量来实现拉伸。

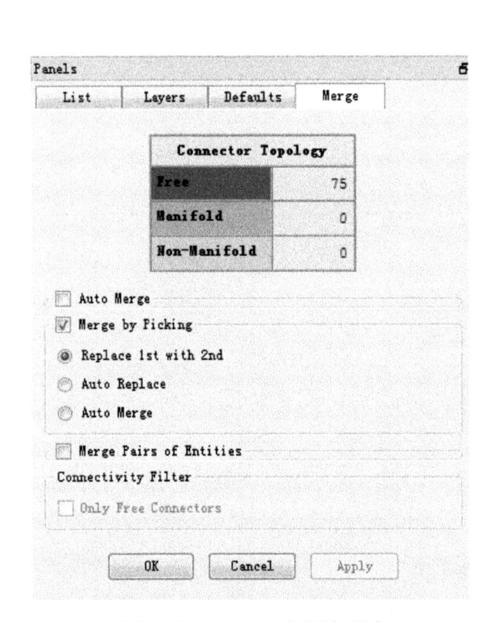

图 2.17　Merge 功能选项卡

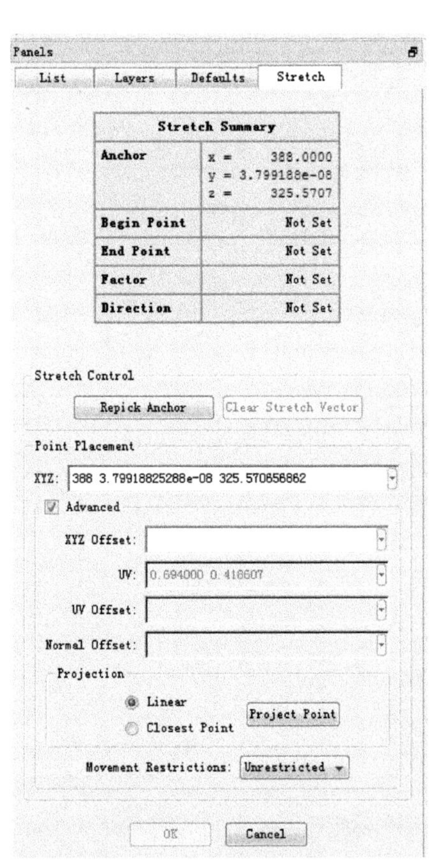

图 2.18　Stretch 功能选项卡

2. Pointwise 关于面和体的操作

在 Pointwise 中，所有的面都是由线组合而成的，一般在划分结构网格时，可以由四条边直接围成一个面，由六个面组成一个体，但 Pointwise 给出了 4 种简单的方法生成面和体，这 4 种方法是 Pointwise 的精髓之一。

首先讲解如何生成面和体，以结构网格为例，生成面的步骤为，选择 Create→Assemble Special→Domian 命令，弹出对话框后，在网格划分操作区选取四条对应节点的边即可生成面。生成体的步骤与生产面的步骤类似，选择 Create→Assemble Special→Block 命令，弹出对话框

后，在网格划分操作区选取需要围成的体的所有面即可生成体。生成面和生成体这两个步骤需要注意的是选取的线和面必须封闭。生成面和生成体是划分非结构网格中最为常用的两个步骤。

Pointwise 给出的四种生成面和体的简单方法，可以通过 Extrude 功能实现。Extrude 功能通过菜单栏选择 Create，再单击 Extrude 进行选取，该功能也就是按照一定要求、由选定的线逐步增长的功能，是 Pointwise 的核心功能之一，下面对四种方法进行讲解：

 Normal

沿着所选边线的法线方向增长，增长的是每一个节点与节点之间的法线方向，多节点的情况下增长最终会成为一个正圆形，这一功能十分实用，特别是在划分二维机翼网格的时候，可以一步生成网格。

Translate

沿着某一固定的向量增长，这一功能也十分的实用，特别是在划分三维网格的时候，能大大减少网格划分的时间。

 Rotate

旋转增长，可以选取旋转的角度，这一功能在划分某些旋转的模型时也非常有用，可以减少工作量。

Path

按照某一固定路径增长，这一功能不管在划分二维还是三维网格时，都是十分实用的，特别是在划分三维结构网格的时候，可以有效地增长出需要的网格。

这四种功能对线和面都适用，由线可以增长出面网格，而由面可以增长出体网格，灵活运用四种功能是能否用好 Pointwise 的核心，需要注意的是，四边形面网格可以直接增长出结构的六面体网格，而三角形面网格可以增长出棱柱层的体网格，这在非结构网格中十分重要。

通过菜单栏选择 Create 再单击 Extrude 选取好四种方式之一后，弹出如图 2.19 所示的网格增长的操作设置对话框。可以在 Run 选项卡中输入增长的步数（Steps），需要注意的是增长的步数+1 为生成网格的边的节点数。在 Attributes 选项卡中，可以确定增长的具体细节：第一层网格的厚度（Initial Δs）、网格层与层之间的增长率（Growth Rate）、最小层高（Minimum Δs）、最大层高（Maximum Δs）、增长方向（Orientation）、停止增长条件（Stop Conditions）、增长方式（Extrusion Method）、形状限制（Shape Constraint）、光滑参数（Smoothing Parameters）等条件。这些条件的合理选取和设置，可以帮助我们快速、准确地生成需要的网格。一般来说，第一层网格的厚度需要根据湍流模型的选取和 y^+来确定，而边界层内网格的增长率不宜超过 1.25，停止增长条件中的扭曲率不宜大于 0.99，这些参数的选取都是根据公式和经验日积月累得到的，在初次使用的时候可以参考前人的网格。

值得一提的是，Pointwise 的边界层网格就是采用 Extrude 中的这几种功能来实现的，在后面的介绍中，将不会专门对边界层网格的划分方法作进一步的说明。总的来说，对 Extrude 功能的准确、灵活使用是 Pointwise 的精髓所在。

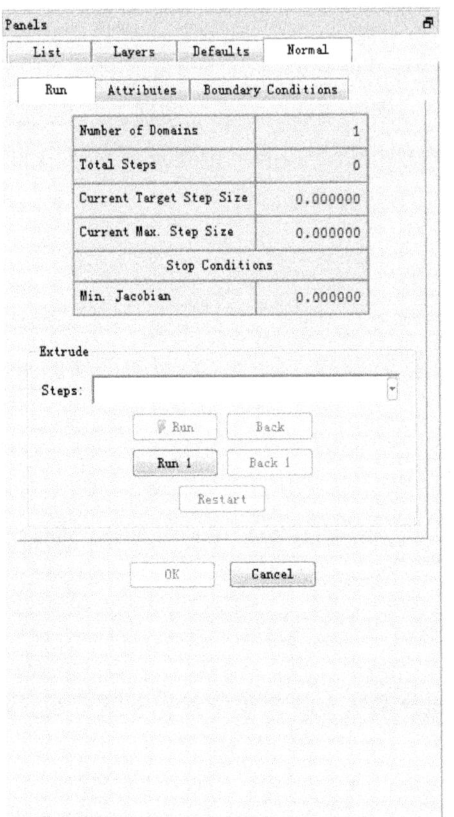

（a）Extrude 中 Run 选项卡

（b）Extrude 中 Attribute 选项卡

图 2.19　Extrude 功能选项卡

2.2.5　Pointwise 指定边界和区域类型

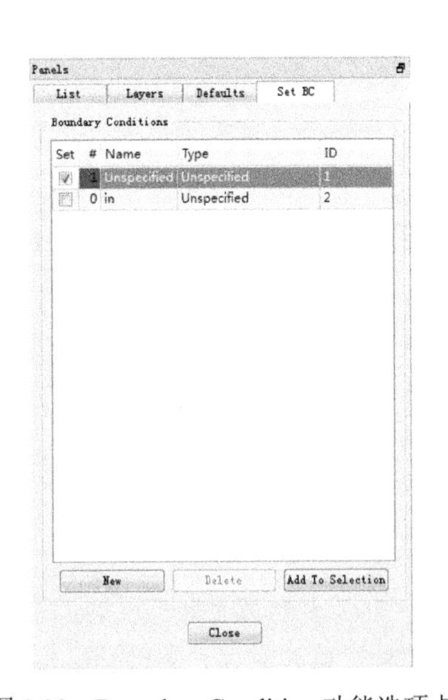

图 2.20　Boundary Condition 功能选项卡

Pointwise 中，在 CAE 选项卡中，可以选择设置边界条件的类型和区域的类型，即选取 CAE→Set Boundary Condition 命令和 CAE→Set Volume Condition 命令，弹出如图 2.20 所示的对话框。

在边界条件设置中，系统会把所有非内部的面都列在 Unspecified 项目中，单击时会变成红色，如图 2.20 所示。选择 New 来新建边界条件，在网格面中选中需要独立出来的边界，然后单击所选的边界，在 Set 下面的框内单击确认移入，然后在网格划分操作区域空白处单击即可。在边界条件的设置中，可以设置边界类型，边界类型的设置是根据求解器的设置得到的，一般来说，有入口边界、出口边界、壁面边界、远场边界、对称面等边界条件，根据具体的问题来设置即可。在所有的 Unspecified 边界都设置好后，Unspecified 一项会变为 0。

值得一提的是，可以用 Unspecified 来检查某些没有划分好的 Block，因为内部一般是不会出现边界的，所以能据此来查找有些 Block 划分的错误。

区域类型的设置方法与边界条件的设置类似，只是区域边界的种类没有那么多，一般只有流体和固体两种，只需要把流体区域选中后移入新建的指定区域类型中即可。

2.2.6 网格质量管理及输出

Pointwise 对网格质量的管理和网格的输出功能都很强大，可供选择的内容也很多，下面将分别进行说明。

1. 网格质量管理

Pointwise 对网格质量的管理是多种多样的，有 Jacobian（Jacobian 函数质量）、Volume（网格体积）、Area（网格面积）、Length（网格长度）、Wall Spacing（网格壁面间距）、Size Ratio（网格尺寸比）、Aspect Ratio（网格横纵比）、Smoothness（网格光滑度）、Minimum Included Angle（网格最小夹角）、Maximum Included Angle（网格最大夹角）、Equiangle Skewness（平均角扭曲率）、Equivolume Skewness（平均体积扭曲率）等。网格质量的检查通过菜单栏中的 Examine 命令选取，一般常用的如下。

Volume（网格体积），确定网格没有负体积以及最小体积和最小网格单元的体积尺度。

Equivolume Skewness（平均体积扭曲率），确定扭曲度不要太大，以便于保证计算时网格能正常收敛。

2. 网格输出

选择好合适的求解器，Pointwise 提供了很多的求解器接口。选择 CAE→Set Slove 命令，弹出如图 2.21 所示的对话框，可以对网格输出类型进行选择。有 ANSYS FLUENT、CFD++、STAR-CD 等主流软件，也有 CGNS、Nastran 等通用格式，在确定好边界条件以及区域类型之后，选取所有的体网格，通过 File→Export→CAE 输出。输出网格后，导入求解器中就可以进行设置及迭代计算。

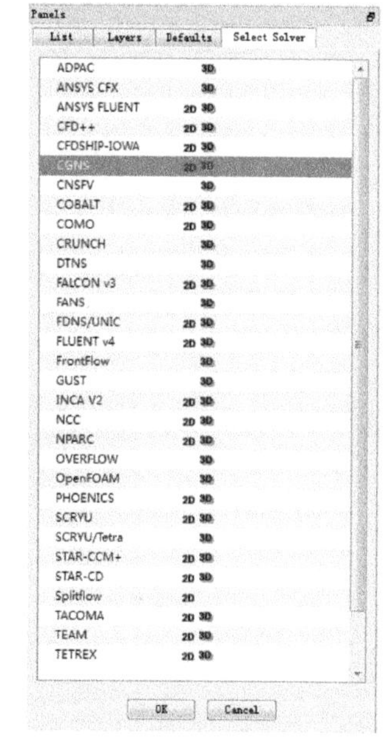

图 2.21 求解器功能选项卡内容

2.3 ICEM CFD 非结构网格的划分

ICEM CFD 是一款非常强大的专业 CFD 网格划分软件，可以划分结构网格和非结构网格。由于其非结构网格功能强大，划分方便，生成的网格质量较高，所以推荐采用 ICEM 进行非结构网格的划分，本节将主要介绍 ICEM 软件。

2.3.1 ICEM 基础及界面

对 ICEM 的认识应该从 ICEM 软件的界面，操作方式，基本文件类型，基本功能等方面逐步认识。

1. ICEM 界面

ICEM 的操作界面非常实用，可以显示与操作的内容很多，信息量也较大。如图 2.22 所示，ICEM 操作界面主要分为：

- ✧ 菜单栏：菜单栏内主要是一些基本的操作，如、输入、输出、设置、视角等。
- ✧ 快捷操作栏：快捷操作栏是菜单栏内容的快捷按钮。
- ✧ 快捷功能栏：快捷功能栏的内容非常丰富，可以进行几何模型、网格布置、网格划分、网格编辑、输入、输出等操作，是 ICEM 软件的核心功能。
- ✧ 网格信息栏：网格信息栏中，可以把几何模型以及网格的点、线、面、体等信息分类，并制定显示，灵活运用可以有效提高工作效率。
- ✧ 数据操作区：数据操作区内可以根据需要进行的不同操作，选择操作内容、输入参数等。
- ✧ 信息栏：信息栏内可以显示每一步操作的具体信息内容。
- ✧ 网格划分操作区：网格划分操作区是 ICEM 使用最多的区域，可以直观地对模型及网格进行操作，是 ICEM 软件核心的区域。

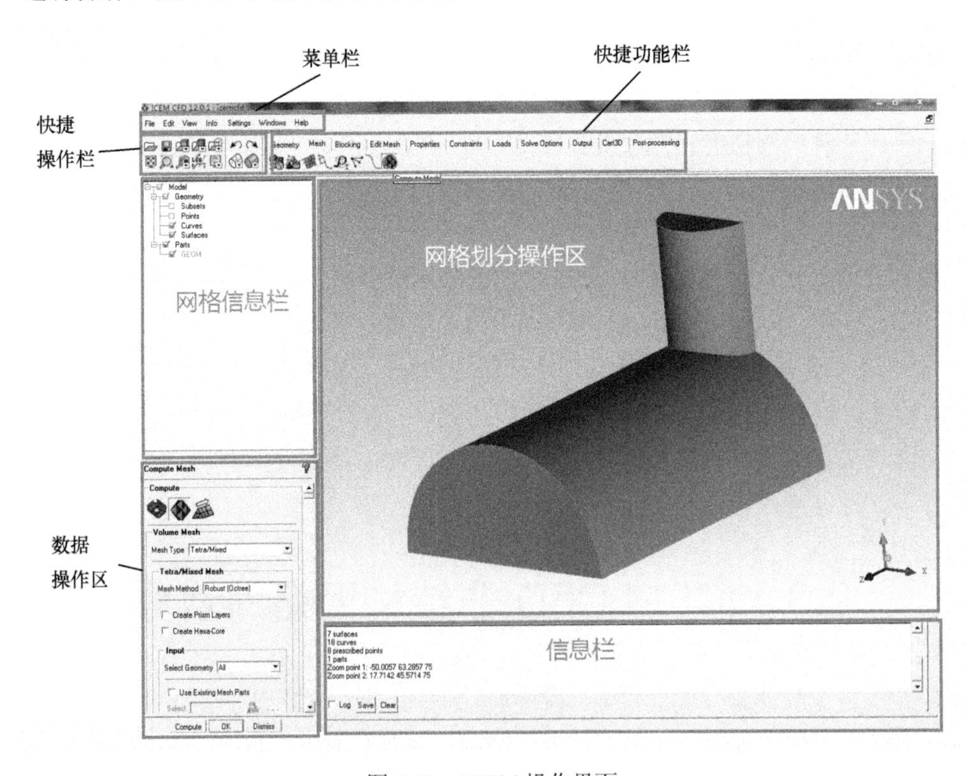

图 2.22　ICEM 操作界面

2. ICEM 基本操作

在对每个区域的功能有初步认识后，介绍 ICEM 的以下基本操作。

- ✧ 单击鼠标左键：代表选择。
- ✧ 单击鼠标右键：代表取消。
- ✧ 单击鼠标中间：代表功能确认实施。
- ✧ 滑动滚轮：代表快速放大缩小。
- ✧ 单击左键并拖动：代表沿原点旋转。
- ✧ 单击右键并左右拖动：代表沿平面中心垂直轴旋转。
- ✧ 单击右键并上下拖动：代表沿平面中心放大缩小。
- ✧ 单击鼠标中键并拖动：代表平移。
- ✧ 长按 Ctrl 并按鼠标左右中键：代表优先进行视图操作。

灵活地使用视图操作，可以快速定位需要的视图，更清晰地看到需要编辑的内容，从而有效地提高工作效率。

3. ICEM 文件类型

ICEM 软件对于几何模型、网格、属性、参数等内容是分开放置在同一个目录下的，主要的类型如下所述。

- Prj（.prj）文件：工程文件，即包含了其他文件的总的文件类型。
- Tin（.tin）文件：几何文件，包含了几何模型的实体、物质点、对象的各部分信息以及网格参数等。
- Domain file（.uns）：网格文件，非结构网格文件。
- Blocking file（.blk）：块文件，包括块的拓扑结构数据。
- Attribute file（.fbc）：属性文件，包含边界条件、局部参数和单元类型。
- Parameter file（.par）：参数文件，包含所有参数。
- Journal file（.jrf）：日志文件，包含操作的过程。

2.3.2 ICEM 几何操作

ICEM 的几何处理能力非常强大，可以导入多种形式的几何外形，并有多种功能。

1. ICEM 导入几何模型

ICEM 为用户提供了丰富的接口可以导入几何模型，导入的方式是通过选取 File→Import Geometry 命令，如图 2.23 所示。可导入 ICEM 的几何模型可以由其他 CAD 软件生成。由于各种 CAD 软件生成的模型格式不一样，ICEM 提供了便于各种模型能完美导入的格式接口，包括：AI*E Mesh、Nastran、Patran、STL、VRML、

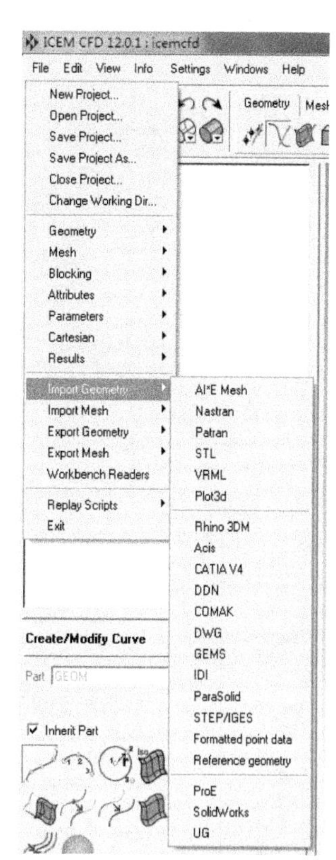

图 2.23　导入几何体类型

Plot3D、Rhino 3DM、Acis、CATIA、DDN、COMAK、DWG、GEMS、IDI、PareSolid、STEP、IGES、ProE、SolidWorks 和 UG 等。

2. 几何操作

ICEM 为用户提供了丰富的方式创建与修改几何模型。ICEM 创建几何模型的思路是，由点到线，由线到面，再由面到体。需要注意的是，ICEM 的几何功能很强大，但是也并非专业的 CAD 工具，最好是由专业 CAD 生成实体模型后导入到 ICEM 中，再做一定的修改。

ICEM 的创建几何体在快捷功能栏中的 Geometry 选项卡中进行，如图 2.24 所示，图标从左到右依次是创建点、创建线、创建面、创建体、修改线和面、修改几何、移动几何、回复未使用实体、删除点、删除线、删除面、删除体、删除实体。下面将分别对创建点、线、面、体及修改线和面、修复几何和移动几何体这七部分进行介绍。

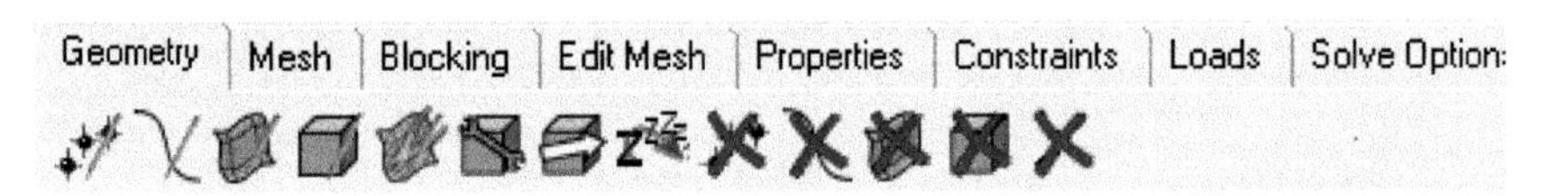

图 2.24　创建几何体

1）创建点

创建点操作在快捷功能栏点选图标，在数据操作区弹出如图 2.25 所示对话框。主要是针对几何模型中的点进行的操作，创建方式多种多样，下面将进行讲解，如表 2.3 所示。

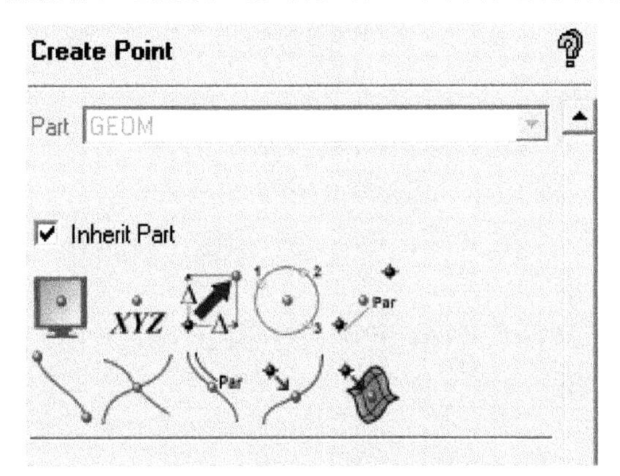

图 2.25　创建点操作

表 2.3　ICEM 创建点功能解释

图　标	功 能 名 称	解　释
	Screen Selected	表示在屏幕上选择创建点，可以在网格操作区自由选择屏幕上的一点进行创建
XYZ	Explicit Coordinates	表示输入坐标创建点，可以单独创建，也可创建一组点。该功能为最基础的精确创建点
	Base Point and Delta	表示移动点，可以选择基于某一点和离该点的各个方向的距离来创建新的点
	Centre of 3 Point/Arc	表示创建圆心点，可以由三点创建其圆心的点，也可以由一段圆弧创建其圆心的点

（续表）

图　标	功能名称	解　释
	Base on 2 Locations	表示在两点之间按照比例创建点，可以按两点之间的比例创建点，也创建两点之间等距的多个点
	Curve Ends	表示在曲线的端点创建。可以在选取的曲线的两个端点分别创建两个点
	Curve- Curve Intersection	表示在线与线的交叉点创建。将会在网格操作区中选择的多条曲线创建所有的交叉点，可以选择容差
	Parameters along a Curve	表示在一条线上定义点，可以根据该线段距离两端的比例创建点，也可以按照在线段上等分的多个数量的点
	Project Point to Curve	表示在线上创建某一点的投影点，可以将网格操作区中选取的点定向投影到选取的线段
	Project Point to Surface	表示在面上创建某一点的投影点，可以将网格操作区中选取的点定向投影到选取的面

2）创建线

创建线操作在快捷功能栏点选图标，在数据操作区弹出如图 2.26 所示的对话框。ICEM 提供了多种创建方式，如表 2.4 所示。

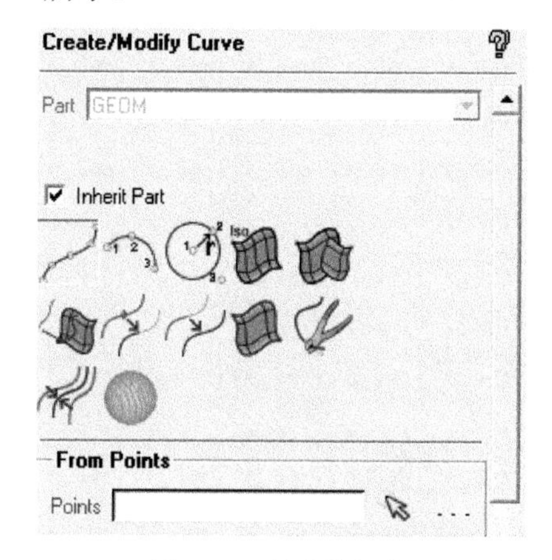

图 2.26　创建线操作

表 2.4　ICEM 创建线功能解释

图　标	功能名称	解　释
	From Points	表示由多点连接成样条曲线。可以在网格操作区选择多个点连接
	Arc	表示创建弧线。可以在网格操作区三点创建弧线，也可以由圆心和两个点创建弧线
	Circle or Arc	表示创建圆弧。可以在网格操作区选定圆心后，输入半径和旋转角度来确定
	Surface Parameters	表示由某一面孤立出曲线。可以在网格操作区选择面的方向和比例来创建曲线
	Surface-Surface Intersection	表示创建面与面的交界线。可以在网格操作区选取两个面来创建所有交叉的曲线

（续表）

图　　标	功能名称	解　　释
	Project Curve on Surface	表示将曲线投影到面。可以在网格操作区选择一条曲线和需要投影的面，输入法向或者自定义方向来创建一条曲线
	Segment Curve	表示将曲线分割。可以在网格操作区选择一条曲线将其分割，分割方式有通过点、曲线、平面、连接性和角度
	Concentrate/ Reapproximate Curves	表示合并曲线，可以在网格操作区选择多条需要合并的曲线将其合并成一条新的曲线
	Extract Curves from Surfaces	表示创建一个面的边界曲线。可以在网格操作区选择一个曲面，将这个面的所有边界创建为曲线
	Modify Curves	表示修改曲线。可以在网格操作区选择需要修改的曲线。修改方式有反向、延长、对应到曲线、连接曲线
	Create Midline	表示创建两条曲线的中间曲线。可以在网格操作区选择两条曲线，将会创建两条曲线的中间曲线
	Create Section Curves	表示创建面上某一方向的线。可以在网格操作区中选择需要在其上创建曲线的面，在该面上将按照需要的方向和距离来创建一个或多个曲线

创建线是ICEM几何操作中重要的一个部分，线的创建直接决定着几何模型的封闭性。

3）创建面

创建面操作在快捷功能栏点选图标，在数据操作区弹出如图 2.27 所示的对话框。ICEM提供了多种创建方式，如表2.5所示。

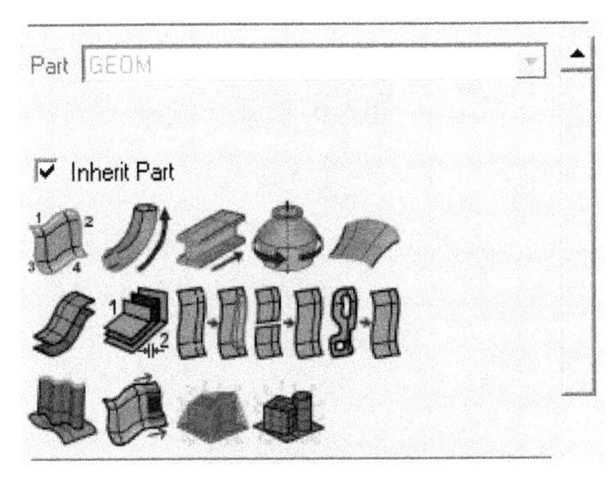

图 2.27　创建面操作

表 2.5　ICEM 创建面功能解释

图　　标	功能名称	解　　释
	Simple Surface	表示由曲线生成面。可以在网格操作区选择 2～4 条曲线，多条曲线和四个点来生成简单的曲面
	Curve Driven	表示由曲线放样生成曲面。可以在网格操作区选择希望放样的曲线和轨迹曲线来创建曲面
	Sweep Surface	表示由曲线沿直线放样生成曲面，可以在网格操作区选择需要放样的曲线，放样轨迹有曲线和两个点两种方式
	Surface of Revolution	表示由曲线旋转生成曲面，可以在网格操作区选择需要旋转的曲线，再选择轴、起始角度进行创建

（续表）

图　　标	功 能 名 称	解　　释
	Loft Surface of Several Curves	表示由多条曲线放样成曲面。可以在网格操作区选择需要放样的多条曲线，选好容忍度后进行创建
	Offset Surface	表示将面法向移动。可以在网格操作区选择需要移动的面和距离
	Midsurface	表示创建两个曲面的中间曲面。可以在网格操作区选择两个曲面，将创建其中间面
	Segment\Trim Surface	表示分割曲面。可以在网格操作区选择需要分割的曲面，再在数据操作区中选择由曲线、平面、连接性和角度进行分割
	Merge/ Reapproximate Surfaces	表示合并曲面。可以在网格操作区选择需要合并的两个或多个曲面将其合并创建新的面
	Untrim Surface	表示生成标准的几何面。可以在网格操作区选择需要修补的面，该功能用于几何的修补非常实用
	Curtain Surface	表示创建某一曲线与某一面之间的连接面。可以在网格操作区选择需要连接的曲线和曲面来创建新的面
	Extend Surface	表示延伸曲面。可以在网格操作区选择需要延伸的曲面，在数据操作区输入希望延伸的长度来创建新的曲面
	Geometry Simplification	表示简化几何外形。可以在网格操作区选择需要简化的曲面，将一些不需要的边角简化
	Standard Shapes	表示创建标准几何。可以在网格操作区选择好基本元素，如点和线，然后创建希望的标准几何体，包括长方体、球、圆柱、钻孔、某一曲线的法面、某一曲线的圆盘面等

创建面是 ICEM 几何操作中最为重要的一个部分，因为对于面的修改，可以确保几何的封闭性，并且修改的面往往都是边界面。在划分非结构网格时，只要保证几何的封闭性，以及确定好面上的网格点信息就基本完成了人工操作的一大半工作。

4）创建体

创建体操作在快捷功能栏点选图标，在数据操作区弹出如图 2.28 所示的对话框。ICEM 提供了多种创建方式，如表 2.6 所示。

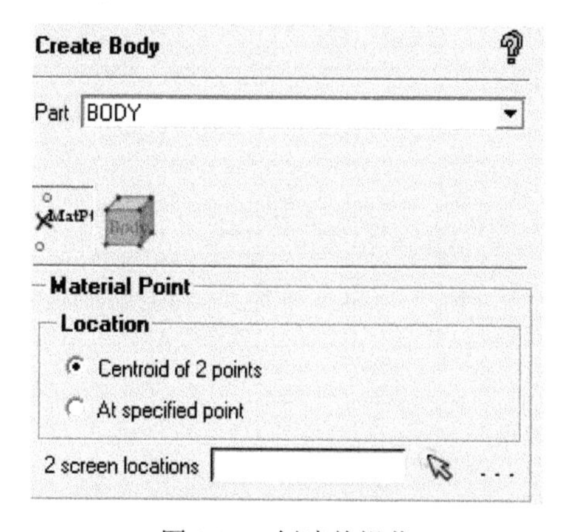

图 2.28　创建体操作

表 2.6　ICEM 创建体功能解释

图　标	功能名称	解　释
	Material Point	表示创建物质点，可以选择两点的中点作为物质点，也可以选择某一特定点作为物质点。创建物质点的目的是区分物质所在的区域
	By Topology	表示由拓扑结构创建体。可以选择由封闭的表面创建，也可以选择整个模型

5）修改线和面

修改操作在快捷功能栏点选图标，会弹出如图 2.29 所示的对话框。修改线和面的功能比较丰富，分为修改编辑线、修改编辑面和简化面三个功能，每个功能下又有小的功能，是创建线和面的辅助功能，下面就对三个小功能分别进行介绍。

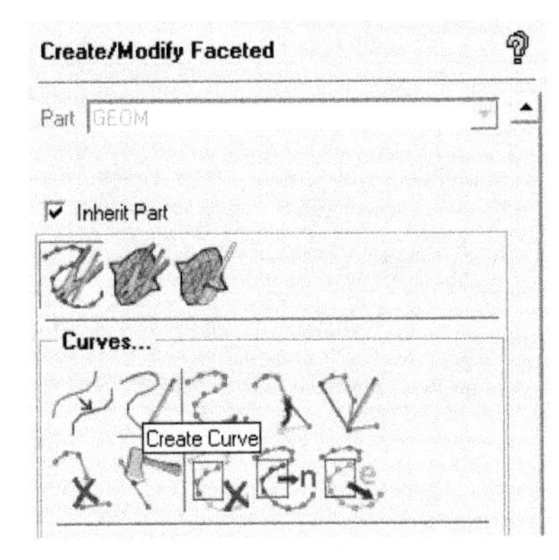

图 2.29　修改线和面操作

（1）为修改编辑线功能，各个功能解释如表 2.7 所示。

表 2.7　ICEM 编辑线功能解释

图　标	功能名称	解　释
	Convert from bspline	表示将 b 样条曲线转换为曲线。可以在网格操作区选择需要转换的曲线进行转换
	Create Curves	表示创建折线，而不是曲线，可以在网格操作区选择点来连线
	Move Nodes	表示移动线上的点。可以在网格操作区选择需要移动的点，再在数据操作区选择由屏幕、位置、表面、线等多种方式进行移动
	Merge Nodes	表示合并线上的点。可以在网格操作区选择需要选择合并其上点的一条线
	Create Segment	表示创建线段。可以在网格操作区选择一条线转换为线段
	Delete Segment	表示删除线段。可以在网格操作区选择一条线段进行删除操作
	Split Segment	表示分割线段。可以在网格操作区选择一条线段进行分割操作
	Restrict Segment	表示限制保留部分线段。可以在网格操作区选择一条线段进行限制保留操作

（续表）

图　标	功能名称	解　释
	Move to New Curve	表示移动线段到新的曲线。可以在网格操作区选择一条线段，单击左键将其移动到希望的曲线
	Move to Existing Curve	表示移动线段到现有的曲线。可以在网格操作区选择一条线段，单击左键将其移动到现有的曲线

（2）为修改编辑面功能，各个功能解释如表 2.8 所示。

表 2.8　ICEM 编辑面功能解释

图　标	功能名称	解　释
	Convert from bspline	表示将 b 样条曲面转化为小平面。可以在网格操作区选择需要转化的 b 样条曲面将其转换
	Coarsen Surface	表示粗化多个面。可以在网格操作区选择需要进行粗糙化的面，再输入容忍度将其粗糙化为数量较多的小平面
	Create New Surface	表示创建新的小平面。在数据操作区可以选择由线、点、位置等来创建新的小平面
	Merge Edges	表示合并小平面上的线，可以在网格操作区选择需要合并的小平面，在数据操作区选择容差进行合并
	Split Edges	表示分割小平面。可以在网格操作区选择需要分割的曲面
	Swap Edges	表示交换小平面上的边。可以在网格操作区选择需要交换边的小平面，然后进行交换
	Move Nodes	表示移动小平面上的点。可以在网格操作区选择需要移动点的小平面，然后在数据操作区选择由屏幕、位置、表面、线等多种方式移动小平面上的点
	Merge Nodes	表示合并小平面上的点。可以在网格操作区选择需要合并点的小平面，然后在数据操作区选择由屏幕和容差两种方式进行合并
	Create Triangles	表示创建三角形小平面。可以在网格操作区选择需要创建三角形小平面的边进行创建
	Delete Triangles	表示删除三角形小平面。可以在网格操作区选择需要删除的三角形小平面，选择几何保留或删除
	Split Triangles	表示分割三角形小平面。可以在网格操作区选择需要分割的三角形小平面
	Delete Non-Selected Triangles	表示删除没有选择的三角形小平面。可以在网格操作区选择需要保留的小平面，其他的三角形小平面都会删除
	Move to New Surface	表示移动到新的曲面。可以在网格操作区选择需要移动的小平面将其移动到新的曲面
	Move to Existing Surface	表示移动到现有的曲面。可以在网格操作区选择需要移动的小平面将其移动到现有的曲面
	Merge Surfaces	表示合并曲面。可以在网格操作区选择需要合并的面将其合并

（3）为简化面功能，各个功能解释如表 2.9 所示。

表 2.9　ICEM 简化功能解释

图　标	功能名称	解　释
	Align Edges to Curve	表示将小平面上的边排列成曲线。可以在网格操作区选择需要排列的面，执行对其边进行排列
	Close Faceted Holes	表示消除面上的孔洞。可以在网格操作区选择需要消除空洞的曲面
	Trim by Screen	表示通过屏幕修剪。可以在网格操作区选择需要修剪的曲面，通过屏幕方向进行修剪
	Trim by Surfaces Selection	表示通过选择的面修剪。可以在网格操作区选择需要修剪的面，通过曲面进行修剪
	Repair Surfaces	表示修复面。可以在网格操作区选择需要修复的面来进行修复操作
	Create Character Curve	表示创建特征线。可以在网格操作区选择预先的线和边来进行创建

修改线和面功能的熟练掌握，有利于进行批量的网格划分设计工作。

6）修复几何

修复几何操作在快捷功能栏点选图标，会弹出如图 2.30 所示的对话框。修复几何主要是对几何模型的修改，使之更有利于网格的划分。修复几何也是几何模型处理中非常重要的一步，其功能可以处理多种困难的几何问题，ICEM 提供了多种修改方式。对于修复几何功能各项的解释如表 2.10 所示。

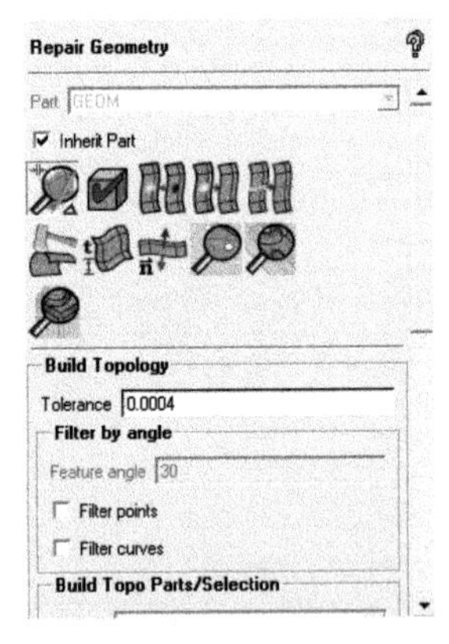

图 2.30　修复几何操作

表 2.10　ICEM 修复几何功能解释

图　标	功能名称	解　释
	Build Diagnostic Topology	表示分析几何模型，此功能十分强大，可以在设置好容差之后，确定线的类型、删除孤立的线、分割面结构的 T 型连接、合并曲线、删除没有连接的线和点、由内部曲线分割曲面等。分析完之后，红色的线表示满足容差，即几何模型面与面之间的间隙小于容差；黄色的面与面之间缝隙大于容差；蓝色的线表示过度约束
	Check Geometry	表示检查几何模型，检查几何模型有无多余或者重复的线，以及多余的或重复的区域

（续表）

图 标	功 能 名 称	解 释
	Close Holes	表示封闭表面上的孔洞，可以在网格操作区选择多条曲线将其中间的孔洞进行封闭，封闭后的孔洞为一个单独的面。这个功能在处理几何时很实用
	Remove Holes	表示移除表面上的孔洞。可以在网格操作区选择多条曲线将其中间的孔洞进行封闭，封闭后的孔洞不再存在。这个功能在处理几何时很实用
	Stitch\Match Edges	表示缝合或对应线。可以在网格操作区选择需要缝合的两个面中间的曲线
	Split Folded Surfaces	表示分割折叠的面。可以在网格操作区选择需要分割的面，并在数据操作区选择分割的角度来进行分割
	Adjust Varying Thickness	表示调整适应厚度。可以选择中间的面、固定的面和厚度来进行调整
	Modified Surface Normal	表示修改面的法向方向。可以在网格操作区选择需要修改法向的面改变其法向方向，在数据操作区选择参考曲面，可以选择与参考曲面法向一致或相反
	Feature Detect Bolt Holes	表示查找螺栓孔几何外形。可以在网格操作区选择需要查找的曲线，在数据操作区选择最大角度、环形比率等因素进行查找
	Feature Detect Button	表示查找按钮几何外形。可以在网格操作区选择需要查找的曲面，在数据操作区选择适当的容差
	Feature Detect Fillets	表设计寻找褶皱几何外形。可以在网格操作区选择需要查找的曲面，在数据操作区选择最大和最小的褶皱高度和容差来进行查找

7）移动几何体

移动几何操作在快捷功能栏点选图标，会弹出如图 2.31 所示的对话框。移动几何体的功能非常实用，是对几何体进行操作的常用功能之一，ICEM 提供了平移、旋转、镜像、缩放和平移旋转五个功能。对于每种功能的解释如表 2.11 所示。

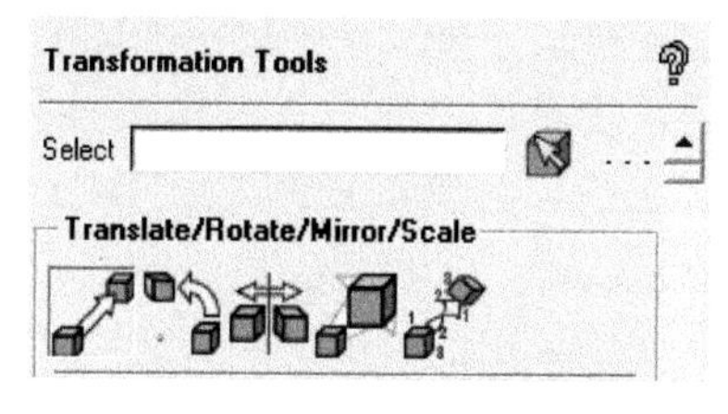

图 2.31 移动几何操作

表 2.11 ICEM 移动几何解释

图 标	功 能 名 称	解 释
	Translate Geometry	表示平移功能。可以在网格操作区选择需要移动的几何体，在数据操作区可以选择由向量平移或者由两点平移
	Rotate Geometry	表示旋转功能。可以在网格操作区选择需要旋转的几何体，在数据操作区选择沿坐标轴或者指定向量轴旋转，可以输入旋转角度
	Mirror Geometry	表示镜像功能。可以在网格操作区选择需要镜像的几何体，在数据操作区选择沿坐标轴或者指定向量轴镜像
	Scale Geometry	表示缩放功能。可以在网格操作区选择需要缩放的几何体，在数据操作区选择缩放比例和缩放的中心点
	Translate and Rotate	表示平移旋转功能。在网格操作区选择需要移动和旋转的几何体，在数据操作区可以选择由三个点到三个点、曲线到曲线等方式进行平移和旋转

对几何模型的修改，是 ICEM 网格划分前的重要步骤，有一个良好、封闭、简单的几何模型，对于网格的划分是至关重要的。

2.3.3 ICEM 划分非结构网格

ICEM 划分四面体网格的能力非常的强大，能将几何模型直接划分成四面体网格群，甚至不需要在线和面上布点；当然，对于一些需要精确控制的部分，仍需要对线和面进行布点。创建四面体网格后，ICEM 还提供了强大的优化能力，可以对网格的质量进行优化。ICEM 的这种特点非常适合复杂外形几何体的网格划分。

1．网格算法

ICEM 自动网格的算法有三种：Octree、Delaunay、Advanced Front。下面将介绍三种网格算法。

1）Octree 算法

Octree 算法也叫八叉树算法，是一种由四叉树结构推广到三维空间而形成的一种三维数据结构。八叉树算法是空间非均匀网格剖算方法，八叉树算法将整个场景的空间立方体按三个方向总的剖面分成八个子立方体网格，组成一棵八叉树，选择好尺度阈后将八叉树不停地剖分子立方体网格直到满足条件。八叉树算法是 ICEM 中生成四面体网格的主要算法。一般的算法是生成面网格后基于面网格再生成体网格，而 ICEM 中的八叉树算法则是生成体网格后，根据几何结构调整映射到面和线上，这就要求几何模型封闭，否则无法映射到几何模型上就会导致边界的失效。ICEM 认为 Octree 算法是比较智能化和自动化的算法。

2）Delaunay 算法

Delaunay 算法也叫做三角剖分算法，Delaunay 算法的核心思想是，在给定的空间内，各个点之间可以形成三角形，三角形需要满足任何一个三角形外接圆的内部不能包含其他的空间点，这个三角形也叫做 Delaunay 三角形。简单来说，由 Delaunay 三角形形成的三角形网是最接近于规则化的三角形网。采用 Delaunay 方法生成的网格有稳定性的危险，即有可能出现扭曲率比较大的网格，但是 Delaunay 方法采用前沿推进的方式生成的网格会更加的平滑。ICEM 认为 Delaunay 算法是比较快读的算法。

3）Advanced Front 算法

Advanced Front 算法是 ICEM 中的一种重要算法，其核心思想是，首先在边界上生成三角形或四边形网格，然后再向外扩展，直至到达其他边界。Advanced Front 算法得到的网格可以与几何的位置吻合得很好，但在较窄的区域内，精确匹配几何可能会使网格发生歪斜，导致网格的质量下降。使用 Advanced Front 算法容易得到单元大小均匀的网格，但不代表网格质量一定不好。ICEM 认为 Advanced Front 算法是比较光滑的一种算法。

三种算法的选择需要根据实际情况来进行，一般来说，Octree 算法在 ICEM 中形成非结构四面体网格时用得更多。

2．非结构网格的划分

ICEM 中对于非结构网格的划分基础设置要求并不高，但是提供的方式却很全面，包括全

局网格设置、分部网格设置、面网格设置、线网格设置、创建网格密度区、定义连接点、网格线设置以及计算生成网格，在快捷操作区中的 Mesh 选项卡中进行选取，如图 2.32 所示。

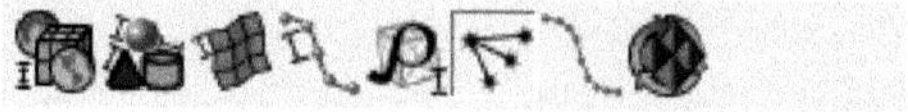

图 2.32 网格操作

1）全局网格设置

全局网格设置是划分网格时最关键的一步。可以进行全局网格参数、体网格、面网格、棱柱层以及周期性设置。

① 全局网格参数

全局网格设置需要单击图标，单击后数据操作区内会弹出如图 2.33 所示的对话框。全局网格参数可以对全局网格缩放比例（Global Mesh Scale Factors）、全局网格最大尺寸（Max Elements）等进行设置，选择合理的最大网格尺寸可以捕捉更多的几何细节，以及有效地降低总的网格数量。

② 面网格参数设置

面网格参数设置需要单击图标，单击后数据操作区内会弹出如图 2.34 所示的对话框。面网格参数可以设置网格类型（Mesh type）、面网格参数设置（Shell Mesh Parameters）、忽略尺寸（Ignore size）等设置。在设置网格类型时，有四种网格生成方式：

✧ All Tri 表示全部是三角形网格。

✧ Quad w/one Tri 表示除了有一个三角形网格之外全是四边形网格。

✧ Quad Dormant 表示主要由四边形网格组成，允许三角形网格出现。

✧ All Quad 表示全部是四边形网格。

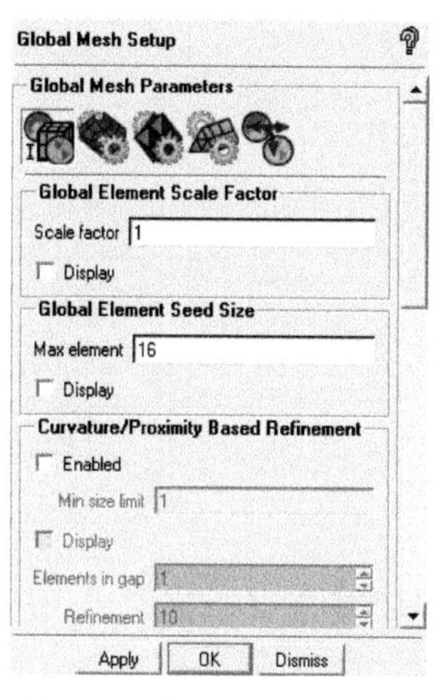

图 2.33 全局网格参数操作

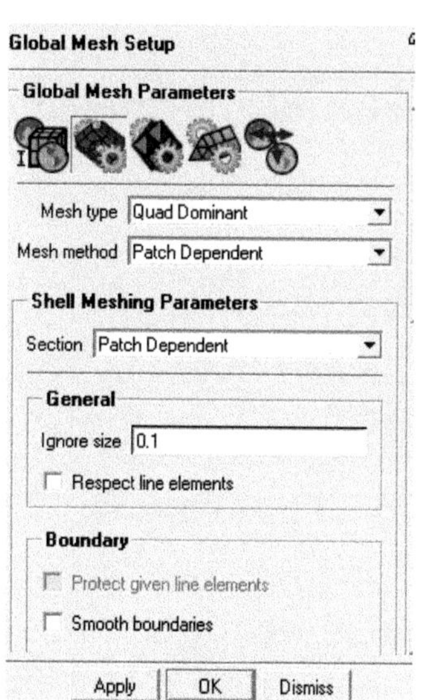

图 2.34 面网格参数操作

在设置面网格参数时有四种方式：

✧ Autoblock 表示自动生成块。

✧ Patch Dependent 表示依赖于补丁。

✧ Patch Independent 表示不依赖于补丁。

✧ Shrink Wrap 表示收缩包覆。

选择合理的最大网格尺寸可以有效地降低总的网格数量。

③ 体网格参数设置

面网格参数设置需要单击图标，单击后数据操作区内会弹出如图 2.35 所示的对话框。体网格参数可以设置网格类型（Mesh Type）、网格生成方式（Mesh Method）、光顺网格（Smooth mesh）等设置。在设置网格类型时，有三种网格生成方式：

✧ Tetra/Mixed 表示四面体为主的混合网格。

✧ Hexa-dormant 表示六面体网格。

✧ Cartesian 表示生成笛卡尔坐标系的网格。

非结构网格选择第一种 Tetra/Mixed，以四面体为主的混合网格。另外还可以选择第一薄的切面结构，定义尖角的地方。在这一栏中还可以选择网格生成时的优化次数和最小优化值等。

④ 棱柱层网格设置

棱柱层网格参数设置需要单击图标，单击后数据操作区内会弹出如图 2.36 所示的对话框。棱柱层是非结构网格划分时非常有用的一部分网格，可以更好地模拟边界层内的流动现象，因为棱柱层比四面体网格对于物体的面有更好的正交性。ICEM 中对于棱柱层的生成控制功能比较强大，并且可以进行光顺优化。

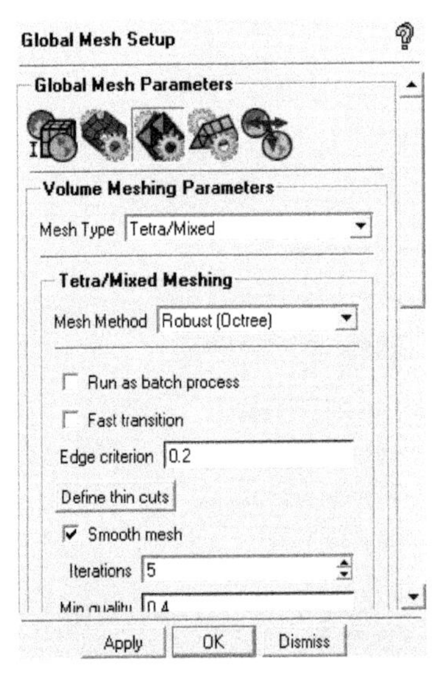

图 2.35　体网格参数操作

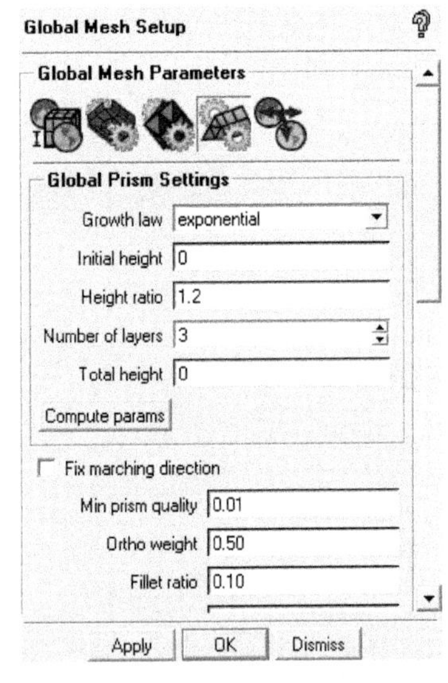

图 2.36　棱柱层网格参数操作

对于生成棱柱层的设置，有以下选项：

✧ Growth law 表示增长规律。可以选择指数形式增长和线性增长。

✧ Initial height 表示初始棱柱层的高度。

✧ Number of layers 表示棱柱层的层数。

✧ Height ratio 表示棱柱层每层之间的比例。

✧ Total height 表示棱柱层的总高度。

对于棱柱层的光顺优化设置，可以选择的有：

- ✧ Min prism quality 表示允许的最低棱柱层网格质量。
- ✧ Ortho weight 表示正交因子，0 表示三角形网格质量最大化，1 表示棱柱层网格质量最大化。
- ✧ Fillet ratio 表示圆角比率，0 表示没有圆角，1 表示圆角尽量圆。
- ✧ Max prism angle 表示最大棱柱角，一般取 120°～180°之间，180°表示与邻近非棱柱层曲面采用棱柱层过渡。
- ✧ Max height over base 表示限制棱柱层的纵横比。
- ✧ Prism height limit factor 表示棱柱高度限制系数。如果超过了限制，棱柱层网格的高度则不会变化。

此外，对于棱柱层网格的光顺化优化方式可以控制：

- ✧ Number of surface smoothing steps 表示对网格面光滑优化的步数。
- ✧ Triangle quality type 表示提高三角形网格质量的类型。
- ✧ Number of volume smoothing steps 表示对体网格光滑优化的步数。
- ✧ Max directional smoothing steps 表示最大方向光滑优化步长。
- ✧ Read a prism parameters file 表示读取棱柱层参数文件。

2）分部网格设置

不同部分网格参数设置需要单击图标，单击后数据操作区内会弹出如图 2.37 所示的对话框。ICEM 中除了对全局的网格可以设置以外，还可以对各个部分的网格进行设置，原理和方法与全局设置的一样，只是采用了列表的形式，可以更加清晰直观地对需要控制的网格进行设置。

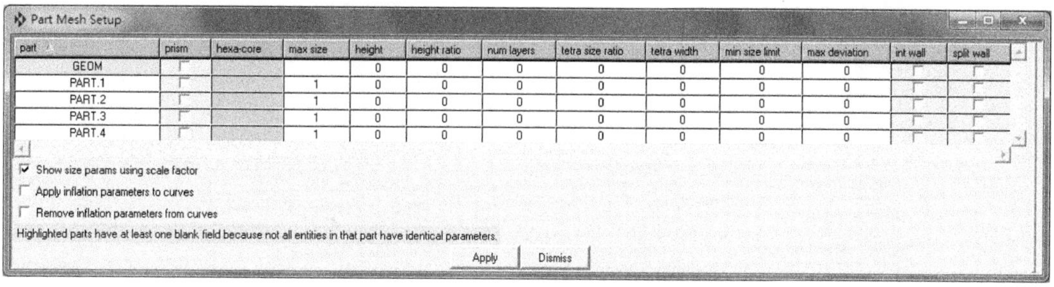

Part Mesh Setup

part	prism	hexa-core	max size	height	height ratio	num layers	tetra size ratio	tetra width	min size limit	max deviation	int wall	split wall
GEOM				0	0	0	0	0	0	0		
PART.1			1	0	0	0	0	0	0	0		
PART.2			1	0	0	0	0	0	0	0		
PART.3			1	0	0	0	0	0	0	0		
PART.4			1	0	0	0	0	0	0	0		

☑ Show size params using scale factor
☐ Apply inflation parameters to curves
☐ Remove inflation parameters from curves
Highlighted parts have at least one blank field because not all entities in that part have identical parameters.
Apply　Dismiss

图 2.37　不同部分网格参数操作

3）面网格设置

面网格参数设置需要单击图标，单击后数据操作区内会弹出如图 2.38 所示的对话框。为了可以更精确地控制网格的增长，ICEM 提供了专门的面网格设置，对于选定的面网格，可以进行以下设置：

- ✧ Maximum size 表示网格最大尺寸。
- ✧ Height 表示网格高度。
- ✧ Height ratio 表示网格高度比。
- ✧ Number of layers 表示网格层数。
- ✧ Tetra width 表示四面体网格宽度。
- ✧ Tetra size ratio 表示四面体网格尺寸比。
- ✧ Min size limit 表示最小尺寸限制。

✧ Max deviation 表示最大尺寸差。

✧ Mesh type 表示网格的类型。

✧ Mesh method 表示生成网格的方法。

4）线网格设置

线上网格点的参数设置需要单击图标，单击后数据操作区内会弹出如图 2.39 所示的对话框。与面网格的设置相比较，线网格的设置对于网格生成来说可以更加精确地控制，ICEM 提供了专门的线网格设置，可以进行下面的设置：

✧ Maximum size 表示最大尺寸。

✧ Number of nodes 表示线上的网格点数。

✧ Height 表示网格高度。

✧ Height ratio 表示网格高度比。

✧ Number of layers 表示网格层数。

✧ Tetra width 表示四面体网格宽度。

✧ Min size limit 表示最小尺寸限制。

✧ Max deviation 表示最大尺寸差。

✧ Advanced Bunching 表示高级捆绑设置，可以设置捆绑方法、间距和比例等。

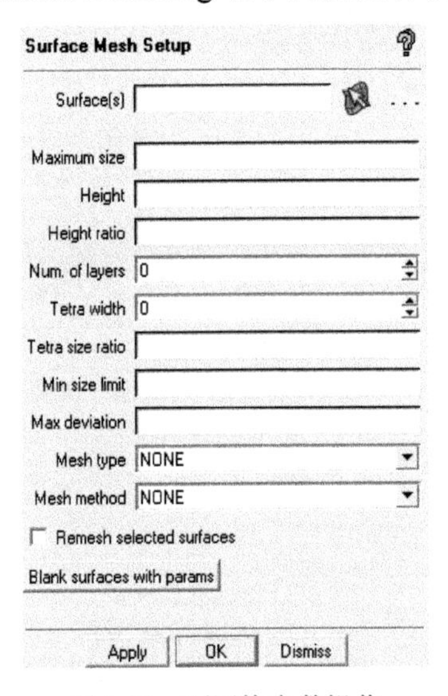

图 2.38　面网格参数操作

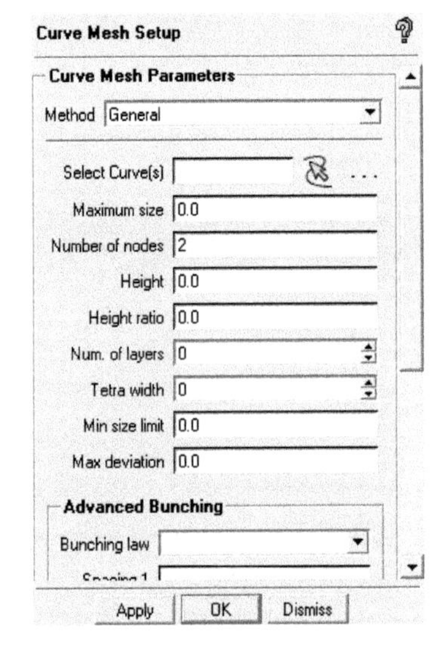

图 2.39　线网格参数操作

5）创建网格密度区

创建网格密度区的参数设置需要单击图标，单击后数据操作区内会弹出如图 2.40 所示的对话框。网格密度区是用来对一定区域内的网格设置某个需要的密度，特别是对于一些需要加密的网格区，此功能非常实用，在 ICEM 中，对于网格密度区的设置如下所示：

✧ Name 表示设置网格密度区名称。

✧ Size 表示网格密度区内网格尺寸。

✧ Ratio 表示网格生长比例。

✧ Width 表示密度区内的网格层数。

✧ Density Location 表示密度区位置，可以选择由点和实体来创建。

6）执行划分网格

执行网格划分的参数设置需要单击图标，单击后数据操作区内会弹出如图 2.41 所示的对话框。执行划分网格是一个重要的操作步骤，也是 ICEM 需要工作时间最长的一步，主要分为划分面网格、划分体网格和划分棱柱层网格三部分：

① 划分面网格

划分面网格实际上就是将设置好的边界面的网格进行划分，可以选择划分网格的类型和划分网格的方法。

② 划分体网格

划分体网格与划分面网格类似，是将设置好的网格进行计算划分，可以选择划分网格的类型和划分网格的方法，也可以在划分面网格的同时划分棱柱层网格。

③ 划分棱柱层网格

划分棱柱层网格是在棱柱层网格设置完成后进行计算划分，棱柱层网格必须在已经有体网格的技术上来进行。

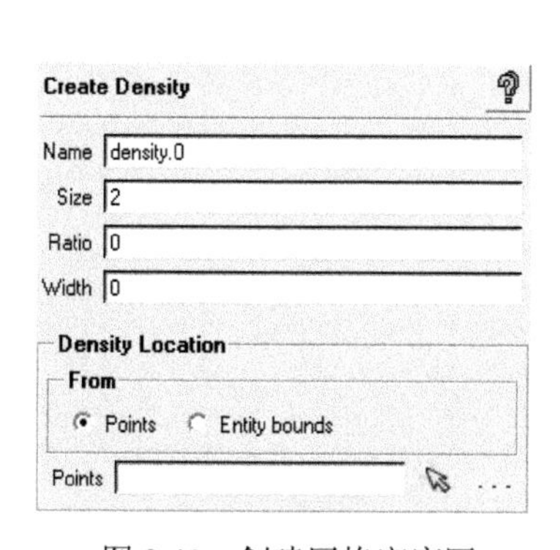

图 2.40　创建网格密度区

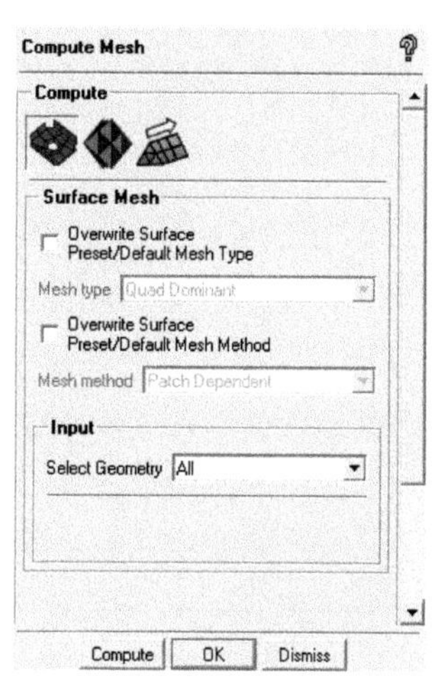

图 2.41　计算划分网格操作

2.3.4 ICEM 输出设置

在创建好网格之后，需要设定边界条件以及区域类型。边界条件的指定可以通过快捷操作栏中的 Output 选项卡进行操作，如图 2.42 所示。

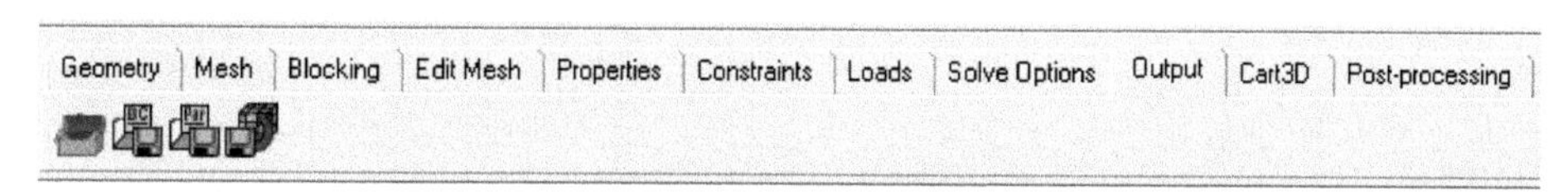

图 2.42　输出 Output 选项卡

1）指定求解器

ICEM 提供了丰富的求解器支持，在 Output 面板中可以单击选择求解器，可供选择的求解器有：ABAQUS、ACE-U、ACFlux、ACRi、ACUSOLVE、ADINA、AIRFLOW3D、ALPHA-FLOW、ANSYS、ATTILA、AUTOCFD、BAGGER、CEDRE、CFD-ACE、

CFDesign、CFD++、CFL3D、CFX-4、CFX-5、CFX-TASCflow、CGNS、CHAD、C-MOLD、COBALT、COMCO、CONCERT3D、CRSOL、CRUNGH、CSP、DATEX、DSMC-SANDIA、DTF、EM、EXODUS、FANSC、FASTEST-3D、FASTU、FENFLOSS、FIDAP、FIRE、FLEX、FLOTRAN、FLOWCART、FLOW-LOGIC、FLUENTV4、FLUENTv5、FLUENTv6、GASP、GLS3D（ADH）、GMTEC、GUST、HAWK、HDF、IBM-BEM、ICA、TSTAR-CD 等 100 多种。本书主要讲解 ANSYS FLUENT。

2）指定边界条件

在划分完网格并设置好求解器后，在 Output 面板中可以单击选择边界条件，会弹出如图 2.43 所示的对话框。ICEM 中对于边界条件的指定，主要通过分部分功能 Part 来实现，在网格信息栏中的 Parts 部分单击右键可以新建 Part，然后选定需要设置为边界的各个面，创建好后在边界条件设置中设置为需要的边界即可。

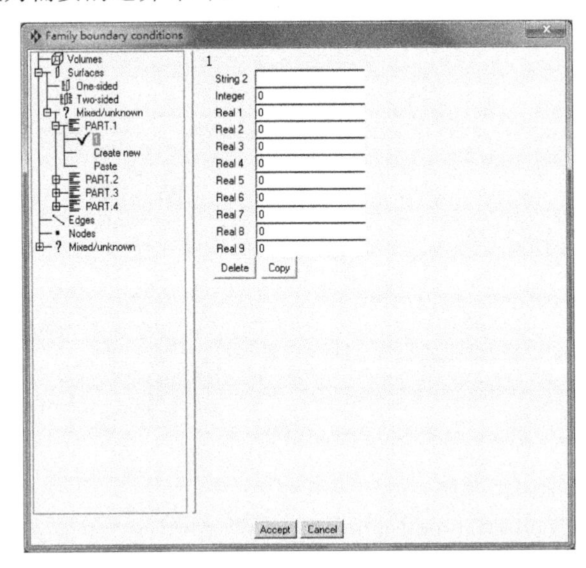

图 2.43　指定边界条件操作

3）指定区域类型

ICEM 中区域类型也是在 Output 中设置，在 Output 面板中可以单击，选择区域条件与边界条件的设置类似，区域类型的设置在选定求解器后方可进行。

2.3.5　网格质量检查及输出

ICEM 对于网格质量的检查也十分丰富，可以通过单击快捷功能栏中 Display Mesh Quality 选项卡中图标进行。网格质量的检查标准有 Quality、Angle、Mid node 等多种方式，如图 2.44 所示，主要的检查种类有：

✧ Qulity 表示网格质量。

✧ MIN\MAX angle 表示最小\最大网格夹角。

✧ MIN\MAX length 表示最小\最大网格长度。

✧ Distortion 表示变形率。

- ✧ Aspect ratio 表示横纵比。
- ✧ Skew 表示扭曲率。
- ✧ Min wrap 表示最小边长。
- ✧ Volume 表示体积。
- ✧ Prism thickness 表示棱柱层厚度。

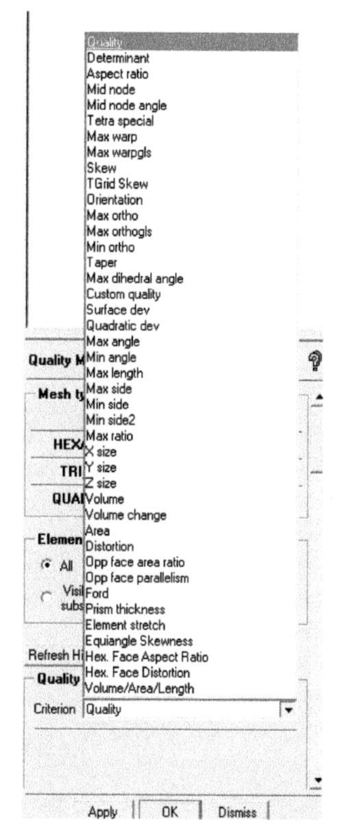

图 2.44　网格质量检查类型

在所有的内容都确定好之后，可以在 Output 中输出 CAE 模型，此功能比较简单，不再赘述。

2.4　本章小结

本章主要讲述了 CFD 解决问题的前处理过程，包括划分网格的目的，网格的基础知识，划分网格的方法，常用的软件等，着重介绍了采用 Pointwise 划分结构网格和采用 ICEM 划分非结构网格。网格的划分是一项细致而又烦琐的工作，只有经过大量的实践才能熟能生巧。

在前处理工作完成之后，下一章将主要讲解 ANSYS FLUENT 的基础与界面。

第 3 章　FLUENT 基础与基本界面

目前 ANSYS FLUENT 是 CFD 发展至今最为成功的计算求解器，也是市场占有率最大的流体分析软件。掌握 FLUENT 可以对流体力学问题进行全局、细致、准确的分析。掌握 FLUENT 软件首先要熟悉软件的界面和基本操作。

本章将介绍 ANSYS FLUENT 的安装与基本操作。FLUENT 的安装将主要介绍安装的整个流程和需要注意的事项，而 FLUENT 的基本操作将以一个简单的算例来进行讲解。基本操作将主要从启动、读取网格、求解方法设置、求解参数设置、后处理等方面进行逐步的讲解，使读者能对 FLUENT 的使用方法有全面的认识。

ANSYS FLUENT 操作流程如图 3.1 所示。

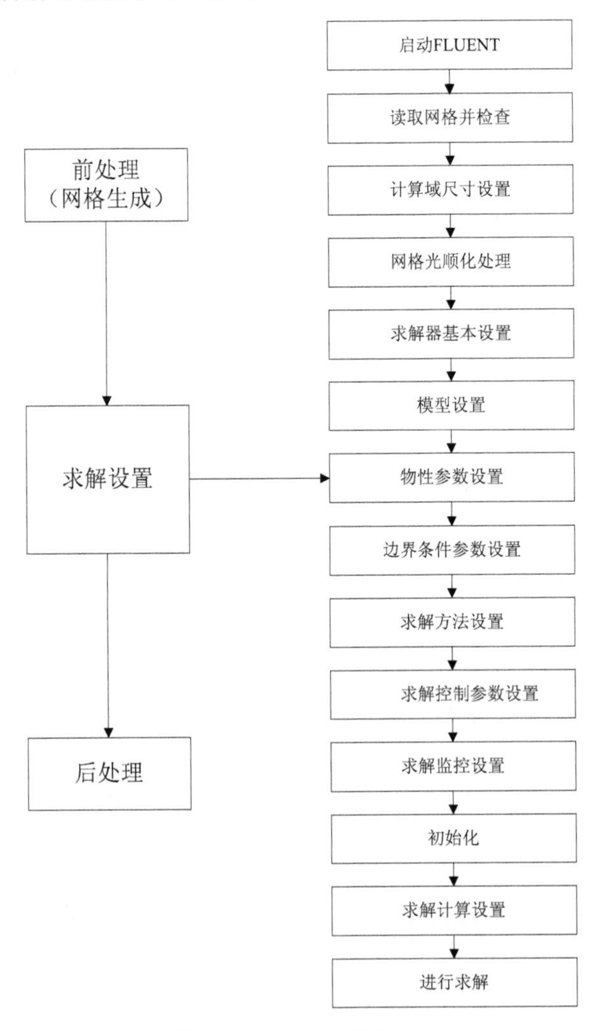

图 3.1　FLUENT 操作流程

3.1　ANSYS FLUENT 的安装

FLUENT 在被 ANSYS 公司收购之后，其安装就被集成到整个 ANSYS 软件的安装中，目前很少有 FLUENT 的独立安装包。

首先在安装光盘或者安装程序文件夹中双击“Setup.exe”进入安装界面，如图 3.2 所示，之后选择图中第二项“Install ANSYS.lnc.Products”开始安装。

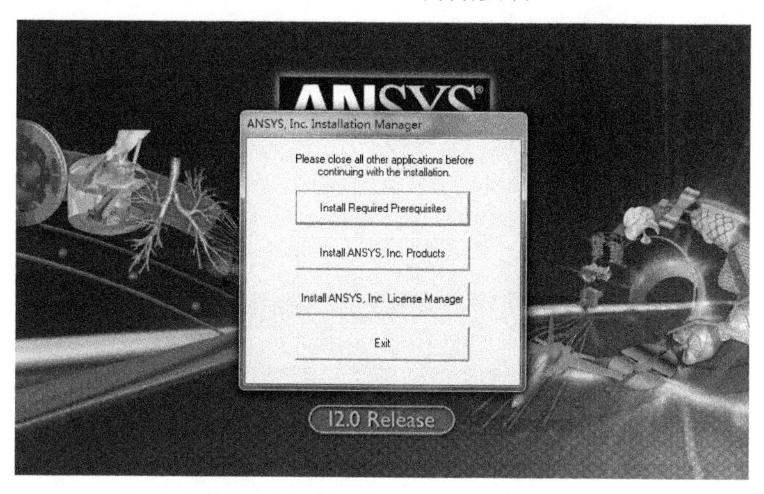

图 3.2　启动 FLUENT 安装程序

进入安装程序后，选择“I AGREE”同意安装协议，再单击下一步（NEXT）进行安装，如图 3.3 所示。

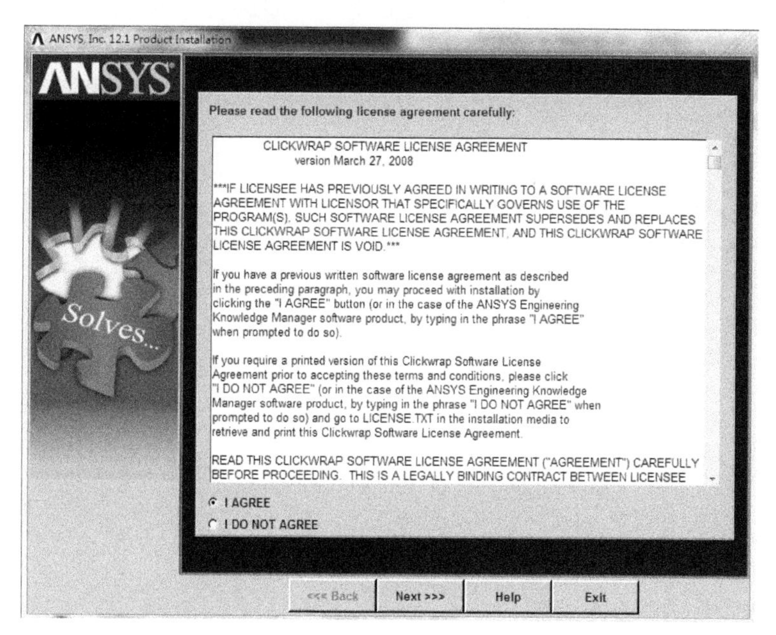

图 3.3　FLUENT 安装程序协议

下一步选择需要安装在 32 位还是 64 位平台，64 位平台的 FLUENT 软件下比 32 位平台下处理更加迅速，也可以同时调用更大的内存来处理更大的文件，一般专业服务器都安装 64 位的软件，对于个人电脑采用 32 位即可。单击下一步（NEXT）选定安装路径，如图 3.4 所示。

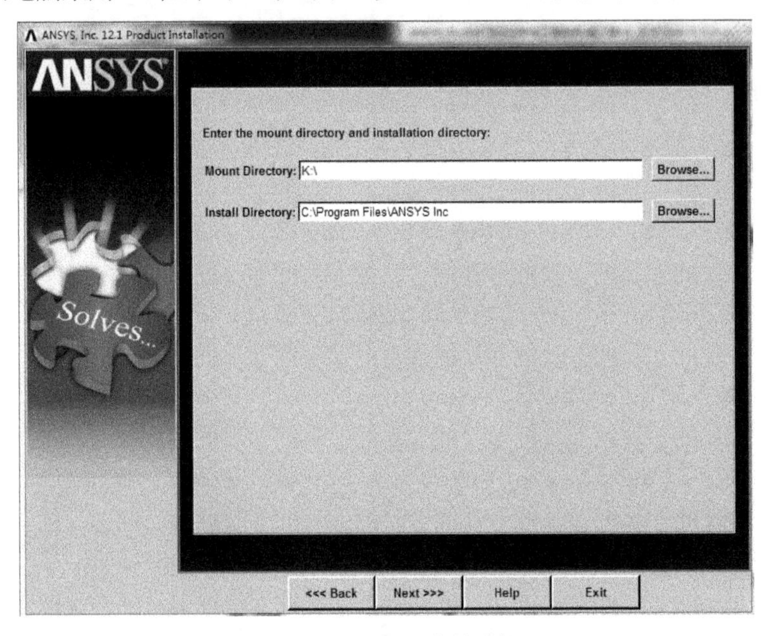

图 3.4　FLUENT 安装路径

接下来会进入选择安装内容如图 3.5 所示的页面，一般对于 FLUENT 的用户来说，只需要安装 ANASYS CFD 中的 FLUENT 和 ANSYS ICEMCFD 两款软件即可。FLUENT 是流体求解软件，ICEM CFD 是网格生成软件（前处理软件），由于 ANSYS 是一个非常大的模拟分析软件群，包含很多的建模、力学分析、电磁学分析、附加工具等软件，不涉及计算流体力学（CFD）的软件不需要安装。下面的步骤就是进行下一步的操作，即较长的等待过程，在输入正确的 License 后，就可以使用 ANSYS FLUENT 了。

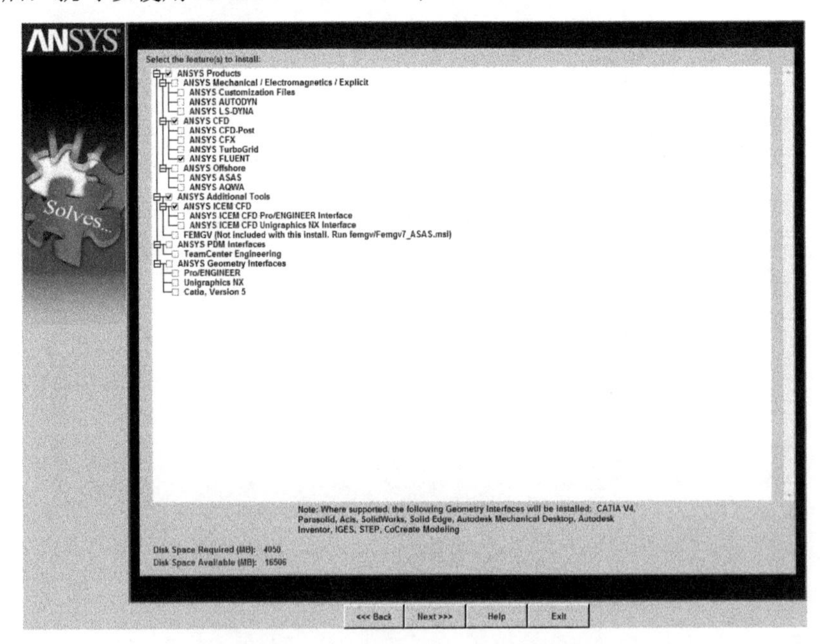

图 3.5　FLUENT 软件选择安装界面

3.2 ANSYS FLUENT 的用户界面

ANSYS FLUENT 为用户提供了丰富的操作模式和友好的用户界面，特别是 ANSYS FLUENT 12.0 之后的版本更是非常的实用。

3.2.1 ANSYS FLUENT 启动界面

双击 ANSYS FLUENT 的图标，运行 ANSYS FLUENT，启动界面如图 3.6 所示。

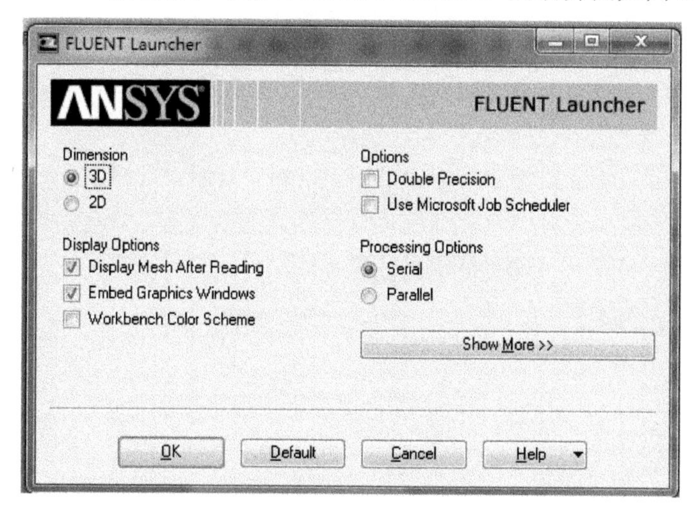

图 3.6 FLUENT 启动界面

启动界面的每一项代表：

（1）Dimension 表示维数。

可以选择 3D 和 2D 两种维数，维数的选择是根据所研究问题的几何模型而决定的。

（2）Options 代表选项。

- 可以不选择，代表单精度。
- 选择 Double Precision 代表双精度，双精度表示进行数字处理时对象是小数点后 16 位，而单精度是处理小数点后 8 位。对于多数问题，不需要选择双精度，因为选择单精度求解可以满足精度要求而且可以缩短计算时间。针对特定问题选择双精度更合适，比如：

  ① 研究问题的几何模型含有一些非常小的尺度（如狭小的缝隙或者非常小的边）时，双精度求解器可以精确地对其求解。

  ② 研究压差较大的问题（特别是管道流动内的压差）时，双精度求解器的选择可以更好地表达出大压差引起的流动问题；③ 选择双精度最为实用的一点是，对于一些横纵比较大的网格，采用单精度求解器收敛不佳时，采用双精度求解器可能会有效地加速收敛，实际解决问题中可以在采用单精度求解器无法有效收敛时考虑采用双精度求解器，有时会有意想不到的效果。
- 选择 Use Microsoft Job Scheduler 表示使用微软工作调度程序复选框来进行作业调度，这个选项在工程实际问题中并不常用。

（3）Display Options 代表显示选项。

✧ 第一项 Display Mesh After Reading 表示在读取网格后直接显示网格，直接显示时会只显示边界网格而不显示内部网格，不会造成处理过大网格时处理速度慢的问题。

✧ 第二项 Embed Graphics Windows 表示显示窗口会嵌入 ANSYS FLUENT 中，如果不勾选的话，显示窗口会变成活动窗口。

✧ 第三项 Workbench color scheme 表示 ANSYS FLUENT 会使用默认的工作背景颜色，蓝白渐变。如果不勾选，则使用的是黑色背景。

（4）Processing Options 表示处理选项。

✧ 选择 Serial 表示处理器选择的是单核处理器。

✧ 选择 Parallel 表示选择多核处理器，也就是并行计算，核数可以通过 numbers of processes 进行选择。并行计算的核数并不是可以无限多地选择，需要根据用户计算机中实际的 CPU 核数来选择，如果实际中 CPU 有 4 个核，而选择 8 核并行计算的话，不但不会提高计算速度，反而会影响处理速度。

在启动界面中，更多的选项需要单击“Show More”显示，如图 3.7 所示。其中又有五个选项卡可以选择，每个选项卡会对不同的选项进行操作。

图 3.7　启动 Show More 界面 General Options 选项卡

（1）General Options 选项卡表示一般选项，如图 3.7 所示。

✧ Version 代表版本，可以选择所有已安装的 ANSYS FLUENT 版本，一般为了节约空间，不会安装多个版本的 ANSYS FLUENT。

✧ Pre/Post Only 表示选择是否只进行前后处理，如果选择的话，只能进行先后处理的操作，而不能进行求解计算。

✧ Work Dictionary 表示选择工作目录，在此选择好需要的工作目录后，在处理时会更加方便。可以通过单击图标来选择需要指定目录的文件夹，也可以直接输入希望设置的

目录，如输入 D:\test\airplane。

- ✧ FLUENT Root Path 表示选择 FLUENT 的根目录，也就是 FLUENT 安装的目录，一般默认即可，不需要专门选择。
- ✧ Use Journal File 表示选择日志文件，日志文件可以半自动化地处理一些问题，在设计中有时会用到。另外，还可以在此编辑日志文件。

（2）Parallel Settings 选项卡是针对并行计算的设置，如图 3.8 所示。

- ✧ Interconnects 表示互联选项，可以选择 default（默认）、ethernet（以太网）、myrinet（一种高效的分包通信和交换技术）和 infiniband（转换线缆技术），一般而言，选择默认即可，不需要专门选择。
- ✧ MPI Types 表示并行库方式，可以选择 default（默认）、mpich2（MPI 标准的一种最重要的实现方式）以及 hp（MPI 标准的另一种实现方式），一般而言，选择默认即可。
- ✧ Run Types 表示运行方式，可以选择 Shared Memory on Local Machine，代表本地机器共享内存；也可以选择 Distributed Memory on a Cluster，代表在各自机器上共享内存，这个选项是针对集群的。一般选择 Shared Memory on Local Machine，即本地机器共享内存即可。

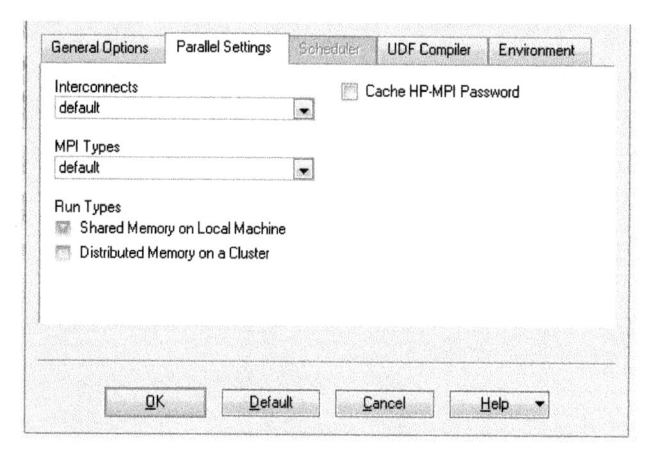

图 3.8　启动 Show More 界面 Parallel Settings 选项卡

（3）Scheduler 选项卡是针对调度程序而言的，可以使 ANSYS FLUENT 运行多种作业的调度程序。

（4）UDF Complier 表示 UDF（用户自定义函数）编译器。Setup Compilation Environment for UDF 选择设置 UDF 的编译环境，一般选择默认的设置即可。

（5）Environment 表示工作环境选项卡。在此选项卡中列出的环境变量会在运行 ANSYS FLUENT 之前进行设置。

在所有需要设置的内容都选择和设置好后，单击 OK 按钮，就可以运行 ANSYS FLUENT 打开求解器。

3.2.2　ANSYS FLUENT 启动界面的操作界面

ANSYS FLUENT 的操作界面非常友好，如图 3.9 所示，主要分为文件设置操作区、快捷操作区、树操作区、对话框操作区、显示操作区和信息及命令操作区六个工作区，下面分别进行简单的说明。

- ✧ 文件设置操作区：文件设置操作区内有 File、Mesh、Define、Solve、Adapt、Surface、Display、Report、Parallel、View、Help 十一个主要的内容选择设置命令框，几乎包含了 ANSYS FLUENT 所有的内容，是 ANSYS FLUENT 的主要操作区。
- ✧ 快捷操作区：快捷操作区主要可以进行一些快捷操作，如读取、保存、截图、旋转、放大、缩小等操作，是 ANSYS FLUENT 的辅助操作区。
- ✧ 树操作区：树操作区内主要有 problem setup（表示问题设置）、solution（表示求解设置）、results（表示后处理设置）三大部分。树操作区可以使用户对问题的处理内容和过程有一个更加逻辑性的认识，树操作区在 ANSYS FLUENT 中是文件设置操作区的辅助。
- ✧ 对话框操作区：对话框操作区是十分重要的一个操作区，其内容会根据文件设置操作区和树操作区的选择而改变，在对话框操作区内可以对需要选择的内容进行选择、设置、输入数值等一系列操作，是 ANSYS FLUENT 的主要操作区。
- ✧ 显示操作区：显示操作区主要是根据其他区域的操作进行变化的，可以是悬浮框模式，也可以嵌入到 ANSYS FLUENT 中，可以直观地显示目前处理的网格、迭代收敛的曲线、后处理显示的流场内容等。显示操作区是 ANSYS FLUENT 中的辅助操作区。
- ✧ 信息及命令操作区：信息及命令操作区是 ANSYS FLUENT 中最为主要的操作区，可以进行 ANSYS FLUENT 中所有内容的操作和设置，也可以显示处理的详细信息，是 ANSYS FLUENT 不可或缺的一部分。

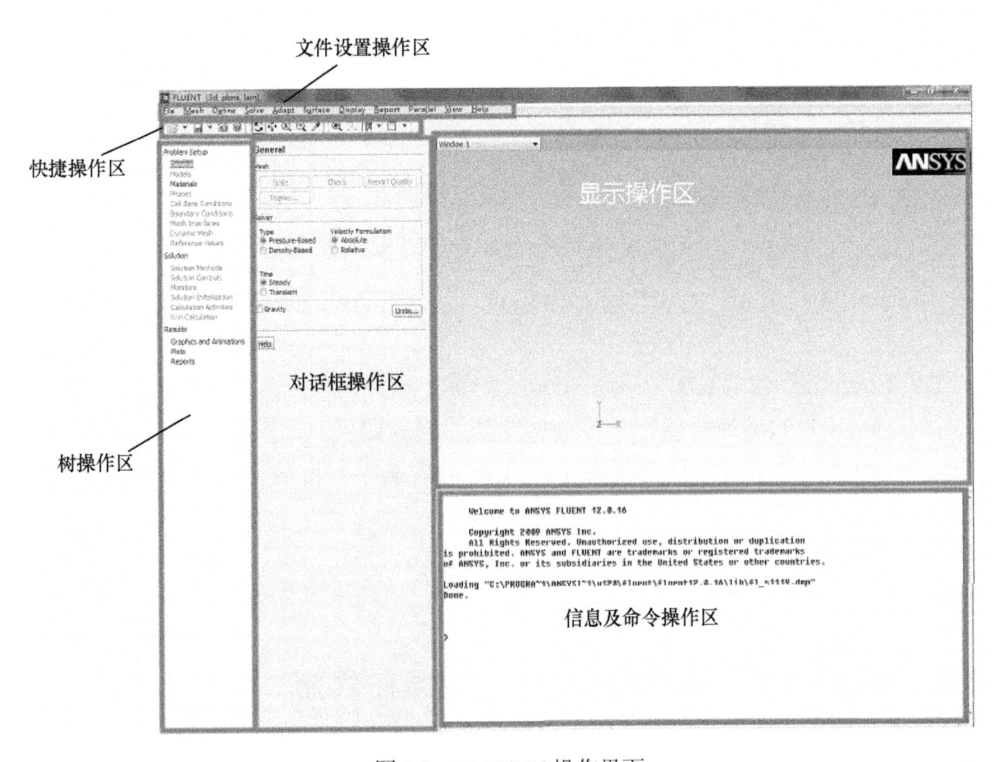

图 3.9　FLUENT 操作界面

总的来说，ANSYS FLUENT 为用户提供的 6 个操作区都是十分重要的，特别是 ANSYS FLUENT 中的文件设置操作区、对话框操作区和信息及命令操作区更是 ANSYS FLUENT 操作的核心。

3.3 ANSYS FLUENT 的文件操作

ANSYS FLUENT 中对于文件的管理和操作比较简单，有四种常用的文件类型。

- ✧ Mash 文件：Mash 文件是 ANSYS FLUENT 的网格文件，可以通过 ICEM CFD 或 Gambit 软件输出边界条件后生成，Mash 文件可以由 ANSYS FLUENT 读取。
- ✧ Case 文件：Case 文件是 ANSYS FLUENT 中的重要文件，Case 文件中的内容包括网格、边界条件、求解器模型选择、求解器参数设置、求解器用户界面选择、求解器图形环境等信息，ANSYS FLUENT 把这些内容都打包在 Case 文件中，大大减少了文件的数量，便于管理。另外，ANSYS FLUENT 输出 Case 的时候还提供了压缩设置，只要在输出时，文件增加后缀.gz 即可。
- ✧ Date 文件：Date 文件是 ANSYS FLUENT 的数据文件，Date 文件中的内容包括网格各个单元的数据、迭代的残差。与 Case 文件一样，在 Date 文件后增加 .gz 也可以保存成压缩格式，从而减少磁盘空间用量。
- ✧ Profile 文件：Profile 文件是 ANSYS FLUENT 中边界条件变量的剖面数据文件。Profile 文件主要用于指定边界区域的流动条件，最为常用的方法就是指定入口的速度场。

四种文件类型的操作是通过文件设置操作区中 File 下的命令来实现的，如图 3.10 所示。

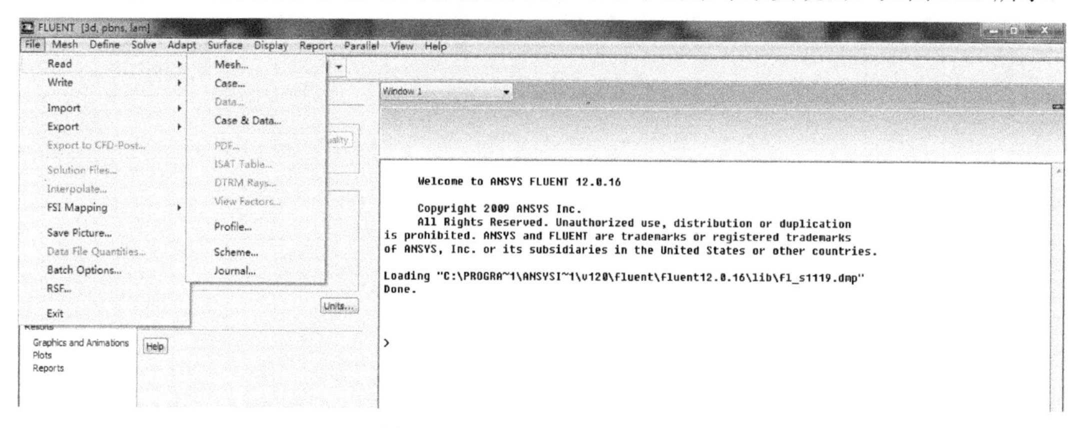

图 3.10 FLUENT File 操作界面

File 操作可以对 ANSYS FLUENT 的基本文件类型进行管理，可以进行读取（Read）、保存（Write）、输入（Import）、输出（Export）等设置，有以下几点需要注意。

（1）在保存操作下的自动保存功能，可以通过选择 File→Write→Autosave 命令，弹出如图 3.11 所示的对话框。该对话框可以对 Date 自动保存的频率进行输入（Save Date File Every）；Case 文件保存的方式可以选择当网格或求解器设置有变化时保存（If Modified During the Calculation or Manually）和随着每次 Date 文件保存时保存 Case 文件（Each Time）；还可以选择限制最多的 Date 文件数（Maximum Number of Date Files）；选择文件的保存路径

（Browse）；以及自动命名的方式（Append File Name with）。

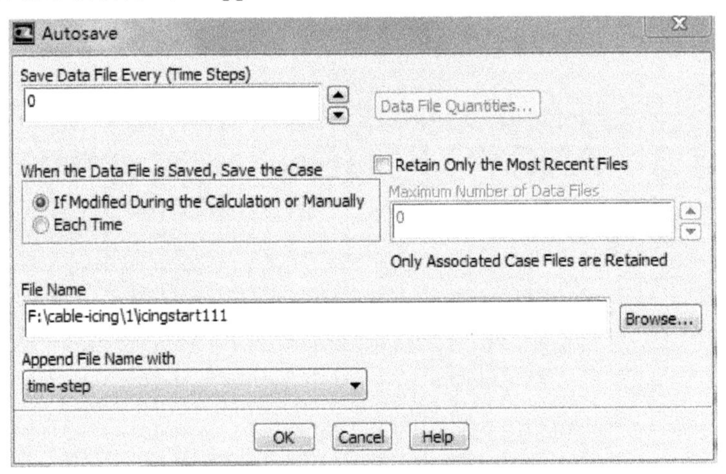

图 3.11　FLUENT 自动保存操作界面

（2）ANSYS FLUENT 的输入（Import）选项中，可以通过选择 File→Import 命令进行输入操作，如图 3.12 所示。FLUENT 提供了非常多的数据输入类型，包括 ABAQUS、CFX、CGNS、Ensight、FIDAP、GAMBIT、HYPERMESH ASCⅡ、ICEM、I-deas Universal、LSTC、Marc POST、Mechanical APDL、NASTRAN、PATRAN、PLOT3D、PTC Mechanica Design、Tecplot、FLUENT 4 Case File、PreBFC File 等多种文件类型，丰富的接口凸显了 ANSYS FLUENT 的功能实用且强大。

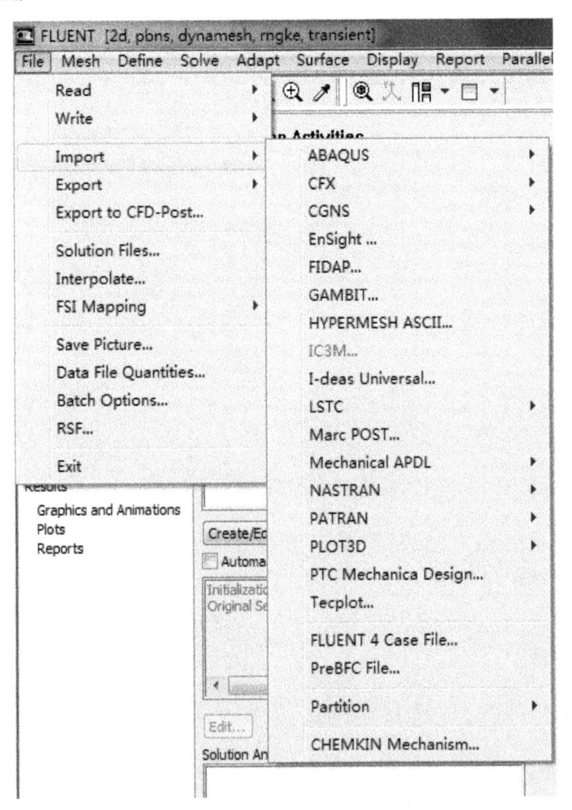

图 3.12　FLUENT 输入操作界面

（3）ANSYS FLUENT 的输出（Export）选项中，可以通过选择 File→Export→Solution Date 命令，弹出如图 3.13 所示的对话框。可以对求解数据进行输出，输出的类型包括 ABAQUS、ASCⅡ、AVS、CFD-Post Compatible、CGNS、Date Explorer、EnSight Case Gold、FAST、FAST Solution、Fieldview Unstructured、I-deas Universal、Mechanical APDL Input、NASTRAN、PATRAN、Tecplot 等文件类型。对于输出的变量（Quantities）可以选择静压（Static Pressure）、压力系数（Pressure Coefficient）、动压（Dynamic Pressure）等压力数据；也可以输出速度大小（Velocity Magnitude）、x 方向速度（x Velocity）、切向压力（Tangential Velocity）等速度数据；还可以输出密度（Density）、涡量（Vorticity Magnitude）、雷诺数（Cell Reynolds Number）、网格体积（Cell Volume）、网格扭曲率（Cell Equiangle Skew）等数据。数据的输出过程为：在输出文件类型（File Type）选择类型后，通过 Surface 选取需要输出的面（不选取表示输出全部数据），在变量（Quantities）中选择需要输出的变量（可以多选），最后单击 Write 进行输出。

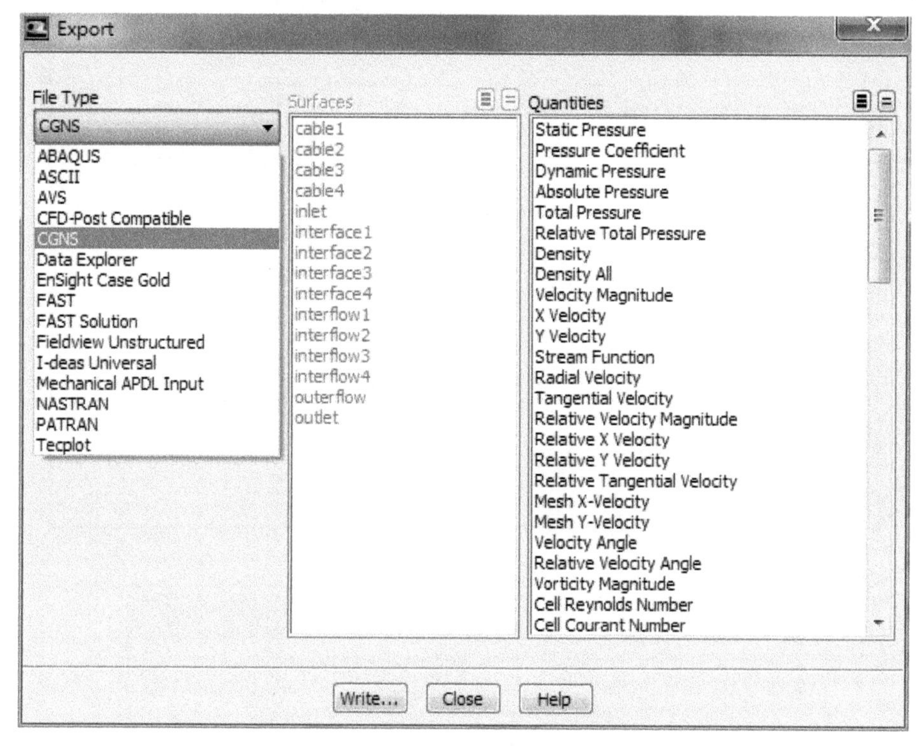

图 3.13　FLUENT 输出操作界面

（4）ANSYS FLUENT 的输出（Export）选项中，自动输出可以通过选择 File→Export→During Calculation→Solution Date 命令，弹出如图 3.14 所示对话框。自动输出选项也是比较自动输出的求解结果和在计算完成时输出的格式内容、方式等基本一样，不同的是需要选择自动输出的频率（Frequency），自动输出文件的命名方式和路径（File Name），路径的修改方式分为浏览文件夹和直接输入路径两种。

（5）ANSYS FLUENT 的保存图片（Save Picture）选项中，通过选择 File→Save Picture 命令，弹出如图 3.15 所示对话框。可以对图片的格式（Format，如 EPS、JPEG、PPM、PostScript、TIFF、PNG、VRML 等，一般选择 JPEG 或 PNG 格式）、颜色（Coloring，如彩色、灰度、黑白）、背景方向（Landscape Orientation）、背景颜色、文件类型（File Type，如光

栅、向量）、尺寸等进行选择修改。

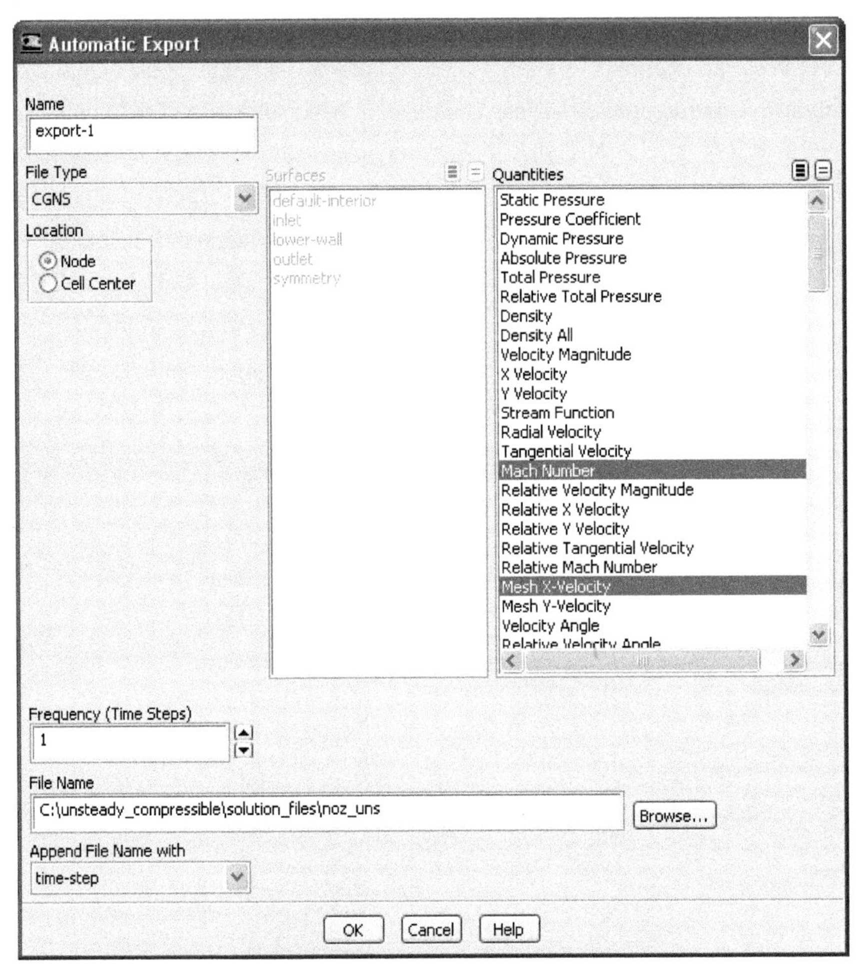

图 3.14　FLUENT 自动输出操作界面

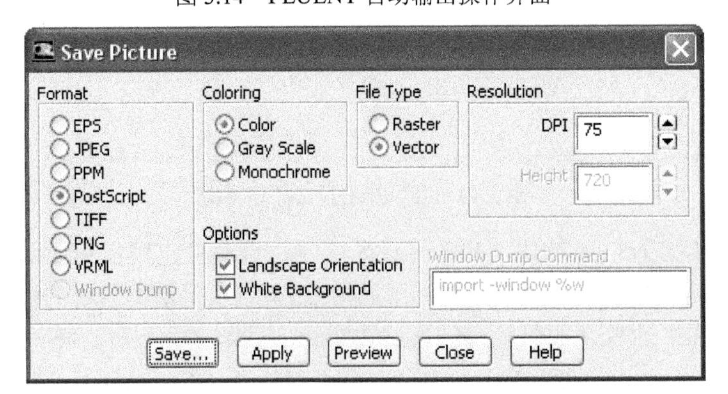

图 3.15　FLUENT 保存图片操作界面

3.4　ANSYS FLUENT 的操作流程简介

在本节中，ANSYS FLUENT 操作的流程将通过实际算例求解进行介绍。假设对于问题的

前处理过程即网格划分已经进行完毕，并且进行了输出。本节只讲解操作流程，不对网格划分进行讲解。

本算例求解管道内部冷热交换，管道内部冷热流体热交换是现实中经常会遇见的一类基本问题，具有较强的代表性，图 3.16 所示为管道流动的截面图。温度较低的 20℃流体以 0.4m/s 的速度从大直径的管道进入（图左下方），在弯管处与 1m/s 流速的 40℃流体混合（图右下方），求解流体混合后管道内部流体温度的分布情况。

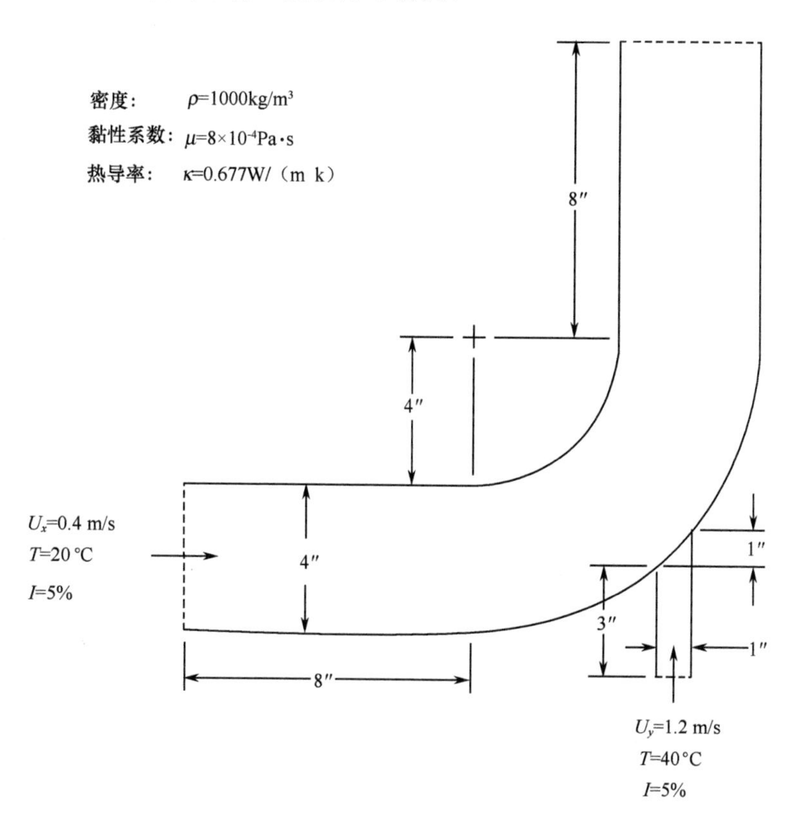

图 3.16　管道流体换热问题示意图

3.4.1　启动 FLUENT

ANSYS FLUENT 的启动在 3.2.1 节中已做了比较详细的说明（在 General 选项卡的 Working Dictionary 中），在选择好路径和文件后即可启动 ANSYS FLUENT。

3.4.2　读取网格并检查

首先采用 ICEM CFD 软件生成网格，并输出成 FLUENT 格式的名为 elbow.cas 的文件到桌面（本节不对网格划分进行讲解）。启动 ANSYS FLUENT 后，通过单击 File→Read→Case 命令在桌面读取 elbow.cas 文件。读取好网格后，在信息及命令操作区会显示网格信息，第一部分为读入网格的信息，第二部分为创建网格边界及流体区域信息，第三部分为显示网格。

```
Reading "\"| gunzip -c \"D:\introduction\elbow1.cas.gz\"\""...
      Clearing partially read grid.
   13852 hexahedral cells, zone  2, binary.
    3630 quadrilateral wall faces, zone  3, binary.
    2018 quadrilateral symmetry faces, zone  4, binary.
     100 quadrilateral pressure-outlet faces, zone  5, binary.
      40 quadrilateral velocity-inlet faces, zone  6, binary.
     100 quadrilateral velocity-inlet faces, zone  7, binary.
   38612 quadrilateral interior faces, zone  9, binary.
16968 nodes, binary.
16968 node flags, binary.
```

第一部分

```
Building...
mesh
materials,
interface,
domains,
    mixture
zones,
    default-interior
    velocity-inlet-5
    velocity-inlet-6
    pressure-outlet-7
    symmetry
    wall
    fluid
shell conduction zones,
Done.
```

第二部分

```
Preparing mesh for display...
Done.
```

第三部分

读取网格完成后需要对网格正确性进行检查，确定当前读取的网格是否可以顺利地在ANSYS FLUENT上进行操作。网格的检查通过在文件操作设置区中选择 Mesh→Check（如图 3.17 所示）或 General→Check 命令进行网格检查，在信息及命令操作区中显示检查网格的信息如下所示。

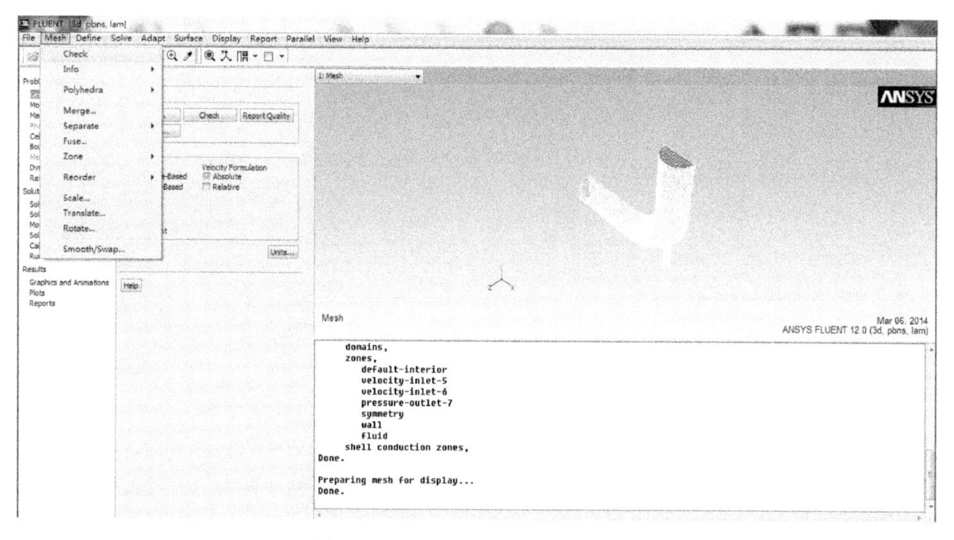

图3.17　FLUENT检查网格界面

```
Domain Extents:
x-coordinate: min (m) = -2.032000e-001, max (m) = 2.032000e-001
y-coordinate: min (m) = -2.320197e-001, max (m) = 2.032000e-001
z-coordinate: min (m) = 0.000000e+000, max (m) = 5.080000e-002
 Volume statistics:
minimum volume (m3): 8.354545e-009
maximum volume (m3): 3.819390e-007
total volume (m3): 2.633654e-003
 Face area statistics:
minimum face area (m2): 3.139274e-006
maximum face area (m2): 6.567239e-005
Checking number of nodes per cell.
Checking number of faces per cell.
Checking thread pointers.
Checking number of cells per face.
Checking face cells.
Checking cell connectivity.
 Checking bridge faces.
Checking right-handed cells.
Checking face handedness.
Checking face node order.
 Checking closed cells.
Checking contact points.
Checking element type consistency.
 Checking boundary types:
```

```
Checking face pairs.
Checking wall distance.
Checking node count.
Checking nosolve cell count.
Checking nosolve face count.
Checking face children.
Checking cell children.
Checking storage.
Done.
```

上面是信息及命令操作区中的内容，其中 Domain Extents 表示计算域在三个维度上的尺寸，也就是各个方向的极值。如上面所示，本算例中 X 方向最大值为 2.032000e-001m，最小值为-2.032000e-001m；Y 方向最大值为 2.032000e-001m，最小值为-2.320197e-001m；Z 方向最大值为 5.080000e-002m，最小值为 0m。Volume statistics 表示对体积的统计，最小体积为 8.354545e-009m^3；最大体积为 3.819390e-007m^2；总体积为 2.633654e-003m^2。在 Volume statistics 中不能存在负值，负值代表负体积，需要重新调整网格。Face area statistics 表示对面的统计，最小面积为 3.139274e-006m^2；最大面积为 6.567239e-005m^2。Checking right-handed cells 表示检查右手规则的网格，需要网格最好都符合右手规则，本算例全是右手规则网格，没有报错。

✧ 经验提醒：Checking right-handed cells（检查右手网格）的内容，有时由于网格划分方向法则为左手定则，输入网格的格式不兼容，负体积的出现等原因，会出现左手网格（left-handed cells），当出现左手网格时，FLUENT 无法进行正确的计算，需要在原网格文件中找出左手网格出现的地方并进行调整。

3.4.3 计算域尺寸设置

在对网格进行检查并确保无误后，需要对网格的尺寸进行检查。由于网格划分软件的不同，可能会出现单位的不统一，在这种情况下需要对网格进行缩小或放大，即图 3.18 中所示的 Scale Mesh 命令。

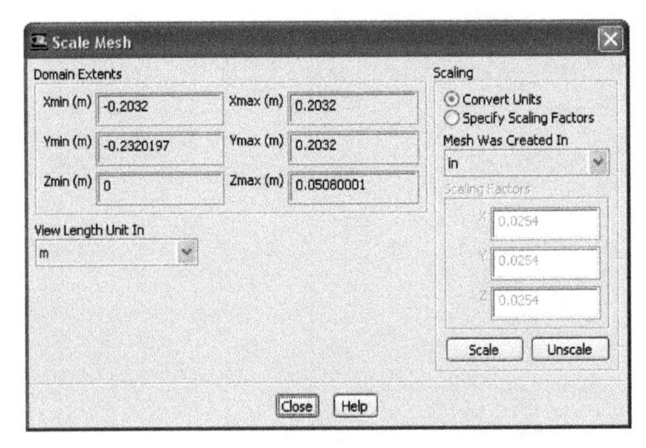

图 3.18　FLUENT 缩放界面

选择文件操作设置区中的 Mesh→Scale 或 General→Scale 命令，可以对缩放进行设置和操作。本算例缩放至合适尺寸（Xmin 为-0.2032m，Xmax 为 0.2032m），默认即是正确的，不需要进行操作。

- ✧ Domain Extents 表示网格的三维极值（Xmin、Xmax；Ymin、Ymax；Zmin、Zmax），从极值可以看出与网格划分软件中的尺寸是否一致，老不一致则需要对网格进行缩放，在 Domain Extents 显示的尺寸无法编辑。
- ✧ View length Unit In 表示在 Domain Extents 中的单位选择，在这里选择好单位后，不进行网格的缩放，只是进行换算，并且在后续操作中遇到的长度单位都会发生改变。
- ✧ Scaling 表示缩放网格，第一项 Convert Units 表示转换单位，转换的单位在 Mesh Was Created In 中选择，可以选择的长度单位有（英尺 in、米 m、毫米 mm 等）。缩放的比例在 Scaling Factors 中自动生成，然后单击 Scale 进行缩放；第二项 Specify Scaling Factors 表示自定义输入缩放因子，在 Scaling Factors 的 X、Y、Z 中可以进行输入，如输入 0.001 表示将现有网格缩小 1000 倍，然后单击 Scale 进行缩放。
- ✧ 经验提醒：对于一些数量较大的网格，缩放时运行速度比较慢，只需单击一下 Scale，不要连续单击，否则会连续缩放。

3.4.4　网格光顺化处理

在网格扭曲率较大的情况下，ANSYS FLUENT 提供了较好的光顺化操作。选择文件操作设置区中的 Mesh→Smooth/Swap 命令，弹出如图 3.19 所示的对话框，可以对网格光顺进行设置。本算例中，将 Minimum Skewness（目标的最小扭曲率）设置为 0.8，Number of Iterations（光顺化操作迭代的次数）保持默认的 4 次，单击 Smooth 进行光顺化操作。

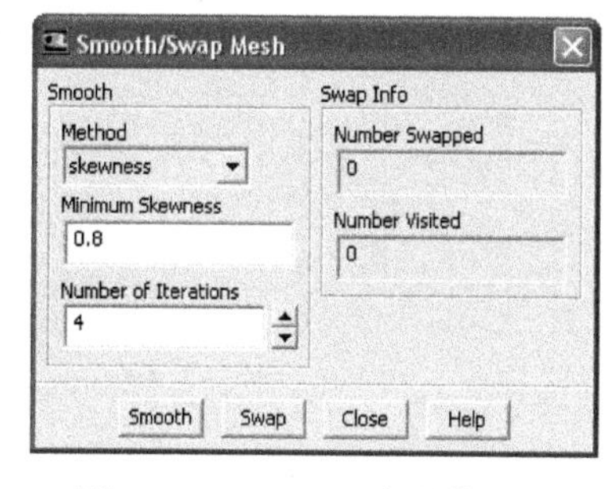

图 3.19　FLUENT 光顺化界面

- ✧ Method 表示光顺的方式，Skewness 表示扭曲率，Laplace 表示拉普拉斯值，默认选择扭曲率。
- ✧ Minimum skewness 表示最小扭曲率，可以输入最小扭曲率的目标值。
- ✧ Number of iterations 表示光顺化操作迭代的次数，默认迭代次数为 4 次。可以根据用户需要改变。

在输入设置值后，单击 Smooth 进行光顺化操作，之后单击 Swap 交换不满足最小扭曲率的设置值，再次单击 Smooth 进行光顺化操作，直到 Number Faces Swapped 为 0。本算例由于网格质量较好，光顺化没有改变网格分布。

3.4.5　求解器基本设置

在确认网格无误后，再次进行求解方法的设置，ANSYS FLUENT 提供了边界的求解方法的设置，选择文件操作设置区中 General→Solver 的命令，如图 3.20 所示，可以对求解方法进行通用设置。

对于本次研究的问题而言，采用默认设置即可。即求解器类型（Solver 中的 Type）选择默认的基于压力（Pressure-Based）；速度方程（Velocity Formulation）选择绝对速度（Absolute）；时间求解类型（Time）选择稳态流动（Steady）。

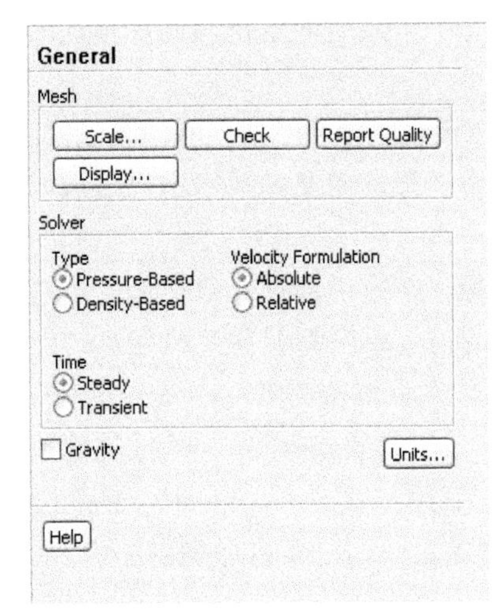

图 3.20　FLUENT General 界面

- ✧ Type 表示求解器类型，有两个选项，Pressure-Based 表示基于压力的求解器、Density-Based 表示基于密度的求解器，一般对于可压流动采用基于密度的求解器，不可压流动采用基于压力的求解器。
- ✧ Velocity Formulation 表示求解器的速度方程类型，Absolute 表示绝对速度，Relative 表示相对速度，速度类型根据实际问题来选择，工程中遇到的大多数问题应考虑绝对速度。
- ✧ Time 表示求解器的时间类型选择，Steady 表示稳态（定常）流动，即流动稳定，在流动充分发展后，随着时间的变化而变化。Transient 表示瞬态流动，即流动是随着时间的变化逐步发展的，反映在方程中就是考虑各项对速度的偏导。
- ✧ Gravity 表示是否考虑重力，点选表示考虑重力的影响。在气体作为流体的时候通常会忽略重力。
- ✧ Units 表示单位，即可以选择速度、温度、密度等物理性质的单位，选择文件操作设置区中的 Define→Units 命令，弹出如图 3.21 所示的对话框，可以对单位进行修改设置。修改单位后，整个 ANSYS FLUENT 之后的操作边界都将会修改。本算例不需要改变单位。

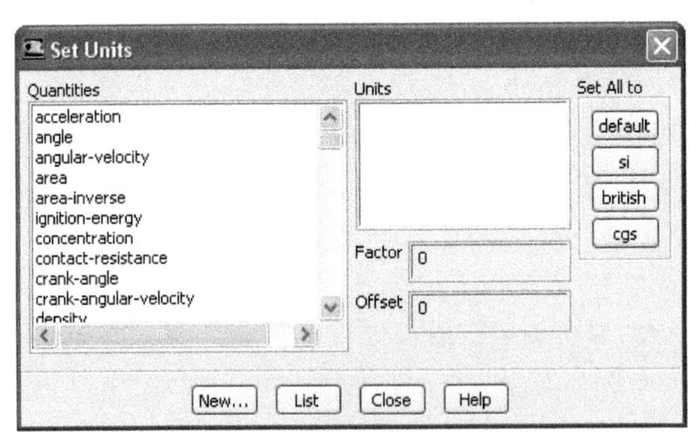

图 3.21　FLUENT 单位设置界面

3.4.6　模型设置

求解器设置完成后，选择文件操作设置区中的 Problem Setup→Models 或 Define→Models 命令，弹出如图 3.22 所示的对话框，可以进行下一步模型的选择与设置。

本算例在能量（Energy）方程选项中选择开启能量方程（Energy-On）、湍流黏性（Viscous）项选择 k-e 两方程湍流模型即可。

✧ Multiphase 表示多相设置，即流体中有两种或两种以上的流体，本算例中不涉及，故此选择 off，详细的内容会在第二大部分实例中进行讲解。

✧ Energy 表示能量，即能量方程开启，在可压缩或者有温度交换的流体问题中需要开启能量方程。选择文件操作设置区中的 Define→Models→Energy 命令，弹出如图 3.23 所示的对话框，勾选开启能量方程后单击 OK 按钮退出对话框。本算例中，冷热两股流体温度会中和，涉及温度的交换，故需要开启能量方程。

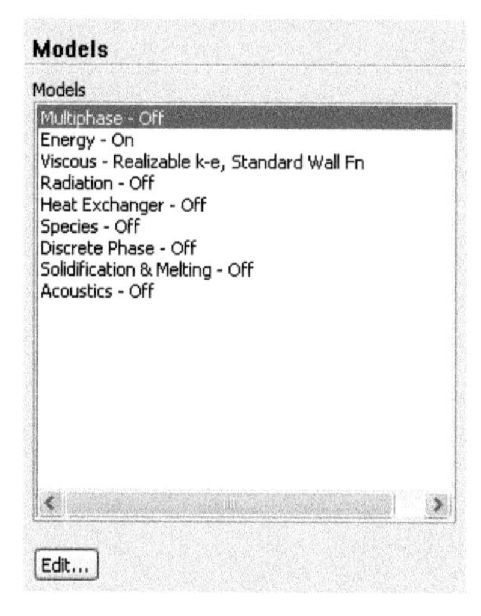

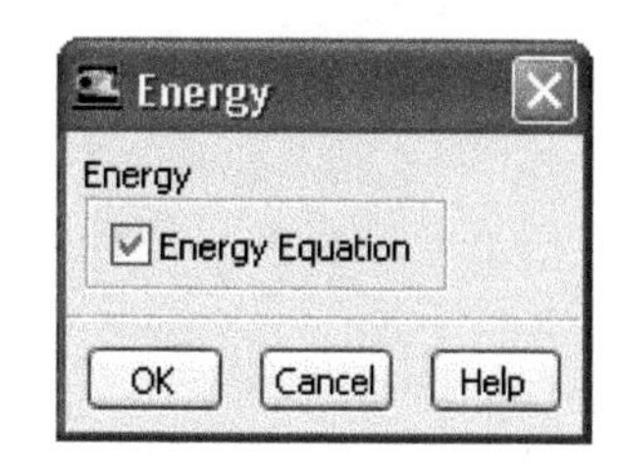

图 3.22 FLUENT 模型设置界面

图 3.23 FLUENT 能量方程设置界面

✧ Viscous 表示黏性方程设置，可以选择无粘流动（Inviscid）、层流流动（Laminar）、S-A 一方程湍流模型（Spalart-Allmaras）、k-e 两方程湍流模型（k-epsilon）、k-Ω 两方程湍流模型（k-omega）、雷诺应力模型（Reynolds Stress）、离散涡模拟（Detached Eddy Simulation）、大涡模拟（Large Eddy Simulation）等多种方法。本算例模拟管道流动，根据经验选择标准壁面方程 k-e 两方程湍流模型，选择文件操作设置区中的 Define→Models→Viscous 命令，弹出如图 3.24 所示的对话框，在 k-epsilon 选项中单击对号选用 k-e 两方程湍流模型。湍流模型的选取以及设置是 CFD 数值计算中非常重要的一部分，会对计算结果产生很大的影响，湍流方程将会在第 5 章中进行详细介绍。

✧ Radiation 表示热辐射，存在热辐射的问题，可以选用热辐射模型，热辐射模型的选择内容比较丰富，包括一般辐射模型和太阳辐射模型。本算例中不涉及热辐射的问题，故不需要打开热辐射模型。热辐射模型的使用方法会在下面的章节中讲解。

✧ Heat Exchanger 表示换热器模型。换热器模型是针对特定的换热器计算而言的。本算例中没有换热器，故不需要开启换热器模型。

✧ Species Model 表示组分模型，对组分输运和燃烧问题进行数值模拟时会用到，本算例中没有用到，对于组分输运与燃烧模型会在下面的章节中进行讲解。

✧ Discrete Phase 表示离散相模型，对于如水滴在空气中的运动等问题的模拟中会用到，本算例中没有用到，故不需要开启。

✧ Solidification and Melting 模型表示凝固和融化模型，凝固和融化问题数值模拟时会用到，本算例中没有用到，故不需要开启。

✧ Acoustics 表示声学模型，ANSYS FLUENT 对于声学问题同样可以进行模拟，本算例中

没有用到，故不需要开启。

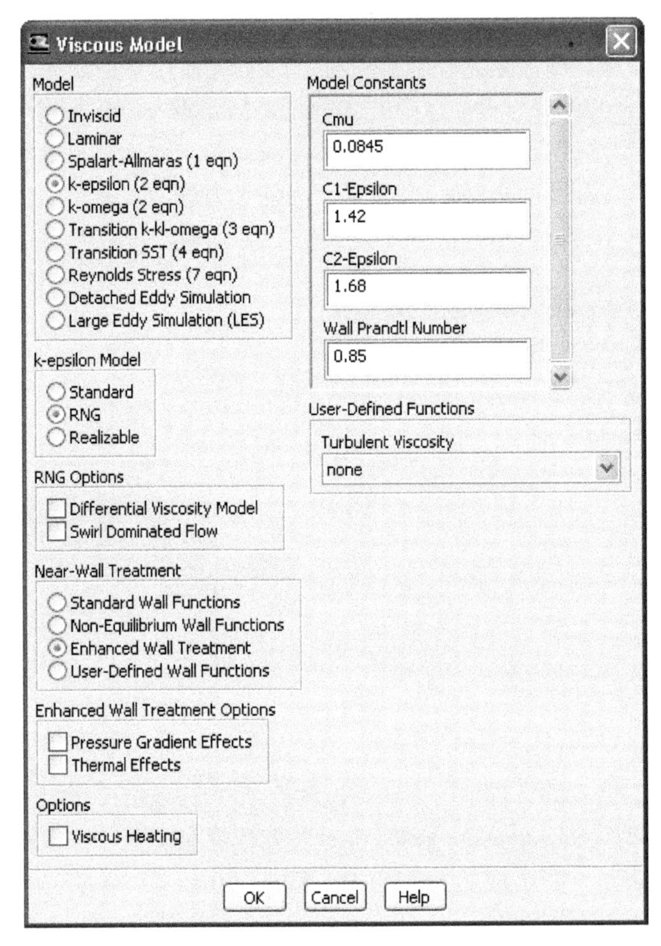

图 3.24　FLUENT 湍流方程设置界面

3.4.7　物性参数设置

模型设置完成后，在 Problem Setup→Material 选项中可以进行下一步物性参数设置界面，如图 3.25 所示。

本算例中在流体材料（Fluid）中添加并选择液态水（water-liquid），选择设置密度（Density）为 998.2kg/m^3、比热容（Cp）为 4182j/kg-k、热传导系数（Thermal Conductivity）为 0.6w/m-k、黏性（Viscosity）为 0.001 003。在对话框中的名称（Name）栏中输入液态水（water-liquid）、单击 Change/Create 进行选择并修改。

在材料物理性质设置中，可以选择对流体和固体的物理参数进行设置，单击 Create/Edit 弹出如图 3.26 所示的对话框，可以对需要创建和编辑的物理性质进行修改。

首先在 FLUNET Database 中选择液态水（water-liquid），单击 Copy 按钮复制标准的液态水材料参数到 FLUENT 材料对话框中。

固体材料为默认的铝即可。

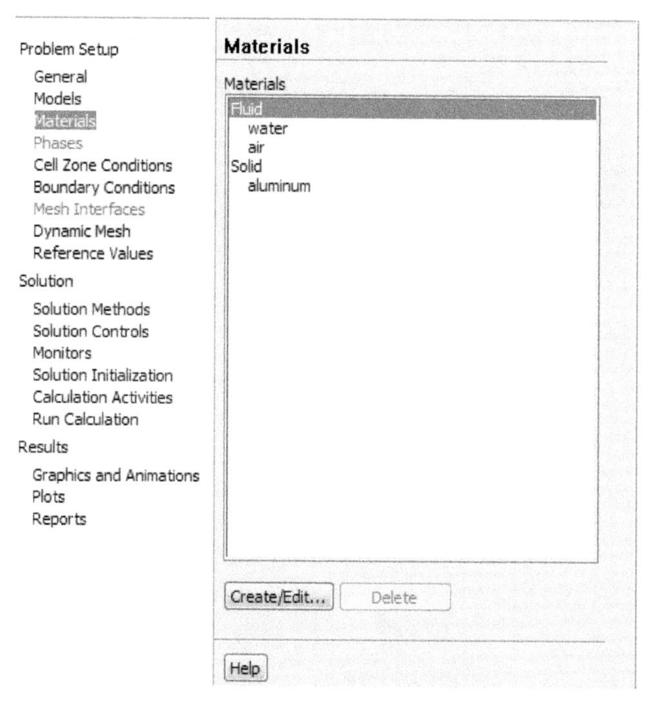

图 3.25　FLUENT 物性参数设置界面

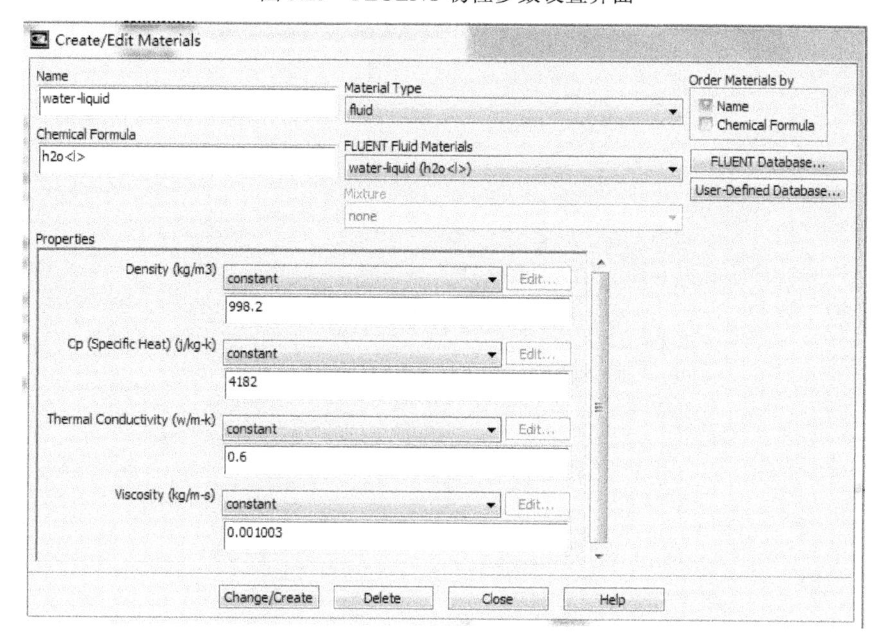

图 3.26　FLUENT 物性参数创建和修改界面

3.4.8　边界条件参数设置

在求解器、模型以及物理性质都设置完毕后，需要对边界条件进行设置，可以在 Problem Setup→Cell Zone Condition 和 Boundary Condition 选项中分别对流体区域和边界进行设置，弹出如图 3.27 所示的对话框。

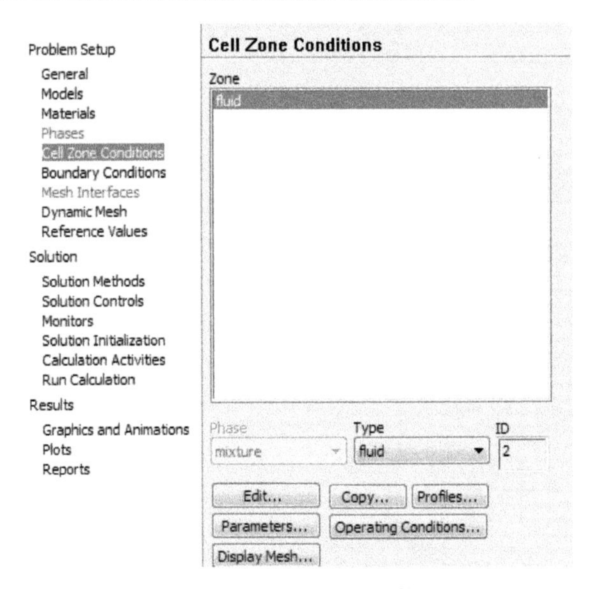

图 3.27　FLUENT 流体物性条件设置界面

1）流体区域设置

选择文件操作设置区中的 Problem Setup→Cell Zone Condition 命令，可以进行流体区域设置。选择 fluid，单击 Edit 对流体区域进行编辑，弹出如图 3.28 所示的对话框。

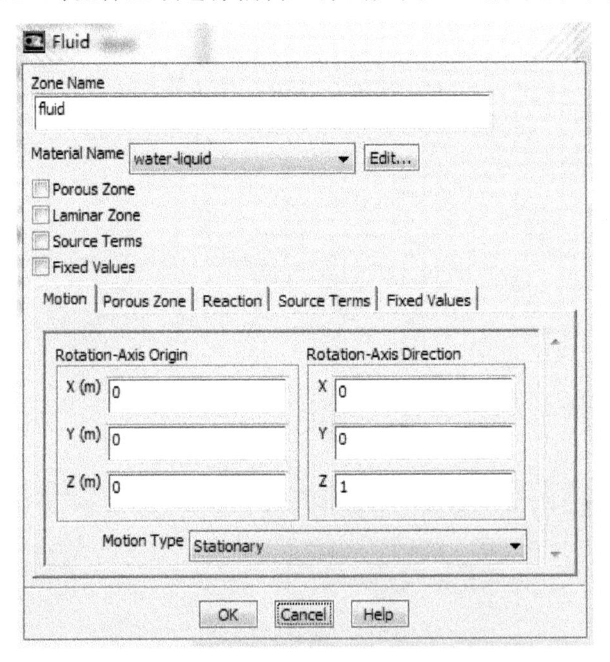

图 3.28　FLUENT 流体区域物性设置对话框

本算例流体介质保持 fluid 名称，选择液态水（water-liquid）作为流体介质，运动类型（Motion Type）选择静止（Stationary）。

✧ Zone Name 表示区域名称，可以进行修改，输入为便于用户识别的名称。

✧ Material Name 表示材料名称，单击下拉框可以进行设置，下拉框出现的物性名称为前述物性设置中创建的。

- ✧ Porous Zone 表示多孔介质区域，本算例中不涉及多孔介质区域，故不需要开启。
- ✧ Laminar Zone 表示层流流动区域，本算例中不需要设置。
- ✧ Source Terms 表示源项，本算例中没有源项区域，不需要开启。源项的设置可以是动量、能量等多种形式。
- ✧ Fixed Values 表示固定值，固定值设置即可以将流体区域内的某种物理属性设置为固定的值。本算例流体区域中不需要专门设定固定值，不需要开启。
- ✧ Motion 选项卡表示运动，其中 Motion Type 表示运动类型，如图 3.29 所示，有 Stationary（表示静止）、Moving Reference Frame（表示运动参考坐标系）、Moving Mesh（表示动网格）三种运动方式。Rotation Axis Origin 表示旋转轴起点，Rotation Axis Direction 表示旋转轴方向。流体区域可以设置为运动的形式，这是 FLUENT 使用中的高级功能（动网格）。
- ✧ Porous Zone 选项卡表示多孔区域设置，本算例不需要设置。
- ✧ Reaction 选项卡表示反应设置，本算例不需要设置。

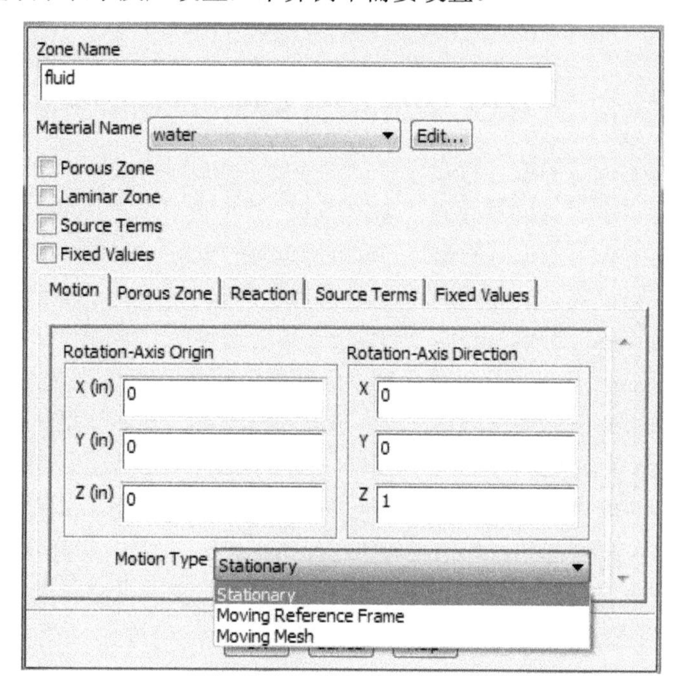

图 3.29 FLUENT 流体区域运动设置界面

2）速度入口边界设置

选择 Problem Setup→Boundary Condition 命令，弹出如图 3.30 所示的对话框，可以进行边界条件的设置。

温度较低的速度入口边界 velocity-inlet-5，在类型中选择速度入口（velocity-inlet）。在绝对参考坐标系中采用分量速度设置，X 方向的速度为 0.4m/s。由于本次研究的问题是管流，湍流强度和水滴直径是最适合的方法，湍流强度选择 5%，为一般水利的湍流强度，水滴直径的选取为管的直径 0.1016m。本算例设置温度较低的入口温度为 20℃（293.15K）。

温度较高的流体设置与温度较低流体的设置方法基本相同，设置 Y 方向的绝对速度 1.2m/s，湍流强度为 5%，水滴直径为 0.0254m，温度为 313.15K。

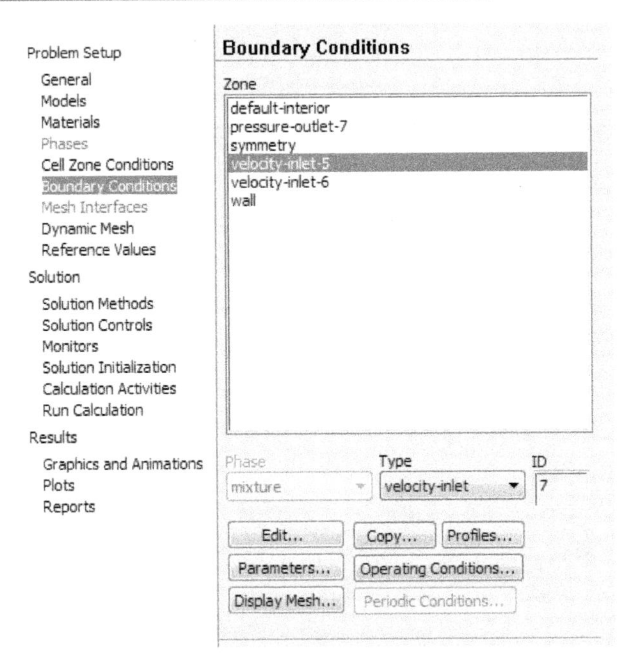

图 3.30　FLUENT 边界条件设置界面

- ✧ Zone Name 表示区域名称，可以进行修改，输入为便于用户识别的名称。
- ✧ Momentum 选项卡表示动量设置，如图 3.31 所示可以设置速度、压力等能反映动量的物理形式。速度设置方法（Velocity Specification Method）表示可以通过三种方法对速度设置类型进行设置，分别是各个坐标轴分量形式（Components），速度大小与方向形式（Magnitude and Direction），垂直于边界的速度大小形式（Magnitude，Normal to Boundary）。Reference Frame 表示参考坐标系，可以选择绝对坐标系（Absolute）和与相邻流体区域相对坐标系（Relative to Adjacent Cell Zone）。绝对坐标系是相对于地面的，相对坐标系是相对于相邻流体区域的，采用绝对坐标系的问题更多一些。Coordinate System 表示坐标系类型，可以选择笛卡尔坐标系、圆柱坐标系和当地圆柱坐标系。采用笛卡尔坐标系，即需要输入 X、Y、Z 三个方向的分量；采用圆柱坐标系，需要输入轴向速度（Axial-Velocity）、径向速度（Radial-Velocity）、切向速度（Tangential-Velocity）、角速度（Angular Velocity）；当地圆柱坐标系还需要设置轴心（Axis origin）和轴向方向（Axis Direction）。本算例采用笛卡尔坐标系，在 X 方向速度输入 0.4m/s 即可。Turbulence 表示湍流参数设置，可以选择的类型有：k 和 e（k and e）、湍流强度和特征尺度（Turbulent Intensity，Turbulent Length Scale）、湍流强度和黏性比率（Turbulent Intensity，Turbulent Viscosity Ratio）、湍流强度和水滴直径（Turbulent Intensity，Hydraulic Diameter）。
- ✧ 选择 Thermal 选项卡弹出如图 3.32 所示的选项卡，可以设置热参数。
- ✧ Radiation 选项卡可进行辐射参数设置，在有辐射传热的情况下需要进行设置。
- ✧ Species 选项卡可进行组分参数设置，在有组分输运的反应流动中需要设置。
- ✧ DPM 选项卡可进行离散相参数设置，存在离散相的流动中需要设置。
- ✧ Multiphase 选项卡可进行多项参数设置，在多相流动中需要设置。
- ✧ UDS 选项卡表示 UDS 参数设置。

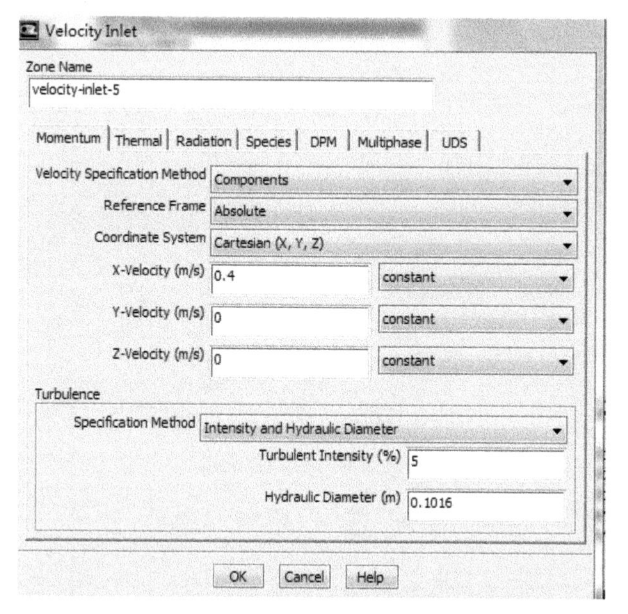

图 3.31　FLUENT 温度较低流体边界速度设置界面

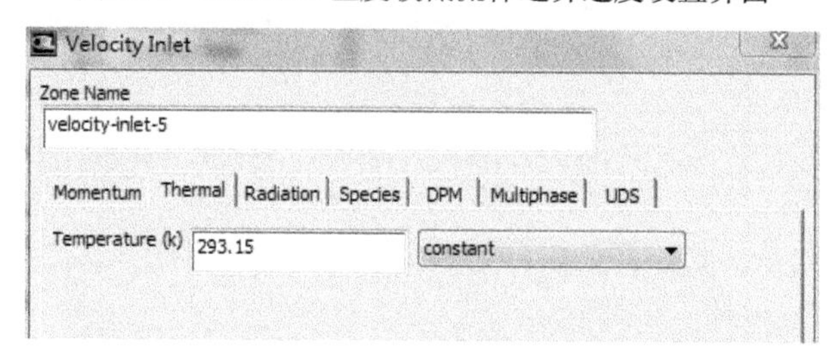

图 3.32　FLUENT 温度较低流体边界温度设置界面

3）压力出口边界设置

选择 Problem Setup→Boundary Condition→Pressure-outlet-7→Edit 命令，弹出如图 3.33 所示的对话框，可以对压力出口进行设置。压力出口的边界设置 Guage Pressure 表示总压设置，如果没有参考压力设置为 0。

本算例中假定出口参考压力设置为 0，温度为 300K。Turbulence 湍流设置中湍流强度为 5%，水滴直径选取为管的直径 0.1016m。

✧ Momentum 选项卡可进行动量设置。Backflow Direction Specification Method 表示回流方向和方法，可以选择三种方法，方向矢量（Direction Vector）、垂直于边界（Normal to Boundary）和从临近网格中回流（From Neighboring Cell）。本算例选择垂直于边界，这种方法也是平时应用最多的。Radial Equilibrium Pressure Distribution 表示压力沿径向平均分布。Target Mass Flow Rate 表示目标质量流率，可以设定一个质量流率的目标值。

✧ Thermal 选项卡可以对温度进行设置。温度设置为一假定温度。

✧ 其他选项卡的意义和速度入口的基本相同，将会在后面的章节中进行讲解。

4）壁面边界设置

选择 Problem Setup→Boundary Condition→Wall→Edit 命令，弹出如图 3.34 所示的对话框，可以对壁面进行设置。壁面边界的设置对于大部分计算来说不需要改变。本算例壁面边界不需要进行设置，采用默认即可。

Pressure Outlet
Zone Name
pressure-outlet-7
Momentum | Thermal | Radiation | Species | DPM | Multiphase | UDS
Gauge Pressure (pascal) 0 constant
Backflow Direction Specification Method Normal to Boundary
Radial Equilibrium Pressure Distribution
Target Mass Flow Rate
Turbulence
Specification Method Intensity and Hydraulic Diameter
Backflow Turbulent Intensity (%) 5
Backflow Hydraulic Diameter (m) 0.1016
OK Cancel Help

图 3.33　FLUENT 压力出口设置界面

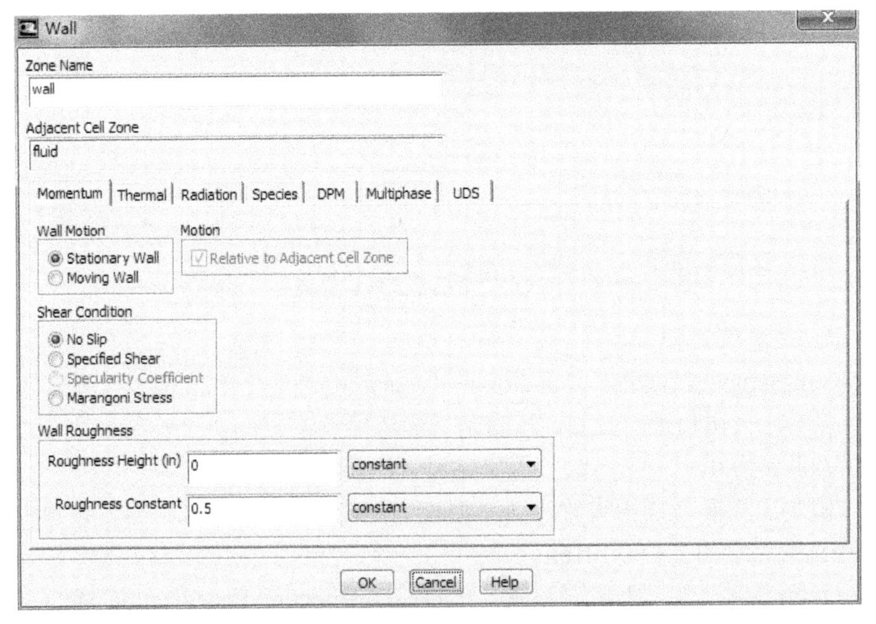

图 3.34　FLUENT 壁面设置界面

✧ Wall Motion 选项卡可设置壁面运动类型。可以选择静止壁面（Stationary Wall）和运动壁面（Moving Wall）。运动壁面选择后可以对运动的类型进行选择，平移（Translational）、旋转（Rotational）和运动分量（Components）。本算例壁面不需要运动，选择静止壁面即可。Shear Condition 表示剪切条件：No Slip 表示无滑移条件；Specified Shear 表示特殊剪切，可以设置各个方向分量上的剪切应力；Marangoni Stress 表示马兰哥尼效应。大部分静止壁面选择无滑移边界条件即可，本算例的壁面采用无滑移边界条件。Wall Roughness 表示壁面粗糙度：Roughness Height 表示粗糙高度，一般为 0；Roughness Constant 表示粗糙度常数。

✧ Thermal 选项卡中，可以对壁面的热交换进行设置，如图 3.35 所示。Heat Flux 表示热流量，可以设置热流量（Heat Flux）和壁面厚度（Wall Thickness），或者设置热生成率（Heat Generation Rate）。一般选择此项并将各项设置为 0。Temperature 表示温度，可以设置某一固定温度，或者设置热生成率（Heat Generation Rate）。Convection 表示对流换热，可以设置热转换系数（Heat Transfer Coefficient）、自由来流温度（Free Stream Temperature）和热生成率（Heat Generation Rate）。Radiation 表示辐射换热，可以设置内部发射率（External Emissivity）、热生成率（Heat Generation Rate）等参数。Mixed 表示对流与辐射混合换热，可以设置热转换系数（Heat Transfer Coefficient）、自由来流温度（Free Stream Temperature）、热生成率（Heat Generation Rate）等参数。

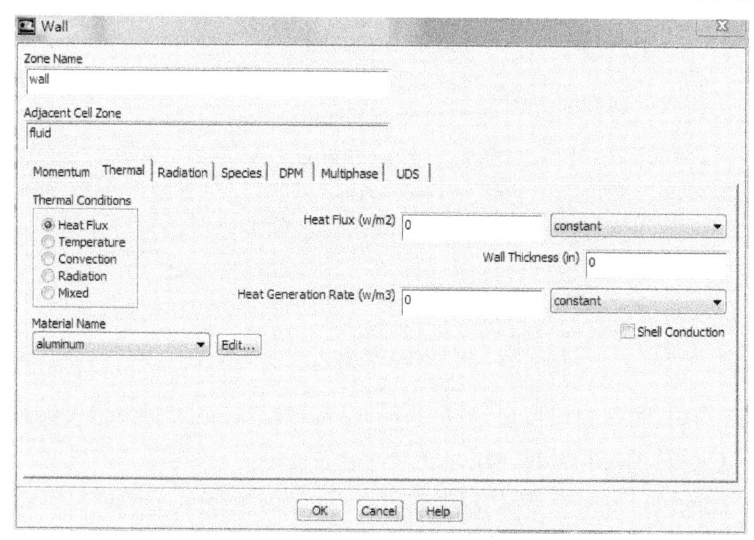

图 3.35　FLUENT 壁面设置界面

3.4.9　求解方法设置

对边界条件设置完成后，选择 Solution→Solution Method 命令，弹出如图 3.36 所示的对话框，可以对求解方法进行设置。由于算法涉及大量的方程、公式和数学推导，本书注重工程应用，所以不对算法进行专门的讲解。

本算例速度与压力耦合方法选择 SIMPLE 算法；梯度项差分方法采用 Green-Gauss Cell Based 方法；压力项差分方法采用 Standard 方法；动量项、湍动能项、湍流耗散项、能量项等一般都是先用一阶格式计算收敛后换成二阶格式。

✧ Pressure-Velocity Coupling 表示速度与压力耦合方法。可以选择的有 SIMPLE 算法、SIMPLEC 算法、PISO 算法和 Coupled 算法。

✧ Spatial Discretization 表示中心差分方法。

✧ Gradient 表示梯度项，可以选择的有 Green-Gauss Cell Based、Green-Gauss Node-Based 和 Least Squares Cell Based 三种格式。

✧ Pressure 表示压力项，可以选择 Standard、PRESTO!、Linear、Second Order、Body Force Weighted 五种格式，对压力项差分求解方法的选择针对具体情况会有所变化。

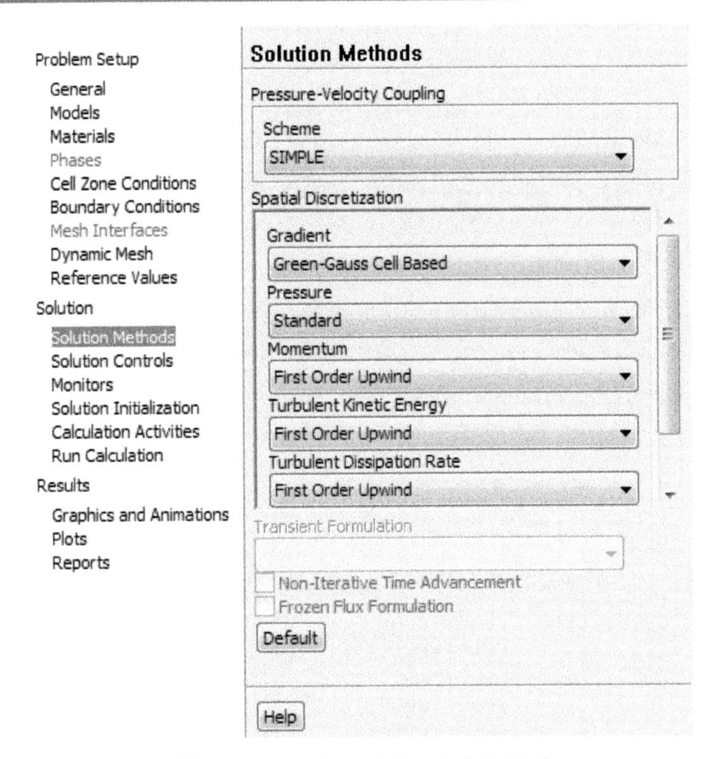

图 3.36 FLUENT 求解方法设置界面

✧ Momentum 表示动量项，可以选择 First Order Upwind、Second Order Upwind、Power Law、QUICK 或 Third-Order MUSCL 等格式。

✧ Turbulent Kinetic Energy 表示湍动能项，可以选择 First Order Upwind、Second Order Upwind、Power Law、QUICK 或 Third-Order MUSCL 等格式。

✧ Turbulent Dissipation Rate 表示湍流耗散项，可以选择 First Order Upwind、Second Order Upwind、Power Law、QUICK 或 Third-Order MUSCL 等格式。

✧ Energy 表示能量项，可以选择 First Order Upwind、Second Order Upwind、Power Law、QUICK 或 Third-Order MUSCL 等格式。

3.4.10 求解控制参数设置

求解参数的设置简单地说是对方程中的松弛因子进行设置，松弛因子是方程迭代求解时各项变化的系数，松弛因子越大算至收敛的步数越少，松弛因子越小算至收敛的步数越多，但是过大的松弛因子会造成求解不收敛或发散。在一些不容易收敛的计算中，可以先调小松弛因子，再随着计算的过程逐步增大至默认值即可。

选择 Solution→Solution Controls 命令，弹出如图 3.37 所示的对话框，本算例采用默认值设置即可，不需要改变。

图 3.37 中 Pressure 表示压力项方法的松弛因子，Density 表示密度项的松弛因子，Body Forces 表示体力项的松弛因子，Momentum 表示动量项的松弛因子，Turbulent Kinetic Energy 表示湍动能项的松弛因子，Turbulent Dissipate Rate 表示湍流耗散项的松弛因子，Turbulent

Viscosity 表示湍流黏性项的松弛因子，Energy 表示能量项的松弛因子。

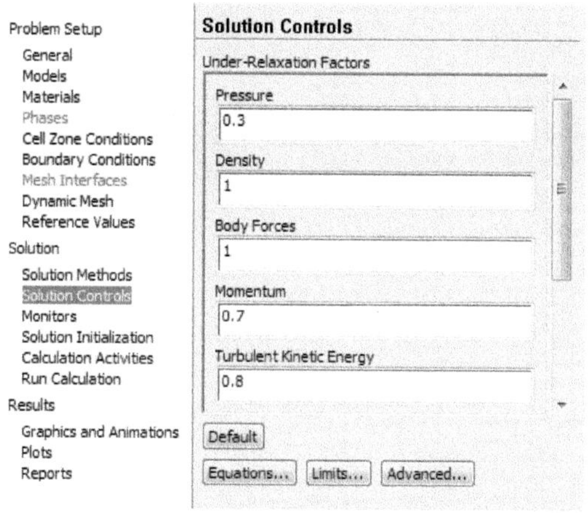

Problem Setup
General
Models
Materials
Phases
Cell Zone Conditions
Boundary Conditions
Mesh Interfaces
Dynamic Mesh
Reference Values
Solution
Solution Methods
Solution Controls
Monitors
Solution Initialization
Calculation Activities
Run Calculation
Results
Graphics and Animations
Plots
Reports

Solution Controls
Under-Relaxation Factors
Pressure
0.3
Density
1
Body Forces
1
Momentum
0.7
Turbulent Kinetic Energy
0.8
Default
Equations...
Limits...
Advanced...

图 3.37　FLUENT Solution Controls 设置界面

3.4.11　求解监控设置

选择 Solution→Monitors 命令，弹出如图 3.38 所示的对话框，可以对求解监控进行设置。设置好松弛因子后，需要对求解过程进行监控来判断收敛性以及结果是否满足要求。单击 Edit 进行编辑。

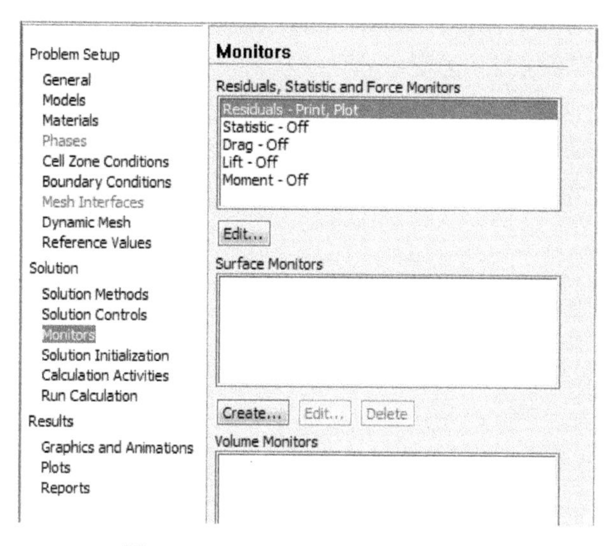

图 3.38　FLUENT Monitor 设置界面

本算例需要对残差的监控项进行设置，其他监控项不需要进行设置。

1．残差设置

选择 Solution→Monitors→Residual Monitors 命令，弹出如图 3.39 所示的对话框，可以对残差监控进行设置。打开残差监控器设置，本算例选取监控器中显示残差数值；选取 Plot 监视残差曲线；选取在窗口中可以显示的迭代步数为 1000；设置储存近 1000 步的残差内容；选取监视所有残差项；选择所有的项都需满足方可认为收敛；将连续性残差收敛极限改为 1e-05，其他不需要改变。

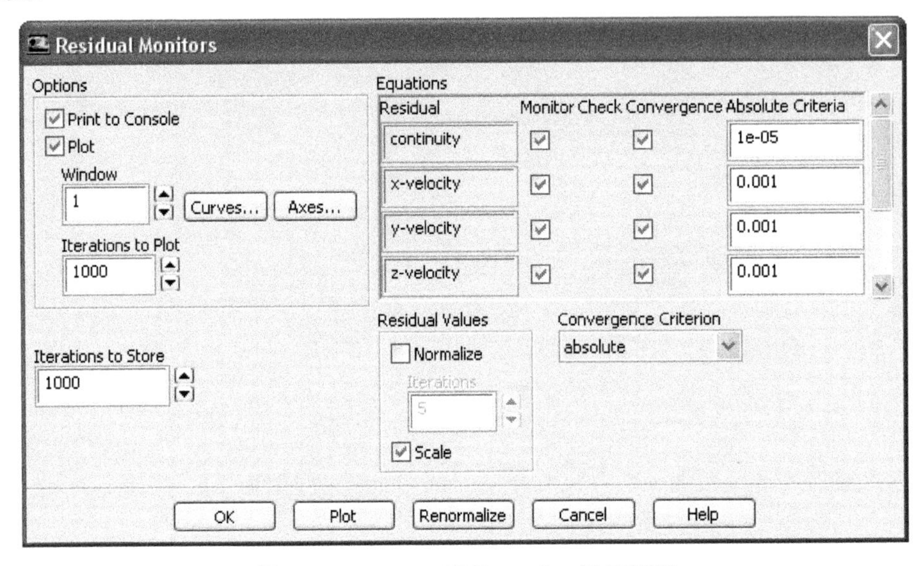

图 3.39　FLUENT 残差 Monitor 设置界面

其中各项意义为：

✧ Print to Console 表示在监控器中显示残差数值。如果不选，则在监控器中看不到残差数值。
✧ Plot 表示将残差曲线画图，可以在嵌入窗口中看到残差曲线。
✧ Window 表示残差曲线显示的窗口编号。
✧ Iterations to Plot 表示在窗口中可以显示的迭代步数。1000 次代表显示近 1000 次迭代步数内的残差收敛曲线。
✧ Curves 可以打开编辑曲线对话框，对残差曲线的类型、颜色、宽度、尺寸等参数进行设置。
✧ Axes 可以打开残差曲线轴设置的对话框，对 XY 轴的类型、精度、标签、范围等进行设置。
✧ Iterations to Store 表示总的储存的残差。1000 代表储存近 1000 步的残差内容。
✧ Residual Values 表示可以控制残差的标准化（Normalize）和缩放（Scale）。
✧ Convergence Criterion 表示收敛规范选择，可以选择绝对（absolute）、相对（relative）和绝对或相对（relative or absolute）。
✧ Monitor 勾选表示可以在监控窗口中监视。
✧ Check Convergence 勾选表示作为收敛性判断检查标准。
✧ Absolute Criteria 表示绝对规范。即残差值如果小于该值则视为完成收敛，停止迭代。

2. 统计设置

选择 Solution→Monitors→Statistics 命令，弹出如图 3.40 所示的对话框，可以对统计值进行设置。

本算例不需要进行统计，为了便于其他例子的讲解，下面将对统计设置进行讲解。

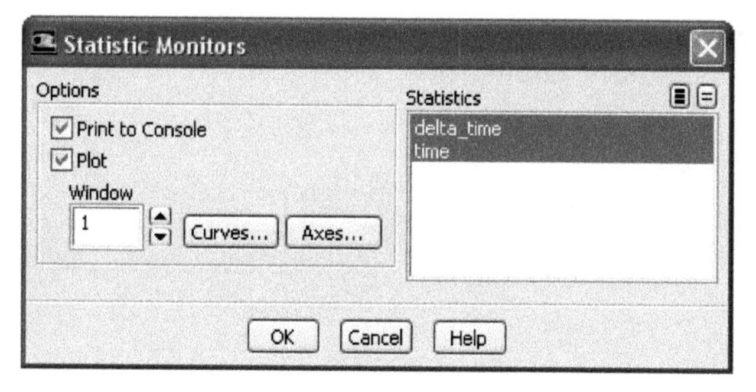

图 3.40 FLUENT 统计 Monitor 设置界面

- ✧ Print to Console 表示在监控器中显示统计数值。如果不选，则在监控器中看不到统计数值。
- ✧ Plot 表示将统计曲线画图。可以在嵌入窗口中看到统计曲线。
- ✧ Window 表示残差曲线显示的窗口编号。
- ✧ Curves 可以打开编辑曲线对话框，对统计曲线的类型、颜色、宽度、尺寸等参数进行设置。
- ✧ Axes 可以打开统计曲线轴设置的对话框，对 XY 轴的类型、精度、标签、范围等进行设置。

3. 阻力、升力及力矩设置

选择 Solution→Monitors→Drag、Lift、Moment 命令，弹出如图 3.41、图 3.42 所示的对话框，可以通过 Solution→Monitors 分别对阻力、升力及力矩监控进行设置。

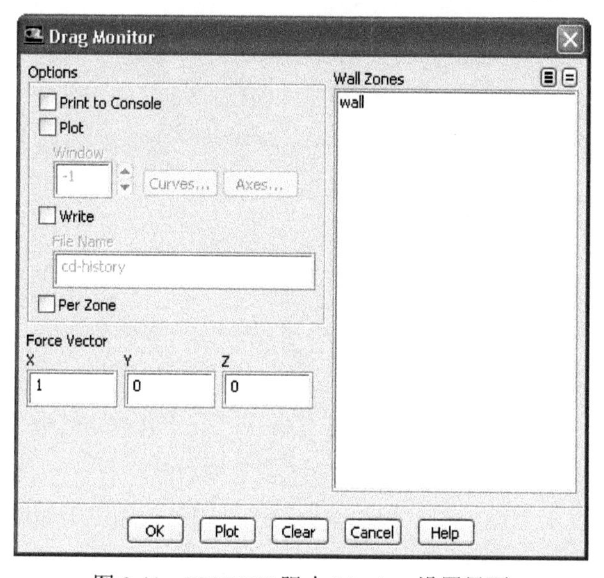

图 3.41 FLUENT 阻力 Monitor 设置界面

本算例不需要进行气动力系数的监视，但是为了便于其他例子的讲解，下面将对气动力系数设置进行讲解。

阻力和升力设置的对话框基本一样：

- ✧ Print to Console 表示在监控器中显示阻力\升力数值。如果不选，则在监控器中看不到统计数值。

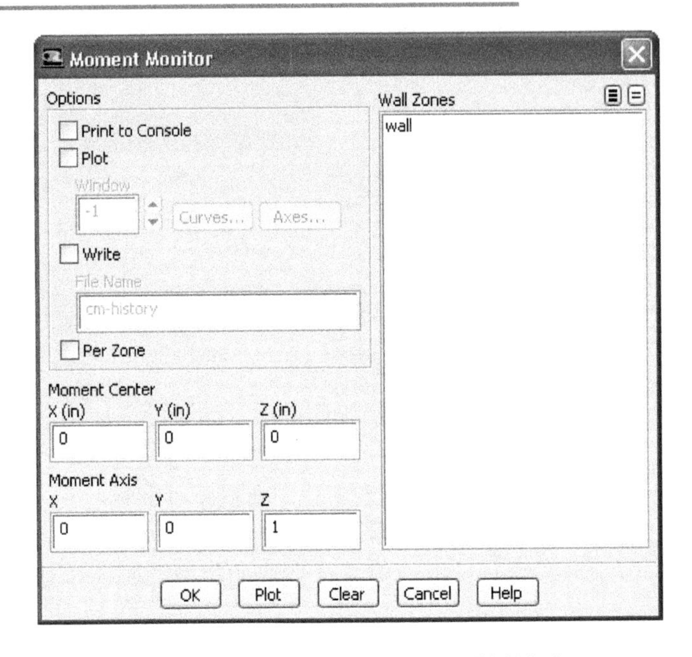

图 3.42　FLUENT 力矩 Monitor 设置界面

✧ Plot 表示将阻力\升力曲线画图。可以在嵌入窗口中看到统计曲线。
✧ Window 表示阻力\升力曲线显示的窗口编号。
✧ Write 表示对阻力\升力曲线各点数值是否进行保存，在 File Name 中可以修改保存的名称。
✧ Per Zone 表示对阻力\升力监控时是否对各个区域单独进行监控，勾选表示单独监控。
✧ Force Vector 表示阻力\升力的矢量方向，可以对 X、Y、Z 三个方向的矢量进行输入。
✧ Wall Zones 表示阻力\升力监控的区域，选择变蓝后表示对该壁面区域进行监控。

力矩设置对话框与阻力和升力设置的对话框相比有所不同：

✧ Print to Console 表示在监控器中显示力矩数值。如果不选，则在监控器中看不到统计数值。
✧ Plot 表示将力矩曲线画图。可以在嵌入窗口中看到统计曲线。
✧ Window 表示力矩曲线显示的窗口编号。
✧ Write 表示对力矩曲线各点数值是否进行保存，在 File Name 中可以修改保存的名称。
✧ Per Zone 表示对力矩监控时是否对各个区域单独进行监控，勾选表示单独监控。
✧ Moment Center 表示力矩中心，可以输入该点的 X、Y、Z 坐标数值。
✧ Moment Axis 表示力矩轴方向，可以输入力矩的 X、Y、Z 矢量方向。
✧ Wall Zones 表示力矩监控的区域，选择变蓝后表示对该壁面区域进行监控。

4. 表面监控设置

选择 Solution→Monitors→Surface Monitors→Edit 命令，弹出如图 3.43 所示的对话框，可以对表面监控进行设置。ANSYS FLUENT 提供了丰富的表面监控方法，表面可以是壁面、边

界，也可以是自己创建的面，这个功能极大地丰富了监控的方式，在判断计算是否真正收敛方面比残差曲线更有说服力。

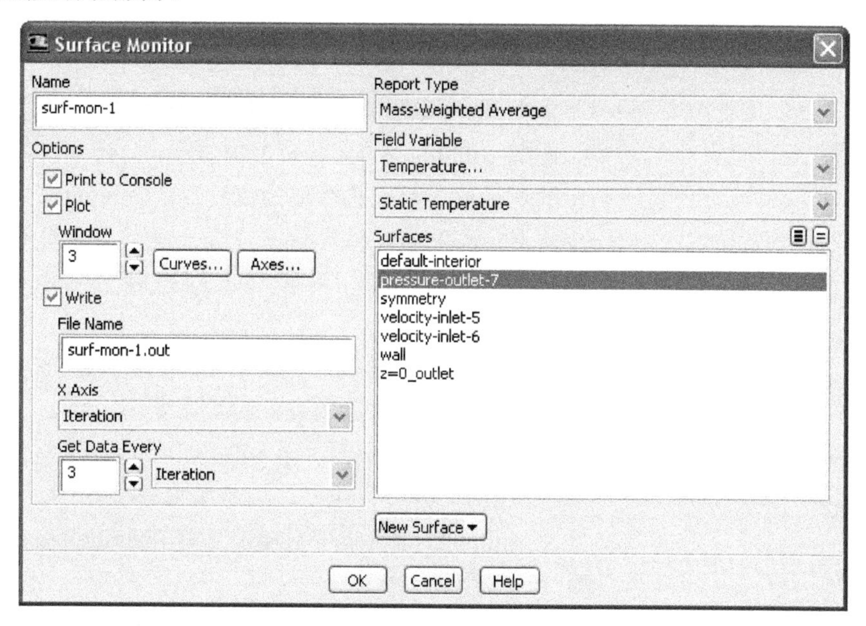

图 3.43　FLUENT 表面 Monitor 设置界面

本算例不需要进行表面数据的监视，但是为便于其他例子的讲解，下面将对表面数据设置进行讲解。

- ✧ Print to Console 表示在监控器中显示力矩数值。如果不选，则在监控器中看不到统计数值。
- ✧ Plot 表示将力矩曲线画图。可以在嵌入窗口中看到统计曲线。
- ✧ Window 表示力矩曲线显示的窗口编号。
- ✧ Write 表示对力矩曲线各点数值是否进行保存，在 File Name 中可以修改保存的名称。
- ✧ X Axis 表示监视的 X 轴的取值方法，可以选择迭代步数（Iteration），时间步（Time Step）和流动实际时间（Flow Time）。
- ✧ Get Data Every 表示监视曲线数据获取频率。
- ✧ Report Type 表示对监视面数据的处理，可以选择多种方法，有积分（Integral）、质量流率（Mass Flow Rate）、质量平均（Mass-Weighted Average）、标准差（Standard Deviation）、流率（Flow Rate）、体积流率（Volume Flow Rate）、面积平均（Area-Weighted Average）、求和（Sum）、面平均（Facet Average）、面最小（Facet Minimum）、面最大（Facet Maximum）、点平均（Vortex Average）、点最小（Vortex Minimum）、点最大（Vortex Maximum）等多种方式。
- ✧ Field Variable 表示监视的流场变量，可以选择的有：压力、温度、速度、密度、湍流、残差、网格等十几个大项，每个大项又有若干小项，完全可以满足工程的需求。
- ✧ Surfaces 表示需要监控的面，蓝色选中监视的面。

另外，ANSYS FLUENT 也提供了对体的监视，基本方法和表面监视的方法一样，这里不再赘述。

3.4.12　初始化

在前面的操作都进行完成后，需要对流场进行初始化设置。选择 Solution→Solution Initialization 命令，弹出如图 3.44 所示的对话框，可以进行初始化设置。Compute from 表示由某一个边界计算初值。Reference Frame 表示参考坐标，可以选择绝对（Absolute）和相对于邻近网格区域（Relative to Cell Zone）。

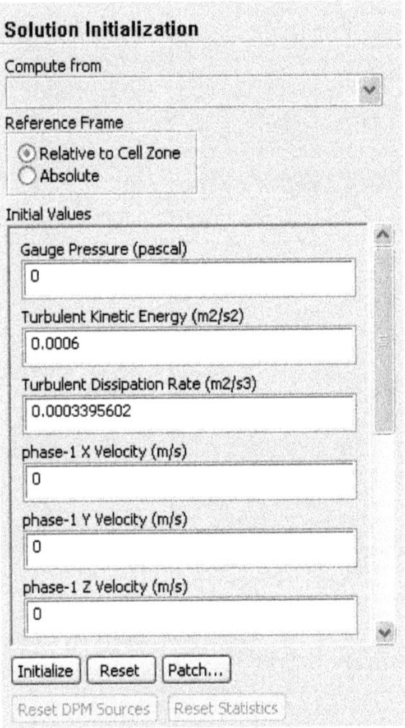

图 3.44　FLUENT 初始化设置界面

本算例需要单击 Compute from 选择 Velocity-Inlet-5，然后单击 Initialize 按钮对流场进行初始化求解。

- ✧ Initial Values 表示输入的初始数值，这些数值一般包括压力、温度、速度、湍流参数等。
- ✧ Initialize 表示初始化操作。单击 Initialize 按钮即可进行初始化。
- ✧ Reset 表示重新设置，在操作失误时会用到。
- ✧ Patch 表示对现有的初始化流场进行补丁。此功能很实用，可以对一些特定的问题进行初始流场的优化，更有利于收敛。本算例不需要补丁操作。

3.4.13　求解计算设置

获得良好的初始流场后，可以进行求解计算。选择 Solution→Run Calculation 命令，弹出如图 3.45a 所示的对话框，可以对求解进行设置。

本算例采用定常计算，设置时不需要对 Case 文件进行检查，设置总计算迭代步数为 500 步；报告的间隔设置为 1；文件上传间隔设置为 1。

- ✧ Check Case 表示对 Case 文件进行检查，可以对网格、模型、边界条件、材料物理性质和求解器进行检查，这个功能不是很常用。
- ✧ Preview Mesh Motion 表示对运动网格预先进行运动观察，在遇到需要使用运动网格的问题中很有用。
- ✧ Number of Iterations 表示迭代的总步数。
- ✧ Reporting Interval 表示报告的间隔。这里如果选 10，表示迭代计算时对话框内的报告是每 10 次迭代计算显示一次。
- ✧ Profile Update Interval 表示属性文件上传间隔，在对需要更新属性文件的计算时会用到，一般选择默认值 1 即可。
- ✧ Data File Quantities 表示数据文件的变量，单击可以打开数据变量对话框，新增或减少数据变量，一般情况下默认即可。

◇ Acoustic Signals 表示声学信号，单击打开声学信号对话框，可以选择声源面、接收点等信息。

计算时经常会选择瞬态计算，本算例选择定常计算，但是为了便于讲解以后的案例，下面对瞬态计算求解计算设置进行讲解。选择瞬态计算还会出现其他的选项，如图 3.45b 所示。

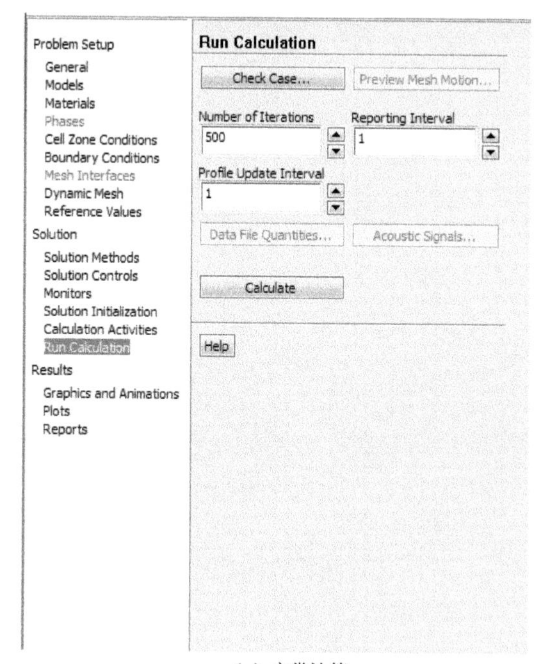

（a）定常计算

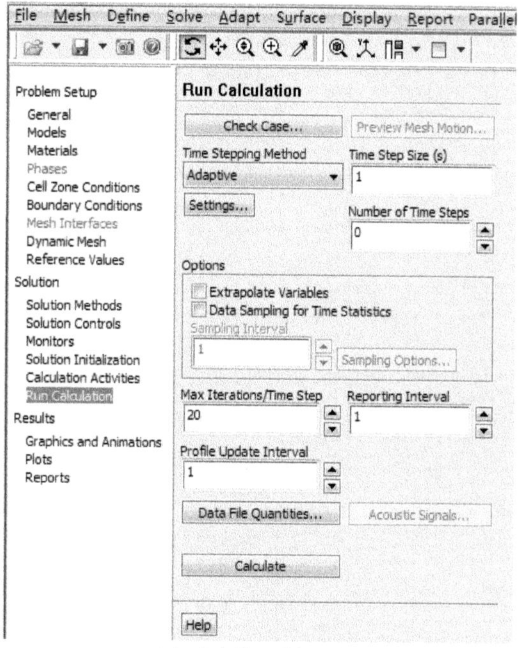

（b）非定常（瞬态）设置

图 3.45　FLUENT 求解设置界面

◇ Time Stepping Method 表示时间步长方法，可以选择固定时间步长（Fixed）和变时间步长（Adaptive）。选择 Solution→Run Calculation→Adaptive→Settings 命令，弹出如图 3.46 所示的对话框，可以对变时间步长进行设置，可以设置容忍度（Truncation Error Tolerance）、结束时间（Ending Time）、最小时间步长（Minimum Time Steps Size）、最大时间步长（Maximum Time Steps Size）、最大步改变比例（Maximum Step Change Factor）、最小步改变比例（Minimum Step Change Factor）、固定时间步数（Number of Fixed Time steps）等。

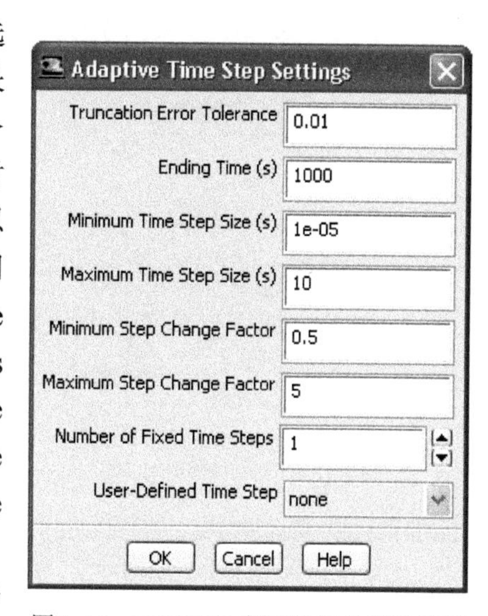

图 3.46　FLUENT 变时间步长设置界面

◇ Time Step Size 表示时间步长，单位是秒，时间步长根据流体的速度和模型尺度选取。

◇ Number of Time Steps 表示时间步迭代次数，该值与时间步长的乘积为时间的流动时间。

◇ Data Sampling for Time Statistics 表示统计数据样本，可以修改样本间隔和样本选项。

✧ Max Iterations/Time Step 表示每一时间步长的迭代次数，该值与时间步迭代次数的乘积为总的迭代次数。

本算例采用稳态计算，在设置好所有内容后，一般先通过选择 File→Write→Case &Data 命令来保存初始的 Case 和 Date 文件，然后单击 Calculate 进行迭代计算求解。迭代大约 140 步后收敛，残差曲线如图 3.47 所示。

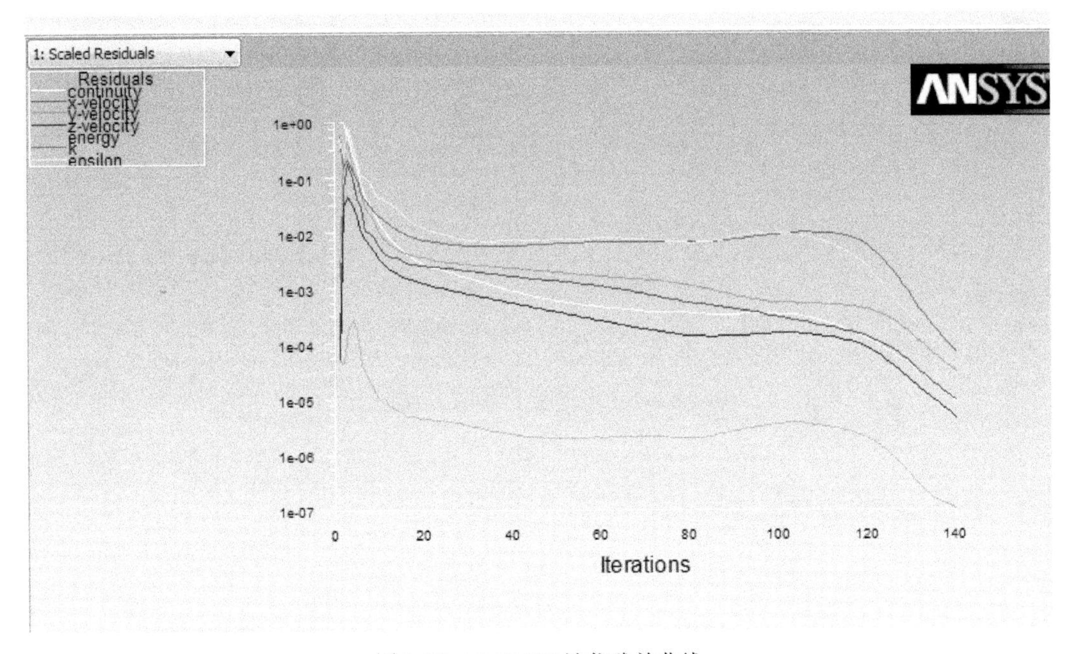

图 3.47　FLUENT 迭代残差曲线

在收敛完成后，再次保存 Case 和 Date 文件，命名为 elbow.cas 和 elbow.dat 方便后处理。

3.4.14　后处理

求解完成后需要对计算结果进行后处理，以得到希望的曲线、云图等。FLUENT 可以对计算结果进行后处理，另外有多种软件可以对计算结果进行后处理，最常用的是 Tecplot 和 Ensight 软件。由于后处理也是比较庞大的一个部分，本书将只对 FLUENT 软件的后处理功能进行简单的讲解，主要讲解流线图、矢量图及等值线图。

1）流线图

流线图可以非常直观地展现出流动的情况。通过 Display→Graphics and Animations→Pathline 命令弹出如图 3.48 所示的对话框。在 Color by 选取速度 Velocity（另外也可以选取其他的变量），在其下选取速度大小（Velocity Magnitude），表示流线的颜色是按照速度大小区分的。在流线释放来自于表面（Release from Surfaces）选项中选取 velocity-inlet-5 和 velocity-inlet-6，表示流线是从两个速度入口释放出来的。在流线步长（Step Size）保持默认的 0.01m，步数（Steps）保持默认的 500，流线间隔（Path Skip）输入 2，便是每隔两条流线显示一条流线。单击 Display 按钮，显示流线，如图 3.49 所示，从图中可以看到此入口的速度大于主管的速度。

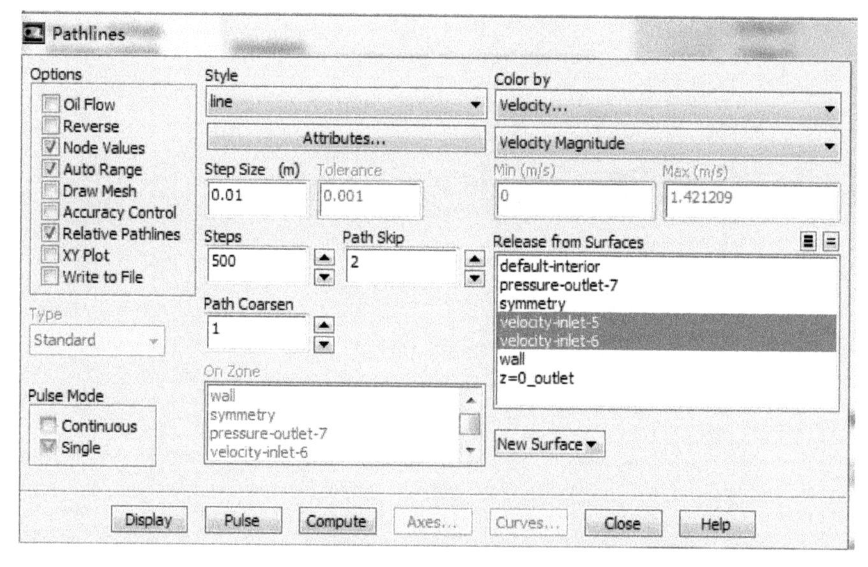

图 3.48 Pathlines 对话框

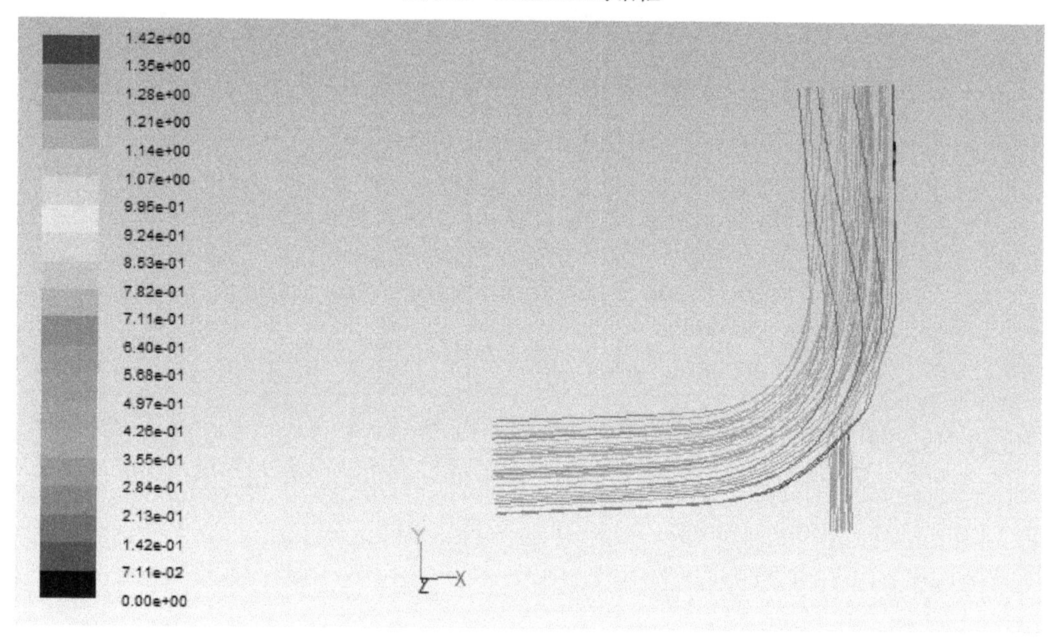

图 3.49 流线图

2）显示速度矢量

速度矢量可以较好地反映流动的细节。通过 Display→Graphics and Animations→Vectors 命令打开如图 3.50 所示的对话框。打开 Vectors 设置后，单击矢量选项（Vector Options）按钮，选择固定长度（Fixed Length）以便于使所有的矢量都以相同的长度显示；在缩比（Scale）框中输入 2，间隔（Skip）框中输入 4，表示每隔 4 个矢量显示一个，如图，矢量选择（Vectors of）速度（Velocity），颜色表示（Color by）选择速度大小（Velocity Magnitude），表面（Surfaces）不选择表示显示全流场的速度矢量。单击 Display 按钮，显示矢量图，如图 3.51 所示。

矢量图中不同的颜色代表不同速度的大小，箭头代表速度方向。

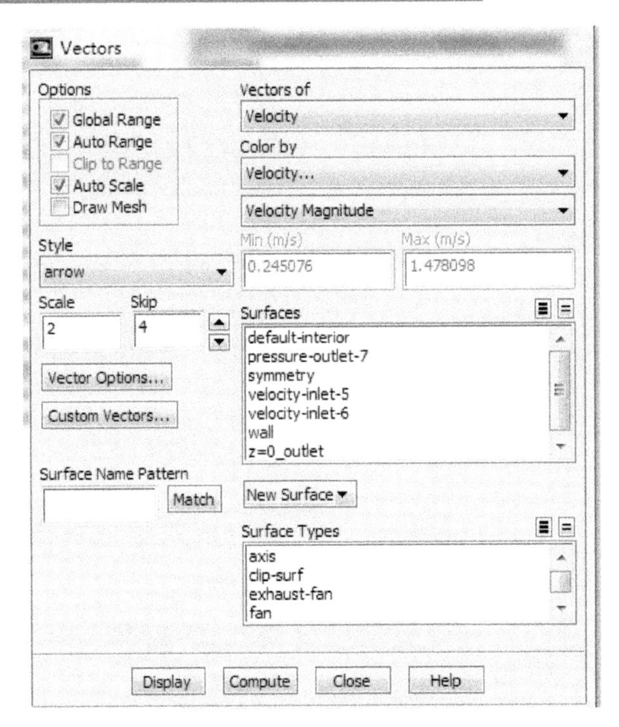

图 3.50　Vectors 对话框

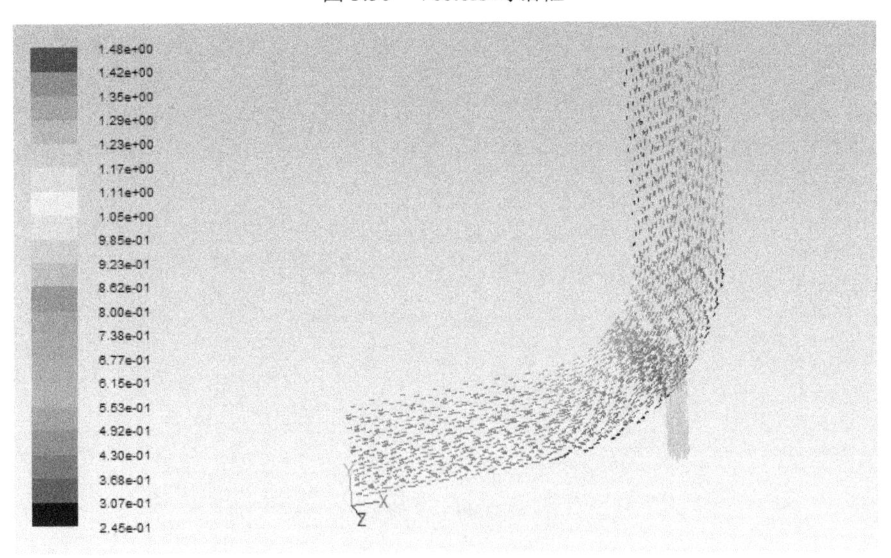

图 3.51　速度矢量图

3）显示温度分布等值线图

温度分布等值线云图可以较好地反映管内水温的情况。通过 Display→Graphics and Animations→Contours 命令打开如图 3.52 所示的对话框。打开等值线 Contours 设置后，在等值线来自 Contours of 中选取温度（Temperature）和静温（Static Temperature）；在选项框 options 中选取填充（Filled）以显示云图，在表面 Surfaces 中选取对称面 symmetry，如图 3.52 所示，单击 Display 按钮显示温度云图，如图 3.53 所示。

温度分布云图中不同的颜色代表不同温度的大小。从图中可以很好地看出此入口的高温水和主入口的低温水的混合过程。

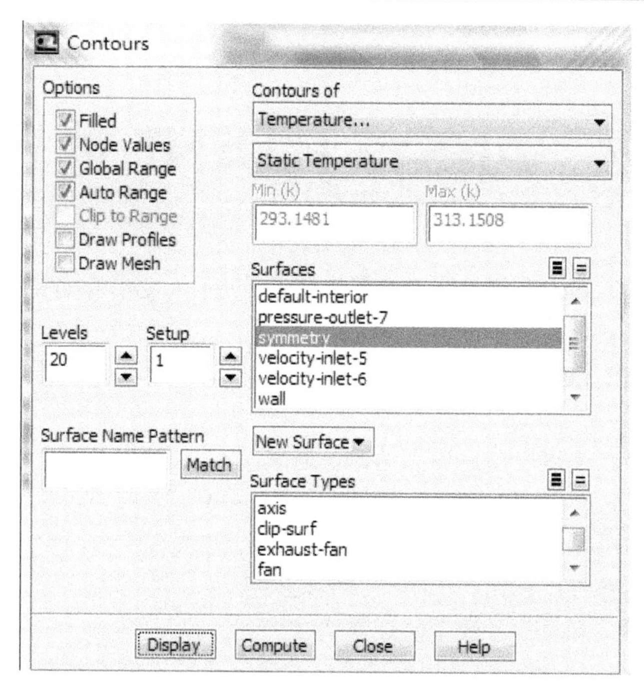

图 3.52 Contours 对话框

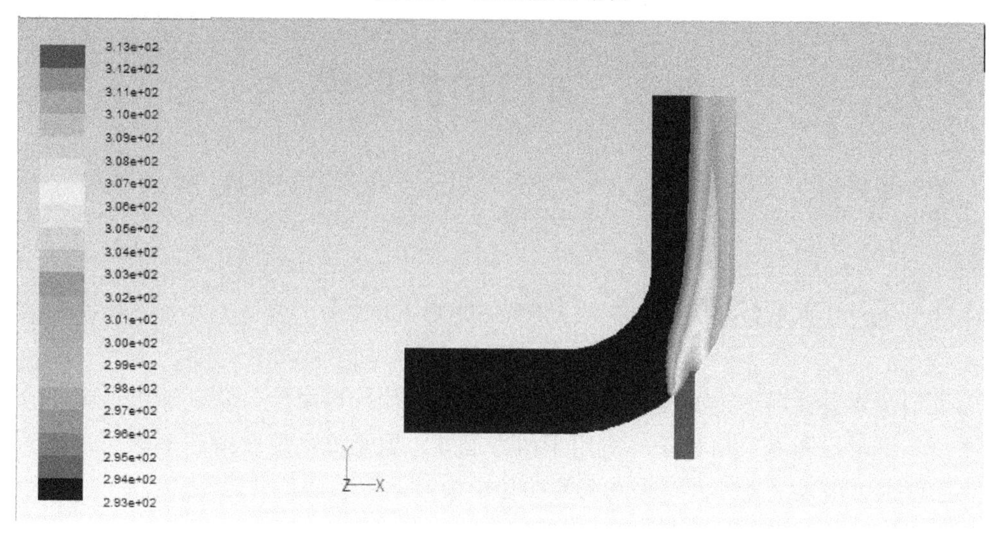

图 3.53 温度分布云图

3.5 本 章 小 结

本章主要讲解了 ANSYS FLUENT 的安装与基本操作，以冷热水换热模型为基本算例使读者对 ANSYS FLUENT 研究流体问题的整个过程有了一个清晰的认识。同时对求解器的设置步骤，各步骤中具体每一项的内容有了一个全面的了解。通过这章的学习，读者可以较好认识 ANSYS FLUENT 软件界面的基本操作和求解过程。

下面将主要讲解边界条件模型的内容和选取方式。

第 4 章　ANSYS FLUENT 边界条件

ANSYS FLUENT 有非常丰富的边界条件类型可供选择，边界条件的设置是 CFD 中非常重要的一个部分。一般来说，边界条件可以分为：

（1）进口边界条件：速度入口、压力入口、质量入口、进风口、进气扇、压力、压力远场边界。

（2）出口边界条件：速度出口、压力出口、通风口、风扇。

（3）固壁边界条件。

（4）对称面边界条件。

（5）内部表面边界条件：风扇、散热器、多孔跳跃。

（6）流体、固体（多孔是一种流动区域类型）。

本章将详细介绍上述边界条件，并对其设定方法以及设定的具体条件进行详解。本章将分三个大部分介绍 FLUENT 的边界条件及操作。

4.1　进口边界条件

进口边界条件将主要介绍速度入口、压力入口、质量入口、进风口、进气扇、压力远场边界。

4.1.1　压力入口边界条件（Pressure Inlet）

压力入口边界条件用于定义流动入口的压力以及其他标量属性。它既适用于可压流，也可以用于不可压流。压力入口边界条件可用于压力已知、但是流动速度或速率未知的情况。压力入口边界条件也可用来定义外部或无约束流的自由边界。

压力入口边界条件要输入的主要信息如下：

✧ 总压（Gauge Total Pressure）。

✧ 总温（Thermal）。

✧ 流动方向（Direction Specification Method）。

✧ 静压（Supersonic/Initial Gauge Pressure）。

✧ 湍流参数（Turbulence）。

启动 ANSYS FLUENT 后，通过单击 File→Read→Case 命令在桌面读取第 3 章曾经划分好的网格 elbow.cas 文件。读取网格后，选择 Define→Boundary Conditions 命令，选择边界 velocity-inlet-5，将类型（Type）改成压力入口（Pressure Inlet），再单击编辑（Edit）命令，弹出如图 4.1 所示的对话框。在总压（Gauge Total Pressure）栏输入 5000，静压（Supersonic/Initial

Gauge Pressure）输入4500，流动方向定义方法（Direction Specification Method）选择方向矢量（Direction Vector），方向矢量的定义系统（Coordinate System）选择笛卡尔坐标系（Cartesian），流动方向X轴向的速度矢量（X-Components of Flow Direction）为1，其他参数保持不变，表示该压力入口的压力为 5000 Pa（静压和超声速流动有关）。下面将介绍如何定义各主要信息的内容。

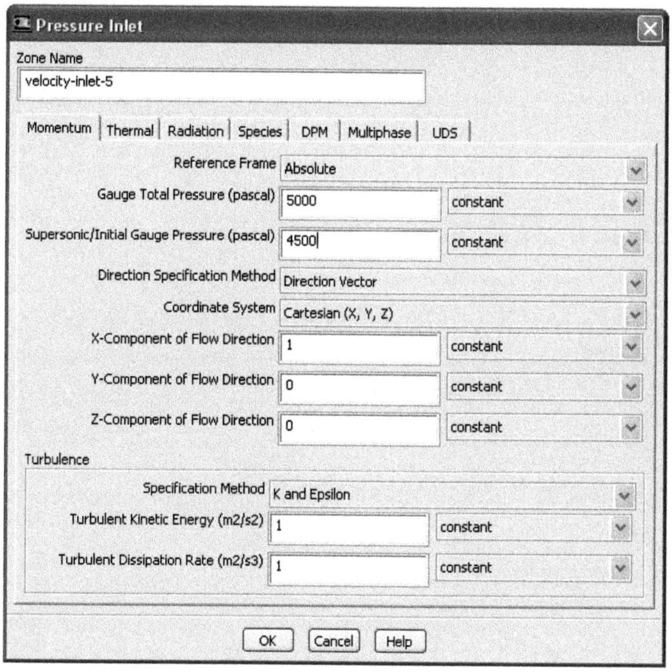

图 4.1 压力入口面板

1）定义总压和总温

在压力入口面板的 Gauge Total Pressure 中输入总压值，总压值是在操作条件面板中定义的与操作压力（Operating Pressure）有关的总压值。总温可以在 Thermal 选项卡的 Total Temperature 中设定。

不可压流体的总压定义为：

$$p_0 = p_s + \rho|v|^2$$

对于可压流体为：

$$p_0 = p_s\left[1+\frac{\gamma-1}{2}M^2\right]^{\gamma/(\gamma-1)}$$

其中，p_0 为总压，p_s 为静压，v 为速度，M 为马赫数，γ 为比热容比。

2）定义流动方向

压力入口可以明确地定义流动方向的类型（Direction Specification Method）。可以定义流动方向为垂直于边界（Normal to Boundary），还可以选择方向矢量方法定义（Direction Vector），参考系可以选择设定笛卡尔坐标（Cartesian）和圆柱坐标（Cylindrical）等多种方法。

3）定义静压

如果入口流动是超声速的，或用压力入口边界条件来进行初始化，必须指定静压

（Supersonic/Initial Gauge Pressure）。

需要注意的是静压和操作压力是相关的。对于亚声速流动，FLUENT 会忽略静压（Supersonic/Initial Gauge Pressure）。FLUENT 计算初始值的方法对于可压流动会采用各向同性关系式，而对于不可压流动采用伯努力方程。如果使用压力入口边界条件来初始化解域，静压（Supersonic/Initial Gauge Pressure）是与计算初始值的指定驻点压力相关联的。

4）定义湍流参数

采用湍流模型计算流动，湍流参数可以在图 4.1 所示的对话框下方湍流输入栏（Turbulence）中进行设置。不同的湍流模型输入的湍流参数也有所不同，具体的设定细节将在第 5 章湍流模型中介绍。

4.1.2 速度入口边界条件（Velocity Inlet）

速度入口边界条件用于定义流动速度以及流动入口的流动属性相关标量。速度入口边界条件中，流动总的属性不是固定的，无论何时提供的流动速度描述都不会增加。

速度入口边界条件要输入的主要信息如下：

✧ 速度定义方法（Velocity Specification Method）
✧ 速度大小与方向或者速度分量（Velocity）。
✧ 温度（Thermal）。
✧ 湍流参数（对于湍流计算）（Turbulence）。

启动 ANSYS FLUENT 后，通过单击 File→Read→Case 命令，在桌面读取第 3 章曾经划分好的网格 elbow.cas 文件。读取网格后，选择 Define→Boundary Conditions 命令，选择边界 velocity-inlet-6，将类型（Type）改成速度入口（Velocity Inlet），再单击编辑（Edit）命令，弹出如图 4.2 所示的对话框。速度类型（Velocity Specification Method）选择分量形式（Components），选择绝对速度（Absolute），流动方向定义方法（Direction Specification Method）选择方向矢量（Direction Vector），定义速度的坐标系（Coordinate System）选择笛卡尔坐标系（Cartesian），在 Y 方向分量速度（Y-Velocity）输入 1.2m/s，其他方向速度为 0，湍流模型设置保持不变。下面将介绍如何定义各主要信息的内容。

1）定义速度类型

可以通过（Velocity Specification Method）来定义速度入口的类型。可以选择的有：大小和方向形式（Magnitude and Direction），各个方向分量形式（Components）、大小和垂直于边界形式（Magnitude and Normal to Boundary）。还可以指定相对速度（Relative to Adjacent Cell）和绝对速度（Absolute），可以针对具体的问题来选择。

2）定义速度大小和各方向分量

在定义速度大小前首先要确定定义速度的坐标系，可以选择的坐标系有笛卡尔坐标系（Cartesian）和圆柱坐标系（Cylindrical）。二维非轴对称问题选择笛卡尔坐标系，定义流动 X、Y 方向的速度分量，三维问题还需要定义 Z 方向速度分量的大小。二维轴对称问题选择柱坐标系，输入流动方向的径向（Radial）、轴向（Axis）和切向（Tangential）的三个分量值。选择定义速度大小以及垂直的边界，只需要在流入边界处输入速度的绝对值（Velocity Magnitude）。选择定义速度大小和方向的形式需要分别输入速度的绝对值（Velocity Magnitude）以及单位方向

矢量（X、Y、Z-Component of Flow Direction)。选择定义速度分量形式则需要输入各个方向的速度分量（X、Y、Z Velocity)。

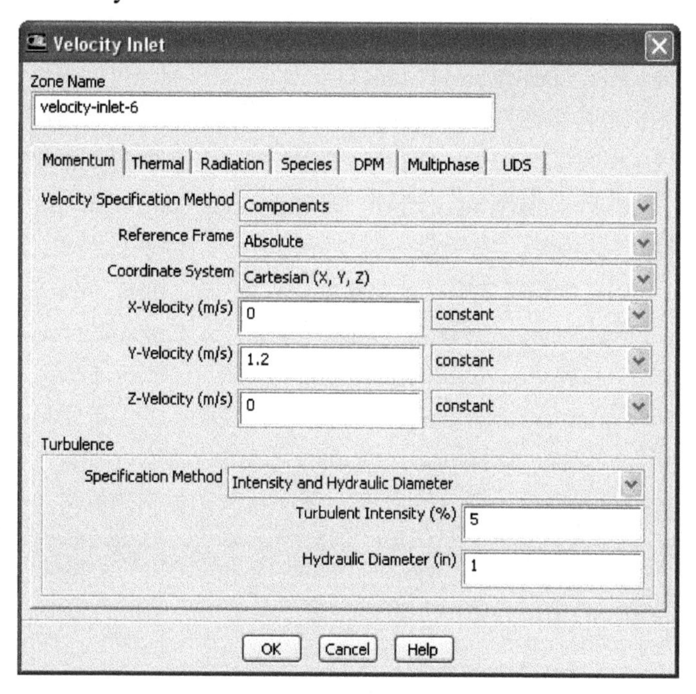

图 4.2　速度入口面板

FLUENT 对于速度的定义可以输入一个数值，也允许输入用户定义的速度（UDF)，速度栏中的数值可以是随时间变化的，也可以随几何参数的变化而变化。需要提前在文本文档中编制几组按照要求排列的数，然后通过 Define→Profile 读取调用。

3）定义温度

在解能量方程时，需要在温度场中的速度入口边界设定流动的静温，可以通过 Thermal 选项卡中温度（Temperature）进行定义。速度入口的温度可以是固定的，也可以按照用户需要变化。

4）定义湍流参数

采用湍流模型计算流动时，在流动信息中需要输入湍流参数，湍流参数可以在图 4.2 所示对话框的下方湍流输入栏（Turbulence）中进行设置。不同的湍流模型输入的湍流参数也有所不同，具体的设定细节将在第 5 章湍流模型中介绍。

✧ 经验提醒：

（1）速度入口边界条件适用于不可压流动，如果用于可压流会导致非物理结果，因为速度入口允许驻点条件浮动变化。

（2）注意不要让速度入口靠近物体，因为距离太近会导致流动入口驻点属性呈现非常高的非一致性。

4.1.3　质量入口边界条件（Mass Flow Inlet)

质量入口边界条件用于规定入口的质量流量。质量入口边界条件需要输入：

✧ 质量流速和质量流量（Mass Flow Rate、Mass Flux）。

✧ 总温（驻点温度）（Thermal）。

✧ 静压（Supersonic/Initial Gauge Pressure）。

✧ 流动方向（Direction Specification Method）。

✧ 湍流参数（对于湍流计算）（Turbulence）。

启动 ANSYS FLUENT 后，通过单击 File→Read→Case 命令在桌面读取第 3 章曾经划分好的网格 elbow.cas 文件。读取网格后，选择 Define→Boundary Conditions 命令，选择边界 velocity-inlet-5，将类型（Type）改成质量入口（Mass-Flow Inlet），再单击编辑（Edit）命令，将名称改为 massflow_inlet，如图 4.3 所示。质量流定义方法（Mass Flow Specification Method）选择质量流率（Mass Flow Rate），并输入 8kg/s，静压（Supersonic/Initial Gauge Pressure）为 0pa，流动方向定义方法（Direction Specification Method）选择方向矢量（Direction Vector），方向矢量的定义系统（Coordinate System）选择圆柱坐标系（Cylindrical），流动切向速度矢量（Tangential-Components of Flow Direction）为 0.6，流动轴向速度矢量（Axial-Components of Flow Direction）为 0.8，湍流模型设置保持不变。下面将介绍如何定义各主要信息的内容。

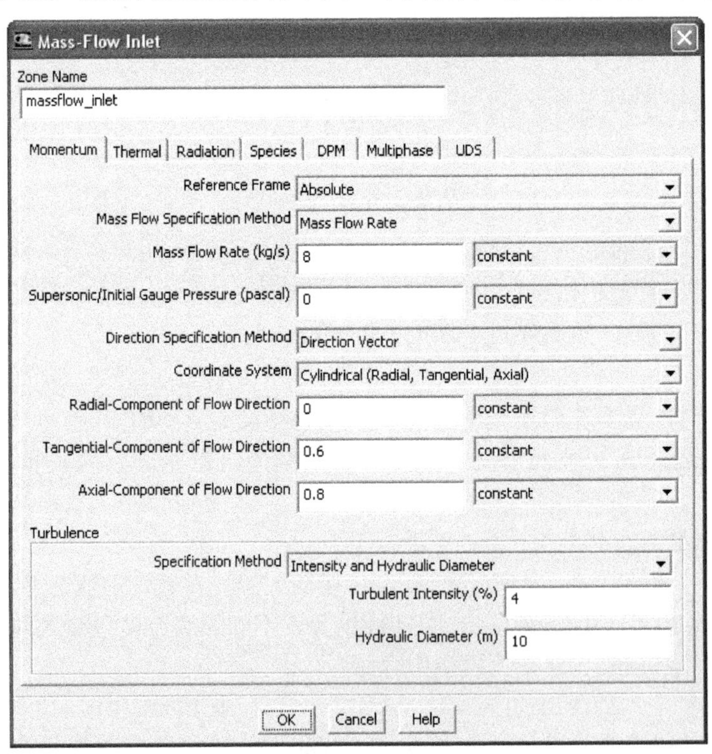

图 4.3　质量流动入口面板

1）定义质量流速度和流量

可以在质量流定义方法（Mass Flow Specification Method）选择两种方法输入质量流量：

（1）通过质量入口的质量流速输入（Mass Flow Rate），转换为质量流量。

（2）直接指定质量流量（Mass Flux）。

如果设定规定的质量流速（Mass Flux），FLUENT 在内部转换为区域上规定的统一质量流量，也可以使用边界轮廓或者自定义函数来定义质量流量。

2）定义总温

可以通过质量流入口面板的 Thermal 选项卡中温度（Temperature）来定义，须在流入流体的总温框中输入总温（驻点温度）值。温度定义用于能量方程的计算。

3）定义静压

如果入口流动是超声速的，或者用压力入口边界条件对解进行初始化，那么必须指定静压（Supersonic/Initial Gauge Pressure）。这里的静压定义与压力入口的定义完全一致，参见 4.1.1 节。

4）定义流动方向

可以在方向指定方式（Direction Specification Method）下拉菜单中选择指定流动方向的方法，有方向矢量（Direction Vector）、垂直于边界（Normal to Boundary）和垂直于出流方向（Outward Normals）三种方法，后两种方法不需要设置。采用方向矢量方法还可以选择方向矢量的定义方式，有笛卡尔坐标系（Cartesian）、圆柱坐标系（Cylindrical）、当地圆柱坐标系（Local Cylindrical）。具体的定义方法与 4.1.2 节速度入口的方式类似，不再赘述。

5）定义湍流参数

与其他入口边界一样，若采用湍流模型计算流动，需要在流动信息中输入湍流参数，可以在图 4.3 所示对话框的下方湍流输入栏（Turbulence）中进行设置。不同的湍流模型输入的湍流参数也有所不同，具体的设定细节将在第 5 章湍流模型中介绍。

✧ 经验提醒

（1）如果压力入口边界条件和质量入口条件都可以选择，应优先选择压力入口边界条件。

（2）对于不可压流动，不优先使用质量入口边界条件。

4.1.4 进气口边界条件（Inlet Vent）

进气口边界条件用于模拟具有指定损失系数、流动方向以及环境（入口）压力和温度的进气口。

进气口边界需要输入以下参数：

✧ 总压即驻点压力（Guage Total Pressure）。

✧ 总温即驻点温度（Thermal）。

✧ 流动方向（Direction Specification Method）

✧ 静压（Supersonic/Initial Gauge Pressure）。

✧ 湍流参数（对于湍流计算）（Turbulence）。

✧ 损失系数（Loss Coefficient）。

启动 ANSYS FLUENT 后，通过单击 File→Read→Case 命令在桌面读取第 3 章曾经划分好的网格 elbow.cas 文件。读取网格后，选择 Define→Boundary Conditions 命令，选择边界 velocity-inlet-5，将类型（Type）改成进气口（Inlet Vent），再单击编辑（Edit）命令，弹出如图 4.4 所示的对话框。总压、总温、流动方向、静压、湍流参数这几项的设定和压力入口边界的设定一样，参见 4.1.1 节。需要特别设置的是损失系数 Loss Coefficient，设置为常数（Constant）0.5，表示流动通过该边界会损失一半的动压。下面介绍损失系数 Loss Coefficient 的设定。

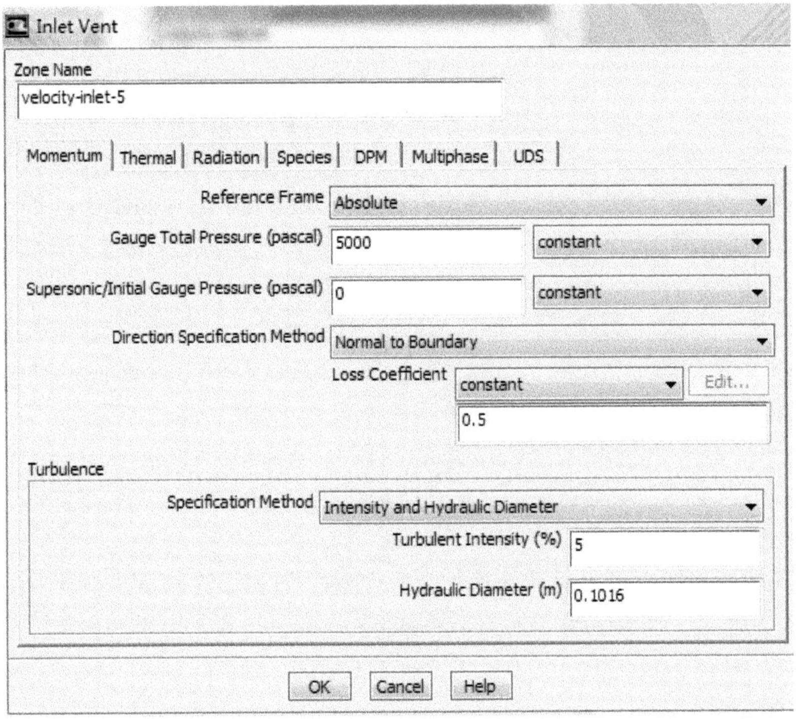

图 4.4　进气口面板

FLUENT 中的进气口模型，进气口假定为无限薄，假定通过进气口的压降和流体的动压成比例，并以经验公式确定损失系数。则压降 Δp 和通过进气口速度的垂直分量间关系为：

$$\Delta p = k_{\mathrm{L}} \frac{1}{2} \rho v^2$$

式中，ρ 是流体密度，k_{L} 为无量纲的损失系数。

需要注意的是，Δp 是流向压降，因此在回流中，进气口都会出现阻力。

进气口的损失系数可以通过多种方式定义：常数（Constant）、多项式（Polynomial）、分段线性函数（Piecewise-Liner）或者分段多项式函数（Piecewise-Polynomial）等。

4.1.5　进气扇边界条件（Intake Fan）

进气扇边界条件用于定义具有特定压力跳跃、流动方向以及环境压力和温度的外部进气扇流动。

进气扇边界需要输入：

✧ 总压即驻点压力（Guage Total Pressure）。
✧ 总温即驻点温度（Thermal）。
✧ 流动方向（Direction Specification Method）。
✧ 静压（Supersonic/Initial Gauge Pressure）。
✧ 湍流参数（对于湍流计算）（Turbulence）。
✧ 压力跳跃（Pressure Jump）。

启动 ANSYS FLUENT 后，通过单击 File→Read→Case 命令，在桌面读取第 3 章曾经划分

好的网格 elbow.cas 文件。读取网格后，选择 Define→Boundary Conditions 命令，选择边界 velocity-inlet-5，将类型（Type）改成进气口（Intake Fan），再单击编辑（Edit）命令，弹出如图 4.5 所示的对话框。总压、总温、流动方向、静压、湍流参数这几项的设定和压力入口边界的设定一样，参见 4.1.1 节。需要特别设置的是压力跳跃（Pressure Jump），设置为常数（constant）100，表示流动通过该边界会增加 100Pa。下面介绍压力跳跃（Pressure Jump）的设定。

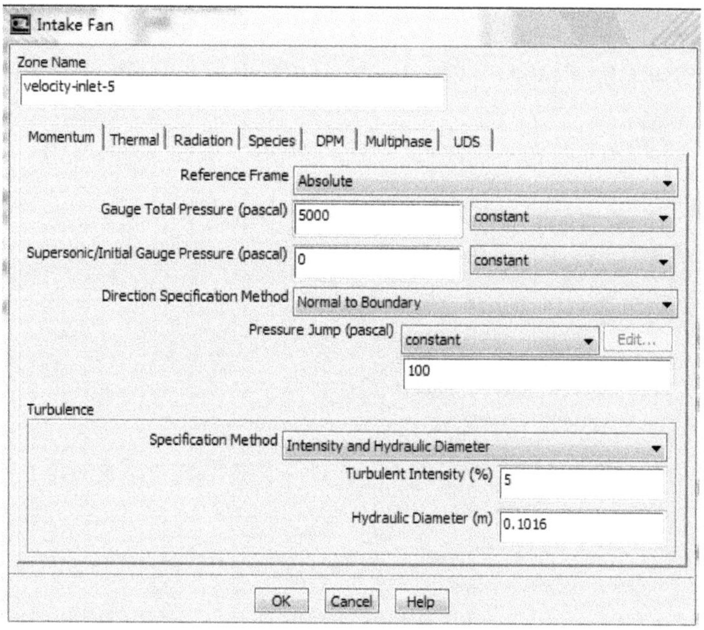

图 4.5　进气扇面板

进气扇都假定为无限薄，通过它的非连续压升 Δp 被指定为通过进气扇速度的函数。在倒流的算例中，进气扇被看成类似于具有统一损失系数的出气口。可以定义通过进气扇的压力跳跃为常数（constant）、多项式（Polynomial）、分段线性函数（Piecewise-liner）或者分段多项式函数（Piecewise-Polynomial）等方式。

4.1.6　压力远场边界条件（Pressure Far Field）

压力远场边界条件是 FLUENT 中经常使用的边界条件，压力远场边界条件可以看为进口或者出口边界，本书将压力远场放在进口边界条件，为了使读者能尽早看到。

压力远场边界条件用于模拟无穷远处的自由流条件，其中自由流马赫数和静态条件已被指定。压力远场边界条件通常被称为典型边界条件。

压力远场边界条件只能应用于密度是用理想气体定律计算出来的情况，不适用于其他情况。压力远场边界需要有效地近似无限远处的条件，必须将远场放到距计算物体中心足够远的地方。一般在模拟时，压力远场最少需要设定为计算特征长度 30 倍的圆周之外。

压力远场边界条件需要输入如下：

✧ 总压即驻点压力（Guage Total Pressure）。

✧ 马赫数（Mach Number）。

✧ 总温即驻点温度（Thermal）。

✧ 流动方向（Direction Specification Method）。

✧ 湍流参数（对于湍流计算）（Turbulence）。

启动 ANSYS FLUENT 后，通过单击 File→Read→Case 命令在桌面读取第 3 章曾经划分好的网格 elbow.cas 文件。读取网格后，选择 Define→Boundary Conditions 命令，选择边界 velocity-inlet-5，将类型（Type）改成压力远场（Pressure Far-Field），再单击编辑（Edit）命令，将名称改为 pressure-far-field-1，如图 4.6 所示。在总压（Gauge Pressure）设置压力为 0，马赫数（Mach Number）设置为 0.6，定义坐标系（Coordinate System）选择笛卡尔坐标系（Cartesian），在 X 方向流动分量（X-Component of Flow Direction）输入 1，其他方向速度为 0，湍流模型设置保持不变。下面将介绍如何定义各主要信息的内容。

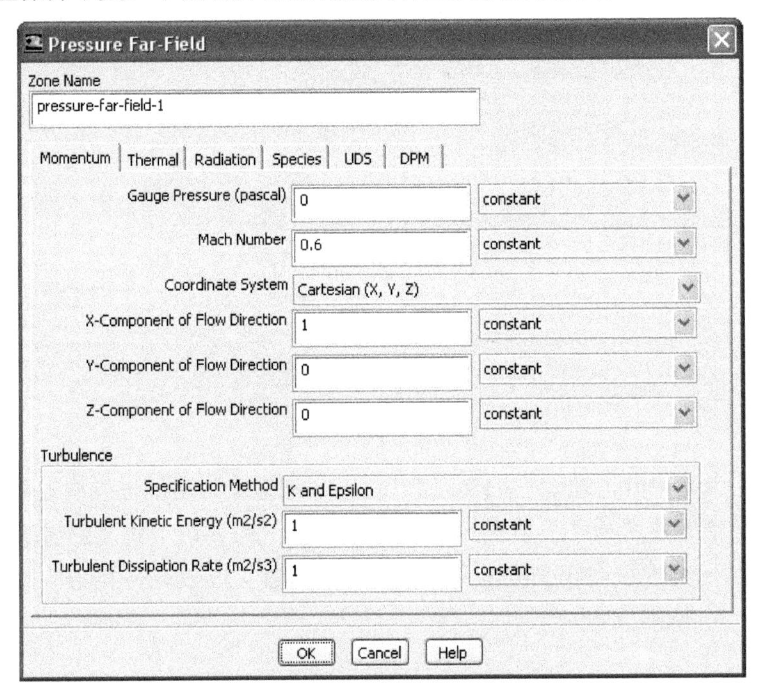

图 4.6　压力远场面板

1）定义总压、马赫数和总温

要设定远场边界的总压和总温，需要在压力远场面板（Guage Pressure）中输入适当的总压以及在热（Thermal）选项卡中的温度（Temperature）输入温度值。马赫数（Mach Number）是反应速度的无量纲数，是当地速度与声速的比值，大于 1 为超声速、小于 1 为亚声速。马赫数可以输入亚声速，声速或者超声速。

2）定义流动方向

通过 Coordinate System 可以设定坐标系，设定的坐标系可以是笛卡尔坐标系（Cartesian）和圆柱坐标系（Cylindrical），然后设定压力远场流动的方向矢量，与 4.1.1 节压力入口的设定基本相同。

3）定义湍流参数

与其他入口边界一样，若采用湍流模型计算流动，在流动信息中需要输入湍流参数，可以在图 4.6 所示对话框的下方湍流输入栏（Turbulence）中进行设置。不同的湍流模型输入的湍流参数有所不同，具体的设定细节将在第 5 章湍流模型中介绍。

4.2 出口边界条件

出口边界条件将主要介绍压力出口、质量出口、通风口、排风扇等边界条件。

4.2.1 压力出口边界条件（Pressure Outlet）

压力出口边界条件是工程中使用较多的边界条件，对于亚声速流动，需要在压力出口边界处指定静压。如果压力出口处的流动变为超声速流动，FLUENT 将不再使用指定的压力，而是从内部流动中计算推导而得到的，与此同时，其他的流动属性都从内部推出。

压力出口边界条件需要输入：

✧ 总压即驻点压力（Guage Total Pressure）。

✧ 总温即驻点温度（Thermal）。

✧ 流动方向（Direction Specification Method）。

✧ 湍流参数（对于湍流计算）（Turbulence）。

✧ 目标质量流率（Target Mass Flow）。

启动 ANSYS FLUENT 后，通过单击 File→Read→Case 命令在桌面读取第 3 章曾经划分好的网格 elbow.cas 文件。读取网格后，选择 Define→Boundary Conditions 命令，选择边界 pressure-outlet-5，将类型（Type）改成压力出口（Pressure Outlet），再单击编辑（Edit）命令，弹出如图 4.7 所示的对话框。在总压（Gauge Pressure）栏输入 0，回流方向定义方法（Backflow Direction Specification Method） 选择垂直于边界（Normal to Boundary），单击开启径向平衡压力分布（Radial Equilibrium Pressure Distribution），单击开启目标质量流率（Target Mass Flow Rate），质量流率（Target Mass Flow Rate）设置为 1kg/s、绝对压力的上限（Upper Limit of Absolute Pressure）设置为 5000000Pa 和下限（lower Limit of Absolute Pressure）1Pa，其他参数保持不变。下面将介绍如何定义各主要信息的内容。

1）定义总压

在压力出口边界设定总压，需要在压力出口面板的 Gauge Pressure 栏中输入压力值。总压值只用于亚声速流动，如前所述的，如果出现当地超声速情况，压力要从上游流场计算中推导出。此处总压和操作条件面板中的操作压力是相关的，即实际压力等于静压与操作压力之和。

值得一提的是，FLUENT 还提供了使用平衡出口边界条件的选项（Radial Equilibrium Pressure Distribution），勾选平衡压力分布（Radial Equilibrium Pressure Distribution）即可激活这个选项。平衡压力分布功能被激活时，总压的压力值只用于边界处的最小半径位置（相对于旋转轴）；其余边界的总压是从辐射速度可忽略不计的假定中计算出来的。

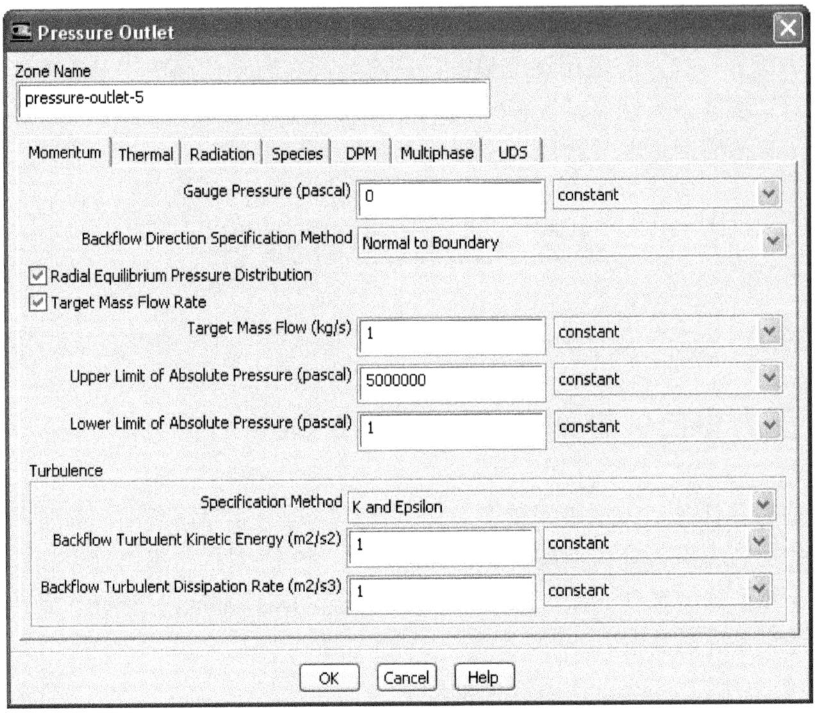

图 4.7　压力出口面板

2）定义回流条件

一般来说，不对回流方向定义方法（Backflow Direction Specification Method）做具体的设定，但是在对流动认识比较丰富的情况下，设定好回流条件会对收敛性有一定的帮助。可以设置回流的方向为垂直于边界（Normal to Boundary）、指定方向向量（Direction Vector）和由相邻网格计算（From Neighboring Cell）等三种方式，一般选择默认垂直于边界即可。

3）定义温度

对于需要求解能量方程的计算，需要设定总温。可以通过 Thermal 选项卡中的温度（Temperature）进行设定。

4）定义湍流参数

与其他入口边界一样，若采用湍流模型计算流动，在流动信息中需要输入湍流参数，可以在图 4.7 所示对话框的下方湍流输入栏（Turbulence）中进行设置。不同的湍流模型输入的湍流参数有所不同，具体的设定细节将在第 5 章湍流模型中介绍。

5）定义目标质量流率

在对所研究问题的流动认识比较丰富的情况下，可以设置目标质量流率（Target Mass Flow Rate），FLUENT 对目标质量流率的设置有三方面的内容，即质量流率（Target Mass Flow Rate）、绝对压力的上限（Upper Limit of Absolute Pressure）和下限（Lower Limit of Absolute Pressure），选择适当的参数可以提高收敛性和计算准确性。

✧ 经验提醒：

（1）在求解计算过程中，如果压力出口边界处的流动与指定方向不同，则会出现回流；在压力出口边界条件可以指定回流条件，如果对于回流问题指定了比较符合实际的值，计算收敛会更加容易。

（2）如果使用旋转参考坐标系、多重参考坐标系、混合平面或者滑移网格进行求解，邻近压力出口的单元区域是移动的，并且采用分离解算器，速度对总压的动态贡献将是绝对或者相对于单元区域的运动，取决于解面板中的绝对速度公式是否被激活。

4.2.2 质量出口边界条件（Outflow）

质量出口边界条件（Outflow）是 FLUENT 中常用的边界条件之一，当对流动出口的速度和压力了解比较模糊时，应该使用质量出口边界条件来模拟流动。质量出口边界条件最大的优势是基本不需要定义流动出口边界的任何条件，FLUENT 可以从内部推导所需要的信息。当然，质量出口边界条件也有一定的限制：

✧ 如果包含压力出口，需使用压力出口边界条件，即不可以和压力出口共存。

✧ 只能模拟可压流动。

✧ 如果模拟变密度的非定常流，即使流动是不可压的也不能采用。

启动 ANSYS FLUENT 后，通过 File→Read→Case 命令，在桌面读取第 3 章曾经划分好的网格 elbow.cas 文件。读取网格后，选择 Define→Boundary Conditions 命令，选择边界 pressure-outlet-5，将类型（Type）改成质量出口（Outflow），再单击编辑（Edit）命令，名称改为 outflow，如图 4.8 所示。

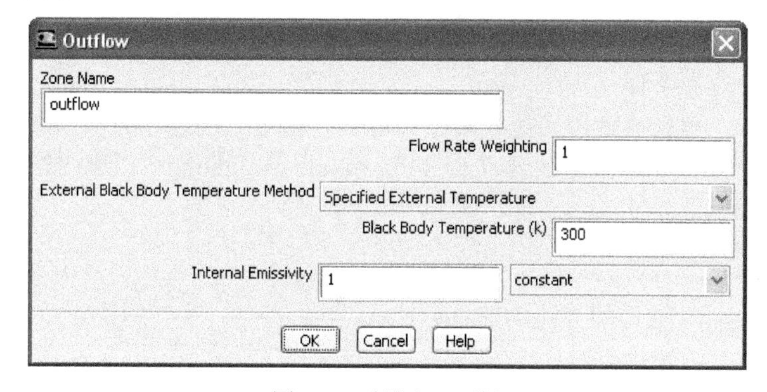

图 4.8 质量出口面板

1）质量出口边界的 FLUENT 处理

FLUENT 在质量出口边界使用的边界条件为：所有的流动变量具有零扩散流量，全部的质量平衡修正。流出单元应用零扩散流量意味着流出边界的平面是由区域内部推导得出，对上游流动没有影响。当流出边界面积不变时，在假定与完全发展的流动相容的基础上，FLUENT 推导出速度和压力。FLUENT 对出流边界所应用的零扩散流量条件在物理上接近于完全发展流动，即流动方向上流动速度轮廓不改变。

2）使用质量出口边界

质量出口边界条件要求保证流动是完全发展的，出口方向上的所有流动变量的扩散流量为零。也可以在流动没有完全发展的物理边界定义质量出口边界条件，在这种情况下首先要保证出口处的零扩散流量对流动解没有很大的影响。

质量出口边界的法向梯度可以忽略不计，如图 4.9 所示是一个简单的二维问题，图中有几个可能的质量出口边界。位置 C 是在通风口出口的上游，该处流动是完全发展的，质量出口边界条件在这里也很合适。位置 B 表明质量出口边界在后向表面步中，接近流动的再附着点，而这样的选择是错误的，因为在回流点处垂直于出口表面的梯度相当大，它对流场上游有很大的影响。质量出口边界条件忽略这些流动的轴向梯度，所以位置 B 是一个较差的质量出口边界，出口位置应该移到再附着点的下游。位置 A 也是质量出口边界的错误位置，在这里流动又通过质量出口边界回流到 FLUENT 计算域中，在这种情况下，FLUENT 计算就很难收敛，因为当流动通过质量出口又回流到计算区域时，通过计算区域的质量流速是浮动的或者未定义的。

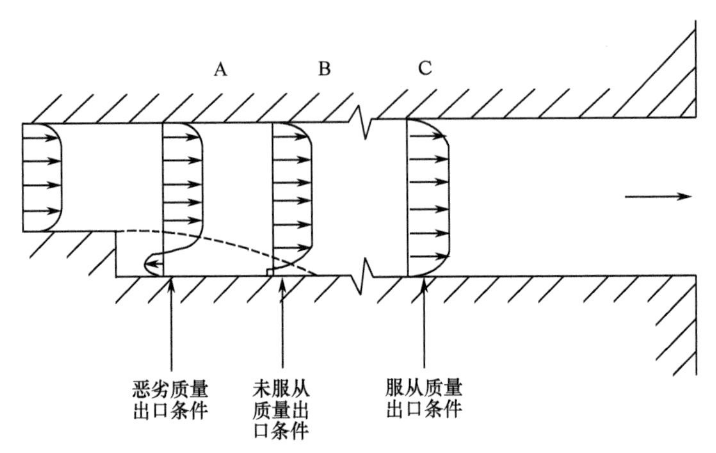

图 4.9　质量出口边界位置的选择

3）质量流分离边界条件

在 FLUENT 中，可能会使用多重质量出口边界并指定流过边界的每一部分流动速度。质量出口面板如图 4.8 所示，可以设定流速权重（Flow Rate Weighting）以表明是哪一部分质量出口通过边界。

流速权重是一个权因子：

$$\text{通过边界流动的百分比} = \frac{\text{边界上的流率权重}}{\text{边界上总的流率权重}}$$

流速权重在质量出口边界条件中默认为 1。如果所有的流动出口边界是等分的或者只有一个质量出口边界，不需要更改权重因子。FLUENT 会按照比例决定通过所有质量出口边界的流动速度以获取相等的分数。因此，如果有两个出口边界，并且希望通过每一个边界的流动为总流动的一半，则不需要修改；然而如果希望其中一个边界流出的为 75%，另一个为 25%，那么就必须明确地指定两个流速权重，即其中一个边界为 0.75，另一个为 0.25。

注意，如果指定一个出口的流速权重为 0.75，另一个不指定则默认为 1，那么流过每一个边界的分别为：

$$\text{边界 } 1=0.75/(0.75+1.0)=0.429 \text{ 或者 } 42.9\%$$

$$\text{边界 } 2=1.0/(0.75+1.0)=0.571 \text{ 或者 } 57.1\%$$

4.2.3　通风口边界条件（Outlet Vent）

通风口边界条件用于模拟具有指定损失系数以及周围（流出）环境压力和温度的通风口。

通风口边界需要输入：

✧ 总压即驻点压力（Guage Total Pressure）。

✧ 总温即驻点温度（Thermal）。

✧ 流动方向（Direction Specification Method）。

✧ 静压（Supersonic/Initial Gauge Pressure）。

✧ 湍流参数（对于湍流计算）（Turbulence）。

✧ 损失系数（Loss Coefficient）。

启动 ANSYS FLUENT 后，通过单击 File→Read→Case 命令，在桌面读取第 3 章曾经划分好的网格 elbow.cas 文件。读取网格后，选择 Define→Boundary Conditions 命令，选择边界 pressure-outlet-5，将类型（Type）改成通风口出口（Outlet Vent），再单击编辑（Edit）命令，将名称改为 outlet-ven-5，如图 4.10 所示。对于通风口边界条件，静压、回流条件、总温、损失系数和湍流参数的设定方法和 4.1.4 节进气口边界的方法基本相同。

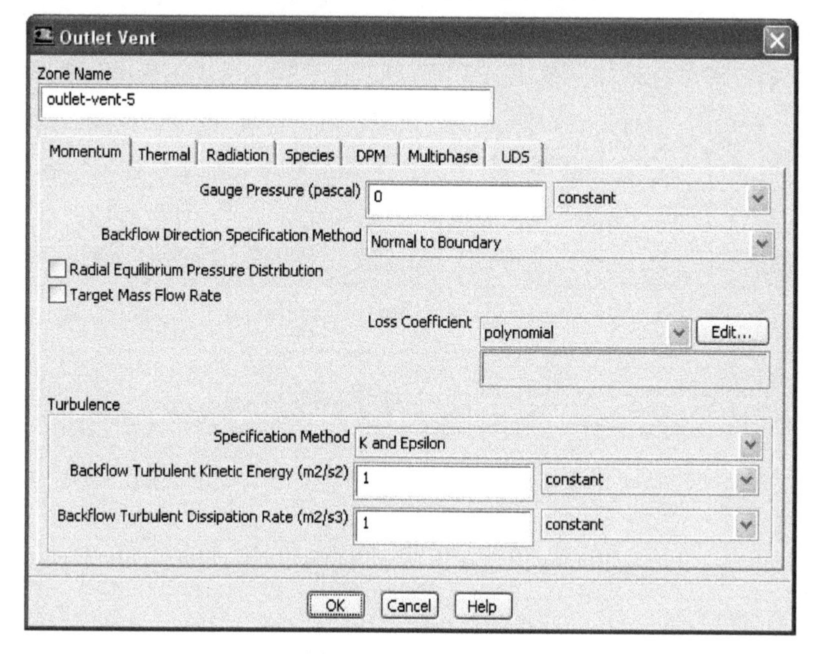

图 4.10　通风口面板

损失系数的指定是通风口边界条件特别需要设定的。

通风口被假定为无限薄，而且通过通风口的压降被假定与流体的动压头成比例，同时也要使用决定损失系数的经验公式。压降 Δp 和垂直于通风口的速度分量 v 之间的关系式如下：

$$\Delta p = k_{\mathrm{L}} \frac{1}{2} \rho v^2$$

其中，ρ 是流体密度，k_{L} 无量纲损失系数。

注意：Δp 是流向压降，因此，即使是在回流中通风口都会出现阻力。可以定义通过通风口的损失系数为常数（Constant）、多项式（Polynomial）、分段线性函数（Piecewise-Liner）或者分段多项式函数（Piecewise-Polynomial）等方式。

4.2.4 排风扇边界条件（Exhaust Fan）

排风扇边界条件用于模拟具有指定压力跳跃和周围（流出）环境压力的外部排风扇，在实际工程中风扇边界运用并不多。

排风扇边界条件需要输入：

✧ 总压即驻点压力（Guage Total Pressure）。

✧ 总温即驻点温度（Thermal）。

✧ 流动方向（Direction Specification Method）。

✧ 静压（Supersonic/Initial Gauge Pressure）。

✧ 湍流参数（对于湍流计算）（Turbulence）。

✧ 压力跳跃（Pressure Jump）。

启动 ANSYS FLUENT 后，通过单击 File→Read→Case 命令，在桌面读取第 3 章曾经划分好的网格 elbow.cas 文件。读取网格后，选择 Define→Boundary Conditions 命令，选择边界 pressure-outlet-5，将类型（Type）改成排风扇（Exhaust Fan），再单击编辑（Edit）命令，将名称改为 wall，如图 4.11 所示。与通风口边界条件类似，静压、回流条件、总温、压降和湍流参数的设定方法和 4.1.5 节进气扇边界的方法基本相同。

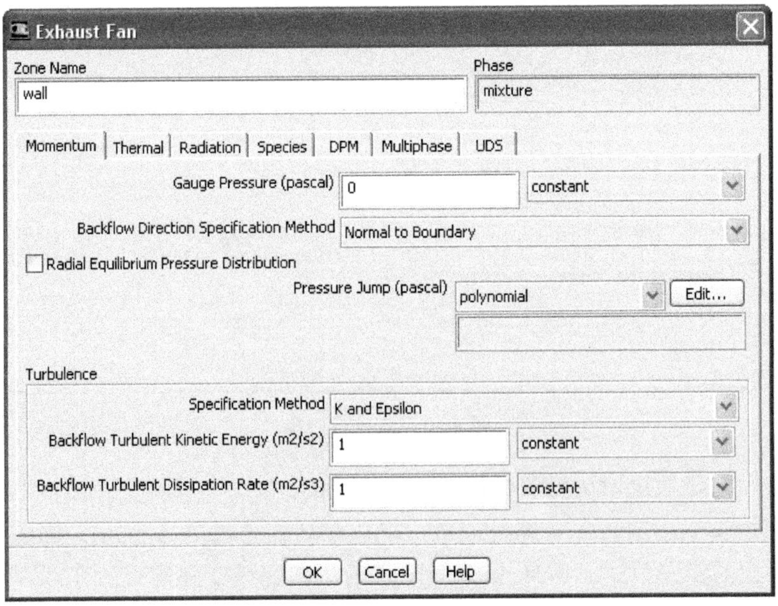

图 4.11 排风扇面板

FLUENT 中模拟排风扇时假定其无限薄，并且通过风扇压力不连续地升高 Δp，它是垂直于风扇的当地流体速度的函数。可以定义通过排风扇的压力跳跃为常数（Constant）、多项式（Polynomial）、分段线性函数（Piecewise-Liner）或者分段多项式函数（Piecewise-Polynomial）等方式。

4.3　其他重要边界条件

FLUENT 提供了非常丰富的边界条件类型，只有进出口边界条件是远远不够的，本小节会讲解其他的边界条件，如壁面边界条件、对称面边界条件等。

4.3.1　壁面边界条件（Wall）

壁面边界条件用于限制流体和固体区域。壁面边界条件对于计算来说是十分重要的，因为往往壁面边界就是所研究问题的物体本身。

在黏性流动中，壁面剪切条件（Shear Condition）处默认为无滑移边界条件（No Slip），但也可以在壁面边界区域的运动选项（Wall Motion）中选择平动（Translational）或者转动（Rotational）来指定切向速度分量，或者通过壁面剪切条件（Shear Condition）处的指定剪切（Specified Shear）来模拟滑移壁面。在掌握当地流场详细资料基础的上可以计算出流体和壁面之间的剪应力和热传导。

壁面边界条件需要输入下列信息：

✧ 热边界条件（对于热传导计算）。

✧ 速度边界条件（对于移动或旋转壁面）。

✧ 剪切（对于滑移壁面）。

✧ 壁面粗糙程度（对于湍流）。

启动 ANSYS FLUENT 后，通过单击 File→Read→Case 命令，在桌面读取第 3 章曾经划分好的网格 elbow.cas 文件。读取网格后，选择 Define→Boundary Conditions 命令，选择边界 Wall，将类型（Type）改成壁面（Wall），再单击编辑（Edit）命令，弹出如图 4.12 所示的对话框。

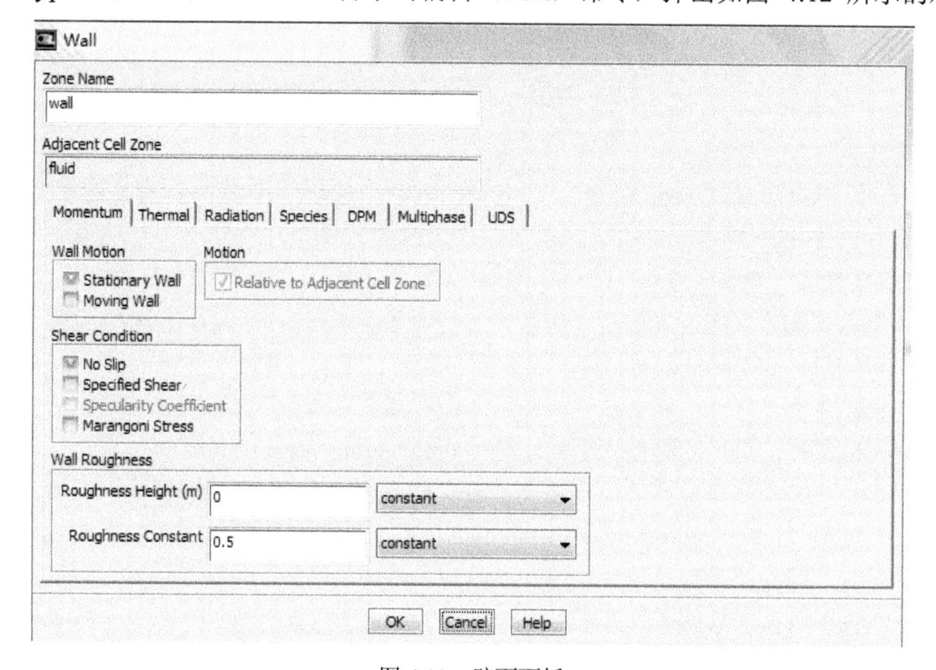

图 4.12　壁面面板

对于本算例而言，壁面不需要进行设置，壁面运动（Wall Motion）保持默认的静止壁面（Stationary Wall）；剪切条件（Shear Condition）保持默认的无滑移边界条件（No Slip）即可；壁面粗糙度（Wall Roughness）保持默认的粗糙度高度（Roughness Height）为 0，粗糙系数（Roughness Constant）0.5。下面将讲解一下壁面其他参数的设置和意义。

1. 在壁面处定义热边界条件

在求解能量方程时需要在壁面边界处热选项卡（Thermal）定义热边界条件。FLUENT 提供了五种类型的热边界条件：固定热流量（Heat Flux），固定温度（Temperature），对流热传导（Convention），外部辐射热传导（Radiation），外部辐射热传导和对流热传导的结合（Mixed），如图 4.13 所示。

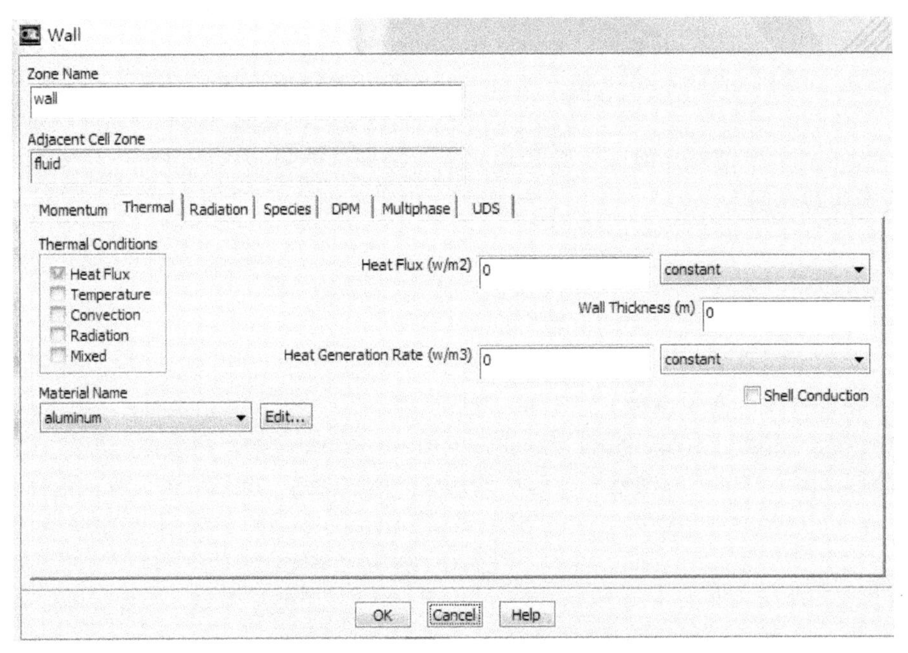

图 4.13　壁面热条件设置面板

（1）对于固定热流量（Heat Flux）情况，在热条件选项中选择热流量，然后在热流量框（Heat Flux）中设定壁面处热流量的适当数值。设定零热流量条件就定义了绝热壁，这是壁面边界条件的默认条件。

（2）选择固定温度（Temperature）条件，在壁面面板的热条件选项中选择温度选项，需要指定壁面表面的温度（Temperature）。

（3）对于对流热传导（Convention）壁面，在热条件中选择对流选项，需要输入热传导系数（Heat Transfer Coefficient）以及自由流温度（Free Stream Temperature）。

（4）如果模拟从外界而来的辐射（Radiation）热传导，可以在壁面面板中激活辐射选项，然后设定外部发射率（External Emissivity）以及外部辐射温度（External Radiation Temperature）。

（5）如果选择混合（Mixed）选项，可以选择对流和辐射结合的热条件。需要设定热传导系数（Heat Transfer Coefficient）、自由流温度（Free Stream Temperature）、外部发射率

（External Emissivity）以及外部辐射温度（External Radiation Temperature）。

（6）在层流流动中，壁面处流体边界热传导是用应用于壁面的 Fourier 定律计算得到的。对于湍流流动，FLUENT 根据从热和动量迁移中类比得到的温度使用壁面定律，默认壁面厚度为零。

在热传导计算中要包括这些影响，需要指定材料的类型、壁面的厚度和壁面的热生成速度。在材料名称（Materials Name）下拉菜单中选择材料类型，然后在壁面厚度（Wall Thickness）框中指定厚度。壁面的热阻为 $\Delta x/k$，其中 k 是壁面材料的热传导系数，Δx 是壁面厚度，设定的热边界条件将在薄壁面的外部指定，如图 4.13 所示，可以指定壁面处所指定的固定温度 T_b。在热生成速度（Heat Generation Rate）框中可以指定壁面内部热生成速度。

2．对移动壁面定义速度条件

如果希望在计算中包括壁面的切向运动，则需要定义平动或者转动速度。壁面速度条件在壁面面板的运动部分输入，可以激活面板底部的移动壁面选项来显示和编辑，此时壁面面板会扩大显示为图 4.14。

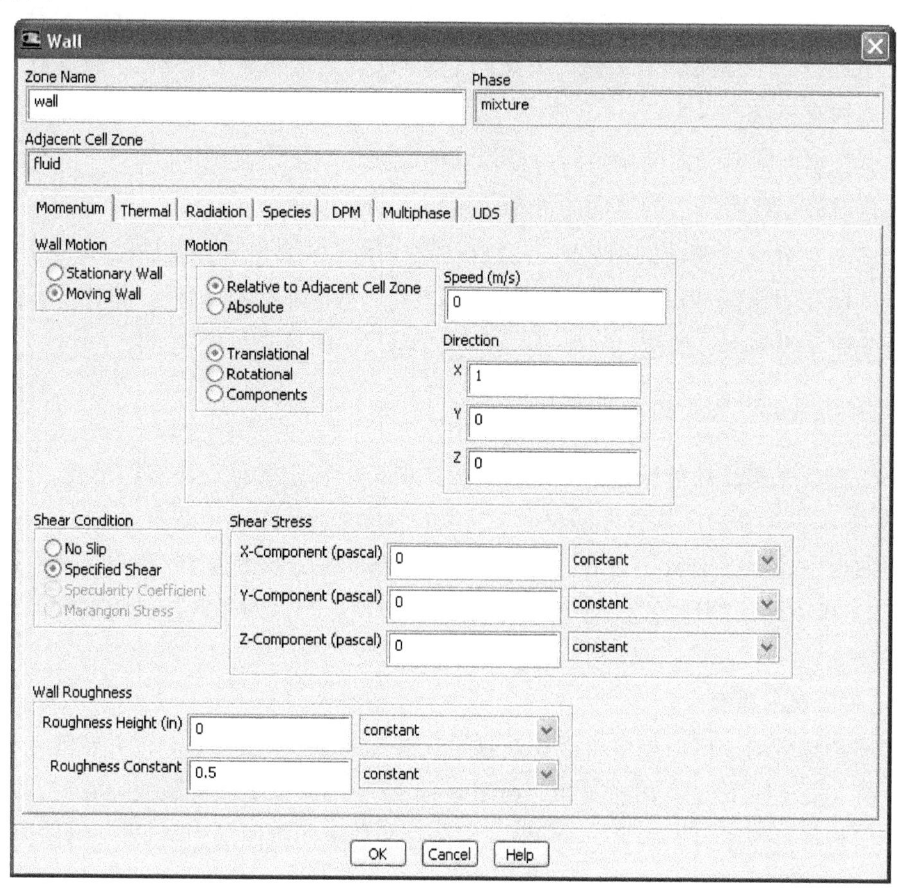

图 4.14　移动壁面面板

如果邻近壁面的单元区域是移动的，比如使用移动参考系或者滑动网格时，可以激活相对邻近单元区域选项（Relative to Adjacent Cell Zone）来选择指定的相对移动区域的移动速度。如果指定相对速度，那么相对速度为零意味着在相对坐标系中壁面是静止的，因此在绝对坐标系中以相对于邻近单元的速度运行；如果选择绝对速度（Absolute），需要激活绝对速度选项，速度为 0 就意味着壁面在绝对坐标系中是静止的，而且以相对于邻近单元的速度运动，但是在相对坐标系中方向相反。如果使用一个或多个移动参考系、滑动网格或者混合平面，并且希望壁面固定在移动参考系上。推荐使用指定相对速度而不是绝对速度。如果修改邻近单元区域的速度，同指定绝对速度一样，不需要对壁面速度做任何改变。需要注意的是，如果邻近单元不是移动的，那么绝对和相对选项是等同的。

对于包括线性、壁面边界时平动的问题，可以激活平动选项（Translational），并指定壁面速度（Speed）和方向（Direction），定义 X、Y、Z 的矢量，平动速度的默认值为零，壁面移动是未被激活的。

对于包括转动壁面运动的问题，需要激活转动选项（Rotational），并对指定的旋转轴定义旋转速度（Speed）。定义旋转轴需要设定旋转轴方向（Rotation-Axis Direction）和旋转轴原点（Rotation-Axis Origin）。当前设定的旋转轴和邻近单元区域所使用的旋转轴是无关的，其他的壁面旋转轴也无关。对于三维问题旋转轴，须指定坐标原点的矢量平行于在旋转轴方向框中指定的从（0，0，0）到（X，Y，Z）的矢量。对于二维问题，需要指定旋转轴起点，旋转轴则需要指定点的 z 向矢量。对于二维轴对称问题，不必定义旋转轴，通常是绕 x 轴旋转，起点为（0，0）。

需要注意的有三点：

（1）只有在壁面限制表面的旋转时，模拟切向旋转运动才是正确的。

（2）只有对静止参考系内的壁面才能指定旋转运动。

（3）当读入具有双边壁面的网格时，会自动形成阴影区域来区分壁面区域的每一边。对于双边壁面，壁面和阴影区域可能指定不同的运动，而不管它们耦合与否。此外，不能指定邻近固体区域的壁面（或阴影）的运动。

3．模拟除无滑移壁面外的其他形式

FLUENT 默认无黏流动的壁面是无滑移条件，但可以指定多种壁面剪切形式。

1）指定零或非零剪切来模拟滑移壁面

在壁面面板中选择指定剪切应力（Specified Shear）项，如图 4.15 所示，然后在剪切应力（Shear Stress）项中输入剪切的 X、Y 和 Z 分量指定剪切应力。对于湍流计算的壁面函数则不应用指定剪切选项。

2）指定镜面反射系数

对于多项颗粒流动，可以指定镜面反射系数（Secularity Coefficient），并在输入框中输入所希望的系数值（Secularity Coefficient ），如图 4.16 所示。当镜面反射系数为 0 时，在壁面上的剪切为 0；但是当镜面反射系数接近 1 时，将会有非常大的垂向动力输运。湍流计算的壁面函数则不应用指定镜面反射系数选项。

3）指定 Marangoni 应力

FLUENT 同样可以提供由于温度改变而产生的表面张力带来的剪切应力。这种在壁面上的剪切应力由方程给出：

图 4.15　滑移壁面的壁面面板

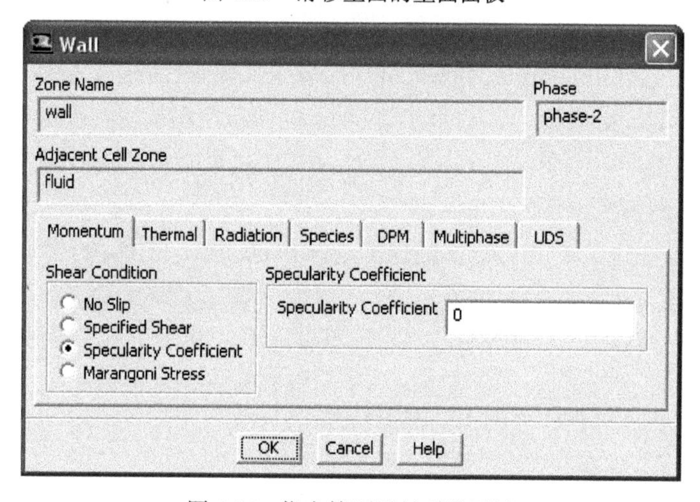

图 4.16　指定镜面反射系数面板

$$\tau=\frac{\mathrm{d}\sigma}{\mathrm{d}T}\nabla_S T$$

式中，$\mathrm{d}\sigma/\mathrm{d}T$ 是由于温度引起的表面张力梯度，$\nabla_S T$ 是表面梯度，这个剪切应力会应用于动量方程。对于模型建立 Marangoni 应力模型（Marangoni Stress），在剪切条件中选取 Marangoni 应力选项（如图 4.17 所示），并在输入框中输入希望的系数值，这个选项只有在能量方程开启的情况下才可以选择，并可以输入表面张力梯度（Surface Tension Gradient）的数值。对于湍流计算的壁面函数则不应用 Marangoni 应力选项。

4）模拟壁面粗糙度的影响

流过粗糙表面的流体会有各种各样的情况，比如流过机翼表面、船体、涡轮机、换热器以及管系统的流动，及具有各种粗糙度地面上的大气边界层。壁面粗糙度影响了壁面处的阻力、热传导和质量输运。如果模拟具有壁面限制的湍流流动，壁面粗糙度的影响是很大的，可以考虑通过修改壁面定律的粗糙度来避免粗糙度影响。

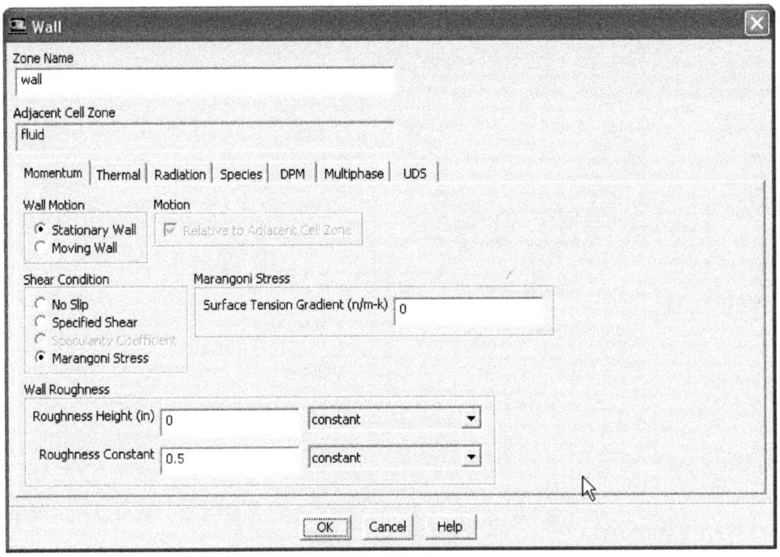

图 4.17　指定 Marangoni 应力面板

在 FLUENT 中要模拟壁面粗糙的影响，必须指定两个参数：粗糙高度（Roughness Height）K_s 和粗糙常数（Roughness Constant）C_S。默认的粗糙高度为零，这符合光滑壁面，对于产生影响的粗糙度，必须指定非零的 K_s。对于同沙粒粗糙情况，沙粒的高度可以简单地被看作 K_s；然而对不同粗糙度的沙粒，平均直径（D_{50}）是最有意义的粗糙高度；对于其他类型的粗糙情况，需要用同等意义上的沙粒粗糙高度 K_s。

适当的粗糙常数（C_S）主要由给定的粗糙情况决定，默认的粗糙常数（$C_S = 0.5$）适用于 k-e 湍流模型。当模拟和同一沙粒粗糙度不同的情况时，需要调整粗糙常数了。例如，有些实验数据表明，对于非同一沙粒、肋和铁丝网，粗糙常数（$C_S = 0.5 \sim 1.0$）具有更高的值。

需要注意的是，要求邻近壁面单元应该小于粗糙高度并不是物理意义上的问题。对于要求解最好的结果来说，要保证从壁面到质心的距离比 K_s 大。

5）*层流中的剪应力计算*

在层流流动中壁面剪应力和法向速度梯度的关系为：

$$\tau_w = \mu \frac{\partial v}{\partial n}$$

当壁面处的速度梯度很大时，必须保证网格足够精细，这样才能解出边界层的精确结果。湍流流动的壁面处理，将在第 5 章湍流模型中进行讲解。

4.3.2　对称边界条件（Symmetry）

对称边界条件用于计算物理外形以及所期望的流动/热解具有镜像对称特征的情况中，也可以用来模拟黏性流动的滑移壁面。对称边界条件中不需要定义任何边界物理属性，如图 4.18 所示，但是必须谨慎地定义对称边界的位置。

FLUENT 假定所有量通过对称边界的流量为零，经过对称平面的对流流量为零，因此对称边界的法向速度为零；通过对称平面没有扩散流量，因此所有流动变量的法向梯度在对称平面内为零。对称边界条件可以总结如下：

✧ 对称平面内法向速度为零。

✧ 对称平面内所有变量的法向梯度为零。

启动 ANSYS FLUENT 后，通过单击 File→Read→Case 命令，在桌面读取第 3 章曾经划分好的网格 elbow.cas 文件。读取网格后，选择 Define→Boundary Conditions 命令，选择边界 Symmetry，将类型（Type）改成对称面（Symmetry），再单击编辑（Edit）命令，弹出如图 4.18 所示的对话框。

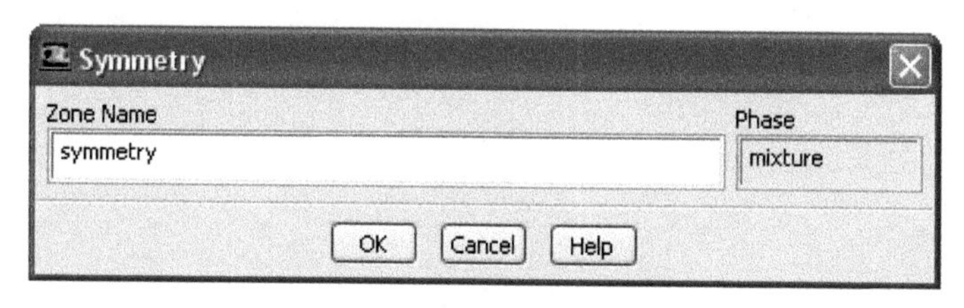

图 4.18　对称边界条件面板

如上所述，对称的定义要求这些条件能保证流过对称平面的流量为零。因为对称边界的剪应力为零，所以在黏性流动计算中它也可以用滑移壁面来解释。

4.3.3　风扇边界条件（Fan）

风扇模型是一种集总模型，可用于确定具有已知特征的风扇对于大流域流场的影响。风扇边界类型允许输入可控制通过风扇单元前部（压差）和流动速率（速度）之间关系的经验曲线，也可以制定风扇旋转速度的径向和切向分量。风扇模型要求风扇边界的两边都是相同的流体区域，该模型能较精确模拟经过风扇叶片的详细流动，它所预测的是通过风扇的流量。

在后面的算例中，系统的流动速度由系统的损失和风扇曲线之间的相互平衡决定。FLUENT 还提供了与用户自定义模型之间的连接，这个模型在计算时更新了压力跳跃函数。在 FLUENT 的风扇模型中，风扇被看成无限薄，通过风扇的不连续压升被指定为通过风扇速度的函数，它们之间的关系可能是常数，多项式、分段线性函数或者分段多项式函数，也可以是自定义函数。

对于三维问题，对流的切向和径向速度值可以添加到风扇表面来产生涡流，速度可以指定为到风扇中心的径向距离的函数。它们之间的关系可以是常数、多项式函数或者自定义函数。注意：所有涡流速度输入都使用国际单位。

对于风扇，需要输入如下信息：

✧ 确定风扇区域（Zone Average Direction）。

✧ 定义通过风扇的压力跳跃（Profile Specific of Pressure-Jump）。

✧ 为风扇定义离散相边界条件（对于离散相计算）。

✧ 需要的话，定义漩涡速度（只用于三维）（Swirl-Velocity Specification）。

启动 ANSYS FLUENT 后，通过单击 File→Read→Case 命令，在桌面读取已经完成的网格 fan.cas 文件，网格如图 4.19 所示，中间为桨毂，圆形的盘为风扇。读取网格后，选择 Define→

Boundary Conditions 命令，选择边界 fan-36，将类型（Type）改成风扇（Fan），再单击编辑（Edit）命令，弹出如图 4.20 所示的对话框。点选对压力跳跃进行专门设置（Profile Specification of Pressure-Jump），然后在压力跳跃描述（Pressure-Jump Profile）中输入 981 表示流体经过风扇边界后变化了 981Pa；再点选漩涡速度（Swirl-Velocity Specification），在风扇旋转轴（Fan Axis）X 方向输入 1，其他为 0，表示按照右手法则沿 X 轴正方向旋转，在风扇旋中心（Fan Origin）X、Y、Z 方向分别输入 0.172、0、0 表示风扇的旋转中心位置为（0.172，0，0）。在切向速度多项式系数（Tangential Velocity Polynomial Coefficients）中输入 1，表示切向速度为 1m/s，其他系数保持默认。设置完成后单击 OK 按钮，完成初始化后即可计算。

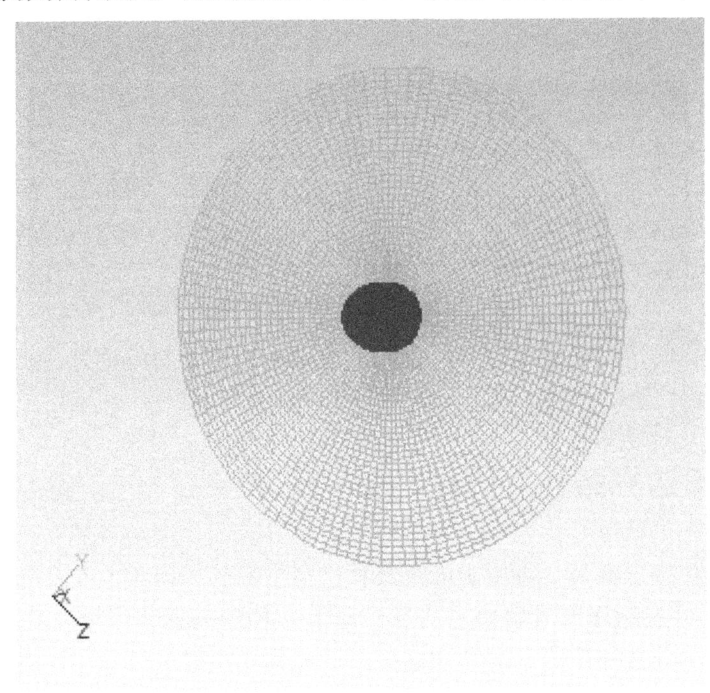

图 4.19　风扇网格

Fan
Zone Name: fan-36
Pressure-Jump Specification
Reverse Fan Direction　Zone Average Direction
X 1
Y -5.042691e-07
Z 3.115533e-07
Profile Specification of Pressure-Jump
Pressure Jump Profile (pascal) 981 constant
Swirl-Velocity Specification
Swirl-Velocity Specification
Fan Axis: X 1　Y 0　Z 0
Fan Origin: X (m) 0.172　Y (m) 0　Z (m) 0
Fan Hub Radius (m) 1e-06
Profile Specification of Tangential Velocity
Tangential-Velocity Polynomial Coefficients: 1
Profile Specification of Radial Velocity
Radial-Velocity Polynomial Coefficients: 0
OK　Cancel　Help

图 4.20　风扇面板

1）确定风扇区域

因为风扇被定义为无限薄，所以它必须被模拟为单元之间的界面而不是单元区域。因此风扇区域是内部表面区域类型（其中表面是二维中的线段或者三维中的三角形/四边形）。当将网格读入到 FLUENT 中时，如果风扇区域被确定为内部区域，使用边界条件会将适当的内部区域改变为风扇区域。

2）定义压力跳跃

要定义压力跳跃（Profile Specific of Pressure-Jump），需要指定速度的多项式函数（Polynomial）、分段线性函数（Piecewise-Liner）或者分段多项式函数（Piecewise-Polynomial）等或者压力跳跃为常数（Constant），也可以是自定义函数（UDF）。还应该检查区域平均方向矢量（Zone Average Direction），保证流过风扇有压升。由解算器计算的区域平均方向是风扇区域的表面平均方向矢量，如果这个方向指向和风扇所吹风向一致就不用选择风扇翻转方向（Reverse Fan Direction）了，否则选择风扇翻转方向。对于压力跳跃，遵循下面的步骤定义多项式函数、分段线性函数、分段多项式函数。当用这些函数的任何类型来定义压力跳跃时，可以限定计算压力跳跃的速度值的最大极限（Maximum Velocity Magnitude）和最小极限（Minimum Velocity Magnitude），打开多项式速度范围极限选项（Limit Polynomial Velocity Range）即可设定速度范围的最大、最小值，如果计算的法向速度范围超出了所指定的最大、最小速度范围，解算器就会用极限值来替换。也可以选用垂直于风扇的质量平均速度来确定风扇区域内所有表面的单一压力跳跃值，打开从平均条件计算压力跳跃（Calculate Pressure-Jump from Average Condition）可以激活该选项。

在实际工程中，无法直接获得压力跳跃的多项式函数，下面以一个工程问题为例，介绍如何确定压力跳跃的函数。考虑简单的二维管流（如图 4.21），进入长 2.0m、宽 0.4m 的导管的常密度空气速度为 0 m/s，管的中心是个风扇。经过实验通常会得到管道流体速度和压力跳跃之间的关系，如表 4.1 所示。对管道流动速度和压力跳跃进行拟合，得到风扇旋转速度与压力跳跃之间的多项式关系 $\Delta p = 875 - 14v$，然后将多项式的系数取出，输入到边界条件中即可。

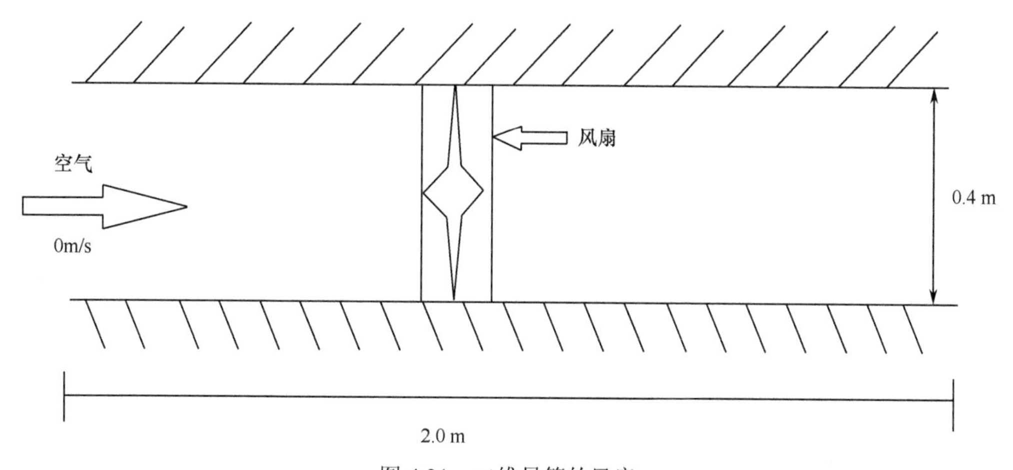

图 4.21　二维导管的风扇

表 4.1 管道流速与风扇压升实验列表

v（m/s）	62.5	50	37.5	25	12.5	0
Δp （Pa）	0	175	350	525	700	875

3）定义风扇旋转速度

如果希望通过在风扇表面设定切向和径向速度来产生三维问题中的涡流，步骤如下：

（1）在风扇面板打开漩涡速度指定选项（Swirl-Velocity Specification）。

（2）定义轴的起始点（即风扇的起始点，Fan Origin）和方向矢量（即风扇的旋转轴，Fan Axis）来指定风扇的旋转轴。

（3）设定风扇旋转轴的半径值，默认为1×10^6以避免多项式中出现除零问题。

设定切向和径向速度为半径的多项式函数（Polynomial），常数值（Constant）或者自定义函数（UDF）。

✧ 经验提醒：

（1）涡流的速度输入必须是国际标准单位。

（2）定义切向速度（Tangential Velocity Profile）和径向速度（Radial Velocity Profile）为多项式函数。首先输入 f_{-1}，然后是 f_0 等。应谨记用空格符将每一个系数分开，第一个系数是（1/r）。

4.3.4 热交换器边界条件（Radiator）

FLUENT 中有热交换单元（如散热器和冷凝器）的集总参数模型。FLUENT 中所模拟的热交换器被认为是无限薄，假定通过热交换器的压降与流体的动压头成比例，并具有所提供的损失系数的经验公式。热交换器边界类型允许指定压降和热传导系数为垂直于热交换器速度的函数。

对于热交换器边界条件，需要输入如下信息：

✧ 设置通过热交换模型的损失系数（Loss Coefficient）。

✧ 设置通过热交换模型的热转换系数（Heat-Transfer-Coefficient）。

✧ 设置热交换模型的温度（Temperature）。

✧ 设置热交换模型的发热率（Heat Flux）。

启动 ANSYS FLUENT 后，通过单击 File→Read→Case 命令，在桌面读取已经完成的网格 radiator.cas 文件，圆形的盘为热交换器。读取网格后，选择 Define→Boundary Conditions 命令，选择边界 radiator-36，将类型（Type）改成热交换器（Radiator），再单击编辑（Edit）命令，弹出如图 4.22 所示的对话框。在损失系数（Loss Coefficient）中选择常数（Constant）并输入 0.5；热传导系数（Heat-Transfer-Coefficient）中选择常数（Constant）并输入 200；温度（Temperature）和发热率（Heat Flux）保持默认即可。然后单击 OK 按钮，再进行其他边界的设置和计算。

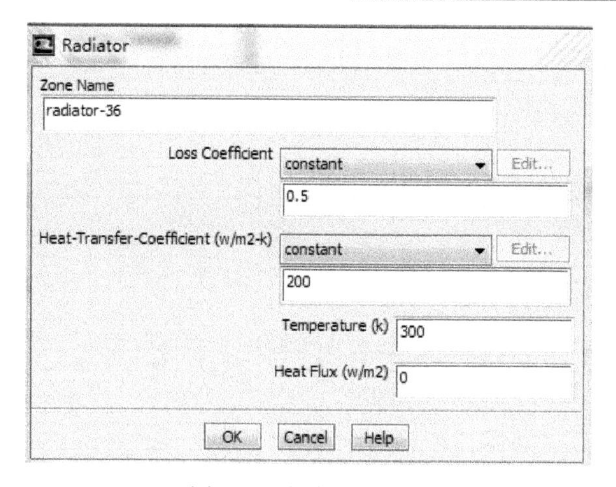

图 4.22 热交换器面板

1）模拟通过散热器的压力损失设置

FLUENT 中所模拟的散热器被认为是无限薄，假定通过散热器的压降与流体的动压头成比例，并具有所提供的损失系数的经验公式。即压降 Δp 与通过散热器的法向速度 v 分量的关系为：

$$\Delta p = k_{\mathrm{L}} \frac{1}{2} \rho v^2$$

式中，ρ 为流体密度，k_{L} 为无量纲损失系数（Loss Coefficient），它可以指定为常数（Constant）、多项式（Polynomial）、分段线性函数（Piecewise-liner）或者分段多项式函数（Piecewise-Polynomial）等。

工程中难以直接获得损失系数，下面的例子将介绍如何确定损失系数函数。考虑通过水冷却散热器的简单的空气二维管流，如图 4.23 所示。入口空气的温度为 300.0K，散热器温度为 400K。

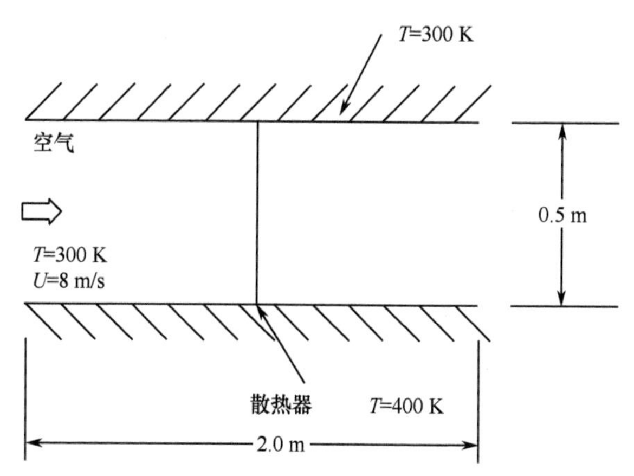

图 4.23 散热器的简单管流

散热器的实验数据如表 4.2 所示，要计算这个损失系数，需创建一个动压头（$\rho v^2/2$）的表格，如表 4.3 所示，动压头是压降 Δp 及这两个值之比 k_{L}（在讲解通过散热器损失系数的模拟一节的方程中）的函数。通过拟合得到多项式 $k_{\mathrm{L}} = 7.0 - 0.2v$，然后输入到 FLUENT 中可以进行计算。

表 4.2　管道流速与散热器实验数据列表

速度 v（m/s）	来流温度（K）	出流温度（K）	压降 Δp （Pa）
5	300.0	330.0	75
10	300.0	322.5	250
15	300.0	320.0	450

简化后的散热器数据：

表 4.3　动压头与散热器实验数据列表

速度 v（m/s）	（1/2）rv^2（Pa）	压降 Δp （Pa）	k_L
5	12.5	75	6.0
10	50	250	5.0
15	112.5	450	4.0

损失系数是速度的线性函数，随着速度的增加而减少，关系式为：

$$k_L = 7.0 - 0.2v$$

2）模拟通过散热器的热传导

从散热器到周围流体的热流量为：

$$q = h\left(T_{HX} - T_{exit}\right)$$

式中，q 为热流量，T_{HX} 为热交换器（散热器）温度，T_{exit} 为流出流体的温度。对流热传导系数 h（Heat-Transfer-Coefficient）可以指定为常数、多项式、分段线性函数或者分段多项式函数等。

工程中可以通过实验的方法确定热传导系数的多项式。考虑通过水冷却散热器的简单的空气二维管流，如图 4.23 所示。定义压力损失系数的数据以及空气密度值（1.0 kg/m^3）和指定的热（1000 J/kg-K） 可用于获取下面的的值，它们可用于计算热传导系数 h，见表 4.4，通过拟合可以得到热传导系数符合速度的二阶多项式关系 $h = 1469.1 + 126.11 + 1.73v^2$，其中 v 是通过散热器的绝对速度值。

表 4.4　速度与散热器实验数据列表

v（m/s）	h （W/m^2 • K）	v（m/s）	h （W/m^2 • K）
5	2142.9	15	3750.0
10	2903.2		

4.4　体积区域条件（Cell Zone Conditions）

FLUENT 中可以对流体区域内的属性进行设定，本小节将从流体区域、固体区域和多孔介质区域三个方面进行介绍。

4.4.1　流体区域（Fluid）

流体区域是一组所有现行的方程都被解出的单元，只需要输入流体材料类型。如果邻近流

体区域内具有旋转周期性边界，需要指定旋转轴心（Rotation-Axis Origin）和旋转轴方向（Rotation-Axis Direction）。如果使用 k-e 模型或者 Spalart-Allmaras 模型来模拟湍流，可以选择定义流体区域为层流区域。如果用 DO 模型模拟辐射，可以指定流体是否参与辐射。

启动 ANSYS FLUENT 后，通过单击 File→Read→Case 命令，在桌面读取第 3 章曾经划分好的网格 elbow.cas 文件。读取网格后，选择 Define→Cell Zone Conditions 命令，选择边界 Fluid，将类型（Type）改成流体（fluid），再单击编辑（Edit）命令，弹出如图 4.24 所示的对话框。对于本算例来说，边界名称（Zone Name）、材料名称（Materials Name）、区域运动（Motion）等都不需要进行设置。下面将说明每一个选项卡中需要设置的内容。

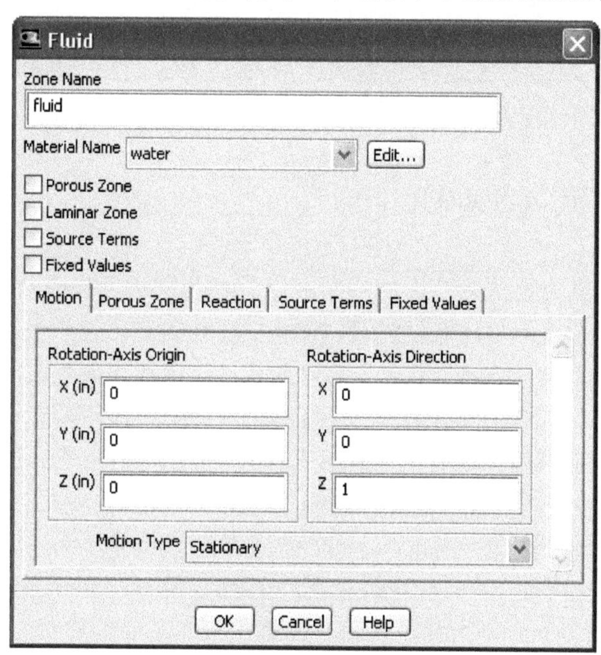

图 4.24　流体面板

在流体面板中（如图 4.24 所示），可以设定所有的流体条件。

（1）要定义流体区域内包含的材料，可在材料名字（Materials Name）下拉列表中选择适当的选项。这一列表中会包含所有已经在使用材料面板中定义的流体材料。如果模拟组分输运或者多相流，在流体面板的下拉列表中不会出现材料名。

（2）如果使用 k-e 模型或者 Spalart-Allmaras 模型来模拟湍流，在指定的流体区域关掉湍流模拟是可能的（即，使湍流生成和湍流黏性无效，但是湍流性质的输运仍然保持）。已知在某一区域流动是层流（Laminar Zone）这一功能是很有用的。如果知道机翼上的转捩点的位置，可以在层流单元区域边界和湍流区域边界创建一个层流或湍流过渡边界，这一功能允许模拟机翼上的湍流过渡。若要在流体区域内取消湍流模拟，应在流体面板中打开层流区域选项。

（3）如果邻近流体区域存在旋转性周期边界，或者区域是旋转的，必须指定旋转轴。定义旋转轴，需要设定旋转轴心（Rotation-Axis Origin）和旋转轴方向（Rotation-Axis Direction），这个轴和任何邻近壁面区域或任何其他单元区域所使用的旋转轴是独立的。对于三维问题，旋转轴起点是从旋转轴起点中输入的点，方向为旋转轴方向选项中输入的方向。对于二维非轴对称问题，只需要指定旋转轴起点，方向就是通过指定点的 z 方向（z 向是垂直于几何外形平面的），这样才能保证旋转出现在该平面内；对于二维轴对称问题，不必定义轴，旋转通常就是 x 轴的，起点为（0，0）。

（4）对于旋转和平移坐标系要定义移动区域，需要在运动类型下拉菜单中选择运动参考坐标系（Moving Reference Frame），然后在面板的扩展部分设定适当的参数。要对移动或者滑移网格定义移动区域，在移动类型下拉列表中选择移动网格（Moving Mesh），然后在扩展面板中设定适当的参数。对于包括线性、平移运动的流体区域问题，通过设定 X，Y 和 Z 分量来指定平移速度；对于包括旋转运动的问题，在旋转速度项中指定旋转速度。这部分的具体使用方法将在本书第二大部分结合实例介绍。

（5）如果希望在流体区域内定义热（Thermal）、质量（Mass）、运动（Motion）、湍流（Turbulence）、组分（Species）及其他标量属性的源项（Source），可以激活源项（Source）选项来实现。这部分的具体使用方法将在本书第二大部分结合实例介绍。

4.4.2 固体区域（Solid）

固体区域是仅用来解决热传导问题的一组区域。作为固体处理的材料可能事实上是流体，但是假定其中没有对流发生，固体区域仅需要输入材料类型。必须表明固体区域包含哪种材料，以便于计算时使用适当的材料。可选择的输入允许设定体积热生成速度（热源）；也可以定义固体区域的运动。如果在邻近的固体单元内有旋转性周期边界，需要指定旋转轴。

启动 ANSYS FLUENT 后，通过单击 File→Read→Case 命令，在桌面读取第 3 章曾经划分好的网格 elbow.cas 文件。读取好网格后，选择 Define→Cell Zone Conditions 命令，选择边界 Fluid，将类型（Type）改成固体（Solid），再单击编辑（Edit）命令，修改边界名称为 solid，弹出如图 4.25 所示的对话框。对于本算例来说，材料名称（Materials Name）、源项（Source Terms）等都不需要进行设置。下面将说明每一个选项卡中需要设置的内容。

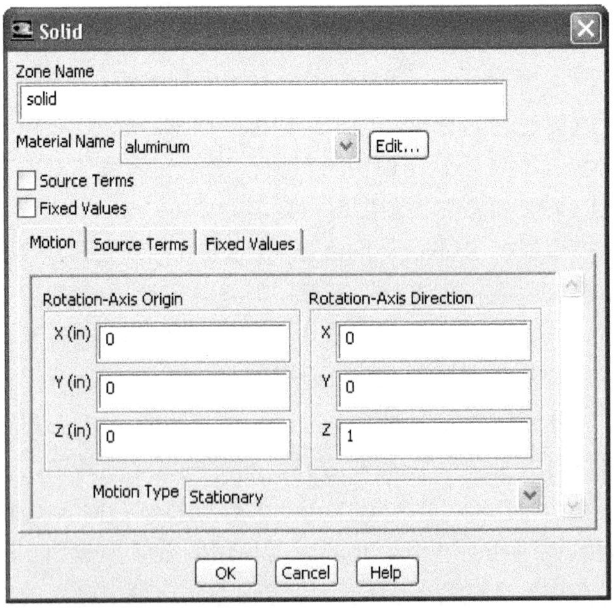

图 4.25 固体面板

在固体面板中（图 4.25），需要设定所有的固体条件，该面板是从设定边界条件菜单中打开的。

（1）要定义固体区域内包含的材料，需要在材料名字（Materials Name）下拉列表中选择适当的选项。这一列表中会包含所有已经在使用材料面板中定义的固体材料。

（2）如果邻近固体区域存在旋转性周期边界或者区域是旋转的，必须指定旋转轴。要定义旋转轴，需要设定旋转轴心（Rotation-Axis Origin）和旋转轴方向（Rotation-Axis Direction），这个轴和任何邻近壁面区域或任何其他单元区域所使用的旋转轴是独立的。对于三维问题，旋转轴起点是从旋转轴起点中输入的点，方向为旋转轴方向选项中输入的方向。对于二维非轴对称问题，只需要指定旋转轴起点，方向就是通过指定点的 z 方向；对于二维轴对称问题，不必定义轴，旋转通常就是关于 x 轴的，起点为（0，0）。

（3）旋转和平移坐标系要定义移动区域，需要在运动类型下拉菜单中选择运动参考坐标系（Moving Reference Frame），然后在面板的扩展部分设定适当的参数。要对移动或者滑移网格定义移动区域，在移动类型下拉列表中选择移动网格（Moving Mesh），然后在扩展面板中设定适当的参数。对于包括线性、平移运动的固体区域问题，通过设定 X，Y 和 Z 分量来指定平移速度；对于包括旋转运动的问题，在旋转速度中指定旋转速度。这部分的具体使用方法将在本书第二大部分结合实例介绍。

（4）如果希望在固体区域内定义源项（Source Term），可以通过激活源项选项来实现。

（5）如果使用 DO 辐射模型，可以用参与辐射选项指定固体区域是否参与辐射的计算。

4.4.3 多孔介质区域（Porous Zone）

多孔介质模型可以应用于很多问题，如，通过充满介质、过滤纸、穿孔圆盘、流量分配器以及管道堆的流动。当使用多孔介质模型时，相当于定义了一个具有多孔介质的单元区域，流动的压力损失由多孔介质的动量方程中所输入的内容来决定。通过介质的热传导问题也可以得到描述，它服从介质和流体流动之间的热平衡假设。

多孔介质的一维简化模型，被称为多孔跳跃，可用于模拟具有已知速度或压降特征的薄膜。多孔跳跃模型应用于表面区域而不是单元区域，并应尽可能地被使用，因为它具有更好的鲁棒性和收敛性。

模拟多孔介质流动时，对于问题设定需要的附加输入如下：

- ✧ 定义多孔区域。
- ✧ 确定流过多孔区域的流体材料。
- ✧ 设定黏性系数以及内部阻力系数，并定义应用它们的方向矢量。幂率模型的系数也可以选择指定。
- ✧ 定义多孔介质包含的材料属性和多孔性。
- ✧ 设定多孔区域固体部分的体积热生成速度（或任何其他源项，如质量、动量）。
- ✧ 可以限制多孔区域的湍流黏性。
- ✧ 可以指定旋转轴或区域运动。

启动 ANSYS FLUENT 后，通过单击 File→Read→Case 命令，在桌面读取第 3 章曾经划分好的网格 elbow.cas 文件。读取网格后，选择 Define→Cell Zone Conditions 命令，选择边界

Fluid，将类型（Type）改成流体（fluid），再单击编辑（Edit）命令，弹出如图 4.26 所示的对话框。勾选开启多孔介质模型（Porous Zone）。对于本算例来说，边界名称（Zone Name）、材料名称（Material Name）、区域运动（Motion）等都不需要进行设置。下面将介绍多孔介质模型中需要设置的内容。

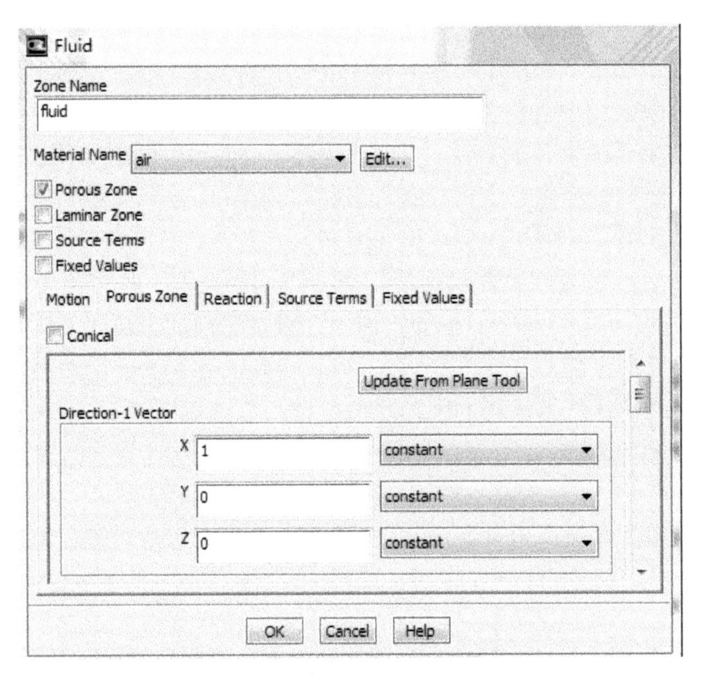

图 4.26　多孔区域的流体面板

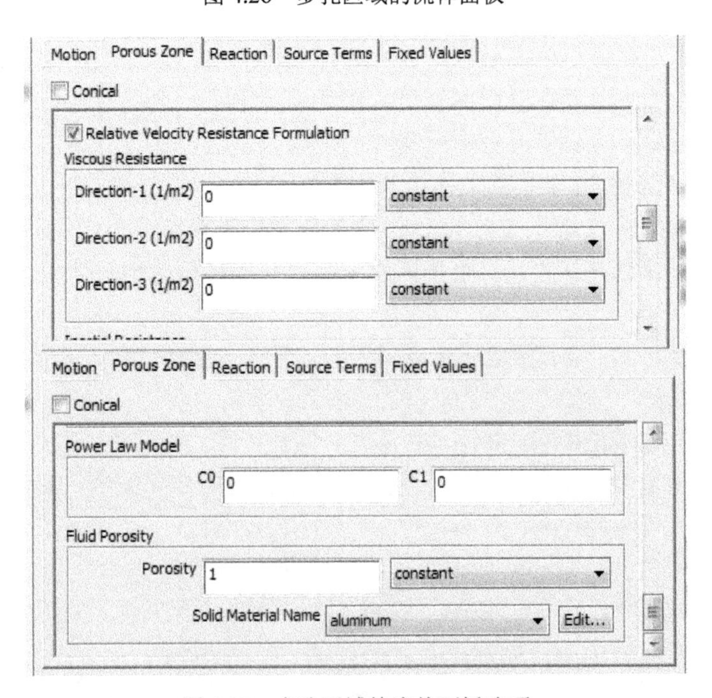

图 4.27　多孔区域的流体面板选项

在定义黏性和内部阻力系数中描述了决定阻力系数或渗透性的方法。如果使用多孔动量源

项的幂律近似，需要输入多孔介质动量方程中的 C_0 和 C_1 来取代阻力系数和流动方向。在流体面板中（图 4.26、4.27），需要设定多孔介质的所有参数，该面板是从边界条件菜单中打开的。

1）定义多孔区域

要表明流体区域是多孔区域，在流体区域设置中，勾选 Porous Zone 即可开启多孔介质模型。多孔区域是作为特定类型的流体区域来模拟的，开启后面板会自动扩展到多孔介质输入状态。

2）定义穿越多孔介质的流体

在材料名称（Material Name）下拉菜单中选择适当的流体，可以定义通过多孔介质的流体。如果模拟组分输运或者多相流，流体面板中则不会出现材料名称下拉菜单。对于组分计算，所有流体或多孔区域的混合材料就是在组分模型面板中指定的材料；对于多相流模型，所有流体或多孔区域的混合材料就是在多相流模型面板中指定的材料。

3）定义黏性和内部阻力系数的方向

在多孔介质选项卡中可以对黏性阻力系数（Viscous Resistance）和内部阻力系数（Inertial Resistance）以相同的方式进行定义，如图 4.27 所示。首先需要使用笛卡尔坐标系定义系数的方向，基本方法是在二维问题中定义一个方向矢量（Direction-1 Vector），在三维问题中定义两个方向矢量（Direction-1 Vector、Direction-2 Vector），然后在每个方向上指定黏性或阻力系数。

在二维问题中第二个方向没有明确定义，它垂直于指定的第一个方向矢量和 z 向矢量所在的平面。在三维问题中，没有设置的第三个方向矢量垂直于所指定的两个方向矢量所在平面。对于三维问题，第二个方向矢量必须垂直于第一个方向矢量，如果第二个方向矢量指定失败，解算器会确保它们垂直而忽略在第一个方向上的第二个矢量的分量，所以应该确保第一个方向指定正确。在三维问题中也可能会使用圆锥（或圆柱）坐标系来定义系数，具体如下：使用笛卡尔坐标系，简单指定方向 1 矢量，如果是三维问题，指定方向 2 矢量，每一个方向都应该是从（0，0，0）到指定的（X，Y，Z）矢量。

对于有些问题，多孔介质的主轴和区域的坐标轴不在一条直线上，不必知道多孔介质先前的方向矢量，在这种情况下，三维中的平面工具（或者二维中的线工具）可以帮助确定这些方向矢量，可以捕捉平面工具（或者线工具）到多孔区域的边界。选择 Surface→Plane 命令，会弹出如图 4.28 所示的对话框，点选平面工具（Plane Tool），输入适应的点（Point）坐标后会显示选定的平面，再在多孔介质设置区域单击从平面工具更新（Update from Plane Tool）后即可更新选择的方向，如图 4.26 所示。

使用圆锥坐标需要指定圆锥轴矢量和圆锥轴上的点。圆锥轴矢量的方向将会是从（0，0，0）到指定的（X，Y，Z）方向的矢量。FLUENT 将会使用圆锥轴上的点将阻力转换到笛卡尔坐标系。设定半圆锥角（锥轴和锥表面之间的角度，如图 4.29 所示），使用柱坐标系，半圆锥角为 0。

4）定义黏性和内部阻力系数

在黏性阻力中指定每个方向的黏性阻力系数 1/a，在内部阻力中指定每一个方向上的内部阻力系数 C_2 需要将滚动条向下滚动来查看这些输入。如果使用锥指定方法，方向 1 为锥轴方向，方向 2 为垂直于锥表面（对于圆柱就是径向）方向，方向 3 为圆周方向。

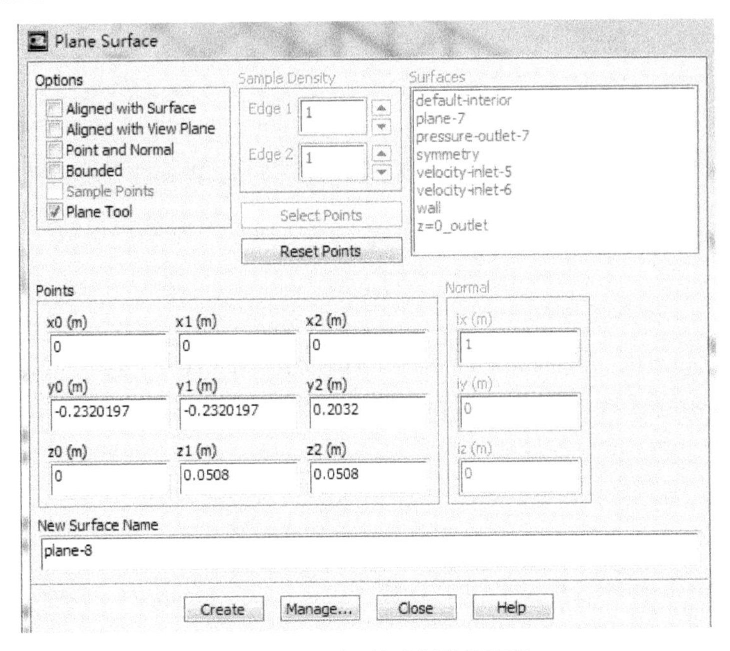

图 4.28　平面工具选择设置面板

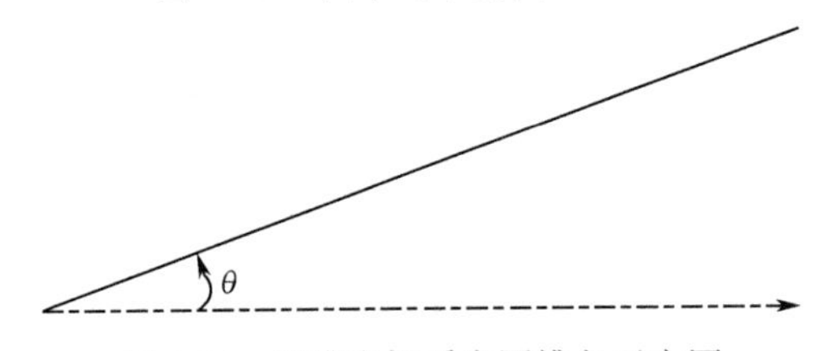

图 4.29　圆锥坐标系半圆锥角示意图

在三维问题中有三种可能的系数，在二维问题中有两种：

在各向同性算例中，所有方向上的阻力系数都是相等的，如海绵等。在各向同性算例中，必须将每个方向上的阻力系数设定为相等。

在三维问题中只有两个方向上的系数相等，第三个方向上的阻力系数和前两个不等，或者在二维问题中两个方向上的系数不等，必须准确的指定每一个方向上的系数。例如，如果多孔区域是由具有小洞的细管组成，细管平行于流动方向，流动会很容易通过细管，但是在其他两个方向上流动（通过小洞）会很小。

在三维问题中还有一种可能就是三个系数各不相同。例如，如果多孔区域是由不规则间隔的物体（如针脚）组成的平面，那么阻碍物之间的流动在每个方向上都不同。此时需要在每个方向上指定不同的系数（注意，指定各向同性系数时，多孔介质的解策略的注解）。

当使用多孔介质模型时，特别需要注意的是 FLUENT 中的多孔单元是 100%打开的，而且所指定黏性阻力系数或内部阻力系数的值必须是基于这个假设的。然而，假如已知通过真实装置的压降和速度之间的变化，它只是部分地对流动开放。

下面将介绍三种实际中常见的确定多孔介质内部阻力系数 C_2 值例子：

A．假定穿孔圆盘只有 25%对流动开放，已知通过圆盘的压降为 0.5。在圆盘内真实流体速度基础上，即通过 25%开放区域的的基础上，损失系数由下式定义的损失系数 k_L 为 0.5：

$$\Delta p = k_{\rm L}\left(\frac{1}{2}\rho v_{25\%{\rm open}}^2\right)$$

要计算适当的 C_2 值，需要注意的是，通过穿孔圆盘的速度是基于假定圆盘为 100%开放的，损失系数必须转化为多孔区域每个单位长度的动压头损失。第一步是计算并调节损失因子 $K_{\rm L'}$，它应该是在 100%开放区域的速度基础上得到的：

$$\Delta p = k_{\rm L'}\left(\frac{1}{2}\rho v_{100\%{\rm open}}^2\right)$$

对于相同的流速：

$$v_{25\%{\rm open}} = 4v_{100\%{\rm open}}\;;\quad k_{\rm L'} = K_{\rm L}\times\frac{v_{25\%{\rm open}}^2}{v_{100\%{\rm open}}^2} = 0.5\times\left(\frac{4}{1}\right)^2 = 8$$

调节之后的损失系数为 8。另外，必须将它转换为穿孔圆盘每个单位厚度的假定圆盘的厚度为 1.0 mm。内部损失系数为（国际标准单位）：

$$C_2 = \frac{k_{\rm L'}}{\rm thickness} = \frac{8}{10^{-3}} = 8000{\rm m}^{-1}$$

注意，对于各向异性介质，这些信息必须分别从各坐标方向上计算。

B．考虑模拟充满介质的流动。在湍流流动中，充满介质的流动用渗透性和内部损失系数来模拟，对于雷诺数在很大范围内和许多类型的充满形式，有一个半经验的关系式，当模拟充满介质的层流流动时，可以得到 Blake-Kozeny 方程：

$$\nabla p = \frac{150\mu}{D_{\rm p}^2}\frac{(1-\varepsilon)^2}{\varepsilon^3}v$$

在这些方程中，μ 是黏性，$D_{\rm p}$ 是平均粒子直径，ε 为空间所占的分数（即空间的体积除以总体积）。比较多孔介质中 Darcy 定律的方程和内部损失系数的方程，则每一方向上的渗透性和内部损失系数定义为：

$$\nabla p = -\frac{\mu}{\alpha}v\ \text{（Darcy 定律）}\qquad \alpha = \frac{D_{\rm p}^2}{150}\frac{\varepsilon^3}{(1-\varepsilon)^2}\qquad C_2 = \frac{3.5}{D_{\rm p}}\frac{(1-\varepsilon)}{\varepsilon^3}$$

C．基于实验压力和速度数据推导多孔系数是常用的一种方法，实验中往往可以得到以一定速度通过多孔介质后的压力差，可以由速度和压力的关系插值得出多孔介质系数。影响通过多孔介质压力差的因素主要是厚度 Δn，确定通过多孔介质的系数的方法如下面介绍，实验得到的数据见表 4.5。

表 4.5　多孔介质速度与压降实验数据列表

速度（m/s）	压降（Pa）	速度（m/s）	压降（Pa）
20	28.4	80	1432.0
50	487.0	110	2964.0

由上面关系插值出的压降关于速度的方程如下：

$$\Delta p = 0.28296v^2 - 4.33539v$$

尽管最好的拟合曲线有可能产生负值，但是在 FLUENT 中采用多孔介质模型时可以避免。

考虑源项产生压降的动量方程在简化后表示为：

$$\Delta p = -\left(\frac{\mu}{\alpha}v_i + C_2\frac{1}{2}\rho|v_j|v_j\right)\Delta n$$

将插值出的方程对比简化后的压降动量方程可得：

$$0.28296 = C_2\frac{1}{2}\rho\Delta n \quad -4.33539 = \frac{\mu}{\alpha}\Delta n$$

式中，ρ 为 1.225kg/m^3，μ 为 1.7894×10^{-5}，假设多孔介质厚度 Δn 在例子中为 1m，可以得出内部阻力系数 C_2 为 0.462，同样黏性阻抗系数 $1/\alpha$ 为-242282。

对于多孔介质动量源项，如果使用幂律模型（Power Law Model）近似，只要在流体面板的幂律模型中输入系数 C_0 和 C_1 就可以了。如果 C_0 或 C_1 为非零值，解算器会忽略面板中除了多孔介质幂律模型之外的所有输入。

如果选择在多孔介质中模拟热传导，必须指定多孔介质中的材料以及多孔性（Porosity）。多孔性是多孔介质中流体的体积分数，这个源项和介质中流体的体积成比例。如果想要模拟完全开放的介质（固体介质没有影响），应该设定多孔性为 1.0，此时介质的固体部分对于热传导或热源项（反应源项）没有影响。

如果想在多孔流动的能量方程中考虑热的影响，则应激活源项选项并设定非零的能量源项，FLUENT 会计算多孔区域所生成的能量，该能量为能量源项值乘以组成多孔区域的所有单元体积值；也可以定义质量、动量、湍流、组分或者其他标量的源项。

多孔介质模型结合模型区域的阻力经验公式被定义为“多孔”。事实上多孔介质是在动量方程中具有了附加的动量损失。流体通过介质时不会加速，因为实际出现的体积的阻塞并没有在模型中出现。这对于过渡流有很大的影响，因为它意味着 FLUENT 中的多孔介质模型不能正确地描述通过介质的过渡时间。多孔介质对于湍流的影响只是近似的。

在多孔介质中，默认 FLUENT 会解湍流量的标准守恒方程。因此，在这种默认的方法中，介质中的湍流被处理为固体介质对湍流的生成和耗散速度没有影响。如果介质的渗透性足够大，而且介质的几何尺度和湍流涡的尺度没有相互作用，这样的假设是合情合理的；但是在其他的一些例子中，会压制介质中湍流的影响。

一般说来，在模拟多孔介质时，可以使用标准的解算步骤以及解参数的设置。然而如果多孔区域在流动方向上压降很大的话，解的收敛速度就会变慢，这就表明由于动量源项中出现了多孔介质的压降，收敛性问题就出现了。解决多孔介质区域收敛性差的最好补救办法就是对于通过介质的流向压降作很好的初始预测，方法就是，在介质流体单元的上游或者下游补偿一个压力值，必须记住的是，当补偿压力时，所输入的压力可以定义为解算器所使用的 Gauge 压力；另一个处理收敛性差的方法是，临时取消多孔介质模型（在流体面板中关闭多孔区域），然后获取一个不受多孔区域影响的初始流场，取消多孔区域后，FLUENT 会将多孔区域处理为流体区域，并按相应的流体区域来计算，一旦获取了初始解，或者计算很容易收敛，则可以激活多孔模型继续，计算包含多孔区域的流场（对于大阻力多孔介质不推荐使用该方法）。对于高度各向异性的多孔介质，有时会造成收敛性的麻烦，对于这些问题可以将多孔介质的各向异性系数限制在二阶或者三阶的量级，即使在某一方向上介质的阻力为无穷大，也不需要将它设定为

超过初始流动方向上的 1000 倍。

4.5 本章小结

本章主要讲解了 ANSYS FLUENT 的各种边界条件，从进口边界条件、出口边界条件、其他重要边界条件和体积区域条件四大方面，详细讲解了压力入口、速度入口、质量入口、进气口、进气扇、压力远场、压力出口、质量出口、通风口、排风扇、壁面、对称面、风扇、辐射面、流体区域、固体区域、多孔介质区域等边界条件的设置、参数的含义、边界条件的计算方法等内容。

第 5 章　ANSYS FLUENT 湍流模型

ANSYS FLUENT 为用户提供了丰富的湍流模型，以便进行各种情况的数值模拟，对于湍流的模拟有各种湍流模型，可以适应不同情况下的数值模拟，本章将对于各种模型进行详细讲解。

5.1　湍流模型概述

湍流模型是数值模拟中经常用到的最基本模型，用于模拟湍流流动的情况。因为平均 N-S 方程的不封闭性，人们引入了湍流模型来封闭方程组，所以模拟结果的好坏很大程度上取决于湍流模型的准确度。

湍流出现在速度变动的地方，这种波动使得流体介质之间相互交换动量、能量和浓度变化，而且引起了数量的波动。由于这种波动是小尺度且是高频率的，所以在实际工程计算中直接模拟的话对计算机的要求会很高。实际上瞬时控制方程可能在时间、空间上是均匀的，或者可以人为地改变尺度，修改后的方程耗费较少的计算机。但是，修改后的方程可能包含我们未知的变量，湍流模型需要用已知变量来确定这些变量。常用的湍流模型有 Spalart-Allmaras 一方程湍流模型、k-e 和 k-ω 两方程湍流模型等。

5.1.1　选择湍流模型

在选择湍流模型前，必须知道，FLUENT 对于黏性的模拟并不是只提供了湍流模型，还可以选择无黏模型（Invicid Model）、层流模型（Laminar Model）、分离涡流 DES 模型（Detached Eddy Simulation）、大涡模拟 LES 模型（Large Eddy Simulation），在模型种类选取时，无黏和层流模型是两种特殊的情况，用得比较少；而分离涡流模型和大涡模拟模型对于计算机的计算性能、网格和内存的要求比较高，一般工程问题中使用得较少，另外直接数值模拟 DNS（Direct Numerical Simulation）对计算机本身的需求更加严苛，不适于在工程中使用。所以本章主要讲解湍流模型的使用。

在对各种湍流模型进行解释之前，必须要说明的是，没有一个湍流模型通用于所有的流体问题。选择模型时主要依靠以下几点：流体是否可压、建立特殊的可行的问题、精度的要求、计算机的能力、时间的限制。为了选择最好的模型，需要了解不同条件的适用范围和限制。

这一章的目的是介绍 FLUENT 中湍流模型的概况，并讨论单个模型对 CPU 和内存的要求，同时讲解各种模型对哪些特定问题最适用，给出一般的指导方针，以便根据需要给出合适的湍流模型。

. 雷诺平均逼近与LES模型对比

在复杂形体的高雷诺数湍流中想要得到 N-S 方程有关时间的精确的解，以目前计算机水平来看，近期内不太可能实现。对于复杂流动，目前有两种可选择的方法可以使 N-S 方程不直接用于小尺度的模拟：雷诺平均和过滤。

（1）对于所有尺度的湍流模型，雷诺平均 N-S 方程只是传输平均的量。找到一种可行的平均流动变量可以大大地减少计算机的工作量。如果平均流动是稳态的，那么控制方程就不必包含时间分量，并且稳态解决方法会更加有效，甚至在瞬态过程中计算也是有利的，因为时间步长在平均流动中取决于全局的非稳态。雷诺平均逼近主要用于实际工程计算中，也是 FLUENT 中模拟湍流流动最常用的方法，主要湍流模型有 Spalart-Allmaras，k-e 系列，k-ω 系列和 RSM（雷诺应力模型）。

（2）大涡模拟 LES 方法提供了一种方式，让依靠时间尺度模拟的大边界计算问题可以利用一系列的过滤方程。对于求解确切的 N-S 方程，过滤是一种必要的方法，用于改变比过滤法尺度小的边界。和雷诺平均一样，过滤法加入了未知的变量，必须模拟出来以便方程能够封闭。但是由于 LES 方法所需要的计算能力较强，需要消耗很多的计算资源，其应用于工业的流动模拟还处于起步阶段。

综合雷诺平均和过滤两种方法，雷诺平均方法更适用于工程中的计算，所以本章将对雷诺平均方法进行重点讲解。

2. 雷诺平均

在雷诺平均中，瞬态 N-S 方程要求变量已经分解为时均常量和变量。以速度为例：

$$u_i = \overline{u}_i + u_i^{'} \tag{5.1}$$

这里 $\overline{u}_i$ 和 u_i 分别为时均速度和速度波动分量。相似地，其他的标量也有：

$$\varphi_i = \overline{\varphi}_i + \varphi_i^{'} \tag{5.2}$$

这里 φ 表示一个标量，如压力，动能，或粒子浓度。用这种形式的表达式把流动的变量放入连续性方程和动量方程，并且取一段时间的平均，可以写成式（5.3）形式：

$$\frac{\partial \rho}{\partial t} + \frac{\partial}{\partial x_i}(\rho u_i) = 0 \tag{5.3}$$

$$\frac{\partial}{\partial t}(\rho u_i) + \frac{\partial}{\partial x_j}(\rho u_i u_j) - \frac{\partial p}{\partial x_i} + \frac{\partial}{\partial x_j}\left[\mu\left(\frac{\partial u_i}{\partial x_j} + \frac{\partial u_j}{\partial x_i} - \frac{2}{3}\delta_{ij}\frac{\partial u_l}{\partial x_l}\right)\right] + \frac{\partial}{\partial x_j}(\overline{\rho u_i' u_j'}) \tag{5.4}$$

式（5.3）和式（5.4）称为雷诺平均 N-S 方程，它和瞬态雷诺方程有相同的形式，只是速度和其他的变量表示为其时均形式。由于湍流造成的附加条件在该式中表现出来了。这些雷诺压力，$\overline{\rho u_i' u_j'}$ 必须被模拟出来以便使方程封闭。

3. Boussinesq 逼近与雷诺压力转化模型

对于湍流模型，雷诺平均逼近要求雷诺压力可以被精确地模拟，主要方法为利用 Boussinesq 假设把雷诺压力和平均速度梯度联系起来，即，将速度脉动的二阶关联量表示成平均速度梯度与湍流黏性系数的乘积，如式（5.5）：

$$-\rho\overline{u_i'u_j'}=\mu_t(\frac{\partial u_i}{\partial x_j}+\frac{\partial u_j}{\partial x_i})-\frac{2}{3}(\rho k+\mu_t\frac{\partial u_l}{\partial x_l})\delta_{ij} \tag{5.5}$$

Boussinesq 假设使用在 Spalart-Allmaras 模型、k-e 模型和 k-ω 模型中，这种逼近方法最大优势在于对计算机的要求不高。在 Spalart-Allmaras 模型中只有一个额外的方程要解，所以称之为一方程湍流模型；k-e 模型和 k-ω 模型中有两个方程要解，称之为二方程湍流模型。Boussinesq 假设的不足之处是假设 μ_t 是个等方性标量，这是不严谨的。

在雷诺应力模型 RSM 中，另外可选的逼近是用来解决方程中的雷诺压力张量。须另加一个方程，这就意味着在二维流场中要加五个方程，而在三维方程中要加七个方程。在很多情况下基于 Boussinesq 假设的模型很好用，而且计算量并不是很大。雷诺应力模型 RSM 对于对层流有主要影响的各向异性湍流的状况十分适用。

5.1.2 CPU 时间和解决方案

从计算经济性的角度看，Spalart-Allmaras 模型是 FLUENT 中最经济的湍流模型，尽管只有一种方程可以解。由于要解额外的方程，标准 k-e 模型和标准 k-ω 模型将比 Spalart-Allmaras 模型耗费更多的计算机资源，带旋流修正的 k-e 模型比标准 k-e 模型稍微多一点。由于控制方程中额外的功能和非线性，RNG k-e 模型比标准 k-e 模型多消耗 10%～15%的 CPU 时间。与 k-e 模型相同，k-ω 模型也是两个方程的模型，所以计算时间相同。

比较 k-e 模型和 k-ω 模型，RSM 模型因为考虑了雷诺应力而需要更多的 CPU 时间，然而高效的程序大大节约了 CPU 时间。RSM 模型比 k-e 模型和 k-ω 模型要多耗费 50%～60%的 CPU 时间，还有 15%～20%的内存。

除了时间，湍流模型的选择也影响 FLUENT 的计算。比如标准 k-e 模型是专为轻微的扩散设计的，然而 RNG k-e 模型是为高张力引起的湍流黏度降低而设计的，这也是 RNG 模型的缺点。

同样，RSM 模型需要比 k-e 模型和 k-ω 模型耗费更多的时间，因为它要联合雷诺压力和层流。

5.2 S-A 模型

对于解决动力漩涡黏性问题，Spalart-Allmaras 模型是相对简单的方程，它包含了一组新的方程，在这些方程里不必计算和剪应力层厚度相关的长度尺度。Spalart-Allmaras 模型是设计用于航空领域的，主要是墙壁束缚流动，在目前的应用中已经显示出很好的效果。

在湍流模型中利用 Boussinesq 逼近，中心问题是怎样计算漩涡黏度。这个模型是由 Spalart 和 Allmaras 提出，用来解决因湍流动黏滞率而修改的数量方程。

在原始形式中，Spalart-Allmaras 模型对于低雷诺数模型是十分有效的，要求边界层中黏性影响的区域被适当地解决。在 FLUENT 中，在网格划分得不是很好时或当精确的计算在湍流中并不是非常重要时，Spalart-Allmaras 模型将是最好的选择。另外，在模型中的近壁区域内，变量梯度比在 k-e 模型和 k-ω 模型中的要小得多，可以使模型对于数值误差的敏感度降低。

需要注意的是：Spalart-Allmaras 不能预测均匀衰退、各向同性的湍流。另外，一方程的湍流模型经常因为对长度的不敏感而在学术界受到批评，例如，当流动墙壁束缚变为自由剪切流时的情况。

1．Spalart-Allmaras 模型的偏微方程

Spalart-Allmaras 模型的变量中 $\tilde{v}$ 是湍流动黏滞率，除了近壁区域，方程可表示为式（5.6）：

$$\frac{\partial}{\partial t}(\rho\tilde{v})+\frac{\partial}{\partial x_i}(\rho\tilde{v}u_i)=G_{\mathrm{v}}+\frac{1}{\sigma_{\tilde{\mathrm{v}}}}[\frac{\partial}{\partial x_j}\left(\mu+\rho\tilde{v}\frac{\partial\tilde{v}}{\partial x_j}\right)+C_{\mathrm{b2}}\rho\left(\frac{\partial\tilde{v}}{\partial x_j}\right)^2]-Y_{\mathrm{v}}+S_{\tilde{\mathrm{v}}} \tag{5.6}$$

式中，G_{v} 是湍流黏度生成的项，Y_{v} 是被湍流黏度耗散项，$S_{\tilde{\mathrm{v}}}$ 是用户定义的项。

2．湍流黏度的建模

湍流黏度 μ_{t} 由式（5.7）～式（5.9）计算：

$$\mu_{\mathrm{t}}=\rho\tilde{v}f_{\mathrm{v1}} \tag{5.7}$$

$$f_{\mathrm{v1}}=\frac{\chi^3}{\chi^3+C_{\mathrm{v1}}{}^3} \tag{5.8}$$

$$\chi=\frac{\tilde{v}}{v} \tag{5.9}$$

3．湍流生成的建模

湍流黏性生成项 G_{v} 由式（5.10）～式（5.12）表示：

$$G_{\mathrm{v}}=C_{\mathrm{b1}}\rho\tilde{S}\tilde{v} \tag{5.10}$$

$$\tilde{S}=S+\frac{\tilde{v}}{k^2d^2}f_{\mathrm{v2}} \tag{5.11}$$

$$f_{\mathrm{v2}}=1-\frac{\chi}{1+\chi f_{\mathrm{v1}}} \tag{5.12}$$

C_{b1} 和 k 是常数，d 是离墙的距离，S 是变形张量。在 FLUENT 中，S 由式（5.13）给出：

$$S=\sqrt{2\Omega_{ij}\Omega_{ij}} \tag{5.13}$$

式中，Ω_{ij} 是层流旋转张量，由式（5.14）定义：

$$\Omega_{ij}=\frac{1}{2}\left(\frac{\partial u_i}{\partial x_j}-\frac{\partial u_j}{\partial x_i}\right) \tag{5.14}$$

当模型给出时，最关心的是墙壁束缚流动中 S 表达式的修正，湍流漩涡只发生在近壁，但是要把湍流产生的平均应变考虑在内，并且按照建议改变模型。

这种修改包括旋度和应变，在 S 中定义：

$$S=\left|\Omega_{ij}\right|+C_{\mathrm{prod}}\min(0.\left|S_{ij}\right|-\left|\Omega_{ij}\right|) \tag{5.15}$$

$$C_{\mathrm{prod}}=2.0\text{，}\left|\Omega_{ij}\right|=\sqrt{2\Omega_{ij}\Omega_{ij}}\text{，}\left|S_{ij}\right|=\sqrt{2S_{ij}S_{ij}} \tag{5.16}$$

在平均应变率中 $\left|S_{ij}\right|$ 定义为：

$$S_{ij}=\frac{1}{2}\left(\frac{\partial u_j}{\partial x_i}+\frac{\partial u_i}{\partial x_j}\right) \tag{5.17}$$

包括旋度和应变张量减少了漩涡黏度，从而减少了漩涡黏度本身，这样的例子可以在漩涡流动中找到。旋度和应变张量更多正确地考虑湍流旋度，一般的方法是预测漩涡黏度的产生，并且预测漩涡黏度本身。S-A 模型可以在 Viscous Model 面板进行选择。

4．湍流耗散的建模

湍流耗散项 Y_v 的模型如式（5.18）～式（5.21）所示：

$$Y_{\rm v}=C_{\rm w1}\rho f_{\rm w}(\frac{\tilde{v}}{d})^2 \tag{5.18}$$

$$f_{\rm w}=g(\frac{1+C_{\rm w3}^6}{g^6+C_{\rm w3}^6})^{1/6} \tag{5.19}$$

$$g=r+C_{\rm w2}\left(r^6-r\right) \tag{5.20}$$

$$r=\frac{\tilde{v}}{\tilde{S}\kappa^2 d^2} \tag{5.21}$$

$C_{\rm w1}$、$C_{\rm w2}$ 和 $C_{\rm w3}$ 是常量，$\tilde{S}$ 由方程给出。注意，因平均应力而修改 S 也会影响用 $\tilde{S}$ 去计算 r。

5．模型常量

模型常量包括 $C_{\rm b1}$，$C_{\rm b2}$，$\sigma_{\tilde{v}}$，$C_{\rm v1}$，$C_{\rm w1}$，$C_{\rm w2}$，$C_{\rm w3}$ 和 κ，下面是它们的值：

$$C_{\rm b1}=0.1335，\ C_{\rm b2}=0.622，\ \sigma_{\tilde{v}}=\frac{2}{3}，\ C_{\rm v1}=7.1，$$

$$C_{\rm w1}=\frac{C_{\rm b1}}{\kappa^2}+\frac{\left(1+C_{\rm b2}\right)}{\sigma_{\tilde{v}}}，\ C_{\rm w2}=0.3，\ C_{\rm w3}=2.0，\ \kappa=0.4187$$

6．墙壁边界条件

在墙壁上，修改后的湍流动黏度 $\tilde{V}$ 被认为是 0。网格划分得较好时可以解决层状亚层，壁面剪应力可以由式（5.22）得出：

$$\frac{u}{u_\tau}=\frac{\rho u_\tau y}{\mu} \tag{5.22}$$

如果网格太粗糙不足以解决，可以假设

$$\frac{u}{u_\tau}=\frac{1}{\kappa}\ln E\left(\frac{\rho u_\tau y}{\mu}\right) \tag{5.23}$$

式中 u 是平行于壁面的速度，u_τ 是切速度，y 是离墙壁的距离，κ 是 Von Karman 常量，E=9.793。

7．热对流和质量转移模型

在 FLUENT 中，湍流热交换使用的是对湍流动能交换的雷诺分析，能量方程如式（5.24）：

$$\frac{\partial}{\partial t}(\rho E)+\frac{\partial}{\partial x_i}\left[u_i(\rho E+p)\right]=\frac{\partial}{\partial x_j}\kappa\left(\kappa\kappa+\frac{c_{\rm p}\mu_\partial}{\rm Pr_t}\right)\frac{\partial T}{\partial x_j}+u_i(\tau_{ij})_{\rm eff}]+S_{\rm h} \tag{5.24}$$

κ 是导热系数，E 是总能，$(\tau_{ij})_{\rm eff}$ 是偏应力张量其表达式为：

$$(\tau_{ij})_{\text{eff}} = \mu_{\text{eff}}\left(\frac{\partial u_j}{\partial x_i}+\frac{\partial u_i}{\partial x_j}\right)-\frac{2}{3}\mu_{\text{eff}}\frac{\partial u_i}{\partial x_i \delta_{ij}} \tag{5.25}$$

$(\tau_{ij})_{\text{eff}}$ 考虑到了由于黏性而产生的热，并且总出现于联合方程中，在单个方程中不能解出，但是可以在黏性模型面板中找到。默认的湍流 Prandtl 数是 0.85，可以在黏性模型面板中修改。湍流物质交换可以按照相似的方法，Schmidt 数是 0.7，可以在黏性模型面板中修改。

8. 在 FLUENT 中设置 S-A 湍流模型

启动 ANSYS FLUENT 后，通过单击 File→Read→Case 命令，在桌面读取第 3 章曾经划分好的网格 elbow.cas 文件。读取网格后，选择 Define→Models→Viscous 命令，弹出如图 5.1 所示的对话框，选择 Spalart-Allmaras（1 eqn）湍流模型。

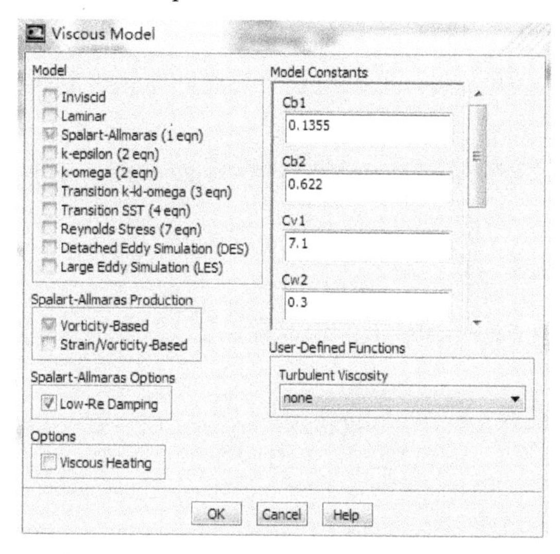

图 5.1　Spalart-Allmaras 湍流模型设置对话框

Spalart-Allmaras 一方程湍流模型可以选择的选项有四种，这里不对每一种进行详细的说明，每个选项适用于不同的情况，一般选择默认即可。湍流各个选项的公式及使用方法将在 5.6 小节进行讲解。

- ✧ Vorticity-Based Production（基于漩涡的产出）
- ✧ Strain/Vorticity-Based Production（基于应变/漩涡的产出）
- ✧ Low-Re Damping （低雷诺数阻尼处理湍流黏性）
- ✧ Viscous Heating（黏性热选项）

Spalart-Allmaras 一方程湍流模型可以输入的参数有：

C_{b1}，C_{b2}，$\sigma_{\tilde{v}}$，C_{v1}，C_{w1}，C_{w2}，C_{w3} 和 κ，Prandtl 数（Prandtl Number）、能量 Prandtl 数（Energy Prandtl Number）、壁面 Prandtl 数（Wall Prandtl Number）等。一般情况下不需要对这些数进行设置，保持默认值即可。

5.3　k-e 模型

这一章讲述 k-e 模型，分为标准、RNG 和带旋流修正 k-e 模型这三种模型，三者有相似的形式，都有 k 方程和 e 方程；它们主要的不同点有：计算湍流黏性的方法，湍流 Prandtl 数由 k 和 e 方程的湍流扩散决定，在 e 方程中湍流的产生和耗散。

每个模型计算湍流黏性的方法和模型的常数不一样，但它们在其他方面本质上是一样的。

5.3.1 标准 k-e 模型

最简单的完整湍流模型是两个方程的模型，要解两个变量，即，速度和长度尺度。在 FLUENT 中，标准 k-e 模型自从被 Launder 和 Spalding 提出之后，就变成工程流场计算中主要的工具了，适用范围广、经济、合理的精度，是 k-e 模型在工业流场和热交换模拟中应用如此广泛的原因。k-e 两方程湍流模型是个半经验公式，是从实验现象中总结出来的。

人们已经知道了 k-e 模型适用的范围，因此人们对它加以改造，出现了 RNG k-e 模型和带旋流修正 k-e 模型。

标准 k-e 模型是个半经验公式，主要是基于湍流动能和扩散率。*k* 方程是个精确方程，e 方程是由经验公式导出的方程。

k-e 模型假定流场完全是湍流，分子之间的黏性可以忽略，因而标准 k-e 模型只对完全是湍流的流场有效。

1. 标准 k-e 模型的输运方程

标准 k-e 模型的湍动能 *k* 和湍流耗散的输运方程如式（5.26）和式（5.27）所示：

$$\frac{\partial}{\partial t}(\rho k)+\frac{\partial}{\partial x_i}(\rho k u_i)=\frac{\partial}{\partial x_j}\left[(\mu+\frac{\mu_t}{\sigma_k})\frac{\partial k}{\partial x_j}\right]+G_k+G_b-\rho\varepsilon-Y_M+S_k \tag{5.26}$$

$$\frac{\partial}{\partial t}(\rho\varepsilon)+\frac{\partial}{\partial x_i}(\rho\varepsilon u_i)=\frac{\partial}{\partial x_j}\left[\left(\mu+\frac{\mu_t}{\sigma_\varepsilon}\right)\frac{\partial\varepsilon}{\partial x_j}\right]+C_{1\varepsilon}\frac{\varepsilon}{k}(G_k+C_{3\varepsilon}G_b)-C_{2\varepsilon}\rho\frac{\varepsilon^2}{k}+S_\varepsilon \tag{5.27}$$

方程中 G_k 表示由层流速度梯度而产生的湍动能项，G_b 是由浮力产生的湍动能项，Y_M 表示在可压缩流动中湍流脉动膨胀到全局流程中对耗散率的贡献项，C_1，C_2，C_3 是常量，σ_k 和 σ_ε 是 k 方程和 ε 方程的湍流 Prandtl 数，S_k 和 S_ε 是用户定义的湍动能项和湍流耗散源项。

2. 湍流黏性模型

湍流黏性 μ_t 由式（5.28）确定：

$$\mu_t=\rho C_\mu\frac{k^2}{\varepsilon} \tag{5.28}$$

式中，C_μ 为常数。

3. k-e 模型中的湍流产生

G_k 项表现了湍流动能的产生，是按照标准 k-e，RNG k-e，带旋流修正 k-e 模型而得到的，在标准 k-e 模型讲解中介绍这项后，将不会在所述的模型讲解中赘述。从精确的 *k* 方程这项可以将其定义为：

$$G_k = -\rho \overline{u'_i u'_j} \frac{\partial u_j}{\partial x_i} \tag{5.29}$$

评估比较 G_k 和式（5.5）Boussinesq 假设：

$$G_k = \mu_t S^2 \tag{5.30}$$

其中 S 是系数，定义为

$$S \equiv \sqrt{2S_{ij}S_{ij}} \tag{5.31}$$

4．k-e 模型中湍流浮力的影响 k-e 模型

当模拟中要出现重力和温度时，FLUENT 的 k-e 模型在 k 方程中考虑了浮力的影响，在标准 k-e 模型讲解这项后，将不会在后述模型讲解中赘述。相应地，浮力也在 e 方程中考虑了，由式（5.32）给出：

$$G_b = \beta g_i \frac{\mu_t}{Pr_t} \frac{\partial T}{\partial x_i} \tag{5.32}$$

这里 Pr_t 是湍流能量普朗特数，g_i 是重力在 i 方向上的分量。对于标准和带旋流修正 k-e 模型，Pr_t 的默认值是 0.85。在 RNG 模型里 $Pr_t = 1/a$，热膨胀系数 β 定义为：

$$\beta = -\frac{1}{\rho}\left(\frac{\partial \rho}{\partial T}\right)_p \tag{5.33}$$

对于理想气体，方程变为

$$G_b = -g_i \frac{\mu_t}{\rho Pr_t} \frac{\partial \rho}{\partial x_i} \tag{5.34}$$

从 k 方程中可以看出，湍流动能趋向增长在不稳定层中；对于稳定层，浮力倾向于抑制湍流。在 FLUENT 中，当考虑了重力和温度时，浮力的影响总会被包括。浮力对于 k 的影响相对比较清楚，而对 e 方程就不是十分清楚了。e 方程受浮力影响的程度取决于常数 C_{3e}，由下式计算：

$$C_{3e} = \tan h\left|\frac{v}{u}\right| \tag{5.35}$$

式中，v 是流体平行于重力的速度分量，u 是垂直于重力的分量。对于速度方向和重力相同的层流，C_{3e} 将会是 1；浮力应力层中速度方向垂直于重力速度，C_{3e} 将会变成零。

5．k-e 模型中可压缩性的影响

对于高 Mach 数的流动，可压缩性通过扩张扩散影响湍流，这往往被不可压缩流忽略；对于可压缩流，忽略扩张扩散的影响是预测观察增加 Mach 数时扩散速度的减少和其他的自由剪切层失败的原因。在 FLUENT 中，为了考虑这对 k-e 模型的影响扩张扩散项，Y_M 被写进了 k 方程，在标准 k-e 模型讲解这一量后，将不会在后述模型中赘述，这项由 Sarkar 提出：

$$Y_M = 2\rho\varepsilon M_t^2 \tag{5.36}$$

6．在 k-e 模型中证明热和物质交换模型

在 FLUENT 中，湍流的热交换使用雷诺模拟的方法来比较湍流动量交换。修改后的能量方

程为：

$$\frac{\partial}{\partial t}(\rho E)+\frac{\partial}{\partial x_i}\left[u_i(\rho E+p)\right]=\frac{\partial}{\partial x_j}\left[k_{\text{eff}}\frac{\partial T}{\partial x_j}+u_i(\tau_{ij})_{\text{eff}}\right]+S_{\text{h}} \tag{5.37}$$

式（5.37）中 E 是总能，k_{eff} 是热传导系数，$(\tau_{ij})_{\text{eff}}$ 是压力张量的偏差：

$$(\tau_{ij})_{\text{eff}}=\mu_{\text{eff}}\left(\frac{\partial u_j}{\partial x_i}+\frac{\partial u_i}{\partial x_j}\right)-\frac{2}{3}\mu_{\text{eff}}\frac{\partial u_i}{\partial x_i}\delta_{ij} \tag{5.38}$$

式（5.38）中含有 $(\tau_{ij})_{\text{eff}}$ 项表明黏性热量，需要联立方程求解，在单个方程中计算不了，但可以通过黏性模型面板来激活。可能增加出现在能量方程中的项取决于所用的物理模型。

对于标准和带旋流修正 k-e 模型热传导系数为：

$$k_{\text{eff}}=\alpha c_{\text{p}}\mu_{\text{eff}} \tag{5.39}$$

这里 α 由方程，$\alpha_0=1/Pr=k/uc_{\text{p}}$，实际上 α 随着 $\mu_{\text{mol}}/\mu_{\text{eff}}$ 而改变，这是 RNG 模型的优点。这一现象与试验相吻合：湍流能量普朗特数随着分子 Prandtl 数和湍流变化而变化，从分子 Prandtl 数在液体的 10^{-2} 到石蜡的 10^3 都适用，这样使得热传导可以在低雷诺数中计算。

7．湍流模型中的常量

湍流模型中的常量主要有以下几个，$C_{1\varepsilon}=1.44$，$C_{2\varepsilon}=1.92$，$C_{\mu}=0.09$，$\sigma_{\text{k}}=1.0$，$\sigma_{\varepsilon}=1.3$，这些常量是从大量的试验中总结得来的，包括空气、水等常见介质的基本湍流。这些常量对于大多数情况是适用的，但是 FLUENT 还是提供了接口，以便在黏性模型面板中改变它们，以使对特殊情况的流动模拟得更准确。

8．在 FLUENT 中设置标准 k-e 湍流模型

启动 ANSYS FLUENT 后，通过单击 File→Read→Case 命令，在桌面读取第 3 章曾经划分好的网格 elbow.cas 文件。读取网格后，选择 Define→Models→Viscous 命令，弹出如图 5.2 所示的对话框，选择 k-epsilon（2eqn）湍流模型，在 k-epsilon Model 中选择标准模型（Standard）。

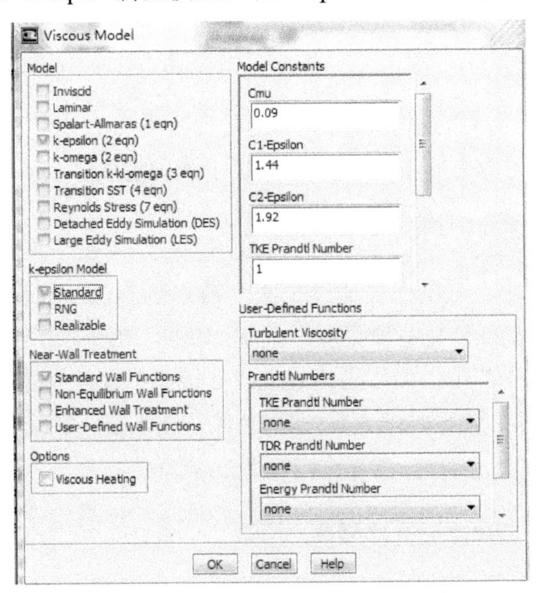

图 5.2　标准 k-e 湍流模型设置对话框

标准 k-e 两方程湍流模型可以选择的选项有四种，近壁面处理方法和一个黏性热选项，这里不对每一种进行详细的说明，每个选项适用于不同的情况，一般情况选择默认即可。湍流各个选项的公式及使用方法将在 5.6 节进行讲解。

- ✧ Standard Wall Function（标准壁面方法）
- ✧ Non -Equilibrium Wall Function（非平衡壁面方法）
- ✧ Enhanced Wall Function（加强壁面方法）
- ✧ User-Defined Wall Function（用户自定义壁面方法）
- ✧ Viscous heating（黏性热选项）

标准 k-e 两方程湍流模型可以输入的参数有：

C_{μ}，$C_{1\varepsilon}$，$C_{2\varepsilon}$，σ_{k}，σ_{ε}、能量 Prandtl 数（Energy Prandtl Number）、壁面 Prandtl 数（Wall Prandtl Number）等。在一般情况下不需要对这些数进行设置，保持默认值即可。

5.3.2 RNG k-e 模型

RNG k-e 模型是从瞬态 N-S 方程中推出的，使用“Renormalization Group”的数学方法从标准 k-e 模型变形得到此外还有其他的一些功能。

RNG k-e 模型来源于严格的统计技术，它和标准 k-e 模型有很多相似的地方，主要有以下改进：

- ✧ RNG 模型在 e 方程中加了一个条件，有效改善了精度。
- ✧ 考虑了湍流漩涡，提高了这方面的精度。
- ✧ RNG 理论为湍流 Prandtl 数提供了一个解析公式，而标准 k-e 模型使用的是用户提供的常数。
- ✧ 标准 k-e 模型是一种高雷诺数的模型，RNG k-e 模型提供了一个考虑低雷诺数流动黏性的解析公式。

这些特点使得 RNG k-e 模型在更广泛的流动中比标准 k-e 模型有更高的可信度和精度。

1. RNG k-e 模型的输运方程

RNG k-e 模型的湍动能 k 和湍流耗散的输运方程如式（5.40）和式（5.41）：

$$\frac{\partial}{\partial t}(\rho k)+\frac{\partial}{\partial x_i}(\rho k u_i)=\frac{\partial}{\partial x_j}\left[\alpha_{k}\mu_{\text{eff}}\frac{\partial k}{\partial x_j}\right]+G_{k}+G_{b}-\rho\varepsilon-Y_{M}+S_{k} \tag{5.40}$$

$$\begin{aligned}&\frac{\partial}{\partial t}(\rho\varepsilon)+\frac{\partial}{\partial x_i}(\rho\varepsilon u_i)=\\&\frac{\partial}{\partial x_j}\left[\alpha_{\varepsilon}\mu_{\text{eff}}\frac{\partial\varepsilon}{\partial x_j}\right]+C_{1\varepsilon}\frac{\varepsilon}{k}(G_{k}+C_{3\varepsilon}G_{b})-C_{2\varepsilon}\rho\frac{\varepsilon^2}{k}-R_{\varepsilon}+S_{\varepsilon}\end{aligned} \tag{5.41}$$

方程中 G_{k} 表示由层流速度梯度而产生的湍动能项，G_{b} 是由浮力产生的湍动能项，Y_{M} 表示在可压缩流动中，湍流脉动膨胀到全局流程中对耗散率的贡献项，C_1，C_2，C_3 是常量，σ_{k} 和 σ_{ε} 是 k 方程和 ε 方程的湍流 Prandtl 数，S_{k} 和 S_{ε} 是用户定义的湍动能项和湍流耗散源项。

2. 有效黏性模型

在 RNG 模型中，不同方程对于湍流黏性消除尺度的方法由以式（5.42）和式（5.43）确定：

$$\mathrm{d}\left(\frac{\rho^2 k}{\sqrt{\varepsilon\mu}}\right)=1.72\frac{\hat{v}}{\sqrt{\hat{v}-1+C_{\mathrm{v}}}}\mathrm{d}\hat{v} \tag{5.42}$$

$$\hat{v}=\frac{\mu_{\partial\mathrm{eff}}}{\mu}, \quad C_{\mathrm{v}}\approx 100 \tag{5.43}$$

上述方程是一个完整的的方程，从中可以得到湍流变量将如何影响雷诺数，使得模型对低雷诺数和近壁流有更好的表现。在高雷诺数限制下可以得出涡黏性方程：

$$\mu_t=\rho C_\mu\frac{k^2}{\varepsilon} \tag{5.44}$$

RNG 理论中 $C_{\mu}=0.0845$，有趣的是这个值和标准 k-e 模型中的值 0.09 很接近。

3. RNG 模型的漩涡修正

湍流在层流中会受到漩涡的影响，FLUENT 可以通过修改湍流黏度来修正这些影响。形式如式（5.45）所示：

$$\mu_{\mathrm{t}}=\mu_{\mathrm{t0}}f\left(\alpha_{\mathrm{S}},\varOmega,\frac{k}{\varepsilon}\right) \tag{5.45}$$

式中，μ_{t0} 是 5.3.2.2 的两个方程中没有修正的量。$\varOmega$ 是在 FLUENT 中考虑漩涡而估计的一个量，α_{S} 是一个常量，取决于流动主要是漩涡还是适度的漩涡。在选择 RNG 模型时，这些修改主要在轴对称、漩涡流和三维流动中。对于适度的漩涡流动，$\alpha_{\mathrm{S}}=0.05$，而且不能修改；对于强漩涡流动，可以选择更大的值。

4. 计算 Prandtl 的反面影响

Prandtl 数的反面影响 α_{k} 和 α_{ε} 由式（5.46）计算：

$$\left|\frac{\alpha-1.3929}{\alpha_0-1.3929}\right|^{0.6321}\left|\frac{\alpha+2.3929}{\alpha_0+2.3929}\right|^{0.3679}=\frac{\mu_{\mathrm{mol}}}{\mu_{\mathrm{eff}}} \tag{5.46}$$

式中，$\alpha_0=1.0$，在高雷诺数限制条件下，$\alpha_{\mathrm{k}}\approx\alpha_{\varepsilon}\approx 1.393$。

5. e 方程中的 R_{e}

RNG 和标准 k-e 模型的区别在于：

$$R_{\varepsilon}=\frac{C_{\mu}\rho\eta^3(1-\eta/\eta_0)}{1+\beta\eta^3}\frac{\varepsilon^2}{k} \tag{5.47}$$

式（5.47）中，$\eta\equiv Sk/\varepsilon$，$\eta_0=4.38$，$\beta=0.012$。这一项的影响可以通过重新排列方程清楚地看出，方程可以写成式（5.48）：

$$\frac{\partial}{\partial t}(\rho\varepsilon)+\frac{\partial}{\partial x_i}(\rho\varepsilon u_i)=\frac{\partial}{\partial x_j}\left[\alpha_{\varepsilon}\mu_{\mathrm{eff}}\frac{\partial\varepsilon}{\partial x_j}\right]+C_{1\varepsilon}\frac{\varepsilon}{k}(G_{\mathrm{k}}+C_{3\varepsilon}G_{\mathrm{b}})-C_{2\varepsilon}{}^{*}\rho\frac{\varepsilon^2}{k} \tag{5.48}$$

式中，$C_{2\varepsilon}{}^{*}$ 由式（5.49）给出：

$$C_{2\varepsilon}^* \equiv C_{2\varepsilon} + \frac{C_\mu \rho \eta^3 (1-\eta/\eta_0)}{1+\beta\eta^3} \tag{5.49}$$

当 $\eta<\eta_0$，R 项为正，C_{2e}^*要大于 C_{2e}。按照对数，$\eta\approx3.0$，给定 $C_{2e}^*\approx2.0$，这和标准 k-e 模型中的 C_{2e} 十分接近。结果，对于适度的应力流，RNG 模型算出的结果要大于标准 k-e 模型。

当 $\eta>\eta_0$，R 项为负，使 C_{2e}^*要小于 C_{2e}，和标准 k-e 模型相比较，e 变大而 k 变小，最终影响到黏性。结果在快速限制流中，RNG 模型产生的湍流黏度要低于标准 k-e 模型。

因而，RNG 模型相比于标准 k-e 模型对瞬变流和流线弯曲的影响能作出更好的反应，这也可以解释 RNG 模型在某类流动中有很好的表现。

6. 模型常量

RNG k-e 模型方程的模型常量 C_{1e} 和 C_{2e} 由 RNG 理论分析得出，这些值在 FLUENT 是默认的，$C_{1\varepsilon}=1.42$，$C_{2\varepsilon}=1.68$。

7. 在 FLUENT 中设置 RNG k-e 湍流模型

启动 ANSYS FLUENT 后，通过单击 File→Read→Case 命令，在桌面读取第 3 章曾经划分好的网格 elbow.cas 文件。读取网格后，选择 Define→Models→Viscous 命令，弹出如图 5.3 所示的对话框，选择 k-epsilon（2eqn）湍流模型，在 k-epsilon Model 中选择 RNG 模型（RNG）。

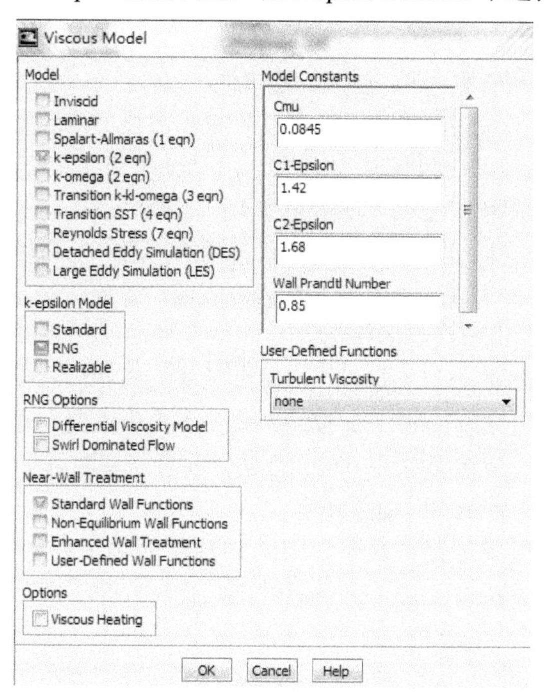

图 5.3　RNG k-e 湍流模型设置对话框

RNG k-e 两方程湍流模型可以选择的选项有四种，近壁面处理方法和一个黏性热选项，这里不对每一种进行详细的说明，每个选项适用于不同的情况，一般情况选择默认即可。湍流各个选项的公式及使用方法将在 5.6 节进行讲解。

✧ Standard Wall Function（标准壁面方法）。

✧ Non-Equilibrium Wall Function（非平衡壁面方法）。

✧ Enhanced Wall Function（加强壁面方法）。

✧ User-Defined Wall Function（用户自定义壁面方法）。

✧ Viscous Heating（黏性热选项）。

✧ Differential Viscosity Model（微分黏性模型）。

✧ Swirl Modification（涡动修正）。

RNG k-e 两方程湍流模型可以输入的参数有：

C_μ，$C_{1\varepsilon}$，$C_{2\varepsilon}$，壁面 Prandtl 数（Wall Prandtl Number）等，在一般的情况下不需要对这些数进行设置，保持默认值即可。

5.3.3 Realizable k-e 模型

作为对 k-e 模型和 RNG 模型的补充，在 FLUENT 中还提供了一种带旋流修正的 k-e 模型。带旋流修正的 k-e 模型是相对较新的一种 k-e 模型，比起标准 k-e 模型有两个主要的不同点：

✧ 带旋流修正的 k-e 模型为湍流黏性增加了一个公式。

✧ 为耗散率增加了新的传输方程，这个方程来源于一个为层流速度波动而作出的精确方程。

带旋流修正的 k-e 模型（Realizable k-e Turbulence Model）中的 Realizable，意味着模型要确保在雷诺压力中要有数学约束，即，湍流的连续性。

带旋流修正的 k-e 模型直接的优点是，对于平板和圆柱射流的发散比率能更精确地预测；而且它对于旋转流动、强逆压梯度的边界层流动、流动分离和二次流有很好的表现。

带旋流修正的 k-e 模型和 RNG k-e 模型都显现出比标准 k-e 模型在强流线弯曲、漩涡和旋转更好的表现。由于带旋流修正的 k-e 模型是新出现的模型，所以现在还没有确凿的证据表明它比 RNG k-e 模型有更好的表现，但是最初的研究表明，带旋流修正的 k-e 模型在所有 k-e 模型中，流动分离和复杂二次流有很好的作用。

带旋流修正的 k-e 模型的一点不足是，在主要计算旋转和静态流动区域时，不能提供自然的湍流黏度，这是因为带旋流修正的 k-e 模型在定义湍流黏度时考虑了平均旋度的影响，这种额外的旋转影响已经在单一旋转参考系中得到证实，而且表现要好于标准 k-e 模型。由于这些修改，将其应用于多重参考系统中时需要谨慎。

“Realizable”表示模型满足某种数学约束，和湍流的物理模型是一致的。为了理解这一点，考虑一下 Boussinesq 关系式（5.5）和涡黏性的定义（5.28），即可得到正常雷诺压力下可压缩流动层流方程表达式：

$$\overline{u^2}=\frac{2}{3}k-2v_t\frac{\partial U}{\partial x} \tag{5.50}$$

利用式（5.50）可以得到一个结果，当应力大到足以满足式（5.51）：

$$\frac{k}{\varepsilon}\frac{\partial U}{\partial x}>\frac{1}{3C_\mu}\approx 3.7 \tag{5.51}$$

同样，在 Schwarz 不等式中当层流应力大于它，那么不等式将不会成立。保证等式成立最直接的方法是使变量 C_μ 对于层流和湍流敏感。C_μ 被很多模型采用，而且被证实很有效，例

如，C_μ 在不活泼的边界层中为 0.09，在剪切流中为 0.05。

1．Realizable k-e 模型的输运方程

Realizable k-e 模型的湍动能 k 和湍流耗散 e 输运方程如式（5.52）和式（5.53）：

$$\frac{\partial}{\partial t}(\rho k)+\frac{\partial}{\partial x_i}(\rho k u_j)=\frac{\partial}{\partial x_i}\left[\left(\mu+\frac{\mu_t}{\sigma_k}\right)\frac{\partial k}{\partial x_j}\right]+G_k+G_b-\rho\varepsilon-Y_M+S_k \tag{5.52}$$

$$\begin{aligned}&\frac{\partial}{\partial t}(\rho\varepsilon)+\frac{\partial}{\partial x_j}(\rho\varepsilon u_j)=\\&\frac{\partial}{\partial x_j}\left[\left(\mu+\frac{\mu_t}{\sigma_k}\right)\frac{\partial\varepsilon}{\partial x_j}\right]+\rho C_1 S_\varepsilon-\rho C_2\frac{\varepsilon^2}{k+\sqrt{v\varepsilon}}+C_{1\varepsilon}\frac{\varepsilon}{k}C_{3\varepsilon}G_b+S_\varepsilon\end{aligned} \tag{5.53}$$

其中 $C_1=\max\left[0.43\frac{\eta}{\eta+5}\right]$，$\eta=S\frac{k}{\varepsilon}$。

方程中 G_k 表示由层流速度梯度而产生的湍动能项，G_b 是由浮力产生的湍动能项，Y_M 表示在可压缩流动中湍流脉动膨胀到全局流程中对耗散率的贡献项，C_{1e}，C_2，是常量，σ_k 和 σ_ε 是 k 方程和 ε 方程的湍流 Prandtl 数，S_k 和 S_ε 是用户定义的湍动能项和湍流耗散源项。

需要注意的是，除常量以外，湍动能 k 方程与标准 k-e 模型和 RNG 模型的 k 方程是一样的，然而 e 方程却大不相同。这个模型对于广泛的流动有效，包括旋转均匀剪切流，自由流中包括喷射和混合流，管道和边界流，还有分离流。由于这些原因，这种模型比标准 k-e 模型要好。尤其需要注意的是，这种模型可以解决圆柱射流，比如，它预测的轴对称射流的传播速率，和平板射流一样。

2．湍流黏性模型

同其他的 k-e 模型一样，漩涡黏度由式（5.54）计算：

$$\mu_t=\rho C_\mu\frac{k^2}{\varepsilon} \tag{5.54}$$

带旋流修正的 k-e 模型与标准 k-e 模型和 RNG k-e 模型的区别在于 C_μ 不再是常量了，它由式（5.55）计算：

$$C_\mu=\frac{1}{A_0+A_S\frac{kU^*}{\varepsilon}} \tag{5.55}$$

式中，$U^*\equiv\sqrt{S_{ij}S_{ij}+\tilde{\Omega}_{ij}\tilde{\Omega}_{ij}}$，$\tilde{\Omega}_{ij}=\Omega_{ij}-2\varepsilon_{ijk}\omega_k$，$\Omega_{ij}=\overline{\Omega_{ij}}-\varepsilon_{ijk}\omega_k$。这里 $\overline{\Omega_{ij}}$ 是在柱坐标下的带有角速度 ω_k 的层流旋度，模型常量 $A_0=4.04$，$A_S=\sqrt{6}\cos\phi$，$\phi=\frac{1}{3}\cos^{-1}(\sqrt{6}W)$，$W=\frac{S_{ij}S_{jk}S_{ki}}{\tilde{S}}$，$\tilde{S}=\sqrt{S_{ij}S_{ij}}$，$S_{ij}=\frac{1}{2}\left(\frac{\partial u_j}{\partial x_i}+\frac{\partial u_i}{\partial x_j}\right)$。可以看出，$C_\mu$ 是层流应变和旋度的函数。

3．模型常量

模型常量 C_2，σ_k 和 σ_e 已经为某种规范流做过优化。模型常量是：

$C_{1\varepsilon}=1.44$，$C_2=1.9$，$\sigma_k=1.0$，$\sigma_\varepsilon=1.2$。

4．在 FLUENT 中设置 Realizable k-e 湍流模型

启动 ANSYS FLUENT 后，通过单击 File→Read→Case 命令，在桌面读取第 3 章曾经划分好的网格 elbow.cas 文件。读取网格后，选择 Define→Models→Viscous 命令，弹出如图 5.4 所示的对话框，选择 k-epsilon（2eqn）湍流模型，在 k-epsilon Model 中选择带旋转修正的 Realizable 模型（Realizable）。

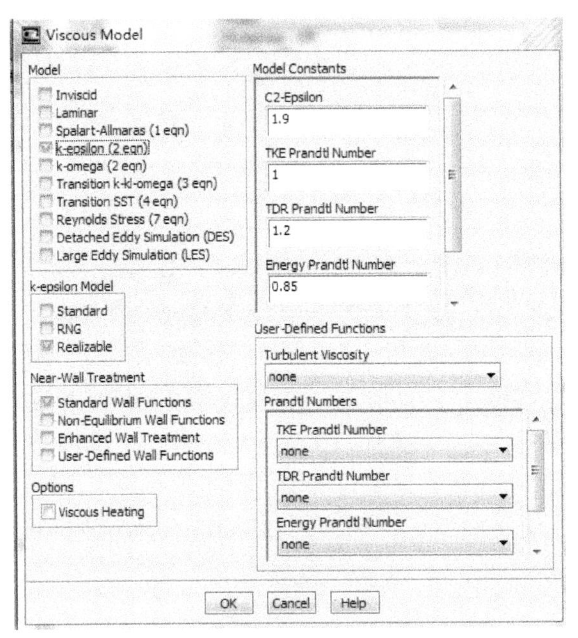

图 5.4　Realizable k-e 湍流模型设置对话框

Realizable k-e 两方程湍流模型可以选择的选项有四种，近壁面处理方法和一个黏性热选项，这里不对每一种进行详细的说明，每个选项适用于不同的情况，一般情况选择默认即可。湍流各个选项的公式及使用方法将在 5.6 节进行讲解。

- ✧ Standard Wall Function（标准壁面方法）。
- ✧ Non -Equilibrium Wall Function（非平衡壁面方法）。
- ✧ Enhanced Wall Function（加强壁面方法）。
- ✧ User-Defined Wall Function（用户自定义壁面方法）。
- ✧ Viscous Heating（黏性热选项）。

Realizable k-e 两方程湍流模型可以输入的参数有：

$C_{2\varepsilon}$，σ_k，σ_ε、能量 Prandtl 数（Energy Prandtl Number）、壁面 Prandtl 数（Wall Prandtl Number）等。在一般情况下不需要对这些数进行设置，保持默认值即可。

5.4　k-ω 模型

这一节讲述标准和 SST k-ω 模型，这两种模型有相似的形式，有方程 k 和 ω。SST 和标准

模型的不同之处是，SST k-ω 模型考虑了：

✧ 从边界层内部的标准 k-ω 模型到边界层外部的高雷诺数的 k－e 模型的逐渐转变。

✧ 湍流剪应力的影响修改了湍流黏性公式。

5.4.1 标准 k-ω 模型

标准 k-ω 模型是一种经验模型，基于湍流能量方程和扩散速率方程。由于 k-ω 模型已经修改多年，k 方程和 ω 方程都增加了项，从而增加了模型的精度。

标准 k-ω 模型是基于 Wilcox k-ω 模型，它是为考虑低雷诺数、可压缩性和剪切流传播而修改的。Wilcox k-ω 模型预测了自由剪切流传播速率，像尾流、混合流动、平板绕流、圆柱绕流和放射状喷射，因而可以应用于墙壁束缚流动和自由剪切流动。标准 k-e 模型的一个变形是 SST k-ω 模型，它在 FLUENT 中也是可用的。

1．标准 k-ω 模型的输运方程

标准 k-ω 模型的输运方程如式（5.56）和式（5.57）所示：

$$\frac{\partial}{\partial t}(\rho k)+\frac{\partial}{\partial x_i}(\rho k u_i)=\frac{\partial}{\partial x_i}\left[\Gamma_{\mathrm{k}}\frac{\partial k}{\partial x_j}\right]+G_{\mathrm{k}}-Y_{\mathrm{k}}+S_{\mathrm{k}} \tag{5.56}$$

$$\frac{\partial}{\partial t}(\rho \omega)+\frac{\partial}{\partial x_i}(\rho \omega u_i)=\frac{\partial}{\partial x_j}\left[\Gamma_{\omega}\frac{\partial \omega}{\partial x_j}\right]+G_{\omega}-Y_{\omega}+S_{\omega} \tag{5.57}$$

在方程中，G_{k} 是由层流速度梯度而产生的湍流动能，G_{ω} 是由 ω 方程产生的，Γ_{k} 和 Γ_{ω} 表明了 k 和 ω 的扩散率，Y_{k} 和 Y_{ω} 由于扩散产生的湍流，S_{k} 和 S_{ω} 是用户定义的。

2．模型扩散的影响

对 k-ω 模型，扩散的影响：

$$\Gamma_{\mathrm{k}}=\mu+\frac{\mu_{\mathrm{t}}}{\sigma_{\mathrm{k}}} \tag{5.58}$$

$$\Gamma_{\omega}=\mu+\frac{\mu_{\mathrm{t}}}{\sigma_{\omega}} \tag{5.59}$$

这里 σ_{k} 和 σ_{ω} 是 k、ω 方程的湍流能量普朗特数。湍流黏度 u_{t}：

$$\mu_{\mathrm{t}}=\alpha^{*}\frac{\rho k}{\omega} \tag{5.60}$$

3．低雷诺数修正

系数 α^{*} 使得湍流黏度产生低雷诺数修正。公式如式（5.61）：

$$\alpha^{*}=\alpha_{\infty}^{*}\left(\frac{\alpha_0^{*}+\mathrm{Re}_{\mathrm{t}}/R_{\mathrm{k}}}{1+\mathrm{Re}_{\mathrm{t}}/R_{\mathrm{k}}}\right) \tag{5.61}$$

这里 Re_{t} 为：

$$\mathrm{Re}_{\mathrm{t}}=\frac{\rho k}{\mu\omega} \tag{5.62}$$

4．标准 k-ω 湍流模型中 K 和 ω 湍动能项的定义

湍流模型 k 的定义：

G_{k} 表示平均速度梯度产生的湍动能。其表达式如式（5.63）：

$$G_{\mathrm{k}} = -\overline{\rho u_i' \rho u_j'} \frac{\partial u_j}{\partial x_i} \tag{5.63}$$

为计算方便，Boussinesq 假设：

$$G_{\mathrm{k}} = \mu_{\mathrm{t}} S^2 \tag{5.64}$$

S 为表面张力系数。

湍流模型 ω 的湍动能项定义：

$$G_{\omega} = \alpha \frac{\omega}{k} G_{\mathrm{k}} \tag{5.65}$$

系数 α 如式（5.66）定义：

$$\alpha = \frac{\alpha_{\infty}}{\alpha^*} \left(\frac{\alpha_0 + \mathrm{Re}_{\mathrm{t}}/R_{\omega}}{1 + \mathrm{Re}_{\mathrm{t}}/R_{\omega}} \right) \tag{5.66}$$

其中 R_{ω}=2.95，注意，在高雷诺数的 k-ω 模型中 $\alpha = \alpha_{\infty} = 1$。

5．湍流耗散模型

k 的耗散项为：

$$Y_{\mathrm{k}} = \rho \beta^* f_{\beta^*} k \omega \tag{5.67}$$

其中：

$$f_{\beta^*} = \begin{cases} 1 & \chi_{\mathrm{k}} \leqslant 0 \\ \dfrac{1 + 680 \chi_{\mathrm{k}}^2}{1 + 400 \chi_{\mathrm{k}}^2} & \chi_{\mathrm{k}} \geqslant 0 \end{cases} \tag{5.68}$$

$$\chi_{\mathrm{k}} \equiv \frac{1}{\omega^3} \frac{\partial k}{\partial x_j} \frac{\partial \omega}{\partial x_j} \tag{5.69}$$

$$\beta^* = \beta_i^* [\zeta^* F(M_{\mathrm{t}})] \tag{5.70}$$

$$\beta^* = \beta_i^* [\zeta^* F(M_{\mathrm{t}})] \tag{5.71}$$

$$\beta_i^* = \beta_{\infty}^* \left(\frac{4/15 + (\mathrm{Re}_{\mathrm{t}}/R_{\beta})^4}{1 + (\mathrm{Re}_{\mathrm{t}}/R_{\beta})^4} \right) \tag{5.72}$$

其中，$\zeta^* = 1.5$，R_{β}=8，$\beta_{\infty}^* = 0.09$，Re_{t} 由公式（5.62）给出。

ω 的耗散项为：

$$Y_{\omega} = \rho \beta \ f_{\beta} \ \omega^2 \tag{5.73}$$

其中：

$$f_{\beta^*} = \frac{1 + 70 \chi_{\omega}}{1 + 80 \chi_{\omega}} \tag{5.74}$$

$$\chi_{\omega} = \left| \frac{\Omega_{ij} \Omega_{jk} S_{ki}}{(\beta_{\infty}^* \omega)^3} \right| \tag{5.75}$$

$$\Omega_{ij} = \frac{1}{2}\left(\frac{\partial u_i}{\partial x_j} - \frac{\partial u_j}{\partial x_i}\right) \tag{5.76}$$

其中 S_{ki} 由公式（5.17）给出，β_i^* 由公式（5.71）给出，β 为：

$$\beta = \beta_i\left[1 - \frac{\beta_i^*}{\beta_i}\zeta^* F(M_t)\right] \tag{5.77}$$

$$F(M_t) = \begin{cases} 0 & M_t \leqslant M_t \\ M_t^2 - M_{t0}^2 & M_t \geqslant M_t \end{cases} \tag{5.78}$$

其中：

$$M_t^2 = \frac{2k}{a^2} \tag{5.79}$$

$$M_{t0} = 0.25 \tag{5.80}$$

$$a = \sqrt{\gamma RT} \tag{5.81}$$

在高雷诺数的 k-ω 模型中，$\beta_i^* = \beta_\infty^*$，在不可压缩的公式中，$\beta_i = \beta_i^*$。

6．模型的常数项

标准 k-ω 模型的常数项有：

$\alpha_\infty^* = 1$，$\alpha_\infty = 0.52$，$\alpha_0 = 1/9$，$\beta_\infty^* = 0.09$，$\beta_i = 0.072$，$R_\beta = 8$，$R_k = 6$，$R_\omega = 2.95$，$\zeta^* = 1.5$，$M_{t0} = 0.25$，$\sigma_k = 2.0$，$\sigma_\omega = 2.0$。

7．在 FLUENT 中设置标准 k-ω 湍流模型

启动 ANSYS FLUENT 后，通过单击 File→Read→Case 命令，在桌面读取第 3 章曾经划分好的网格 elbow.cas 文件。读取网格后，选择 Define→Models→Viscous 命令，弹出如图 5.5 所示的对话框，选择 k-omega（2eqn）湍流模型，在 k- omega Model 中选择标准模型（Standard）。

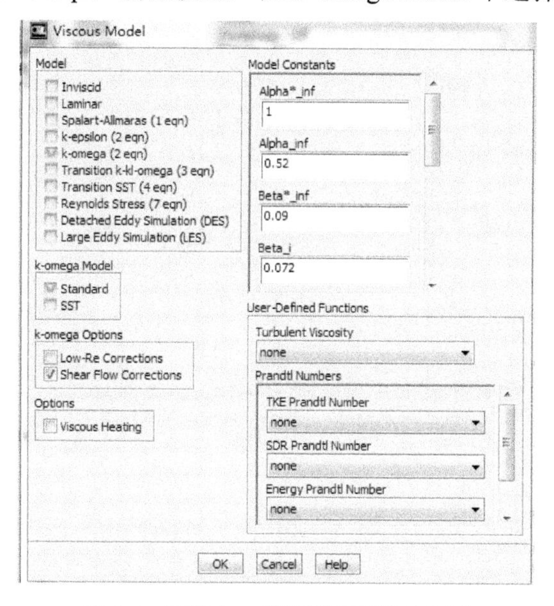

图 5.5　标准 k-ω 湍流模型设置对话框

标准 k-ω 两方程湍流模型可以选择的选项有三个，这里不对每一种进行详细的说明，每个选项适用于不同的情况，一般情况选择默认即可。湍流各个选项的公式及使用方法将在 5.6 节进行讲解。

✧ Low-Re Corrections（低雷诺数修正）。

✧ Shear Flow Corrections（剪切流动修正）。

✧ Viscous Heating（黏性热选项）。

标准 k-ω 两方程湍流模型可以输入的参数有：

α_∞^*、α_∞、β_∞^*、β_i、ζ^*、M_{t0}、σ_k、σ_ω、能量 Prandtl 数（Energy Prandtl Number）、壁面 Prandtl 数（Wall Prandtl Number）等。在一般情况下不需要对这些数进行设置，保持默认值即可。

5.4.2 SST K-ω 模型

SST k-ω 模型由 Menter 发展，在广泛的领域中可以独立于 k-e 模型，这使得在近壁自由流中 k-ω 模型有广泛的应用范围和精度。为了达到此目的，k-e 模型变成了 k-ω 公式。SST k-ω 模型和标准 k-ω 模型相似，但有以下改进：

✧ SST k-ω 模型和 k-e 模型的变形增长于混合功能和双模型加在一起。混合功能是为近壁区域设计的，这个区域对标准 k-ω 模型有效，此外还有自由表面，这对 k-e 模型的变形有效。

✧ SST k-ω 模型合并了来源于 ω 方程中的交叉扩散。

✧ 湍流黏度考虑到了湍流剪应力的传波。

✧ 模型常量不同。

这些改进使得 SST k-ω 模型比标准 k-ω 模型在广泛的流动领域中有更高的精度和可信度，特别是在旋转流动中 SST k-ω 模型可以体现出更大的优势。

FLUENT 提供了 SST k-ω 模型；它更适于对流减压区的计算，另外，它还考虑了正交发散项，从而使方程在近壁面和远壁面都适合。

1. SST k-ω 模型的输运方程

SST k-ω 模型的输运方程如式（5.82）和式（5.83）：

$$\frac{\partial}{\partial t}(\rho k)+\frac{\partial}{\partial x_i}(\rho k u_i)=\frac{\partial}{\partial x_i}\left[\Gamma_k\frac{\partial k}{\partial x_j}\right]+G_k-Y_k+S_k \tag{5.82}$$

$$\frac{\partial}{\partial t}(\rho\omega)+\frac{\partial}{\partial x_i}(\rho\omega u_i)=\frac{\partial}{\partial x_j}\left[\Gamma_\omega\frac{\partial\omega}{\partial x_j}\right]+G_\omega-Y_\omega+D_\omega+S_\omega \tag{5.83}$$

方程中，G_k 是由层流速度梯度而产生的湍流动能，G_ω 是由 ω 方程产生的，Γ_k 和 Γ_ω 表明了 k 和 ω 的扩散率，Y_k 和 Y_ω 由于扩散产生的湍流，D_ω 代表正交发散项，S_k 和 S_ω 是用户定义的。

有效扩散项方程分别如式（5.84）和式（5.85）：

$$\Gamma_k=\mu+\frac{\mu_t}{\sigma_k} \tag{5.84}$$

$$\Gamma_{\omega} = \mu + \frac{\mu_t}{\sigma_{\omega}} \tag{5.85}$$

这里 σ_k 和 σ_{ω} 是 k、ω 方程的湍流能量普朗特数。分别为：

$$\sigma_k = \frac{1}{F_1/\sigma_{k},1 + (1-F_1)/\sigma_{k,2}} \tag{5.86}$$

$$\sigma_{\omega} = \frac{1}{F_1/\sigma_{\omega},1 + (1-F_1)/\sigma_{\omega,2}} \tag{5.87}$$

湍流黏度 μ_t 为：

$$\mu_t = \frac{\rho k}{\omega}\frac{1}{\max\left[\frac{1}{\alpha},\frac{\Omega F_2}{\alpha_1\omega}\right]} \tag{5.88}$$

其中，$\Omega = \sqrt{2\Omega_{ij}\Omega_{ij}}$，$\Omega_{ij}$ 为旋度。F_1 和 F_2 定义如式（5.89）～式（5.93）：

$$F_1 = \tan h(\Phi_1^4) \tag{5.89}$$

$$\Phi_1 = \min\left[\max\left(\frac{\sqrt{k}}{0.09\omega y},\frac{500\mu}{\rho y^2\omega}\right),\frac{4\rho k}{\sigma_{\omega,2}D_{\omega}^{+}y^2}\right] \tag{5.90}$$

$$D_{\omega}^{+} = \max\left[2\rho\frac{1}{\sigma_{\omega,2}}\frac{1}{\omega}\frac{\partial k}{\partial x_j},10^{-20}\right] \tag{5.91}$$

$$F_2 = \tan h(\Phi_2^2) \tag{5.92}$$

$$\Phi_2 = \max\left(2\frac{\sqrt{k}}{0.09\omega y},\frac{500\mu}{\rho y^2\omega}\right) \tag{5.93}$$

其中，y 为到另一个面的距离，D_{ω}^{+} 为正交扩散项的正方向。

2. SST k-ω 湍流模型中 k 和 ω 湍动能项的定义

SST k-ω 湍流模型的 k 项与标准 k-ω 模型相同。ω 项为：

$$G_{\omega} = \frac{\alpha}{v_t}G_k \tag{5.94}$$

注意，式（5.94）与标准 k-ω 模型不同，区别在于，标准 k-ω 中，α 为一常数，而 SST 模型中，α 方程为：

$$\alpha = F_1\alpha_{\infty,1} + (1-F_1)\alpha_{\infty,2} \tag{5.95}$$

其中：

$$\alpha_{\infty,1} = \frac{\beta_{i,1}}{\beta_{\infty}^{*}} - \frac{k^2}{\sigma_{\omega,1}\sqrt{\beta_{\infty}^{*}}} \tag{5.96}$$

$$\alpha_{\infty,2} = \frac{\beta_{i,2}}{\beta_{\infty}^{*}} - \frac{k^2}{\sigma_{\omega,2}\sqrt{\beta_{\infty}^{*}}} \tag{5.97}$$

k=0.41，$\beta_{i,1}$，$\beta_{i,2}$ 分别由下面的方程给出。

3．SST K-ω 湍流模型中 K 和 ω 湍流耗散项的定义

Y_k 代表湍流动能的耗散，与标准 k-ω 模型类似，不同在于标准 k-ω 模型中，f_{β^*} 为一分段函数，而在 SST 模型中，f_{β^*} 为常数 1，从而：

$$Y_k = \rho\beta^* k\omega \tag{5.98}$$

Y_ω 代表 ω 的发散项，定义类似标准 k-ω 模型，不同在于标准 k-ω 中 β_i 为常数，SST 模型的 f_β 为常数 1，因此，

$$Y_\omega = \rho\beta\omega^2 \tag{5.99}$$

β_i 定义如式（5.100）：

$$\beta_i = F_1\beta_{i,1} + (1-F_1)\beta_{i,2} \tag{5.100}$$

其中 $\beta_{i,1} = 0.075$，$\beta_{i,2} = 0.0828$。

4．正交发散项修正

SST 模型建立在标准 k-ω 模型和标准 k-e 型基础上。综合考虑，得到正交发散项 D_ω。其方程为：

$$D_\omega = 2(1-F_1)\rho\sigma_{\omega,2}\frac{1}{\omega}\frac{\partial k}{\partial x_j}\frac{\partial\omega}{\partial x_j} \tag{5.101}$$

5．模型的常数项

模型的常数：$\sigma_{k,1} = 1.176$，$\sigma_{\omega,1} = 2.0$，$\sigma_{k,2} = 1.0$，$\sigma_{\omega,2} = 1.168$，$\alpha_1 = 0.31$，$\beta_{i,1} = 0.075$，$\beta_{i,2} = 0.0828$，其他的常数与标准 k-$\omega$ 模型的相同。

6．在 FLUENT 中设置标准 k-ω 湍流模型

启动 ANSYS FLUENT 后，通过单击 File→Read→Case 命令，在桌面读取第 3 章曾经划分好的网格 elbow.cas 文件。读取网格后，选择 Define→Models→Viscous 命令，弹出如图 5.6 所示的对话框，选择 k-omega（2eqn）湍流模型，在 k- omega Model 中选择 SST 模型（SST）。

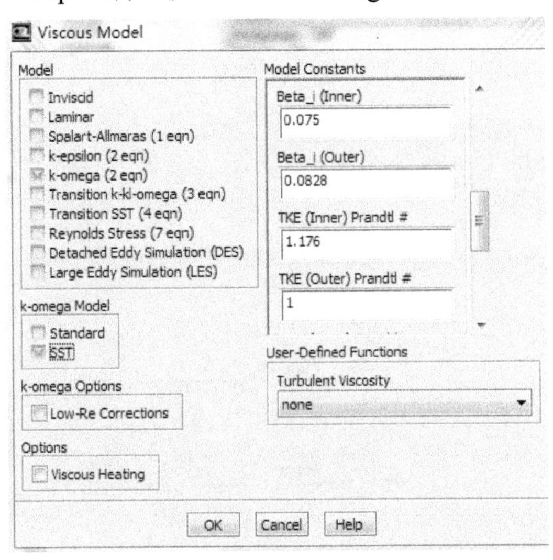

图 5.6　SST k-ω 湍流模型设置对话框

SST k-ω 两方程湍流模型可以选择的选项有两个，这里不对每一种进行详细的说明，每个选项适用于不同的情况，一般情况选择默认即可。湍流各个选项的公式及使用方法将在 5.6 节进行讲解。

✧ Low-Re Corrections（低雷诺数修正）。

✧ Viscous Heating（黏性热选项）。

SST k-ω 两方程湍流模型可以输入的参数有：

α_{∞}^{*}、α_{∞}、β_{∞}^{*}、$a1$、ζ^{*}、M_{t0}、$\beta_{i,1}$、$\beta_{i,2}$ σ_{k}、σ_{ω}、能量 Prandtl 数（Energy Prandtl Number）、壁面 Prandtl 数（Wall Prandtl Number）等。在一般情况下不需要对这些数进行设置，保持默认值即可。

5.5 雷诺应力模型

在 FLUENT 中雷诺应力模型 RSM 是制作最精细的模型。RSM 模型放弃等方向性边界速度假设，使得雷诺平均 N-S 方程封闭，解决了关于方程中的雷诺压力问题及耗散速率，这意味着在二维流动中加入了四个方程，而在三维流动中加入了七个方程。

由于 RSM 模型比单方程和双方程模型更加严格地考虑了流线型弯曲、漩涡、旋转和张力快速变化，它对于复杂流动有更高的精度预测的潜力，但是这种高精度预测仅限于与雷诺压力有关的方程。压力张力和耗散速率被认为是使 RSM 模型预测精度降低的主要因素。RSM 模型并不总是因为比简单模型更好而花费更多的计算机资源，但是要考虑雷诺压力的各向异性时，必须用 RSM 模型，例如，飓风流动、燃烧室高速旋转流、管道中二次流等复杂流动。

雷诺应力模型包括用不同的流动方程计算雷诺压力 $\overline{u_i'u_j'}$，从而封闭动量方程组。准确的雷诺压力流动方程要从准确的动量方程中得到，其方法是，在动量方程中乘以一个合适的波动系数，从而得到雷诺平均数，但是在方程中还有几项不能确定，必须做一些假设使方程封闭。这一节将介绍 RSM 及其假设。

1. 雷诺应力流动方程

雷诺应力模型的流动方程为：

$$\begin{aligned}
&\frac{\partial}{\partial t}(\rho\overline{u_i'u_j'})+\frac{\partial}{\partial x_k}(\rho u_k\overline{u_i'u_j'})= \\
&\frac{\partial}{\partial x_k}\left[\rho\overline{u_i'u_j'u_k'}+\overline{p\left(\delta_{kj}u_i'+\delta_{ik}u_j'\right)}\right]+\frac{\partial}{\partial x_k}\left[\mu\frac{\partial}{\partial x_k}(\overline{u_i'u_j'})\right] \\
&-\rho\left(\overline{u_i'u_k'}\frac{\partial u_j'}{\partial x_k}+\overline{u_j'u_k'}\frac{\partial u_i'}{\partial x_k}\right)-\rho\beta(g_i\overline{u_j'\theta}+g_j\overline{u_i'\theta})+\overline{p\left(\frac{\partial u_i'}{\partial x_j}\frac{\partial u_j'}{\partial x_i}\right)} \\
&-2\mu\overline{\frac{\partial u_i'}{\partial x_k}\frac{\partial u_j'}{\partial x_k}}-2\rho\Omega_k\left(\overline{u_j'u_m'}\varepsilon_{ikm}+\overline{u_i'u_m'}\varepsilon_{jkm}\right)+S_{user}
\end{aligned} \tag{5.102}$$

其中，$\frac{\partial}{\partial t}(\rho\overline{u_i'u_j'})$ 为当地时间项；$\frac{\partial}{\partial x_k}(\rho u_k\overline{u_i'u_j'})=C_{ij}$ 为对流项；

$\frac{\partial}{\partial x_k}\left[\overline{\rho u_i' u_j' u_k'} + \overline{p\left(\delta_{kj} u_i' + \delta_{ik} u_j'\right)}\right] = D_{T,ij}$ 为湍流扩散项；$\frac{\partial}{\partial x_k}\left[\mu \frac{\partial}{\partial x_k}(\overline{u_i' u_j'})\right] = D_{L,ij}$ 为分子扩散项；$-\rho\left(\overline{u_i' u_k'}\frac{\partial u_j'}{\partial x_k} + \overline{u_j' u_k'}\frac{\partial u_i'}{\partial x_k}\right) = P_{ij}$ 为应力产生项；$-\rho\beta(g_i \overline{u_j'\theta} + g_j \overline{u_i'\theta}) = G_{ij}$ 为浮力产生项；$\overline{p\left(\frac{\partial u_i'}{\partial x_j}\frac{\partial u_j'}{\partial x_i}\right)} = \phi_{ij}$ 为压力项；$-2\mu\overline{\frac{\partial u_i'}{\partial x_k}\frac{\partial u_j'}{\partial x_k}} = \varepsilon_{ij}$ 为耗散项；$-2\rho\Omega_k\left(\overline{u_j' u_m'}\varepsilon_{ikm} + \overline{u_i' u_m'}\varepsilon_{jkm}\right) = F_{ij}$ 为系统旋转产生项；S_{user} 为用户定义源项。

在这些项中，C_{ij}，$D_{L,ij}$，P_{ij}，F_{ij} 不需要模型，而 $D_{T,ij}$，G_{ij}，ϕ_{ij}，ε_{ij} 需要建立模型方程使方程组封闭。

2．湍流扩散模型

Dily-Harlow 建立了 $D_{T,ij}$ 的梯度发散模型，但其数值稳定性不好，FLUENT 中简化为式（5.103）所示的方程：

$$D_{T,ij} = \frac{\partial}{\partial x_k}\left(\frac{\mu_t}{\sigma_k}\frac{\partial \overline{u_i' u_j'}}{\partial x_l}\right) \tag{5.103}$$

Lien 和 Leschziner 用此方程在类似的平面剪切流动中得到 σ_k 值为 0.82，注意，在标准的 k-ω 模型中，σ_k 为 1.0。

3．应力应变项模型：

在 FLUENT 中经典的压力项 ϕ_{ij} 的求解方法为：

$$\phi_{ij} = \phi_{ij,1} + \phi_{ij,2} + \phi_{ij,\omega} \tag{5.104}$$

其中，$\phi_{ij,1}$ 为慢压力应变项，$\phi_{ij,2}$ 为快应力应变项。$\phi_{ij,\omega}$ 为壁面反射项。$\phi_{ij,1}$ 计算如式（5.105）：

$$\phi_{ij,1} \equiv -C_1\rho\frac{\varepsilon}{k}\left[\overline{u_i' u_j'} - \frac{2}{3}\delta_{ij}k\right] \tag{5.105}$$

其中，C_1=1.8，$\phi_{ij,2}$ 方程如式（5.106）：

$$\phi_{ij,2} \equiv -C_2\left[\left(P_{ij} + F_{ij} + G_{ij} - C_{ij}\right) - \frac{2}{3}\delta_{ij}(P + G - C)\right] \tag{5.106}$$

其中，C_2=0.60，P_{ij},F_{ij},G_{ij} 和 C_{ij} 在之前已经给出，$P = \frac{1}{2}P_{kk}$，$G = \frac{1}{2}G_{kk}$，$C = \frac{1}{2}C_{kk}$。

壁面反射项 $\phi_{ij,\omega}$ 主要为壁面处应力再分配，抑制应力的垂直分量，而加强平行壁面的分量。

4．湍流的浮力影响：

浮力的方程为：

$$G_{ij}=\beta\frac{\mu_t}{P r_t}\left(g_i\frac{\partial T}{\partial x_j}+g_j\frac{\partial T}{\partial x_i}\right) \tag{5.107}$$

其中 $P\mathrm{r}_t$ 为湍流的普朗特数，值为 0.85，β 为热膨胀系数。对于理想气体，其表达式为式（5.108）：

$$G_{ij}=-\frac{\mu_t}{\rho P r_t}\left(g_i\frac{\partial \rho}{\partial x_j}+g_j\frac{\partial \rho}{\partial x_i}\right) \tag{5.108}$$

5．湍流动量模型

在建立动量模型时，可由雷诺压力张量得到：

$$k=\frac{1}{2}\overline{u_i' u_i'} \tag{5.109}$$

在 FLUENT 中，为了获得边界条件，必须解出流动方程，其方程为式（5.100）：

$$\frac{\partial}{\partial t}(\rho k)+\frac{\partial}{\partial x_i}(\rho k u_i)=\frac{\partial}{\partial x_j}\left[\left(\mu+\frac{\mu_t}{\sigma_k}\right)\frac{\partial k}{\partial x_j}\right]+\frac{1}{2}\left(P_{ii}+G_{ii}\right)-\rho\varepsilon(1+2M_t^2)+S_k \tag{5.110}$$

其中 σ_k 为 0.82，S_k 为用户自定义项。此方程由雷诺应力方程得到，在解决大部分的流动情况时，k 值主要用于边界条件。

6．发散率模型

发散张量 ε_{ii} 定义为：

$$\varepsilon_{ii}=\frac{2}{3}\delta_{ij}(\rho\varepsilon+Y_M) \tag{5.111}$$

其中根据 SARKAR 模型，$Y_M=2\rho\varepsilon M_t^2$ 是一个附加的扩散项，湍流 Mach 数定义为：

$$M_t=\sqrt{\frac{k}{a^2}} \tag{5.112}$$

其中 $a\equiv\sqrt{\gamma RT}$ 为音速，但流体为理想气体时，该方程能较好地估计。发散率 e 的计算类似于标准 k-e 方程：

$$\begin{aligned}&\frac{\partial}{\partial t}(\rho\varepsilon)+\frac{\partial}{\partial x_i}(\rho\varepsilon u_i)=\\&\frac{\partial}{\partial x_j}\left[\left(\mu+\frac{\mu_t}{\sigma_\varepsilon}\right)\frac{\partial \varepsilon}{\partial x_j}\right]+C_{\varepsilon 1}\frac{1}{2}(P_{ii}+C_{3\varepsilon}G_{ii})\frac{\varepsilon}{k}-C_{\varepsilon 2}\rho\frac{\varepsilon^2}{k}+S_\varepsilon\end{aligned} \tag{5.113}$$

其中 σ_ε=1.0，$C_{\varepsilon 1}$=1.44，$C_{\varepsilon 2}$=1.92，$C_{\varepsilon 3}$ 由流场重力方向的方程得到，S_ε 为用户定义项。

7．湍流黏性方程

湍流黏性力 μ_t 的方程为：

$$\mu_t=\rho C_\mu\frac{k^2}{\varepsilon} \tag{5.114}$$

其中 C_μ=0.09。

8. 雷诺应力的边界条件

在计算流场时，FLUENT 需已知雷诺应力和湍流扩散率，这些值可直接输入或由湍流强度和特征长度得到。在壁面处，FLUENT 由壁面方程计算近壁面的雷诺应力和湍流扩散率，忽略流动方程中对流与扩散项的影响，并通过一系列规定及平衡条件的假设，FLUENT 给出了一个边界条件，在不同的坐标系下（τ 为切线坐标系，η 为标准坐标系，$\varepsilon\lambda$ 为法线坐标系），近壁面网格雷诺应力的计算方程为：

$$\frac{\overline{u_\tau'^2}}{k}=1.098\,,\quad \frac{\overline{u_\eta'^2}}{k}=0.247\,,\quad \frac{\overline{u_\lambda'^2}}{k}=0.655\,,\quad -\frac{\overline{u_\tau' u_\eta'}}{k}=0.255 \tag{5.115}$$

FLUENT 通过解方程得到 k，为了方便计算，方程的求解具有通用性，在近壁面处可方便地求得 k 值，在远壁面处 k 值可直接由雷诺应力方程得到，同时近壁面处流动计算还可考虑用方程求解。上述方程还可采用如式（5.116）所示的形式：

$$\frac{\overline{u_\tau'^2}}{u_\tau'^2}=5.1\,,\quad \frac{\overline{u_\eta'^2}}{u_\tau'^2}=1.0\,,\quad \frac{\overline{u_\lambda'^2}}{u_\tau'^2}=2.3\,,\quad \frac{\overline{u_\tau' u_\eta'}}{u_\tau'^2}=1.0 \tag{5.116}$$

其中 u_τ 为摩擦黏性力，定义为：

$$u_\tau \equiv \sqrt{\tau_\omega/\rho} \tag{5.117}$$

式中，τ_ω 为壁面剪切应力。

9. 对流热交换及质量交换方程

能量交换模型为：

$$\frac{\partial}{\partial t}(\rho E)+\frac{\partial}{\partial x_i}\left[u_i(\rho E+p)\right]=\frac{\partial}{\partial x_j}\left[\left(k+\frac{C_{\rm p}\mu_{\rm t}}{{\rm Pr}_{\rm t}}\right)\frac{\partial T}{\partial x_j}+u_i(\tau_{ij})_{\rm eff}\right]+S_{\rm h} \tag{5.118}$$

其中 E 为总能量，$(\tau_{ij})_{\rm eff}$ 为应力张量的分量，定义为：

$$(\tau_{ij})_{\rm eff}=\mu_{\rm eff}\left(\frac{\partial u_j}{\partial x_i}+\frac{\partial u_i}{\partial x_j}\right)-\frac{2}{3}\mu_{\rm eff}\frac{\partial u_i}{\partial x_i}\delta_{ij} \tag{5.119}$$

其中 $(\tau_{ij})_{\rm eff}$ 为黏性发热，它总是成对计算，不能单独计算。湍流的普朗特数为 0.85.可以在黏性流动模型中修改；质量交换处理方法类似，其湍流 Schmidt 数为 0.7，其值同样可在平板黏性流动中修改。

10. 在 FLUENT 中设置雷诺应力 RSM 模型

启动 ANSYS FLUENT 后，通过单击 File→Read→Case 命令，在桌面读取第 3 章曾经划分好的网格 elbow.cas 文件。读取网格后，选择 Define→Models→Viscous 命令，弹出如图 5.7 所示的对话框，选择 Reynolds-Stress（7eqn）湍流模型。雷诺应力有三种压力-应变模型：

- ✧ Liner Pressure-Strain Model（线性压力-应变模型）。
- ✧ Quadratic Pressure-Strain Model（二次压力-应变模型）。
- ✧ Low-Re Stress-Omega（低雷诺数应变模型）。

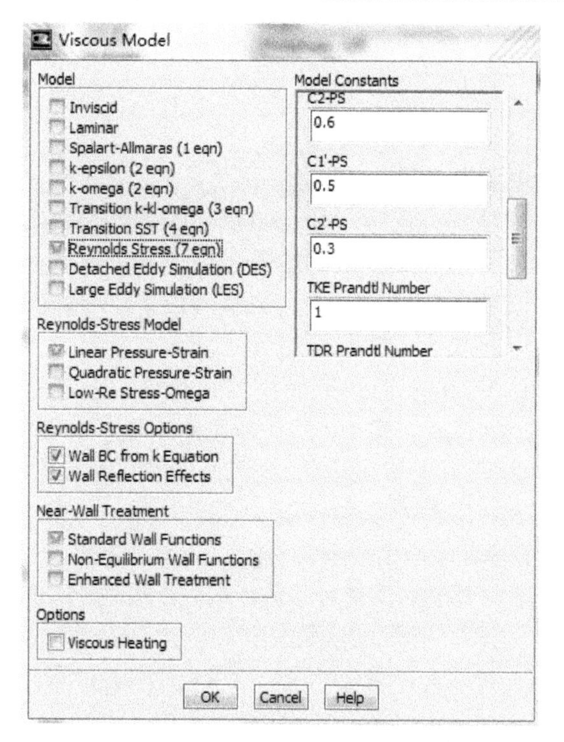

图 5.7 雷诺应力 RSM 模型设置对话框

RSM 模型可以选择的选项有六个，包括三种近壁面处理方法，两个雷诺应力选项和一个热黏性选项。这里不对每一种进行详细的说明，每个选项适用于不同的情况，一般情况选择默认即可。湍流各个选项的公式及使用方法将在 5.6 节进行讲解。

✧ Wall Reflection Effects（壁面反射对雷诺应力的影响）。

✧ Wall BC from the k Equation（雷诺应力的壁面边界条件来自 k 方程）。

✧ Standard Wall Function （标准壁面方法）。

✧ Non-Equilibrium Wall Function （非平衡壁面方法）。

✧ Enhanced Wall Function （增强壁面方法）。

✧ Viscous Heating（黏性热选项）。

RSM 模型可以输入的参数有：

C_{μ}，$C_{1\varepsilon}$，$C_{2\varepsilon}$，$C_{1',ps}$，$C_{2',ps}$ σ_k，σ_ε、能量 Prandtl 数（Energy Prandtl Number）、壁面 Prandtl 数（Wall Prandtl Number）等。在一般情况下不需要对这些数进行设置，保持默认值即可。

5.6 湍流选项

湍流模型可用的不同选项在前面已经介绍过，本节将介绍这些选项的用法。

1）浮力影响选项

如果指定了一个非零的重力影响（在 Operating Conditions 面板下），而模型又是非等温流动的话，那么由浮力产生的湍流动能的产出将默认地总是被包含在 k 方程中，然而 ，FLUENT

没有默认地将浮力的影响包含到ε方程中。要想把浮力影响包含到ε方程中来，必须打开 Viscous Model 面板下的 Full Buoyancy Effects（全浮力影响）选项，该选项对各k－ε模型和雷诺应力模型是有效的。

2）基于漩涡和基于应变/漩涡的产出

对于 Spalart-Allmaras 模型，可在 Viscous Model 面板下的 Spalart-Allmaras 选项框中选择 Vorticity-Based Production（基于漩涡地产出）或者 Strain/Vorticity-Based Production （基于应变/漩涡地产出）。如果选择了 Vorticity-Based Production，FLUENT 将计算变形张量 S 的值。

3）微分黏性修正

要激活该功能，须选中 Viscous Model 面板下的 RNG 选项框中的 Differential Viscosity Model 选项。如果没有激活 RNG k－ε模型，该选项框将不显示在面板中。在 FLUENT 的 RNG 湍流模型中，可以利用一个计算有效黏性 $\mu_{\rm eff}$ （公式）的微分公式来说明低雷诺数的影响：

4）涡动修正

选择 RNG 模型，对于所有的三维流动和有涡流的轴对称流动，涡动修正将默认生效。默认的涡动常数中的 $\alpha_{\rm s}$ 被设置为 0.05，该值对于从微弱到适度的涡动流均适用。对于强涡动流，需要使用更大的涡动常数。

要改变涡动常数的值，必须首先选中 Viscous Model 面板下的 RNG 选项框中的 Swirl Dominated Flow 选项。如果没有激活 RNG k-e 模型，该选项框将不显示在面板中。选中 Swirl Dominated Flow 选项，涡动常量 $\alpha_{\rm s}$ 将增大到 0.07。可以在 Model Constants（模型常数）下面的 Swirl Factor（涡动因子）栏中改变其值。

5）过渡流

如果使用的是 k-e 模型，可以通过启动 Viscous Model 面板下 k-omega 选项框中的 Transitional Flows 选项，开启对湍流黏性的低雷诺数修正。默认情况下，该选项是不被选中的，并且衰减系数 α^* 等于 1。

6）剪切流修正

在标准k－ε模型中，对预测自由剪切流也有用以提高精度的修正选项，只要这些修正项包含在标准k－ε模型当中，Viscous Model 面板下 k-omega 选项框中的 Shear Flow Corrections 选项将默认地启动。

7）含有压力梯度影响

如果使用增强壁面处理，可以通过启动 Enhanced Wall Treatment Options 框中的 Pressure Gradient Effects 选项，将压力梯度的影响包括在内。

8）含有热影响

如果使用增强壁面处理，可以通过启动 Enhanced Wall Treatment Options 框中的 Thermal Effects 选项，将热影响包括在内。

9）含有壁面反射项

如果压力应变的默认模型使用的是雷诺应力模型，FLUENT 将默认地把压力应变项中的壁面反射影响包含在内。如果已经选择的是二次压力应变模型，将不包括壁面反射影响。

10）定制湍流黏性

如果使用 Spalart-Allmaras、k－ε、k－ω，可以使用一个用户自定义函数来定制湍流黏性。Spalart-Allmaras、k－ε和k－ω模型，以及 LES 模型中完全一体化的新亚网格模型，在以

上这些情况下该项功能可以修改μ_t。在 Viscous Model 面板的 User-Defined-Functions 栏中有 Turbulent Viscosity 下拉表，在其中选择恰当的用户定义函数。

5.7 定义湍流边界条件

1）Spalart-Allmaras 模型的湍流边界

在 FLUENT 中使用 Spalart-Allmaras 模型模拟湍流流动时，除了其他一些普通的求解变量之外，必须为$\bar{v}$提供边界条件。壁面的$\bar{v}$边界条件是由 FLUENT 内部维护的，不需要用户输入；必须提供给 FLUENT 的$\bar{v}$边界条件的输入是在入口的边界（进口速度，进口压力等等）。在许多情况下，指定正确的或者逼真的进口边界条件是很重要的，因为进口的湍流会极大地影响下游的流动。可以通过选择壁面边界将壁面的粗糙度考虑进来，在这种情况下，能够在面板中为相应的壁面边界指定粗糙度参数（粗糙度最值和粗糙度常数）。

2）k-e 模型和 k-ω 模型的湍流边界

在 FLUENT 中使用 k-e 模型和 k-ω 模型模拟湍流流动时，除了其他一些普通的求解变量之外，必须为 k 和 e（或 k 和 ω）提供边界条件。壁面的 k 和 e 的边界条件是由 FLUENT 内部维护的，不需要用户输入。必须提供给 FLUENT 的 k 和 e（或 k 和 ω）的边界条件的输入是在入口的边界（进口速度，进口压力等等）。在许多情况下，指定正确的或者逼真的进口边界条件是很重要的，因为进口的湍流能极大地影响下游的流动，可以通过选择壁面边界将壁面的粗糙度考虑进来，在这种情况下，能够在面板中为相应的壁面边界指定粗糙度参数（粗糙度最值和粗糙度常数）。

3）雷诺应力模型

除了流体流进的边界以外，雷诺应力模型所有边界的湍流边界条件的说明和其他湍流模型的完全一样，对于这些边界还可用另外的输入方法。选择使用雷诺应力模型，其所需的默认进口边界条件输入和选用 k 和 e 模型时是同样的。然后，FLUENT 将根据湍流的各向同性假设，利用指定的湍流量来得到进口处的雷诺应力。

e 模型的边界条件的确定方式和 k 和 e 湍流模型一样。使用这种方法，将要从 k 和 Turbulence Intensity（湍流强度）中选择一个作为边界条件面板中的 Reynolds-Stress Specification Method（雷诺应力的指定方法）。可以通过选择 Reynolds-Stress Components（雷诺应力的构成）作为边界条件面板中的 Reynolds-Stress Specification Method（雷诺应力的指定方法），来直接指定雷诺应力。当此选项被开启，应当直接输入雷诺应力，也可以通过使用常数值、坐标断面函数或者用户定义函数来设置雷诺应力。

4）k 和 e（或 k 和 ω）的初始化

对于使用某种 k-e 模型或是某种 k 和 ω 模型或是雷诺应力模型的流体，其收敛解或是（不稳定计算的）花了足够长时间后的解应该与 k 和 e（或 k 和 ω）的初始值无关。然而，为了更好地收敛，给 k 和 e（或 k 和 ω）一个合理的初始值是有益的。

一般而言，推荐从湍流的充分发展状态开始计算。当 k-e 模型或是雷诺应力模型采用了增强壁面处理时，指定充分发展的湍流区显得尤为重要。这里给出下列指导方针。

✧ 如果能够在进口处指定合理的边界条件，那么可以通过这些边界值来计算整个区域内的

k和e（或k和ω）的初始值。

✧ 对于更多的复杂流动（例如，有多个不同条件进口的流动），根据湍流强度来指定初始值可能更好一些。表征充分发展的湍流 5%～10%已经足够了。然后，可以通过湍流强度和问题中特有的平均速度大小来计算出k。

✧ 应该为 e 指定一个初始预测值，以使得作为涡流黏性（$C_{\mu}k^2/\varepsilon$）的结果与分子黏性相比是足够的大。在充分发展的湍流中，湍流黏性大概比分子黏性大两个数量级。

5.8　湍流流动模拟的求解策略

与层流流动相比，湍流流动模拟在很多方面更加复杂。对于平均雷诺数方法，要为湍流量求解额外的方程。一旦平均数量和湍流量（μ_t、k、ε、ω和雷诺应力）的方程被结合成高度非线性型，获得湍流的收敛解要比获得薄片状流动的收敛解付出更多的计算量。

湍流流动结果的逼真度在很大程度上取决于采用的湍流模型。这里给出一些指导，以提高湍流流动模拟的质量。

1）网格的生成

湍流流动模拟生成网格时请遵循以下建议：

✧ 考虑一个相似流动状态的任何资料或利用本身对于流动问题的理解，对流动的大致情形有一个概况的认识，确定想要模拟的流体中所期望的主要流动特征。生成一个能求解所期望的主要特征的网格。这条建议更多依赖于对流动问题认识的深浅，所以网格划分者的流体力学知识积累也非常重要。

✧ 如果流动是有壁面边界的，壁面会极大地影响流动，在生成网格时要格外小心，特别是网格的贴体性。

2）模拟精度

下面给出的建议有助于获得更好的精度：

✧ 选择使用对流动中所期望看到的突出特性更适合的湍流模型。因为湍流流动中的平均数量与薄片状流动相比有更大的梯度，推荐为对流项使用高阶方案，如果采用三角形或四面体网格，这一点显得尤为正确。注意，过多的数值扩散会影响解的精度，即使采用最精细的湍流模型。

✧ 在一些含有进口边界的流动状态中，进口的下游流动受进口处的边界条件支配，在这种情况下，应当注意确信指定适度的实际边界值。

3）收敛性

下面给出的建议有助于提高湍流流动计算的收敛性：

✧ 如果使用过分粗劣的初始值开始计算，可能导致解的发散。有一个保险的方法，就是采用保守的（小的）松弛因子和（对于耦合求解）一个保守的 Courant 数进行计算，然后，随着迭代的进行和解的稳定再逐渐地增大它们的值。

✧ 用合理的k和e（或k和ω）的初始值进行计算也有助于更快地收敛。尤其当使用增强壁面处理时，从一个充分发展的湍流域开始计算是很重要的，要避免用额外的迭代去发展湍流域。

✧ 在使用 RNG k-e 模型时，在转变成 RNG k-e 模型以前采用标准的 k-e 模型进行求解。由于在 RNG k-e 模型中附加的非线性，可能需要更低的松弛因子和（对耦合求解）更低的 Courant 数。

注意，当使用增强壁面处理时，在计算过程中有时候可能会发现 e 的误差被报告为 0。当流体在整个流动区域内的 Re_y 小于 200，并且是通过代数公式而不是利用迁移方程来得到 e 时，将会发生这种情况。

4）雷诺应力模型的特殊求解策略

利用雷诺应力模型，在动量方程和流体中的雷诺应力之间，创建一个高度的耦合，因而，其在计算上与 k-e 模型相比有更多的稳定性和收敛性方面的困难。所以当使用雷诺应力模型时，为了获得收敛解可能需要一些特殊的求解策略。以下为推荐策略：

✧ 使用标准 k-e 模型开始计算。打开雷诺应力模型，并使用 k-e 解的数据作为雷诺应力模型计算的起始点。

✧ 对高度的涡动流或高度复杂的流动使用低的松弛因子和一个低的 Courant 数。在这些情况下，可能需要为速度和所有的应力降低松弛因子。

5）湍流模型 *y*+的选择

对于不同的流动情况，需要选择不同的湍流模型，并且在划分网格时应对应不同的 y^+。y^+ 定义为：

$$y^+ = \frac{\Delta y \rho u_\tau}{\mu} \tag{5.120}$$

其中 u_τ 为壁面摩擦速度，Δy 为第一层网格的高度，ρ 为流体的密度，μ 为黏性系数。下面给出各种模型对应的情况：

✧ 低 Re 数流动多数情况需要激活多雷诺数模型，y^+=1；

✧ 旋转流动和剪切流动一般采用 RNG k-e 模型，y^+=30～100；

✧ 非稳态的旋转流动和大分离流动一般采用雷诺应力模型，y^+=1；

✧ 中度分离的壁面约束流动采用 SST k-e 模型，y^+=30～100；

✧ 层流和湍流共存的情况下采用 Transition 模型，y^+=1；

✧ 大分离流动（涡脱落）采用 DES、LES 等模型，y^+=1。

5.9 湍流流动的后处理

FLUENT 为展示、绘制和报告各种各样的湍流量（包括主要的求解变量和其他一些辅助量）提供了后处理功能。

✧ Spalart-Allmaras 模型可以被报告的湍流量如下：

修正后的湍流黏性、湍流黏性、有效黏性、湍流黏性比、有效的热传导、有效的普朗特数、Wall Yplus。

✧ k-e 模型可以被报告的湍流量如下：

湍流的动能、湍流强度、湍流耗散率（Epsilon）、湍流动能的产出、湍流黏性、有效黏性、湍流黏性比、有影响的热传导、有效的普朗特数、Wall Yplus、Wall Ystar、湍流雷诺数（Re_y）（仅当为近壁面处理使用增强壁面处理时）。

✧ k-ω 模型可以被报告的湍流量如下：

湍流的动能、湍流强度、单位耗散率（Omega）、湍流动能的产出、湍流黏、有效黏性、湍流黏性比、有效的热传导、有效的普朗特数、Wall Yplus、Wall Ystar。

✧ 雷诺应力模型可以被报告的湍流量如下：

湍流的动能、湍流强度、UU 雷诺应力、VV 雷诺应力、WW 雷诺应力、UV 雷诺应力、VW 雷诺应力、UW 雷诺应力、湍流耗散率（Epsilon）、湍流动能的产出、湍流黏性、有效黏性、湍流黏性比、有效的热传导、有效的普朗特数、Wall Yplus、Wall Ystar、湍流雷诺数（Re_y）。

所有的这些变量都可以在后处理面板的变量选择下拉列表的目录中找到。

除了上面所列出的量以外，还可以利用 Custom Field Function Calculator 面板自定义湍流量。常用到的自定义湍流量有：湍流能量的产出与耗散之比（$G_\mathrm{k}/\rho\varepsilon$）、平均流与湍流时间尺度之比$\eta$ （$\equiv Sk/\varepsilon$）、由 Boussinesq 公式得到的雷诺应力等。

进行后处理不仅仅是为了说明结果，还可以检查在解中可能出现的任何异常。例如，可以通过描绘 k 的等高线来检查是否存在某个区域的 k 错误地偏大或偏小；可以列出湍流黏性比，看看湍流是否完全生效，对于利用 RANS 方法构造的完全发展的湍流流动模型，通常湍流黏性至少要比分子黏性大两个数量级；还可以看出为增强壁面处理使用的近壁面网格是否合适。在这种情况下，可以将 Re_y（湍流雷诺数）的等高线覆盖到网格上显示来。

5.10 本 章 小 节

本章主要详细讲解了 S-A、k-e 和 k-ω 湍流模型以及雷诺应力模型的方程、各个参数的意义和确定方式及在 FLUENT 中如何对应和设定参数、湍流流动模拟时的求解策略等方面的内容，学习本章后读者基本可以模拟大部分普通的湍流流动问题。对于其他特殊形式的流体问题将在第 6 章中进行详细讲解。

第 6 章　ANSYS FLUENT 的多种模型

ANSYS FLUENT 为用户提供了丰富的模型以便进行各种情况的数值模拟，对于不同的模拟情况应该采用不同的模型。应用各种模型可以解决如辐射、传热、燃烧、化学反应的多种问题。

第 5 章已经详细讲解了对于湍流的模拟有各种湍流模型，本章将主要讲解对流换热的计算模型、热辐射的辐射换热模型、组分输运模型、化学反应与燃烧模型、多相流模型、表面反应模型和多孔介质模型等。

为了方便介绍各种模型的设置方法，将第 3 章曾经划分好的网格作为参考网格，下面各章节将不再对读取的网格进行详细说明，读取网格首先启动 ANSYS FLUENT 后，通过单击 File→Read→Case 命令在桌面读取第 3 章曾经划分好的网格 elbow.cas 文件。

6.1　传热模型

占据一定体积的物质有热能，热能可以从一处转移到另一处，这种现象称为传热现象。引发传热的原因有三种：导热、对流传热、辐射传热。只涉及热传导或 / 和对流的传热过程是最简单的情况，而涉及浮力驱动流动或者自然对流、辐射的传热过程却比较复杂。根据不同的问题，FLUENT 求解不同的能量方程以考虑设定的传热模型。

6.1.1　导热与对流换热

FLUENT 允许在其模型中包含流体与固体的传热求解。从流体热混合到固体的热传导可以在 FLUENT 中应用本节所介绍的模型和输入项进行耦合求解。

1. 热传导基本理论

FLUENT 求解如下的能量方程：

$$\frac{\partial}{\partial t}(\rho E)+\nabla\cdot\left(\vec{v}(\rho E+p)\right)=\nabla\cdot\left(k_{\text{eff}}\nabla T-\sum h_j\vec{J_j}+\left(\bar{\bar{\tau}}_{\text{eff}}\cdot\vec{v}\right)\right)+S_h \tag{6.1}$$

其中，k_{eff} 为有效导热率。$\vec{J}_j$ 为组分 j 的扩散通量。方程右边的前三项分别表示由于热传导、组分扩散、黏性耗散引起的能量转移。S_h 包含化学反应放（吸）热及任何其他定义的体积热源。

方程中

$$E=h-\frac{p}{\rho}+\frac{v^2}{2} \tag{6.2}$$

其中，显焓 h 对理想气体的定义为：

$$h = \sum_j Y_j h_j \tag{6.3}$$

对不可压流体的定义为：

$$h = \sum_j Y_j h_j + \frac{p}{\rho} \tag{6.4}$$

方程中，Y_j 为组分 j 的质量分数，如式（6.5）所示，其中 T_{ref} =298.15K。

$$h_j = \int_{T_{\mathrm{ref}}}^{T} c_{p,j} \mathrm{d}T \tag{6.5}$$

当激活非绝热、非预混燃烧模型时，FLUENT 求解以总焓表示的能量方程：

$$\frac{\partial}{\partial}(\rho H) + \nabla \cdot (\rho \vec{v} H) = \nabla \cdot \left(\frac{k_t}{c_{\mathrm{p}}} \nabla H \right) + S_{\mathrm{h}} \tag{6.6}$$

公式（6.6）假定刘易斯数（Le）为 1，方程右边的第一项包含热传导与组分扩散，黏性耗散作为非守恒形式被包含在第二项中。总焓的定义为：

$$H = \sum_j Y_j H_j \tag{6.7}$$

其中，Y_j 为组分 j 的质量分数，H_j 为：

$$H_j = \int_{T_{\mathrm{ref},j}}^{T} c_{\mathrm{p},j} \mathrm{d}T + h_j^0 \left(T_{\mathrm{ref},j} \right) \tag{6.8}$$

$h_j^0\left(T_{\mathrm{ref},j}\right)$ 为组分 j 处于参考温度 $T_{\mathrm{ref},j}$ 的生成焓。

首先需要说明，根据是否联立求解各个控制方程求解器分为分离式求解器（Segregated Solver/Pressure Based Solver）和耦合式求解器（Coupled Solver/Density Based Solver）。分离式求解器不直接求解各个控制方程的联立方程组，而是顺序求解各个变量，主要适用于低速流动。耦合式求解器同时控制方程的联立方程组和变量，主要适用于密度、动力、能量等存在较强相互依赖的高速流动。下面会经常遇到分离式求解器和耦合式求解器，将不再详述。

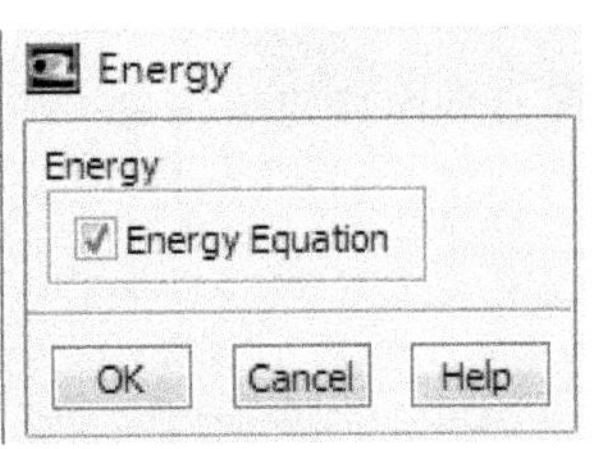

图 6.1　激活能量方程面板

能量方程（6.1）中包含在不可压流动中经常被忽略的压力做功和动能，因此，在默认情况下，分离式求解器在计算不可压流体时，不考虑压力做功和动能的影响。如果希望考虑这两个因素，可以使用 Define→Models→Energy 命令，激活这两个影响因素，如图 6.1 所示。在处理可压缩流动或使用任何耦合式求解器时，总是考虑压力做功和动能。

能量方程（6.1）中包含黏性耗散项，它表示由于流动过程中黏性剪切作用而产生的热量。在使用分离式求解器时，FLUENT 的默认能量方程不包含这一项（因为一般忽略黏性产生的热量）。当 Brinkman 数 B_{r} 接近或大于 1 时，流体黏性生成的热量不可忽视，其中 Brinkman 数 B_{r} 由公式（6.9）确定：

$$B_{\mathrm{r}} = \frac{\mu U_{\mathrm{e}}^2}{k \Delta T} \tag{6.9}$$

式中，ΔT 为计算区域内的温差。当问题需要考虑黏性耗散项，并且使用的是分离式求解器时，应该在 Viscous Model 面板中使用 Viscous Heating 选项激活此项，已经在第 5 章中讲解了如何激活 Viscous Heating 选项。对于一般的可压缩流动，$B_{\mathrm{r}} \geqslant 1$。需要注意的是，如果已经定义了可压缩流动，但使用了分离式求解器，FLUENT 不会自动激活黏性耗散选项。对于任一

种耦合式求解器，在求解能量方程时，黏性耗散项总是被考虑进去。

由于组分扩散的作用，能量方程均包含焓的输运。当使用分离式求解器时，此项：

$$\nabla \cdot \left(\sum_j h_j \vec{J}_j \right) \tag{6.10}$$

在默认情况下被包含在能量方程中。希望禁止此项，可以使用组分模型（Species Model）面板中的能量源扩散（Diffusion Energy Source）选项来取消对号屏蔽此项，如图 6.2 所示。在使用非绝热、非预混燃烧模型时，因为能量方程（6.1）中的第一项中已经包含了这一项，所以它不会显式地包含在方程中。使用耦合式求解器时，这一项总是被包含在能量方程中。

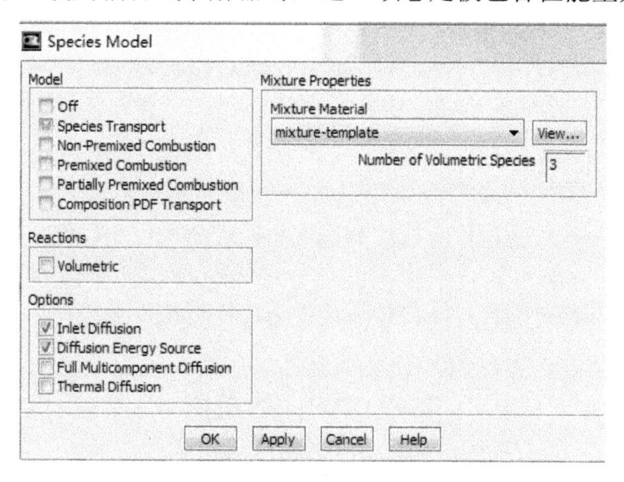

图 6.2　组分输运面板选取能量源扩散选项

能量方程中的能量源项包含化学反应带来的热量：

$$S_{h,\text{rxn}} = -j\sum_j \left(\frac{h_j^0}{M_j} + \int_{T_{\text{ref},j}}^{T} c_{p,j} \mathrm{d}T \right) \Re_j \tag{6.11}$$

其中，h_j^0 为组分 j 的生成焓，$\Re_j$ 为组分 j 的体积释热率。对于非绝热、非预混燃烧模型的能量方程，由于组分生成热已经被包含在焓的定义中，所以，能量的反应源项不包含在源项 S_h 中。

一旦使用了某种辐射模型，能量方程中的源项 S_h 也包含辐射源项。需要指出的是，能量源项 S_h 中也包含连续相与离散相之间的热量交换。

在固体区域，FLUENT 使用的能量方程形式如下：

$$\frac{\partial}{\partial t}(\rho h) + \nabla \cdot (\vec{v}\rho h) = \nabla \cdot (k\nabla T) + S_h \tag{6.12}$$

式中，ρ 为密度，h 为显焓，k 为热导率，T 为温度，S_h 为体积热源。固体能量方程（6.12）左边第二项表示固体由于旋转或平移而引起的对流传热。速度 $\vec{v}$ 由对固体区域的运动属性的设定计算得到。固体能量方程右边两项分别表示传导引起的热流及固体内部的体积热源。当使用分离式求解器时，FLUENT 允许对固体介质设定各向异性的导热率。对于各向异性导热，其热传导项如下（k_{ij} 为导热率张量）：

$$\nabla \cdot (k_{ij} \nabla T) \tag{6.13}$$

在入口区的总能量输运既包括对流传热，也包括扩散传热。对流传热由设定的入口温度所确定。但是，扩散传热却依赖于计算域中的温度梯度。这样不能预先设定扩散传热量，从而就不能确定入口的总传热量。在某特定情况下，可能希望给定入口的传热量而不是入口温度。如果使用分离式求解器，可以禁止入口的能量扩散来达到此目的。默认情况下，在入口区，FLUENT 包含扩散传热。为了禁止入口的扩散传热，可使用 Define→Models→Energy 命令行进行禁止，如图 6.1 所示。如果使用耦合式求解器，入口区的扩散传热不能禁止。

2．传热的输入

在 FLUENT 中使用的模型考虑传热时，需要激活相应的模型，提供热边界条件，给出控制传热或依赖于温度而变化的各种介质参数，本节介绍这些输入项。设定传热问题的步骤如下所述（需要注意的是，本小节介绍的只包括针对传热必需的设定步骤，还需要设定其他的模型参数、边界条件等）。

使用 Define→Models→Energy 命令可以打开能量方程控制面板，为了激活传热计算，在 Energy 面板中激活 Energy Equation 选项，如图 6.1 所示。

如果模拟的是黏性流动，并且希望在能量方程中包含黏性生成热，在 Define→Models→Viscous Model 面板中激活 Viscous Heating 选项（设置方法参见第 5 章；可选且仅适用于离散求解器）。正如上面所介绍的，在使用离散求解器时，在默认情况下，FLUENT 在能量方程中忽略了黏性生成热。在大多数情况下，不需要考虑黏性散热，但是在一定特殊的情况下，如对于流体剪切应力较大的问题或高速可压缩流动，则应该考虑黏性耗散。

在流动入口、出口及壁面可以定义热边界条件，在流动入口、出口边界应设定温度条件，如图 6.3 所示。

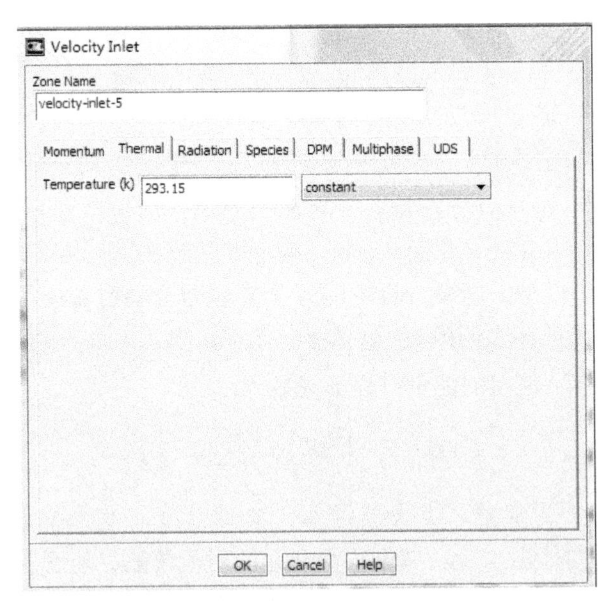

图 6.3　入口边界热选项卡界面

在壁面，可以设定热流、温度、对流传热、辐射和辐射对流混合的热边界条件，如图 6.4 所示。入口的默认热边界条件是温度为 300K；壁面的默认热边界条件是热流为 0（壁面绝热）。

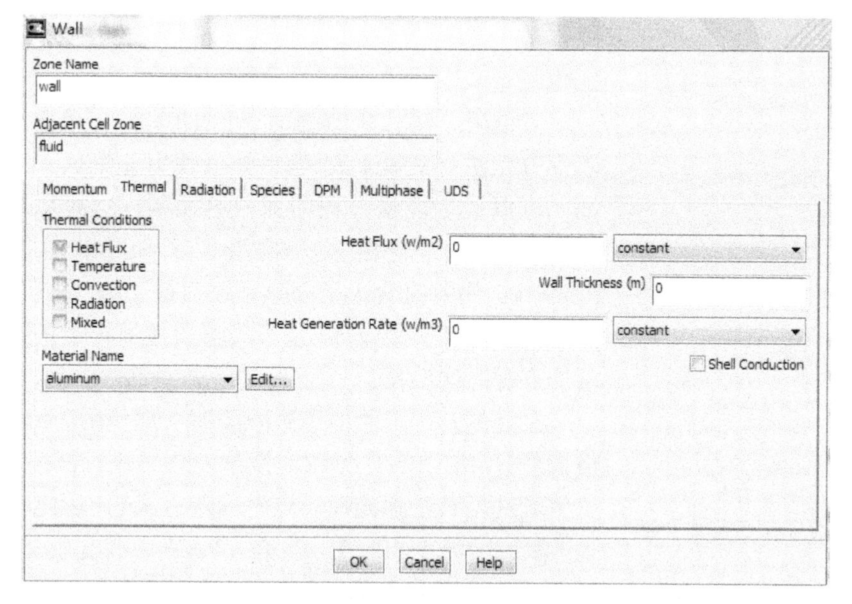

图 6.4　壁面边界热选项卡界面

FLUENT 出于计算稳定性的考虑，对温度的计算范围加以限制。设定温度的高低限是为了提高计算的稳定性，因为物理上真实的温度应该处于某个确定的温度范围之内。有时，在方程求解刚开始时，温度可能会超出温度限制，而异常温度所对应的各种参数将是不真实的。温度的高低限值确保了计算出的温度处在所期望的可能的温度范围之内。如果 FLUENT 在计算过程中得到的温度超出了温度高限，计算温度值就被固定在温度高限上。若 FLUENT 在计算过程中得到的温度低于温度低限，计算温度值就被固定在温度低限上。默认的温度高限值是 5000K，默认的温度低限值为 1K。若计算域内的温度可能超过 5000K，可以使用求解限制 Solve→Solution Controls→Solution Limits 命令打开求解限制（Solution Limits），修改面板中的最大温度（Maximum Temperature）选项来提高温度高限值，如图 6.5 所示。

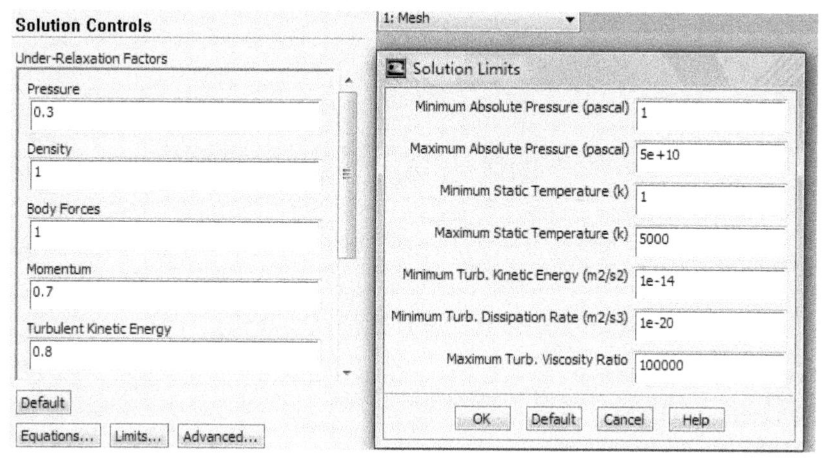

图 6.5　求解限制选项卡界面

3．传热计算的求解过程

尽管使用 FLUENT 中预先设定的默认求解参数可以很好地求解简单传热问题，但是可以使用本节介绍的方法来加速计算的收敛和提高求解过程的稳定性。

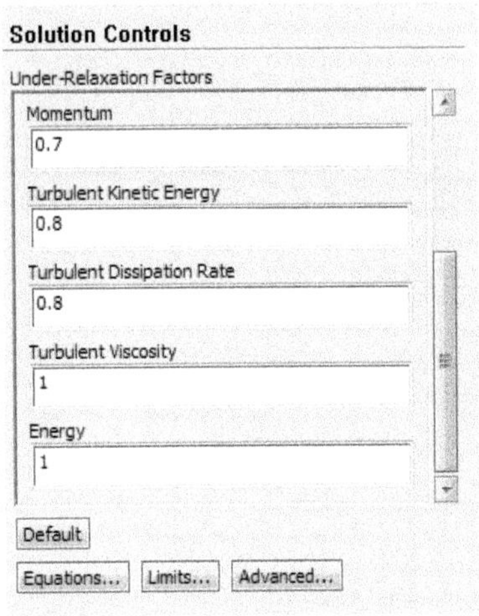

当使用分离式求解器时，FLUENT 使用亚松弛参数来对能量方程进行亚松弛处理。如果使用非绝热、非预混燃烧模型，可以设定能量方程的亚松弛系数，也可以对温度进行亚松弛处理，无论能量方程采用哪种形式（温度或焓），FLUENT 使用的默认亚松弛系数都是 1.0，如图 6.6 所示。在能量场影响到流场的情况下，应该使用较小的亚松弛系数求解焓方程时的温度。

图 6.6　求解亚松弛系数设置界面

在能量方程以焓的形式表示时（如使用非绝热、非预混燃烧模型），FLUENT 每次对温度变化只进行部分更新，从而对焓值就进行亚松弛处理。这种间接方式亚松弛使可以令焓值迅速改变，而温度相对滞后。FLUENT 中温度亚松弛系数的默认值为 1.0，可以在 Solve→Solution Controls 面板中进行更改。

如果使用分离式求解器收敛困难时，可以考虑在 Define→Models→Species 面板中禁止 Diffusion Energy Source 选项，如图 6.2 所示。当此选项被禁止时，FLUENT 将忽略能量方程中的组分扩散的影响。但是，对于任何耦合求解器，总是包含组分扩散的影响。

对于传热计算，更有效的计算策略是先计算绝热流动，然后再考虑能量方程的计算。依据流动与传热是否耦合，求解过程稍有不同。若问题是非耦合的流动和传热过程，可以先求解绝热流动（屏蔽掉能量方程）以得到收敛的流场，然后再单独求解能量输运方程。由于耦合求解器同时求解流动与能量方程，所以，上述的能量方程单独求解过程仅对分离式求解器有效。对于流动与传热耦合问题，即如果模型中包含依赖于温度的介质属性或浮力，在计算能量方程之前，可以首先求解流动方程。获得收敛的流场计算结果之后，可以再选择能量方程，然后同时求解流动与传热方程，最终获得问题的完整解。

6.1.2　辐射传热

FLUENT 提供了辐射模型的介绍，辐射传热模拟也是在工程中经常会遇到的一类问题。

1. 辐射传热简介

FLUENT 提供五种辐射模型，如图 6.7 所示，可以在其传热计算中使用这些模型：

✧ 离散传播辐射（DTRM）模型。
✧ P-1 辐射模型。
✧ Rosseland 辐射模型。
✧ 表面辐射（S2S）模型。
✧ 离散坐标辐射（DO）模型。

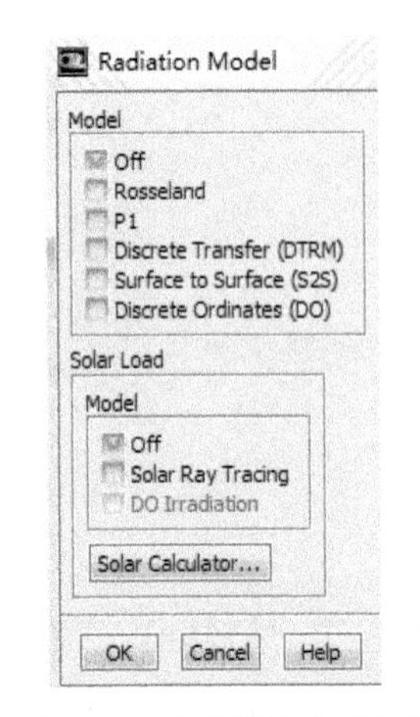

图 6.7　辐射模型选取界面

使用上述辐射模型，可以在其计算中考虑壁面由于辐射而引起的

加热或冷却及流体相由辐射引起的热量源或汇。

对于具有吸收、发射、散射性质的介质，在位置$\vec{r}$、沿方向$\vec{s}$的辐射传播方程为：

$$\frac{\mathrm{d}I(\vec{r},\vec{s})}{\mathrm{d}s}+(a+\sigma_s)I(\vec{r},\vec{s})=an^2\frac{\sigma T^4}{\pi}+\frac{\sigma_s}{4\pi}\int_0^{4\pi}I(\vec{r},\vec{s}')\Phi(\vec{s},\vec{s}')\mathrm{d}\Omega' \tag{6.14}$$

式中，$\vec{r}$为位置向量、$\vec{s}$为方向向量、$\vec{s}'$为散射方向、s为沿程行程长度、a为吸收系数、n为折射系数、σ_s为散射系数、σ为斯蒂芬-玻耳兹曼常数（$5.672\times10^{-8}\,\mathrm{W/m^2-K^4}$）、$I$为辐射强度，依赖于位置与方向、$T$为当地温度、$\Phi$为相位函数、$\Omega'$为空间立体角、$(a+\sigma_s)s$为介质的光学深度（光学模糊度），特别是对于半透明介质的辐射，折射系数很重要。

DTRM、P-1、Rosseland及DO辐射模型需要把吸收系数a作为输入项，吸收系数a和散射系数σ_s可以是常数；a也可以是当地H_2O和CO_2、行程长度及总压的函数。FLUENT提供灰气体加权平均模型（WSGGM）来计算变化的吸收系数。离散坐标模型可以模拟半透明介质内的辐射传递过程，对于这类问题，必须给出介质的折射系数n。

辐射传播方程能够应用的典型场合包括火焰辐射、表面辐射换热、导热、对流与辐射的耦合问题、HVAC（Heating Ventilating and Air Conditioning，采暖、通风和空调工业）中通过开口的辐射换热以及汽车工业中车厢的传热分析、玻璃加工、玻璃纤维拉拔过程，以及陶瓷工业中的辐射传热。

在辐射换热量（$Q_{\mathrm{rad}}=\sigma(T_{\max}^4-T_{\min}^4)$）与导热、对流换热量相比较大时，应该考虑在其计算中包含辐射传热过程。在高温情况下，由于辐射换热量与温度四次方成比例，这时，辐射传热将占据传热的主导地位。

2. 选择辐射模型

对于某些问题，特定的辐射模型可能比其他模型更适用。在确定使用何种辐射模型时，需要考虑的因素如下所述。

（1）光学深度：光学深度是确定选择辐射模型较好的指标。其中，L为计算域大致的特征长度。例如，对于燃烧室内的流动，L为燃烧室的直径。如果光学深度>1，最好的选择是使用P-1或Rosseland辐射模型。P-1模型一般都用于光学深度>1的情况。若光学深度>3，Rosseland模型计算量更小而且更加有效。DTRM和DO对于任何的光学深度都适用，但是，它们计算量也更大。因此，如果问题允许的话，应尽可能选择P-1或Rosseland辐射模型。对于光学深度较小的问题，只有DTRM和DO模型适用。

（2）散射与发射：P-1、Rosseland和DO模型考虑散射的影响，而DTRM忽略此项。由于Rosseland模型在壁面使用具有温度滑移的边界条件，所以，它对壁面的发射率（黑度）不敏感。

（3）只有P-1和DO模型考虑气体与颗粒之间的辐射换热。

（4）半透明介质与镜面边界：只有DO模型允许出现镜面反射（全反射，例如镜子）以及在半透明介质（例如玻璃）内的辐射。

（5）非灰体辐射：只有DO模型能够允许使用灰带模型计算非灰体辐射。

（6）局部热源：对于具有局部热源的问题，P-1模型可能会过高估计辐射热流。在这种情况下，DO模型可能会是最好的辐射计算方法；如果具有足够多的射线数目，DTRM模型的计算结果也可以接受。

（7）没有辐射介质情况下的封闭腔体内的辐射传热：表面辐射换热模型（S2S）适用于这种情况。从原理上讲，使用具有辐射介质的各种辐射模型也可以计算辐射表面间的换热，但计算结果并非总是很好。

（8）来自计算区域外的辐射，如果希望考虑计算区域之外辐射的影响，可在其模型中使用外部辐射边界条件。如果并不关心计算域内的辐射过程，这种边界条件就不需要使用任何辐射模型。

下面对这五种辐射模型进行逐一讲解。

1）离散传播辐射模型（DTRM）

DTRM 辐射模型的主要假设是用单一的辐射射线代替从辐射表面沿某个立体角的所有辐射效应。这一节详细介绍 DTRM 模型中所使用的方程。

辐射强度（辐射密度）的变化 dI 沿其行程 ds 的微分方程为：

$$\frac{\mathrm{d}I}{\mathrm{d}s}+aI=\frac{a\sigma T^4}{\pi} \tag{6.15}$$

式中，a 为气体辐射吸收（发射，黑度）系数、I 为辐射强度、T 为当地气体温度、σ 斯蒂芬-玻耳兹曼常数（$5.672\times10^{-8}\,\mathrm{W/m^2-K^4}$）。

DTRM 模型使用的射线跟踪方法可用来计算各个表面之间的辐射传热，而却不需要去计算表面的观察系数。此模型的计算精度主要由所跟踪射线的数目及计算网格密度决定。

2）P-1 辐射模型

P-1 辐射模型是 P-N 模型中最简单的类型。P-N 模型的出发点是把辐射强度展开成为正交的球谐函数。本节详细介绍 P-1 辐射模型所使用的各个方程。

P-1 辐射模型是 P-N 模型中最简单的类型。如果只取正交球谐函数的前四项，对于辐射热流 q_r，能得到如下的方程：

$$q_r=-\frac{1}{3(a+\sigma_s)-C\sigma_s}\nabla G \tag{6.16}$$

式中，a 为吸收系数，σ_s 为散射系数，G 为入射辐射，C 为线性各向异性相位函数系数，引入参数：

$$\Gamma=\frac{1}{3(a+\sigma_s)-C\sigma_s} \tag{6.17}$$

之后，方程可化为：

$$q_r=-\Gamma\nabla G \tag{6.18}$$

G 的输运方程为：

$$\nabla(\Gamma\nabla G)-aG+4a\sigma T^4=S_G \tag{6.19}$$

式中，σ 为斯蒂芬-玻尔兹曼常数，S_G 为定义的辐射源相。使用 P-1 模型时，FLUENT 求解这个方程以得到当地辐射强度。合并方程，可得到：

$$-\nabla q_r=aG-4a\sigma T^4 \tag{6.20}$$

$-\nabla q_r$ 的表达式可以直接代入能量方程，从而得到由于辐射所引起的热量源（汇）。

P-1 模型可以模拟各向异性散射问题。FLUENT 使用一个线性各向异性散射相位函数来模拟这种各向异性散射问题。当模型中包含颗粒分散相时，可以在 P-1 辐射模型中考虑颗粒的影

响。一旦考虑颗粒辐射时，FLUENT 将忽略气相的散射。

3）Rosseland 辐射模型

在介质的光学深度远大于 1 时，辐射的 Rosseland 或漫射近似是有效的处理方法。推荐在光学深度大于 3 时使用 Rosseland 辐射模型。这个模型可以从 P-1 辐射模型按照某些假设推导而来。

正如 P-1 辐射模型，在灰（体）介质内的辐射热流向量可由方程近似：

$$q_r = -\Gamma \nabla G \tag{6.21}$$

与模型不同的是，Rosseland 模型假定辐射强度 G 等于当地温度下的黑体辐射（P-1 模型计算 G 的输运方程）。因此，$G = 4\sigma T^4$。把 G 的表达式代入方程有：

$$q_r = -16\sigma\Gamma T^3 \nabla T \tag{6.22}$$

由于辐射热流的表达式类似于傅里叶热传导定律，因此：

$$q = q_c + q_r = -\left(k + k_r\right)\nabla T \tag{6.23}$$

$$k_r = 16\sigma\Gamma T^3 \tag{6.24}$$

其中，k 为导热率，k_r 为辐射导热率。

Rosseland 辐射模型最大的优势是可以计算各向异性辐射。

4）DO 辐射模型

离散坐标（DO）模型求解的是从有限个立体角发出的辐射传播方程，每个立体角对应坐标系（笛卡儿）下的固定方向 $\vec{s}$。立体角的离散精度由用户确定，有点类似于 DTRM 模型中的射线数目。但与其不同的是，DO 模型并不进行射线跟踪，相反 DO 模型把方程转化为空间坐标系下辐射强度的输运方程。有多少个立体角方向 $\vec{s}$，就求解多少（辐射强度）输运方程。方程的求解方法与流体流动及能量方程的求解方法相同。

在 FLUENT 中，离散坐标模型使用有限容积法的守恒差分格式，此差分方法继而被扩展到非结构化网格上。

DO 模型把沿 $\vec{s}$ 方向传播的辐射方程（RTE）视为某个场方程。FLUENT 允许使用灰带模型来模拟非灰体辐射。对于光谱辐射强度 $I_\lambda\left(\vec{r},\vec{s}\right)$，其辐射传播方程为 ：

$$\nabla \cdot \left(I_\lambda\left(\vec{r},\vec{s}\right)\vec{s}\right) + \left(a_\lambda + \sigma_s\right)I_\lambda\left(\vec{r},\vec{s}\right) = a_\lambda n^2 I_{b\lambda} + \frac{\sigma_s}{4\pi}\int_0^{4\pi} I_\lambda\left(\vec{r},\vec{s}\right)\Phi\left(\vec{s},\vec{s}'\right)\mathrm{d}\Omega' \tag{6.25}$$

其中，λ 为辐射波长，a_λ 为光谱吸收系数，$I_{b\lambda}$ 为由 PLANCK 定律确定的黑体辐射强度。散射系数、散射相位函数及折射系数均假定与波长无关。

非灰体的 DO 辐射模型把整个辐射光谱带分成 N 个波（长）带，这些波带并不需要是连续或等间距的。波长间隔已给定，此间隔为真空时的取值（折射指数 $n=1$）。RTE 方程在所有的波长范围内对波长进行积分，这样就得到关于 $I_\lambda \Delta\lambda$ 的输运方程。辐射热量包含在每个波带 $\Delta\lambda$ 内。在每个波带之内认为是黑体辐射，其单位立体角的黑体辐射（力）为：

$$\left[F\left(0 \to n\lambda_2 T\right) - F\left(0 \to n\lambda_1 T\right)\right] n^2 \frac{\sigma T^4}{\pi} \tag{6.26}$$

其中，$F\left(0 \to n\lambda T\right)$ 是折射率为 n 的介质在温度 T 下，$0 \sim \lambda$ 波长范围内黑体的辐射（力）。λ_1, λ_2 是波带的边界。在方向 $\vec{s}$，位置 $\vec{r}$ 处的总辐射强度 $I\left(\vec{r},\vec{s}\right)$ 为：

$$I\left(\vec{r},\vec{s}\right) = \sum_k I_{\lambda k}\left(\vec{r},\vec{s}\right)\Delta\lambda_k \tag{6.27}$$

其中，求和是在整个波长范围内进行。对于非灰体的 DO 模型的边界条件是基于波带的边界条件（每个波带都对应一个边界条件）。在一个波带之内，其边界条件的处理与灰体的 DO 模型相同。

FLUENT 中的 DO 模型允许散射相函数为变量。可以使用各向同性的相函数、线性各向异性相函数、Delta-Eddington 相函数或者定义相函数。

DO 模型允许在辐射过程中包含离散的第二相颗粒的影响。在此种情况下，FLUENT 将忽略所有的气相散射。对于非灰体辐射，由于颗粒存在而发生变化的辐射吸收、发射、散射被包含于辐射计算中的每个波带中，颗粒的发射和吸收项也包含于能量方程中。

FLUENT 允许设定镜面反射或漫反射的半透明壁面。可以对壁面的入射辐射设定漫反射和穿透的比例，其余的部分被视为镜面反射。对于非灰体辐射，这种设定是基于波带的。在单个波带内，穿透、反射和折射的比例与上述的灰体设置相同。从一个波带到另一个波带不发生辐射的穿透、反射和折射。

在很多工程问题中，半透明界面均是漫射表面。在此种情况下，界面反射率与反射方向无关。

5）多表面辐射传热模型（S2S）

多表面辐射传热模型可计算出在封闭（区域）内漫灰表面之间的辐射换热。两个表面间辐射换热的热量依赖于它们的尺寸、间距和方向。这种特性可以用观察系数（视系数）的几何量来度量。多表面辐射传热模型的主要假定是忽略了所有的辐射吸收、发射和散射，因此，模型中仅考虑表面之间的辐射传热。

FLUENT 中的多表面辐射换热模型假定辐射面均为漫灰表面。灰表面的辐射发射和吸收与波长无关。同时，由基尔霍夫定律可知，热平衡时物体的辐射发射率等于其对黑体辐射的吸收比（$\varepsilon=\alpha$）。对于漫反射表面，其反射率与入射方向及反射方向无关。表面之间的辐射换热量实际上并不受隔开这些表面介质的影响。这样，由灰体假设，如果表面接受到一定的入射辐射（E），一部分被反射（ρE），部分被吸收（αE），剩余的则穿过表面物体（τE）。对于具体问题中遇到的多数表面，其对热辐射（红外谱段）是不可穿透的，因此，可以认为这些表面是非透明的。所以，可以忽略辐射的穿透率。从能量守恒有，$\alpha+\rho=1$，又由于$\alpha=\varepsilon$（发射率、黑度），因此$\rho=1-\varepsilon$。

当辐射面的数量很大时，表面辐射模型的计算量非常庞大。为了减少计算时间和存储需求，可以通过创建表面束来减少辐射表面数目。表面束由一个表面加上其临近的多个表面，直到表面数目达到设定的每个表面束的总数。对于表面束，可计算得到辐射向量J。此值被分配到组成表面束的各个表面以计算各个表面的温度。由于辐射源相的高度非线性，必须仔细计算表面束的温度及辐射热流、源相在组成这些表面束的各个表面之间的分配。表面束的温度由面积加权平均得到：

$$T_{sc}=\left(\frac{\sum_f A_f T_f^4}{\sum A_f}\right)^{1/4} \tag{6.28}$$

其中，T_{sc}为表面束的温度，A_f,T_f分别为表面f的面积与温度，求和是对组成表面束的所有表面进行的。

6）燃烧过程中的辐射

灰气体加权平均模型（WSGGM）是介于过分简化的完全灰气体模型与完全考虑每个气体吸收带模型之间的折中模型，灰气体加权平均模型的基本假设是对于一定厚度的气体吸收层，其发射率为：

$$\varepsilon=\sum_{i=0}^{I}a_{\varepsilon,i}(T)\left(1-\mathrm{e}^{-\kappa_i ps}\right) \tag{6.29}$$

其中，$a_{\varepsilon,i}$为第i组假想灰气体的发射率加权系数，括号内的量是第i组假想灰气体的发射率，κ_i为第i组假想灰气体的吸收系数，p为所有吸收性气体分压的总和，s为辐射的行程长度。对于开口区，由于其较高的光谱吸收率，$i=0$组分的吸收系数设为 0，其吸收系数的加权值为：

$$a_{\varepsilon,0}=1-\sum_{i=1}^{I}a_{\varepsilon,i} \tag{6.30}$$

依赖于温度的$a_{\varepsilon,i}$可由任一种函数近似（拟合），壁面的辐射吸收α也可以进行拟合近似，但为了简便起见，通常假定$\varepsilon=\alpha$，除了（气体）介质的光学深度较小或者壁面温度与气体温度差异较大的情况外，上述的假设还是合理的。

3．辐射模型的设置及使用

在介绍了辐射模型的基本原理后，下面将介绍设定和求解一个辐射问题的大致步骤。

✧ 选择辐射模型，若使用 DTRM 模型，定义跟踪射线；若使用 S2S 模型，计算或读取观察系数；若使用 DO 模型，定义离散的角度，还需设定非灰体辐射参数。
✧ 设定介质属性，设定边界条件。若模型中包含半透明介质，参阅下面的介绍来设定半透明介质。
✧ 设定求解参数。
✧ 求解。

若半透明介质为固体，在固体区的设定选项中激活辐射计算项。若半透明介质为流体，此步就不需要了。在半透明介质与流体计算域或者相接的半透明介质的交界面设相应的两个壁面均为半透明界面。这个设定将会激活通过界面的辐射计算，同时还会计算界面处的反射、折射。在外部半透明边界处设定外部边界为半透明边界条件。这个设定将使得外部辐射热流可进入内部流域或者内部辐射进入外部区域。外部辐射或内部辐射在穿越此界面时，在界面处均发生相应的折射或反射。设定界面处漫反射的比例。对固体区域在界面处设定其折射系数。若不关心半透明介质内的温度分布，可以设定半透明壁面而不需要设定半透明固体区。

1）辐射模型的选择

可在 Define→Models→辐射模型（Radiation Model）面板中选定某个辐射模型来激活辐射换热，如图 6.8 所示。

在 Model 属性框下可以选择 Rosseland，P1，Discrete Transfer（DTRM），Surface to Surface（S2S），或 Discrete Ordinates。若要屏蔽辐射，选择 Off 选项。需要注意的是，当激活 DTRM 、DO 或 S2S 模型，辐射模型面板（Radiation Model）将会扩展以包含相应的设定参数。需要再次说明的是辐射模型只能使用分离式求解器。一旦激活辐射模型之后，每轮迭代过程中能量方程的求解计算就会包含辐射热流。若在设定问题时激活了辐射模型，而又希望将它禁止，必须在 Radiation Model 面板中选定 Off 选项。若激活了辐射模型，FLUENT 就会自动激活能量方程的计算，不需要再单独去激活能量方程。

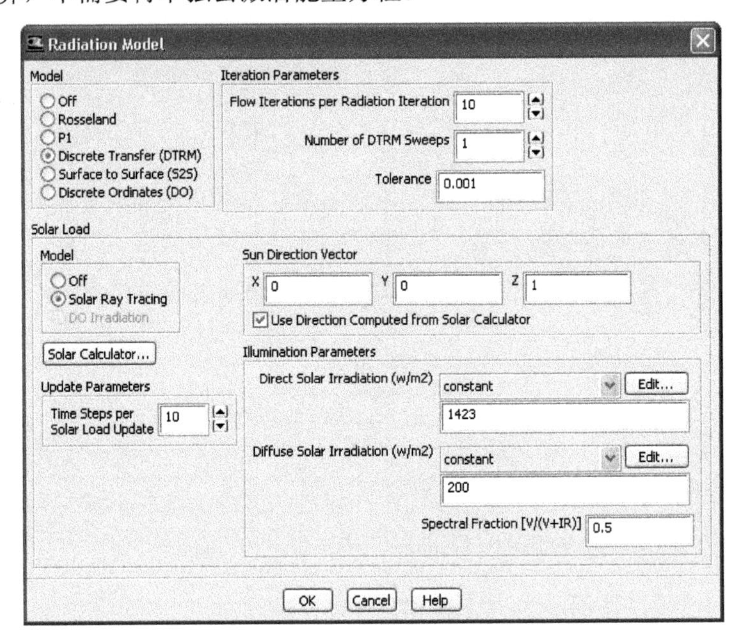

图 6.8　辐射模型面板

2）离散传播模型跟踪射线的定义

使用 Define→Models→Radiation Model 命令，调用出如图 6.8 所示的面板并选定了 Discrete Transfer（DTRM）模型，单击 OK 按钮，DTRM Rays 面板将自动弹出，如图 6.9 所示。

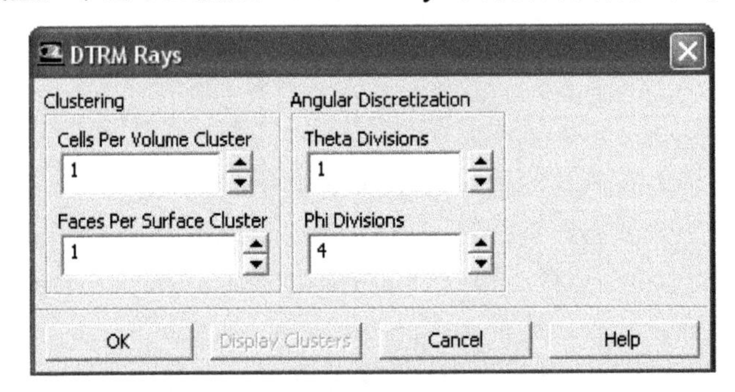

图 6.9　射线跟踪面板

在此面板中，需要设定参数并创建射线（束 Cluster）：需要确定辐射表面（Faces Per Surface Cluster）或吸收性单元的数目（Cells Per Volume Cluster）；确定跟踪射线的数目，可在角度离散分布（Angular Discretization）中设定 φ 方向（Phi Divisions）和 θ 方向（Theta Divisions）的相应数值。可以通过显示束（Display Clusters）按钮来检查设置是否正确。

当在 DTRM Rays 面板中单击 OK 按钮之后，会弹出 Select File 对话框，要求给定此跟踪射线文件的名称。在给定文件名并把数据写入文件之后，FLUENT 再从文件中把数据读到内存并在计算中使用。若未写入然后读出跟踪射线文件，接着就取消了 DTRM Rays 面板，DTRM 辐射模型不会被激活。

在 Cells Per Volume Cluster 和 Faces Per Surface Cluster 区域的输入将确定辐射面和辐射体

内包含的计算单元数。在默认情况下，两项均设定为 1，因此表面束（辐射面）的数目就等于边界面（单元）的数目；辐射体（辐射吸收单元体）的数目就等于计算域内的单元总数。对于二维问题，这些数目是可以承受的，但对较大规模的问题，为了减少跟踪射线的计算量，需要减少辐射面与辐射体内所包含的单元数目。

在 Theta Divisions 和 Phi Divisions 区域的输入将确定每个辐射面所跟踪计算的射线束的数目。Theta Divisions 确定了围绕 P 点用于计算立体角的 θ 角方向的间隔数。立体角设定基于的 θ 角的变化范围为 $0^\circ \sim 90^\circ$，其默认设置为 2，这表示从此表面发出的射线间隔角度为 45°（θ 角方向）。Phi Divisions 确定了围绕 P 点用于计算立体角的 φ 角方向的间隔数。立体角的设定基于 θ 角的变化范围为 $0^\circ \sim 180^\circ(2D)$ 和 $0^\circ \sim 360^\circ(3D)$，其默认设置为 2，这表示从此表面发出的射线间隔角度为 $90^\circ(2D)$（φ 角方向）。此设定与上述 θ 角的默认设置一起表明在每个辐射面将会跟踪 4 条射线（二维）。需要注意的是，对于三维情况，若要达到上述的相同精度，Phi Divisions 的设定为 4。在多数情况下，推荐至少把 θ 和 φ 角的设定数目加倍。

在激活 DTRM 模型并已设定了各种确定跟踪射线的参数之后，必须创建射线文件，然后此文件被读入用于辐射计算。射线文件名一旦设定后，就不要修改。此后，文件名被存于 cas 文件中，在读取 cas 文件时，射线文件会自动读入 FLUENT 中。读取 cas 时，当读完其余部分后，程序提示正在读取射线文件。一旦网格发生如改变边界区类型、调整或重新排序网格或缩放网格等更改，射线文件必须重新创建。

3）表面辐射模型中观察系数的计算与数据读取

当通过 Define→Models→Surface to Surface（S2S）命令选定模型时，Radiation Model 面板可以通过参数设置（Paremeters→Set）命令，对打开观察系数及束参数（View Factor and Cluster Parameters）面板辐射进行设置，如图 6.10 所示。

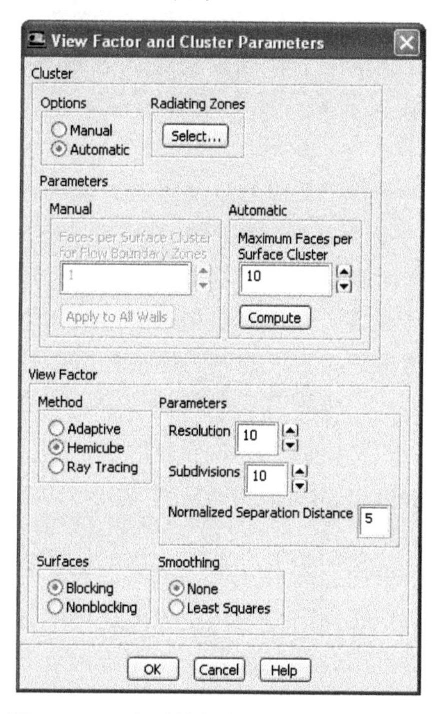

图 6.10　观察系数与表面束参数设定面板

当有大量辐射面时，S2S 辐射模型的计算量很大。为了减少计算量与存储需求，可通过创建辐射面（束）来减少需要计算的辐射面数量。表面（束）的相关信息可用来计算相应面（束）的观察系数。一旦网格发生如改变边界区类型、调整或重新排序网格或缩放网格等更改，射线文件必须重新创建。

FLUENT 可以在当前工作阶段自动计算观察系数并存储至文件中，以备随后的工作阶段使用。也可以将表面束信息和观察系数计算参数存储于文件中，在 FLUENT 之外计算观察系数，然后将计算结果读入 FLUENT。对于网格数量巨大和复杂的几何模型，推荐使用在 FLUENT 之外计算观察系数，然后在开始计算模拟之前把观察系数读入 FLUENT。

若在当前 FLUENT 工作阶段计算观察系数，应首先在 View Factor and Cluster Parameters 面板中选择自动（Automatic）设定观察系数计算参数。设定完观察系数（View Factor）与表面束参数（Cluster Parameters）后，在辐射模型（Radiation Model）面板中的 Methods 选项下单击计算或写入（Compute/Write…）按钮，弹出一个 Select File 对话框，提示给定用于存储表面束和观察系数信息文件的名称。给定文件名之后，FLUENT 将把表面束信息写入文件中。FLUENT 将用表面束信息来计算观察系数，并把结果写入同名文件中，然后，自动从文件中读取观察系数。

为了要在 FLUENT 之外计算观察系数，必须将表面束信息和观察系数参数存储于文件中。FLUENT 将打开 View Factor and Cluster Parameters 面板，选择 Manual 可以设定观察系数和表面束计算参数。在 View Factor and Cluster Parameters 面板中单击 OK 按钮之后再选择 Select File 对话框，提示给定用于存储表面束和观察系数信息文件的名称。给定文件名之后，FLUENT 将把表面束信息写入文件中。若给定的文件名已结束，相应的文件压缩命令就会进行。

在观察系数计算完成并存于文件之后，可以把结果读入 FLUENT 中。要读取观察系数，可在辐射模型（Radiation Model）面板中的 Methods 选项下单击读取（Read）按钮，弹出选择文件（Select File）对话框，提示给定用于存储表面束和观察系数信息文件的名称。可以使用 View Factor and Cluster Parameters 面板（见图 6.10）来为 S2S 模型设定观察系数和表面束才参数。

如果选择自动（Automatic）设定观察系数计算参数，需要在组成每个辐射表面束的边界面数（Faces Per Surface Cluster）下输入将决定辐射面的数量，值为 1 表示表面束的数目将等于边界面（单元）的数目。对于二维问题，这个数量是可接受的。对于大规模的三维问题，希望减少表面束的数目，从而减少观察系数文件的大小和对内存的需求。但是，表面束的减少是以牺牲计算精度为代价的。在某些情况下，为了控制表面束的分割质量，可能希望修改单一表面束内相邻单元之间的夹角或分割角。此分割角确定了相邻单元组成同一表面束的标准。分割角越小，观察系数的代表性就越好。在默认情况下。此分割角（相邻单元法向夹角）小于 200。为了修改此数值，可使用 split-angle 文本行命令 Define → Models → Radiation → S2S-parameters→Split-angle 来进行修改。

观察系数的计算依赖于两个表面之间的几何方位。在表面对的检查中可能存在两种情况，两个表面之间没有阻碍物或有其他表面阻碍了两个表面之间的视线，这种阻挡会改变两个面之间的观察系数数值，因此需要进行另外的计算以获得正确的观察系数数值。对于有阻碍面的情况，选定有阻碍（Blocking)；对于非阻碍面，选择无阻碍（Nonblocking)。

为了强制使观察系数遵从倒易关系和守恒特性，可以对观察系数矩阵实行光顺处理

（Smoothing）。为了使用最小二乘法来光顺观察系数矩阵，在 View Factor and Cluster Parameters 面板中的光顺（Smoothing）选项下选定最小二乘法（Least Square）。若不想对观察系数矩阵进行光顺处理，可以在 Smoothing 选项下选定 None。

FLUENT 提供三种计算观察系数的方法：半球方法（Hemicube Method）和自适应方法（Adaptive Method）和射线轨迹方法（Ray tracing）。默认选择半球方法，该方法需要设置重复求解次数（Resolution）、细分面数（Subdivision）、表面法向距离（Normalized Separation Distance），一般来说，半球方法适用于大型复杂几何模型计算，参数选择默认即可。自适应方法没有参数需要设置，适用于简单的几何模型。射线轨迹方法需要设置重复求解次数（Resolution），使用范围介于其他两种方法之间。

4）DO 模型的离散角度设定

当通过命令 Define→Models→Discrete Ordinates 选定模型后，Radiation Model 面板将扩展以显示对于角度离散（Angular Discretization）的输入项，如图 6.11 所示。

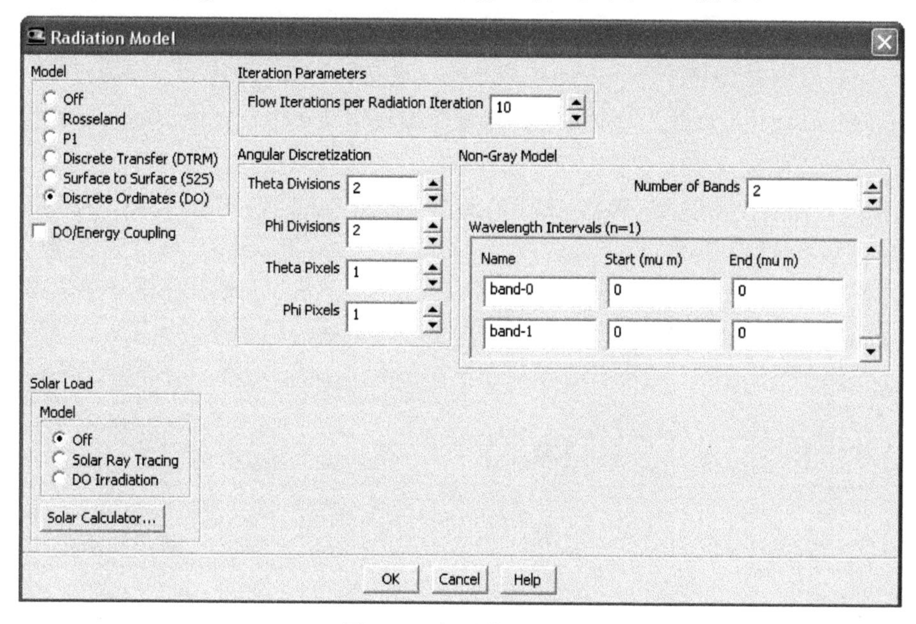

图 6.11 辐射模型面板

Theta Divisions（N_θ）和 Phi Divisions（N_φ）将确定空间每个象限的离散控制角度的数量。对于二维情况，FLUENT 只求解四个象限。这样总共求解 $4N_\theta N_\varphi$ 个方向 $\vec{s}$；对于三维情况，求解 8 个象限，因而求解方向为 $8N_\theta N_\varphi$。在默认情况下，Theta Divisions 和 Phi Divisions 的数目均为 2。对于多数实际问题，这个设置是足够的。更细的空间离散角的划分可以更好地求解较小的几何特征或者温度在空间的强烈不均匀性，但是 Theta Divisions 和 Phi Divisions 数目大这意味着加大计算代价。

Theta Pixels 和 Phi Pixels 可以用来确定象点。对于漫灰辐射，1×1 的默认象点设置是足够的。对于具有对称面、周期性条件、（辐射）镜面或者半透明边界，推荐使用 3×3 的象点设置。但应该注意到的是，增加象点数目将加大计算量。

若想用 DO 模型模拟非灰体辐射，可在辐射模型（Radiation Model）面板扩展面板中的非灰模型（Non-Gray Model）选项下设定射线数量（Number Of Bands）选项。对于二维模型，

FLUENT 求解 $4N_\theta N_\varphi N$ 个方向；对于三维模型，求解 $8N_\theta N_\varphi N$ 个方向。在默认情况下，Number of Bands 被设定为 0，表明仅考虑灰体辐射。由于计算量与非灰体带的数目直接相关，应尽量减少灰带的数目。在多数情况下，对于具体问题所遇到的温度范围所对应的主要辐射波长，（气体）吸收与壁面的发射率接近于常数。对于这种情况，使用灰体 DO 辐射模型会稍有误差。而对其他的情况，非灰体的特征很重要，但只需要较少的灰带即可。例如，对通常的玻璃而言，设定两三个灰带就足够了。当 Number Of Bands 被设定非 0 时，辐射模型（Radiation Model）面板会再次扩展以显示波长间隔（Wave length Intervals）选项，可以对每个波长带设定名称（Name），同时设定波带的开始与结束波长（Start and End，单位为 μm）。需要注意的是，波带的设定是基于真空的（$n=1$）。对于具有不等于 1 的折射率 n 的实际介质波带，FLUENT 将自动考虑介质折射率对波带的影响。当穿越半透明界面时。辐射频率保持不变，但波长发生变化以保证 $n\lambda$ 为常数。这样，当辐射从穿越折射率为 n_1 的介质到折射率为 n_2 的介质时，辐射具有如下关系：

$$n_1\lambda_1 = n_2\lambda_2 \tag{6.31}$$

其中，λ_1,λ_2 为辐射在两种介质内的对应波长。设定辐射波长比设定频率更方便。对于（辐射）均匀的介质，FLUENT 要求设定波带时将折射率设定为 1。

5）辐射介质属性定义

在 FLUENT 中，当使用 P-1，DO，或是 Rosseland 辐射模型时，应在材料设置（Materials）面板中设定流体的吸收系数（Absorption Coefficient）与散射系数（Scattering Coefficient）。若使用 DO 模型模拟半透明介质，应为半透明流体和固体介质设定折射率（Refractive Index）。对于 DTRM 模型，仅需要定义吸收系数，材料设置如图 6.12 所示。

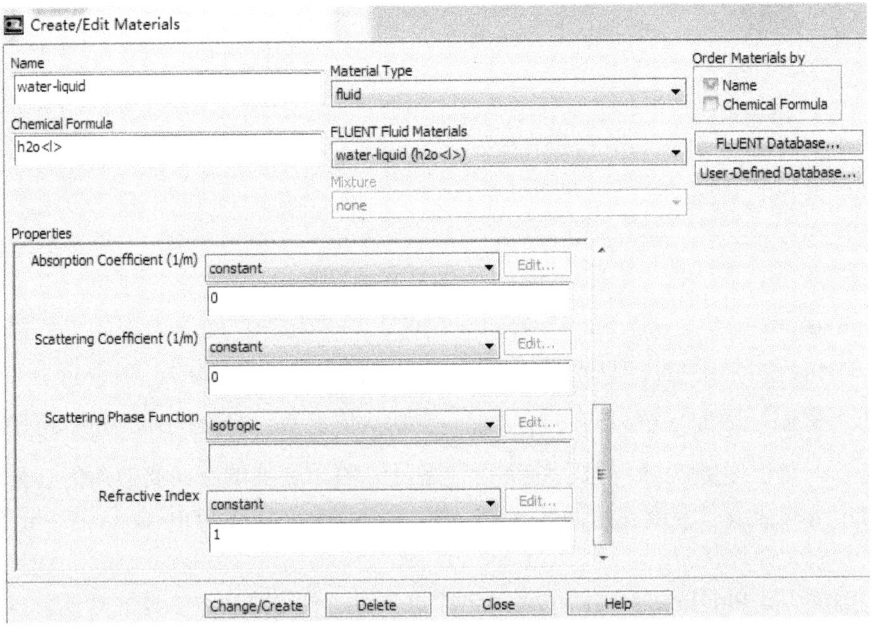

图 6.12　材料设置面板

若计算模型中包含诸如燃烧产物的气相组分，气体的辐射吸收和散射可能比较重要。若流体中包含对散射有较大影响的分散相颗粒和液滴，默认设定为 0 的散射系数应该增大。对 CO_2

和 H_2O 混合物，FLUENT 可用灰气体加权平均模型 WSGGM 方法，由其组分来确定总的吸收系数。

若使用非灰体 DO 模型，可以对灰带模型中的每个波带设定不同的常吸收系数，但是不能在每个波带内计算组分依赖的吸收系数。如果使用灰气体加权平均模型 WSGGM 计算可变吸收系数，对于所有波长，此数值完全相同。

6）辐射边界条件设定

当设定包含辐射的具体问题时，应在壁面、入口和出口设定另外的边界条件。

当激活辐射模型时，在相应的入（出）口边界条件设定面板（Pressure Inlet，Velocity Inlet，Pressure Outlet 等）可以设定其发射率。DTRM、P-1、S2S 和 Rosseland 辐射模型假定所有的壁面均为漫灰表面。在 Wall 选项卡中，唯一需要设定的辐射选项是壁面发射率。对于 Rosseland 模型，内部发射率为 1。对于 DTRM、P-1、S2S 模型，可以在 Wall 选项卡中 Radiation 选项下的 Internal Emissivity 文本框中输入相应的数值，默认值为 1。在内部发射率（Internal Emissivity）选项下输入相应的数值即可，如图 6.13 所示。对于任何边界，默认的发射率为 1。

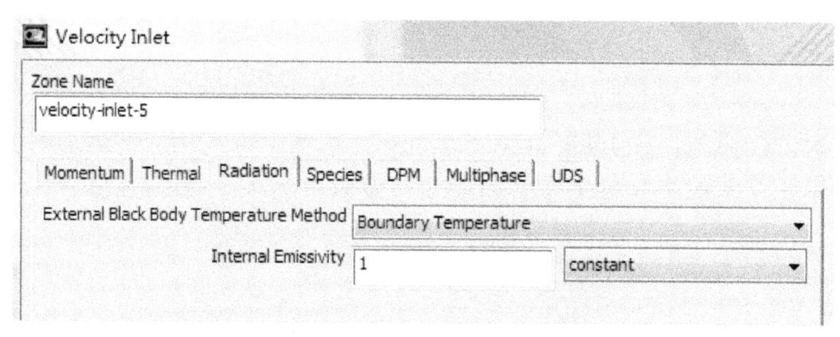

图 6.13　速度入口边界辐射设置选项卡

对于非灰体的 DO 模型，设定的常发射率应用于所有的波带。Rosseland 辐射模型不能使用内部发射率（Internal Emissivity）边界条件。

FLUENT 包含一个选项，允许考虑气体和远离入（出）口壁面温度的影响，并且可以在入（出）口为辐射和对流设定不同的温度边界条件。当计算域外的温度与计算域的温度相差很大时，这个选项是很有用的。例如，若远离入口的壁面温度为 2000K 而入口温度为 1000K，可以为辐射换热设定入口温度为壁面外温度，同时，设定入口的温度为实际温度以计算对流换热。由此，可将（入口）黑体辐射温度设定为 2000K。尽管此选项适用于冷壁与热壁，在冷壁面的时候，需多加小心。因为经由入（出）口的辐射远大于经由壁面向外的辐射。例如，如果外壁温度为 250K，入口温度为 1500K，把入口辐射温度边界条件设定为 250K 是不恰当的，入口温度值应该在 250～1500K 之间；在多数情况下，其数值接近于 1500K。在入（出）口面板中（Pressure Inlet，Velocity Inlet 等），在外部黑体温度方法（External Black Body Temperature Method）下拉列表框中选定定义外部温度（Specified External Temperature）选项，然后输入辐射温度边界值作为入口黑体温度（Black Body Temperature）。若希望对辐射和对流应用相同的温度边界值，保留 Boundary Temperature 默认的设定值为 External Black Body Temperature Method 即可。需要注意的是，Rosseland 模型中 Black Body Temperature 边界条件不能使用。

在使用 DO 模型时，可以模拟漫射、镜面反射及半透明壁面。对于很多工业领域，由于在多数情况下，壁面的表面粗糙度使得入射辐射发生漫反射，因此可以使用漫射壁面来设定壁面的边界条件。对于高度抛光表面，例如，反射装置和镜子，使用镜面边界条件是合适的。半透明边界条件适合诸如飞机上玻璃窗的模拟。在 Wall 选项卡的 Radiation 属性框中，如果在 BC Type 下拉列表框中选定了不透明（Opaque）选项，壁面就被设定为漫射表面，Wall 选项卡中只需要设定漫反射比例（Diffuse Fraction），如图 6.14 所示。

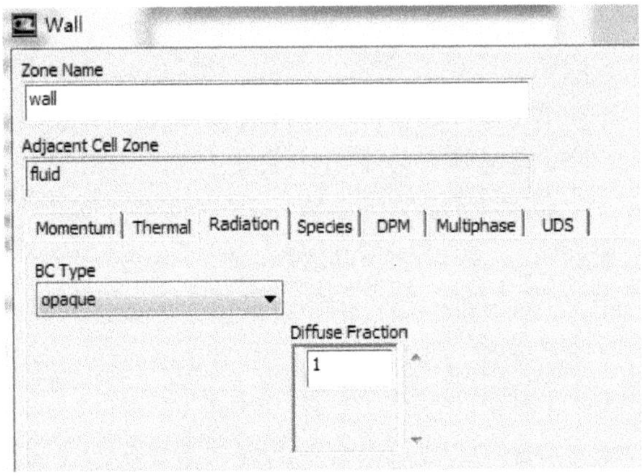

图 6.14　壁面边界辐射设置选项卡（DO 模型不透明介质）

对于灰体辐射 DO 模型，在 Internal Emissivity 文本框中输入相应的数值（默认值为 1），还可以对每个波带设定常发射率（每个波带内的默认发射率为 1），如图 6.15 所示。

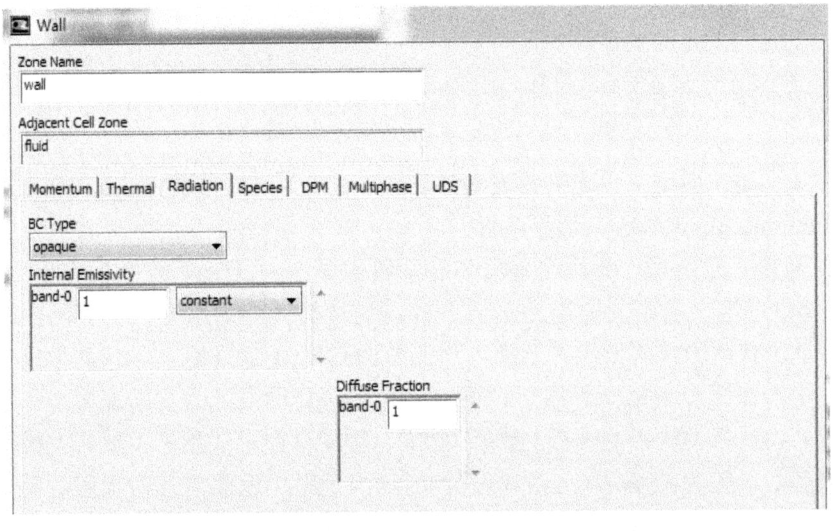

图 6.15　壁面边界辐射设置选项卡（灰体 DO 模型不透明介质）

在 Wall 选项卡的 Radiation 属性框中，在 BC Type 下拉列表中选定 semi-transparent 将设定一个半透明壁面，对于外部半透明壁面，可在 Wall 面板中设定外部辐射热流（指向计算域内的）。对于内部半透明壁面，外部半透明壁面的输入需要设定在 Irradiation 下输入向内的辐射热流数值。若使用非灰体 DO 模型，可对每个波带给定不变的辐射热流数值，设定向内辐射热流的漫反射分数。在默认情况下，漫反射分数（Diffuse Fraction）为 1，表明所有的向内辐射全部都是漫反射。若将此数值设定为小于 1，漫射部分将发生漫反射，投射部分也就跟着漫反射，而剩余的部分将保持为镜面反射，如图 6.16 所示。需要注意的是，外部介质的折射率假定

为 1。若在 Wall 选项卡的选型下 Thermal 的 Heat Flux 仅设定了热流，设定的热流被视为边界热流中的对流和热传导的总和。向内辐射热流设定了外部区域流向内部计算区域的辐射热流，而内部区域向外的辐射热流将由 FLUENT 计算得来。在 DO 模型中，可以在计算域内的任何指定计算单元区（不）进行辐射计算。在默认情况下，所有流体区域都将求解 DO 辐射方程，但在固体区并不进行计算。若想模拟半透明介质，可由在固体区激活辐射计算。为此，可在固体（Solid）面板中激活参加辐射（Participates In Radiation）选项。一般而言，不应在任何流体区域将 Participates In Radiation 选项禁止。

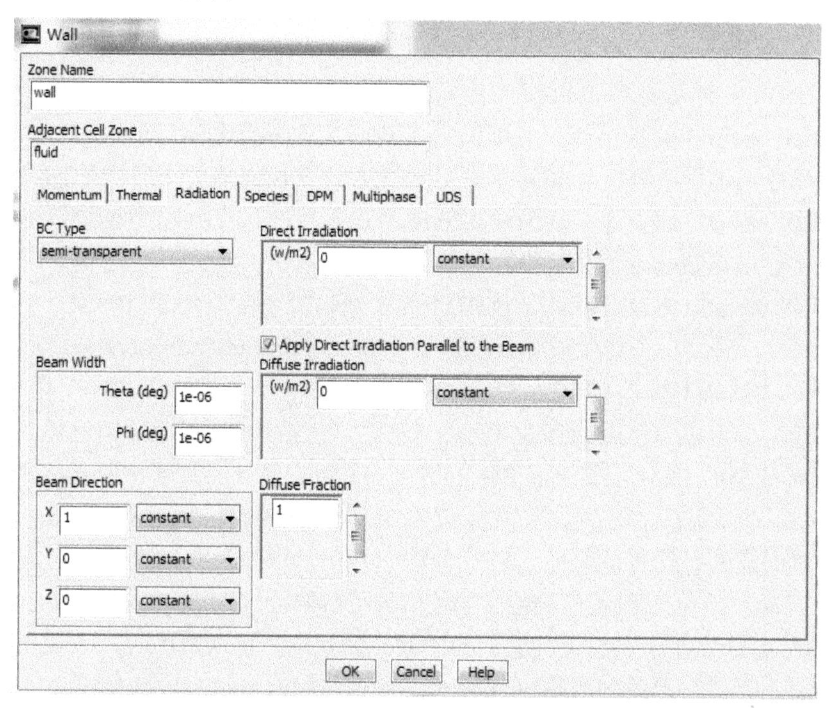

图 6.16 壁面边界辐射设置选项卡（DO 模型半透明介质）

对于 DO 模型，可以将双面壁面的每个表面设定为漫射或镜面反射（Diffuse or Specular）边界条件。需要注意的是，形成此双面壁面的两个流体区域在辐射计算上不能是耦合的。可以将两个临近流体区或固体区之间的双面壁面设定为 semi-transparent（半透明介质），以实现辐射的耦合计算。此时，辐射热流将穿越此壁面。只有在壁面两边的计算单元均参与辐射换热，才可将此壁面设定为半透明介质；若已设定了壁面的一边为半透明，另一面也必须设定为半透明，但可以在两个边设定不同的漫射分数。也可以为双面壁面设定厚度。此时，当辐射穿越壁面时，就可以考虑墙壁厚度引起的折射。可以在 Wall 选项卡中为此壁面设定壁面厚度 Wall Thickness 和材料名称 Material Name。壁面折射率和吸收系数是设定壁面介质的相应值。对于固体介质仅可以设定常吸收系数。计算壁面有效折射率和投射时假定壁面为具有设定厚的平面壁面，且只有吸收没有发射。周围介质的折射率对应着周围流体的折射率（当外部壁面设定为半透明时，外部介质的折射率假定为 1）。

一般而言，当激活任一种辐射模型时，任何设定的混合热边界条件都可以使用。对于等温壁面、导热壁面或者设定了外部热流边界的壁面，辐射模型都是适定的。对于在壁面定义了热流边界条件问题，任一种辐射模型都可以使用，此时设定的热流被视为对流与辐射热流之和。但例外的情况是在 DO 模型中的半透明壁面，此时，FLUENT 允许对辐射和对流设定各自的热流，同时对于半透明壁面不允许设定等温壁面。

7）辐射求解参数设定

对于 DTRM、DO、S2S 和 P-1 辐射模型，辐射计算的收敛结果和计算精度由一些参数控制。对于多数问题，可由使用默认的求解参数，但可以修改这些参数以获得更好的收敛结果和计算精度。

对于 Rosseland 模型，由于它仅通过能量方程来影响计算结果，所以没有需要设定的求解参数。

对于 DTRM 模型，FLUENT 在计算过程中更新辐射场，并且由射线跟踪方法计算能量源相和热流。FLUENT 中有几种参数可控制方程的求解和计算精度，这些参数出现在辐射模型（Radiation Model）面板中的扩展部分。可以更改 DTRM 射线数量（Number of DTRM Sweeps）选项以控制全局迭代过程中辐射计算的最大更新次数。默认的辐射更新次数为 1，这表明辐射强度仅更新一次。若增加此数值，表面辐射强度将更新多次，直到达到收敛标准或者超过了设定的辐射更新次数。Tolerance（误差参数，默认情况为 0.01）确定了何时辐射强度的迭代达到了收敛标准。误差参数定义为相邻两次 DTRM 的表面辐射强度迭代差值的模。也可以控制辐射场在连续相迭代进行时的自身迭代频率。Flow Iterations Per Radiation Iteration 默认为 10 次，这表示流场每迭代 10 次辐射场迭代一次。

对于 S2S 模型，可以像使用 DTRM 模型一样来控制连续相迭代时的辐射场的迭代频率。可参阅关于 DTRM 模型的 Flow Iterations Per Radiation Iteration 介绍。若使用分离式求解器，并且在计算开始屏蔽了能量方程的计算，应该将 Flow Iterations Per Radiation Iteration 从 10 减小到 1 或 2，这样能够保证辐射计算的收敛。若此种情况下仍然保持默认的参数，可能在辐射计算达到收敛之前，流动和能量方程就已经达到收敛，计算被终止。可以通过更改 Number of S2S Sweeps 来控制辐射计算在全局迭代时的扫描次数。默认的扫描次数为 1，表明辐射计算仅被更新一次。若增加此数值，表面辐射将更新数次，直到辐射残差达到收敛标准或者达到了设定的最大扫描次数。Tolerance（误差参数，默认情况为 0.01）确定了何时辐射强度的迭代达到了收敛标准。误差参数定义为相邻两次 S2S 的表面辐射强度迭代差值的模。

对于 DO 模型，可以像使用 DTRM 模型一样来控制连续相迭代时的辐射场的迭代频率。可参阅关于 DTRM 模型的 Flow Iterations Per Radiation Iteration 介绍。对于多数问题，默认的亚松弛系数 0.1 是足够的。对于光学深度较大（$\alpha L>10$）的问题，可能会遇到收敛较慢或解发生振荡。在此种情况下，对能量方程和 DO 方程进行亚松弛处理是有效的。对所有的方程推荐使用的亚松弛系数为 0.9～1.0。

对于 P-1 模型，可控制收敛标准和亚松弛系数。同时，应该留意上面所述的光学深度的问题。P-1 模型默认的收敛项残差与能量方程的残差紧密关联，其收敛标准与能量方程相同。可以在残差显示（Residual Monitors）面板中为 P1 设定 Convergence Criterion 收敛标准。P-1 模型松弛因子的设定与其他变量相同。需要注意的是由于辐射温度方程是相对稳定的标量输运方程，多数情况下可以设定较大的松弛系数（0.9～1.0）。P-1 辐射模型要获得最佳的收敛效果，其光学厚度$\left(a+\sigma_s\right)L$必须为 0.01～10（最好不大于 5）。对于较小的几何结构（特征尺寸为 1cm)，其光学厚度一般都很小。但针对此类问题，可以加大吸收系数。加大吸收系数的数值并不会改变问题的物理本质，这是因为对于光学厚度为 0.01 和光学厚度<0.01 的问题，吸收系数对计算精度的影响很小。

8）求解

一旦辐射问题设定好之后，可以按通常的方法求解方程。需要注意的是，P-1 和 DO 辐射模型求解附加的方程并输出其计算残差；对于 DTRM、Rosseland 和 S2S 辐射模型，由于辐射是通过能量方程影响到计算结果，所以不计算附加的方程。DTRM 和 S2S 模型每进行一次迭代计算，FLUENT 将输出计算残差信息。

P-1 模型每进行一次辐射迭代计算，其计算残差将同其他变量一同被输出。FLUENT 中 P-1 辐射模型的残差定义和其他变量的定义相同。

DO 模型每进行一轮迭代计算，对于所有的 DO 输运方程，DO 模型输出相应的残差模。辐射模型的残差定义和其他变量的定义相同。

在一般的残差输出信息中并不包括 DTRM 残差。辐射对计算结果的影响是通过能量方程及其计算残差表现出来的。但是，每进行一次 DTRM 辐射迭代时，FLUENT 将于控制台窗口打印输出每轮 DTRM 迭代的正则化残差。

在一般的残差输出信息中并不包括 S2S 残差。辐射对计算结果的影响是通过能量方程及其计算残差表现出来的。但是，每进行一次 S2S 辐射迭代时，FLUENT 将于控制台窗口打印输出每轮 S2S 迭代的正则化残差。

有时可能希望设定模型时把辐射考虑进来，然后在初始计算过程中屏蔽掉辐射计算。对于 P-1 和 DO 辐射模型，通过在求解控制（Solution Controls）面板的方程（Equations）列表中暂时弃选 P1 或 Discrete Ordinates 即可。对于 DTRM 和 S2S 模型，方程列表中没有附加项。可以在 Radiation Model 面板的扩展部分设定一个非常大的 Flow Iterations Per Radiation Iteration（辐射迭代计算频率）。若屏蔽了辐射计算，FLUENT 将在随后的迭代中跳过辐射的计算更新，但当前辐射通过辐射的吸收、壁面热流等因素将会对随后的计算造成影响。以此种方法屏蔽掉辐射计算可以用来初始化流场或者在辐射计算相对容易收敛的情况下，把主要精力集中于其他方程的计算。

6.1.3 周期性传热问题

FLUENT 可以模拟具有周期性对称条件的几何体的传热，例如，对列管式换热器，只需要模拟单个模块即可。本节讨论具有顺压周期性对称条件的传热。

1. 概述与适用范围

当流动经过长度 L 而发生重复现象，并且在这 L 长度的重复模块时压降保持为常数，这种流动称为顺压周期流动。

当具有常壁温或常热流边界条件的，该问题可视为周期对称传热。在此类问题中，计算域的温度呈现周期性变化。正如周期性流动的处理方法，此类问题在数值计算上可以仅计算单一模块或一个周期长度。

在计算周期性传热问题时具有各种限制：必须使用分离式求解器。必须使用确定的热流或常壁温边界条件；对于某些问题热边界的类型不能混合使用。对于常壁温情况，所有的壁面温度要相等或者绝热。对于热流情况，在不同的壁面可以设定不同的热流值。存在固体区域时，固体区不能与周期性对称面相交。流体的热力学与输运属性，如比热容、导热率、黏度等不能设定为温度的函数。

2．周期性传热问题的模拟

顺压流动与周期性传热问题的通常求解可分成两部分。首先，不考虑温度变化的情况求得周期性的速度场分布；然后，令速度场不变计算温度场。这种周期性流动计算可由下面几步完成：

- ✧ 建立具有可平移周期性边界条件的网格。
- ✧ 给定常热力学和分子输运属性。
- ✧ 设定通过周期性边界的周期性压力梯度和净质量流率。
- ✧ 计算周期性流动流场，求解动量、连续及湍动能方程。
- ✧ 在壁面设定热流或常壁温的热边界条件。
- ✧ 设定入口平均温度。
- ✧ 求解能量方程。

为了模拟周期性传热问题，需要设定相应的模型，并使用分离式求解器。另外，还必须为周期性传热问题给定下面的输入项：

（1）在 Energy（能量方程）面板中激活能量方程的求解。

（2）设定热边界条件。若周期性传热模型中需要对壁面设定温度边界条件，在 Walls（壁面边界）面板中，可对相应的壁面设定壁温。若周期性传热模型中需要对壁面设定热流边界条件，在 Walls（壁面边界）面板中，可对相应的壁面设定热流。对于不同的壁面，可以设定不同的热流值，但在此计算域中不能再有其他类型的热边界条件，若周期性传热模型中的热边界条件为温度边界，只要固体区被具有温度边界的计算域边界完全包围，计算域内可以包含固体导热区，但在这种情况下，不允许在固体区内包含热源。若周期性传热模型中的热边界条件为热流边界，可在计算域的任何区域设定固体导热区，如果需要的话，此导热区可以包含体积热源。

（3）使用 Materials（材料）面板设定介质属性，如密度、比热容、黏度、导热率等，不允许设定依赖于温度的属性。

（4）在 Periodicity Conditions（周期性边界）面板中设定上游平均温度。

若周期性传热模型中的热边界条件为温度边界，体积平均温度不应等于壁面温度，这样计算域内的温度将处处相等。

本节的例子详情参见 7.2 节。

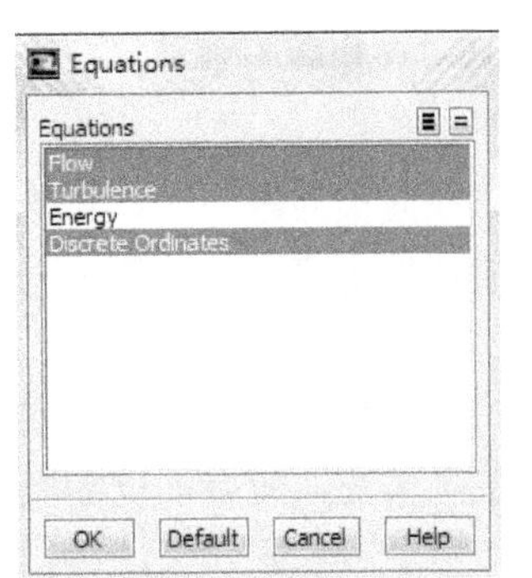

图 6.17　选择控制方程面板

3．周期性传热问题求解策略

设定完输入项之后可以求解流动域传热问题。求解此类问题最有效的方法是先求解流场，然后在获得稳定流场的基础上，再单独求解热场，求解方法的步骤如下：

- ✧ 通过 Solve→Controls 中 Solution Controls 面板中的 Equations 选项屏蔽能量（Energy）方程的求解。如图 6.17 所示，求解剩下的方程（连续、动量、或者湍动能方程），获得周期性问题流场的收敛解。在开始计算初始化流场的温度时，应将

其设定为入口体积平均温度与壁面温度的平均值。

✧ 回到 Solution Controls 面板中，激活能量方程求解选项而将流动方程求解屏蔽，再求解能量方程得到周期性传热问题的温度场。

在求解周期性流动与传热问题时，若既考虑流动又考虑传热，上述的方法更加有效。若周期性传热模型中的热边界条件为温度边界，可以监视体积平均温度的比值：

$$\theta=\frac{T_{\text{wall}}-T_{\text{bulk,inlet}}}{T_{\text{wall}}-T_{\text{bulk,exit}}} \tag{6.32}$$

在计算过程中，应使用 Statistic Monitors 面板来确保获得收敛解。

4. 周期性传热问题的后处理

在周期性计算模型中，由 FLUENT 计算得到的实际温度场并非呈现周期性。因此，在后处理中，显示的将是实际温度。显示的温度可能超出由入口体积平均温度和壁温定义的温度值范围。由于入口周期面的温度分布可能会出现温度大于其平均温度的数值，在后处理面板的变量选择下拉列表中的 Temperature 下，可以选择 Static Temperature。后处理的例子参加 7.2 节。

6.1.4 浮力驱动流动

当流体受热并且其密度随温度变化时，密度变化引起的重力差异将会引发流体的流动。FLUENT 可以模拟这种被称作自然对流的浮力驱动流动。

1. 概述

在混合对流中，浮力的影响可通过格拉晓夫数 Gr 与雷诺数 Re 之比来判别：

$$\frac{\text{Gr}}{R\text{e}^2}=\frac{\Delta\rho gh}{\rho v^2} \tag{6.33}$$

当此数值接近或超过 1.0 时，浮力对流动将有较大影响。相反，若此数较小，浮力的影响可以不予考虑。在纯粹自然对流中，浮力引起的流动强度可由瑞利数 Ra 判定：

$$\text{Ra}=\frac{g\beta\Delta TL^3\rho}{\mu\alpha} \tag{6.34}$$

其中，β 为热膨胀系数，α 为热扩散率（导温系数）：

$$\beta=-\frac{1}{\rho}\left(\frac{\partial\rho}{\partial T}\right)_p,\quad \alpha=\frac{k}{\rho c_p} \tag{6.35}$$

若瑞利数 Ra 大于 108，浮力驱动的对流为层流，向湍流转捩的瑞利数为 108~1010。

2. 封闭区域内自然对流的模拟

当模拟封闭区域内的自然对流时，计算结果将依赖于计算区域内的流体质量。除非密度已知，否则不能确定流体质量，因此，必须要有如下的设定步骤：

✧ 按瞬态计算。在这种处理方法中，初始密度由初始压力、温度计算得到，因此初始质量可认为是已知的。当求解沿时间推进时，质量保持守恒。在计算域内温差较大时，必须按瞬态计算。

✧ 使用 Boussinesq 模型按稳态计算。在这种处理方法中，需设定常密度，这样质量也就被相应确定了。只有在流体计算域内的温差较小时，此种方法才是有效的；如若不然，必须要按瞬态计算。

✧ 对于封闭区域，不能对不可压缩理想气体使用固定的操作压力。可以对可压缩理想气体使用固定的操作压力，而不可压理想流体只能使用浮动操作压力。

对于多数自然对流问题，使用 Boussinesq 模型比使用依赖于温度变化密度发生变化的模型获得更快的收敛速度。除了动量方程中的浮力项，这种模型在其他的需要求解的方程中把密度视为常数：

$$(\rho-\rho_0)g \approx -\rho_0\beta(T-T_0)g \tag{6.36}$$

其中，ρ_0 为流体的（常）密度，T_0 为操作（工作或环境）温度，β 为热膨胀系数。方程是通过使用 Boussinesq 近似 $\rho=\rho_0(1-\beta\Delta T)$ 来消掉浮力项中的 ρ。只要流体密度变化很小，这种近似就是精确的。尤其是在 $\beta(T-T_0)<<1$ 时，Boussinesq 近似是适用的。当流域内的温差较大时，Boussinesq 模型不再适用。另外，Boussinesq 模型也不能与组分计算同时使用。

3. 浮力驱动流动的输入

在模拟混合/自然对流中，必须提供如下的输入项才可考虑到浮力的影响：

（1）在 Energy 面板中，激活能量方程。

在面板中激活能量方程（Energy）选项，在操作条件（Operating Conditions）面板中的 X，Y 和 Z 文本框内输入数值以设定每个坐标方向的重力加速度。需要注意的是 FLUENT 默认的重力加速度为 0。在多数情况下 Z 方向重力为-9.8m/s^2，如图 6.18 所示。

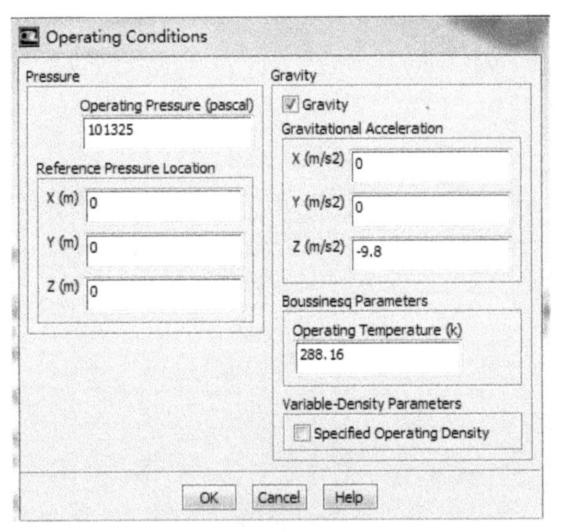

图 6.18　操作条件设置面板

（2）若使用不可压缩理想气体模型，在 Operating Conditions 面板中检查 Operating Pressure 选项以确定其设为某个接近的非 0 数值。

若未使用 Boussinesq 近似模型，可以在 Operating Conditions 面板中激活 Specified Operating Density 选项，并设定 Operating Density，把流体密度定义为温度的函数。

若使用了 Boussinesq 近似模型，需要在 Operating Conditions 面板中设定 Operating Temperature。在 Materials 面板中，选择 boussinesq 作为流体密度（Density）确定方法，如

图 6.19 所示。在 Materials 面板中，为流体介质设定 Thermal Expansion Coefficient（温度膨胀系数）及一个常密度。

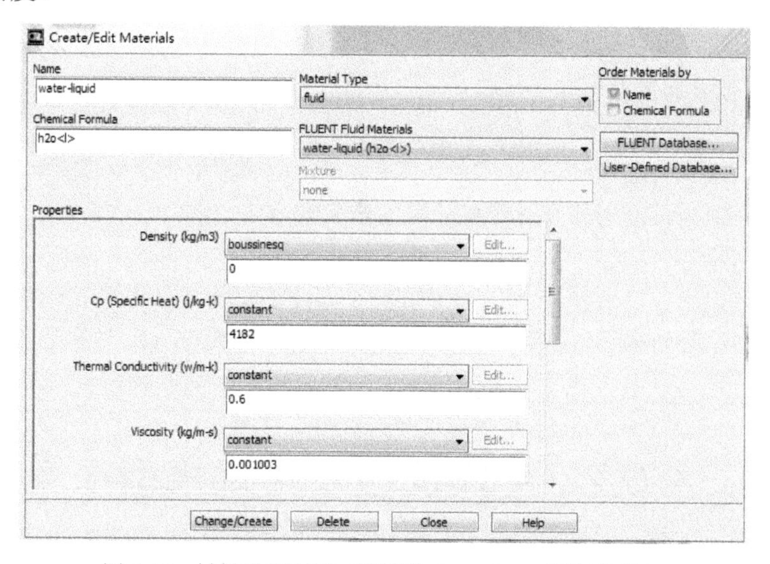

图 6.19　材料设置面板（密度为 Boussinesq 近似模型）

（3）在压力入口或出口设定的边界压力是方程中的修正压力。一般而言，如果没有外部的强制压力梯度（边界条件），应在 FLUENT 中对入口和出口边界给定等效压力。

（4）在求解控制（Solution Controls）面板中，选定体力（Body Force Weighted）或二阶迎风（Second Order）作为压力方程的差分离散方法。

（5）若使用分离式求解器，对于压力方程，也可以选择 PRESTO!格式作为方程的差分离散方法。

（6）当不使用 Bossinesq 近似时，动量方程中浮力项的操作密度 $\rho_0 = (\rho - \rho_0) g$ 。FLUENT 中由修正压力确定的浮力项为：

$$p_s' = p_s - \rho_0 g x \tag{6.37}$$

这样，静止流体的水力学压力为 0，因此，对于所有的浮力驱动流，操作压力的设定是很重要的。

注意，如果对所有的流体介质都使用 Boussinesq 近似，就不再使用操作密度，因此也不必设定它。

4．浮力驱动流动的求解策略

对于高瑞利数流动，可以采纳下面的求解策略。需要指出的是，对于某些层流和高瑞利数流动，不存在（物理和数学上的）稳态解。

当求解高瑞利数流动（*Ra*>108）问题时，为了获得最好的结果，应按如下的策略进行问题求解：

（1）使用稳态计算模型：

✧ 首先计算低瑞利数流动，使用一阶差分格式，获得收敛解。

✧ 更改重力加速度。

✧ 把前面的求解结果作为高瑞利数流动的初值，并且使用一阶差分格式。

✧ 用一阶格式获得收敛解之后，使用高阶格式继续进行计算。

（2）使用时间推进方法（瞬态计算模型）来获得稳态问题的解：

计算具有相同或较低瑞利数的稳态流动。

按式（6.38）估计时间常数：

$$\tau = \frac{L}{V} \sim \frac{L^2}{\alpha}\left(P\mathrm{r}\,R\mathrm{a}\right)^{-1/2} = \frac{L}{\sqrt{g\beta\Delta TL}} \tag{6.38}$$

其中，L,V 分别为长度与速度。计算的时间步长 Δt 为时间常数 τ 的 1/4，时间步长 Δt 过大可能会造成计算发散。

当振荡逐渐减弱时，计算结果就达到了稳态（振荡为某个流动变量在物理时间尺度上的振荡，其频率也为物理时间意义上的频率）。需要注意的是，τ 是估计的时间常数。f 为振荡频率（Hz）。一般而言，这个计算过程可能要推进上千个时间步长才能达到稳态。

6.2 化学反应及燃烧模型

FLUENT 提供了几种化学组分输运和反应流的模型，本章将介绍这些模型。

FLUENT 可以模拟具有或不具有组分输运的化学反应，如可能包括 NOx 和其他污染形成的气相反应。在固体（壁面）处发生的表面反应（如化学蒸汽沉积）。粒子表面反应（如炭颗粒的燃烧），其中的化学反应发生在离散相粒子表面。

FLUENT 提供了五种模拟反应的方法：通用有限速度模型（Generalized Finite-Rate Model）；非预混合燃烧模型（Non-Premixed Combustion Model）；预混燃烧模型（Premixed Combustion Model）；部分预混合燃烧模型（Partially Premixed Combustion Model），组分概率密度输运燃烧模型（Composition PDF Transport Combustion Model）。

6.2.1 燃烧模型的选择

在遇到并求解化学反应和燃烧问题时，首先需要确定的就是模型。

一般来说，通用有限速率模型适合于化学组分混合、反应和输运的问题，特别是可以处理粒子或表面的表面反应（如避免表面反应和化学蒸气沉积、颗粒表面反应等）。非预混燃烧模型适用于湍流火焰扩散的反应系统，该模型中可以很好地将氧化物和燃料以第二或第三和流添加。预混燃烧模型主要适用于完全预混合反应物流动。部分预混合燃烧模型适用于区域内预混合非预混都存在的情况。

实际的燃烧过程可以分为预混燃烧、非预混燃烧和部分预混燃烧。

从实际出发，在遇到一个问题时首先应该判断流动的情况，是层流还是湍流。如果是层流，直接选择层流有限速率模型，如果是湍流则需要进一步分析：

✧ 如果湍流反应中燃料和氧化剂通过多股射流进入炉内，可以考虑非预混模型、PDF 输运模型、涡耗散模型、涡耗散/有限速率模型和涡耗散概念模型。如果需要考虑详细的化学反应机理，只能在 PDF 输运模型和涡耗散概念模型中选择，相对而言 PDF 模型计算量大。

- ✧ 如果燃料与氧化剂已经完全预混后进入炉内，可以考虑预混模型、PDF 输运模型、涡耗散模型、涡耗散/有限速率模型和涡耗散概念模型。如果需要考虑详细的化学反应机理，只能在 PDF 输运模型和涡耗散概念模型中选择，一般选择涡耗散概念模型。
- ✧ 如果燃料与氧化剂已经部分预混后进入炉内，可以考虑部分预混模型、PDF 输运模型、涡耗散模型、涡耗散/有限速率模型和涡耗散概念模型。如果需要考虑详细的化学反应机理，只能在 PDF 输运模型和涡耗散概念模型中选择，一般选择涡耗散概念模型。

一般而言，PDF 模型准确性最好，计算量也最大。而涡耗散模型则适用于较多的情况，具体问题还需要具体分析，下面将讲解五种模型。

6.2.2 通用有限速度模型

FLUENT 可以通过求解描述每种组成物质的对流、扩散和反应源的守恒方程来模拟混合和输运，可以模拟多种同时发生的化学反应，反应可以是发生在大量相中，或是壁面、微粒的表面。在本节将叙述反应或不包括反应的物质输运模拟能力，以及当使用这一模型时的输入，还有使用混合物成分的方法、反应进程变量的方法，或部分预混方法。

1. 体积反应

1）体积反应方程

与体积反应有关的物质输运和有限速率化学反应方面的信息在以下给出。当选择解化学物质的守恒方程时，FLUENT 通过第 i 种物质的对流扩散方程预估每种物质的质量分数 Y_i。守恒方程采用以下的通用形式：

$$\frac{\partial}{\partial t}(\rho Y_i)+\nabla\cdot(\rho\vec{v}Y_i)=-\nabla\vec{J}_i+R_i+S_i \tag{6.39}$$

其中，ρ 为密度，R_i 是化学反应的净产生速率，S_i 为离散相及用户定义的源项导致的额外产生速率。在系统中出现 N 种物质时，需要解 N–1 个这种形式的方程。由于质量分数的和必须为 1，第 N 种物质的分数通过 1 减去 N–1 个已解得的质量分数得到。为了使数值误差最小，第 N 种物质必须选择质量分数最大的物质，如氧化物是空气时的 N_2。

在守恒方程（6.39）中，J_i 是物质 i 的扩散通量，由浓度梯度产生。默认情况下，FLUENT 使用稀释近似，这样扩散通量可记为：

$$J_i=-\rho D_{i,m}\nabla Y_i \tag{6.40}$$

这里 $D_{i,m}$ 是混合物中第 i 种物质的扩散系数。对于确定的层流流动，稀释近似可能不能接受，需要完整的多组分扩散。在这些例子中，可以解 Maxwell-Stefan 方程。在湍流中，FLUENT 以如下形式计算质量扩散：

$$\vec{J}_i=-\left(\rho D_{i,m}+\frac{\mu_t}{Sc_t}\right)\nabla Y_i \tag{6.41}$$

其中，Sc_t 是湍流施密特数，为 $\mu_t/\rho D_t$，默认设置值为 0.7。需要注意的是，湍流扩散一般淹没层流扩散，在湍流中指定详细的层流性质是不允许的。

在许多多组分混合流动中，物质扩散导致了焓的传递。这种扩散对于焓场有重要影响，不能被忽略。特别是当所有物质的 Lewis 数远离 1 时。忽略物质扩散会导致严重的误差。在默认状态下，FLUENT 包含这一项。

2）有限速率模型

通用有限速率对于范围很广的应用，包括层流或湍流反应系统，预混、非预混、部分预混燃烧系统都适用。在 FLUENT 的非耦合求解器中，入口的物质净输送量由对流量和扩散量组成，对耦合解算器只包括对流部分，对流部分由指定的物质浓度确定。扩散部分依赖于计算得到的物质浓度场。因此，扩散部分不预先指定。

反应速率作为源项在守恒方程（6.39）中出现，在 FLUENT 中根据以下四种模型中的一个计算。

- **层流有限速率模型**

层流有限速率模型忽略湍流脉动的影响，反应速率根据化学物质 i 的化学反应净源项通过有其参加的 N_r 个化学反应的 Arrhenius 公式（6.42）确定：

$$R_i = M_{w,i} \sum_{i=1}^{N_r} \hat{R}_{i,r} \tag{6.42}$$

层流有限速率模型使用 Arrhenius 公式计算化学源项，忽略湍流脉动的影响。这一模型对于层流火焰是准确的，但在湍流火焰中 Arrhenius 化学动力学高度非线性，这一模型一般不精确。对于化学反应相对缓慢、湍流脉动较小的燃烧，如超音速火焰可能是可以接受的。

- **有限速率/涡耗散模型**

有限速率/涡耗散模型介于层流有限速率和涡耗散模型之间。FLUENT 提供了有限速率/涡耗散模型，其中 Arrhenius 和涡耗散反应速率都计算。净反应速率取两个速率中较小的。实际上，Arrhenius 反应速率作为一种动力学开关，阻止反应在火焰稳定器之前发生。一旦火焰被点燃，涡耗散速率通常会小于 Arrhenius 反应速率，并且反应是混合限制的。尽管 FLUENT 允许采用涡耗散模型和有限速率/涡耗散模型的多步反应机理，但可能会产生不正确的结果。原因是多步反应机理基于 Arrhenius 速率，每个反应都不一样。在涡耗散模型中，每个反应都有同样的湍流速率，因而模型只能用于单步或双步整体反应。模型不能预测化学动力学控制的物质，如活性物质。为合并湍流流动中的多步化学动力学机理，可以使用 EDC 模型。

- **涡耗散模型**

涡耗散模型认为反应速率由湍流控制，因此避开了代价高昂的 Arrhenius 化学动力学计算。

涡耗散模型需要产物来启动反应。化学反应速率由大涡混合时间尺度 k/ε 控制。当初始化求解的时候，FLUENT 设置产物的质量比率为 0.01，通常足够启动反应。但是，如果首先聚合一个混合解，其中所有的产物质量比率都为 0，可能必须在反应区域中补入产物以启动反应。

- **涡耗散概念（EDC）模型**

涡耗散概念（EDC）模型：细致的 Arrhenius 化学动力学在湍流火焰中合并。EDC（涡-耗散-概念）模型是涡耗散模型的扩展，已在湍流流动中包括详细的化学反应机理。它假定反应发生在小的湍流结构中，称为良好尺度。良好尺度的容积比率按式（6.43）模拟：

$$\xi^* = C_\xi \left(\frac{\nu\varepsilon}{k^2} \right)^{3/4} \tag{6.43}$$

其中，*表示良好尺度数量，C_ξ 为容积比率常数 2.1377；ν 为运动黏度，认为物质在好的结构中，经过一个时间尺度后开始反应。

$$\tau^* = C_\tau \left(\frac{\nu}{\varepsilon} \right)^{1/2} \tag{6.44}$$

其中，C_τ 为时间尺度常数，$C_\tau = 0.4082$。

在 FLUENT 中，良好尺度中的燃烧视为发生在定压反应器中，初始条件取单元中当前的物质和温度。反应经过时间尺度 τ^* 后开始进行，由 Arrhenius 速率控制，并且用普通微分方程求解器 CVODE 进行数值积分。经过一个 τ^* 时间的反应后物质状态记为 Y_i^*。

EDC 模型能在湍流反应流动中合并详细的化学反应机理，但是典型的机理具有不同的刚性，它们的数值积分计算开销很大。推荐使用双精度求解器以避免刚性机理中固有的大指数前因子和活化能产生的舍入误差。

设定涉及物质输送和反应的基本步骤为：

✧ 选定物质输送和体积反应，指定混合物材料。

✧ 如果还要模拟壁面或微粒表面反应，则要打开壁面和/或微粒表面反应。

✧ 检查和/或定义混合物的属性。包括混合物中的物质、反应和其他物理属性（如黏度、比热容等）。

✧ 检查和/或设置混合物中单个物质的属性。

✧ 设置物质边界条件。

3）体积反应设置

在 FLUENT 中提出混合物材料的概念以方便物质输送和反应流动的设置。混合物材料可以认为是一组物质和控制它们相互作用的规律。混合物材料和流体材料都储存在 FLUENT 的材料数据库中。包括许多常见的混合物材料（如甲烷-空气，丙烷-空气）。通常，在数据库中定义了一步/两步反应机理和大量混合物及其构成物质的属性。当指定了希望使用哪种混合物材料后，准确的混合物材料、流体材料和属性将被装载到求解器中。如果缺少任何所选材料（或构成流体材料）必需的属性，求解器将通知需要指定它。另外，可以选择修改任何预定义的属性。

物质输送和体积反应的问题设置可以通过命令 Define→Models→Species（Species Model）打开物质输运模型面板开始，如图 6.20 所示。

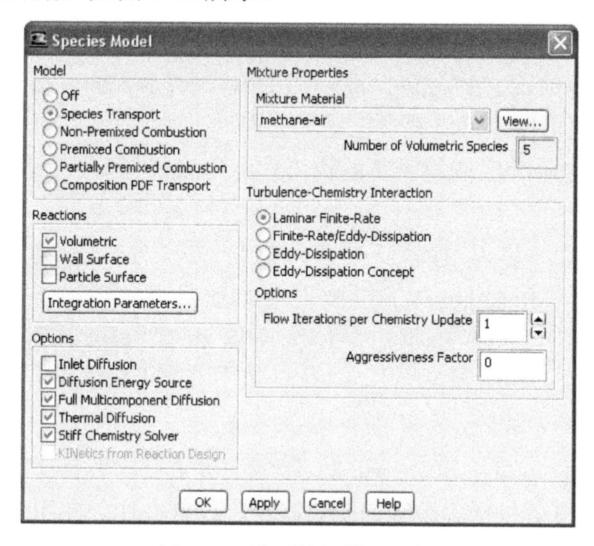

图 6.20　物质输运模型面板

✧ 在模型（Model）下，选择组分输运模型（Species Transport）。

✧ 在反应（Reaction）下，选择体积反应（Volumetric reactions）。

✧ 在混合物属性（Mixture Properties）的混合物材料（Mixture Material）下拉列表中选择希望使用的混合物材料。

下拉列表中将包括所有在当前数据库中定义的混合物。检查一种混合物材料的属性，需要单击 View 按钮。如果希望使用的混合物不在列表中，选择混合物模板（mixture-template）材料，设置混合物属性的详细内容。如果有一种混合物材料和所希望使用的混合物相似，可以选择这一材料并修改已存在材料性质的详细信息。

当选择混合物材料（Mixture Material）时，混合物中的体积组分数量（Number of Volumetric Species）将在面板中显示混合物组分数量的信息。物质输送的模拟参数和反应（如果有关）将自动从数据库中装入。如果缺少任何信息，当单击 Species Model 面板中的 OK 按钮后将被告知缺少什么。如果希望检查或修改混合物材料的任何属性，将使用 Materials 面板。

选择湍流-化学反应相互作用模型（Turbulence-Chemistry Interaction），可以使用四种模型：

✧ 层流有限速率（Laminar Finite-Rate）：只计算 Arrhenius 速率，并忽略湍流-化学反应相互作用。

✧ 涡耗散模型（Eddy Dissipation）：只计算混合速率，针对湍流流动。

✧ 有限速率/涡耗散模型（Finite-Rate \Eddy Dissipation）：计算 Arrhenius 速率和混合速率，并使用其中较小的一个，针对湍流流动。

✧ EDC 模型（Eddy Dissipation Concept）：使用详细的化学反应机理模拟湍流-化学反应相互作用，针对湍流流动。

如果选择 EDC 模型，可以选择修改容积比率常数（Volume Fraction Constant）和时间尺度常数（Time Scale Constant）。此外，为减少化学反应计算的开销，可以增加每次化学反应更新的流动迭代次数（Flow Iteration Per Chemistry Update）。默认时，FLUENT 每 10 次流动迭代更新化学反应一次。如果希望模拟完整的多组分扩散或热扩散，打开完整多组分扩散或热扩散（Full Multicomponent Diffusion）或（Thermal Diffusion）选项。

如果使用来自数据库的混合物材料，大部分混合物和物质属性已经定义了，可以跟随这一节的过程检查当前的属性、修改某些属性或是设定一个从头开始定义的全新混合物材料的所有属性。如果使用数据库中的混合物材料，混合物中的物质已经为定义了。如果创建自己的材料或是修改已存在材料中的物质，将需要自己定义它们。

必须在增加或去除物质时保持最丰富的物质作为已选择组分（Selected Species）列表中的最后一种物质。

如果 FLUENT 模型中涉及化学反应，可以定义参与的已定义物质的反应。在材料（Materials）面板的反应（Reaction）下拉列表中显示适当的反应机理，依赖于在组分模型（Species Model）面板中选择的湍流-化学反应相互作用模型（Turbulence-Chemistry Interaction）。为定义反应，单击反应（Reaction）右侧的编辑（Edit...）按钮，打开反应设置（Reaction）面板，如图 6.21 所示。

在总反应数量（Total Number of Reaction）区域中设定反应数目（体积反应，壁面反应和微粒表面反应），注意如果模型包括离散相的燃烧微粒，只有在计划使用表面燃烧的多表面反应模型时，才必须在反应数目中包括部分表面反应。

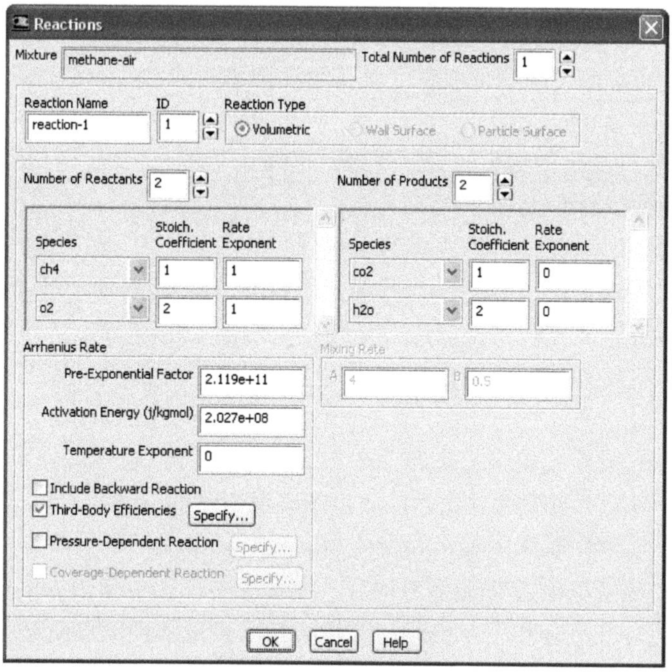

图 6.21 反应设置面板

如果是流体相反应，保持默认选项体积（Volumetric）作为反应类型。如果是壁面反应或者颗粒表面反应，选择壁面表面（Wall Surface）或颗粒反应（Particle reaction）作为反应类型。通过增加反应物数量（Number of Reactants）和生成物数量（Number of Products）的值指定反应中涉及的反应物和生成物的数量。在组分（Species）下拉列表中选择每种反应物或生成物，然后在 Stoich 系数（Stoich Coefficient）和速率指数（Rate Exponent）区域中设定它的化学计量系数和速率指数。

如果使用层流/有限速率，有限速率/涡耗散或是 EDC 模型模拟湍流-化学反应的相互作用，在 Arrhenius Rate 标题下输入 Arrhenius 速率的以下参数：指数前因子（Pre-Exponential Factor）、活化能（Activaction Energy）、温度指数（Temperature Exponent）、第三体效率（Third-Body Efficiency）。压力依赖反应（Pressure-Dependent Reaction）如果使用层流/有限速率，有限速率/涡耗散或是 EDC 模型模拟湍流-化学反应的相互作用，并且反应是压力下降反应，打开对于 Arrhenius Rate 的 Pressure Dependent Reaction 选项，单击指定（Specify…）按钮打开 Pressure Dependent Reaction 面板。在 Reactions 面板中 Arrhenius Rate 下指定的参数表示高压 Arrhenius 参数，但是可以对低压 Ahhrenius 反应速率（Low Pressure Ahhrenius Rate）下的以下参数指定值：In（指数前因子）、活化能、温度指数。

如果使用层流/有限速率或是 EDC 模型模拟湍流-化学反应的相互作用，且反应是可逆的，则打开对于 Arrhenius Rate 包括可逆反应（Include Backward Reaction）的选项。当选定这一选项时，将不能编辑产物的速率指数（Rate Exponent），这些值将被设定为与相应的 Stoich 系数相等。如果不希望使用 FLUENT 的默认值，或者定义自己的反应，还需要指定标准状态熵和标准状态焓，以在逆向反应速率常数计算中使用。注意可逆反应选项对于涡耗散或有限速率/涡耗散湍流-化学反应相互作用模型是不可获得的。

如果使用湍流-化学反应相互作用的涡耗散或有限速率/涡耗散模型，可以在混合速率

（Mixing Rate）标题下输入 A 和 B 的值。但是注意除非有可靠的数据，不要改变这些值。在大多数情况下，只需要简单地使用默认值。A 是湍流混合速率的常数，默认值为 4.0。B 是湍流混合速率的常数，默认值为 0.5。

当 FLUENT 模型包括化学物质时，需要由数据库定义混合物材料的以下物理属性：密度，黏度，热导率和比热容，标准状态焓等。

在模拟中，需要指定入口处每种物质的质量分数。另外，对于压力出口，需要指定出口处的物质质量分数以在回流情况中使用。在壁面上，FLUENT 将对所有物质使用 0 梯度边界条件，除非已经在壁面上定义了表面反应或是选择指定壁面上的物质质量分数。当使用非耦合求解器时，没有指定入口处的物质扩散部分。在某些情况下，可能希望通过计算区域入口的只有物质的对流输送。

可以通过在 Fluid 面板中定义一个源项来在计算区域中定义一个化学物质的源或容器。当问题中存在物质源，但又不希望通过化学反应机理来模拟它的时候，可以选择这一方法。

在反应流中获得收敛解非常困难，因为化学反应对基本流型的影响可能非常强烈，导致模型中质量/动量平衡和物质输运方程的强烈耦合。在燃烧中，反应导致大的热量释放和相应的密度变化以及流动中很大的加速度，上述耦合尤其明显。但是，当流动依赖于物质浓度时，所有的反应系统都具有一定程度的耦合。处理这些耦合问题的最好方法是使用两步求解过程及使用欠松弛方法。

FLUENT 可以报告化学物质的质量分数、摩尔分数和摩尔浓度，还可以显示层流和有效质量扩散系数。所有变量包含在后处理面板的变量选择下拉列表中的 Species...，Temperature…和 Reactions...栏中。使用表面积分（Surface Integrals）面板，可以得到模型中的入口、出口和选择面上的平均浓度。

2．壁面表面反应和化学蒸汽沉积

对于气相反应，反应速率是在体积反应的基础上定义的，化学物质的形成和摧毁成为物质守恒方程中的一个源项。沉积的速率由化学反应动力和流体到表面的扩散速率控制。壁面表面反应因此在丰富相中创建了化学物质的源（和容器），并决定了表面物质的沉积速率。FLUENT 把沉积在表面的化学物质与气体中的相同化学物质分开处理。

壁面表面反应的 Arrhenius 反应速率，可以写为通用形式的第 r 个壁面表面反应：

$$\sum_{i=1}^{N}\nu'_{i,r}M_i \underset{\longrightarrow}{k_{f,r}} \sum_{i=1}^{N}\nu''_{i,r}M_i \tag{6.45}$$

其中，N 为系统中总的化学物质数目；$\nu''_{i,r}$ 为反应 r 中物质 i 的化学计量系数；M_i 为物质 i 的记号；$k_{f,r}$ 为反应 r 的正向速率常数。反应 r 中物质 i 的产生/摧毁摩尔速率由式（6.46）控制：

$$\hat{R}_{i,r}=(\nu'_{i,r}-\nu''_{i,r})\left(k_{f,r}\prod_{j=1}^{N_r}\left|C_{j,r}\right|^{\eta'_{j,r}}\right) \tag{6.46}$$

其中，N_r 为反应 r 中的化学物质数目；$C_{j,r}$ 为反应 r 中每个反应物和产物 j 的摩尔浓度（kgmol/m^3）；$\eta'_{j,r}$ 为反应 r 中每个反应物和产物 j 的正向反应指数。

反应 r 的正向反应常数 $k_{j,r}$ 按 Arrhenius 公式计算：

$$k_{j,r} = A_r T^{\beta r} e^{-Er/RT} \tag{6.47}$$

其中，A_r 为指数前因子（恒定单位）；β_r 为温度指数（无维）；E_r 为反应活化能（j/kmol）；R 为通用气体常数（j/koml-K）。

对于壁面表面边界条件，反应表面的物质浓度计算基于进入（或离开）表面的每种物质的对流和扩散平衡，以及它在表面消耗（或产生）的速率。物质 i 的这种通量平衡可以记为：

$$\overrightarrow{J_i} \cdot \vec{n} - \dot{m}_{\text{dep}} Y_{i,\text{wall}} = R_i'' \tag{6.48}$$

其中，$\vec{n}$ 为垂直于表面的单位矢量；$\vec{J}_t$ 为物质 i 的扩散通量；R_i'' 为由于表面反应的物质 i 产生速率；$\dot{m}_{\text{dep}}$ 为总的质量沉积速率；$Y_{i,\text{wall}}$ 为壁面上物质 i 的质量分数。

该方程可以得到壁面处物质 i 的质量分数和单位面积物质 i 的净产生速率的表达式。这些表达式在 FLUENT 中用来计算反应表面处的气相物质浓度，采用点对点耦合刚性求解器。

在以上所述的表面反应边界条件中，壁面法向速度的影响或输运到壁面的丰富相质量没有包括在物质输运的计算之中。离开表面的净质量通量的动量也忽略掉了，由于这一动量和邻近表面单元里的流动动量相比通常很小，但是，可以激活组分输运面板（Species Model）中的质量沉积源（Mass Deposition Source）选项，在连续性方程中包括表面质量输运的影响。能量方程中由于壁面表面反应产生的物质扩散影响包含在正常物质扩散项中。

默认时，FLUENT 忽略壁面表面反应产生的放热，但可以通过激活组分输运面板（Species Model）中的表面反应热（Heat of Surface Reactions）选项，并设定材料（Materials）面板中的生成焓来选择包含表面反应的热量。

设置一个涉及壁面反应的基本步骤与设置一个只有气相反应大致相同，但有一些额外的设置。

在组分输运面板（Species Model）中，激活组分输运（Species Transport），选择反应（Reactions）下的体积反应（Volumetric）和表面反应（Wall Surface），并指定混合物材料（Mixture Material）。如果希望模拟壁面反应的放热，打开表面反应热（Heat of Surface Reactions）选项。如果希望在连续性方程中包括表面质量输运的影响，打开质量沉积源（Mass Deposition Source）选项。如果使用非耦合求解器，并且不希望在能量方程中包括物质扩散的影响，关闭能量扩散源（Diffusion Energy Source）选项。如果希望模拟完整的多组分扩散或热扩散，打开完全多组分扩散（Full Multicomponent Diffusion）或热扩散（Thermal Diffusion）选项，如图 6.22 所示。

检查或定义混合物属性。混合物属性包括混合物中的物质、反应、其他物理属性（如黏度，比热容）等，可以在流体材料（Fluid Materials）列表中找到所有物质（包括表面物质）。如果的模型中包括稀释混合物中的物质，已选择组分（Selected Species）列表中的最终气相物质必须是载体气体。还需要注意任何物质的重排、增减都必须小心处理。

检查或设定混合物中单独物质的属性。如果模拟表面反应的放热，必须检查（或定义）每种物质的生成焓。

设置物质边界条件。除了边界条件之外，还需要指定表面反应对每个壁面是否有效，并考虑热边界条件的选择。为使能一个壁面上的表面反应影响，在壁面（Wall）面板的组分

（Species）选项卡区域打开表面反应（Surface Reactions）选项。当在一个给定壁面使能表面反应后，这一壁面上对混合物材料定义的所有表面反应都被激活。

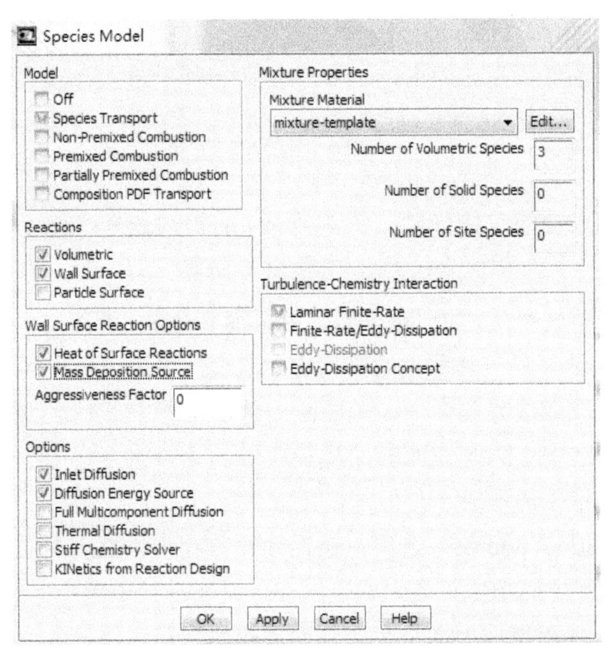

图 6.22　壁面表面反应和化学蒸气沉积设置面板

正如所有的 CFD 模拟一样，如果模拟从一个简单的问题描述开始，在求解向前推进时增加复杂性，可能会使表面反应模拟工作更加成功。另外，如果模拟表面反应的放热，而且遇到了收敛性方面的麻烦，可以尝试暂时关闭组分输运（Species Model）面板中的表面反应（Surface reactions）和质量沉积源（Mass Deposition Source）选项。

对壁面反应，除了基本的变量之外，还可以显示/报告沉积在一个表面上固体物质的沉积速率。在变量选择下拉列表中的组分（Species...）栏中选择物质的表面沉积率（Surface Deposition Rate）。

3. 颗粒表面反应

Smith 提出了计算碳粒燃烧速率的关系，并进行了详细讨论。颗粒反应速率 R 可以表示为：

$$R = D_0(C_g - C_S) = R_C(C_S)^N \tag{6.49}$$

其中，D_0 为 bulk 扩散系数；C_g 为大量物质中的平均反应气体物质浓度（$\mathrm{kg/m^3}$）；C_s 为颗粒表面的平均反应气体物质浓度（$\mathrm{kg/m^3}$）；R_c 为化学反应速率系数；N 为显式反应级数。在式（6.49）中，颗粒表面处的浓度 C_s 是未知的，因此需要消掉，表达式改写为如下形式：

$$R = R_C(C_g - \frac{R}{D_0})^N \tag{6.50}$$

这一方程需要通过一个迭代过程求解，除去 $N = 1$ 或 $N = 0$ 的特例。当 $N = 1$ 时，方程可以写为：

$$R = \frac{C_g R_C D_0}{D_0 + R_C} \tag{6.51}$$

在 $N=0$ 情况下，如果在颗粒表面具有有限的反应物浓度，固体损耗速度等于化学反应的速度。如果在表面没有反应物，固体损耗速度根据扩散控制速率突然变化。在这种情况下，出于稳定性的原因，FLUENT 采用化学反应速率。

颗粒表面反应的输入过程只需要在体积反应过程的基础上增加一些输入即可。在组分输运（Species Model）面板，打开反应（Reactions）下的颗粒表面（Particle Surface）选项。当指定颗粒表面反应中涉及的物质时，确定表面物质。在流体材料（Fluid Materials）列表中找到所有的物质（包括表面物质）。对每种颗粒表面反应，在反应（Reactions）面板中选择反应类型（Reaction Type）为颗粒表面（Particle Surface），如图 6.23 所示。

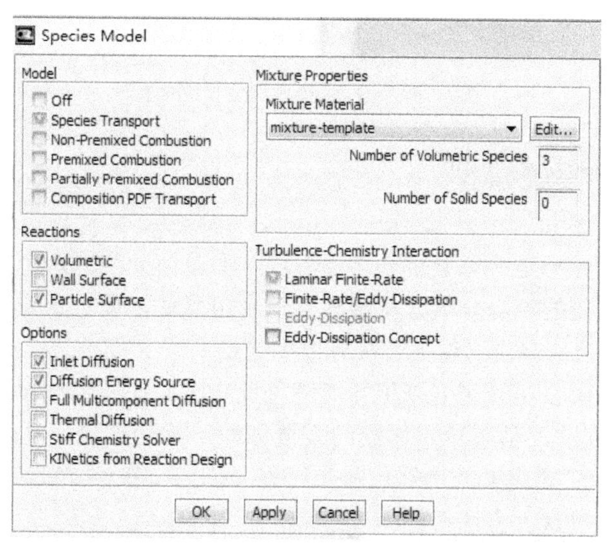

图 6.23　颗粒表面反应设置面板

4．无反应的物质输运

除了上述的容积和表面反应之外，FLUENT 还可用于求解无反应的物质混合问题。FLUENT 要求解的物质输运方程在之前已经介绍，设定无反应物质输运问题的过程与之前所述的过程相同，某些地方有所简化。

基本步骤如下：

（1）在组分输运（Species Model）面板中选定组分输运（Species Transport），并选择适当的混合物材料。

（2）如果希望模拟完全多组分扩散或热扩散，打开完全多组分（Full Multicomponent）或热扩散（Thermal Diffusion）选项，如图 6.24 所示。

（3）检查和/或定义混合物的属性及其构成物质。混合物属性包括混合物中的物质、其他物理属性（如黏度、比热容）。

（4）设定边界条件。

无反应的物质输运一般不需要特殊的求解过程。

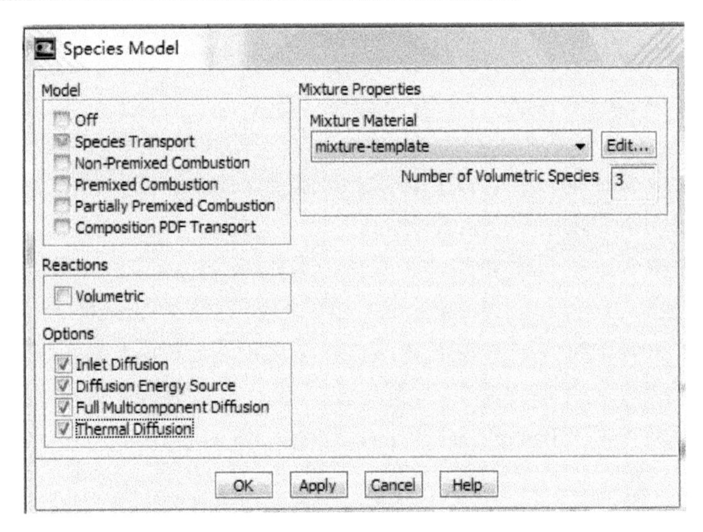

图 6.24　无反应物质输运设置面板

6.2.3　非预混燃烧模型

非预混合燃烧模型并不是解每个组分输运方程，而是解一个或两个守恒标量（混合分数）的输运方程，然后从预测的混合分数分布推导出每个组分的浓度。该方法主要用于模拟湍流扩散火焰。对于有限速度公式来说，这种方法有很多优点。

在非预混燃烧中，燃料和氧化剂以相异流进入反应区。在一定假设条件下，热化学可被减少成混合分数，用 f 表示，是来自燃料流的质量分数。换句话说，混合分数就是在所有组分（CO_2、H_2O、O_2 等）里，燃烧和未燃烧燃料流元素（C、H 等）的局部质量分数。因为化学反应中元素是守恒的，所以这种方法很好。反过来，质量分数是一个守恒的数量，因此其控制输运方程不含源项。燃烧被简化为一个混合问题，并且与近非线性平均反应率相关的困难可以避免。

模型包括以下几个部分：

✧ 平衡混合分数 / PDF 模型。

✧ 非预混平衡化学反应的模拟方法。

✧ 非预混平衡模型的用户输入。

✧ 层流小火焰模型。

非预混模拟方法包括解一个或两个守恒量（混合分数）的输运方程。不解单个组分方程。取而代之的是每个组分的浓度用预混分数场得到。热化学计算在概率密度函数（PDF）中进行，并列成表以便在 FLUENT 中查询。湍流和化学的相互作用为一个概率密度函数（PDF）。

非预混方法的优点：非预混模拟方法已被明确用于模拟进行快速化学反应的紊态扩散火焰的研究。对这样的系统，该方法有许多点优于有限率方法。非预混模型允许预测中间组分、溶解效应和严格的湍流化学耦合。因为不需要求解大量的组分输运方程，该方法在计算上很有效。

非预混方法的缺点：非预混方法仅能用于当反应流动系统满足以下要求时：

（1）流动是湍流。

（2）反应系统包括一个燃料流、一个氧化剂流，并且包括一个任意次要流；

（3）化学动力学必须迅速以使流动接近化学平衡。要注意的是非预混模型仅能与分离求解器使用，不能与耦合求解器使用。

1. 平衡混合分数/PDF 模型

平衡混合分数非预混燃烧模型首先需要定义混合分数，预混模拟方法的基础为在一定系列简化假设下，流体的瞬时热化学状态与守恒量混合分数 f 相关。混合分数可根据原子质量分数写为：

$$f = \frac{Z_i - Z_{i,\text{ox}}}{Z_{i,\text{fuel}} - Z_{i,\text{ox}}} \tag{6.52}$$

式中，Z_i 为元素 i 的元素质量分数。下标 ox 表示氧化剂流入口处的值，fuel 表示燃料流入口处的值。如果所有组分的扩散系数相等，公式（6.51）对所有元素都是相同且混合分数定义是唯一的。因此，混合分数就是源于燃料流的元素质量分数。这个质量分数包括所有来自燃料流的元素，如 N_2 等惰性组分，也包括如 O_2 等与燃料混合的氧化性组分。

如果包括次要流（另一种燃料或氧化剂，或一种非反应流），燃料和次要流混合分数简化为燃料和次要流的质量分数。系统中这三种质量分数的和总是等于 1：

$$f_{\text{fuel}} + f_{\text{sec}} + f_{\text{OX}} = 1 \tag{6.53}$$

在相同扩散率的假设下，组分方程可被减少为一个单一的关于混合组分 f 的方程。由于删去了组分方程中的反应源项，因此 f 是一个守恒量。由于相同扩散率的假设对层流流动来说还存在疑问，因此对于紊态对流超过分子扩散的湍流通常是可接受的。时均混合分数方程为：

$$\frac{\partial}{\partial t}(\rho\overline{f}) + \nabla\cdot(\rho\overline{v}\overline{f}) = \nabla\cdot\left(\frac{\mu_t}{\sigma_t}\nabla\overline{f}\right) + S_m + S_{\text{user}} \tag{6.54}$$

源项 S_m 仅指质量由液体燃料滴或反应颗粒（如煤）传入气相中。S_{user} 为任何用户定义源项。除了解平均混合分数，FLUENT 也需要解关于平均混合分数均方值的守恒方程 $\overline{f'^2}$：

$$\frac{\partial}{\partial t}\left(\rho\overline{f'^2}\right) + \nabla\cdot\left(\rho\overline{v}\,\overline{f'^2}\right) = \nabla\cdot\left(\frac{\mu_t}{\sigma_t}\nabla\overline{f'^2}\right) + C_g\mu_t\left(\nabla^2\overline{f}\right) - C_d\rho\frac{\varepsilon}{k}\overline{f'^2} + S_{\text{user}} \tag{6.55}$$

式中，$f' = f - \overline{f}$。常数 σ_t、C_g 和 C_d 分别取 0.85，2.86 和 2.0，S_{user} 为用户定义源项。混合分数均方值用在描述湍流–化学反应的封闭模型中。

混合分数可理解为关于反应系统的公约数。考虑一个简单的燃烧系统，包括一种燃料流（F），一种氧化剂流（O）和一种产物流（P），在化学当量比条件下，用符号表示为：

$$F + rO \rightarrow (1+r)P \tag{6.56}$$

式中，r 为质量基础上的空气燃料比。将平衡比表示为：

$$\phi = \frac{(\text{空气}/\text{燃料})_{\text{实际}}}{(\text{空气}/\text{燃料})_{\text{化学当量}}} \tag{6.57}$$

方程（6.57）中的反应，在多数普通混合条件下可被写成：

$$\phi F + rO \rightarrow (\phi + r)P \tag{6.58}$$

方程的左边，系统作为一个整体的混合分数可被推得：

$$f = \frac{\phi}{\phi + r} \tag{6.59}$$

方程（6.58）很重要，允许在化学当量条件下（$\phi=1$）或者在富燃料条件下（如$\phi>2$）计算混合分数。

混合分数模拟方法有利之处是将化学反应的求解减少为一或二的混合分数（守恒量）输运方程，而不解单个方程。所有热化学标量均唯一与混合分数有关。给定反应系统化学性质与化学反应，系统其他的特定限制，流场中任一点的瞬时守恒分数值可被用于计算每个组分摩尔分数、密度和温度值。紊流和化学的相互作用可以看作一个概率密度函数（PDF）。在迭代计算时直接计算得到平衡混合分数、混合变量、平均焓和平均标量耗散率。依据这些求得的值，根据之前获得的 PDF 查询表获得组分的平均质量分数、密度和温度，如图 6.25 所示。在该表中可设置平均混合分数点（Number of mean Mixture Fraction Point）、第二流动平均混合分数点（Number of secondary mean Mixture Fraction Point）、平均混合分数变化点（Number of Mixture Fraction Variance Point）、最多组分数量（Maximum Number of Species）、平均焓点（Number of mean Enthaply Point）、最小温度（Minimum Temperature）等。

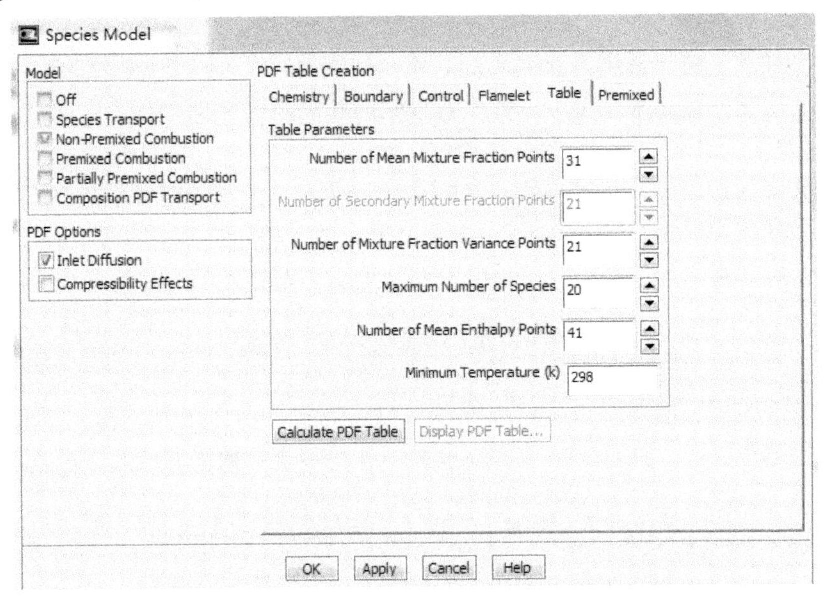

图 6.25　PDF 查询设置面板

另外，如果反应系统是绝热的，对于一个单一的燃料-氧化剂系统，质量分数、密度和温度的瞬时值仅依赖于瞬时混合分数f：

$$\phi_i=\phi_i(f) \tag{6.60}$$

如果包括一个次要流，瞬时值将依赖于瞬时燃料混合分数f_{fuel}和次要部分分数p_{sec}：

$$\phi_i=\phi_i(f_{\text{fuel}},p_{\text{sec}}) \tag{6.61}$$

在式（6.60）和式（6.61）中，ϕ_i代表瞬时组分质量分数、密度或温度。在非绝热系统的情况下，对于单一混合分数系统，这种关系概括为：

$$\phi_i=\phi_i(f,H^*) \tag{6.62}$$

式中，H^*为瞬时焓：

$$H^*=\sum_j m_j H_j=\sum_j m_j\left[\int_{T_{\text{ref},j}}^{T} c_{p,j}\mathrm{d}T+h_j^0(T_{\text{ref},j})\right] \tag{6.63}$$

如果包括次要流，

$$\phi_i = \phi_i(f_{\text{fuel}}, p_{\text{sec}}, H^*) \tag{6.64}$$

非预混模型可以做非绝热拓展，可以在如图 6.24 中选择非绝热（Non-Adiabatic）选项，如图 6.26 所示。许多反应系统包括通过对流和辐射换热对墙壁、小滴或者颗粒的传热。在这样的流动中，局部热化学状态不再仅与 f 有关，还与焓 H^* 有关。系统焓影响着化学平衡计算和反应后流动的温度。因此，当由混合分数计算标量时，必须考虑由于热损失引起的焓的变化。因而，标量依赖关系变为：

$$\phi_i = \phi_i(f, H^*) \tag{6.65}$$

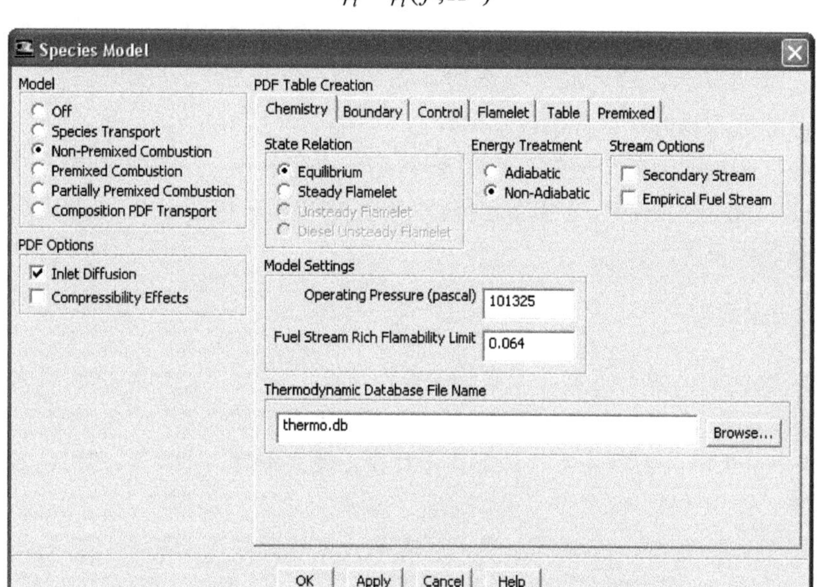

图 6.26　非预混燃烧模型平衡混合分数方法设置面板

式中，H^* 由方程（6.63）给定。在这样的非绝热系统中，应当利用一个联合概率密度函数 $p(f, H^*)$ 来考虑紊动脉动。然而，对多数工程应用来说，$p(f, H^*)$ 的计算不可行。通过假定焓的脉动独立于焓的水平可对问题可进行重要的简化。在这样的假设条件下，可再次得到 $p=p(f)$ 及

$$\overline{\phi_i} = \int_0^1 \phi_i(f, \overline{H^*}) p(f) \mathrm{d}f \tag{6.66}$$

因此，在非绝热系统中 $\overline{\phi_i}$ 的确定需要解时间平均焓的模拟输运方程：

$$\frac{\partial}{\partial t}(\rho \overline{H^*}) + \nabla \cdot (\upsilon \bar{v} \overline{H^*}) = \nabla \cdot \left(\frac{k_i}{c_p} \nabla \overline{H^*} \right) + S_{\text{h}} \tag{6.67}$$

式中，源项 S_{h} 考虑了对墙边界的辐射、传热以及与第二相之间的热交换。当系统包括次要流时，标量依赖关系变为：

$$\phi_i = \phi_i(f_{\text{fuel}}, p_{\text{sec}}, H^*) \tag{6.68}$$

平均值由式（6.69）计算：

$$\overline{\phi_i} = \int_0^1 \int_0^1 \phi_i(f_{\text{fuel}}, p_{\text{sec}}, \overline{H^*}) p_1(f_{\text{fuel}}) p_2(p_{\text{sec}}) \mathrm{d}f_{\text{fuel}} \mathrm{d}p_{\text{sec}} \tag{6.69}$$

如上所述，包括对墙的传热及辐射的系统需用 PDF 模型的非绝热扩展部分。另外，拥有不同入口温度的多燃料和氧化剂入口或者包括废气循环的系统需用非绝热模型。最后，在载有粒

子的流动中需用非绝热模型，因为载有粒子的流动含有对分散相的传热。

FLUENT 为模拟非预混平衡化学反应提供了两种不同方法。既可以选择单一混合分数法，也可以选择二混合分数法，取决于有多少个流。

1）单一混合分数法

为保持计算时间最小，非预混模型中多数计算通过在 FLUENT 模拟化学计算并进行 PDF 积分。在 PDF 中，化学模型用来连接假设的 PDF 分布以执行方程（6.68）中给定的积分。

2）二混合分数法

对二混合分数（次要流）的情况，PDF 计算温度、密度和组分质量分数的瞬时值，并将它们储存在查询表中。对用二混合分数的绝热情况，查询表包含作为燃料混合分数和次要流部分分数函数的$\overline{\rho}$，$\overline{T}$及$\overline{Y_i}$ 。对二混合分数的非绝热情况，三维查询表中包含作为燃料混合分数、次要流部分分数和瞬时焓函数的物理属性。

燃料混合分数和次要流部分分数的概率密度函数 p_1 和 p_2 分别由解出的混合分数及它们的变化量来在 FLUENT 中进行计算。计算属性平均值的 PDF 积分也在 FLUENT 完成。积分中需要的瞬时值从查询表中获得。

2．层流小火焰模型

层流小火焰模型把离散、定常层流火焰叫作小火焰，并用之近似模拟湍流火焰。层流火焰面模型的基本思想是把湍流扩散火焰看作层流对撞扩散火焰面的系统。该方法可以看作守恒标量 PDF 模型的一个扩展，它可用于处理非化学平衡状态的体系，即可以利用化学反应动力学的方法处理反应流。使用 PDF 将层流小火焰包含于湍流火焰中。层流小火焰近似法的优点在于能够将实际的动力效应融合在湍流火焰之中。层流小火焰法局限用于相对高速的化学反应中。在瞬间内，小火焰就能够对空气动力学应变有所反应。因此，这种模型就不能够充分表现如点火，熄火和 Nox 这一类反应速度缓慢的化学反应。

FLUENT 中所有运用小火焰模型在模型中只能单混合分数，且以经验为基础的气流不能用小火焰模型。小火焰模型认为湍流是由湍流流动区域内很薄局部一维的层流小火焰构成，用逆向扩散火焰来表示湍流小火焰中的层流火焰。

对于逆流扩散小火焰，典型的应变率可以定义如下：$a_s= v/2\ d$，v 是燃料和氧化剂的速度，d 是喷嘴口之间的距离。替代了使用应变率来量化非平衡偏离的方法以后，使用 χ 来表示标量耗散 χ 就很方便。标量耗散定义如下：

$$\chi = 2D\left|\nabla f\right|^2 \tag{6.70}$$

这里的 D 代表相对应的扩散系数。应当注意的是标量耗散项 χ 随小火焰的轴向变化。对于逆流结构而言，小火焰的应变率与混合分数 f 相关。

在物理上，当火焰变形时，反应区的宽度减小，在化学恰当比的位置（f=f_{st}）处 f 的梯度增加。那就用瞬间的标量耗散 χ_{st} 作为最主要的非平衡参数。其量纲是 s^{-1}，可以认为其是特征耗散时间的倒数。在 $\chi_{st} \to 0$ 的极限时，化学反应趋于平衡，随着 χ_{st} 的增加，非平衡性增加。当 χ_{st} 超过极值点时发生小火焰的局部淬息现象。

湍流火焰是以离散的层状小火焰为模型。因此，对于绝热系统，在小火焰模型中物质分数和温度完全是 f 和 χ_{st} 的函数，在湍流火焰中的温度和物质分数可以按式（6.71）确定：

$$\overline{\phi} = \int\int \phi(f, \chi_{st}) p(f, \chi_{st}) \mathrm{d}f\mathrm{d}\chi_{st} \tag{6.71}$$

ϕ是典型标量，如物质分数，温度，密度等。在 PDF 中，假定 f 和 χ_{st} 在统计学上相互独立，因此相关的 $p(f,\chi_{st})$ 表达式就可以简化为 $p(f)p(\chi_{st})$。认为 β-PDF 形式是 $p(f)$，而在 FLUENT 中用关于 $\overline{f}$ 和 $\overline{f'^2}$ 和的运输方程来确定 $p(f)$.。在双 δ-PDF 中，和 β-PDF 一样，假定 $p\chi$ 由其前面两个力矩确定。第一力矩即平均标量耗散 $\overline{\chi_{st}}$ 在 FLUENT 中的定义如下：

$$\overline{\chi_{st}} = \frac{C_\chi \varepsilon \overline{f'^2}}{k} \tag{6.72}$$

假定 C_χ 是值为 2 的常数。在 PDF 中，定义标量耗散方差为常数。在实际运用中可以忽略标量耗散的脉动。但值得注意，沿着标量耗散坐标方向，若使用非零的标量耗散系数可以得到更加平滑的曲线。

对于层流小火焰模型适合预测中等强度的非平衡化学反应的紊流火焰，不适用于反应速度缓慢燃烧的火焰。通过 Define→Models→Species Mode 打开面板中的非预混燃烧模型（Non-Premixed Combustion），选择定常火焰（Steady Flamelet），如图 6.27 所示。单击 Import CHEMKIN Mechanism 导入 CHEMKIN 格式的化学反应机理文件，再在 Flamelet 选项卡设置火焰参数。

需要注意的是，CHEMKIN 格式的化学反应机理文件是由 CHEMKIN 软件生成的，这里不介绍 CHEMKIN 软件的使用方法。

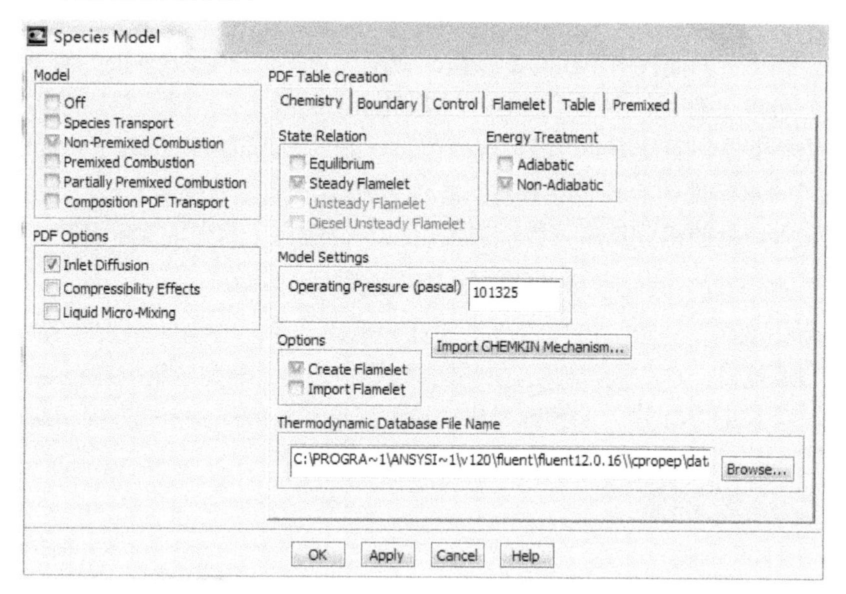

图 6.27　非预混燃烧模型稳态层流火焰方法设置面板

3．非预混燃烧模型的使用方法

对于非预混燃烧模型使用主要分为以下几个步骤：

（1）启动 FLUENT 并读入网格文件。

（2）激活非预混燃烧模型。

打开非预混燃烧模型之前，必须通过 Define→Models→Viscous 命令开启需要的湍流模型。

如果模型是非绝热，也应该通过 Define→Models→Energy 命令开启使传热模型，然后在任何其他模拟输入（如设置边界条件或属性）前，应该打开非预混燃烧模型，因为激活该模型将影响到在随后的工作中如何请求其他输入。通过 Define→Models→Species Mode 命令打开面板中的非预混燃烧模型（Non-Premixed Combustion）面板，如图 6.28 所示。

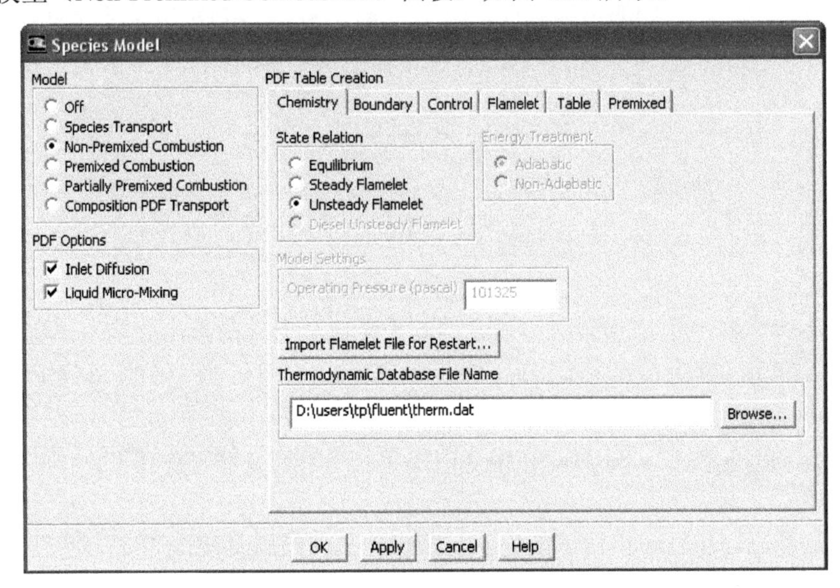

图 6.28　非预混燃烧模型设置面板

当在组分（Species）面板中单击 OK 按钮，弹出选择文件（Select File）对话框，提示必须生成或读入一个 PDF 文件。读入后，FLUENT 将提示已经改变了一些材料属性。

（3）定义边界条件。当使用非预混燃烧模型时，通过 Define→Boundary Conditions→Edit 命令可以定义入口和出口处的流体边界条件（速度或压力，湍流强度等）。使用非预混燃烧模型时，不需要定义入口处的组分质量分数，需要定义入口边界上的平均混合分数 $\overline{f}$ 和混合分数变化变量 $\overline{f'^2}$ 的值。这些输入为这些量解的守恒方程提供边界条件。

如果模型为非绝热，应该自流体入口热（Thermal）选项卡中输入温度（Temperature）。当 PDF 中需要入口温度时，这些输入被用在构建查询表中。另外材料也需要进行定义。

（4）求解。在 FLUENT 中，非预混燃烧模拟进程最后求解混合分数方程和流动方程。

6.2.4　预混燃烧模型

FLUENT 可以处理基于反应过程参数方法的预混湍流燃烧模型。在预混燃烧中，燃料和氧化剂在点火之前进行分子级别的混合。火焰前锋传入未燃烧的反应物产生燃烧。预混燃烧的例子有吸气式内燃机，稀薄燃气轮机的燃烧器等。

预混燃烧比非预混燃烧更难以模拟。原因在于预混燃烧通常作为薄层火焰产生，并被湍流拉伸和扭曲。火焰传播的整体速率受层流火焰速度和湍流涡旋控制。层流火焰速度由物质和热量逆流扩散到反应物并燃烧的速率决定。为得到层流火焰速度，需要确定内部火焰结构及详细的化学动力学和分子扩散过程。湍流的影响是使传播中的层流火焰层皱折、拉伸，增加了薄层的面积，并因此提高了火焰速度。大的湍流涡使火焰层皱折，而小的湍流涡，如果它们比层流

火焰的厚度还小，将会穿过火焰层并改变层流火焰结构。与之相比，非预混燃烧可以极大地简化为一个混合问题。预混燃烧模拟的要点在于捕获湍流火焰速度，它受层流火焰速度和湍流的影响。

在预混火焰中，燃料和氧化剂在进入燃烧设备之前已经紧密混合。反应在燃烧区发生，这一区域将未燃烧的反应物和燃烧产物隔开。部分预混火焰具有预混合扩散火焰两方面的性质。它们发生在有额外的氧化剂或燃料气流进入预混系统，或是当扩散火焰离开燃烧器以在燃烧前产生某些预混的情况。如果火焰是完全预混合的，则只有一股具有单一混合比的气流进入燃烧器，可以使用预混燃烧模型。

在使用预混燃烧模型时有以下限制：

✧ 必须使用非耦合求解器。

✧ 预混燃烧模型只对湍流、亚音速模型有效。

✧ 预混燃烧模型不能和污染物模型一起使用，但完全预混系统可以用部分预混模型模拟。

✧ 不能用预混燃烧模型模拟反应的离散相粒子。只有惰性粒子可以使用预混燃烧模型。

湍流预混燃烧模型基于 Zimont 等人的工作，涉及求解一个反应过程变量的输运方程。这一方程的封闭基于湍流火焰速度的定义。

1. 火焰前锋的传播

在许多工业预混系统中，燃烧发生在一个非常薄的火焰层中。当火焰前锋移动时，未燃的反应物燃烧，变为燃烧产物。因此预混燃烧模型用火焰层将反应的流场分为已燃物区和未燃物区。反应的传播等同于火焰前锋的传播。

火焰前锋传播的模拟通过求解一个关于标量 c 的输送方程，c 为（Favre 平均）反应进程变量。

$$\frac{\partial}{\partial t}(\rho c)+\nabla^*(\rho\vec{v}c)=\nabla^*\left(\frac{\mu_t}{S_{Ct}}\nabla c\right)+\rho S_{Ct} \tag{6.73}$$

其中，c 为反应进程变量；S_{ct} 为梯度湍流流量的施密特数；S_c 为反应进程源项（s^{-1}）。进程变量定义为：

$$c=\frac{\sum_{i=1}^{n}Y_i}{\sum_{i=1}^{n}Y_{i.\mathrm{ad}}} \tag{6.74}$$

其中，n 为产物数量，Y_i 为第 i 种物质的质量分数，$Y_{i,\mathrm{ad}}$ 为经过绝热完全燃烧后第 i 种物质的质量分数。根据这一定义，混合物燃烧前 $c=0$；混合物燃烧后 $c=1$。在所有的流动入口，将 c 定义为边界条件，或者为 0，或者为 1。

2. 湍流火焰速度

预混燃烧模型的关键是 U_t，即垂直于火焰表面的湍流火焰速度的预测，湍流火焰速度受层流火焰速度影响，因此由燃料浓度、温度和分子扩散性质及化学动力学决定。大涡引起的火焰前锋皱折和拉伸，小涡引起的火焰前锋加厚。

在 FLUENT 中，通过起皱和加厚了的火焰前锋的模型来计算湍流火焰速度：

$$U_t = A(u')^{3/4} U_l^{1/2} \alpha^{-1/4} l_t^{1/4} = Au'(\frac{\tau_t}{\tau_c})^{1/4} \tag{6.75}$$

其中，A 为模型常数，u' 为均方速度（m/s），U_L 为层流火焰速度（m/s）；$\alpha = k / \rho c_p$ 为未燃混合物的摩尔传热系数（热扩散）（m²/s）；l_t 为湍流长度尺度；$\tau_t = l_t / u'$ 为湍流时间尺度（s）；$\tau_c = \alpha / U_l^2$ 为化学反应时间尺度。

湍流长度尺度 τ_t 可以由式（6.76）计算，其中 ε 为湍流耗散速率：

$$l_t = C_D \frac{(u')^3}{\varepsilon} \tag{6.76}$$

模型基于火焰团内小尺度湍流平衡假定，得出一个只与大尺度湍流参数有关的湍流火焰速度表达式。推荐 A 的默认值为 0.52，对于大多数预混火焰都是适合的。默认的 C_D 值为 0.37，对于大多数预混火焰也是适合的。

当流动中最小的湍流涡（Kolomogrov 尺度）小于火焰厚度并穿过火焰区时，这一模型确实是适用的，这称为反应区、燃烧区，并且可以用 Karlovitz 数 K_a 来数量化，K_a 大于 1，定义为：

$$K_a = \frac{t_l}{t_\eta} = \frac{v_\eta^2}{U_l^2} \tag{6.77}$$

其中，t_l 为火焰特征时间尺度，t_η 为最小（Kolomogrov 尺度）湍流时间尺度，$v_\eta = (v\varepsilon)^{1/4}$ 为 Kolomogrov 速度，υ 为动力黏度。模型对于火焰扫过的宽度随时间增加的预混系统是有效的，常见于工业燃烧器中。

对于使用 LES 湍流模型的模拟，湍流火焰速度表达式（6.78）中的雷诺平均量用它们等价的亚网格量来替代。特别是大涡长度尺度 l_t 的模型为：

$$l_t = C_S \varDelta \tag{6.78}$$

式中，C_s 为 Smagorinsky 常数，$\varDelta$ 为单元特征长度。方程（6.77）中的 RMS 速度用亚网格速度波动代替，按式（6.79）计算：

$$u' = l_t \tau_{\text{ags}}^{-1} \tag{6.79}$$

式中，τ_{ags} 为亚网格尺度混合速率（时间尺度）。

由于工业上低排放的燃烧器常工作在接近稀薄吹熄极限附近，火焰拉伸将对平均湍流热释放强度具有重要的影响。为了将这种火焰拉伸考虑进去，进程变量的源项乘一个拉伸因子 G。这个拉伸因子表示了拉伸不会使火焰淬熄的可能性；如果没有拉伸（G=1），火焰不会淬熄的可能性为 1。拉伸因子可以通过积分湍流扩散速率 ε 的自然对数分布得到。

$$G = \frac{1}{2}\text{erfc}\left\{-\sqrt{\frac{1}{2\sigma}}\left[\ln\left(\frac{\varepsilon_{cr}}{\varepsilon}\right) + \frac{\sigma}{2}\right]\right\} \tag{6.80}$$

式中，erfc 是补充误差函数，σ 为 ε 分布的标准差。

$$\sigma = \mu_{\text{str}} \ln\left(\frac{L}{\eta}\right) \tag{6.81}$$

式中，μ_{str} 为耗散脉动的拉伸因子系数，L 为湍流积分长度尺度，η 为 Kolmogorov 微尺度。μ_{str} 的默认值为 0.26，对于大多数预混合火焰都适用。ε_{cr} 为在应力处于临界变化率时的湍流耗散速率。

$$\varepsilon_{\mathrm{cr}}=15vg_{\mathrm{cr}}^{2} \tag{6.82}$$

默认时，g_{cr} 设置为一个很大的值（1×10^{8}），以不产生火焰拉伸。为了包含火焰拉伸效应，应力的临界变化速率 g_{cr} 需要根据燃烧器的实验数据进行调整。数值模型能推荐一个物理上合理值的范围，或者通过实验数据确定一个适当的值。关于临界应力变化速率 g_{cr} 的一个合理模型如下：

$$g_{\mathrm{cr}}=\frac{BU_{l}^{2}}{\alpha} \tag{6.83}$$

式中，B 为常数（典型值为 0.5），α 为热扩散系数。方程（6.92）可以通过使用适当的用户定义函数在 FLUENT 中执行。

火焰前锋的容积扩张可以导致向反梯度方向扩散。这种效应在反应物的密度与产物的密度比值很大且湍流强度很小时更加显著。它可以用比值 $(\rho_u/\rho_b)(U_l/I)$ 数量化，其中 ρ_u、ρ_b、U_l 和 I 分别为未燃物密度、已燃物密度、层流火焰速度和湍流强度。这一比值比 1 大表明具有反梯度方向扩散的趋势，且预混燃烧模型可能是不适当的。

根据以上的理论，FLUENT 将求解关于反应进程变量 c 的输送方程，计算源项 ρS_c：

$$\rho S_c=AG_{\rho u}I^{3/4}\left[U_l(\lambda_{\mathrm{IP}})\right]^{1/2}\left[\alpha(\lambda_{\mathrm{IP}})\right]^{-1/4}l_t^{1/4}\left|\nabla c\right|=AG_{\rho u}I\left[\frac{\tau_t}{\tau_C(\lambda_{\mathrm{IP}})}\right]^{1/4}\left|\nabla c\right| \tag{6.84}$$

3．温度及密度的计算

温度的计算依赖于模型是绝热还是非绝热。

对于绝热预混燃烧模型，温度假定为在未燃混合物的温度 T_u 和绝热条件下燃烧产物的温度 T_{ad} 之间线性变化：

$$T=(1-c)T_u+cT_{\mathrm{ad}} \tag{6.85}$$

对于非绝热预混燃烧模型，FLUENT 求解能量输送方程以考虑系统中的所有损失或获得的热量。这些损失/获得可以包括在化学反应产生的热源或辐射产生的热损失中。对于完全预混的燃料，以焓 h 表示的能量方程如下：

$$\frac{\partial}{\partial t}(\rho h)+\nabla\cdot(\rho\vec{v}h)=\nabla\cdot\left(\frac{k+k_t}{S_{\mathrm{C}tC_p}}\nabla h\right)+S_{\mathrm{h,chen}}+S_{\mathrm{h.rad}} \tag{6.86}$$

$S_{\mathrm{h,rad}}$ 表示由于辐射导致的热损失，$S_{\mathrm{h,chem}}$ 表示由于化学反应得到的热量。

$$S_{\mathrm{h,chen}}=\rho S_c H_{\mathrm{comb}}Y_{\mathrm{fuel}} \tag{6.87}$$

其中，S_c 为归一化的平均产物形成速率（s^{-1}）；H_{comb} 为 1kg 燃料燃烧产生的热量（J/kg）；Y_{fuel} 为未燃混合物中燃料质量分数。

当使用预混燃烧模型时，FLUENT 用理想气体定律计算密度。对于绝热模型，忽略压力的变化，并且假定平均分子质量是常数，这样燃烧的气体密度可以按以下关系计算：

$$\rho_b T_b=\rho_u T_u \tag{6.88}$$

其中，下标 u 代表未燃烧的冷混合物，下标 b 表示燃烧的热混合物。需要的输入有未燃烧的密度（ρ_u），未燃烧的温度（T_u）和燃烧后的绝热火焰温度（T_b）。

对于非绝热模型，可以选择在理想气体状态方程中包括或不包括压力的变化。如果选择忽略压力波动，FLUENT 按式（6.89）计算密度：

$$\rho_b T_b = \rho_u T_u \tag{6.89}$$

其中 T 从能量输送方程（6.8）计算得到。需要的输入包括未燃烧的密度（ρ_u），未燃烧的温度（T_u）。需要注意的是，根据不可压缩理想气体方程，表达式 $\rho_u R T_u / p_{\rm op}$ 可以视为气体的有效分子质量，其中 R 为气体常数，$p_{\rm op}$ 为工作压力。如果希望对可压缩气体包括压力波动，将需要输入气体的有效分子质量，密度可以从理想气体状态方程计算。

4. 使用预混燃烧模型

本小节将列出设置和求解预混燃烧模型的过程并详细叙述。只有与预混燃烧模型有关的步骤才在这里列出。其他和预混燃烧模型一起使用的模型输入需要参见这些模型的相应章节。如果对计算区域中单个物质的浓度感兴趣，可以使用部分预混模型。这样未燃和燃烧后混合物的组成将通过使用平衡或反应动力学计算得到的外部分析得到。

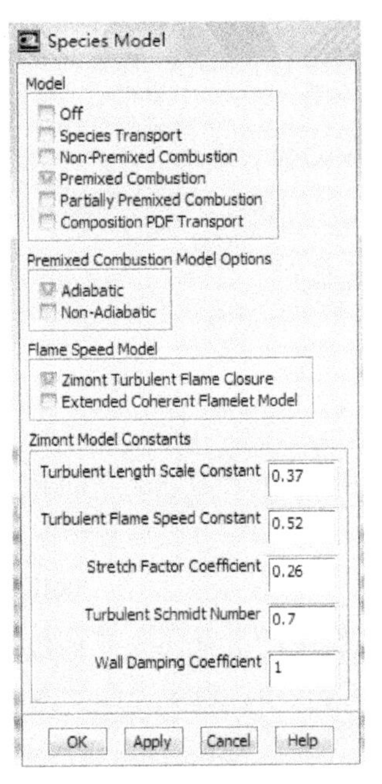

图 6.29 预混燃烧模型设置面板

为选定预混燃烧模型，可以在组分面板（Species）中的模型（Model）里选择预混燃烧（Premixed Combustion），当打开 Premixed Combustion 后，面板将扩展以显示相关输入，如图 6.29 所示。

在组分面板（Species）的预混燃烧模型（Premixed Combustion Model）下，选择绝热（Adiabatic）或非绝热（Non-Adiabatic），选择将只影响确定温度的计算方法。

通常，不需要修改预混燃烧理论章节中给出方程中的常数。默认值对于很宽广范围内的预混燃烧都是适用的。但如果希望对模型常数做某些修改，可以在组分面板（Species）中的模型常数（Model Constants）中找到并修改。

可以设置湍流长度尺度常数（Turbulence Length Scale Constant，方程（6.75）中的 $C_{\rm D}$），湍流火焰速度常数（Turbulence Flame Speed Constant，方程（6.75）中的 A），拉伸因子系数（Stretch Factor Coefficient，方程（6.80）中的 $\mu_{\rm str}$）和湍流施密特数（Turbulent Schmidt Number，方程（6.72）中的 $S_{\rm ct}$）。对于非绝热预混燃烧模型，注意指定的湍流 Schmidt 数也将被用为能量的 Prandtl 数。这些参数控制进程参数和能量扩散的水平。由于进程参数与能量密切相关，输送方程采用相同的扩散水平非常重要。

域中的流体材料将被分配为燃混合物的属性，包括摩尔传热系数（方程（6.74）中的 α），它常被称为热扩散系数，α 定义为 $k/\rho c_p$ 及标准状态时的值，这些值可以在燃烧手册中找到。

对于绝热和非绝热模型，都需要指定层流火焰速度 U_l 作为材料属性。如果希望在模型中包括火焰拉伸效应，将还需要指定临界应力速率 $g_{\rm cr}$。$g_{\rm cr}$ 默认时设定为一个很大的值（1×10^8），因而没有火焰拉伸出现。为了包括火焰拉伸效应，需要根据燃烧器的实验数据调整临界应力速率。由于火焰拉伸和火焰熄灭能影响湍流火焰速度，精确的预测需要一个临界应力速率的理想值。

对于绝热模型，还需要指定燃烧产物的绝热温度 T_{ad}，即在绝热条件小于燃烧产物的温度。这一温度将被用于在绝热预混燃烧计算中确定温度的先行变化，可以指定一个常数或由用户定义函数。

对于非绝热模型，需要指定单位质量燃料的燃烧热 H_{comb} 和未燃燃料分数 Y_{fuel}。FLUENT 将使用这些值计算热损失或燃烧产热，并将这些损失/获得包括在计算温度的能量方程中。燃烧热（Heat of Combustion）只能指定为常数，但未燃燃料分数（Unburnt Fuel Mass Fraction）可以指定为常数或函数。

为指定预混燃烧模型中的密度，在密度（Density）的下拉列表中选择预混燃烧，并设置未燃反应物的密度 ρ_u 和未燃反应物的温度 T_u（Temperature of Unburnt Reaction）。对于绝热预混模型，在未燃反应物温度中的输入还将用于计算温度。

其他未燃混合物的指定属性有黏度、比热容、热导率及其他与和预混燃烧模型联合使用的模型有关的参数。

对于预混燃烧模型，将需要在流动入口和出口设置附加的边界条件：进程变量 c，有效的进程变量为：c=0：未燃混合物；c=1：燃烧后的混合物。

通常，将进程变量 c 处初始化设置为 1（燃烧后），并允许未燃混合物（$c=0$）从入口进入燃烧域将火焰吹回稳定器，已经足够。另一种更好的初始化方法是在火焰保持器的上游插入一个初始值 0（未燃），在下游区域插入一个值 1（已燃）（已经在求解初始化 Solution Initialization 面板中初始化了流动场）。

FLUENT 提供了几个预混燃烧计算的附加报告选项。可以产生以下项的图形或文字、数字报告：进程变量、Damkohler 数、拉伸因子、湍流火焰速度、静态温度、产物形成速率、层流火焰速度、临界应力速率、未燃燃料质量分数、绝热火焰温度等。变量包含在预混燃烧（Premixed Combustion）中，即后处理面板中出现的变量选择下拉列表栏。静态温度和绝热火焰温度只有在绝热预混燃烧计算时才在预混燃烧（Premixed Combustion）栏中出现；对于非绝热计算，静态温度将出现在温度（Temperature）栏中。未燃燃料质量分数（Unburnt Fuel Mass Fraction）将只在非绝热模型中出现。

6.2.5 部分预混燃烧模型

FLUENT 提供了模拟部分预混燃烧的模型，它是基于 6.2.3 节讲述的非预混燃烧模型和 6.2.4 节讲述的预混燃烧模型。

部分预混燃烧系统是带有不均匀燃料和氧化剂混合物的预混燃烧火焰。这种部分预混火焰的情形（如预混的混合物喷射到静止的大气中）带有扩散引导火焰或者冷却气喷嘴的贫油预混燃烧，以及不完整的混合进口的贫油预混燃烧室。

FLUENT 提供的部分预混模型是非预混模型和预混模型的简单结合。预混反应进度变量 c 决定火焰前锋的位置。在焰锋后（c=1）混合物是燃尽的，所以采用平衡或者其他的求解方案；在焰锋（c=0）前，组分质量分数、温度、密度通过未燃烧混合物计算。火焰内部（$0<c<1$）未燃物和已燃物采用线性处理。

将非预混合预混模型的基本理论、假设及各自的局限直接应用于部分预混模型，单一混合

分数方法只适用于两个进口的情况，这两进口可以是纯燃料、纯氧化剂，或者燃料和氧化剂的混合物。在二混合分数模型的情况下，进口数目限制延展到三个，但是将带来较大的计算量。

部分混合模型通过求解一个输运方程来求平均反应进度$\bar{c}$和混合物组分方程$\overline{f}$和$\overline{f'^2}$以决定焰峰的位置。火焰前方（c=0）燃料和氧化剂是混合的但未燃烧，火焰后边（c=1）混合物是燃尽了的。

平均标量（如组分质量、温度和密度）用$\overline{\phi}$表示，通过计算f和c的概率密度函数（PDF）求得：

$$\overline{\phi} = \int_0^1 \int_0^1 \phi(f,c)p(f,c)\mathrm{d}f\mathrm{d}c \tag{6.90}$$

在薄火焰的假设下，于是只有未燃反应物和已燃产物存在，平均标量取决于：

$$\overline{\phi} = \overline{c}\int_0^1 \phi_b(f)p(f)\mathrm{d}f + (1-\overline{c})\int_0^1 \phi_u(f)p(f)\mathrm{d}f \tag{6.91}$$

这里下标b和u分别表示已燃和未燃。已燃部分的标量ϕ_b是混合物的函数，通过组分燃料质量f和氧化剂质量（1–f）使混合物平衡。当非绝热混合物或考虑层流的时候，ϕ_b依然是热焓和应力的函数，但是这并不改变基本公式。未燃部分的标量ϕ_u通过组合燃料质量f和氧化剂质量1–f来计算，但是混合物没有反应。

在未燃混合物里忽视了湍流波动和非绝热的影响，所以平均未燃物的标量$\overline{\phi_u}$只是$\overline{f}$的函数。这些假设对大多数部分预混燃料流动是有效的，做这些假设是为了减少内存需求。未燃物的密度、温度、组分质量百分数、比热容和热扩散在PDF里面用最小二乘法拟合成$\overline{f}$的三阶多项式：

$$\overline{\phi_u} = \sum_{n=0}^{3} C_n \overline{f}^n \tag{6.92}$$

由于未燃物标量是平滑变化，并且是$\overline{f}$的缓慢变化函数，这些多项式拟合通常很精确。在PDF里面，用户也可以改变这些多项式。

1. 层流火焰速度

反应进度模型需要层流火焰速度，层流火焰速度取决于混合物组分、温度及压力。对很好的预混合系统，反应流有一种混合物，层流火焰速度在整个火焰域里近似为常数。然而，在部分预混系统里，层流火焰传播速度将随着反应混合物的变化而变化。

精确的层流火焰速度理论上很难确定，通常是通过试验或者一维模拟计算出来。PDF使用拟合曲线Goyygens来获得层流火焰速度。这些曲线是为氢气、甲烷、乙炔、乙烯、乙烷和丙烷燃烧火焰设计的。进口油气比从贫油极限到化学恰当比、未燃物温度298～800K，压力从1～40bar的情况下，这些假设都是有效的。PDF把曲线拟合成为分段线性多项式。富油极限和贫油极限下的油气比也可以确定，并转化为混合物百分比。混合物如果比贫油极限更贫油或者比富油极限更富油的话，将不会燃烧，将出现0火焰速度。这要求输入数值10倍层流火焰速度。层流火焰速度的最小和最大极限$\overline{f}$就是输入的第一个和最后一个$\overline{f}$数值。这些火焰速度对于燃料是纯H_2，CH_4，C_2H_2，C_2H_4，C_2H_6和C_3H_8等是比较精确的。如果氧化剂不是空气或者有其他的燃料，那么这种曲线拟合是不正确的。虽然PDF缺损是甲烷空气混合物，层流火焰速度多项式在富油或者贫油状态下可能不正确。

2．使用部分预混燃烧模型

设置和求解部分预混燃烧问题，结合部分非预混合部分预混的设置。之前的描述给出了这个过程的大致轮廓，同时还有相应的细节到预混合非预混章节去查询相关信息。部分预混燃烧模型的特殊的输入在下面介绍。

（1）用 FLUENT 生成一个 PDF 的查询表。如果 PDF 有警告，在查询计算阶段，任何关于计算层流火焰速度的函数、计算未燃密度、温度、比热容和热扩散率的参数，超出范围的参数都是有效的，必须在保存 PDF 文件前改变多项式系数或者分段线性点的系数。

（2）到 FLUENT 中网格文件将读入，并设置好其他计划采用的与部分预混燃烧模型相关的模型（湍流、辐射等）

（3）激活部分预混燃烧模型，需要打开设置（Define）中的模型（Models），选择组分输运模型（Species Model）面板里的部分预混燃烧（Partially Premixed Combustion）模型。如果必要，改变 Species Model 面板里的模型常数（Model Constants）。这些对于预混燃烧模型来说是永恒的常数，在很多情况下，不必改变它们的默认值。单击 Species Model 面板上的 OK 按钮，指定包含在 PDF 里生成的查询图表的文件名，并把它读入 FLUENT，如图 6.30 所示。

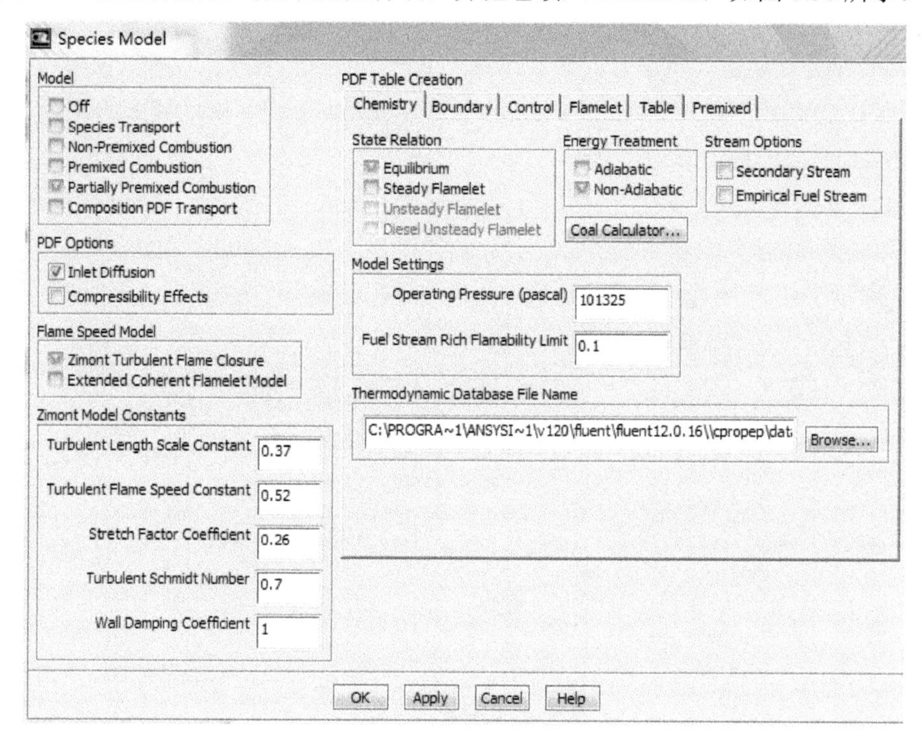

图 6.30　部分预混燃烧模型设置面板

（4）定义计算域内未燃物质的物理特性，FLUENT 将自动为层流火焰速度选择 PDF-polynomial 函数，指示 PDF 查询表的分段线性多项式函数，用来计算层流火焰速度。

（5）设定进出口的火焰进度变量、平均混合物百分数（ $\overline{f}$ ）和其变异（ $\overline{f'^2}$ ）。（对于那些包含多个进口的，必须为平均次要进口部分分数定义边界条件及其变异量）。

（6）初始化进展变量。

（7）求解物理问题并执行后处理。

另外各个选项为：入口扩散（Inlet DIffusion）；考虑压缩影响（Compressibility Effect，默认开启）；选择 Zimont 湍流火焰关闭模型（Zimont Turbulent Flame Closure，默认开启）；选择扩展连续火焰模型（Extended Coherent Flamelet Model）等。根据具体情况进行选择，一般为默认值即可。

6.2.6 组分概率密度输运燃烧模型

PDF 组分输运燃烧模型类似于层流优先速率和 EDC 模型，适用于模拟有限速率的湍流化学动态效应。PDF 组分输运燃烧模型采用适当的化学机理，通过动力学控制组分来预测如 CO 和 NO_x 等的火焰点燃和消失。PDF 组分输运燃烧模拟需要消耗较大的计算资源，推荐最好使用二维较小数量的网格。PDF 组分输运燃烧模型必须采用基于压力的求解器。

ANSYS FLUENT 对于 PDF 组分输运燃烧模型有两种离散型方法，分别是拉格朗日（Lagrangian）和欧拉（Eulerian）方法。拉格朗日方法比欧拉方法更加直接和精确，但是需要消耗更多的计算时间来达到收敛。

使用 PDF 组分输运燃烧模型时需要求解多种组分方程和能量方程，可以采用三种混合模型（Mixing Model）方法求解概率密度方程组，分别是 Modified Curl、IEM 和 EMST 模型，一般采用默认的 Modified Curl 模型即可。

激活 PDF 组分输运燃烧模型，需要打开设置（Define）中的模型（Models），选择组分输运模型（Species Model）面板里的 PDF 组分输运燃烧（Composition PDF Transportation）模型，如图 6.31 所示。由于 PDF 组分输运燃烧模型并不成熟并且消耗巨大，在此不进行详细讲解，有兴趣的读者可以查阅相关文献。

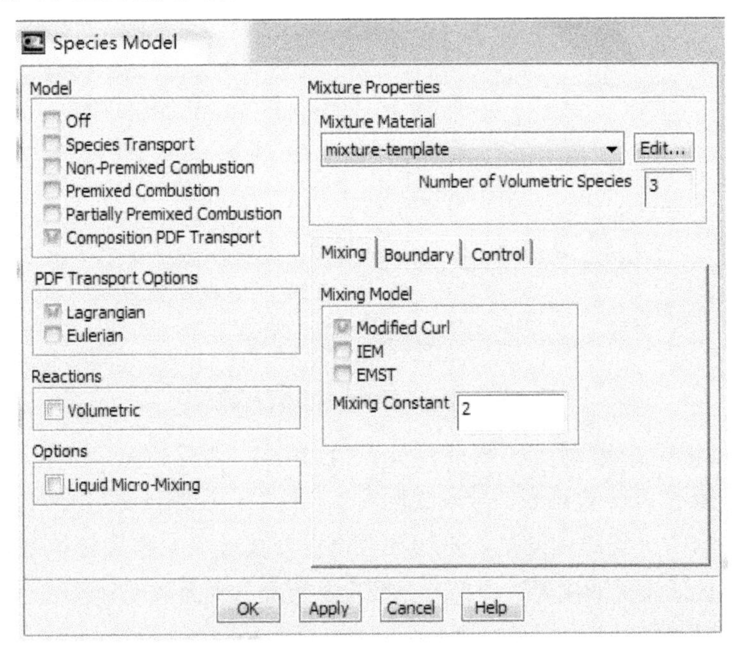

图 6.31　PDF 组分输运燃烧模型设置面板

6.3 污染物模型

FLUENT 中提供污染物形成模型，本节讨论 NO_x 的形成，烟灰的形成。

6.3.1 NO_x 模型

NO_x 主要由 NO 所组成，此外还包括少量的 NO_2 和 N_2O。其中，NO 是造成光化学烟雾、酸雨及臭氧空洞的主要元凶。FLUENT 提供了 NO_x 产生的如下反应机理：

- ✧ 热力 NO_x（Thermal NO_x）- Zeldovich 机理（大气中 N 的氧化产物），在高温条件下，该机理很重要。
- ✧ 快速 NO_x（Prompt NO_x）Fenimore 机理，该机理对 NO_x 的生成贡献相对较小，但在富燃料区却很重要。
- ✧ 燃料 NO_x（Fuel NO_x）经 De Soete，Williams 等人发展的经验机理（燃料中含 N 组分的氧化产物），在富含 N 的煤燃烧过程中占主要地位（燃烧温度通常较低）。
- ✧ 化学再燃烧 NO_x（NO_xReburn Chemistry）通过在富燃料区使 NO 与碳氢化合物发生反应以减少 NO_x 的化学反应过程。

1. NO_x 模型理论

在 FLUENT 中将求解 NO_x 的输运方程，对 Thermal NO_x 机理和 Prompt NO_x 机理，仅仅求解 NO 的输运方程：

$$\frac{\partial}{\partial t}(\rho Y_{NO})+\nabla\cdot(\rho\vec{v}Y_{NO})=\nabla\cdot\left(\rho D\nabla Y_{NO}\right)+S_{NO} \tag{6.93}$$

对 Fuel NO_x 机理，除求解上述方程外，还要求解与 NO 生成密切相关的组分 NH_3 和 HCN 的输运方程：

$$\frac{\partial}{\partial t}(\rho Y_{\mathrm{HCN}})+\nabla\cdot(\rho\vec{v}Y_{\mathrm{HCN}})=\nabla\cdot\left(\rho D\nabla Y_{\mathrm{HCN}}\right)+S_{\mathrm{HCN}} \tag{6.94}$$

$$\frac{\partial}{\partial t}(\rho Y_{\mathrm{NH_3}})+\nabla\cdot(\rho\vec{v}Y_{\mathrm{NH_3}})=\nabla\cdot\left(\rho D\nabla Y_{\mathrm{NH_3}}\right)+S_{\mathrm{NH_3}} \tag{6.95}$$

湍流流动 NO 的生成中还要考虑湍流和化学反应之间的相互作用，为此，FLUENT 求解密度加权的时均 NS 方程以求解温度、速度和组分（或平均混合物分数）。为计算 NO 的生成速率，要利用平均流场的信息求计算区域内每点的时均 NO 生成速率，可以采用 PDF 的方法。

对单变量：

$$\overline{S}_{\mathrm{NO}}=\int S_{\mathrm{NO}}(V_1)P_1(V_1)\mathrm{d}V_1 \tag{6.96}$$

对双变量：

$$\overline{S}_{\mathrm{NO}}=\iint S_{\mathrm{NO}}(V_1,V_2)P_1(V_1,V_2)\mathrm{d}V_1\mathrm{d}V_2 \tag{6.97}$$

相同的处理也适用于 NH_3 和 HCN。

在层流火焰中，在湍流火焰的分子级别中 NO_x 的形成可以分为四个不同的化学动能过程：

热力型 NO_x 的形成、快速型 NO_x 的形成、燃料型 NO_x 的形成、回燃。

热力型 NO_x 是通过氧化燃烧空气中的氮气形成的。快速 NO_x 是通过在火焰前锋面的快速反应形成的，而燃料型 NO_x 是通过氧化燃料中的氮形成的。回燃机制通过 NO 和碳氢化合物的反应减少了总的 NO_x 的形成。FLUENT 中的 NO_x 模型能够模拟所有这四个过程。

2. 使用 NO_x 模型

燃烧系统中生成的 NO_x 浓度通常较低，因此，NO_x 化合物对预测流场，温度和主燃烧产物浓度几乎不产生影响。使用 NO_x 模型的最有效的方式就是作为主燃烧计算的后续计算。

通过命令 Define→Models→Species（Species Model）打开物质输运模型面板“开始”，然后打开 NO_x 模型，弹出如图 6.32 所示的对话框。通常使用 FLUENT 计算的程序如下所述。

（1）计算获得已经收敛的燃烧问题结果。

（2）激活所需的 NO_x 模型。

（3）设置模型参数。

（4）计算至收敛。

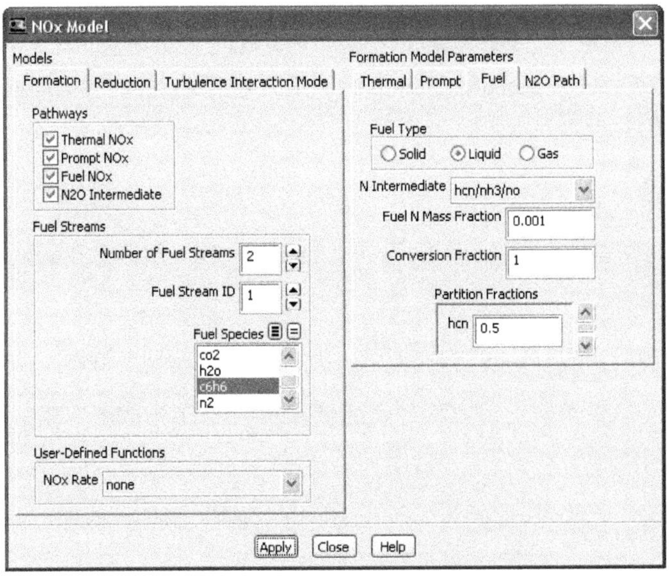

图 6.32　激活 NO_x 模型面板

模型参数设置中可以选择热力型（Thermal NO_x）、快速型（Prompt NO_x）、燃料（fuel NO_x）及有/没有再烧模型（N20 intermediate）。对于燃料型 NO_x 模型，首先需要在燃料 NO 参数设置面板下指定燃料的类型；对于气体燃料 NO_x，在燃料类型下选择气体；对于液体燃料 NO_x，在燃料类型下选择液体；对于固体燃料 NO_x，在燃料类型下选择固体。对于 NO_x 再烧模型不用给定很特别的参数。用这个模型，必须确信在问题定义中包括了 CH，CH_2 和 CH_3。计算给定 NO 形成时，如果考虑湍流的波动，在湍流相互作用模型（Turbulence Interaction Models）的 PDF 模型下拉列表中选择一个选项。选择温度，考虑温度波动的影响。选择温度/组分，考虑在组分下拉列表选择组分的温度和质量分数波动的影响。选择组分 1/组分 2，考虑在组分 1 和组分下拉列表中选择的两组分质量分数波动的影响。选择混合物分数，考虑混合物分数波动的影响。

6.3.2　烟模型

通过命令 Define→Models→Species（Species Model）打开物质输运模型面板“开始”，然后打开烟（soot）模型，弹出如图 6.32 所示的对话框。

FLUENT 提供了烟生成的四种模型：

Khan 和 Greeves 的单步模型（One-step model）。

Tesner 的两步模型（Two-Step model）。

Moss-Brookes 模型（Moss-Brookes Model）。

Moss-Brookes-Hall 模型（Moss-Brookes-Hall Model）。

图 6.33 中所有的参数在 FLUENT 中的烟模型（Soot Model）面板中均可以改变，各参数的意义参见前面的介绍。

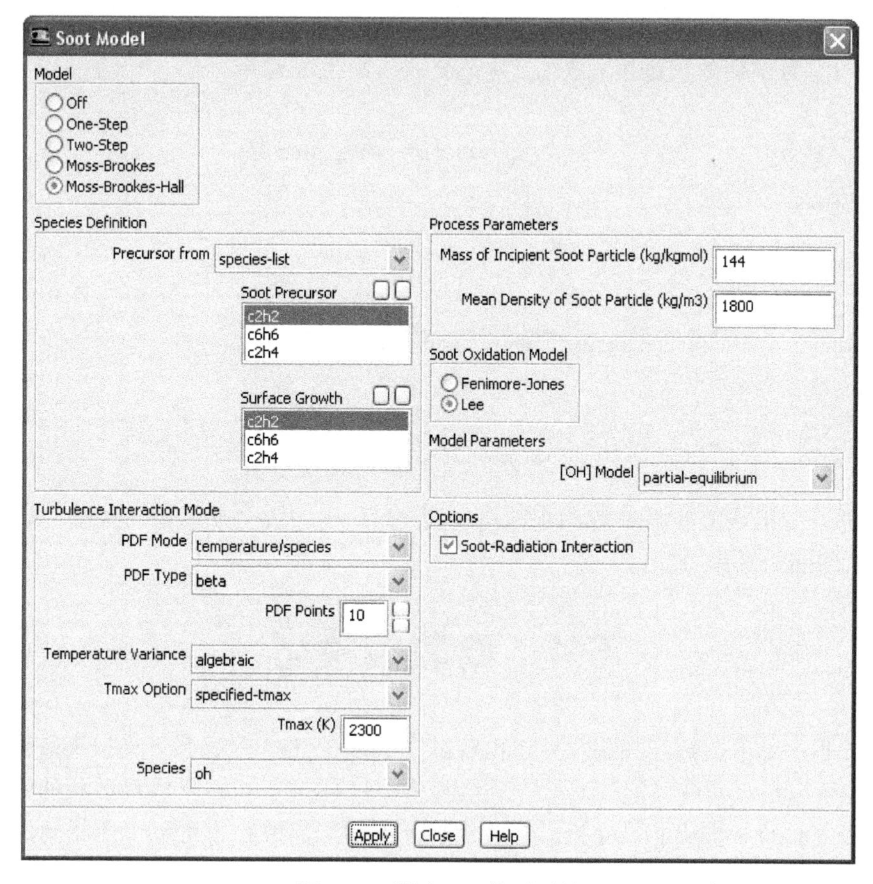

图 6.33　激活 NO_x 模型面板

对于单步模型，FLUENT 求解烟质量分数的输运方程如下：

$$\frac{\partial}{\partial t}(\rho Y_{\mathrm{SOOT}})+\nabla\cdot(\rho\vec{v}Y_{\mathrm{SOOT}})=\nabla\cdot\left(\frac{\mu_t}{\sigma_{\mathrm{SOOT}}}\nabla Y_{\mathrm{SOOT}}\right)+R_{\mathrm{SOOT}} \tag{6.98}$$

式中，R_{SOOT} 代表烟净生成速率源项，即

$$R_{\mathrm{SOOT}} = R_{\mathrm{SOOT,form}} - R_{\mathrm{SOOT,comb}} \tag{6.99}$$

其中，烟形成速率 $R_{\mathrm{soot,form}}$ 由如下的经验关系式获得：

$$R_{\mathrm{SOOT,form}} = C_s p_{\mathrm{fuel}} \phi^r \mathrm{e}^{-E/RT} \tag{6.100}$$

烟燃烧速率 $R_{\mathrm{soot,comb}}$ 则计算如下：

$$R_{\mathrm{SOOT,form}} = \min\left[R_1, R_2\right] \tag{6.101}$$

$$R_1 = A\rho Y_{\mathrm{soot}} \frac{\varepsilon}{k}, R_2 = A\rho\left(\frac{Y_{\mathrm{OX}}}{\nu_{\mathrm{soot}}}\right)\left(\frac{Y_{\mathrm{soot}}\nu_{\mathrm{soot}}}{Y_{\mathrm{soot}}\nu_{\mathrm{soot}} + Y_{\mathrm{fuel}}\nu_{\mathrm{fuel}}}\right)\frac{\varepsilon}{k} \tag{6.102}$$

其中，C_s 为模型常数，P_{fuel} 为燃料分压，Φ 为当量比，r 为当量比指数，E/R 为活化温度，A 为模型常数，Y_{ox}，Y_{fuel} 为氧化剂和燃料的质量分数，v_{soot}、v_{fuel} 分别为烟和燃料的计量系数。

对于两步模型，首先预测核的形成，然后再计算在这些核上烟的生成。因此，FLUENT 将计算上述两个标量的输运方程，即式（6.98）和式（6.103）：

$$\frac{\partial}{\partial t}(\rho b^*_{\mathrm{nuc}}) + \nabla \cdot (\rho \vec{v} b^*_{\mathrm{nuc}}) = \nabla \cdot \left(\frac{\mu_t}{\sigma_{\mathrm{nuc}}} \nabla b^*_{\mathrm{nuc}}\right) + R^*_{\mathrm{nuc}} \tag{6.103}$$

其中，b^*_{nuc} 为正交的核浓度，R^*_{nuc} 为正交的核净生成速率。R_{soot} 仍遵循式（6.98）的形式，其中：

$$R_{\mathrm{SOOT,form}} = m_p\left(\alpha - \beta N_{\mathrm{soot}}\right) c_{\mathrm{nuc}} \tag{6.104}$$

对 R^*_{nuc} 则有：

$$R^*_{\mathrm{nuc}} = R^*_{\mathrm{nuc,form}} - R^*_{\mathrm{nuc,comb}} \tag{6.105}$$

其中：

$$R^*_{\mathrm{nuc,form}} = \eta_0 + \left(f - g\right) c^*_{\mathrm{nuc}} - g_0 c^*_{\mathrm{nuc}} N_{\mathrm{soot}} \tag{6.106}$$

$$\eta_0 = \alpha^*_0 c_{\mathrm{fuel}} \mathrm{e}^{-E/RT} \tag{6.107}$$

$$R^*_{\mathrm{nuc,comb}} = R^*_{\mathrm{soot,comb}} \frac{b^*_{\mathrm{nuc}}}{Y_{\mathrm{soot}}} \tag{6.108}$$

式（6.108）中出现的各种参数和系数在 FLUENT 中均设有默认值。此外，烟模型还可考虑烟与辐射之间的相互作用。

6.4 离散相模型

FLUENT 程序除了模拟连续相以外，也可以在 Lagrangian 坐标系下模拟离散相。离散相为球形颗粒（也可以是水滴或气泡）离散在连续相中。FLUENT 可以计算离散相的颗粒轨道，以及其与连续相之间的质量和能量交换。耦合求解连续相和离散相，可以考虑相间的相互作用及影响。

在离散相处理过程中，可以考虑以下因素：

- ✧ 计算离散相在定常和非定常流动中的颗粒轨道。
- ✧ 连续相涡旋产生的湍流对离散相的影响。
- ✧ 离散相的加热与冷却过程。
- ✧ 液滴的蒸发与沸腾。

✧ 颗粒燃烧包括挥发和碳核燃烧，用于模拟粉煤燃烧过程。

6.4.1 离散相模型的限制

FLUENT 假设离散相足够稀疏，忽略颗粒与颗粒之间的相互作用，也不考虑颗粒体积分数对连续相的影响。因此在用该方法模拟实际过程时，要保证离散相的体积分数应该在 10%～12%。

离散相模型对流向周期性流动、采用多坐标系的流动不适合。另外，如果采用预混燃烧模型，就不能考虑颗粒的化学反应。离散相模型适用于计算有出口和入口的流动问题，即适用于离散相粒子不是长时间停留在计算域内，而是从入口处飞入，再从出口处飞出的问题。另外离散相模型不能与质量流入口或压强降低条件配合使用，不能与适应性时间推进同时使用，同时离散相模型中的粒子与连续相之间没有化学反应。在离散相粒子是从一个表面进入流场时，不能使用动网格技术，因为离散相粒子所在平面不能随动网格一起移动。

6.4.2 离散相粒子分类

离散相模型中粒子的分类决定了在计算过程中将进行哪些热力学计算。在 FLUENT 中，粒子被分为三类，即惰性粒子、液滴和燃烧粒子。

（1）惰性粒子：加热和冷却。

（2）液滴：加热、蒸发和沸腾。

（3）燃烧粒子：加热、挥发、增长和表面反应。

6.4.3 粒子与湍流的相互作用

离散相粒子与湍流之间的相互作用可以用随机跟踪模型或云雾模型进行计算。随机跟踪模型即随机漫步模型，可以计算湍流的脉动速度对离散相粒子轨迹的影响。而云雾模型则将离散相粒子看作围绕粒子运动轨迹做概率分布的集团，粒子的空间分布用高斯概率密度函数表示，粒子的发展变化过程也用概率表达。

6.4.4 引射类型

离散相粒子通过引射方式进入流场，而引射方式又可以分为雾化器模型、液滴碰撞模型、喷雾破裂模型和动态阻力模型等 4 个类型。

1. 雾化器模型

雾化器模型与其他引射类型的区别是，雾化器模型中引射进入流场的粒子是在空间和时间上呈随机分布的，而其他引射类型则是在计算开始的时候按照固定的轨迹进入流场的。雾化器模型具体包括 5 个模型，即普通喷嘴雾化器、压力旋转雾化器、平面雾化器、空气助力式雾化器和激变雾化器模型。

✧ 普通喷嘴雾化器

普通喷嘴雾化器是指液态射流从喷嘴中喷出，直接进入流场，其雾化过程与喷嘴几何形状及射流在喷嘴中的形态有关，射流在喷嘴中可能出现单相流、空化流和收缩流等形态。

✧ 压力旋转雾化器

这类雾化器中的射流在出口处形成伞形液面，在伞形液面的边缘处，液态射流破裂为小的液滴，形成油雾。

✧ 平面雾化器

与压力旋转雾化器类似，平面雾化器中的射流从一个扁平的喷口流出，并形成一个很薄的液面，然后液面破裂，形成油雾。

✧ 空气助力式雾化器

这种雾化器在射流中加入空气流，通过空气与液流的相互作用促进破裂过程的发生，从而达到强化雾化效果。

✧ 激变雾化器

激变雾化器中的射流为热的易于发生汽化的射流。在射流从喷口喷出后，骤然发生相变，达到雾化效果。

2. 液滴碰撞模型

气流中散布的液滴数量是十分巨大的，因此其碰撞次数也非常大。如果跟踪每个粒子的飞行过程，并计算粒子之间两两的碰撞，所需要的系统资源将是无法接受的。因此在实际的计算中，液滴碰撞的计算中引入了“块”的概念，即假定液滴的运动可以看作一个个液滴块组成的，每个液滴块中包含了大量的液滴，这样计算工作量就可以大大降低。

FLUENT 中使用的碰撞模型是 O’Rourke 模型。这个模型同时假定只有处于同一个网格单元中的“块”才能发生碰撞。碰撞的结果可能是液滴之间发生合并，或者相互分开。碰撞模型假定碰撞过程的时间尺度远远小于粒子运动的时间尺度。如果粒子运动的时间非常大，则结果会显示对时间步长的依赖性。此时需要相应调整粒子的长度尺度。另外，这个模型更适用于低 Weber 数的碰撞，此时碰撞的结果是粒子反弹或合并。在 Weber 数大于 100 时，碰撞的结果是散乱的。因为模型中假设碰撞只能发生在同一个网格中，所以有时候计算结果明显显示对网格的依赖。

3. 喷雾破裂模型

FLUENT 中有两种喷雾破裂模型，Taylor 类比破裂（TAB）模型和波动模型。TAB 模型适用于低 Weber 数流动，特别是喷雾低速喷射到标准大气中的流动问题。波动模型适用于 Weber 数大于 100 的情况，特别是燃油高速引射问题。

✧ TAB 模型

TAB 模型将液滴的破裂过程与弹簧的压缩变形过程相类比，将表面张力类比于弹簧的回复力，液滴气动阻力类比于弹簧受到的外力，液滴的黏性力类比于弹簧的阻尼。在液滴发生变化时，液滴受到的阻力也随之发生变化。在变形达到一定程度时，液滴破裂为两个小液滴。

✧ 波动模型

波动模型认为液滴的破裂过程取决于气体和液滴之间的相对速度，即相对速度大，气体与液滴之间的作用力就大，液滴在作用力下就更容易破裂成细小的液滴。滴的大小是从射流的稳定性分析中得出的。

4．动态阻力模型

因为引射模型中需要考虑液滴的破裂过程，而液滴的破裂则直接源于气体施加在液滴上的阻力，所以精确的阻力计算对于液滴运动的计算是非常关键的。FLUENT 中用动态阻力模型计算液滴阻力，在这个模型中可以考虑因为液滴形变而导致的阻力变化，因此可以满足工程应用的需要。

6.4.5　离散相模型设置

通过 Define→Models→Discrete Phase 命令打开离散相模型面板，如图 6.34 所示，在这个面板上可以设置的项目如下所述。

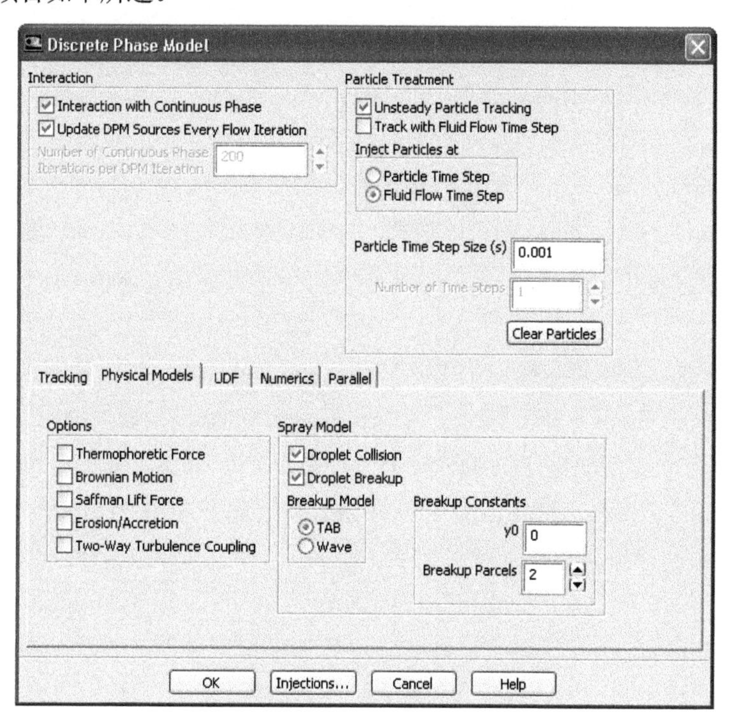

图 6.34　离散相模型面板

（1）离散相与连续相的相互干扰选项。

离散相与连续相之间的干扰包括动量干扰、质量干扰和热交换过程，选择这个选项启动计算过程中的离散相与连续相之间的干扰计算。下面的“Number of Continuous PhaseItnerations per DPM Iteration”输入栏中的数字是前后两次离散相计算之间进行的连续相计算迭代步数。默认设置为 10，即每进行 10 步连续相计算就做一次干扰计算。

（2）离散相计算选项。

Options 选项组中的 5 个选项分别是干扰计算中考虑的 5 种干扰因素，可以根据需要选择加入。

- ✧ 如果需要考虑热浮力对粒子轨迹的影响，则选中热浮力（Thermophoretic Force）选项。
- ✧ 在层流计算中，如果需要考虑布朗运动的影响，则选中布朗运动（Brownian Motion）选项。
- ✧ 如果需要考虑剪切力对粒子轨迹的影响，则选中 Saffman 升力（Saffman Lift Force）选项。
- ✧ 如果需要考虑粒子对墙壁的腐蚀和增厚作用，则选中腐蚀/积累（Erosion/Accretion）选项。
- ✧ 如果需要激活由粒子衰减和湍流涡导致湍流数量变化产生的影响，则选中双方向湍流耦合（Two-Way Turbulence Coupling）选项。

另外，可以通过对粒子处理（Particle Treatment）选项对粒子的处理方法进行选择和改变。

（3）用户自定义函数（UDF 函数）。

在用户自定义函数（User-Defined Functions）下，可以选择的选项有彻体力（Body Force）、源项（Source）和变量更新（Scalar Update）等，在考虑对壁面的腐蚀和增厚作用时，还有腐蚀/增厚（Erosion/Accretion）选项。

（4）喷雾模型。

在喷雾模型（Spray Model）下设置喷雾模型，包括液滴碰撞（Droplet Collision）和液滴破裂（Droplet Breakup）选项，同时还可以选择 TAB 模型或波动（Wave）模型为破裂模型，并设置破裂常数（Breakup Constants）和每个单元中的平均粒子数（Average Number of Particles per Cell）。

（5）在离散相面板中部顶端是跟踪参数（Tracking Parameters）设置，包括跟踪计算的最大步数（Max. Number of Steps）和步长因子（Step Length Factor）。最大步数的默认值为 500，在计算中需要调整这个数以便能够正确跟踪粒子飞行轨迹。如果发现粒子轨迹在飞行中途停止不前，说明最大步数的值太小，需要加大步数；如果粒子轨迹能够顺利到达壁面或计算域的出口，则说明最大步数的设置可以满足计算需要。

（6）并行计算。

FLUENT 在用并行版进行计算时，需要确定具体采用何种并行算法。在 Parallel 下包含两个选项，一个是消息传递（Message Passing），即 MPI 算法，另一个是共享内存（Shared Memory）算法，详细信息可以参考并行计算部分的说明。

6.5　多相流模型

本节讲述 VOF 模型、混合物模型和欧拉模型的应用范围和使用方法。这三种模型都属于用欧拉观点处理多相流的计算方法，其中 VOF 模型适用于求解分层流和需要追踪自由表面的问题，比如水面的波动、容器内液体的填充等；混合物模型和欧拉模型中则适合计算体积浓度大于 10%的流动问题，而 6.4 节中提到的离散相模型则适用于体积浓度小于 10%的流动问题。

6.5.1 三种方法的限制条件

VOF 方法适用于计算空气和水这样不能互相参混的流体流动，如射流破裂过程、大型气泡在液体中的运动、大坝溢流及追踪气液自由表面问题。计算中 VOF 法的限制是必须使用分离求解器，只有一种物相可以是可压缩流体，不能计算流动方向的周期性流动、组元混合与反应流动、无黏流动，不能与大涡模拟（LES）同时进行计算，不能采用二阶隐式时间推进格式，不能使用壁面的薄壳传导模型。VOF 方法通常用于模拟流体的非定常运动过程，但是也可以模拟定常运动问题。

混合物模型是一个简化的多相流模型，可以用于模拟存在相对运动速度的多相流问题，其应用范围包括粒子沉降过程、旋风分离器及小体积比的气泡流动等问题。在使用上除了上面 VOF 法中提到的限制外，混合物模型还不能进行凝固和熔化的计算。

在欧拉模型计算中，各种物相受到的背景压强是一样的，每种物相的动量方程和连续性方程都是单独求解的。对于流场中的固体颗粒，每种颗粒的温度都可以用代数方程来计算，而剪切和黏性则用动力学理论求出。针对不同的物相，可以采用不同的阻力系数计算函数。计算中可以针对每一种物相，或其混合物，采用 $k-\varepsilon$ 湍流模型进行湍流计算。欧拉模型在计算上的限制是只能采用 $k-\varepsilon$ 模型进行湍流计算，只能对主要物相进行粒子跟踪，不能模拟流向周期流、可压流、无黏流、熔化和凝固过程、组元输运和化学反应流动，计算中不能使用二阶隐式时间推进格式。

6.5.2 问题解决过程

上述三种模型在 FLUENT 中的具体实现步骤如下。

（1）启用多相流模型（VOF 模型、混合物模型或欧拉模型），并参与流动的物相数量。通过 Define→Models→Multiphase...激活 VOF 模型，并设定 VOF 的组成，菜单操作为：在多相流模型面板上选择模型后，面板展开出现与所选择的模型相关的选项。在选中 VOF 模型时，面板展开让用户输入物相总数、计算格式和是否采用隐式彻体力计算；选中混合物模型后，需要输入物相总数、是否计算滑移速度、是否采用隐式彻体力计算、是否考虑空穴效应，选中欧拉模型后，需要输入物相总数，并确定是否考虑空穴效应，其中物相总数最多可以设为 20。

（2）从材料数据库中复制材料数据，菜单操作为：如果数据库中没有计算所需的材料数据，可以重新创建相关数据。在创建过程中，如果新材料是固体颗粒相，也要注意将其放在 fluid 分类中。如果在计算中需要考虑某个物相的压缩性，最好将这个物相设为主要物相。如果在某个边界上设定了总压值，则在同一个边界上设定温度值，对于可压缩物相就等于其总温，而对于不可压物相则等于其静温。对于质量流入口条件，需要定义每一个物相的质量流或质量通量。

（3）定义物相及相间作用。比如在使用 VOF 模型时定义表面张力，在使用混合物模型时定义滑移速度，在使用欧拉模型时定义阻力函数等。

6.5.3 VOF 模型

首先激活 VOF 模型，如图 6.35 所示，对于 VOF 模型来说，主设置的具体过程如下所述。

在 Phase（物相）列表中选择 phase-1；单击 Set（设置）按钮打开 Primary Phase（主要相）或 Secondary Phase（次要相）。在面板的 Name（名称）栏中设定物相的名称；在 Phase Material（物相材料）下拉列表中指定物相所用的材料；单击 Edit...（编辑）按钮对材料性质进行检查和编辑；单击面板中的 OK 按钮完成设置。

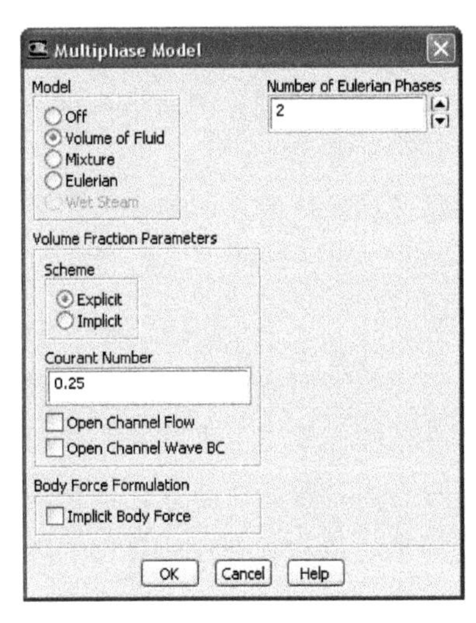

图 6.35 激活 VOF 模型面板

设定完主要相和次要相后，单击干扰（Interaction）按钮设置相间干扰过程，对于 VOF 模型就是设置计算中的表面张力模型。单击表面张力（Surface Tension）选项；如果需要考虑壁面黏性影响，单击打开左上角的 Wall Adhesion（壁面附着）选项。打开这个选项后，还需要设定各个壁面上的接触角；在需要考虑表面张力影响的物相之间，如空气和水之间，设定常数表面张力系数，或者设定温度相关的表面张力系数，也可以采用用户自定义形式的表面张力系数。

在考虑表面张力作用的计算中，最好同时在 Multiphase Model（多相流模型）面板中打开 Implicit Body Force（隐式彻体力）选项。用 VOF 模型计算自由表面运动时，应该在自由表面附近采用四边形网格或六面体网格。如果在全部流场上划分四边形网格或六面体网格有困难，也应该采用混合网格的形式，在自由表面附近区域采用这两种网格进行计算。

6.5.4 混合物模型

混合物模型中主要相和次要相的定义过程与 VOF 模型基本一样，区别是在定义次要相时可以定义颗粒的直径。

在 Phase Interaction（相间干扰）面板上，可以定义滑移速度和阻力函数。滑移速度在 Slip 标签下定义，可以选择的计算方法包括代数滑移模型、无滑移模型和 user-defined（用户自定义）模型。阻力函数在 Drag（阻力）标签下定义，其中的阻力函数是欧拉模型中阻力函数集的一个子集。

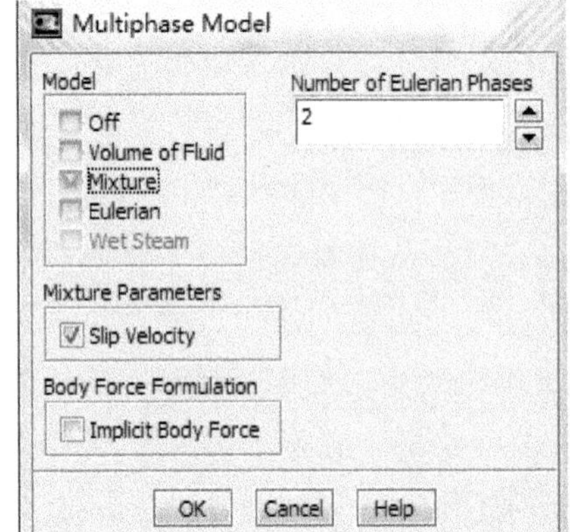

图 6.36 激活混合物模型面板

通过 Define→Models→Multiphase...命令激活混合物（Mixture）模型，如图 6.36 所示。在考虑表面张力作用的计算中，最好同时在 Multiphase Model（多相流模型）面板中打开 Implicit Body Force（隐式彻体力）选项。在混合参

数（Mixture Parameters）选项中一般选择考虑滑移速度（Slip Velocity）。

6.5.5 欧拉模型

欧拉模型中主要相的定义过程与混合物模型完全一致，非颗粒次要相的定义与混合物模型的次要相定义也完全一致，区别在于对颗粒次要相（Granular Secondary Phase）的定义。颗粒次要相需要改变的设置为：在次要相中打开 Granular（颗粒）选项；如果要冻结颗粒相的速度场，则打开 Packed Bed（充填床）选项。打开这个选项后，在流场的其他区域也要将颗粒相的速度定义为 0。擦黏度、内摩擦角、颗粒扩散系数、最大体积百分比等这些参数均用于计算相间动量和能量交换过程。

欧拉模型的相间干扰设置包括阻力函数设置、碰撞恢复系数设置、升力设置和虚拟质量力设置等内容。

通过 Define→Models→Multiphase...激活欧拉（Eulerian）模型，如图 6.37 所示。在欧拉参数（Eulerian Parameters）选项中可以选择密度离散相模型（Density Discrete Phase Model）和不混合流体模型（Immiscible Fluid Model）。在体积分数参数选项中可以选择显式格式（Explicit）和隐式格式（Implicit）。

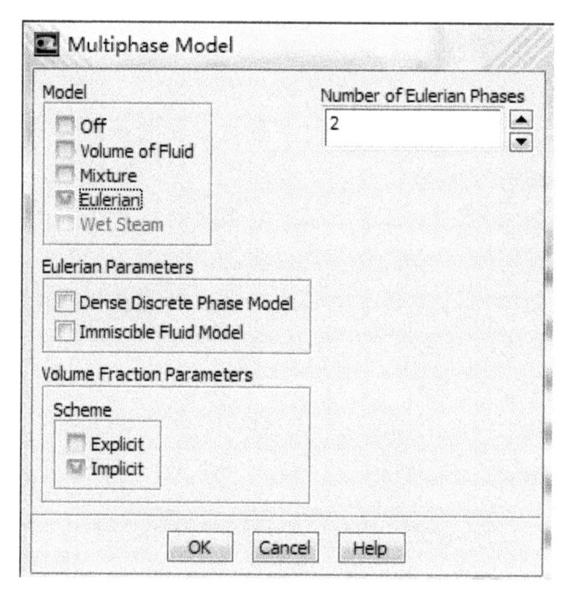

图 6.37　激活欧拉模型面板

6.5.6 三种方法求解策略

在 VOF 计算中应该将参考压强点设在密度最小的地方，如果流场中存在气体区域，则应该将参考压强点设在气体区域中。压强计算应该采用 PRESTO!格式。体积百分比计算应该采用二阶格式或 QUICK 格式。在非定常计算中，推荐使用 PISO 格式，并且所有亚松弛因子可以设置为 1，而在使用四面体网格或三角形网格时，则建议将亚松弛因子设为 0.7~0.8。如果计算中采用的是定常隐式 VOF 格式，则可以将所有亚松弛因子设为 0.2~0.5。

在混合物模型计算中，可以先计算一个初始流场，然后再将多相流模型加入计算。方法是先在 Solution Controls（求解控制）面板中关闭 Volume Fraction（体积百分比）和 SlipVelocity（滑移速度）选项，在流场计算收敛后，再重新打开这些选项，并继续计算获得混合物模型的最终计算结果。

欧拉模型的计算策略类似于混合物模型的计算策略，区别在于初始流场的计算可以用欧拉模型中的主要相进行，也可以先用混合物模型进行。在获得初始流场后，再换用欧拉模型进行计算，直至获得最终的解。在需要考虑升力和虚拟质量力的问题中，也可以先不考虑升力和虚拟质量力的影响，在获得初始流场后，再将这些选项加入。计算结束后，可供后处理的变量包括 VOF 模型的体积百分比、混合物模型的颗粒直径和体积百分比、欧拉模型中与颗粒动量、能量交换相关的一系列参数。

6.6 凝固与熔化模型

FLUENT 采用“焓-多孔度”技术模拟流体的凝固和熔化过程。在流体的凝固和熔化问题中，流场可以分成流体区域、固体区域和两者之间的糊状区域。

“焓-多孔度”技术采用的计算策略是将流体在网格单元内占有的体积百分比定义为多孔度，并将流体和固体并存的糊状区域看作多孔介质区进行处理。在流体的凝固过程中，多孔度从 1 降低到 0；反之，在熔化过程中，多孔度则从 0 升至 1。“焓-多孔度”技术通过在动量方程中添加汇项（即负的源项）模拟因固体材料存在而出现的压强降。“焓-多孔度”技术可以模拟的问题包括纯金属或二元合金中的凝固、熔化问题、连续铸造加工过程等。可以计算固体材料与壁面之间因空气的存在而产生的热阻，凝固、熔化过程中组元的输运等。需要注意的是，在求解凝固、熔化问题的过程中，只能采用分离算法，只能与 VOF 模型配合使用，不能计算可压缩流，不能单独设定固体材料和流体材料的性质，同时在模拟带反应的组元运输过程时，无法将反应区限制在流体区域，而是在全流场进行反应计算。

凝固、熔化问题的设置过程如下：

（1）通过 Define→Models→Solidification & Melting…启动 Solidification and Melting（凝固与熔化）面板，并打开 Solidification/Melting（凝固、熔化）选项，如图 6.38 所示。

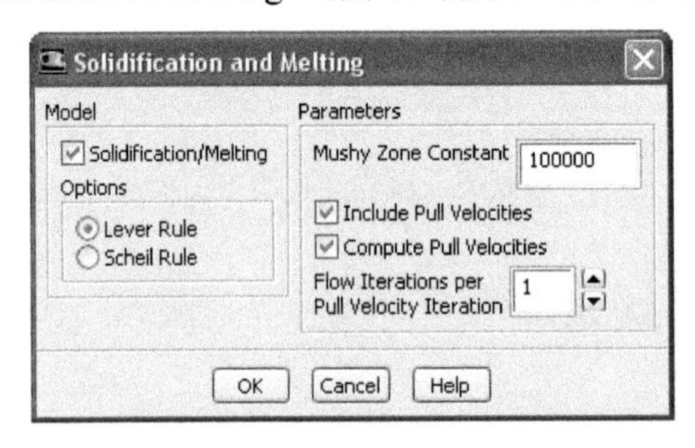

图 6.38　凝固与熔化面板

（2）在 Parameters 下定义 Mushy Zone Constant（糊状区域常数）。这个常数的取值范围一般为 10^4~10^7，取值越大沉降曲线就越陡峭，凝固过程的计算速度就越快，但是取值过大容易引起计算振荡，因此需要在计算中通过试算获得最佳数值。

（3）如果在计算中需要计算固体材料的“拉出速度（Pull Velocity）”，则要打开 IncludePull Velocities（包含拉出速度）选项。

（4）在计算拉出速度的同时，如果希望用速度边界条件推算拉出速度，则打开 Compute Pull Velocities 选项，并定义拉出速度迭代一次对应的流场迭代次数。在默认情况下，流场每迭代一次计算一次拉出速度，即上述选项取值为 1。如果将这个数值增加为 2，意味着流场每迭代二次计算一次拉出速度。在凝固过程即将结束时，可以增加这个参数值，以便提高计算速度。

（5）在 Materials（材料）面板上，定义 Melting Heat（熔化热）、Solidus Temperature（固相点温度）和 Liquidus Temperature（液相点温度）。如果计算中涉及组元运输过程，则必须同时定义溶剂的溶解温度（Melting Temperature），同时需要定义熔化物的液相线相对于浓度的斜率（Slope of Liquidus Line）、分配系数（Partition Coefficient）和在固体中的扩散速率（Diffusion in Solid）等参数。

（6）设置边界条件。除了常规的边界条件设置，对于凝固和熔化问题还有一些特殊设置，包括在计算壁面接触热阻时设置接触热阻（Contact Resistance）。如果需要定义壁面上表面张力对温度的梯度，则在 Shear Condition（剪切条件）下选择 Marangoni Stress（Marangoni 应力）选项。如果计算拉出速度，则在边界条件中的速度边界条件将用于拉出速度的计算。

6.7 气动噪声模型

气动噪声的生成和传播可以通过求解可压 N-S 方程的方式进行数值模拟。然而与流场流动的能量相比，声波的能量要小几个数量级，客观上要求气动噪声计算所采用的格式应有很高的精度，同时从音源到声音测试点划分的网格也要足够精细，因此进行直接模拟对系统资源的要求很高，而且计算时间也很长。为了弥补直接模拟的这个缺点，可以采用 Lighthill 的声学近似模型，即将声音的产生与传播过程分别进行计算，从而达到加快计算速度的目的。

FLUENT 中用 Ffowcs Williams 和 Hawkings 提出的 FW-H 方程模拟声音的产生与传播，这个方程中采用了 Lighthill 的声学近似模型。FLUENT 采用在时间域上积分的办法，在接收声音的位置上，用两个面积分直接计算声音信号的历史。这些积分可以表达声音模型中单极子、偶极子和四极子等基本解的分布。积分中需要用到的流场变量包括压强、速度分量和音源曲面的密度等，这些变量的解在时间方向上必须满足一定的精度要求。音源表面既可以是固体壁面，也可以是流场内部的一个曲面。噪声的频率范围取决于流场特征、湍流模型和流场计算中的时间尺度。

FLUENT 允许用户选择多重音源曲面、多个声音接收点。可以将音源数据保存起来以备将来使用，也可以在非定常计算进行过程中随时进行声学计算。计算中得到的声音压强信号可以用快速 Fourier 变换进行处理，也可以在后处理中计算声音压强的总体水平和功率谱。

在气动噪声的计算中只能采用分离求解器，并可以计算远场噪声，但是不能计算封闭空间的噪声，同时计算中只能使用静止的音源表面，即 FLUENT 中的声学模型可以模拟静止汽车外部的噪声，无法模拟汽车内部的噪声。气动噪声的计算大体上可以分为两大步：首先通过流场计算，求出满足时间精度要求的各相关变量（压强、速度和密度）在音源曲面上的变化过程；然后利用求出的音源数据计算声音接收点处的声音压强信号。在用 FW-H 方程通过积分计算声音压强时，FLUENT 用“前向时间投射法”将声音从发射到接收之间的时间延迟考虑进去，从而可以在非定常流场计算的同时计算声音压强，而不必再保存音源的数据。

噪声计算的设置过程如下：

（1）通过非定常计算获得流场的稳态解，即流场变量的统计量不再随时间变化。

（2）通过 Define→Models→Acoustics→Models 命令启用声学模型并设置相关的模型参数，如图 6.39 所示。在面板中单击选择 Ffowcs-Williams & Hawkings（FW-H 算法），则面板自动展开出现相关参数输入栏。输入参数包括远场密度、远场声速、参考声功率、参考声强度和声源修正长度，其中声源修正长度是在使用二维流场计算结果计算声音信号时，FW-H 积分中用来代替深度方向长度的值。

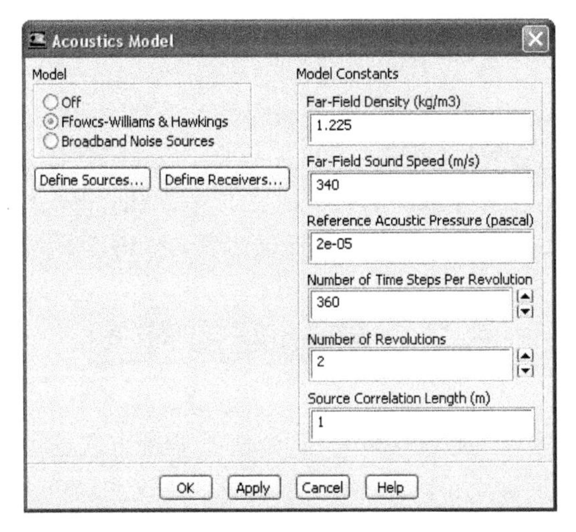

图 6.39　声学模型面板

（3）通过 Define Sources 定义声源面如（图 6.40），并打开与获取、保存声源数据有关的选项：在 Acoustic Source Specification（声源定义）面板上，可以在 Source Zones（声源区域）中选择声源曲面，并在 Type（类型）中定义声源区域的类型。在 FLUENT 中允许定义多个声源曲面，但是声源曲面不允许互相阻挡各自的声音传播路线，更不允许一个曲面将另一个曲面包围。

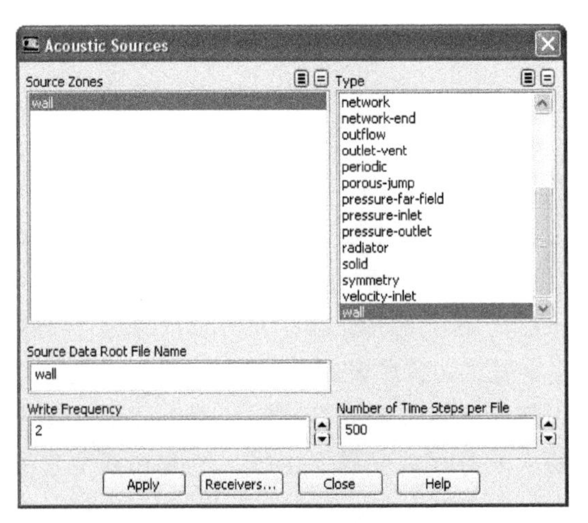

图 6.40　声源面定义面板

（4）通过 Define Receivers 指定声音接收点的位置，如图 6.41 所示。在 Acoustics Receivers Specification（声音接收点定义）面板上对声音接收点进行定义。首先在 No. of Receivers（接收点数量）内确定接收点的数量，然后在下面栏目中指定接收点的坐标和保存文件的名称。

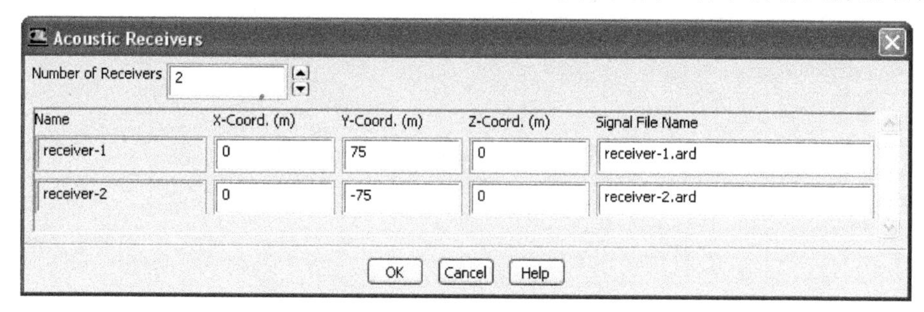

图 6.41　声音接收点面板

（5）非定常计算并保存音源数据，通过 Report→Acoustics→Read & Compute Sound...命令保存声音压强信号。

6.8　本章小节

本章对 FLUENT 中的传热模型、燃烧模型、污染物模型、离散相模型、多相流模型、凝固与熔化模型及气动噪声模型的理论和设置方法进行了讲解和说明，实质上这些模型基本都是输运方程不同形式的变化，通过对这些模型的理解，可以对具体问题进行分析。

第一部分计算流体力学基础知识与 ANSYS FLUENT 操作在本章就结束了，第二部分为 ANSYS FLUENT 模拟实例。

第二部分　模拟实例

第 7 章　二维模型 FLUENT 数值模拟实例

ANSYS FLUENT 为用户提供了充足的模型，以便可以模拟几乎所有的流体力学问题，对于许多的流动问题，可以将模型简化为二维模型，这样可以大大节省计算时间和计算成本。本章将主要针对二维模型的流体力学问题进行举例讲解。

7.1　翼型绕流可压缩流动模拟

在航空工程的设计中，翼型的选取对于机翼及整个飞机的设计都是十分重要的一个步骤，在机翼的优化中，翼型的优化设计也是很重要的一步，本节将讲解翼型绕流可压缩流动的模拟。

7.1.1　基本方法

翼型的绕流问题是飞机设计过程中非常重要的步骤，选取合适的翼型是设计的关键所在。翼型的绕流问题中最关心的是升力和阻力性能，选取在指定功角下具有合适气动性能的翼型是翼型绕流问题研究的意义。

对于翼型绕流问题，特别是可压缩的绕流问题，涉及的方法和需要设置的有：

✧ 可压缩流动问题。

✧ 设置需要的湍流模型。

✧ 设置远场边界条件。

✧ 通过显示 Y+的分布来检查网格。

✧ 设置需要监视的系数和残差曲线。

7.1.2　问题描述

本算例中马赫数为 0.8，功角为 4°，温度为 300K，翼型弦长为 1m。翼型如图 7.1 所示，计算域远前方选取 20 倍弦长，远后方选取 25 倍弦长，上下各选取 30 倍弦长，如 7.2 所示。

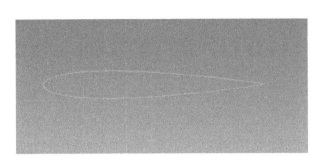

图 7.1　翼型示意图

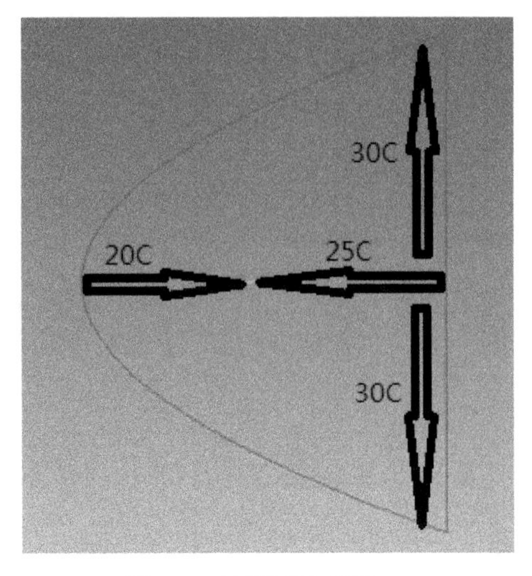

图 7.2　计算域示意图

7.1.3　计算设置

数值模拟时需要对算例进行逐步设置，才能进行求解。

1. 网格

1）读入网格

通过 FLUENT 中 File→Read→Mesh 命令读入网格文件，在 FLUENT 中会显示网格，如图 7.3 所示。

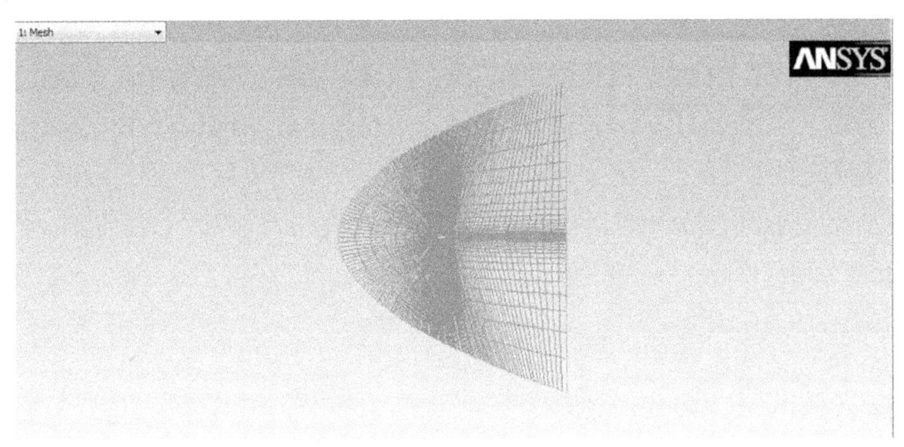

图 7.3　计算域网格显示

2）检查网格

通过 Mesh→Check 命令对网格进行检查。没有负体积、左手网格等问题可以进行下一步操作。

3）缩放

通过 Mesh→Scale 命令对网格进行缩放，一般采用 Pointwise 软件生成出的网格单位是米，需要缩小 1000 倍，而用 ICEM 软件生成出的网格单位是毫米，不需要缩放。缩放对话框如图 7.4 所示。

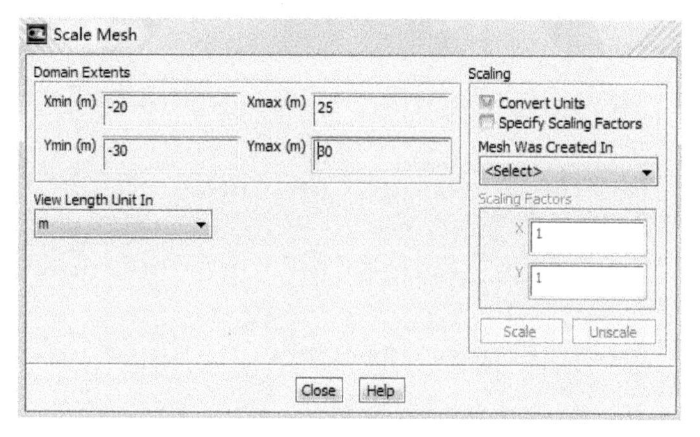

图 7.4　缩放对话框

4）显示和关闭网格

通过 Display→Mesh 命令可以显示和关闭网格，如图 7.5 所示。

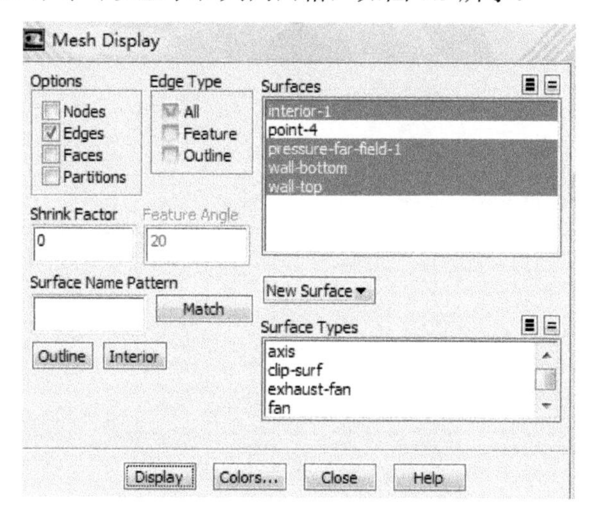

图 7.5　显示和关闭网格对话框

2．模型设置

1）设置求解参数

通过 Define→General 命令可以设置通用的参数。本算例保持默认算例即可，不需要进行特殊设置。

2）选择模型

本算例需要设置湍流模型并激活能量方程，可以通过 Define→Models→Energy 打开能量方程；通过 Define→Models→Viscous 命令可以选择希望的湍流模型，本算例中选取翼型计算中最常用的 S-A 湍流模型，如图 7.6 所示。

3．材料设置

FLUENT 默认的流体材料是空气，由于本次需要模拟可压缩的流动问题，因此需要对其进行进一步设置。

通过 Define→Materials 可以对材料属性进行设置。

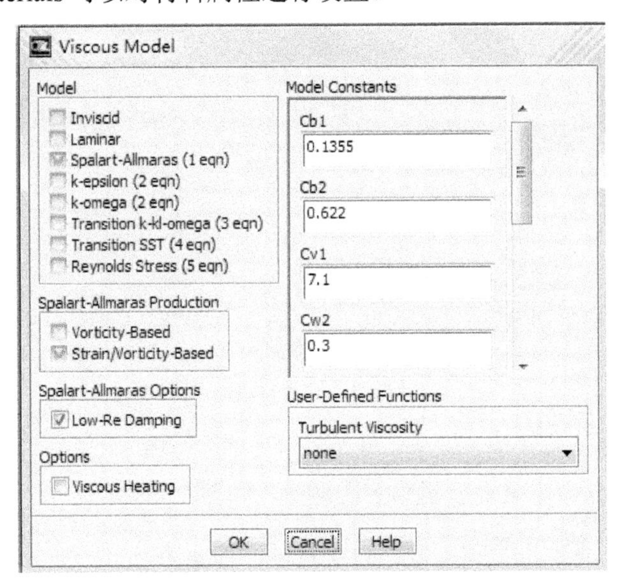

图 7.6　选取湍流模型对话框

（1）由于边界条件远场需要选择压力远场边界条件，所以密度需要设置为理想气体，在 Density 下拉列表中选取 Ideal-gas，如图 7.7 所示。

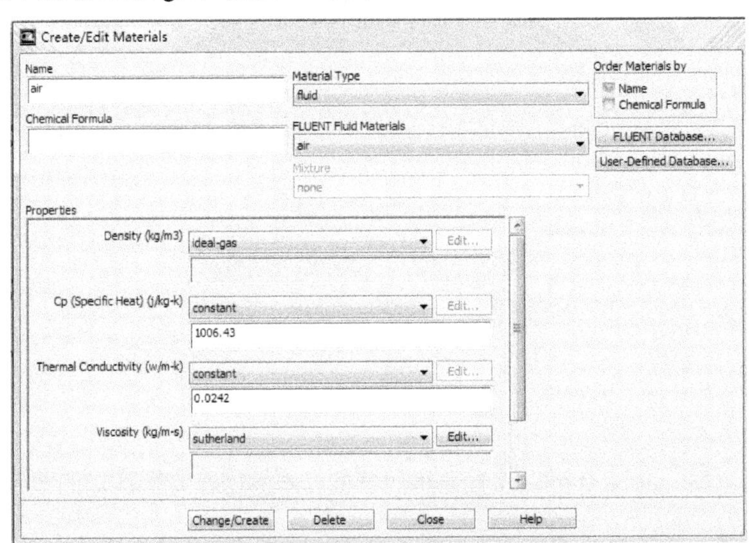

图 7.7　材料属性对话框

（2）在 Viscosity 下拉列表中选取 Sutherland 的方法，保持默认值设计即可，如图 7.7 所示。

（3）单击 Change/Create 按钮，再单击 Close 关闭对话框。

4．操作条件设置

操作条件设置主要是设置参考压力和参考压力点以及重力的影响。

通过 Define→Operating Conditions 命令可以对操作条件进行设置，采用默认设置即可，如图 7.8 所示。

5．边界条件设置

边界条件的设置是最重要的步骤。通过 Define→Boundary Conditions 命令可以对边界条件进行设置。

1）设置远场边界条件

在边界条件设置下，在 Zone 列表中选取 Pressure-far-field-1，在 Type 中选取 Pressure-far-field，设置为压力远场边界条件，如图 7.9 所示。

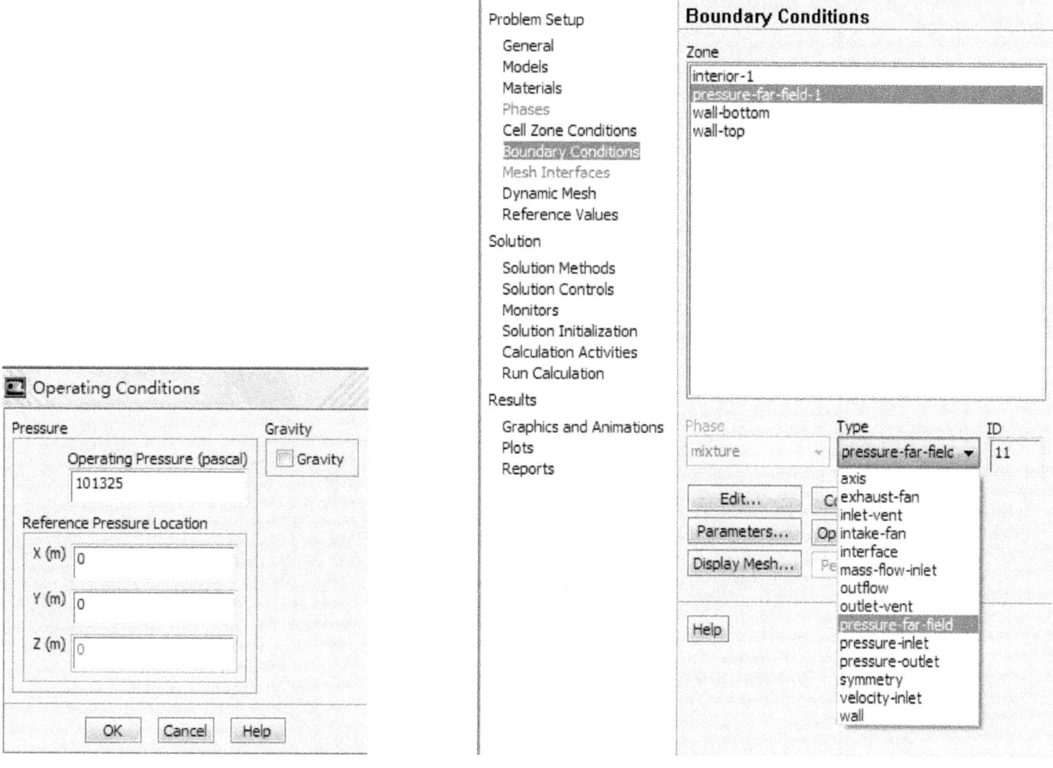

图 7.8　操作条件设置对话框　　　　图 7.9　边界条件设置对话框

设置好之后，单击 Edit 按钮对压力远场边界条件中进行设置，如图 7.10 所示。马赫数 Mach number 设置为 0.8。因计算工况的攻角为 4 度，X 方向分量设置为 Cos4，Y 方向设置及为 sin4。在湍流设置中，Specification Method 选择 Turbulence Viscosity Ratio，其值保持默认值 10 即可。设置完成后单击 OK。

2）壁面边界条件设置

壁面边界条件不需要专门设置，保持默认的无滑移边界条件即可。

6．求解设置

选取合适的求解方法可以加快计算收敛的速度。

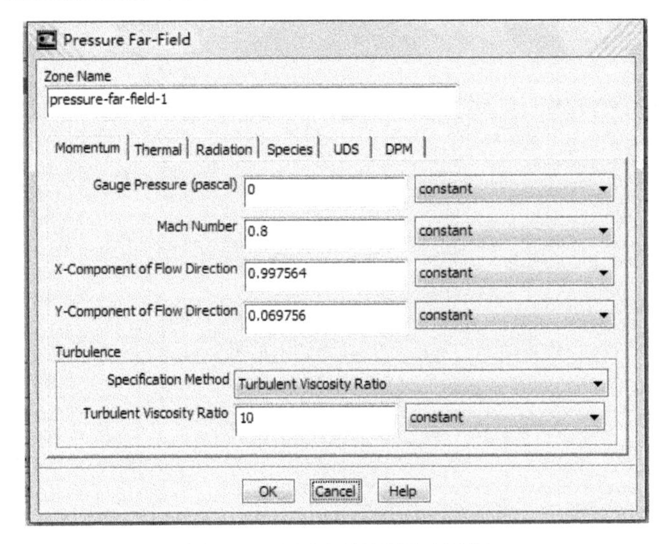

图 7.10　压力远场设置对话框

1）求解器方法设置

通过 Solve→Methods 命令可以对求解方法进行设置，在设置中选择 Coupled 算法，其他为默认设置即可，在一阶格式收敛后再转到二阶格式计算，如图 7.11 所示。

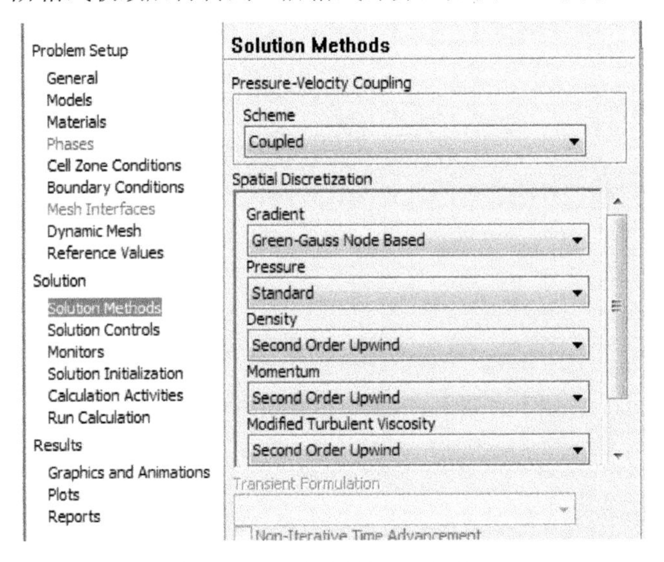

图 7.11　求解方法设置对话框

2）求解控制设置

通过 Solve→Controls 命令可以对求解控制进行设置，在此主要设置的是松弛因子，选取合适的松弛因子可以有效加快收敛速度。本算例中，Coupled 算法需要设置 Courant 数及动量和压力耦合的松弛因子，全部设置采用默认即可，如图 7.12 所示。

3）求解监视设置

通过 Solve→Monitors 命令可以对求解监视器进行设置，对残差曲线进行监视前需要激活残差曲线，在 Solve→Monitors→Residuals 命令中，勾选 Plot 即可，如图 7.13 所示。

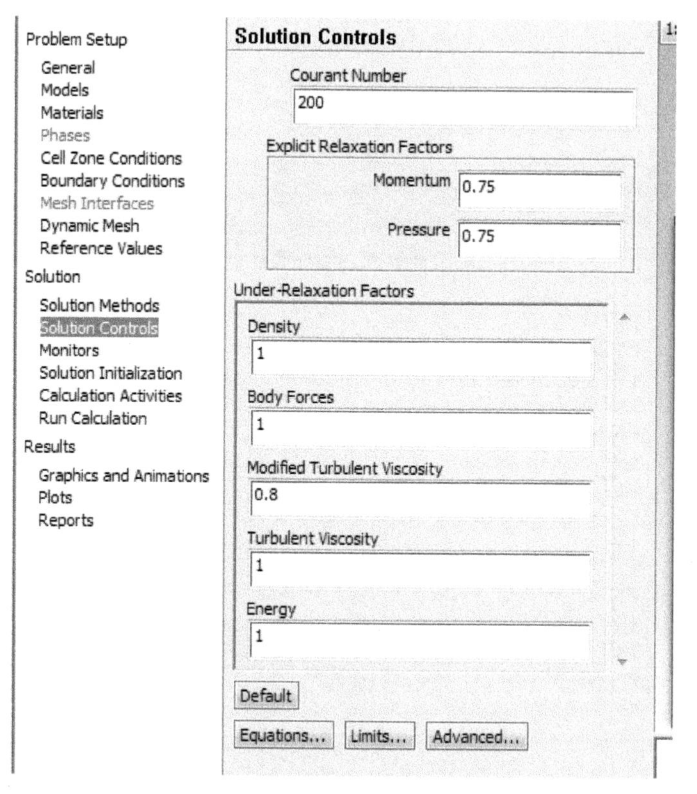

图 7.12　求解控制设置对话框

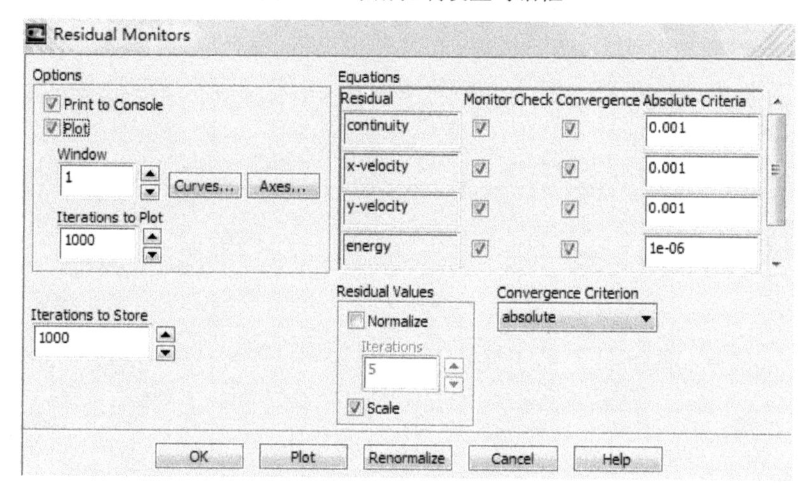

图 7.13　残差监控设置对话框

7．初始化与求解设置

在计算时，良好的初始流场对计算收敛速度有很大的好处，需要对初始化进行设置，还需要对计算步数等进行设置。

1）*初始化设置*

通过 Solve→Initializations 命令可以对初始化进行设置，在 Compute From 设置中选取pressure-far-field-1，初始值会自动变化，如图 7.14 所示。单击 Initialize 按钮进行初始化操作，等待片刻初始化完成。

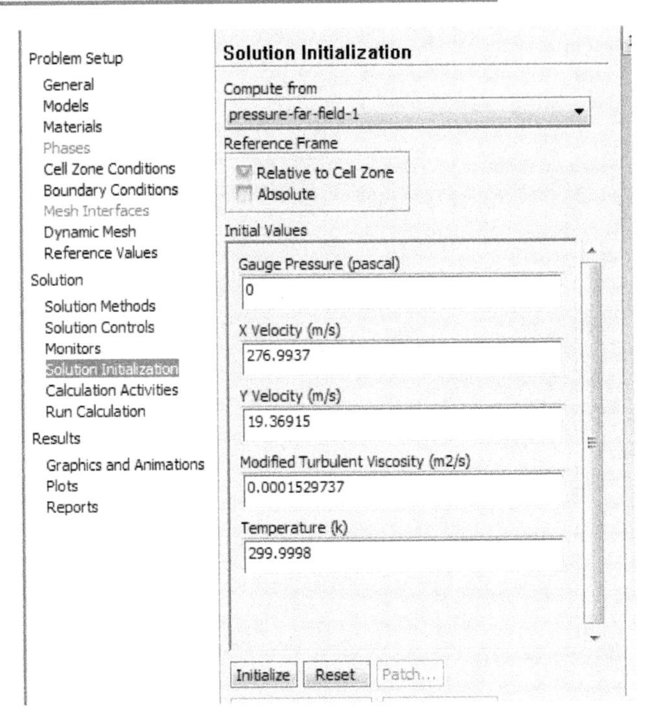

图 7.14　初始化设置对话框

2）自动保存设置

自动保存设置是一个十分实用的功能，便于用户读取之前迭代的结果，可以通过 File→Write→Autosave 命令进行设置。可以选择保存文件的路径，以及 cas 和 date 文件保存的频率和方式等，本算例自动保存设置为每 100 步自动保存 date 文件，在 Save Date File Every 下输入 100，如图 7.15 所示。

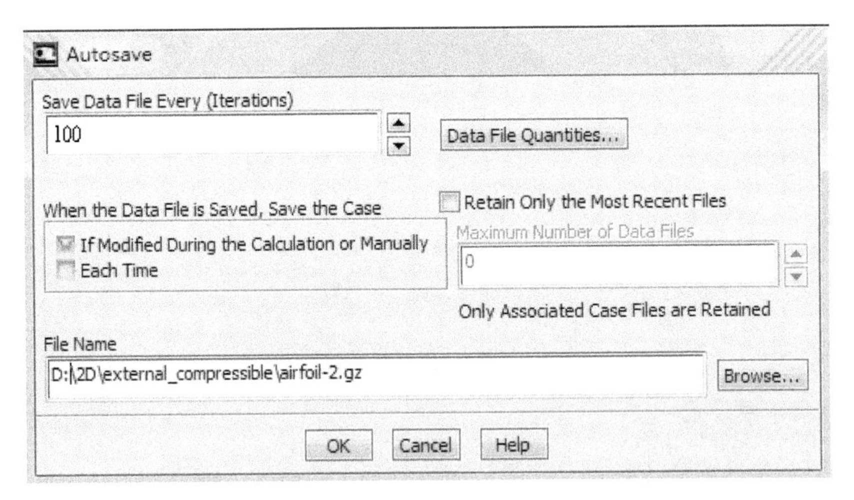

图 7.15　自动保存设置对话框

3）运行计算

在设置完成之后，应该先保存当前的 cas 文件，然后进行迭代计算。

通过 Solve→Run Calculation 命令进行求解运行设置，本次计算设置迭代 250 步，如图 7.16 所示。

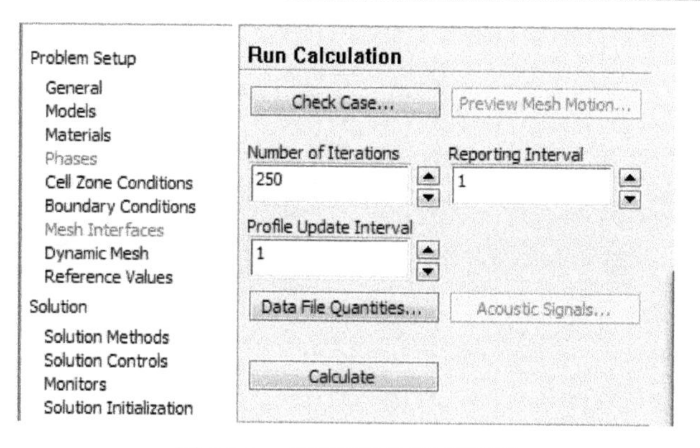

图 7.16　求解运行设置对话框

7.1.4　后处理

后处理中涉及通过 Y+检查网格划分的好坏，矢量图和等值线图等方面。

1．显示 Y+

Y+是反映壁面附近剪切效应的值，对于无滑移边界的壁面，一般 Y+在 30～300 之间为宜，这样获得的性能值更加可靠。

通过 Display→Plots→XY Plot 命令可以显示 Y+，在 Y Axis function 中选取 Turbulence，再选取 Wall Yplus；在 Surfaces 中选取 wall-top 和 wall-bottom；在 Options 选项中把 node value 取消，单击 Plot 按钮即可出现两个壁面的 Y+，如图 7.17 所示。

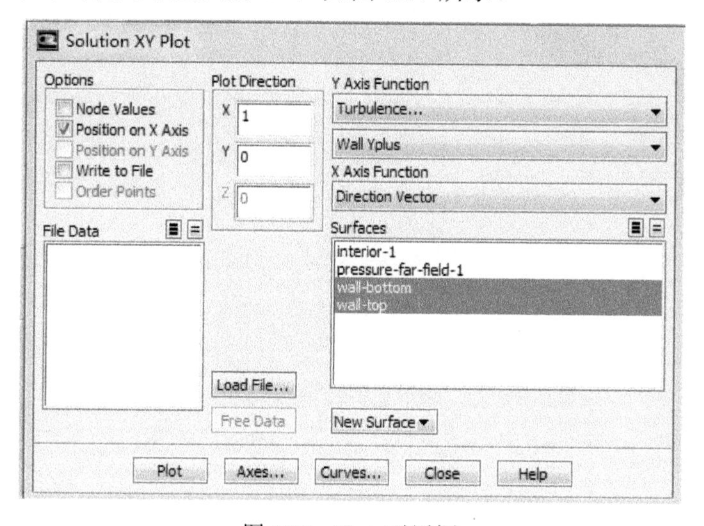

图 7.17　Plots 对话框

如果 Y+大于 300，需要重新划分网格，或者采用 FLUENT 中的自适应网格进行调整。一般来说，自适应对于二维问题有较明显的效果，对于三维问题来说困难会比较大。

2．显示速度矢量

速度矢量可以较好地反映流动的细节，通过 Display→Graphics and Animations→Vectors 命

令可以显示矢量图。

打开 Vectors 设置后，单击 Vector Options 按钮，选择 Fixed Length 以便使所有的矢量都以相同的长度显示；在 Scale 框中输入 0.05，在 Skip 框中输入 3，表示每隔 3 个矢量显示一个，如图 7.18 所示，单击 Display 按钮显示矢量图，如图 7.19 所示。

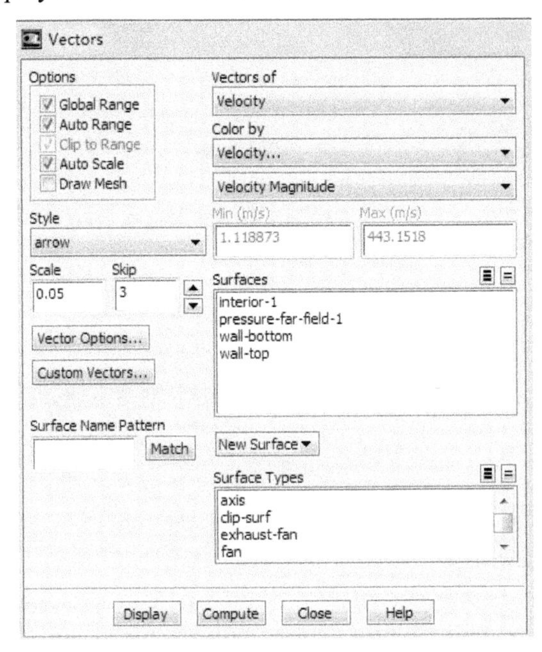

图 7.18　Vectors 对话框

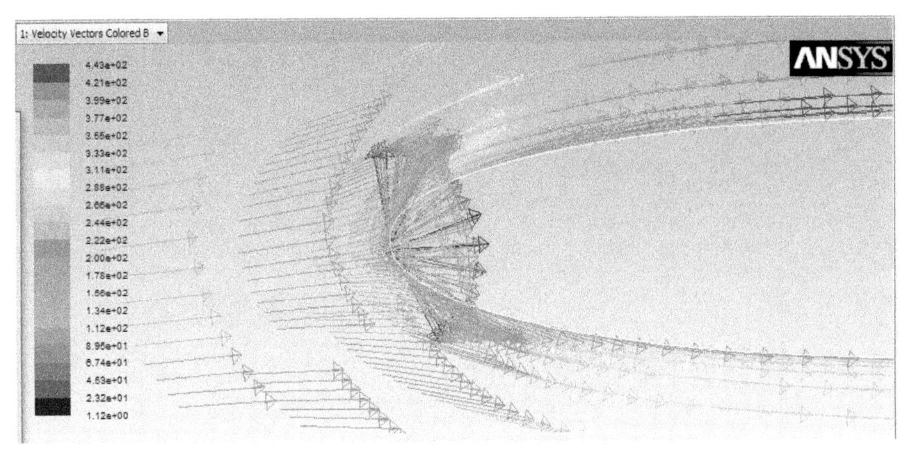

图 7.19　速度矢量图

矢量图中不同的颜色代表不同速度的大小，箭头代表速度方向。

3．显示压力分布等值线图

压力分布等值线图可以较好地反映翼型的气动性能贡献的位置。通过 Display→Graphics and Animations→Contours 命令可以显示等值线图。

打开 Contours 设置后，在 Contours of 选取 Pressure 和 Static Pressure；在 Options 选项框中选取 Filled，如图 7.20 所示，单击 Display 按钮显示压力分布等值线图，如图 7.21 所示。

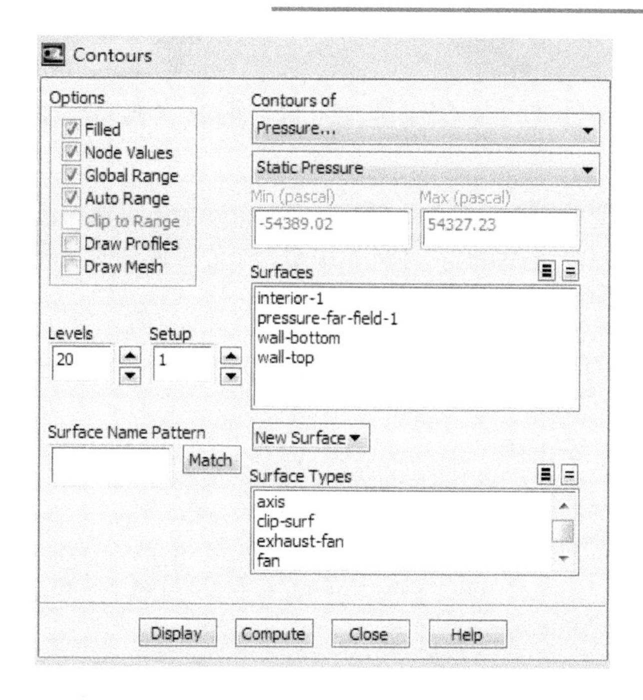

图 7.20　Contours 对话框

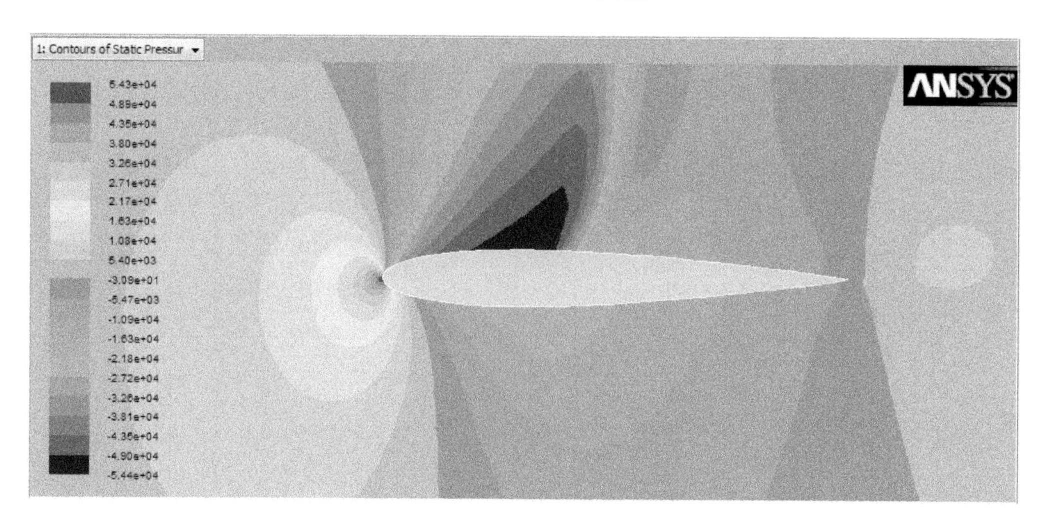

图 7.21　压力分布等值线图

图中不同的颜色代表不同压力的大小。

7.1.5　小结

本节介绍了可压缩翼型绕流的模拟方法，总的来说，想得到比较好的计算结果需要较好满足 Y+范围的网格。

ANSYS FLUENT 为用户提供了充足的模型，以便可以模拟几乎所有的流体力学问题，对于许多的流动问题，可以将模型简化为二维的模型，这样可以大大节省计算时间和计算成本。本章将主要针对二维模型的流体力学问题进行举例讲解。

7.2 水中温度的传递-周期性边界和热传递

对于许多的问题，周期性边界条件的设置是非常重要的，周期性边界的设置可以大大减少网格数量和计算成本。热传递在流体力学问题中是一个经常遇到的问题，本节将把周期性边界和简单热传递的问题结合起来举例讲解。

7.2.1 基本方法

水中的热管会因为产生热传递对水流的速度产生一定的影响，在这个例子中，涉及的方法和需要设置的有：

- ✧ 周期性边界条件。
- ✧ 设置需要的模型。
- ✧ 设置边界条件。
- ✧ 热传递。
- ✧ 设置需要监视的残差曲线。

7.2.2 问题描述

本算例中水流的速度是 0.05kg/s，温度为 300K，热管温度为 400K，如图 7.22 所示；在入口和出口处采用周期性边界条件，上下面采用对称面边界条件，热管表面采用壁面边界条件，总长度为 0.04m，由于采用周期性边界条件，所以不需要非常在意总的长度，如图 7.23 所示。

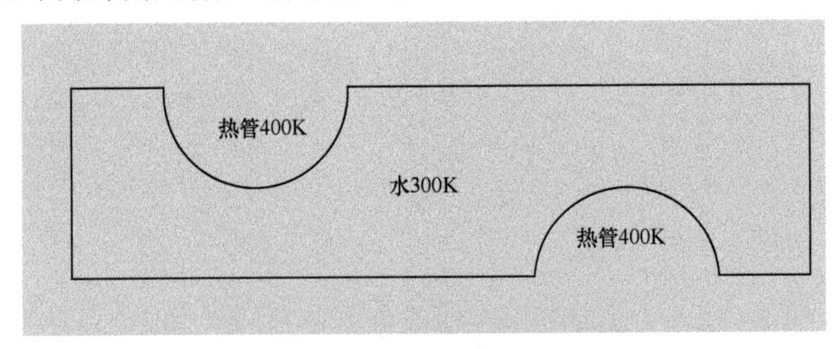

图 7.22　水中热传递影响问题示意图

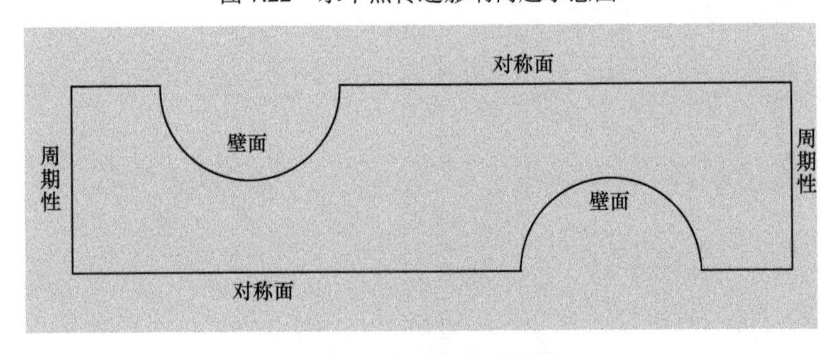

图 7.23　边界条件示意图

7.2.3 计算设置

数值模拟时需要对算例进行逐步设置，才能进行求解。

1. 网格

1）读入网格

通过 FLUENT 中 File→Read→Mesh 命令读入网格文件，在 FLUENT 中会显示网格，如图 7.24 所示，值得一提的是，本算例采用的是混合网格，在热管附近，由于需要计算温度边界层采用的是结构网格，其他流体区域采用非结构网格，以减少总网格数并利于网格的划分。

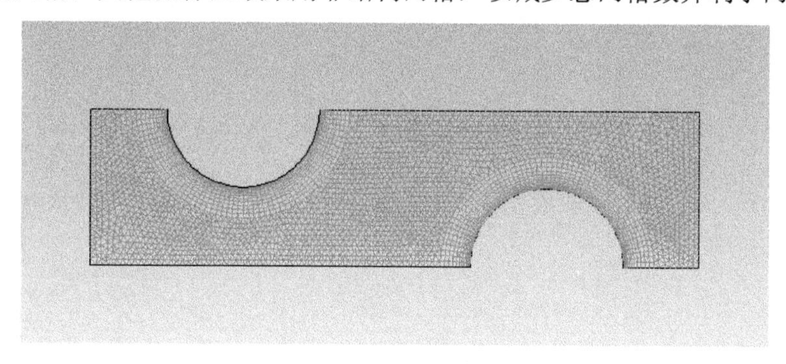

图 7.24　计算域网格显示

2）检查网格

通过 Mesh→Check 命令对网格进行检查。没有负体积、左手网格等问题可以进行下一步操作。

3）缩放

通过 Mesh→Scale 命令对网格进行缩放，一般采用 Pointwise 软件生成的网格单位是米，需要缩小 1000 倍，而用 ICEM 软件生成的网格单位是毫米，不需要缩放。缩放对话框如图 7.25 所示。

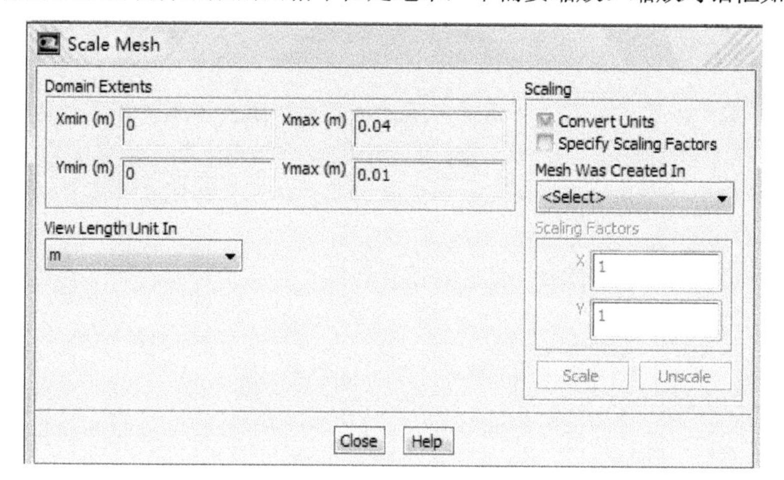

图 7.25　缩放对话框

4）显示和关闭网格

通过 Display→Mesh 命令可以显示和关闭网格，如图 7.26 所示。

2. 模型设置

1）设置求解参数

通过 Define→General 命令可以设置通用的参数。对于本算例保持默认算例即可，不需要进行特殊设置。

2）选择模型

本算例需要求解传热问题，可以通过 Define→Models→Energy 命令打开能量方程，通过 Define→Models→Viscous 选择希望的流动模型，本算例中，由于流动的 Re 数很小，流动为层流流动，所以选择层流模型，如图 7.27 所示。

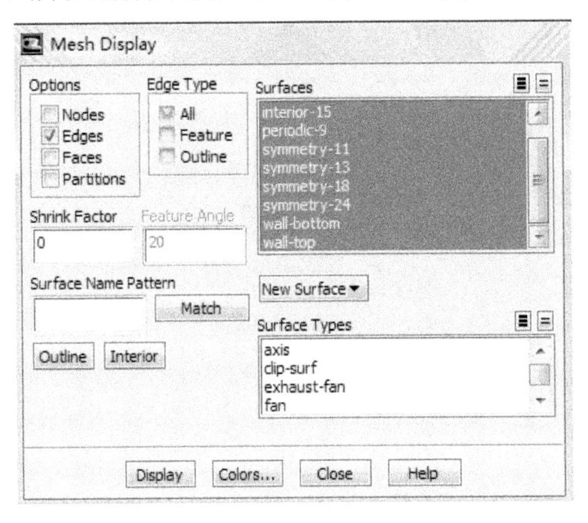

图 7.26 显示和关闭网格对话框

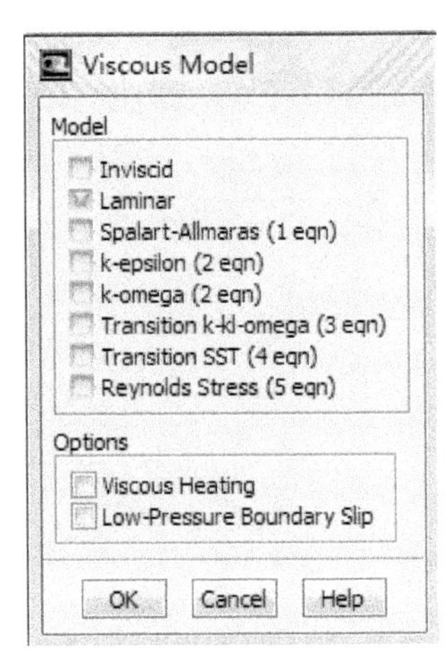

图 7.27 层流模型选取对话框

3. 材料设置

FLUENT 默认的流体材料是空气，由于本次模拟可压缩的流动问题，因此需要对其进行进一步设置，通过 Define→Materials 命令可以对材料属性进行设置。

由于问题研究的是水，所以在材料属性中，应该加入液态水（water-liquid），如图 7.28 所示。

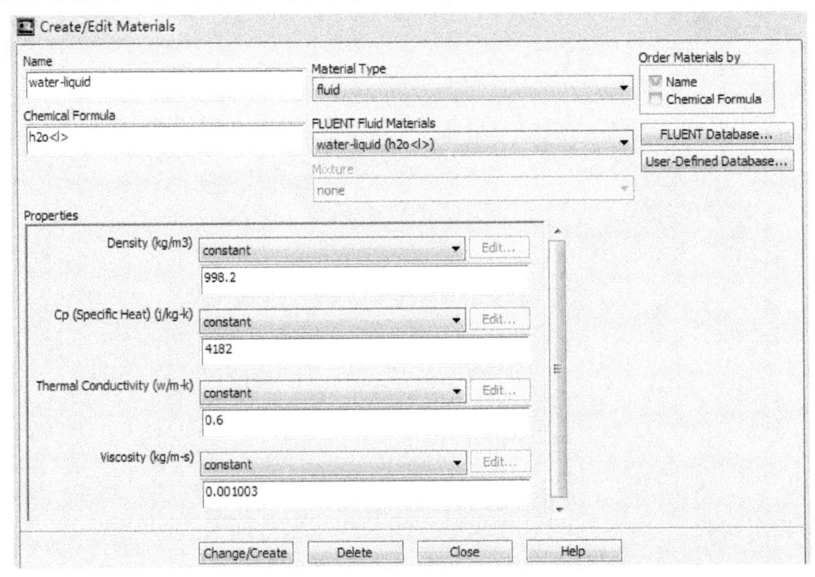

图 7.28 材料属性对话框

单击Change/Create按钮，再单击Close按钮关闭对话框。

4. 操作条件设置

操作条件设置主要是设置参考压力和参考压力点及重力的影响。

通过Define→Operating Conditions命令可以对操作条件进行设置，采用默认设置即可，如图7.29所示。

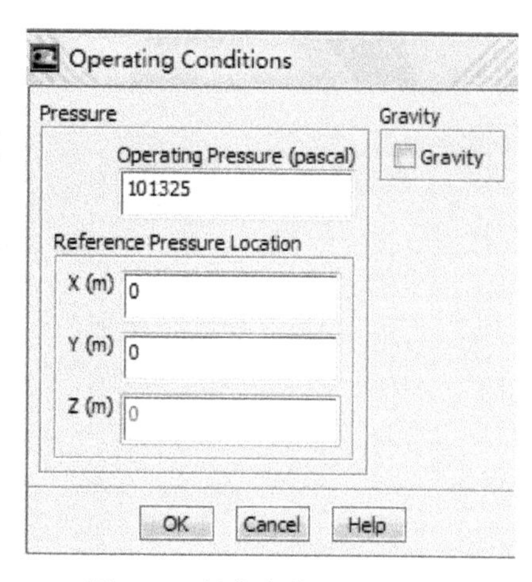

图7.29　操作条件设置对话框

5. 边界条件设置

边界条件的设置是最重要的步骤。通过Define→Boundary Conditions或Cell Zone Conditions命令可以对边界条件进行设置。

1）设置流动介质边界条件

在Cell Zone Conditions设置下，在Zone列表中选取fluid-16，在Type中选取fluid，设置为流体介质，如图7.30所示。

设置好之后，单击Edit按钮对流体介质进行设置，如图7.31所示。在Material Name后的下拉菜单中选取之前设置的材料液态水water-liquid。

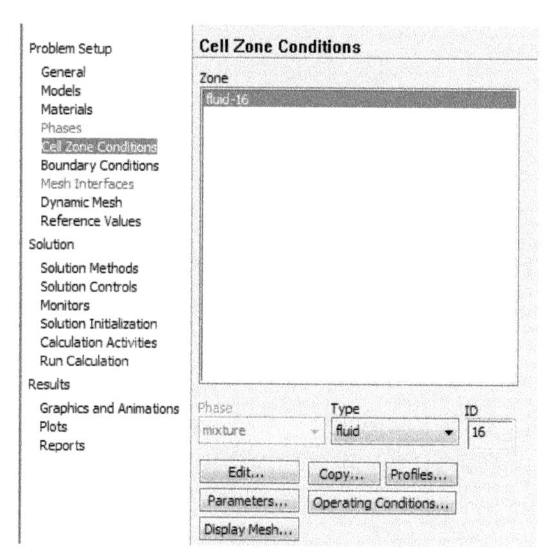

图7.30　流体介质选取对话框

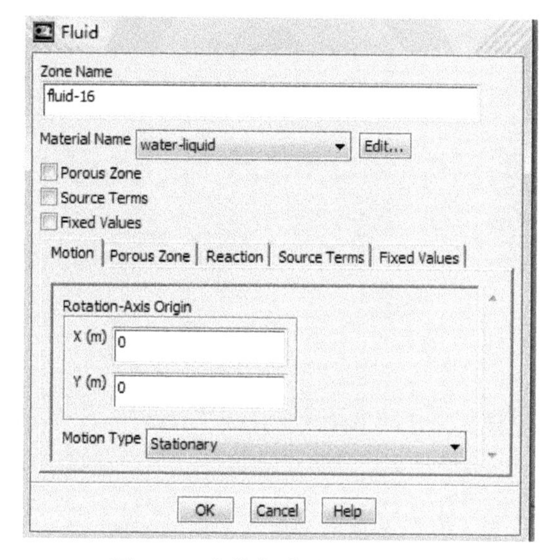

图7.31　流体介质设置对话框

2）周期性边界条件设置

周期性边界条件设置时，在Boundary Conditions中的Zone中选取periodic-9，在Type中选periodic。再单击打开Periodic Conditions对周期性边界条件进行设置，如图7.32所示。在Type中选取质量流量（Mass Flow）；输入质量流率（Mass Flow Rate）0.05kg/s，；在上游温度（Upstream Bulk Temperature）中输入300k；在流动方向矢量中，X方向为1，Y方向为0。松弛因子（Relaxation Factor）为0.5；迭代次数（Number of Iterations）为2。

3）壁面边界条件设置

壁面边界条件需要设置壁面的温度，由于本算例中热管的温度为400K，所以在边界条件设置的 Zone 中选取 wall-bottom，单击 Edit 按钮进入编辑页面，在对话框中打开 Thermal（热）选项卡，在热条件中选取温度（Temperature），在右侧输入 400K，其他按照默认设置即可，如图 7.33 所示。

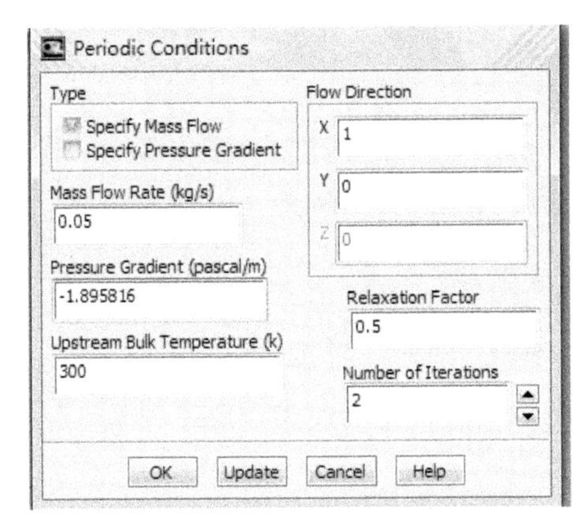

图 7.32　周期性边界设置对话框

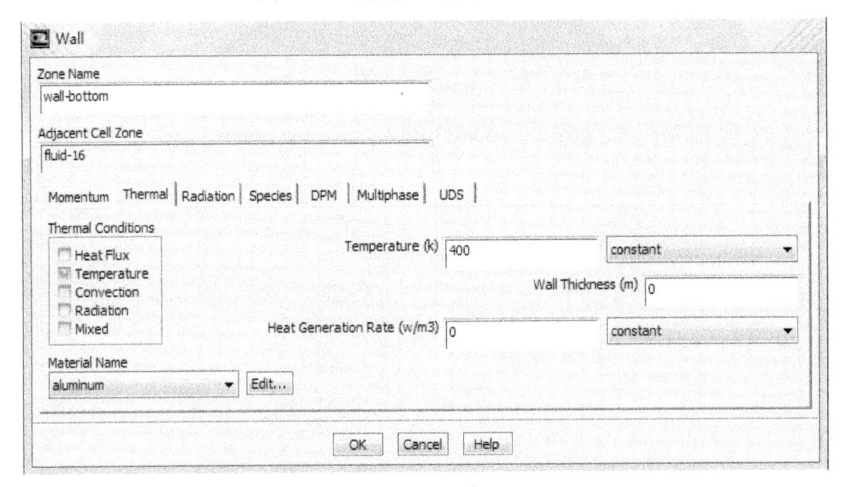

图 7.33　壁面边界设置对话框

4）对称面边界条件设置

对称面边界的设置很简单，不需要进行编辑，只需要在 Type 中选取对称面即可。

6．求解设置

选取合适的求解方法可以加快计算收敛的速度。

1）求解器方法设置

通过 Solve→Methods 命令可以对求解方法进行设置，在设置中选择 SIMPLE 算法，其他为默认设置即可，在一阶格式收敛后再转到二阶格式计算，如图 7.34 所示。

2）求解控制设置

通过 Solve→Controls 命令可以对求解控制进行设置，在此项设置里，主要设置的是松弛因子，选取合适的松弛因子可以有效加快收敛速度。本算例中全部采用默认设置即可，如图 7.35 所示。

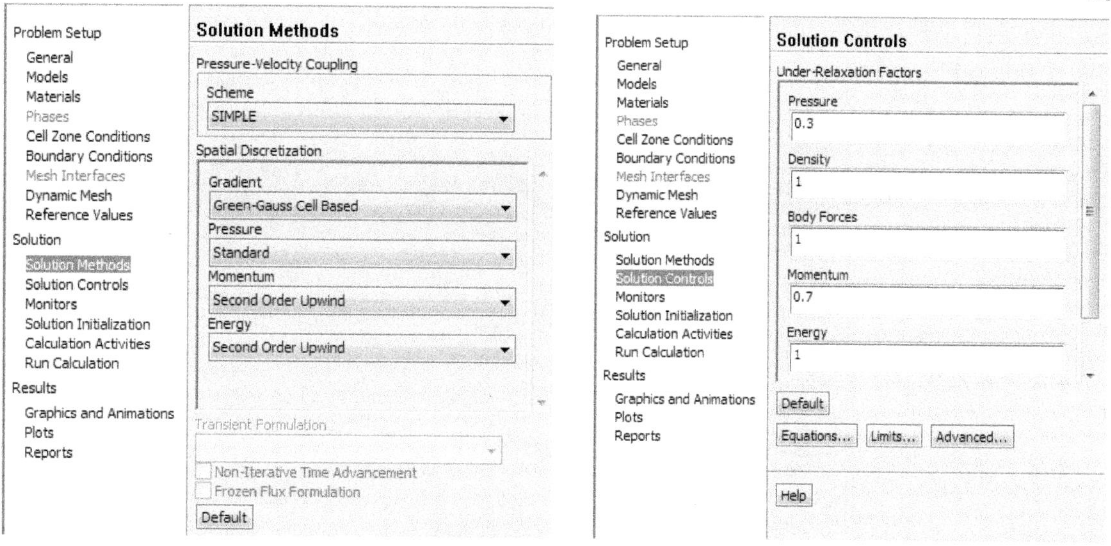

图 7.34　求解方法设置对话框

图 7.35　求解控制设置对话框

3）求解监视设置

通过 Solve→Monitors 可以对求解监视器进行设置，对残差曲线进行监视前需要激活残差曲线，在 Solve→Monitors→Residuals 中，勾选 Plot 即可，如图 7.36 所示。

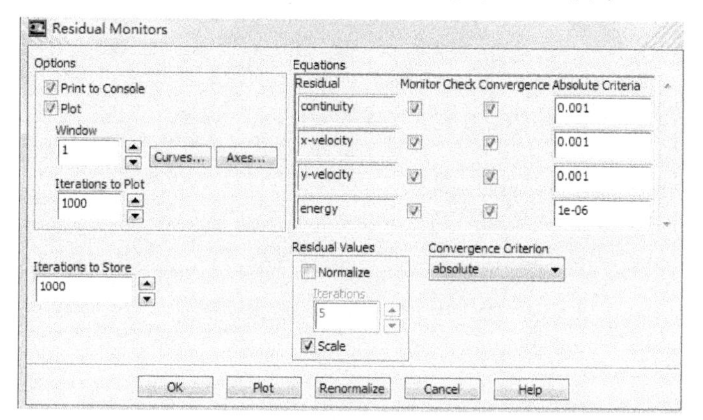

图 7.36　残差监控设置对话框

7. 初始化与求解设置

在计算时，良好的初始流场对计算收敛速度有很大的好处，需要对初始化进行设置。还需要对计算步数等进行设置。

1）初始化设置

通过 Solve→Initializations 命令可以对初始化进行设置，不需要在 Compute From 设置中选取，只要在温度 Temperature 中输入 300K 即可，如图 7.37 所示。单击 Initialize 按钮进行初始化操作，等待片刻初始化完成。

2）自动保存设置

自动保存设置是一个十分实用的功能，便于用户读取之前迭代的结果，可以通过 File→Write→Autosave 进行设置。可以选择保存文件的路径，以及 cas 和 date 文件保存的频率和方式

等，本算例自动保存设置为每 100 步自动保存 date 文件，在 Save Date File Every 下输入 100，如图 7.38 所示。

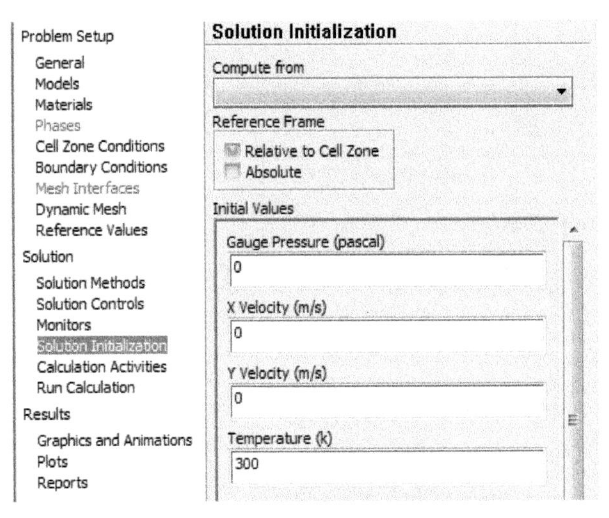

图 7.37　初始化设置对话框

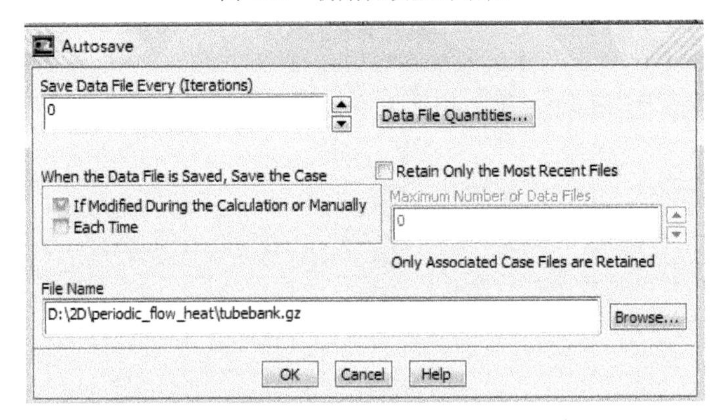

图 7.38　自动保存设置对话框

3）运行计算

在设置完成之后，应该先保存当前的 cas 文件，然后进行迭代计算。

通过 Solve→Run Calculation 命令进行求解运行设置，本次计算设置迭代 1000 步，如图 7.39 所示。

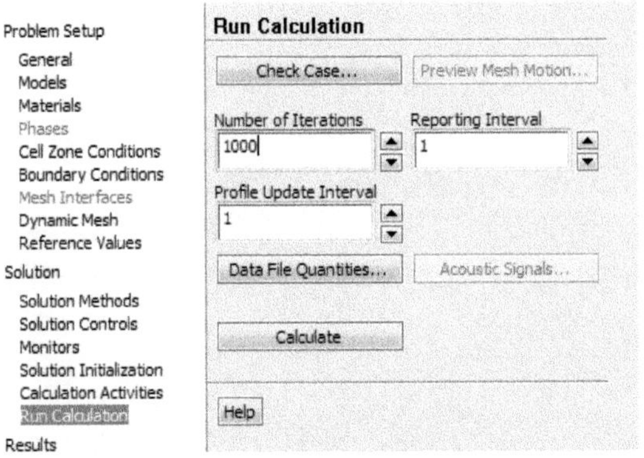

图 7.39　求解运行设置对话框

7.2.4 后处理

后处理中涉及温度和速度的矢量图和等值线图等方面。

1. 显示速度矢量

速度矢量可以较好地反映流动的细节。通过 Display→Graphics and Animations→Vectors 命令可以显示矢量图。

打开 Vectors 设置后，单击 Vector Options 按钮，选择 Fixed Length 以便使所有的矢量都以相同的长度显示；在 Scale 框中输入 1，Skip 框中输入 3，表示每隔 3 个矢量显示一个，如图 7.40 所示，单击 Display 按钮显示矢量图，如图 7.41 所示。

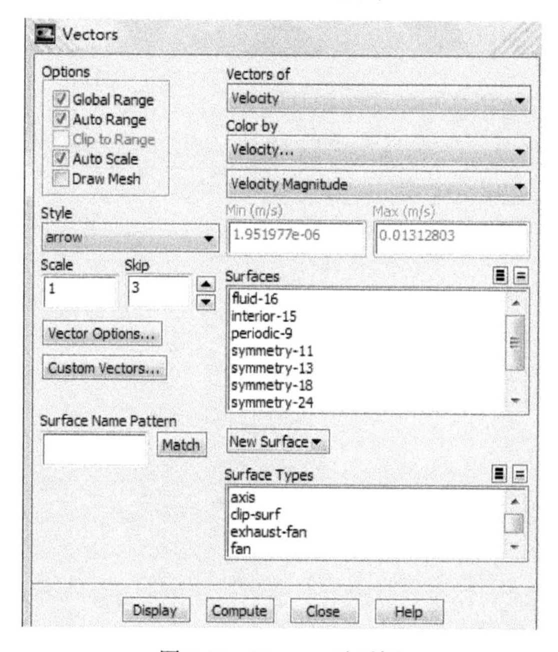

图 7.40 Vectors 对话框

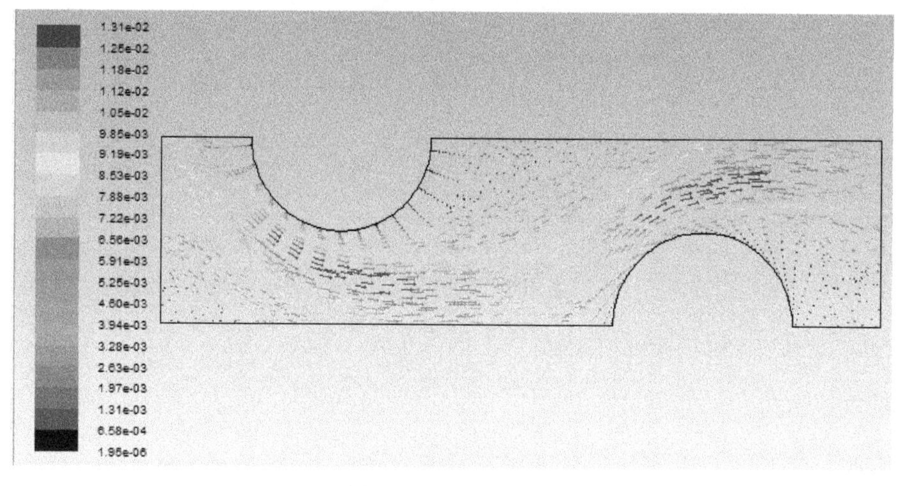

图 7.41 速度矢量图

矢量图中不同的颜色代表不同速度的大小，箭头代表速度方向。

2. 显示温度分布等值线图

温度分布等值线图可以较好地反映管内的温度分布。通过 Display→Graphics and Animations →Contours 命令可以显示等值线图。

打开 Contours 设置后，在 Contours of 选取 Temperature...和 Static Temperature；在 Options 选项框中选取 Filled，如图 7.42 所示，单击 Display 按钮显示温度分布云图，如图 7.43 所示。

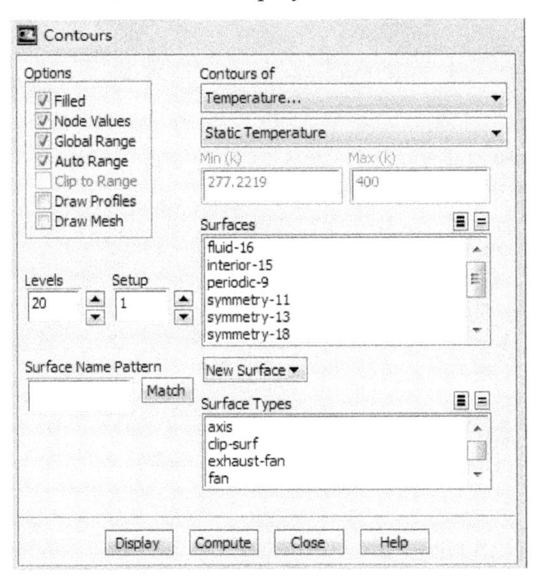

图 7.42　Contours 对话框

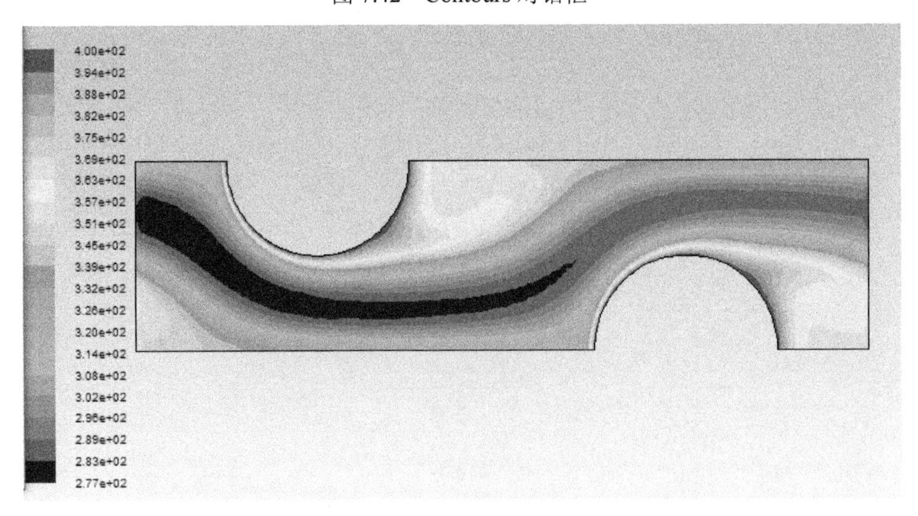

图 7.43　温度分布云图

温度分布云图中不同的颜色代表不同压力的大小。

3. 周期性显示

对于周期性的流动，计算最小单元的流动即可，只需要在显示的时候进行设置。通过

Display→Views 可以显示，如图 7.44 所示。在 Mirror Planes 中将对称面全部选择，再单击 Apply 按钮，可以显示已选择的镜像对称面对称的图像。再单击打开 Periodic Repeats 选择周期性重复显示的选项，如图 7.45 所示，在重复次数（Number of Repeats）中选择 3，表示重复三个周期。单击 Set 按钮后再单击 close 按钮关闭对话框。温度分布云图的最终显示结果如图 7.46 所示。

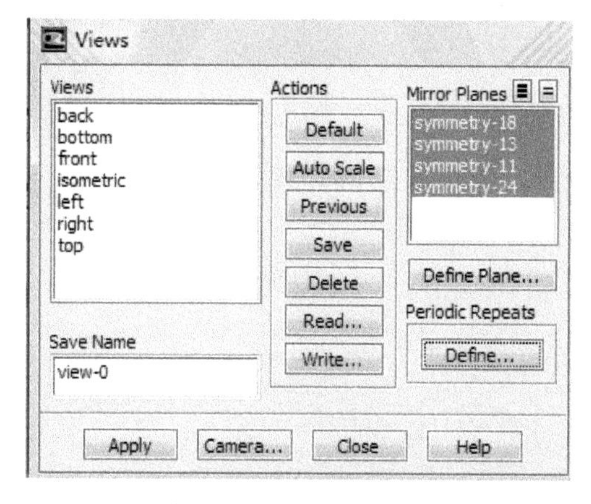

图 7.44　显示设置对话框

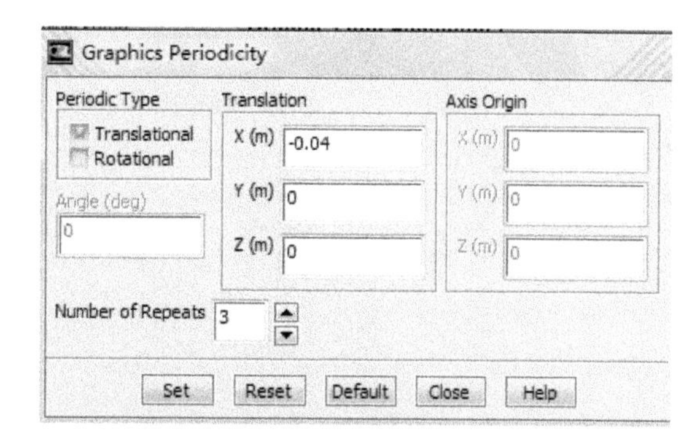

图 7.45　周期性重复显示设置对话框

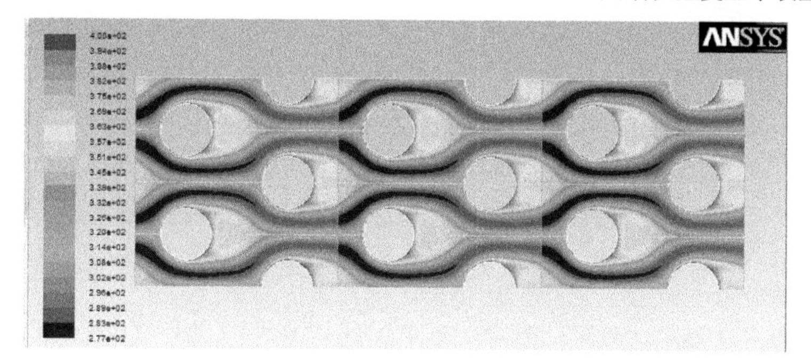

图 7.46　周期性对称显示温度分布云图

7.2.5　小结

本节介绍了周期性流动的设置和传热问题模拟的方法。周期性边界条件可以简化流动模型，节省计算资源，是工程中非常重要的方法。

7.3　腔体内热辐射产生的自然对流模拟

本算例将对腔体内由于热辐射而产生的对流现象进行模拟，采用不同的热辐射模型以比较其区别。

7.3.1　基本方法

腔体内由于热辐射会产生对流，不同的热辐射模型产生的自然对流会有一定的区别，本算例涉及的方法和需要的设置有：

✧ 设置边界条件。
✧ 设置需要的流动模型。
✧ 设置热辐射模型。
✧ 设置需要监视的残差曲线。

7.3.2 问题描述

本算例中左侧壁面温度为1000K，右侧为2000K，腔体为1m^{2}的正方形，如7.47所示。

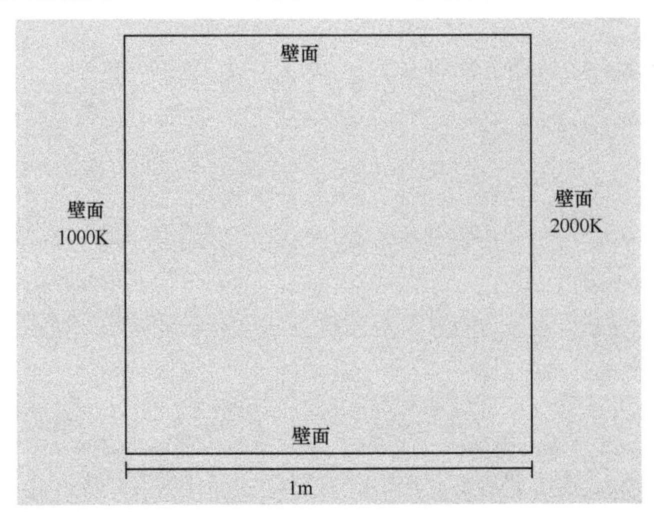

图7.47 模型计算域示意图

7.3.3 计算设置

数值模拟时需要对算例进行逐步设置，才能进行求解。

1. 网格

1）读入网格

通过 FLUENT 中 File→Read→Mesh 命令读入网格文件，在 FLUENT 中会显示网格，如图7.48所示。

2）检查网格

通过Mesh→Check命令对网格进行检查，没有负体积、左手网格等问题可以进行下一步操作。

3）缩放

通过Mesh→Scale命令对网格进行缩放，一般采用Pointwise软件生成的网格单位是米，需要缩小1000倍，而用ICEM软件生成的网格单位是毫米，不需要缩放。缩放对话框如图7.49所示。

4）显示和关闭网格

通过Display→Mesh命令可以显示和关闭网格，如图7.50所示。

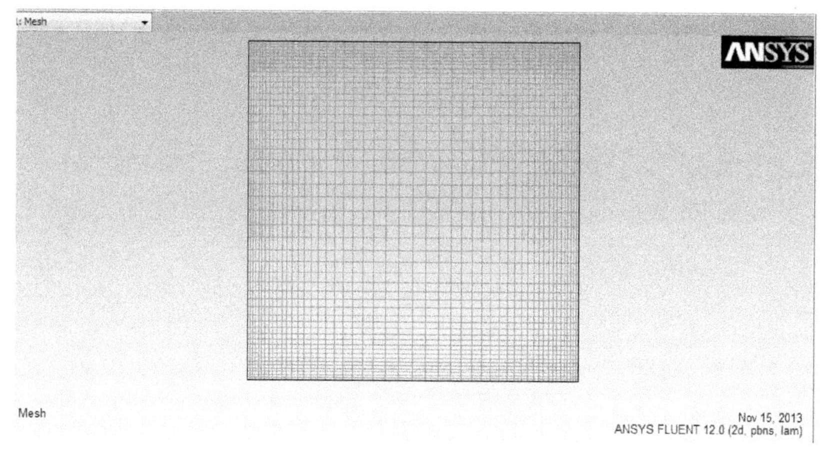

图 7.48　计算域网格显示

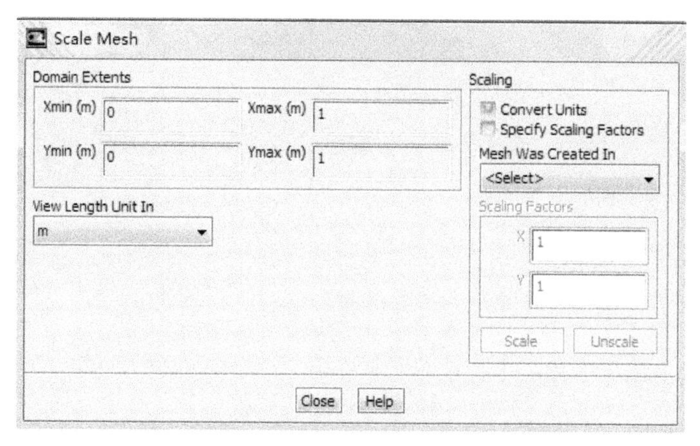

图 7.49　缩放对话框

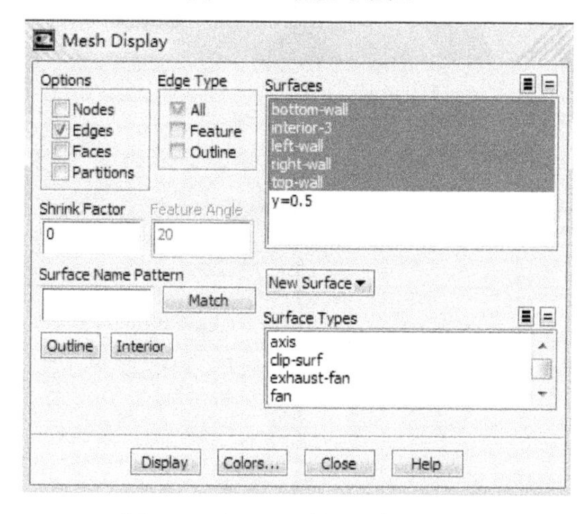

图 7.50　显示和关闭网格对话框

2．模型设置

1）设置求解参数

通过 Define→General 命令可以设置通用的参数。对于本算例需要专门设置的是开启重力模型，给定一个小的 Y 向加速度，以便腔体内的流动可以循环起来，如图 7.51 所示，其他保持默认设置即可。

2）选择模型

本算例需要设置流动模型并激活能量方程，可以通过 Define→Models→Viscous 选择希望的流动模型，由于流动的 Re 数很小，流动为层流流动，所以选择层流模型，如图 7.52 所示。

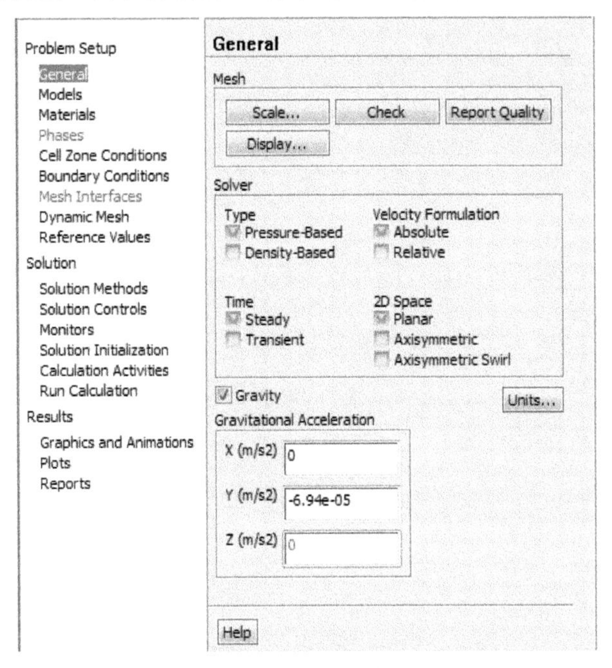

图 7.51　显示网格对话框

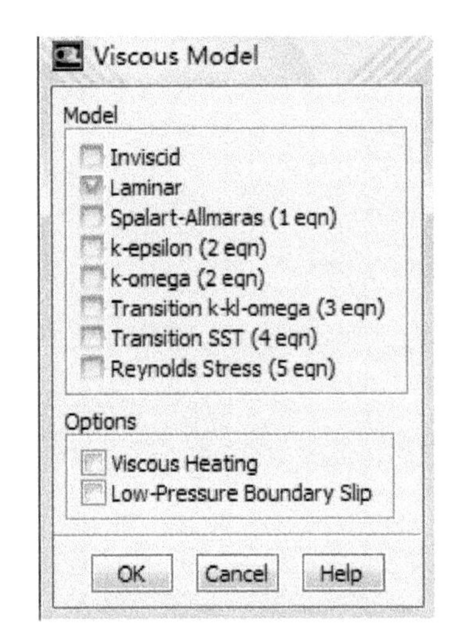

图 7.52　层流模型选取对话框

本算例中，重点在于选取不同的热辐射模型，本算例将对比 Rosseland、P1、DTRM、S2S 和 DO 五种热辐射模型，可以通过 Define→Models→Radiation 命令选择希望的热辐射模型，具体设置如图 7.53～图 7.58 所示。

Rosseland 和 P1 模型只需开启即可，不需要单独设置，如图 7.53 所示。

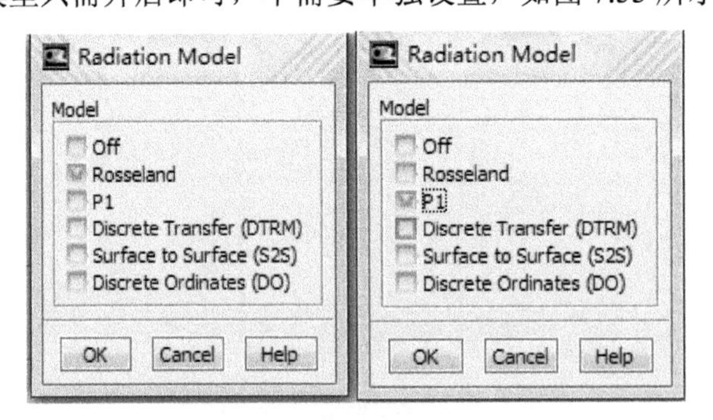

图 7.53　Rosseland 和 P1 模型设置对话框

DTRM 模型开启后，通过 Define→Models→Radiation→DTRM Rays 命令对 DTRM 射线进行设置，如图 7.53 和图 7.54 所示，按照图设置好之后，单击 OK 按钮保存即可。

S2S 模型的设置如图 7.56 所示，迭代参数（Iteration Parameters）按照默认设置即可，视角

因子（View Factors）和簇参数设置也采用默认设置即可，如图 7.57 所示，然后单击 Methods 中的计算并保存后，单击 OK 按钮退出对话框。

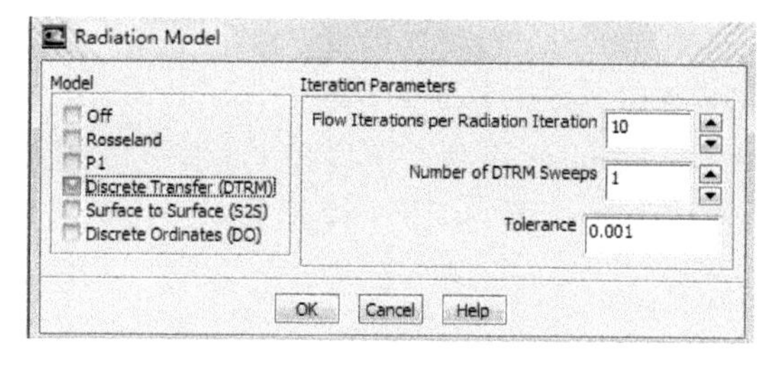

图 7.54　DTRM 模型设置对话框

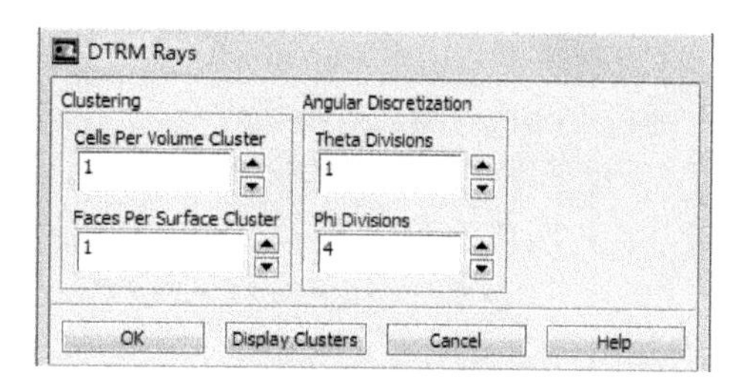

图 7.55　DTRM Rays 模型设置对话框

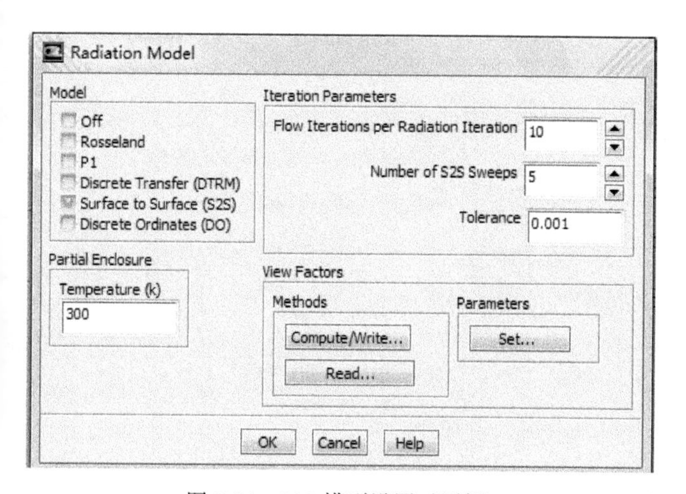

图 7.56　S2S 模型设置对话框

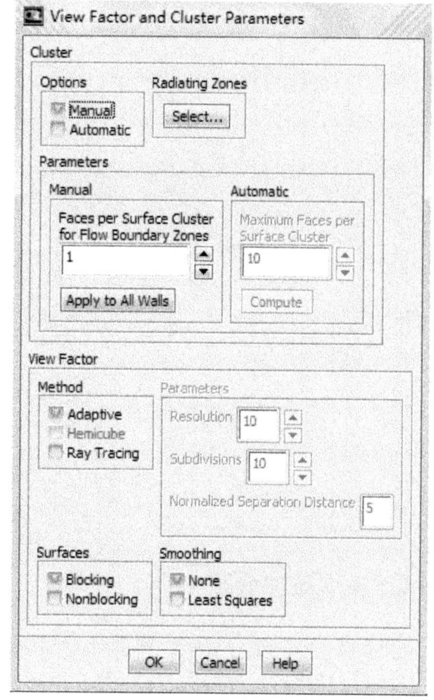

图 7.57　S2S 模型视角因子和簇参数设置对话框

对于 DO 模型，采用默认设置即可，如图 7.58 所示。

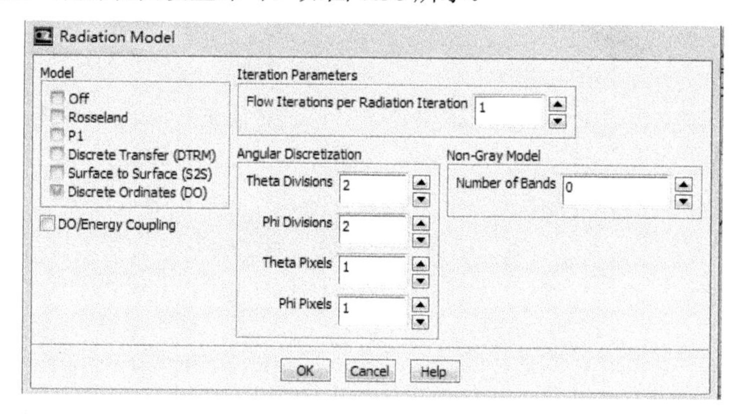

图 7.58　DO 模型设置对话框

3. 材料设置

FLUENT 默认的流体材料是空气，由于本次需要模拟热辐射的流动问题，在第 6 章中已讲过，对于密度材料需要使用 Boussinesq 模型按稳态计算，设定常密度，这样质量也就被相应确定了。

通过 Define→Materials 命令可以对材料属性进行设置。

1）对于本次所采用的流体介质，在密度处选取 Boussinesq 模型，密度和 Cp 及热传导系数的值加大，吸收系数为 5，以便能更好地显示热辐射的效果，设置如图 7.59 所示。

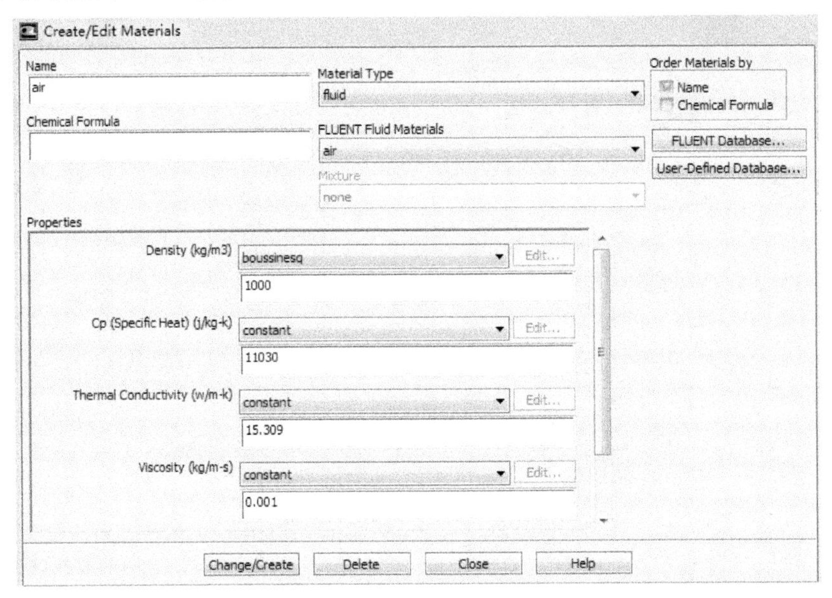

图 7.59　材料属性对话框

单击 Change/Create 按钮，再单击 Close 按钮关闭对话框。

4. 操作条件设置

操作条件主要是设置参考压力和参考压力点及重力的影响。

通过 Define→Operating Conditions 命令可以对操作条件进行设置，需要考虑重力的影响，Boussinesq 模型的工作温度采用 1000K，其他采用默认设置即可，如图 7.60 所示。

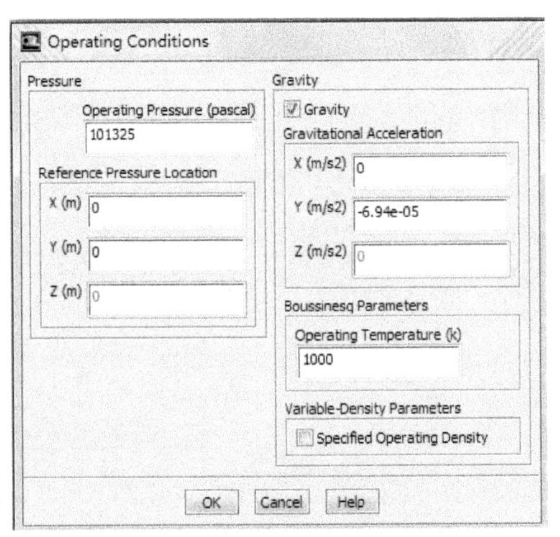

图 7.60　操作条件设置对话框

5．边界条件设置

通过 Define→Boundary Conditions 命令可以对边界条件进行设置。

本算例中，没有速度入口和出口，主要是对壁面边界条件进行设置，对于左侧表面，温度为 1000K，需要在 Thermal 选项卡的 Thermal Conditions 中采用温度设置，温度为 1000K 即可，如图 7.61 所示。在辐射选项中，采用不透明（Opaque）介质，如图 7.62 所示。同样，右侧边界条件温度为 2000K，与左侧设置方法相同。

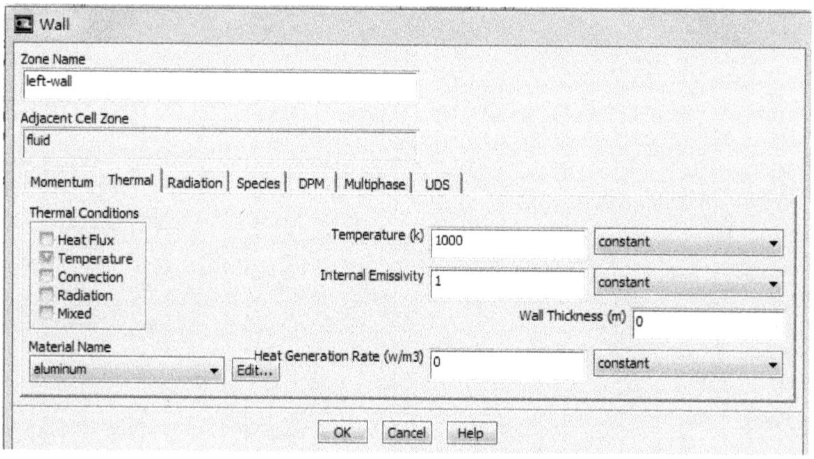

图 7.61　边界条件设置对话框

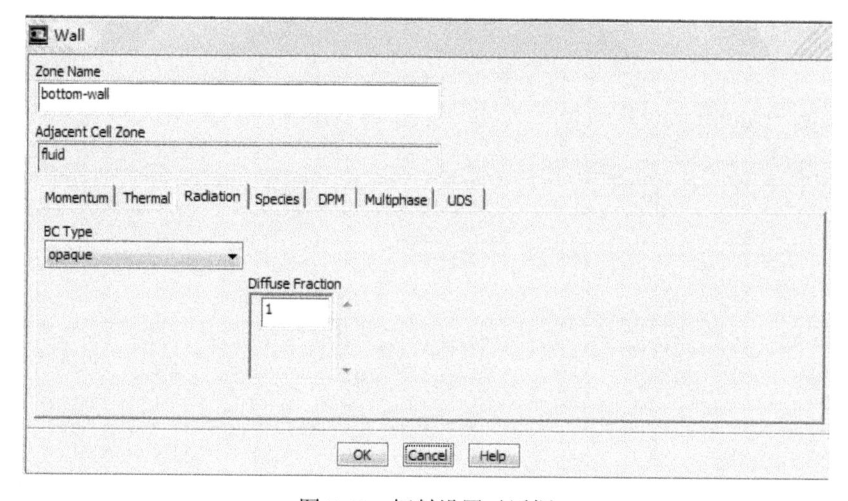

图 7.62　辐射设置对话框

6．求解设置

选取合适的求解方法可以加快计算收敛的速度。

1）求解器方法设置

通过 Solve→Methods 命令可以对求解方法进行设置，在设置中选择 SIMPLE 算法，压力中心差分格式选择 PRESTO！格式，其他设置为默认设置即可，在一阶格式收敛后再转到二阶格式计算，如图 7.63 所示。

2）求解控制设置

通过 Solve→Controls 命令可以对求解控制进行设置，在此项设置里，主要设置的是松弛因子，选取合适的松弛因子可以有效加快收敛速度。本算例中全部采用默认设置即可，如图 7.64 所示。

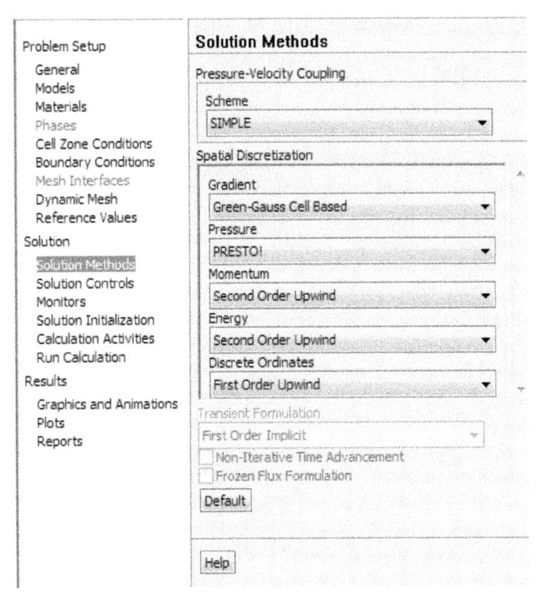

图 7.63　求解方法设置对话框

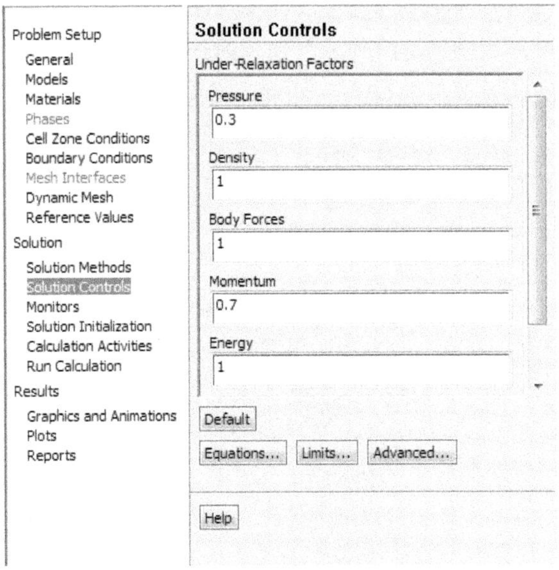

图 7.64　求解控制设置对话框

3）求解监视设置

通过 Solve→Monitors 命令可以对求解监视器进行设置，对残差曲线进行监视前需要激活残差曲线，在 Solve→Monitors→Residuals 命令中，勾选 Plot 即可，如图 7.65 所示。

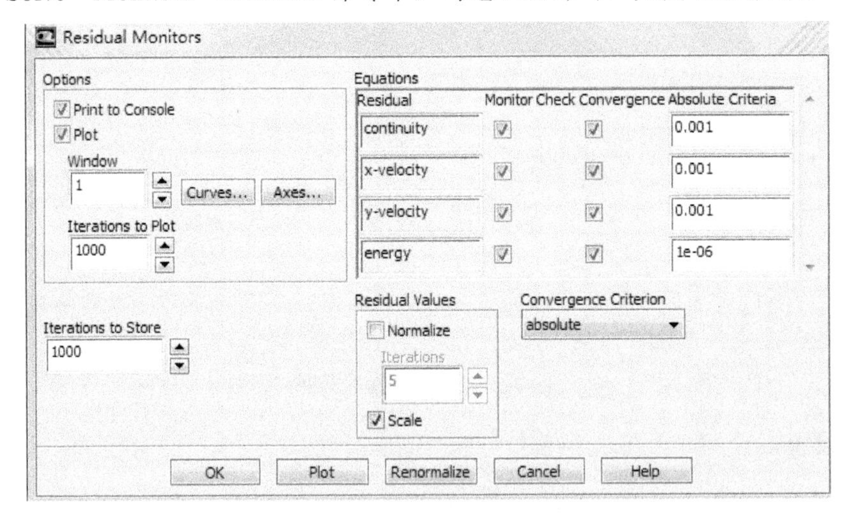

图 7.65　残差监控设置对话框

7．初始化与求解设置

在计算时，良好的初始流场对计算收敛速度有很大的好处，需要对初始化进行设置，还需要对计算步数等参数进行设置。

1）初始化设置

通过 Solve→Initializations 命令可以对初始化进行设置，不需要在 Compute From 设置中选取，只要在温度 Temperature 中取左右边界的平均温度，输入 1500K 即可，如图 7.66 所示，单击 Initialize 按钮进行初始化操作，等待片刻初始化完成。

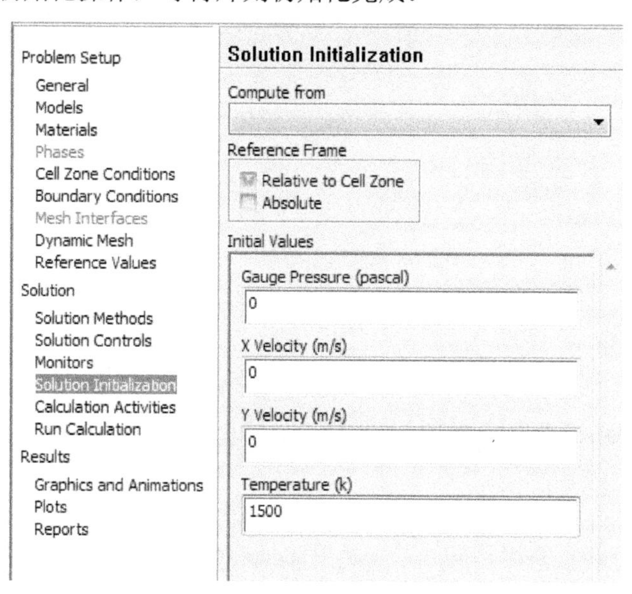

图 7.66　初始化设置对话框

2）自动保存设置

自动保存设置是一个十分实用的功能，便于用户读取之前迭代的结果，可以通过 File→Write→Autosave 命令进行设置。可以选择保存文件的路径，以及 cas 和 date 文件保存的频率和方式等，本算例自动保存设置为每 100 步自动保存 date 文件，在 Save Date File Every 下输入 100，如图 7.67 所示。

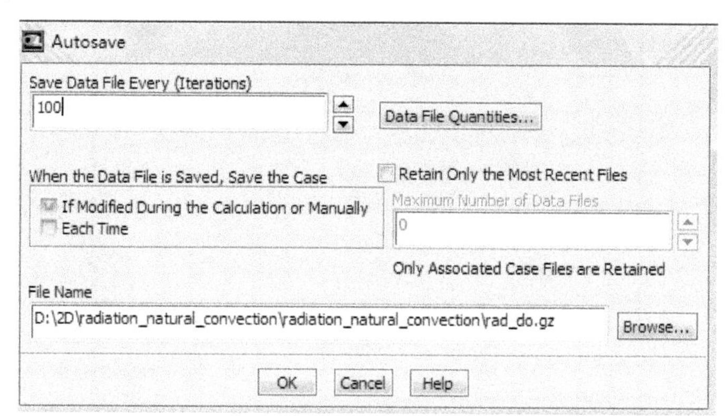

图 7.67　自动保存设置对话框

3）运行计算

在设置完成之后，应该先保存当前的 cas 文件，然后进行迭代计算。

通过 Solve→Run Calculation 命令进行求解运行设置，本次计算设置迭代 1000 步，如图 7.68 所示。

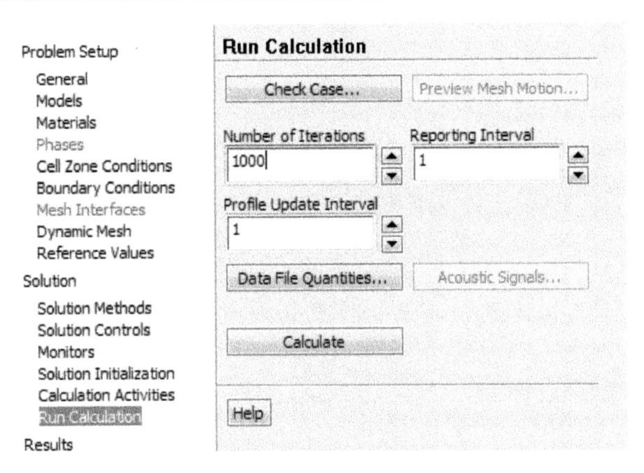

图 7.68　求解运行设置对话框

7.3.4　后处理

后处理中涉及温度和速度的矢量图和等值线图等方面。

1．显示速度矢量

速度矢量可以较好地反映流动的细节，通过 Display→Graphics and Animations→Vectors 命令可以显示矢量图。

打开 Vectors 设置后，单击 Vector Options 按钮，选择 Fixed Length 以便使所有的矢量都以相同的长度显示；在 Scale 框中输入 3，在 Skip 框中输入 3，表示每隔 3 个矢量显示一个，如图 7.69 所示，单击 Display 按钮，显示矢量图，如图 7.70 所示。

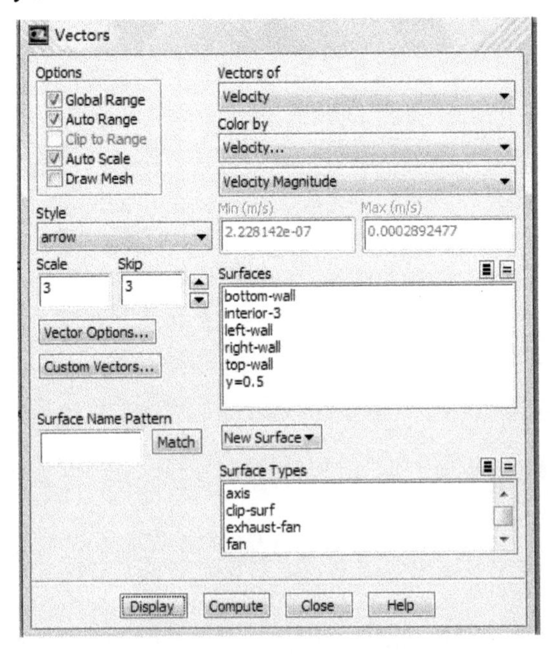

图 7.69　Vectors 对话框

矢量图中不同的颜色代表不同速度的大小，箭头代表速度方向。

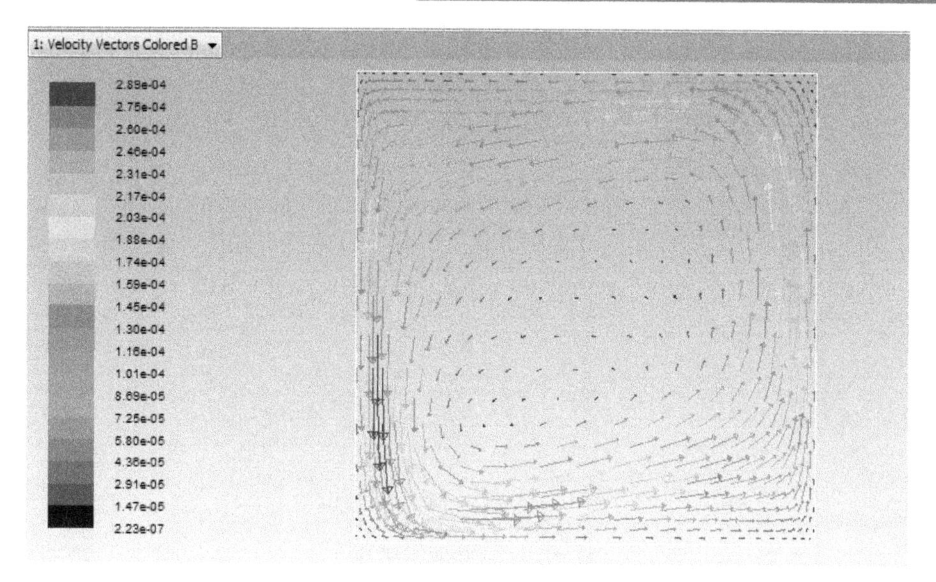

图 7.70　速度矢量图

2. 显示温度分布等值线图

通过 Display→Graphics and Animations→Contours 命令可以显示温度等值线图。

打开 Contours 设置后，在 Contours of 选取 Temperature 和 static Temperature；在 Options 选项框中选取 Filled，如图 7.71 所示，单击 Display 按钮显示温度分布等值线图，如图 7.72 所示。

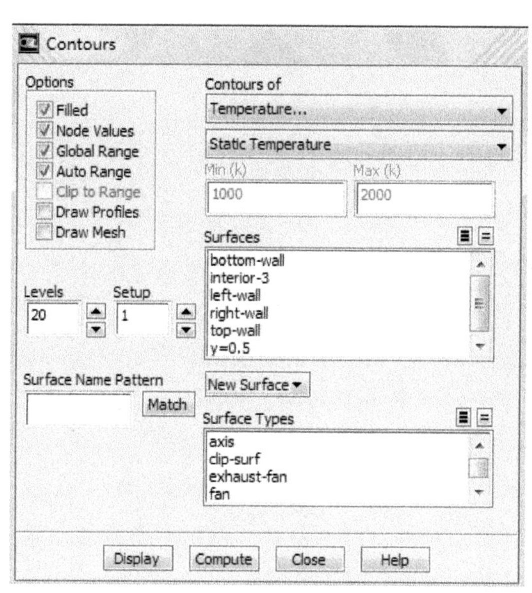

图 7.71　Contours 对话框

图中不同的颜色代表不同温度的大小。

3. 五种热辐射模型结果对比

五种不同的模型在腔内的对流换热模拟上会有一定的不同，下面进行对比，如图 7.73 所示。

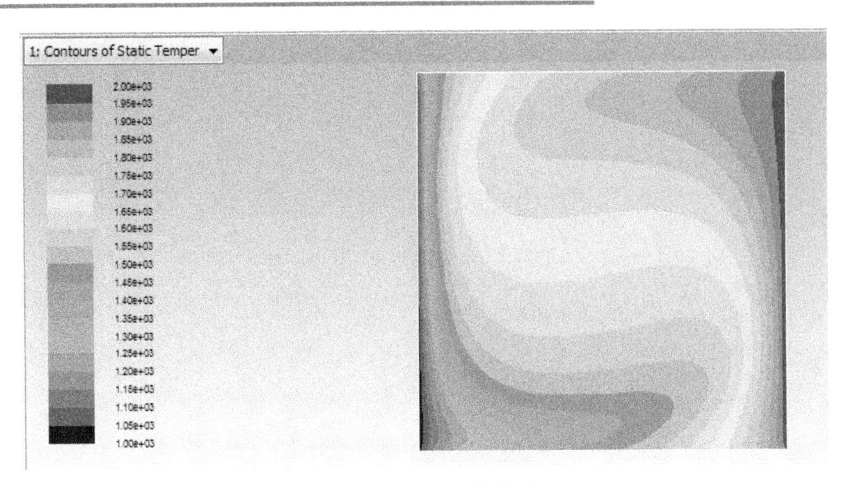

图 7.72　温度分布等值线图

从五幅图可以看出，Rosseland 模型对于温度的模拟明显和其他模型有区别，主要是因为 Rosseland 模型适用于光学深度大于 3 的问题，本算例中，光学深度小于 3，所以 Rosseland 模型计算结果有所偏差。而 S2S 模型主要假定是忽略了所有的辐射吸收、发射和散射，因此，模型中仅考虑表面之间的辐射传热。

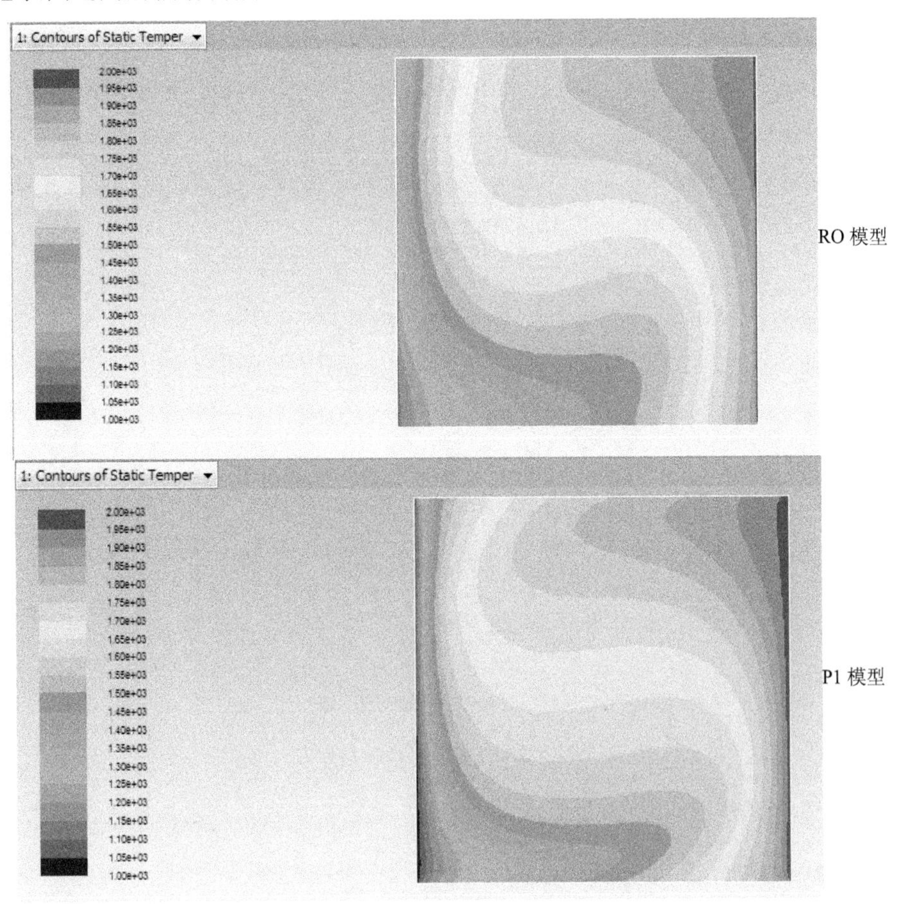

图 7.73　不同热辐射模型温度分布云图

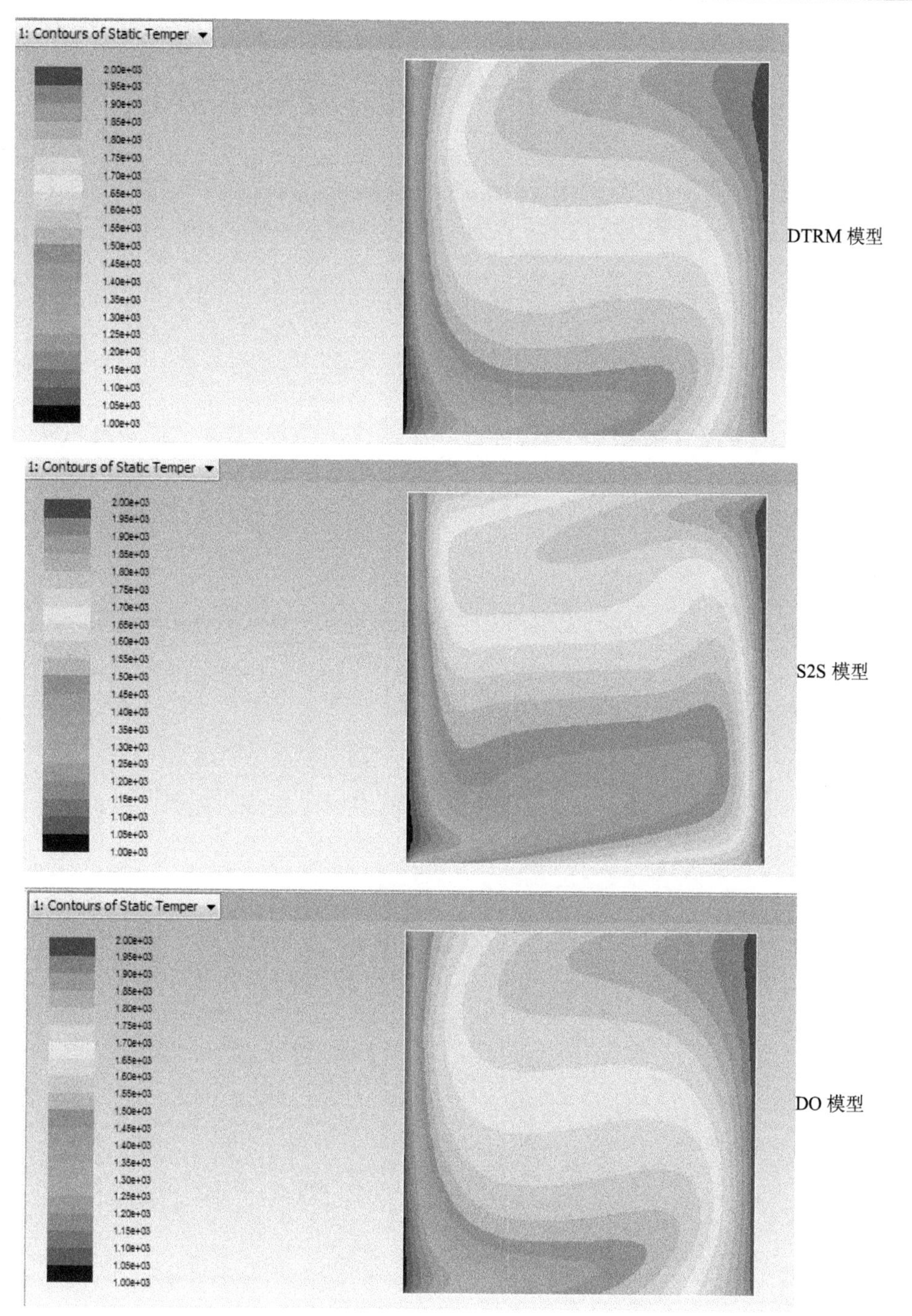

图 7.73　不同热辐射模型温度分布云图（续）

7.3.5　小结

本节介绍了腔体内热辐射产生的自然对流问题的模拟方法，传热模型和热边界条件，它们是工程中经常会遇到的问题。通过本节的讲解，应该对传热模型的使用方法有了一个直观的认识。

7.4 离心式鼓风机模拟-旋转流体区域

在实际的工程中，有很多的问题涉及旋转的流动现象，如说本节要模拟的离心式鼓风机、螺旋桨外流场，风洞内流场等。FLUENT 对于同时存在定子和转子的问题一般会采用多重参考坐标系（MRF）。

7.4.1 基本方法

离心式鼓风机是工程中常见的一类设备，叶片以一定的速度旋转，而轮毂和风道壁面都是固定不动的，本算例需要进行的设置有：

- ✧ 多重参考坐标系（MRF）。
- ✧ 设置需要的模型。
- ✧ 设置边界条件。
- ✧ 设置需要监视的残差曲线。

7.4.2 问题描述

在本算例中，叶片旋转的速度为 261rad/s，叶片弦长 13.5mm，压力入口总压为 200Pa、半径为 35mm，压力出口的长度为 145mm，如图 7.74 所示。

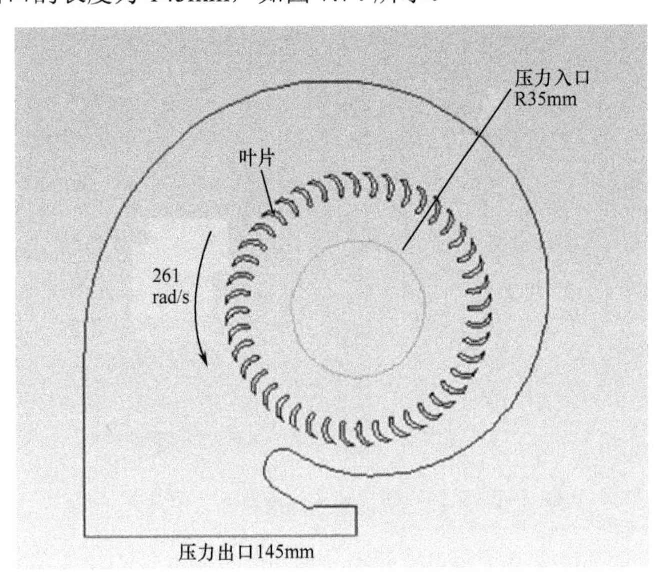

图 7.74 离心式鼓风机示意图

7.4.3 计算设置

数值模拟时需要对算例进行逐步设置，才能求解。

1. 网格

1）读入网格

通过 FLUENT 中 File→Read→Mesh 命令读入网格文件，在 FLUENT 中会显示网格，如图 7.75 所示，计算采用的是非结构网格，对一些复杂流动，或者流动现象不是很清楚时建议使用非结构网格。

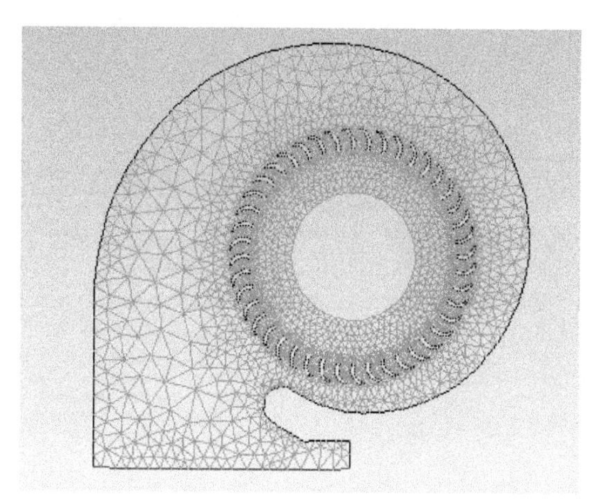

图 7.75　计算域网格显示

2）检查网格

通过 Mesh→Check 命令对网格进行检查，没有负体积、左手网格等问题可以进行下一步操作。

3）缩放

通过 Mesh→Scale 命令对网格进行缩放，一般采用 Pointwise 软件生成的网格单位是米，需要缩小 1000 倍，而用 ICEM 软件生成的网格单位是毫米，不需要缩放。缩放对话框如图 7.76 所示。

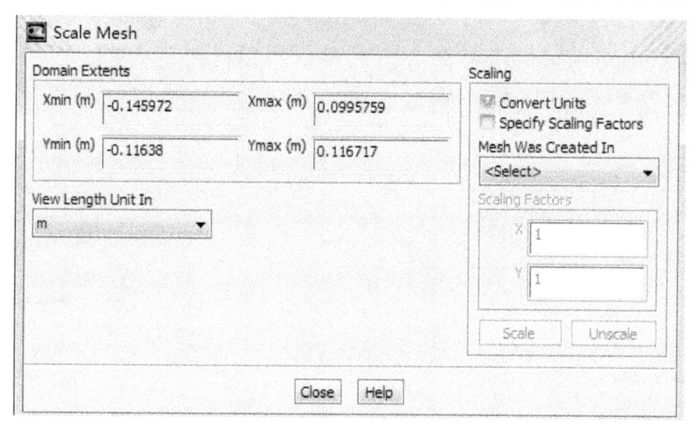

图 7.76　缩放对话框

4）显示和关闭网格

通过 Display→Mesh 命令可以显示和关闭网格，如图 7.77 所示。

2. 模型设置

1）设置求解参数

通过 Define→General 命令可以设置通用的参数。对于本算例保持默认算例即可，不需要进行特殊设置。

2）选择模型

本算例需要求解传热问题，可以通过 Define→Models→Energy 命令打开能量方程；通过 Define→Models→Viscous 命令可以选择希望的流动模型，在本算例中，选择标准 k-e 两方程湍流模型，如图 7.78 所示。

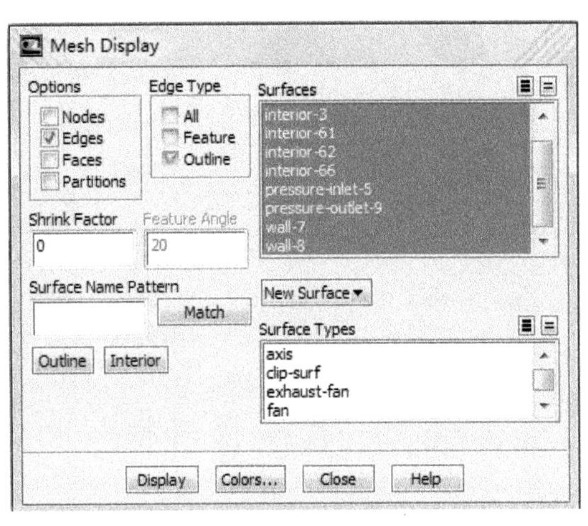

图 7.77　显示和关闭网格对话框

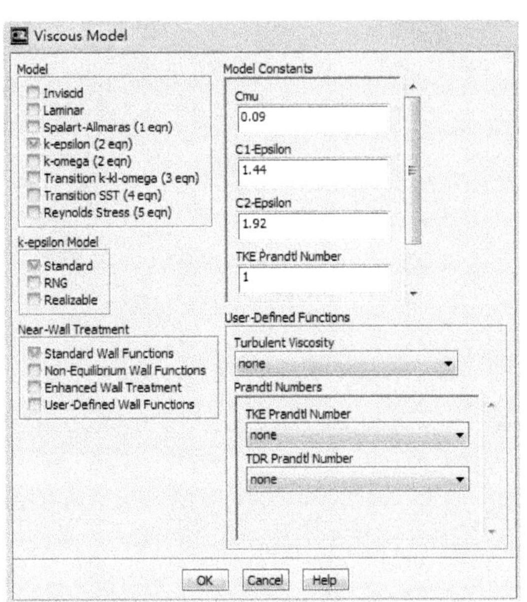

图 7.78　湍流模型选取对话框

3. 材料设置

FLUENT 默认的流体材料是空气，由于本次需要模拟可压缩的流动问题，因此需要对其进行进一步设置。通过 Define→Materials 命令可以对材料属性进行设置。

由于问题研究的是空气鼓风机，所以材料属性是常温的空气，采用默认设置即可，如图 7.79 所示。

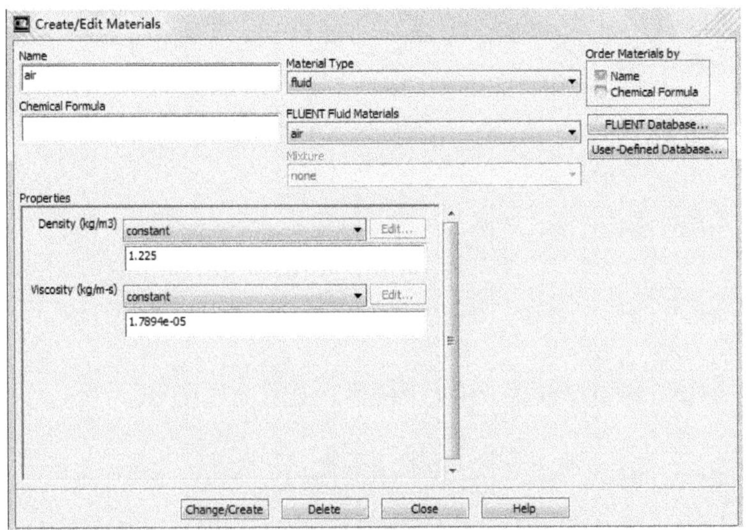

图 7.79　材料属性对话框

单击 Change/Create 按钮，再单击 Close 按钮关闭对话框。

4．操作条件设置

操作条件主要是设置参考压力和参考压力点及重力的影响。

通过 Define→Operating Conditions 命令可以对操作条件进行设置，采用默认设置即可，如图 7.80 所示。

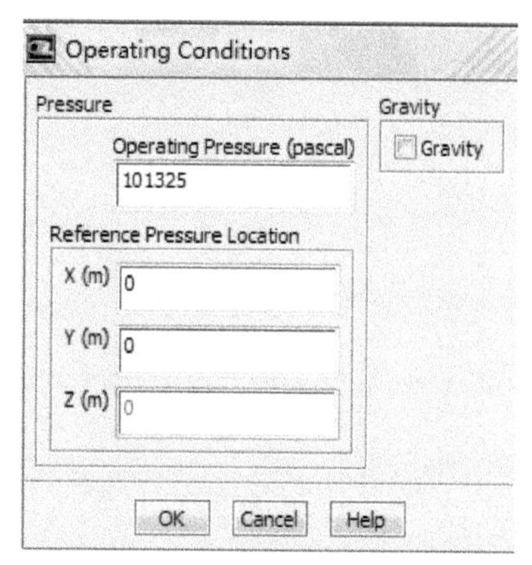

图 7.80　操作条件设置对话框

5．边界条件设置

边界条件的设置是 MRF 模型设置最重要的步骤。需要设置流体区域条件和边界条件。通过 Define→Boundary Conditions 或 Cell Zone Conditions 可以对边界条件进行设置。

1）设置流动介质边界条件

划分网格的时候，将中间叶片所在区域的流体和叶片内外的流体设置为三个流体区域，在 Cell Zone Conditions 下可以对区域条件进行设置，在 Zone 列表中选取 fluid-13，在单击 Edit 按钮，在 Motion Type 下选择 Moving Reference Frame（MRF），在 Rotation Velocity 下输入 261rad/s，如图 7.81 所示。其他两个区域 fluid-14 和 fluid-16 保持不变即可，如图 7.82 所示。

图 7.81　流体介质 MRF 设置对话框

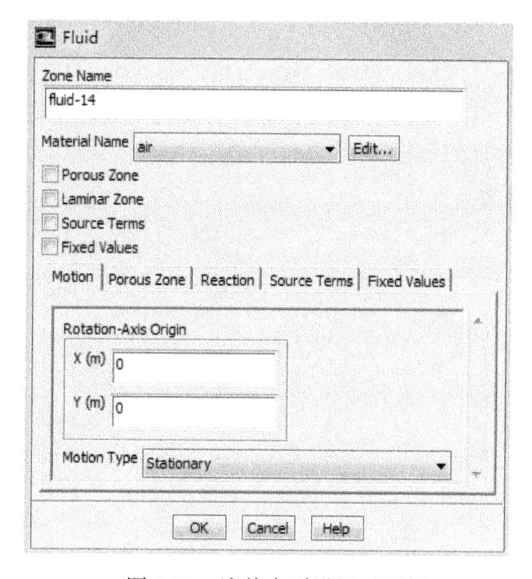

图 7.82　流体介质设置对话框

2）进出口边界条件设置

设置压力入口边界条件时，在 Boundary Conditions 的 Zone 中选取 pressure-inlet-5，在 Type 中选 pressure-inlet。再单击 Edit 按钮打开对边界条件进行设置，如图 7.83 所示。在总压（Gauge Pressure）中输入 200Pa，其他设置保持默认即可；压力出口边界条件的设置需要在 Boundary Conditions 的 Zone 中选取 pressure-outlet-5，在 Type 中选 pressure-outlet，出口压力保持默认的 0 即可。

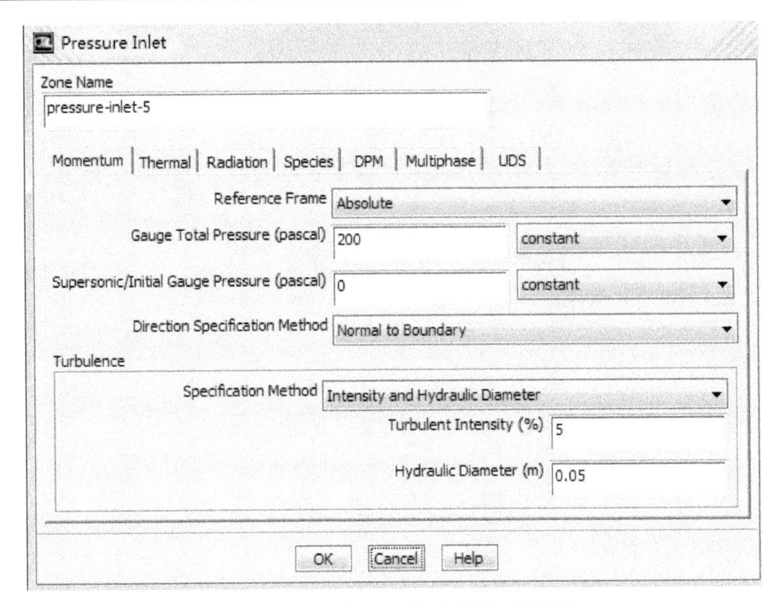

图 7.83　压力入口边界设置对话框

3）其他边界条件设置

首先需要将流体区域之间共有的线设置为 interior，选取 wall-2、wall-3，在 Type 中选 interior，再单击 OK 按钮，FLUENT 将 shallow 面自动合并。

壁面边界条件不需要设置，只需要保持默认的无滑移边界条件和相对于相邻区域网格静止即可（Relative to Adjacent Cell Zone），在有些例子中，将叶片设置的 Wall Motion 设为 Moving Wall，在 Motion 选项中设置为旋转，并且旋转速度为 0，这样做并没有实质的作用，但是效果相同，如图 7.84 所示。因为 MRF 设置中，流体区域的流体在转动，而不是壁面。

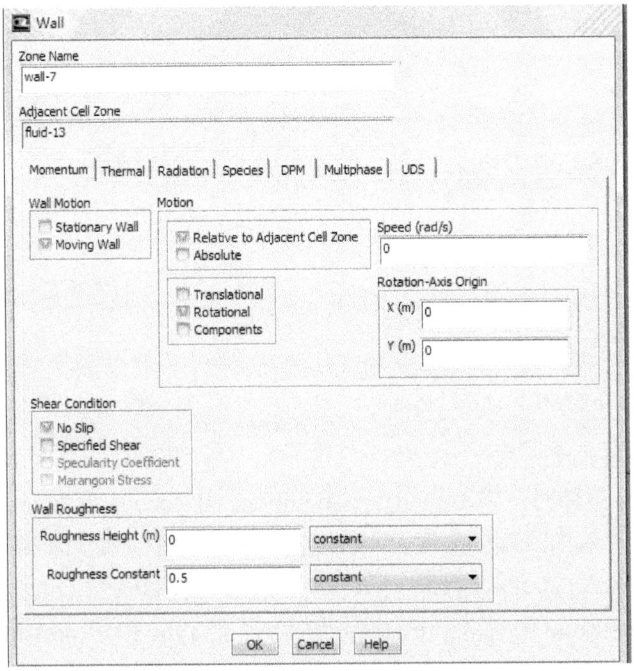

图 7.84　壁面边界设置对话框

6．求解设置

选取合适的求解方法可以加快计算收敛的速度。

1）求解器方法设置

通过 Solve→Methods 命令可以对求解方法进行设置，在设置中选择 SIMPLE 算法，其他为默认设置即可，在一阶格式收敛后再转到二阶格式计算，如图 7.85 所示。

2）求解控制设置

通过 Solve→Controls 命令可以对求解控制进行设置，在此项设置里，主要设置的是松弛因子，选取合适的松弛因子可以有效加快收敛速度。本算例全部采用默认设置即可，如图 7.86 所示。

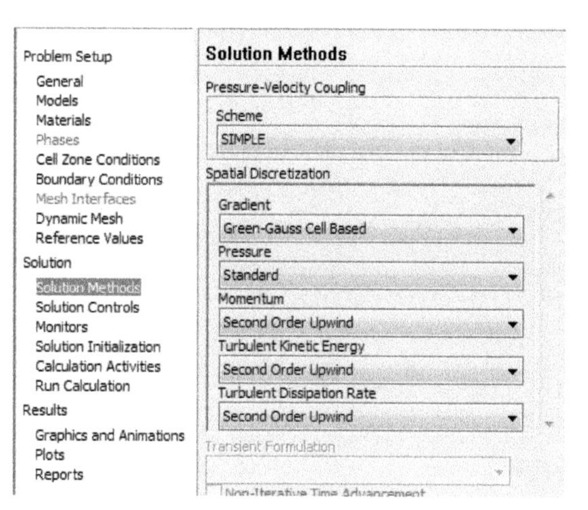

图 7.85　求解方法设置对话框

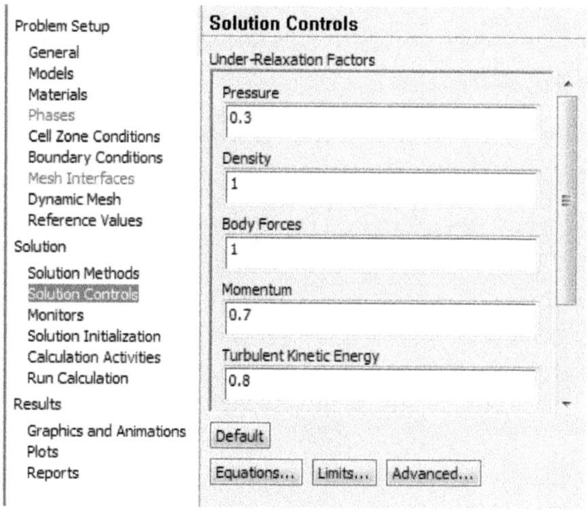

图 7.86　求解控制设置对话框

3）求解监视设置

通过 Solve→Monitors 命令可以对求解监视器进行设置，对残差曲线进行监视前需要激活残差曲线，在 Solve→Monitors→Residuals 命令中勾选 Plot 即可，如图 7.87 所示。

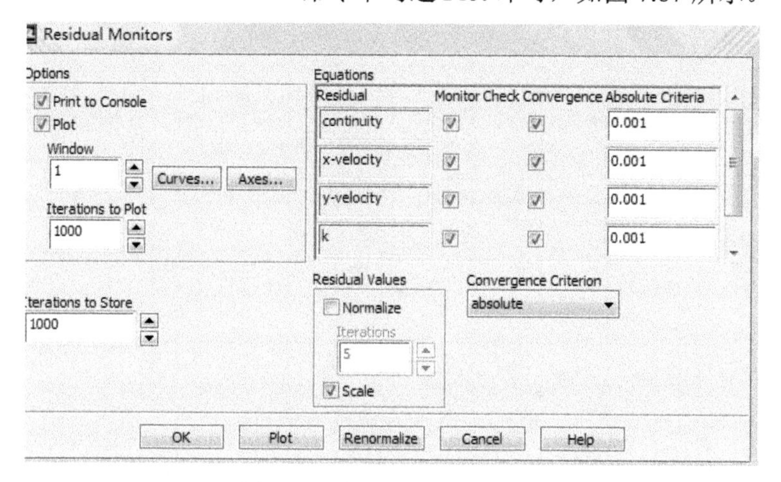

图 7.87　残差监控设置对话框

7．初始化与求解设置

在计算时，良好的初始流场对计算收敛速度有很大的好处，需要对初始化进行设置。还需

要对计算步数等进行设置。

1）初始化设置

通过 Solve→Initializations 命令可以对初始化进行设置，需要在 Compute From 设置中选取压力入口即可，如图 7.88 所示。单击 Initialize 按钮进行初始化操作，等待片刻初始化完成。

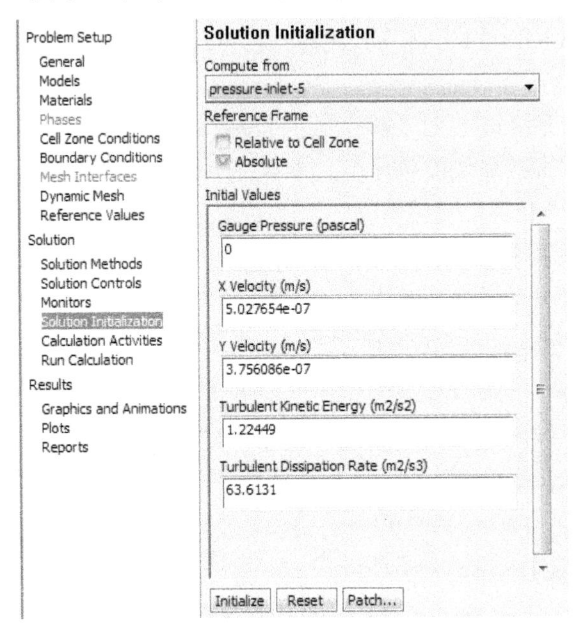

图 7.88　初始化设置对话框

2）自动保存设置

自动保存设置是一个十分实用的功能，便于用户读取之前迭代的结果，可以通过 File→Write→Autosave 命令进行设置，可以选择保存文件的路径，以及 cas 和 date 文件保存的频率和方式等，本算例自动保存设置为每 100 步自动保存 date 文件，在 Save Date File Every 下输入 100，如图 7.89 所示。

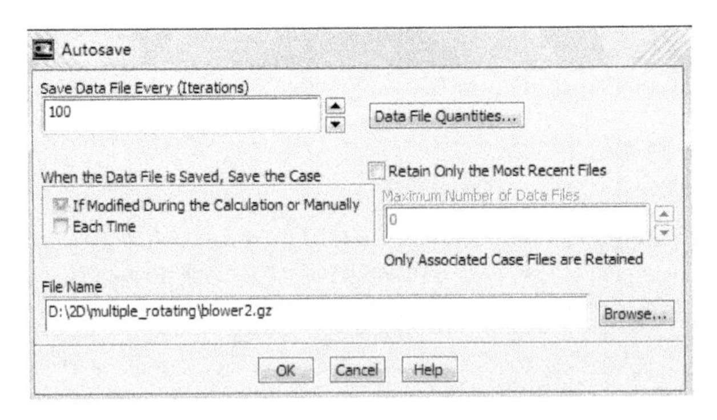

图 7.89　自动保存设置对话框

3）运行计算

在设置完成之后，应该先保存当前的 cas 文件，然后进行迭代计算。

通过 Solve→Run Calculation 命令进行求解运行设置，本次计算设置迭代 500 步，如图 7.90 所示。

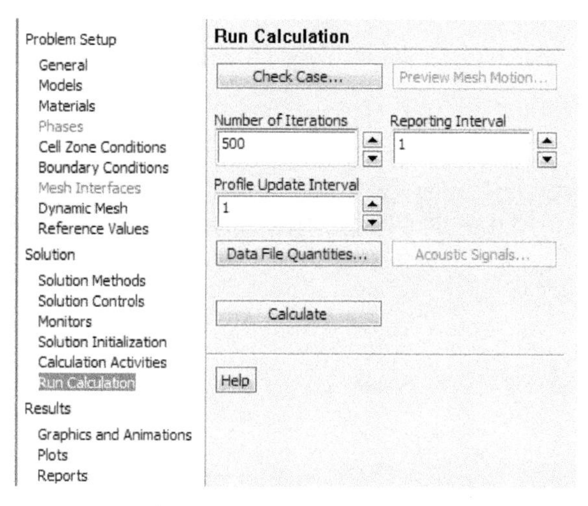

图 7.90　求解运行设置对话框

7.4.4　后处理

后处理中涉及速度和压力的矢量图和等值线图等方面。

1．显示速度矢量

速度矢量可以较好地反映流动的细节。通过 Display→Graphics and Animations→Vectors 命令可以显示矢量图。

打开 Vectors 设置后，单击 Vector Options 按钮，选择 Fixed Length 以便使所有的矢量都以相同的长度显示；在 Scale 框中输入 5，Skip 框中输入 0，表示每隔 0 个矢量显示一个矢量，如图 7.91 所示，单击 Display 按钮，显示矢量图，如图 7.92 所示。

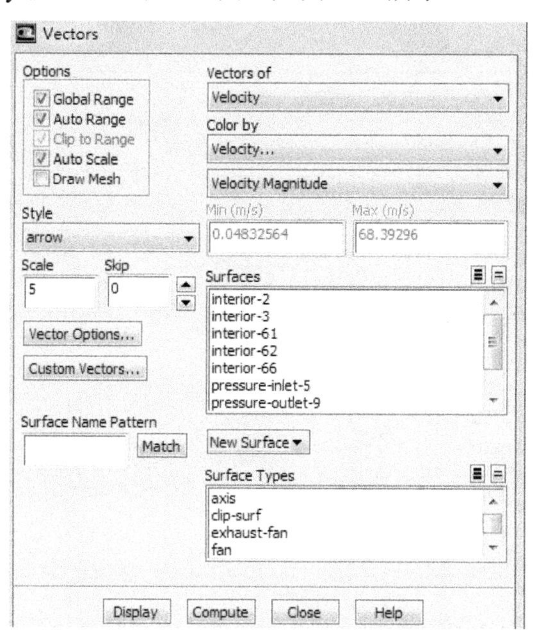

图 7.91　Vectors 对话框

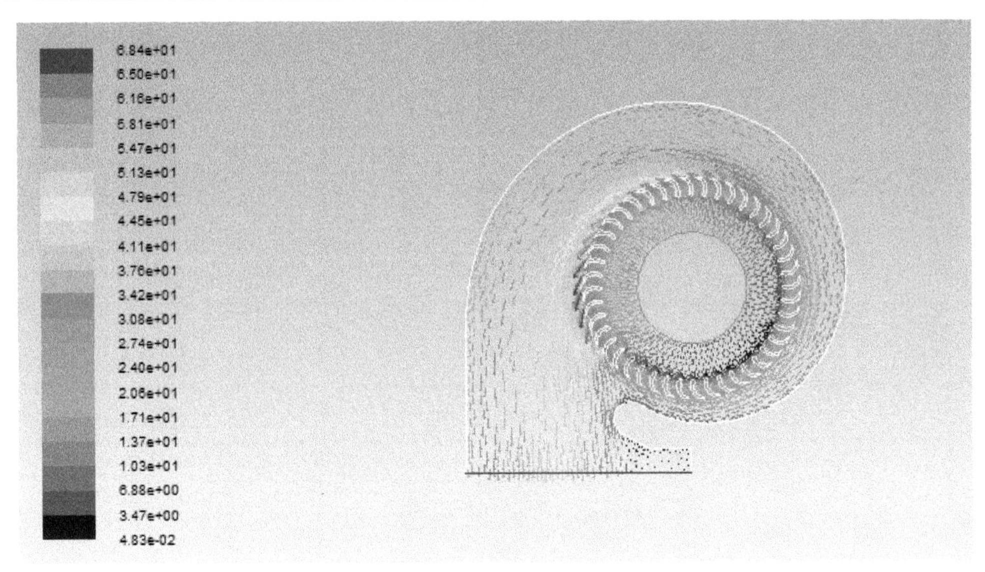

图 7.92　速度矢量图

矢量图中不同的颜色代表不同速度的大小，箭头代表速度方向。

2. 显示压力分布等值线图

压力分布等值线图可以较好地反映管内的压力分布。通过 Display→Graphics and Animations →Contours 命令可以显示等值线图。

打开 Contours 设置后，在 Contours of 中选取 Pressure 和 Total Pressure；在 Options 选项框中选取 Filled 以显示云图，如图 7.93 所示，单击 Display 按钮显示压力分布等值线图，如图 7.94 所示。

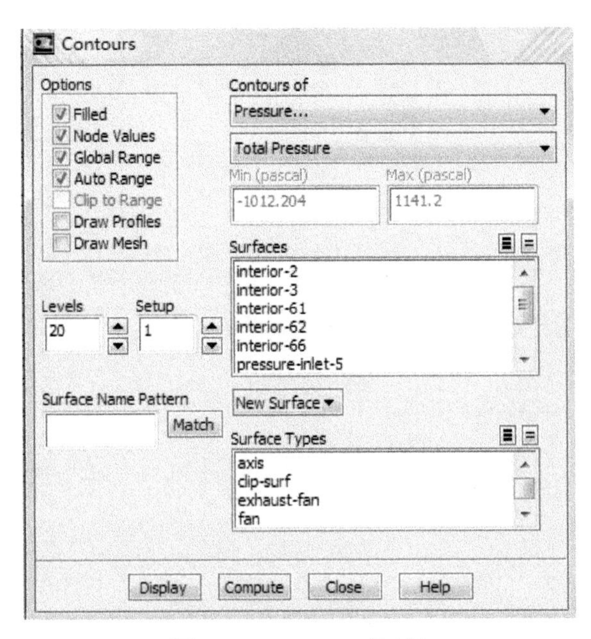

图 7.93　Contours 对话框

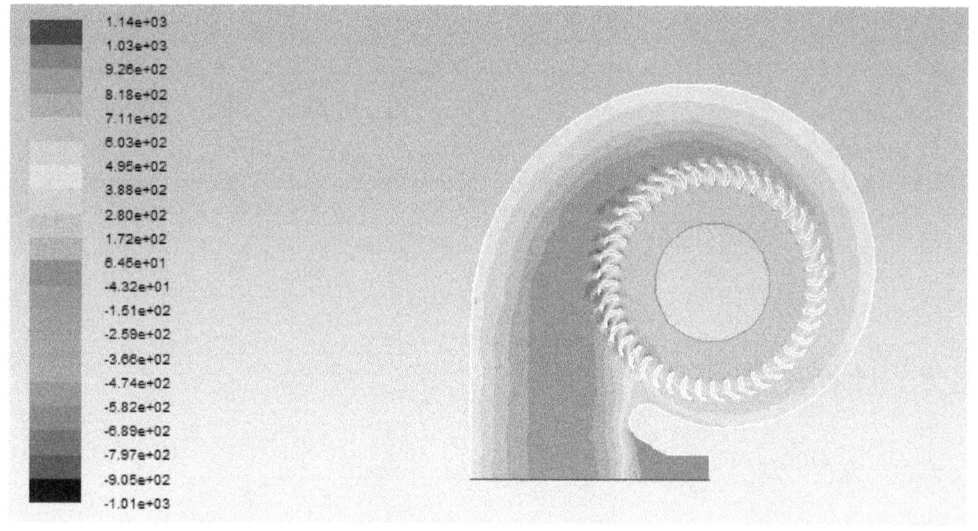

图 7.94　压力分布等值线图

压力分布等值线图中不同的颜色代表不同压力的大小。

7.4.5　小结

本节主要讲解旋转流体区域的使用方法，工程中的旋转流动问题很多，对旋转区域的使用是非常重要的一部分。

7.5　气体燃烧模拟-组分输运模型

在实际的工程中，有许多的问题会涉及气体燃烧反应，本节将采用组分输运模型来模拟气体的燃烧。

7.5.1　基本方法

采用组分输运模型可以很好地模拟气体的燃烧，本算例主要介绍的模型和设置方法有：

✧ 组分输运模型
✧ 设置需要的湍流模型
✧ 设置边界条件
✧ 设置需要监视的残差曲线

7.5.2　问题描述

在本算例中，燃料入口在左下方，速度为 80m/s，空气入口在左侧，速度为 0.5m/s，计算域总长度为 1.8m，总高度为 0.225m，右侧为压力出口，如图 7.95 所示。

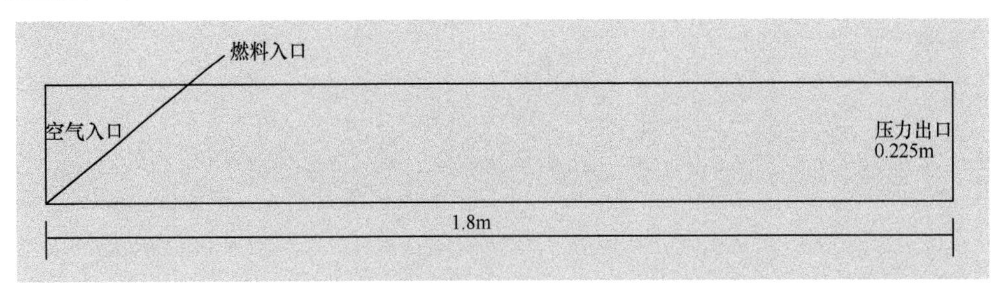

图 7.95　燃烧模拟示意图

7.5.3　计算设置

数值模拟时需要对算例进行逐步设置，才能进行求解。

1．网格

1）读入网格

通过 FLUENT 中 File→Read→Mesh 命令读入网格文件，在 FLUENT 中会显示网格，如图 7.96 所示，计算采用的是结构网格。

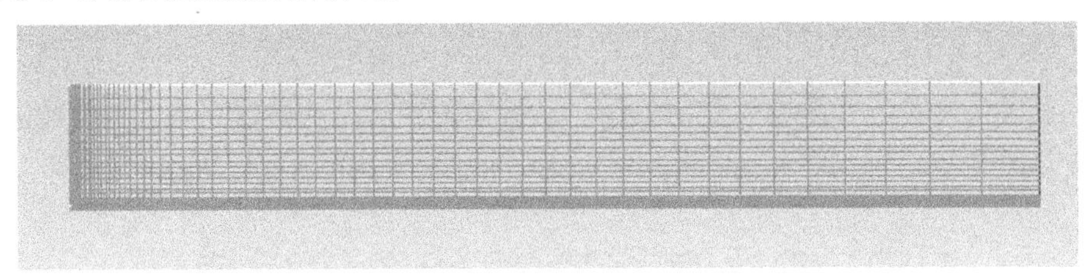

图 7.96　计算域网格显示

2）检查网格

通过 Mesh→Check 命令对网格进行检查。检查没有负体积、左手网格等问题可以进行下一步 操作。

3）缩放

通过 Mesh→Scale 命令对网格进行缩放，一般采用 Pointwise 软件生成出的网格单位是米，需要缩小 1000 倍，而用 ICEM 软件生成出的网格单位是毫米，不需要缩放。缩放对话框如图 7.97 所示。

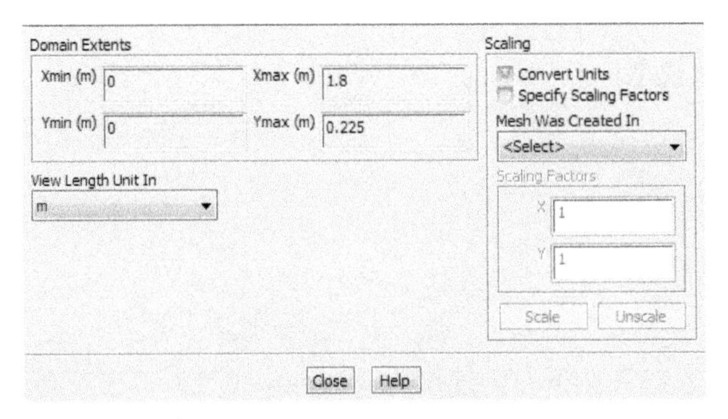

图 7.97　缩放对话框

4）显示和关闭网格

通过 Display→Mesh 命令可以显示和关闭网格，如图 7.98 所示。

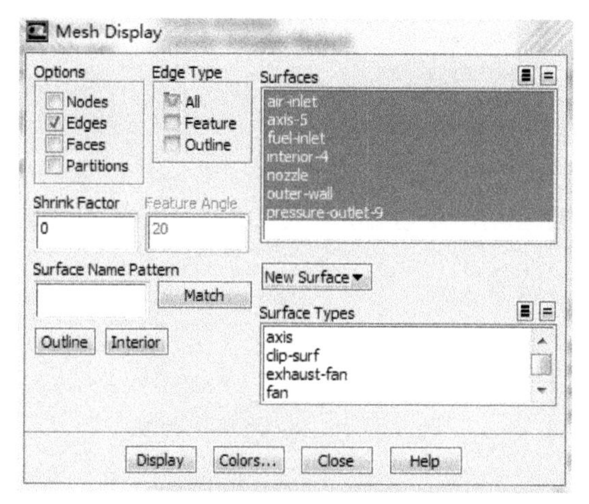

图 7.98　网格对话框

2．模型设置

1）设置求解参数

通过 Define→General 命令可以设置通用的参数。对于本算例保持默认设置即可，不需要进行特殊设置。

2）开启能量方程

本算例需要求解传热问题，可以通过 Define→Models→Energy 命令打开能量方程。

3）打开湍流模型

通过 Define→Models→Viscous 命令可以选择希望的流动模型，本算例选择标准 k-e 两方程湍流模型，如图 7.99 所示。

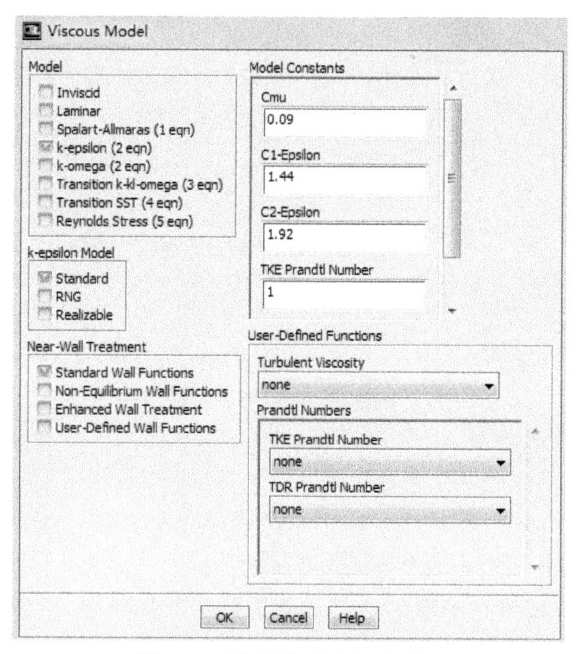

图 7.99　湍流模型选取对话框

4）组分模型设置

本次计算主要是为了介绍组分输运模型模拟气体燃烧反应。可以通过 Define→Models→Species 命令打开组分输运模型（Species Transport），在反应中单击体积反应（Volumetric），在选项（Options）中开启入口扩散（Inlet Diffusion）和扩散能量源（Diffusion Energy Source），在混合属性中选择甲烷-空气（methane-air），湍流和化学反应相互作用选取涡耗散模型（Eddy Dissipation），如图 7.100 所示。

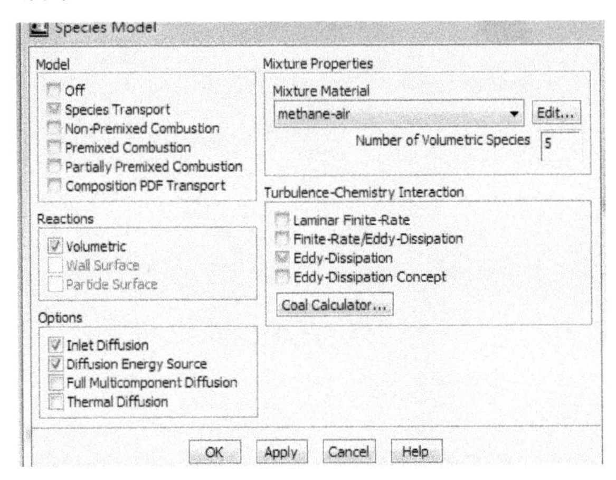

图 7.100　组分模型设置对话框

在甲烷与空气的反映中单击编辑（Edit）进行编辑，所有的反应保持默认即可，如图 7.101 所示。涡耗散模型中的碳计算器也保持默认设置即可。

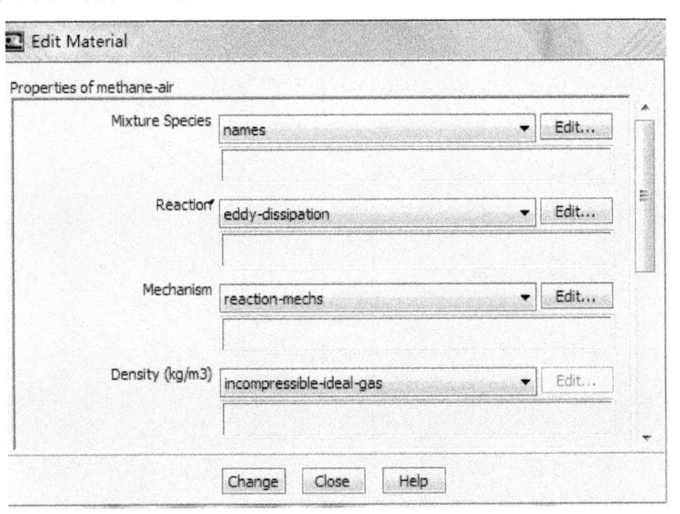

图 7.101　编辑混合反应材料设置对话框

3．材料设置

FLUENT 默认的流体材料是空气，由于本次模拟燃烧问题，因此需要对其进行进一步设置。通过 Define→Materials 可以对材料属性进行设置。

由于之前的模型设置在材料中增加了混合物材料，并且增加了甲烷和空气的混合物，共五种：氮气、水、二氧化碳、氧气、甲烷，如图 7.102 所示。而流体中需要增加这五种物质，它

们的 Cp 设置为默认值即可。

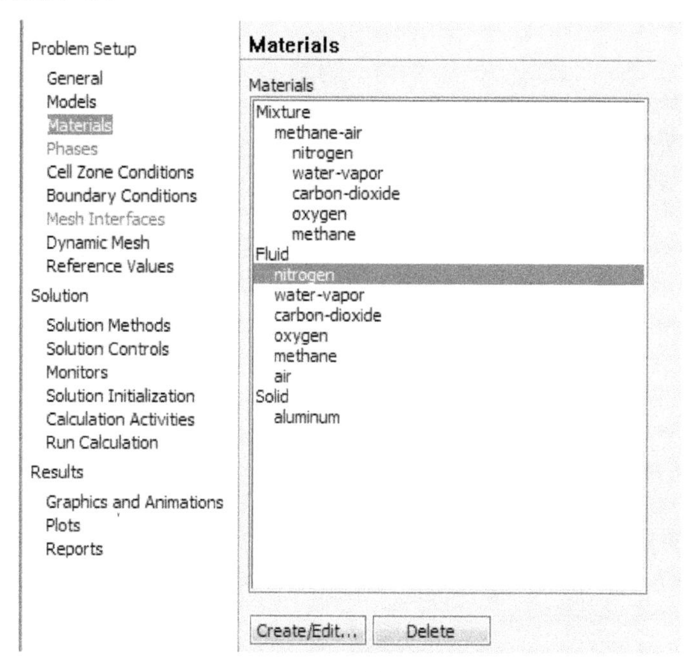

图 7.102　材料选取对话框

单击 Change/Create 按钮，再单击 Close 按钮关闭对话框。

4．操作条件设置

操作条件主要是设置参考压力和参考压力点及重力的影响。

通过 Define→Operating Conditions 命令可以对操作条件进行设置，采用默认设置即可，如图 7.103 所示。

5．边界条件设置

需要设置流体区域条件和边界条件。通过 Define→Boundary Conditions 或 Cell Zone Conditions 可以对边界条件进行设置。

1）设置流动介质边界条件

在 Cell Zone Conditions 下可以对区域条件进行设置，在 Zone 列表中选取 fluid-1，单击 Edit，会发现由于之前的设置，流体区域已经自动设置为反应（Reaction）区域，如图 7.104 所示。

2）进出口边界条件设置

设置速度入口边界条件时，在 Boundary Conditions 的 Zone 中选取 air-inlet-5，在 Type 中选取 velocity-inlet。再单击 Edit 命令打开边界条件进行设置，选择大小和垂直于边界的速度（Magnitude，Normal to Boundary）即可，速度大小为 0.5m/s，由于燃烧反应湍流度比较高，湍流度输入 10%，对于空气入口的水滴直径为 0.44m，如图 7.105 所示。温度选项卡保持默认 300K 即可，在组分选项卡中，氧气的组分为 0.23，如图 7.106 所示。同理，燃料入口的速度为 80m/s，湍流度为 10%，燃料入口的水滴直径为 0.01m，温度选项卡保持默认 300K 即可，在组

分选项卡中，甲烷的组分为 1。

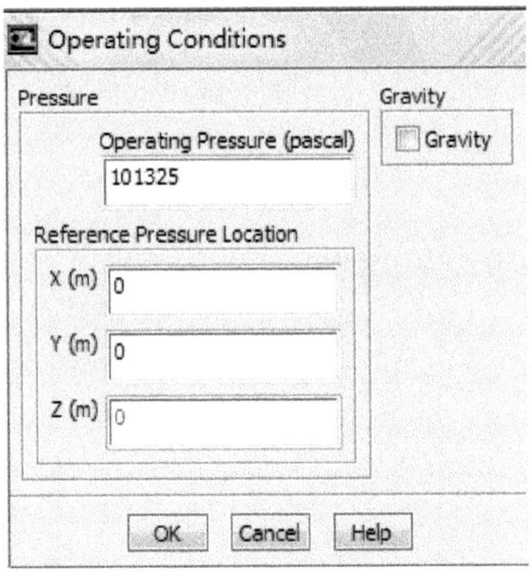

Operating Conditions
Pressure
Operating Pressure (pascal)
101325
Reference Pressure Location
X (m) 0
Y (m) 0
Z (m) 0
Gravity
Gravity
OK Cancel Help

图 7.103　操作条件设置对话框

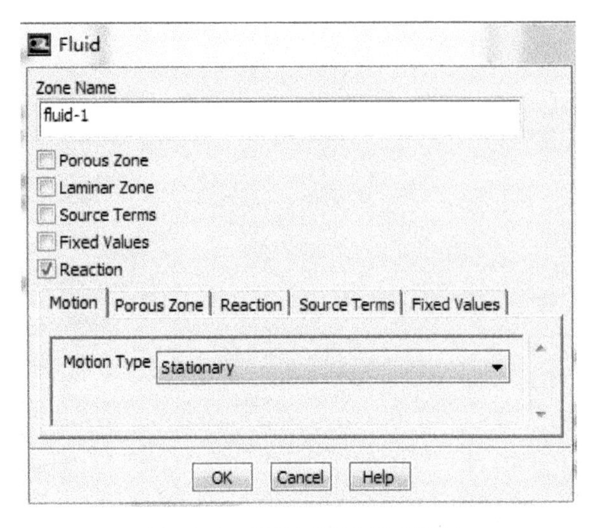

图 7.104　流体区域设置对话框

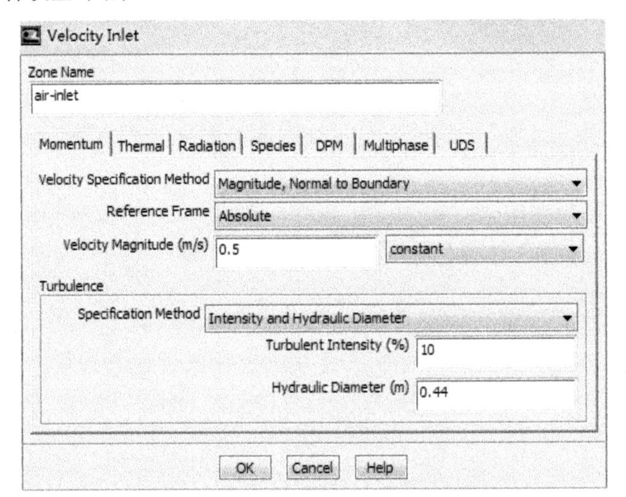

图 7.105　速度入口边界动量设置对话框

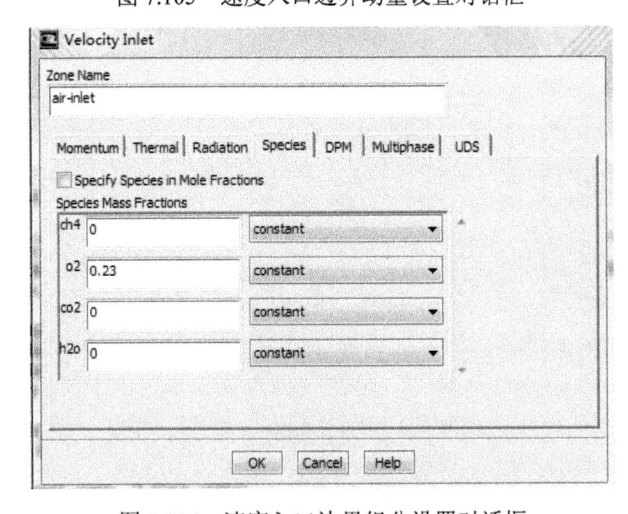

图 7.106　速度入口边界组分设置对话框

3）其他边界条件设置

壁面边界条件不需要设置，只需要保持默认的无滑移边界条件和组分零耗散热即可，如图 7.107 所示。

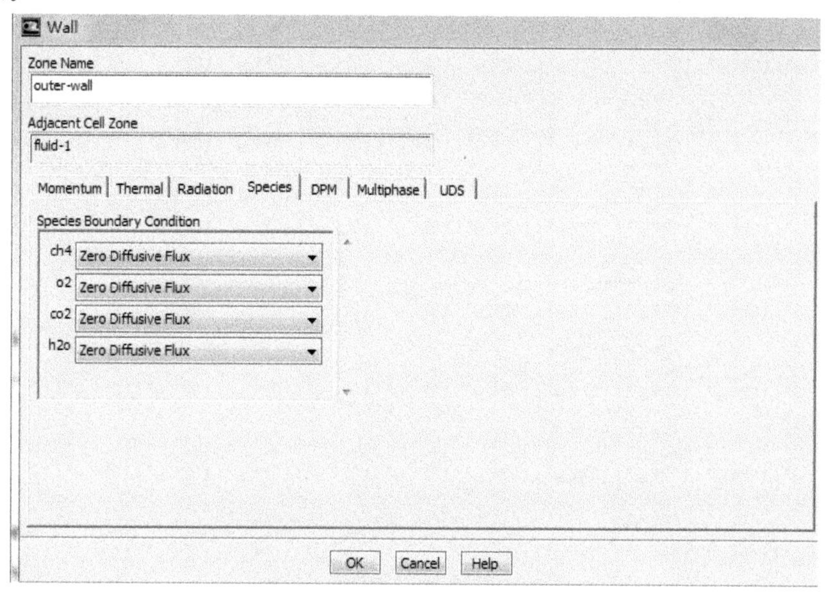

图 7.107　壁面边界设置对话框

同样，类似于入口边界，出口的压力为 0，在出口边界的组分选项卡中，设置氧气的组分为 0.23。

另外下面的边界设置为对称轴或者对称面都可以。

6．求解设置

选取合适的求解方法可以加快计算收敛的速度。

1）求解方法设置

通过 Solve→Methods 命令可以对求解方法进行设置，在设置中选择 SIMPLE 算法，其他为默认设置即可，如图 7.108 所示。

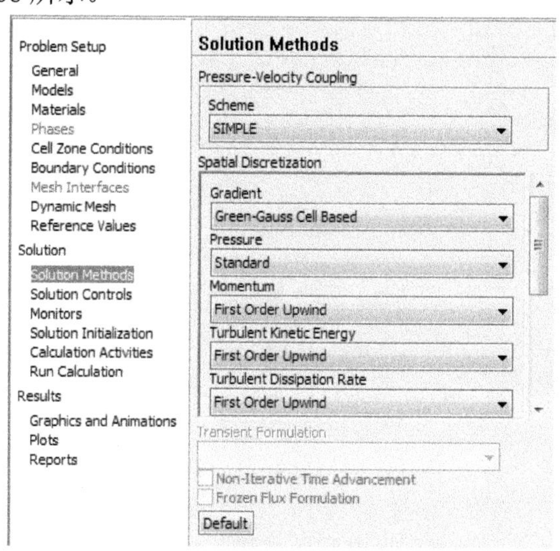

图 7.108　求解方法设置对话框

2）求解控制设置

通过 Solve→Controls 命令可以对求解控制进行设置，在此项设置里，主要设置的是松弛因子，选取合适的松弛因子可以有效加快收敛速度。本算例中全部采用默认设置即可，如图 7.109 所示。

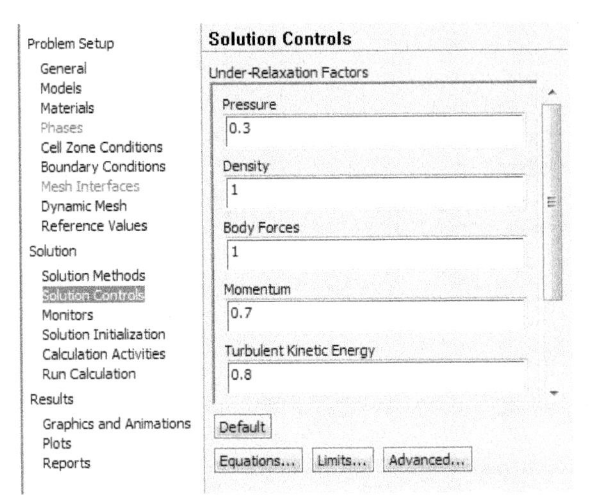

图 7.109　求解控制设置对话框

3）求解监视设置

通过 Solve→Monitors 命令可以对求解监视进行设置，对残差曲线进行监视前需要激活，在 Solve→Monitors→Residuals 命令中，勾选 Plot 即可，如图 7.110 所示。

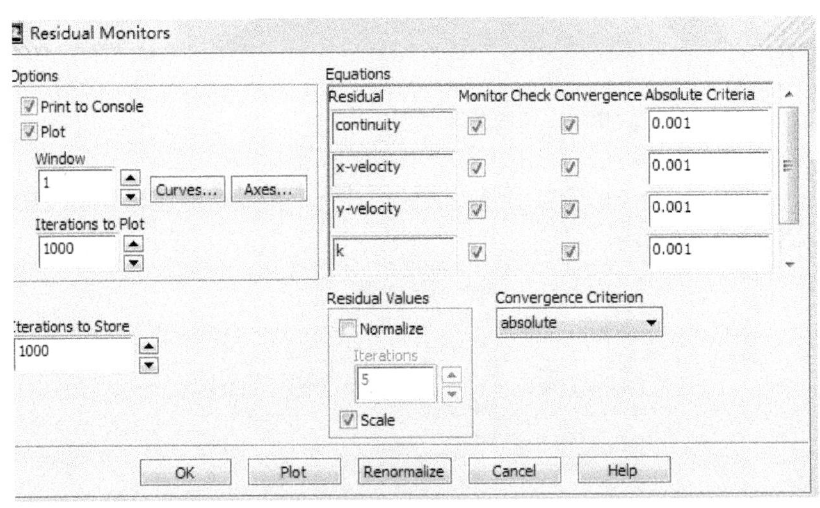

图 7.110　残差监控设置对话框

7. 初始化与求解设置

在计算时，良好的初始流场对计算收敛速度有很大的好处，需要对初始化进行设置，还需要对计算步数等进行设置。

1）初始化设置

通过 Solve→Initializations 命令可以对初始化进行设置，需要在 Compute From 设置中选取

压力出口即可，如图 7.111 所示。单击 Initialize 进行初始化操作，等待片刻初始化完成。

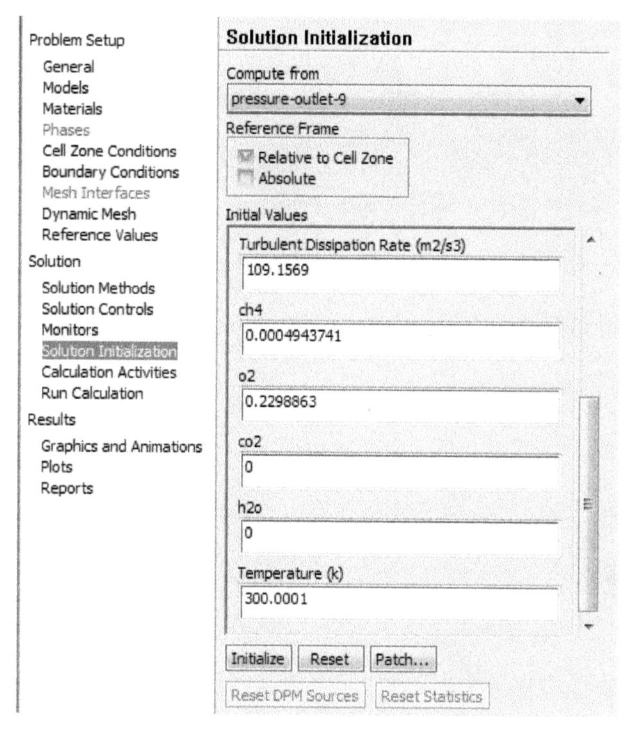

图 7.111　初始化设置对话框

2）自动保存设置

自动保存设置是一个十分实用的功能，便于用户读取之前迭代的结果，可以通过 File→Write→Autosave 命令进行设置。可以选择保存文件的路径，以及 cas 和 date 文件保存的频率和方式等，本算例自动保存设置为每 100 步自动保存 date 文件，在 Save Date File Every 下输入 100，如图 7.112 所示。

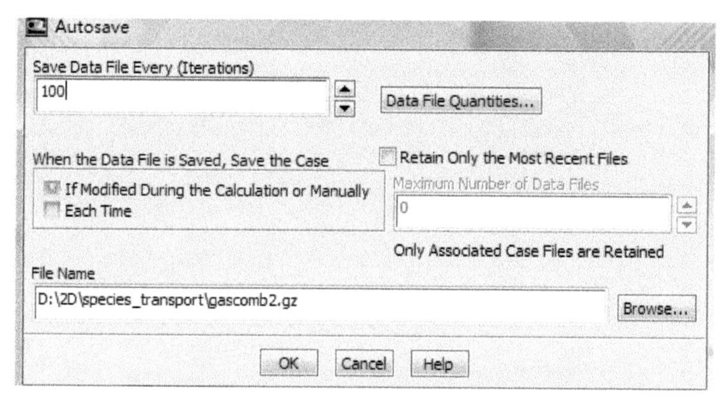

图 7.112　自动保存设置对话框

3）运行计算

在设置完成之后，应该先保存当前的 cas 文件，然后进行迭代计算。

通过 Solve→Run Calculation 命令进行求解运行设置，本次计算设置迭代 600 步，如图 7.113 所示。

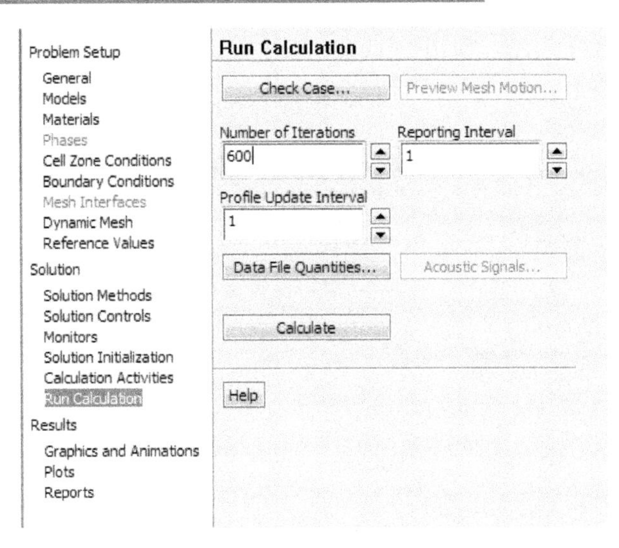

图 7.113　求解运行设置对话框

7.5.4　后处理

后处理涉及速度、压力的矢量图和等值线图等方面。

1. 显示速度等值线图

速度分布等值线图可以较好地反映管内的速度分布。通过 Display→Graphics and Animations→Contours 可以显示等值线图。

打开 Contours 命令设置后，在 Contours of 选取 Velocity 和 Velocity Magnitude；在 Options 选项框中选取 Filled 以显示云图，如图 7.114 所示，单击 Display 按钮显示速度等值线图，如图 7.115 所示。

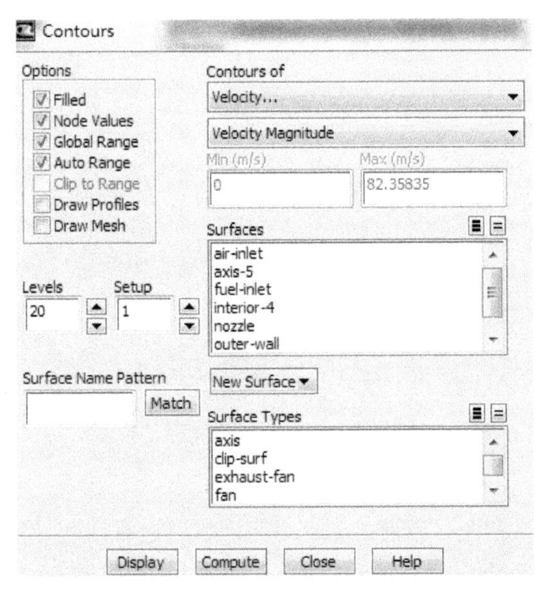

图 7.114　Contours 对话框

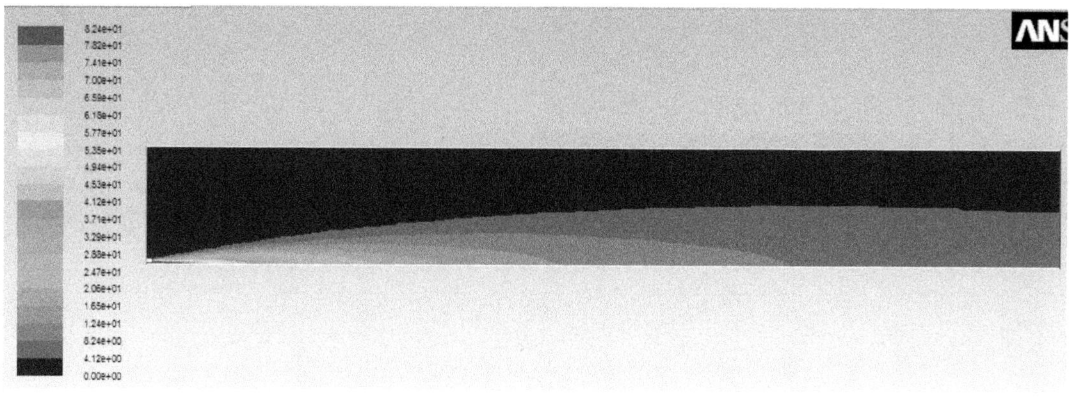

图 7.115　速度等值线图

图中不同的颜色代表不同速度的大小，箭头代表速度方向。

2．显示组分分布等值线图

温度分布等值线图可以较好地反映管内的温度分布，通过 Display→Graphics and Animations→Contours 命令可以显示等值线图。

打开 Contours 设置后，在 Contours of 选取 Species；在 Options 中选取 Filled 以显示云图，单击 Display 按钮显示组分分布云图，如图 7.116～图 7.120 所示。

图 7.116　甲烷组分分布云图

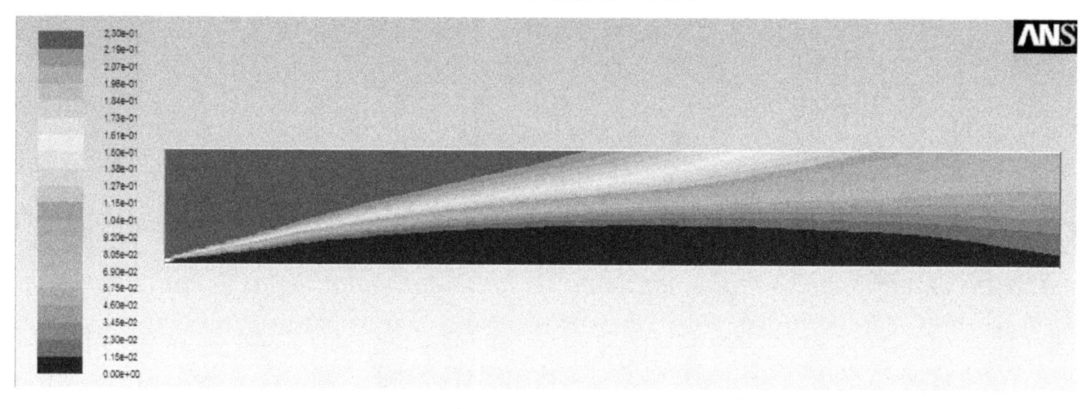

图 7.117　氧气组分分布云图

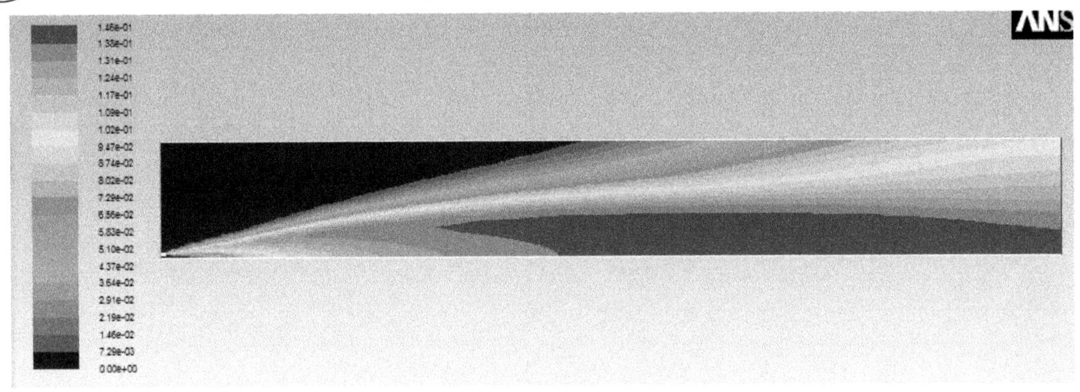

图 7.118　二氧化碳组分分布云图

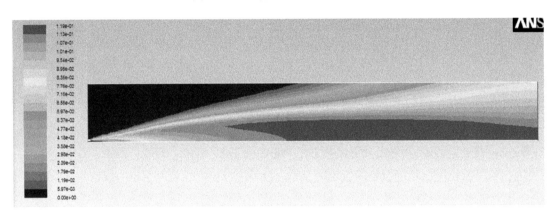

图 7.119　水组分分布云图

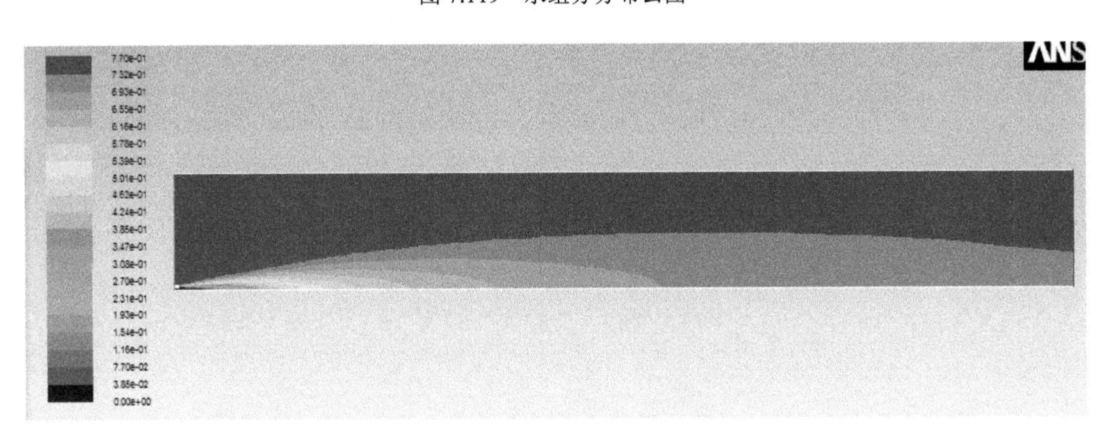

图 7.120　氮气组分分布云图

组分分数分布云图中不同的颜色代表不同组分分数的大小。

7.5.5　小结

本节主要讲解了采用组分输运模型模拟气体的燃烧，对于工程中许多燃烧的问题，采用组分输运模型都能较好地解决。

7.6　水管的非定常射流-VOF 模型

在实际的工程中，许多问题会涉及两相流，特别是空气和水的两相流问题，如船舶在海面上行驶，水管在空气中的射流等问题。本节将以水管在空气中的非定常射流问题来对 VOF 模型的使用方法进行讲解。

7.6.1　基本方法

水管在空气中的非定常射流问题主要涉及两相流和非定常两个问题。在本算例中需要进行的工作有：

✧ 设置流体体积分数模型（VOF 模型）。
✧ 采用 Profile 方法对非定常模拟进行控制。
✧ 选择需要设置的模型。
✧ 设置边界条件。
✧ 设置需要监视的残差曲线。

7.6.2　问题描述

本算例中，水管长度为 100m，计算域总长度为 380m，入口采用速度入口边界，入口速度随时间的变化而变化，通过 Profile 功能实现，出口为质量出口边界条件，中间为对称轴，如图 7.121 所示。

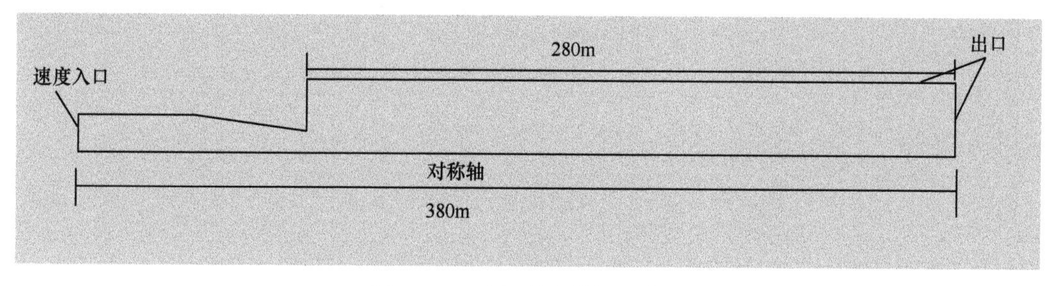

图 7.121　水管射流模拟示意图

7.6.3　计算设置

数值模拟时需要对算例进行逐步设置才能求解。

1. 网格

1）读入网格

通过 FLUENT 中 File→Read→Mesh 命令读入网格文件，在 FLUENT 中会显示网格，如图 7.122 所示，计算采用的是结构网格。

图 7.122　计算域网格显示

2）检查网格

通过 Mesh→Check 命令对网格进行检查。检查没有负体积、左手网格等问题可以进行下一步操作。

3）缩放

通过 Mesh→Scale 命令对网格进行缩放，一般采用 Pointwise 软件生成出的网格单位是米，需要缩小 1000 倍，而用 ICEM 软件生成出的网格单位是毫米，不需要缩放。缩放对话框如图 7.123 所示。

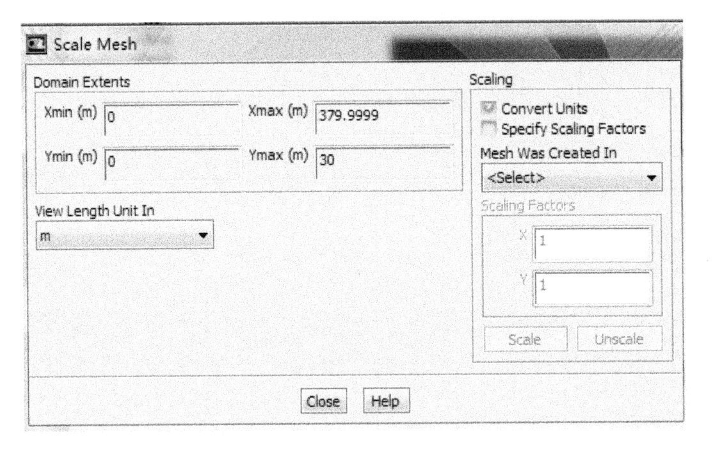

图 7.123　缩放对话框

4）显示和关闭网格

通过 Display→Mesh 命令可以显示和关闭网格，如图 7.124 所示。

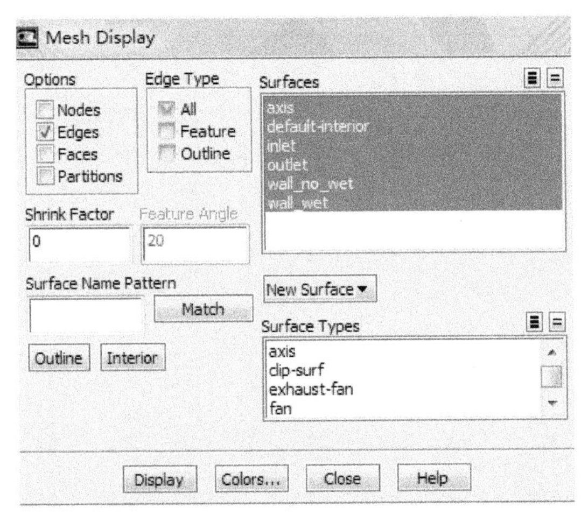

图 7.124　网格对话框

2．模型设置

1）设置求解参数

通过 Define→General 命令可以设置通用的参数。本算例需要将时间求解变为瞬时，2D 空间设置为轴对称模型（Axisymmetric），其余不需要进行特殊设置，如图 7.125 所示。

2）选择模型

本算例需要求解两相流问题，可以通过 Define→Models→Multiphase 命令打开 VOF 模型，欧拉相设置为 2，体积分数参数设置为显示（Explicit）；Courant 数设置为默认的 0.25 即可，如图 7.126 所示。

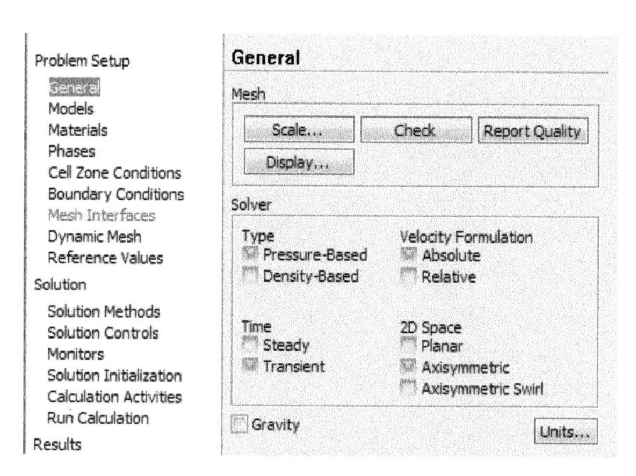

图 7.125　求解器基本设置对话框

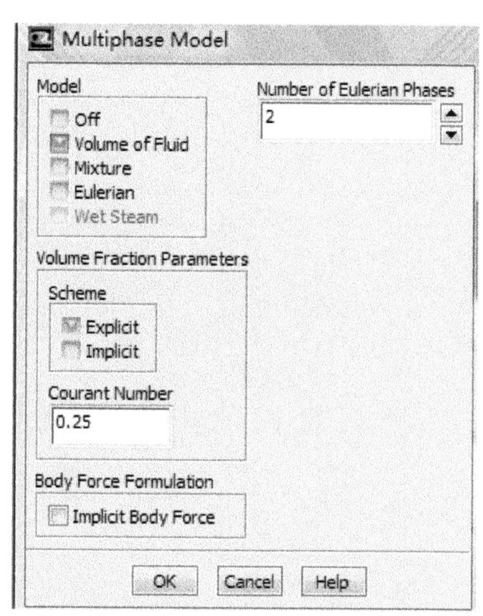

图 7.126　VOF 模型设置对话框

通过 Define→Models→Viscous 命令可以选择希望的流动模型，本算例中，选择 SST k-ω 两方程湍流模型，模型中的参数设置保持默认值即可，如图 7.127 所示。

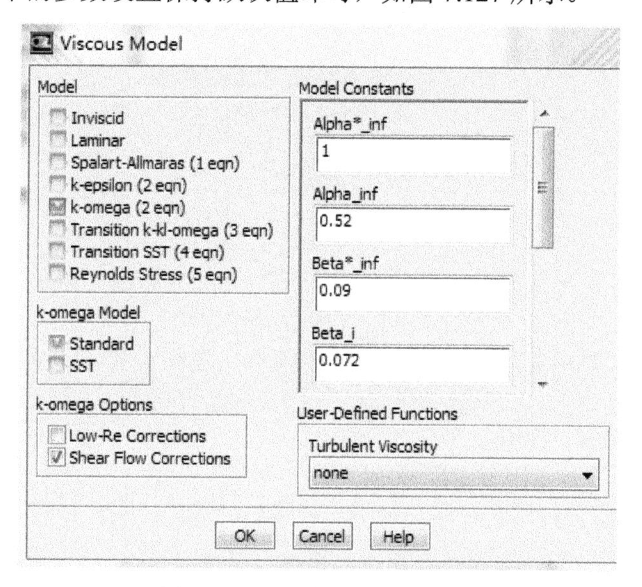

图 7.127　湍流模型选取对话框

3．材料设置

FLUENT 默认的流体材料是空气，由于需要模拟水流在空气中的射流问题，因此需要对其进行进一步设置，通过 Define→Materials 命令可以对材料属性进行设置。

由于问题研究的是水和空气两种材料，所以材料属性是常温的空气，采用默认设置即可，如图 7.128 所示。另外还需要在 FLUENT Database 中找到液态水（water-liquid）单击 Copy 按钮添加到流体材料中。

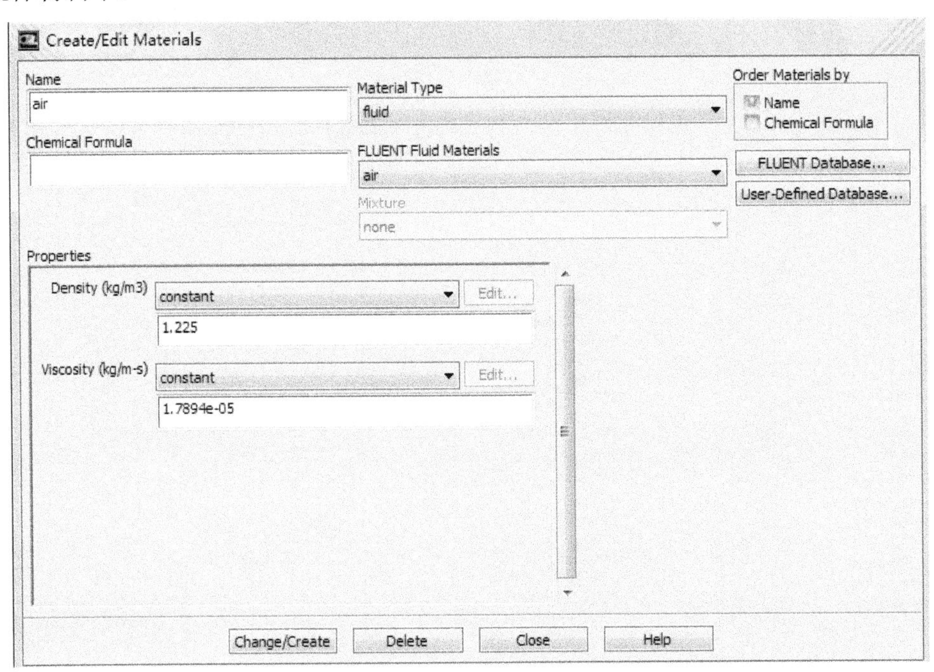

图 7.128　材料属性对话框

单击 Change/Create 按钮，再单击 Close 按钮关闭对话框。

4．操作条件设置

操作条件主要是设置参考压力和参考压力点及重力的影响。

通过 Define→Operating Conditions 命令可以对操作条件进行设置，采用默认设置即可，如图 7.129 所示。

5．相设置

对于多相流动，需要设置流动的主要相和次要相，对于水管射流，主要相为空气，次要相为液态水，通过 Define→Phase 命令可以对相进行设置，如图 7.130 所示。

在设置好主要和次要相之后，需要设置表面张力。在相设置下方单击 Interaction，打开相之间相互作用的设置。打开后单击表面张力（Surface Tension）选项卡，输入表面张力值 0.0735，如图 7.131 所示。

6．边界条件设置

边界条件的设置是 VOF 模型设置重要的步骤，需要设置流体区域条件和边界条件。通过 Define→Boundary Conditions 命令或 Cell Zone Conditions 可以对边界条件进行设置。

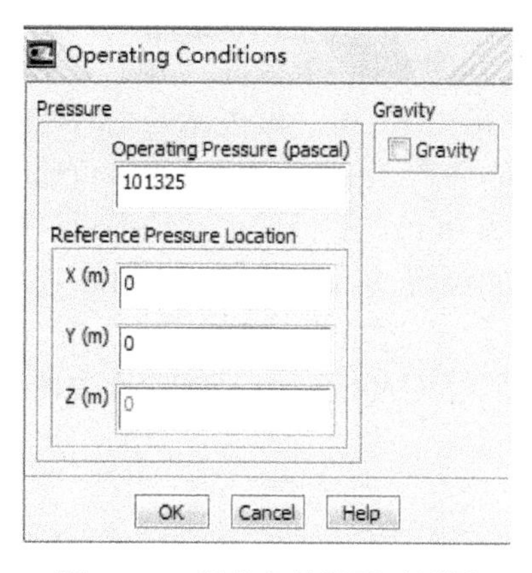

图 7.129　操作条件设置对话框

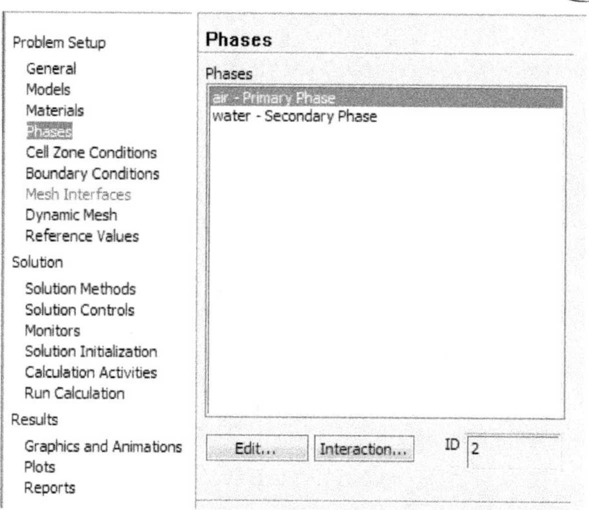

图 7.130　相设置对话框

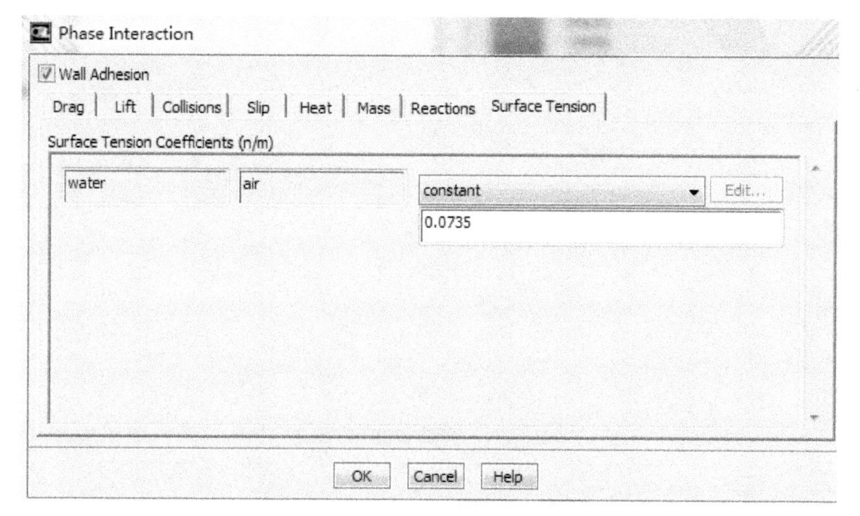

图 7.131　相之间作用设置对话框

1）设置流动介质边界条件

流动介质边界条件采用默认设置即可，如图 7.132 所示。

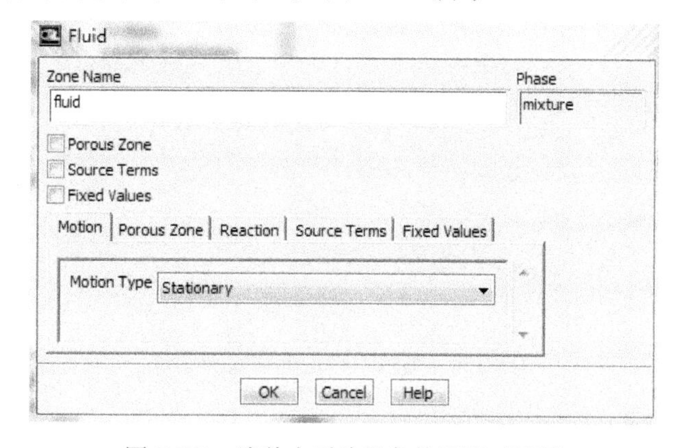

图 7.132　流体介质边界条件设置对话框

2）进出口边界条件设置

进口边界为速度入口，速度入口除速度外的其他设置默认即可，需要特别注意的是，由于本算例希望速度随时间的变化而变化，需要使用Profile功能，在Windows下新建一个写字板并打开，输入如图7.133所示的内容，其中inlet表示此Profile文件的名称，transient表示瞬态，第一行的4表示四组数，0表示非周期的。time表示时间变量，0，10，30，40表示四个时间节点，单位是秒，velocity-magnitude表示速度随时间变化的量，单位是m/s。即0s时，入口速度为0m/s；10s时速度为5m/s；30s时速度为5 m/s；40s时速度为0m/s。中间的值自动插值，如1s时的速度为0.5m/s。保存好文件之后，将后缀修改为.prof。再通过File→Read→Profile读入刚才保存的prof文件。之后在速度入口边界条件中的速度大小选项中选择inlet velocity magnitude，如图7.134所示。再对速度入口水相进行设置，在多相（Multiphase）选项卡中设置组分为1，表示速度入口100%是水进入。

出口设置为质量出口outflow即可。

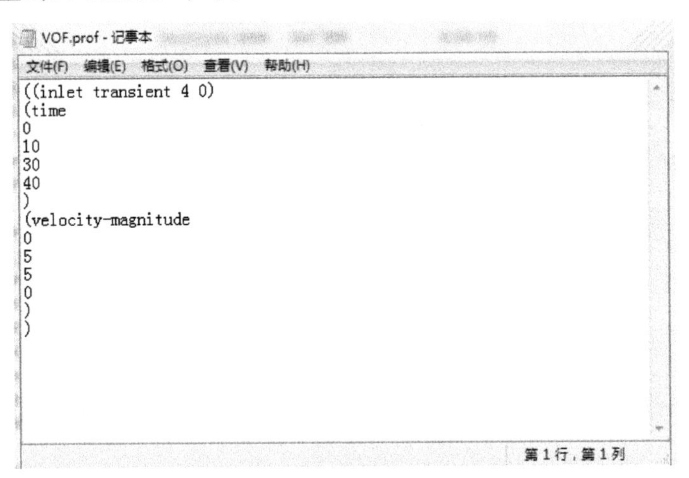

图7.133　瞬态profile内容

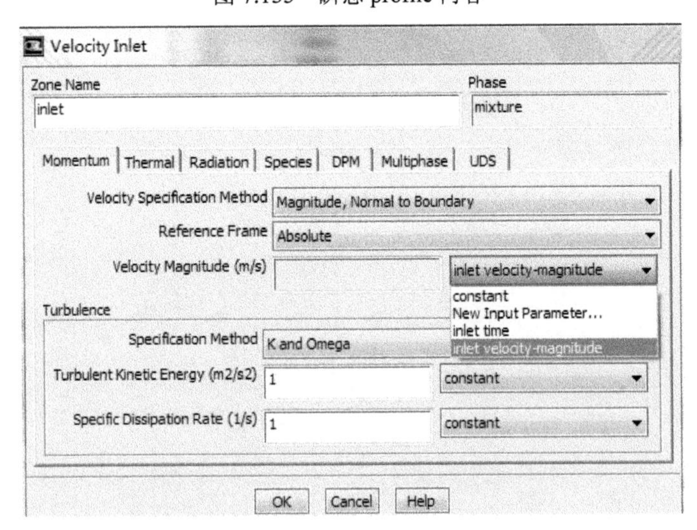

图7.134　速度入口边界设置对话框

3）其他边界条件设置

壁面边界条件不需要设置，只需要保持默认的无滑移边界条件即可。中间的轴设置为轴边

界条件。

7．求解设置

选取合适的求解方法可以加快计算收敛的速度。

1）求解方法设置

通过 Solve→Methods 命令可以对求解方法进行设置，保持默认设置即可，如图 7.135 所示。

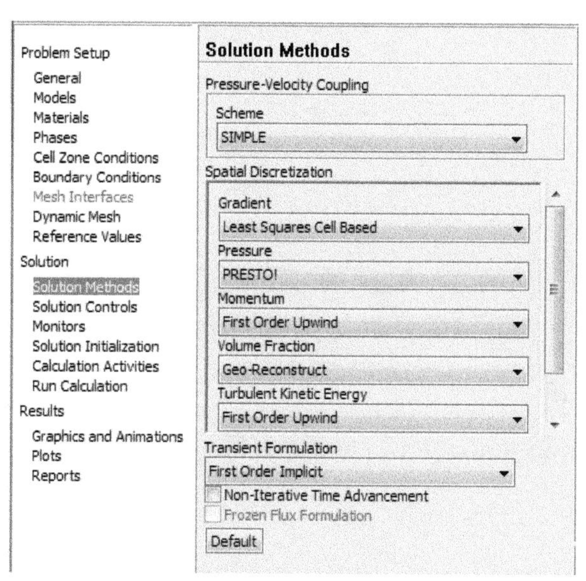

图 7.135　求解方法设置对话框

2）求解控制设置

通过 Solve→Controls 命令可以对求解控制进行设置，在此项设置里，主要设置的是松弛因子，选取合适的松弛因子可以有效加快收敛速度。本算例中全部采用默认设置即可，如图 7.136 所示。

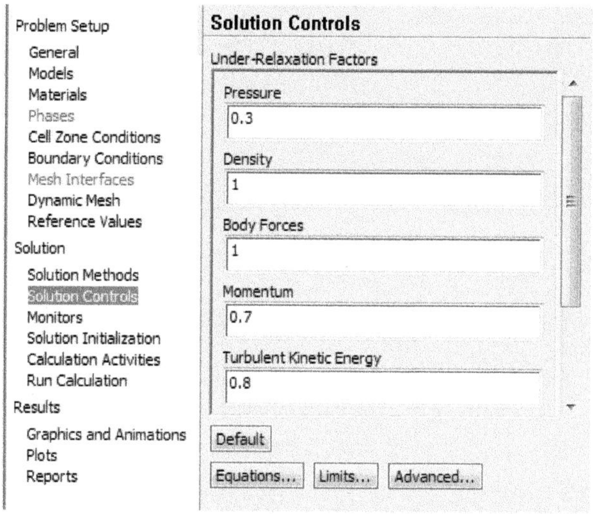

图 7.136　求解控制设置对话框

3）残差监控设置

通过 Solve→Monitors 命令可以对残差监控进行设置，对残差曲线进行监视前需要激活残差曲线，通过 Solve→Monitors→Residuals 命令，勾选 Plot 即可，如图 7.137 所示。

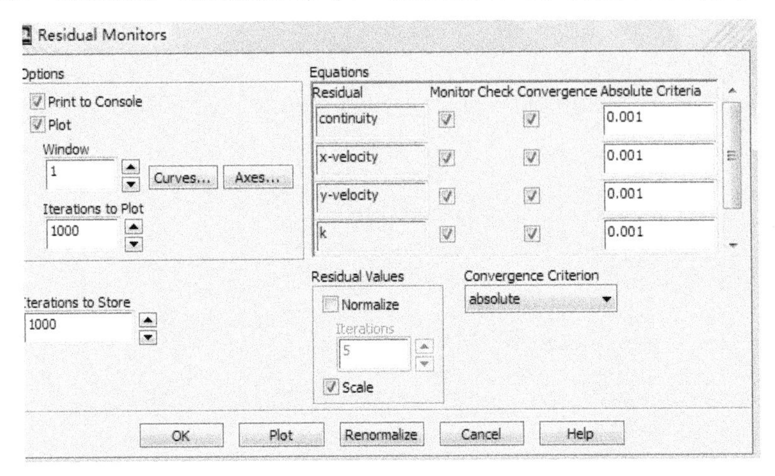

图 7.137　残差监控设置对话框

8. 初始化与求解设置

在计算时，良好的初始流场对计算收敛速度有很大的好处，需要对初始化进行设置，还需要对计算步数等进行设置。

1）初始化设置

通过 Solve→Initializations 命令可以对初始化进行设置，由于是水管向空气中进行射流，所以初始流场全部为空气，即在 Water Volume Fraction 选项中改为 0，如图 7.138 所示。单击 Initialize 进行初始化操作，等待片刻初始化完成。

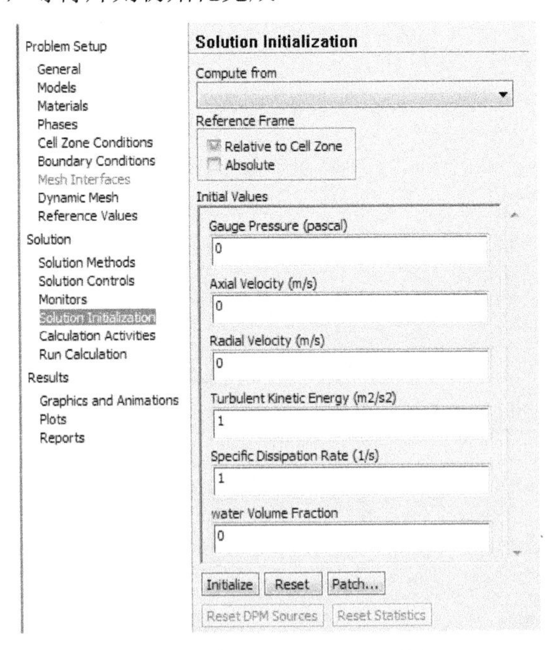

图 7.138　初始化设置对话框

2）自动保存设置

自动保存设置是一个十分实用的功能，便于用户读取之前迭代的结果，可以通过 File→Write→Autosave 命令进行设置。可以选择保存文件的路径，以及 cas 和 date 文件保存的频率和方式等，本算例自动保存设置为每 100 步自动保存 date 文件，在 Save Date File Every 下输入 100，如图 7.139 所示。

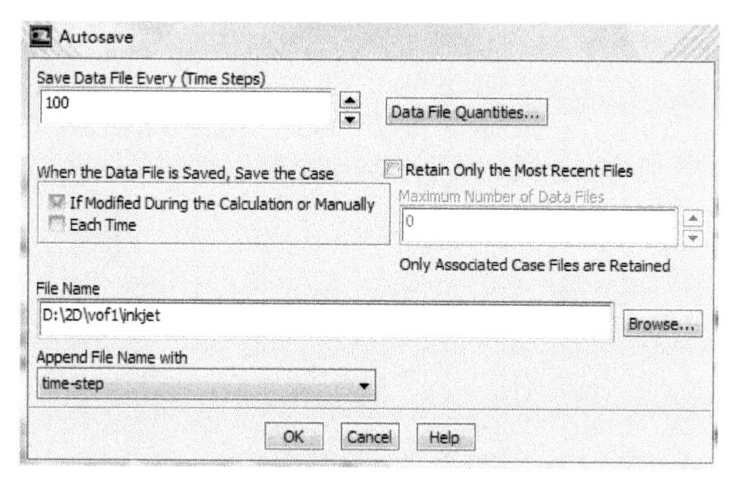

图 7.139　自动保存设置对话框

3）运行计算

在设置完成之后，应该先保存一下当前的 cas 文件，然后进行迭代计算。

通过 Solve→Run Calculation 命令进行求解运行设置，本次计算设置迭代 1000 步，时间步长为 0.05s，也就是迭代计算对应的实际时间为 50s，每个时间步长最大迭代次数设置为 2，如图 7.140 所示。

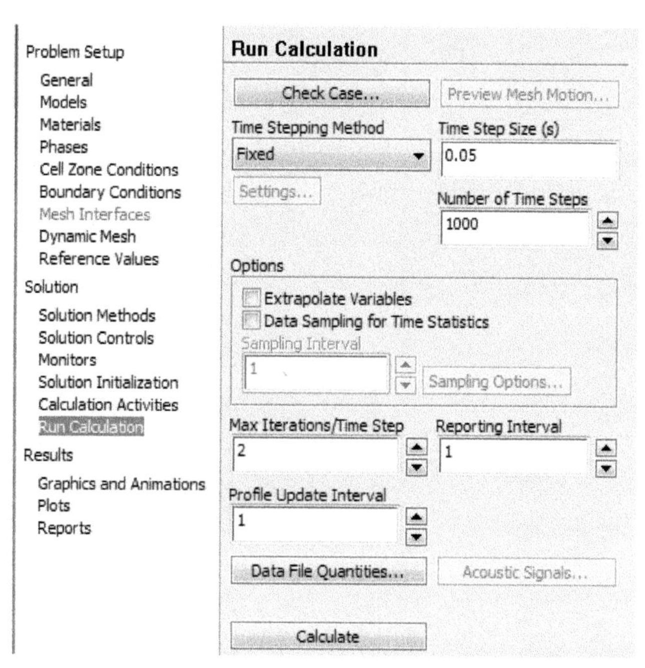

图 7.140　求解运行设置对话框

7.6.4 后处理

非定常求解后，从 0～1000 每隔 100 步有一个数据文件，对应每一步的数据内容，后处理中主要显示组分等值线图。

组分分布等值线云图可以较好地反映管内的流动情况。通过 Display→Graphics and Animations→Contours 命令可以显示等值线图。

打开 Contours 设置后，在 Contours of 选取 Phases 和 Volume fraction；在 Phase 选项中选择 water；在 Options 选项框中选取 Filled 以显示云图，如图 7.141 所示。

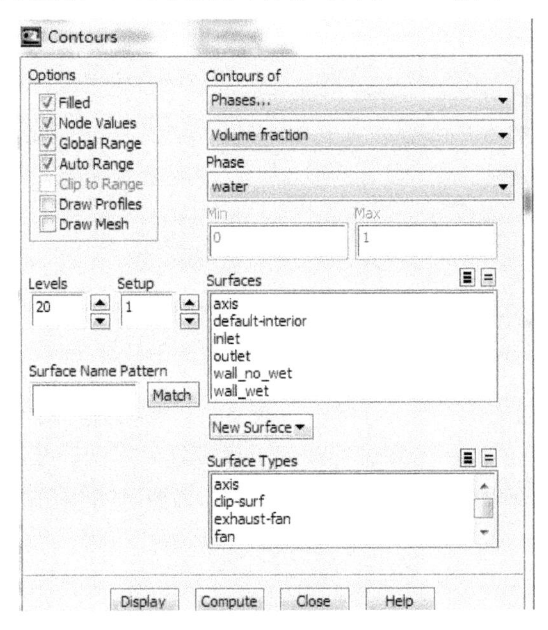

图 7.141　Contours 对话框

单击 Display 按钮显示温度云图，在 View 中单击 axis 对称显示，读入从 20～50s 的 7 个 date 文件，分别显示其水流的分布云图，如图 7.142～图 7.148 所示。

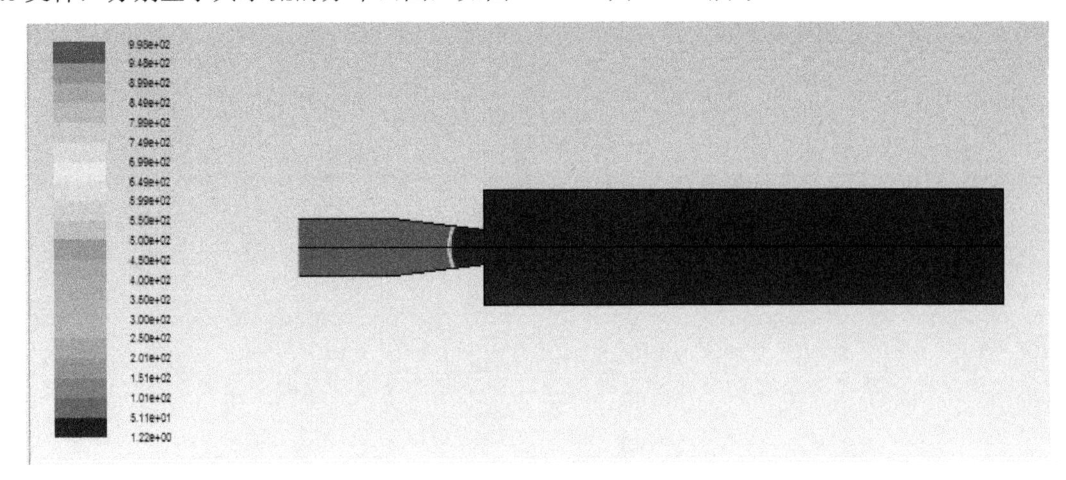

图 7.142　水流分布云图 20s

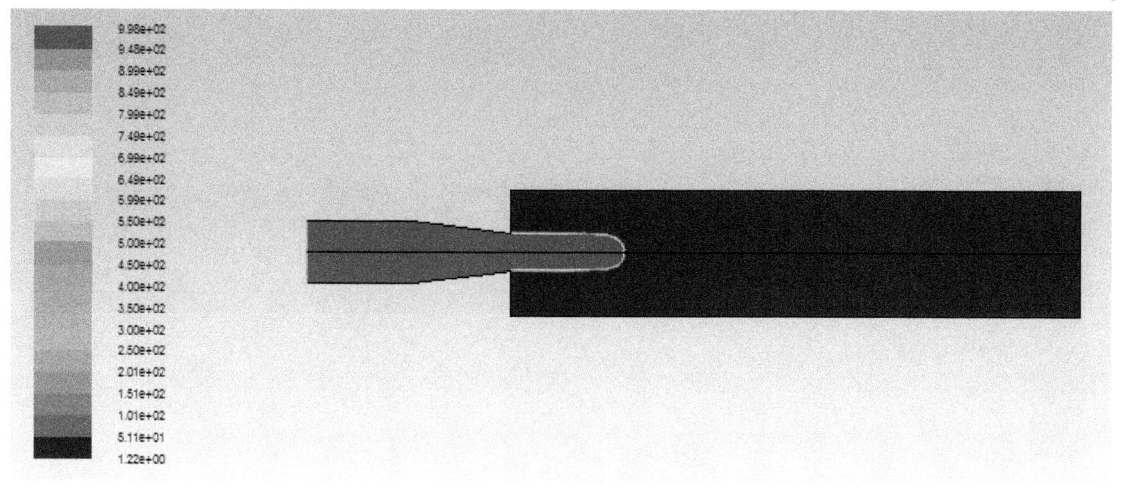

图 7.143　水流分布云图 25s

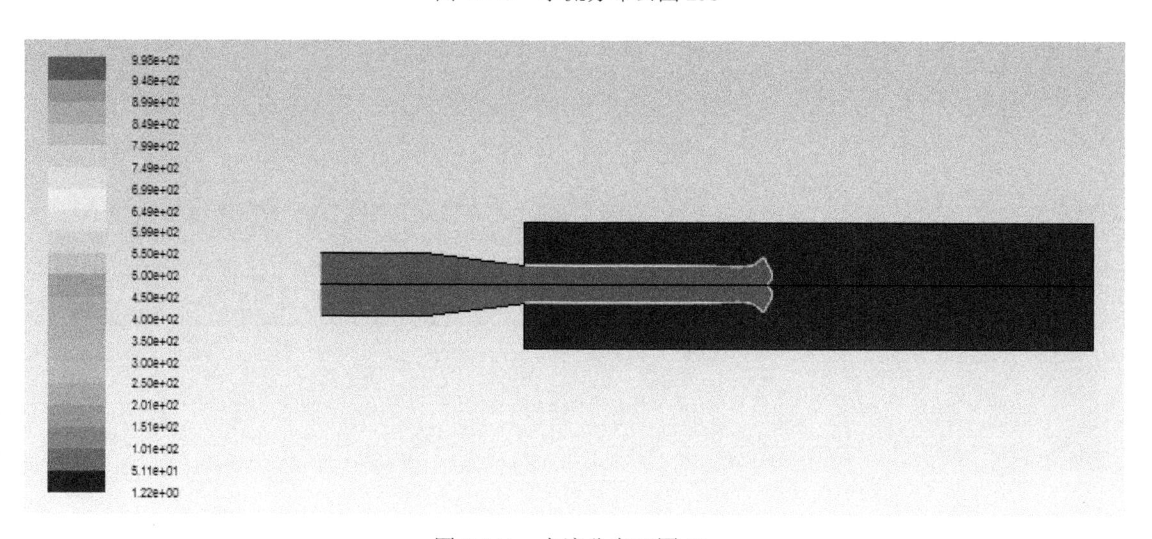

图 7.144　水流分布云图 30s

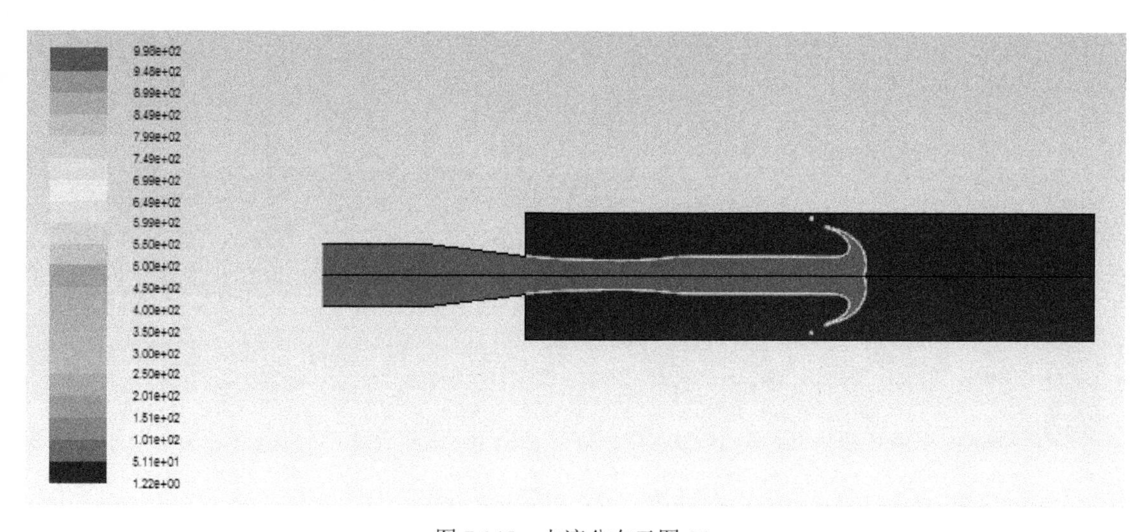

图 7.145　水流分布云图 35s

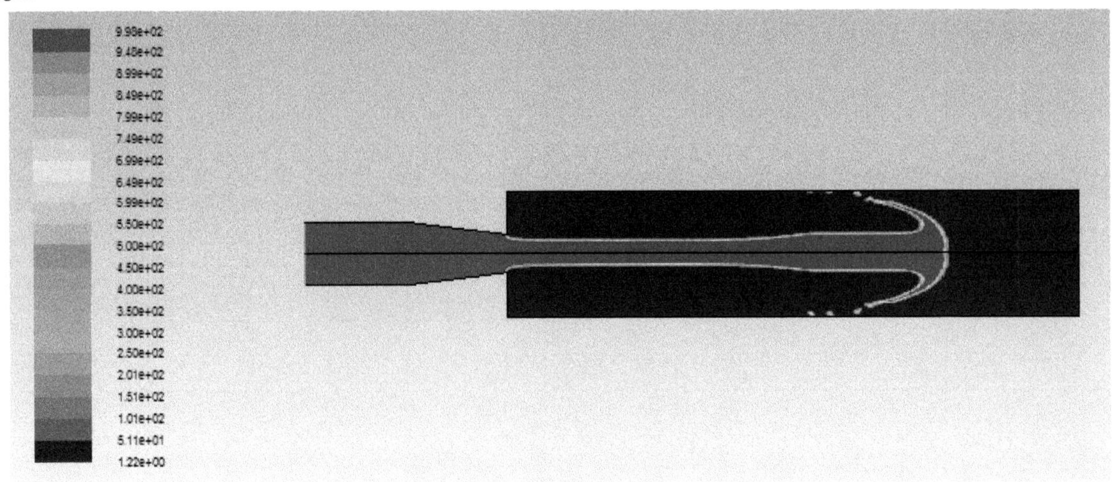

图 7.146　水流分布云图 40s

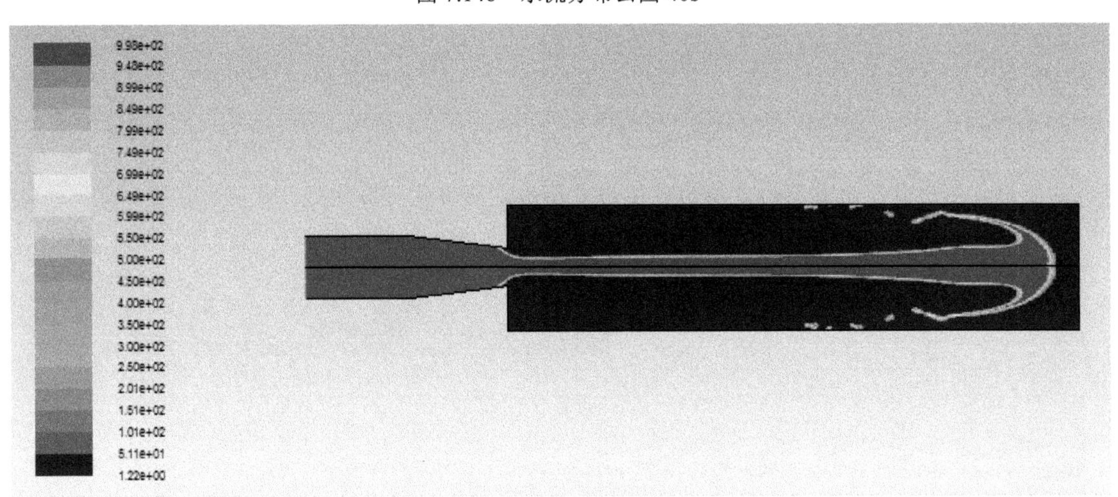

图 7.147　水流分布云图 45s

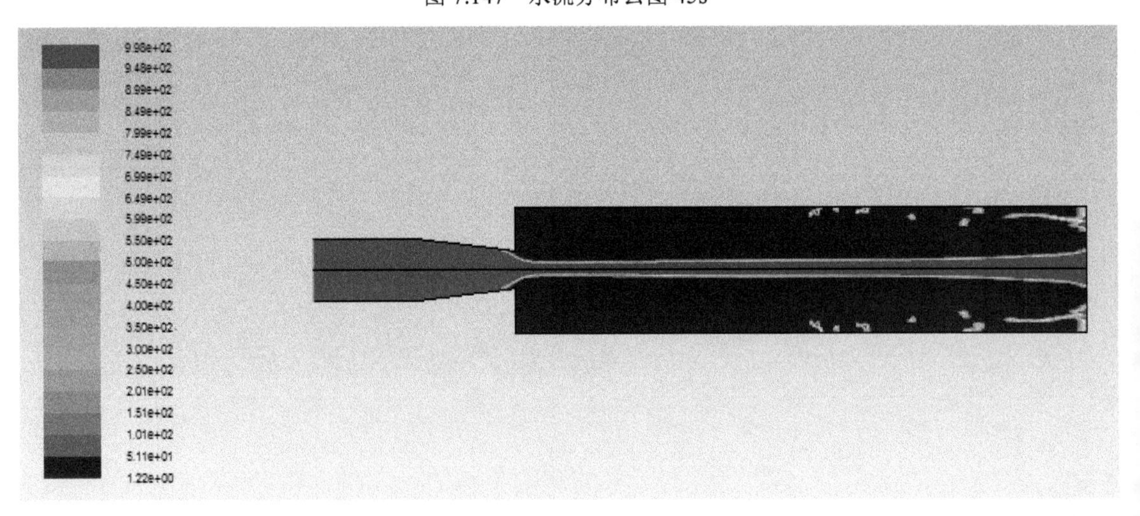

图 7.148　水流分布云图 50s

分布云图中不同的颜色代表不同体积分数的大小，红的表示水的体积分数为 1，蓝色表示

水的体积分数为 0，从图中可以很好地看出射流的发展过程。

7.6.5　小结

本节主要结合 VOF 模型的使用讲解水管的非定常射流问题，对于工程中很多的问题，采用 VOF 模型能很好地解决。

7.7　高速水流的槽道运动——混合多相流空化模型

在高速水流的运动中，当温度一定，压力降低到某一临界点时，水会化成水蒸气，形成空穴。本节将介绍水流由于槽道半径减小，会提高速度、降低压力而形成空化现象的模型。

7.7.1　基本方法

水管在空气中的非定常射流问题主要涉及两相流和非定常两个问题。在本算例中需要进行的设置有：

- ✧ 混合物模型。
- ✧ 空化模型。
- ✧ 选择需要设置的模型。
- ✧ 设置边界条件。
- ✧ 设置需要监视的残差曲线。

7.7.2　问题描述

在本算例中，压力入口半径为 0.01 152m，入口压力为 500 000Pa；压力出口半径为 0.004m，出口压力为 95 000Pa；流体区域下方为对称轴，总长度为 0.032m，如图 7.149 所示。

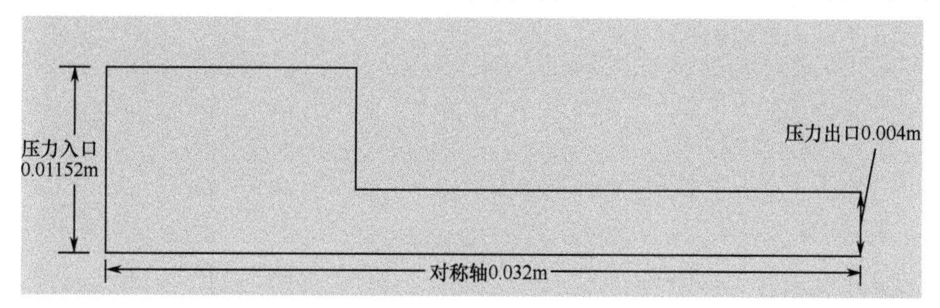

图 7.149　水管射流模拟示意图

7.7.3　计算设置

数值模拟时需要对算例进行设置才能进行求解。

1．网格

1）读入网格

通过 FLUENT 中 File→Read→Mesh 命令读入网格文件，在 FLUENT 中会显示网格，如图 7.150 所示，计算采用的是结构网格。

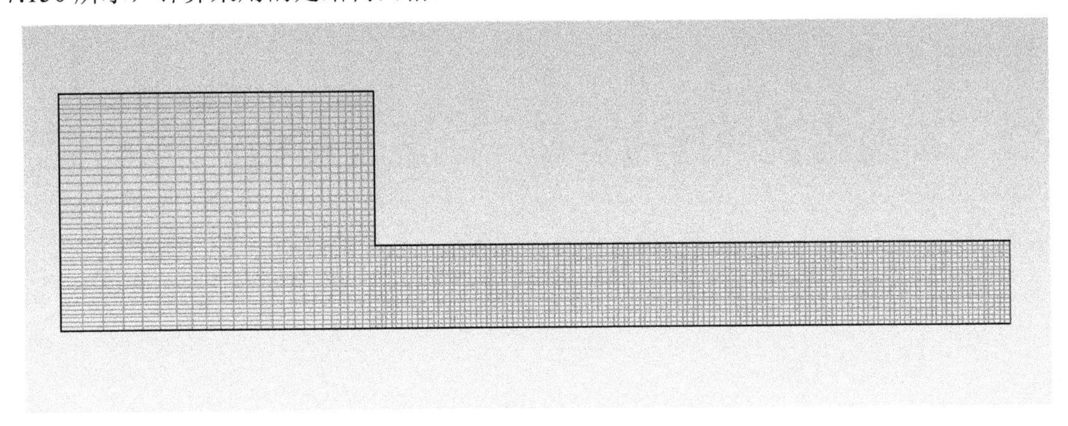

图 7.150　计算域网格显示

2）检查网格

通过 Mesh→Check 命令对网格进行检查。检查没有负体积、左手网格等问题可以进行下一步操作。

3）缩放

通过 Mesh→Scale 命令对网格进行缩放，一般采用 Pointwise 软件生成出的网格单位是米，需 要缩小 1000 倍，而用 ICEM 软件生成的网格单位是毫米，不需要缩放。缩放对话框如图 7.151 所示。

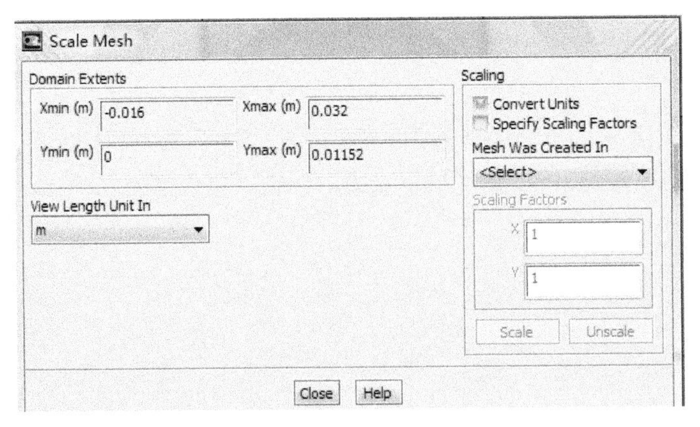

图 7.151　缩放对话框

4）显示和关闭网格

通过 Display→Mesh 命令可以显示和关闭网格，如图 7.152 所示。

2．模型设置

1）设置求解参数

通过 Define→General 命令可以设置通用的参数。对于本算例需要将 2D 空间设置为轴对称

模型（Axisymmetric），其余不需要进行特殊设置，如图 7.153 所示。

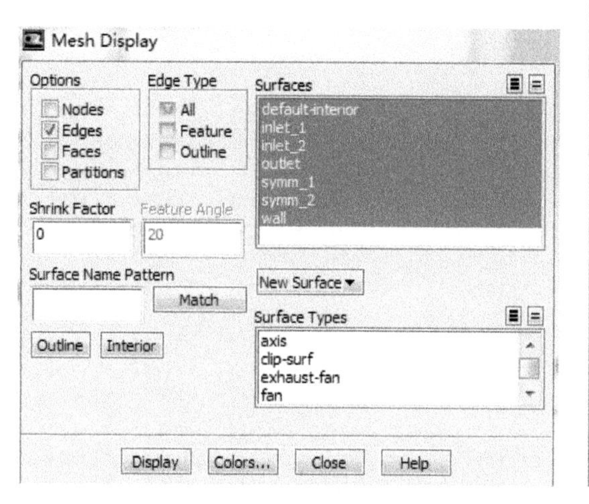

图 7.152　显示和关闭网格对话框

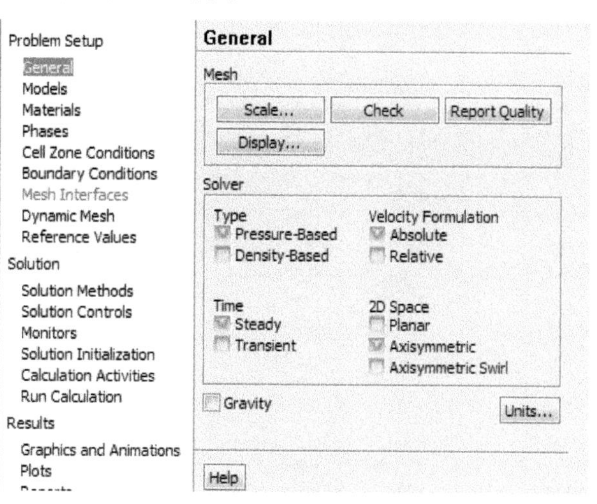

图 7.153　求解设置对话框

2）选择模型

本算例需要求解两相流问题，可以通过 Define→Models→Multiphase 命令打开混合多相流模型（Mixture），欧拉相设置为 2，混合参数中 Slip Velocity 取消选取，如图 7.154 所示

通过 Define→Models→Viscous 命令可以选择希望的流动模型，本算例选择标准 k-e 两方程湍流模型，模型中的参数设置保持默认值即可，如图 7.155 所示。

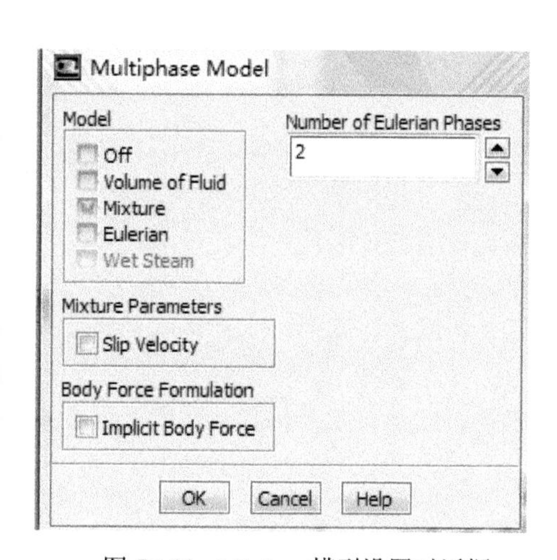

图 7.154　Mixture 模型设置对话框

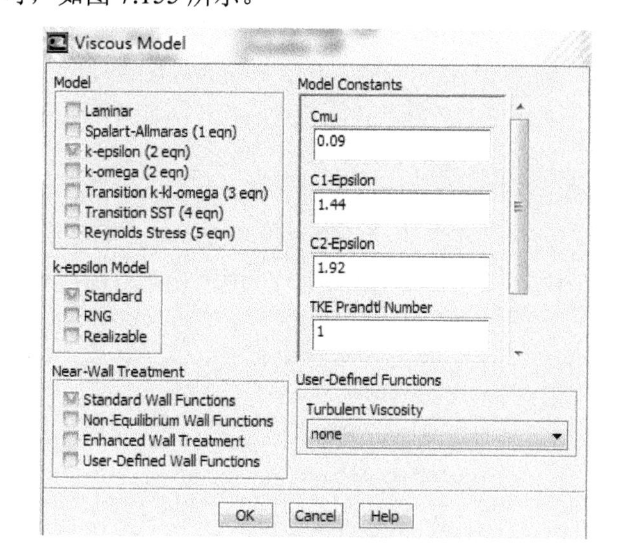

图 7.155　湍流模型设置对话框

3．材料设置

FLUENT 默认的流体材料是空气，由于本次需要模拟水流在空气中的射流问题，因此需要进行进一步设置，通过 Define→Materials 命令可以对材料属性进行设置。

由于研究的是水和水蒸气两种材料，需要在 FLUENT Database 中找到液态水（water-liquid）和气态水（water-vapor），复制添加到流体材料中，如图 7.156 所示，再将不需要的默认材料空气删除。

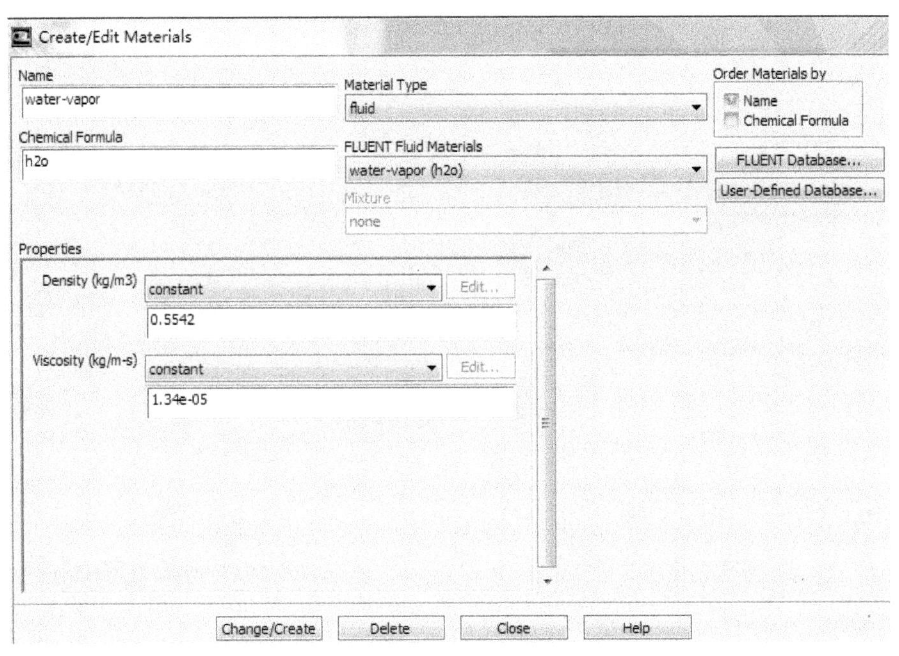

图 7.156　材料属性对话框

单击 Change/Create 按钮，再单击 Close 按钮关闭对话框。

4．操作条件设置

操作条件设置主要是设置参考压力和参考压力点及重力的影响。

通过 Define→Operating Conditions 命令可以对操作条件进行设置，工作压力设置为 0 即可，如图 7.157 所示。

5．相设置

对于多相流流动，需要设置流动的主要相和次要相，对于水管射流，主要相为液态水，次要相为水蒸气，通过 Define→Phase 命令可以对相进行设置，如图 7.158 所示。

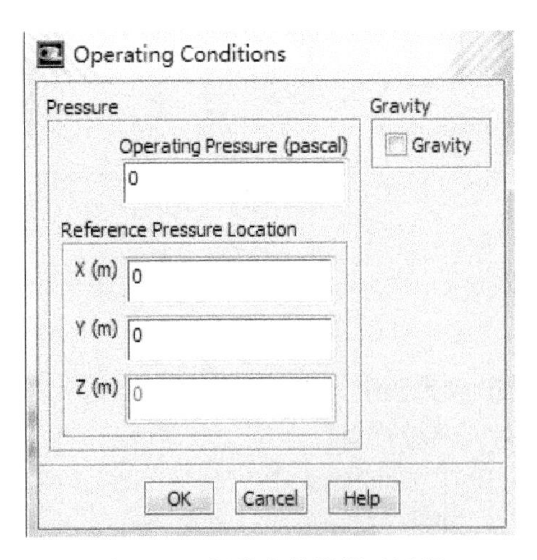

图 7.157　操作条件设置对话框

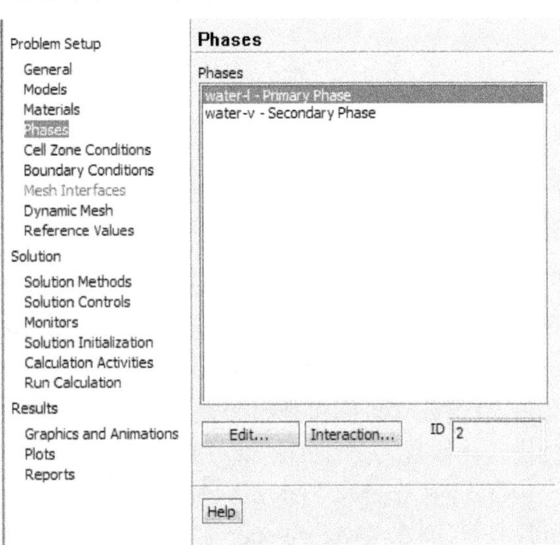

图 7.158　相设置对话框

在设置好主要相和次要相之后，可以开启空化模型，在相设置下方单击 Interaction 按钮，打开相之间相互作用的设置。打开后单击质量（Mass）选项卡，将质量转换机制数量（Number of Mass Transfer Mechanism）变为 1，如图 7.159 所示。在转化机制中选择 Cavitations，单击 Edit 打开空化模型设置对话框，选择 Zwaet-Gerber-Belamri 模型，其余保持默认设置即可，如图 7.160 所示。

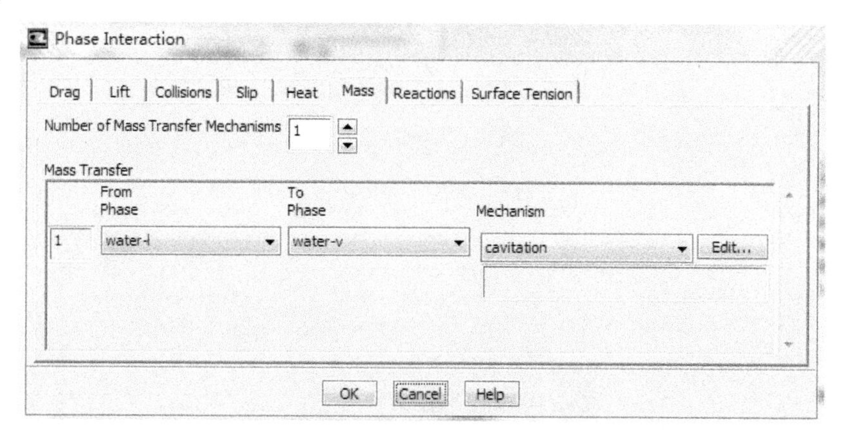

图 7.159　相之间作用设置对话框

图 7.160　空化模型设置对话框

6. 边界条件设置

边界条件的设置是多相流模型设置重要的步骤。需要设置流体区域条件和边界条件。通过 Define→Boundary Conditions 命令或 Cell Zone Conditions 可以对边界条件进行设置。

1）设置流动介质边界条件

流动介质边界条件采用默认设置即可，如图 7.161 所示。

2）进出口边界条件设置

进口边界为压力入口，入口压力为 500 000Pa，初始总压为 449 000Pa，湍流度为 2%，水滴直径为 0.002m，如图 7.162 所示。水和水蒸气相不需要单独设置。

出口边界为压力出口，出口压力为 95 000Pa，湍流度为 2%，水滴直径为 0.001m，如图 7.163 所示。水和水蒸气相不需要单独设置。

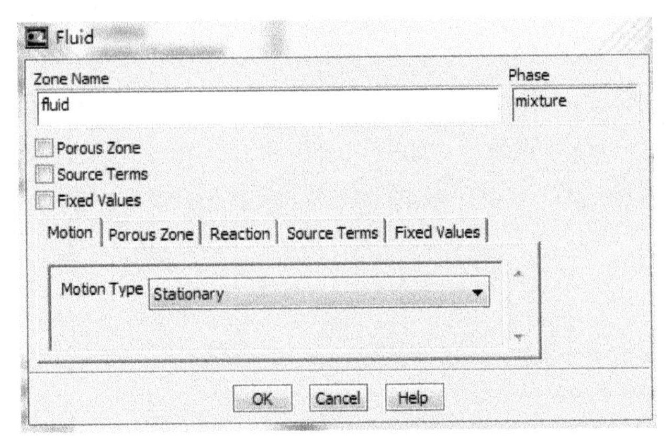

图 7.161　流体介质设置对话框

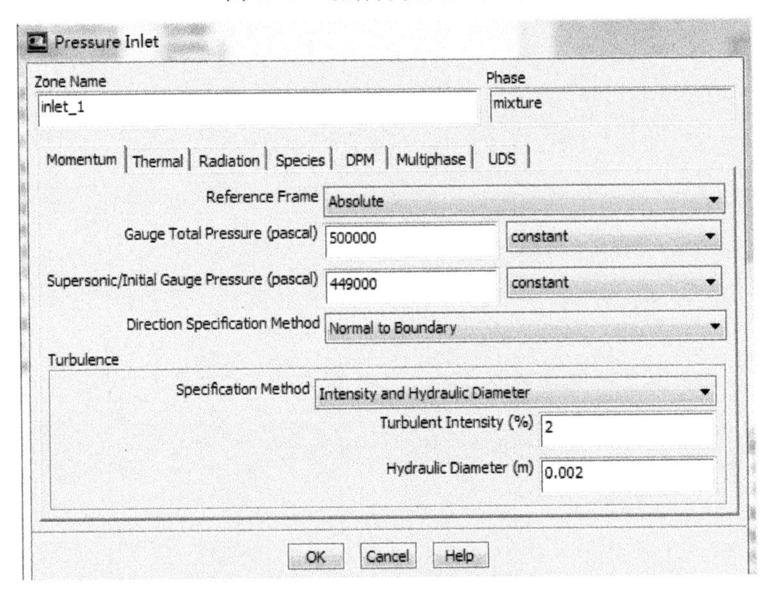

图 7.162　压力入口边界设置对话框

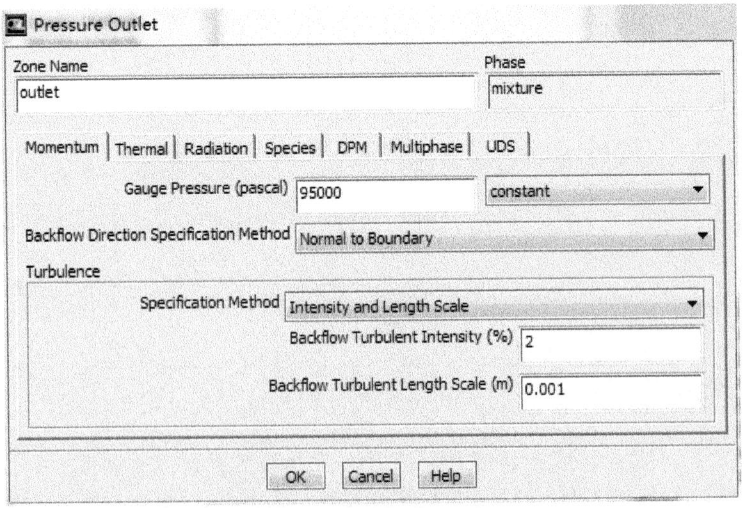

Pressure Outlet
Zone Name
outlet
Phase
mixture
Momentum | Thermal | Radiation | Species | DPM | Multiphase | UDS
Gauge Pressure (pascal) 95000 constant
Backflow Direction Specification Method Normal to Boundary
Turbulence
Specification Method Intensity and Length Scale
Backflow Turbulent Intensity (%) 2
Backflow Turbulent Length Scale (m) 0.001
OK Cancel Help

图 7.163　压力出口边界设置对话框

3）其他边界条件设置

壁面边界条件不需要设置，只需要保持默认的无滑移边界条件即可，如图 7.164 所示。

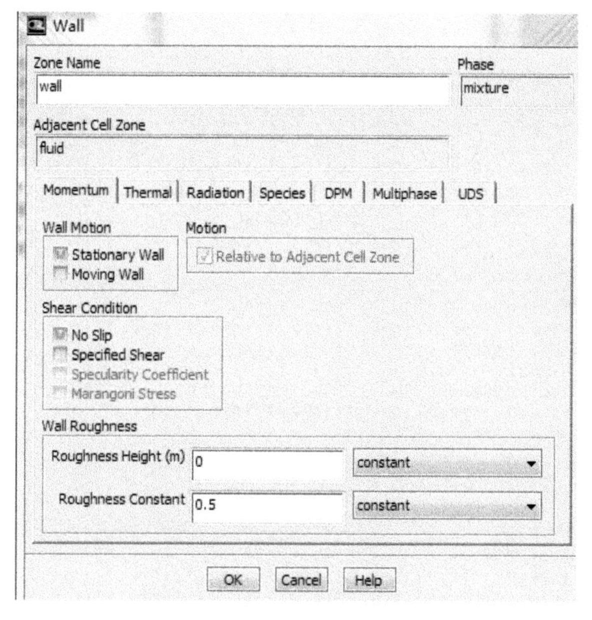

图 7.164　壁面边界设置对话框

7. 求解设置

选取合适的求解方法可以加快计算收敛的速度。

1）求解器方法设置

通过 Solve→Methods 命令可以对求解方法进行设置，压力与速度耦合格式选择 SIMPLEC 算法，其他保持默认设置即可，如图 7.165 所示。

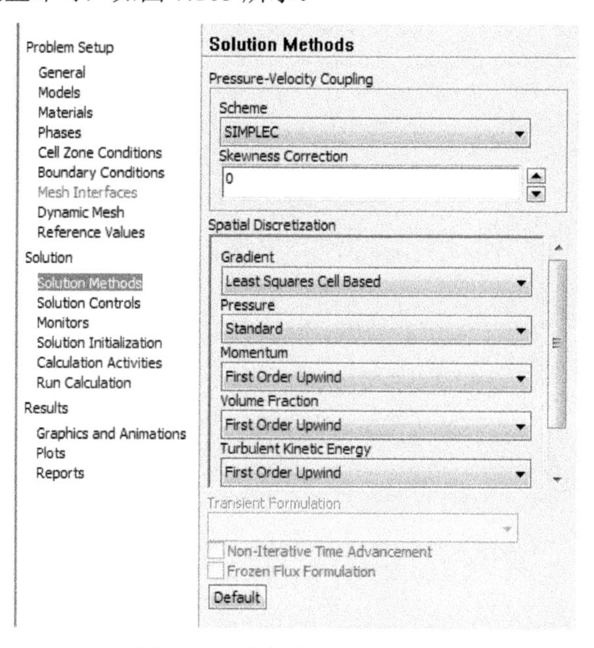

图 7.165　求解方法设置对话框

2）求解控制设置

通过 Solve→Controls 命令可以对求解控制进行设置，在此项设置里，主要设置的是松弛因子，选取合适的松弛因子可以有效加快收敛速度。本算例全部设置采用默认即可，如图 7.166 所示。

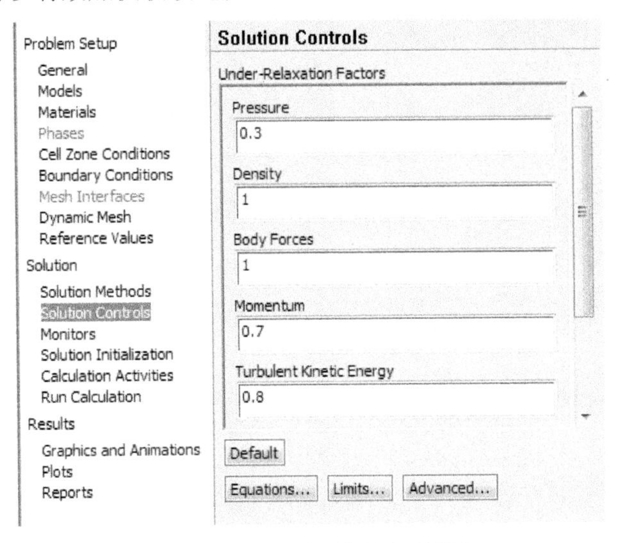

图 7.166　求解控制设置对话框

3）求解监视设置

通过 Solve→Monitors 命令可以对求解监视器进行设置，对残差曲线进行监视前需要激活残差曲线，通过 Solve→Monitors→Residuals 命令，勾选 Plot 即可，如图 7.167 所示。

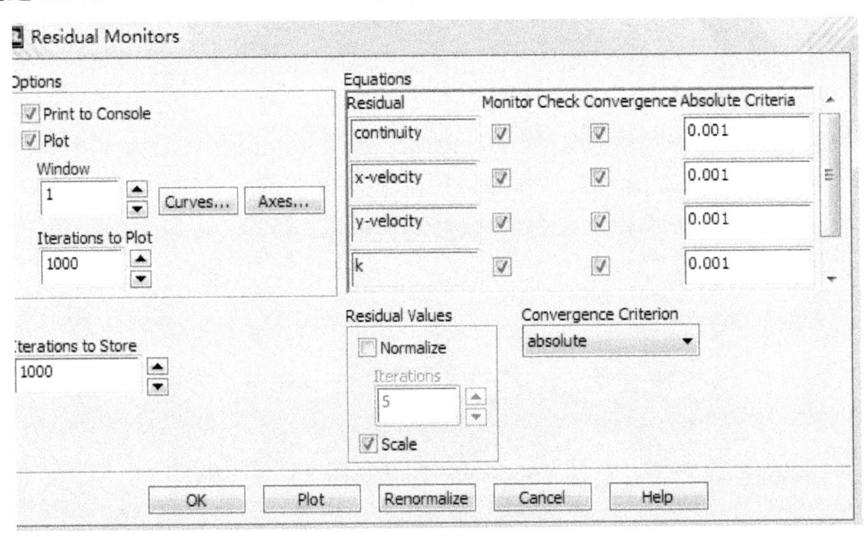

图 7.167　残差监控设置对话框

8. 初始化与求解设置

在计算时，良好的初始流场对计算收敛速度有很大的好处，需要对初始化进行设置。还需要对计算步数等进行设置。

1）初始化设置

通过 Solve→Initializations 命令可以对初始化进行设置，需要在 Compute From 设置中选取

压力入口即可，如图 7.168 所示。单击 Initialize 进行初始化操作，等待片刻初始化完成。

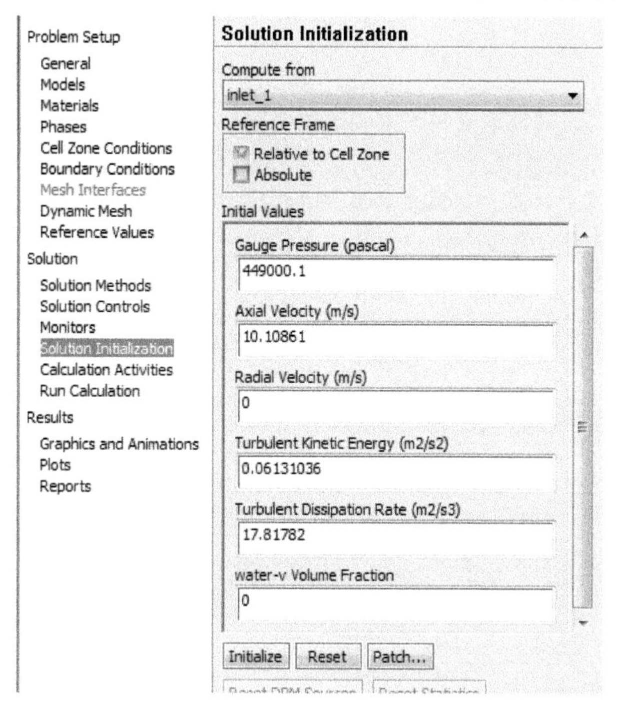

图 7.168　初始化设置对话框

2）自动保存设置

自动保存设置是一个十分实用的功能，便于用户读取之前迭代的结果，可以通过 File→Write→Autosave 命令进行设置。可以选择保存文件的路径，以及 cas 和 date 文件保存的频率和方式等，本算例自动保存设置为每 300 步自动保存 date 文件，在 Save Date File Every 下输入 300，如图 7.169 所示。

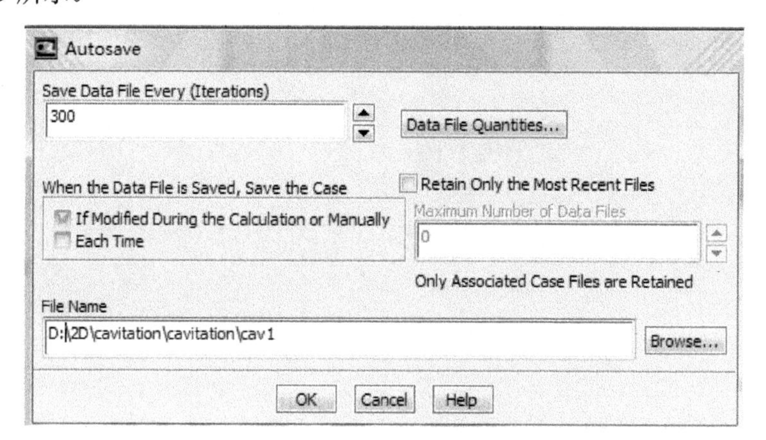

图 7.169　自动保存设置对话框

3）运行计算

在设置完成之后，应该先保存一下当前的 cas 文件，然后进行迭代计算。

通过 Solve→Run Calculation 命令进行求解运行设置，本次计算设置迭代 2000 步，计算完成后保存最终结果。

7.7.4 后处理

密度分布等值线图可以较好地反映管内的流动情况。通过 Display→Graphics and Animations→Contours 命令可以显示等值线图。

打开 Contours 设置后，在 Contours of 选取 Density...和 Density；在 Phase 选项中选择 mixture；在 Options 选项框中选取 Filled，如图 7.170 所示。

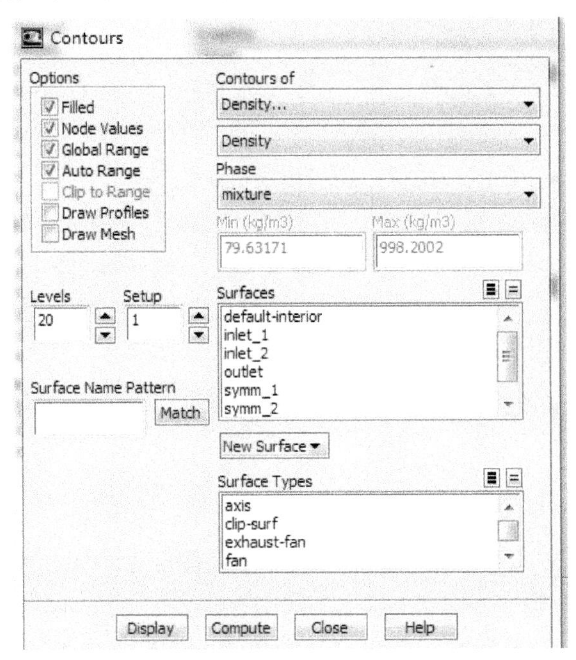

图 7.170 Contours 对话框

单击 Display 按钮显示密度云图，在 View 中单击 axis 对称显示，如图 7.171 所示。

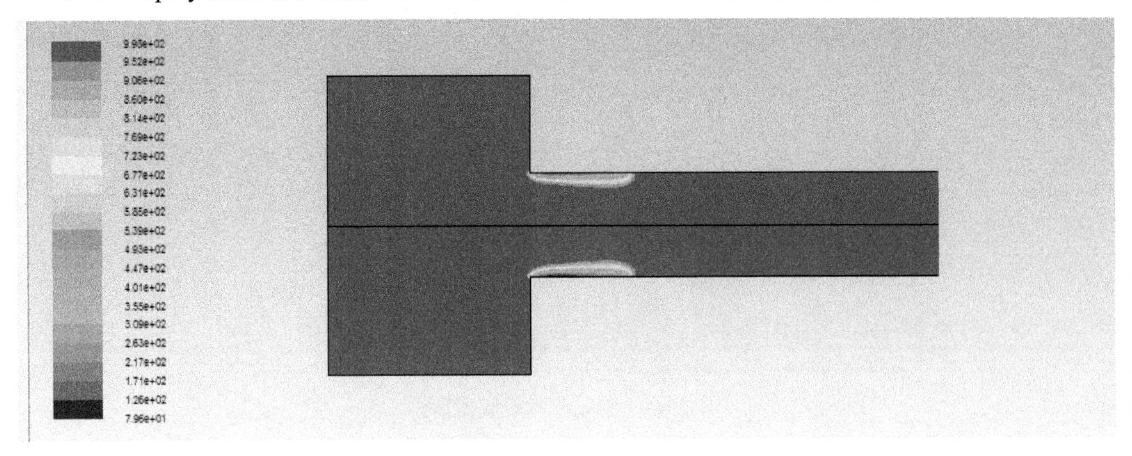

图 7.171 密度分布云图

密度分布云图中不同的颜色代表不同密度的大小，红的表示混合物密度为 998kg/m^3，为液态水；蓝的表示混合物密度为 1kg/m^3，为气态水。从图中可以很好地看出空化现象的发生以及

密度过度区域。

7.7.5　小结

空化问题是工程中常见的一类问题，本节讲解了空化模型的使用。

7.8　T 型管流动-欧拉多相流模型

在工程中，会遇到水和空气的混合流动问题。本算例采用欧拉混合物模型模拟水和空气在 T 型管里的流动混合问题。

7.8.1　基本方法

水管在空气中的非定常射流问题主要涉及两相流和非定常两个的问题。在本算例中需要进行的设置有：

- ✧ 欧拉混合物模型。
- ✧ 选择需要设置的模型。
- ✧ 设置边界条件。
- ✧ 设置需要监视的残差曲线。

7.8.2　问题描述

本算例中，速度入口宽度 0.025m，入口处水流速度为 1.53m/s，空气速度为 1.6m/s，空气体积分数为 0.02，气泡直径为 1mm；T 型管有两个质量出口，上方的质量出口权重为 0.62，右侧质量出口权重为 0.38，出口宽度也为 0.025m，如图 7.172 所示。

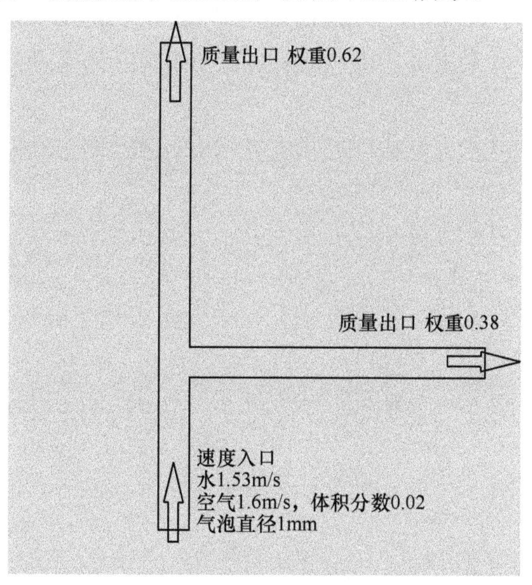

图 7.172　水管射流模拟示意图

7.8.3 计算设置

数值模拟时需要对算例进行逐步设置才能进行求解。

1. 网格

1）读入网格

通过 FLUENT 中 File→Read→Mesh 读入网格文件，在 FLUENT 中会显示网格，如图 7.173 所示，计算采用的是结构网格。

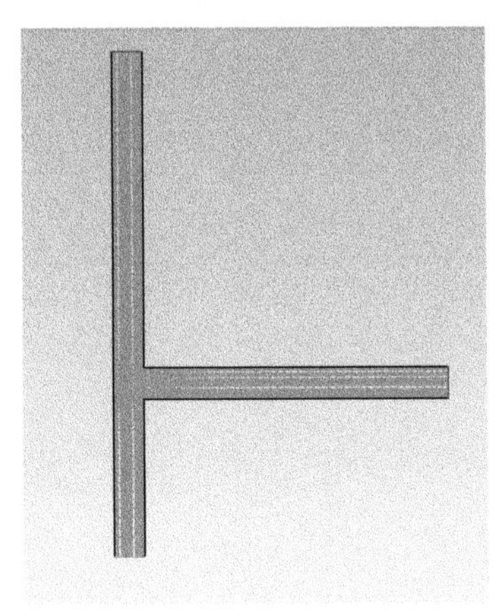

图 7.173 计算域网格显示

2）检查网格

通过 Mesh→Check 命令对网格进行检查。没有负体积、左手网格等问题可以进行下一步操作。

3）缩放

通过 Mesh→Scale 命令对网格进行缩放，一般采用 Pointwise 软件生成出的网格单位是米，需要缩小 1000 倍，而用 ICEM 软件生成出的网格单位是毫米，不需要缩放。缩放对话框如图 7.174 所示。

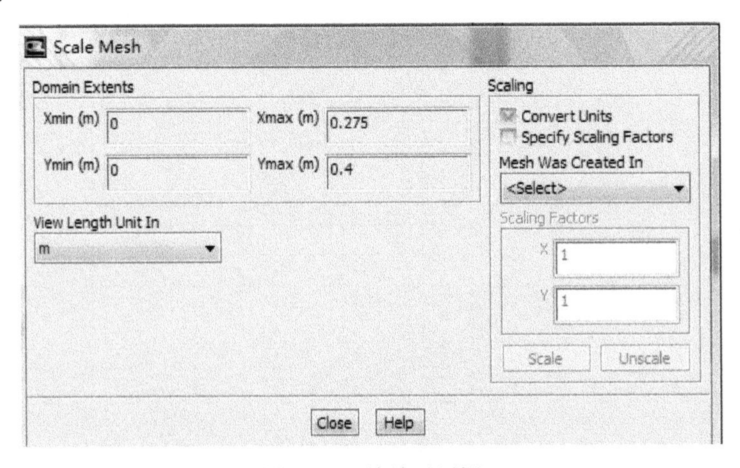

图 7.174 缩放对话框

4）显示和关闭网格

通过 Display→Mesh 命令可以显示和关闭网格，如图 7.175 所示。

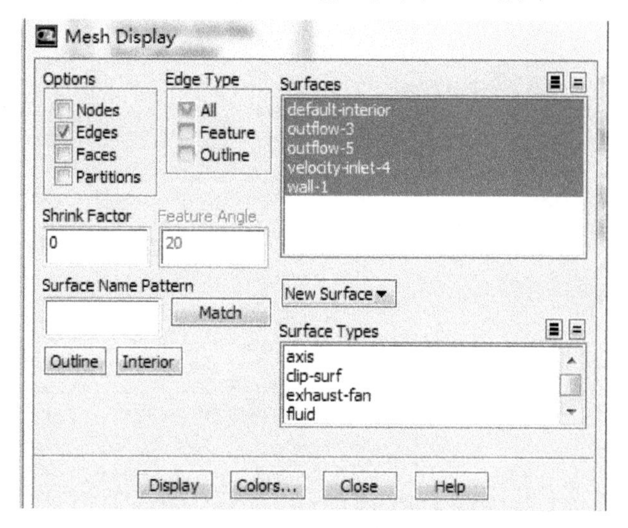

图 7.175　显示和关闭网格对话框

2. 模型设置

1）设置求解参数

通过 Define→General 命令可以设置通用的参数。对于本算例需要考虑重力，在 Gravity 点选，并修改 Y 方向重力加速度为-9.81m/s^2，其余不需要进行特殊设置，如图 7.176 所示。

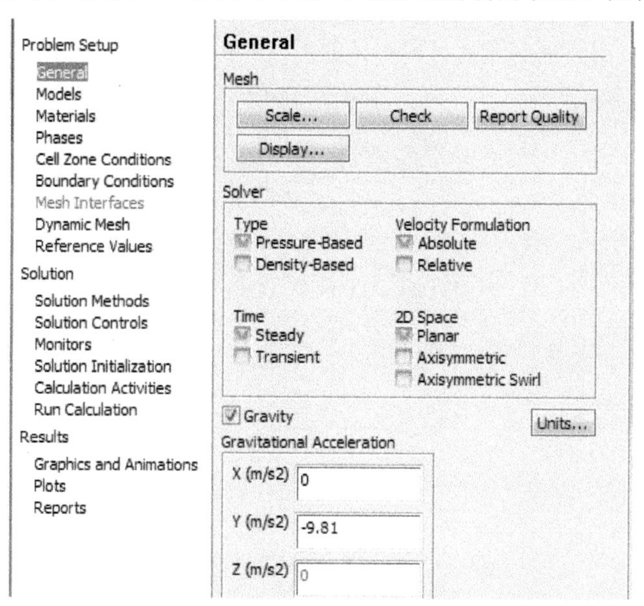

图 7.176　求解器基本设置对话框

2）选择模型

本算例需要求解两相流问题，可以通过 Define→Models→Multiphase 命令打开欧拉多相流模型（Eulerian），欧拉相设置为 2，体积分数参数差分格式选择隐式（Implicit），如图 7.177 所示通过 Define→Models→Viscous 命令可以选择希望的流动模型，本算例中，选择标准 k-e 两方程湍流模型，模型中的参数设置保持默认值即可，如图 7.178 所示。

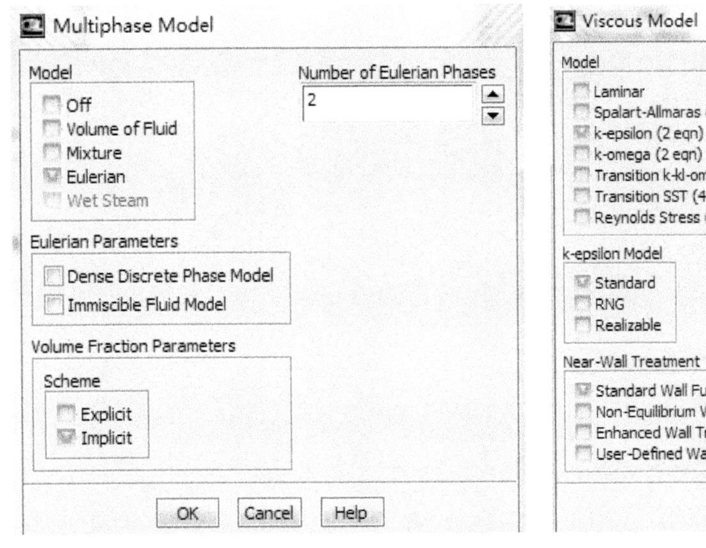

图 7.177 欧拉模型设置对话框

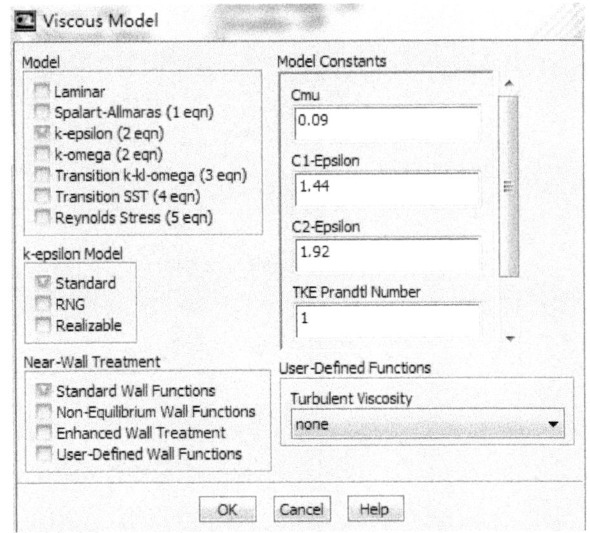

图 7.178 湍流模型选取对话框

3. 材料设置

FLUENT 默认的流体材料是空气，由于本次需要模拟水流在空气中的射流问题，因此需要对其进行进一步设置。通过 Define→Materials 命令可以对材料属性进行设置。

由于问题研究的是水和空气两种材料，需要在 FLUENT Database 中找到液态水（water-liquid）并单击 Copy 按钮添加到流体材料中，如图 7.179 所示。空气为默认材料不需要改变。

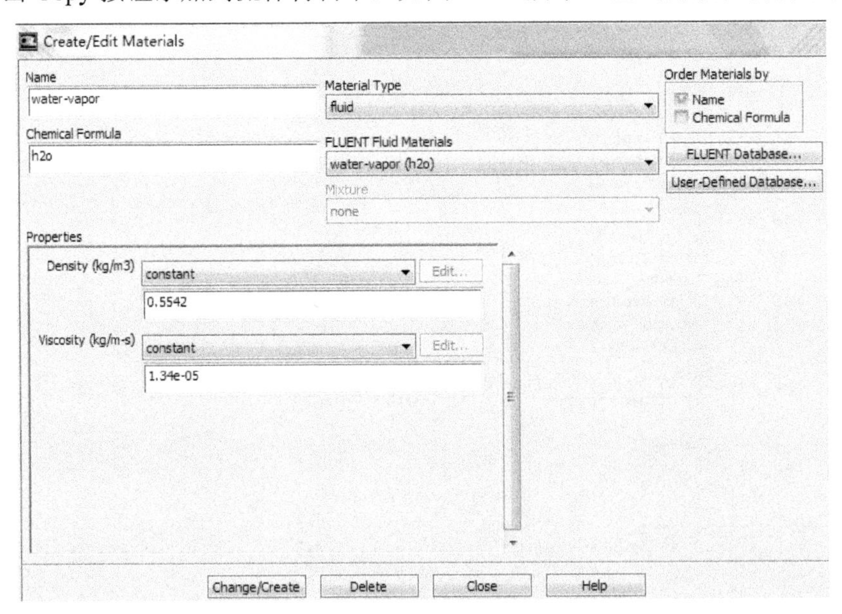

图 7.179 材料属性对话框

单击 Change/Create 按钮，再单击 Close 关闭对话框。

4．操作条件设置

操作条件主要是设置参考压力和参考压力点及重力的影响。

通过 Define→Operating Conditions 命令可以对操作条件进行设置，重力已经在之前进行过设置，如图 7.180 所示。

5．相设置

对于多相流流动，需要设置流动的主要相和次要相，对于水管射流，主要相位液态是水，次要相位是空气，通过 Define→Phase 命令可以对相进行设置，如图 7.181 所示。

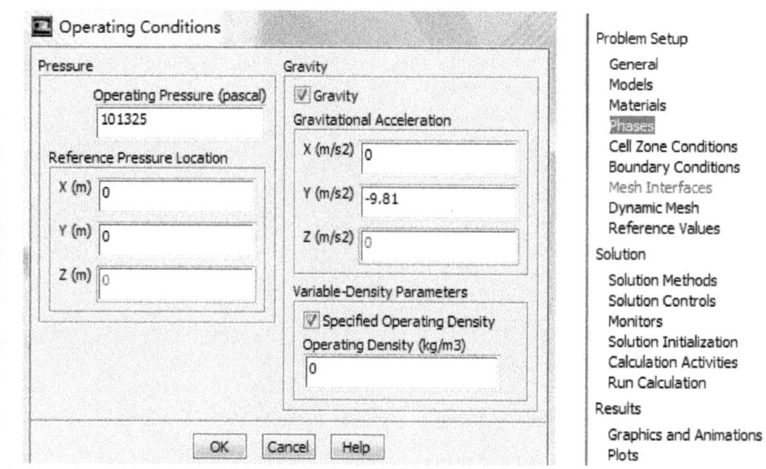

图 7.180　操作条件设置对话框

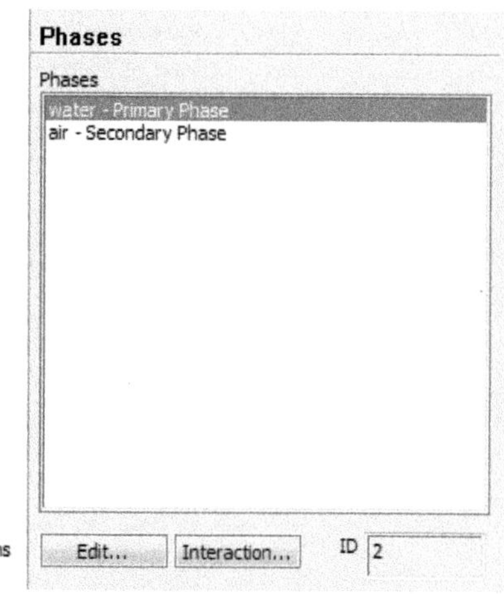

图 7.181　相设置对话框

在设置好主要和次要相之后，可以开启空化模型。如图 7.182 所示，在相设置下方单击 Interaction 按钮打开相之间相互作用的设置。打开后保持 Drag 选项卡默认设置的 Schiller-naumann 方法即可。

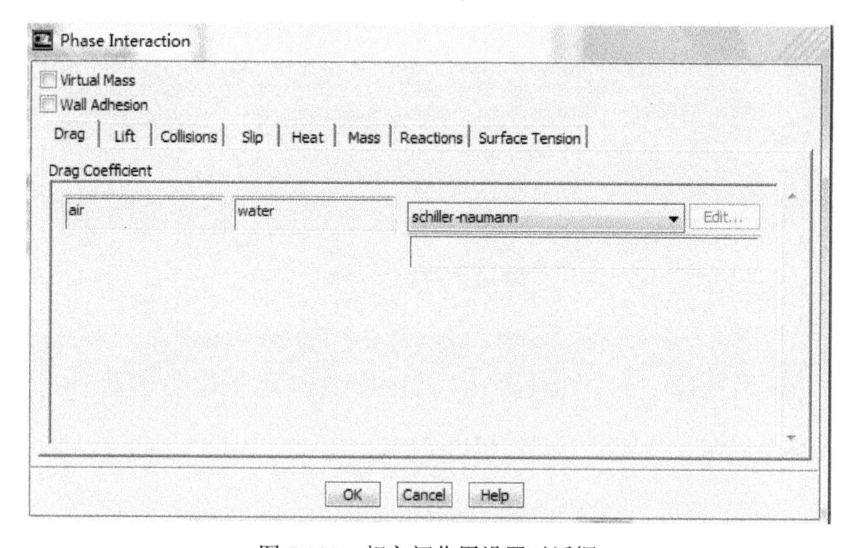

图 7.182　相之间作用设置对话框

6. 边界条件设置

边界条件的设置是欧拉多相流模型设置重要的步骤。需要设置流体区域条件和边界条件。通过 Define→Boundary Conditions 命令或 Cell Zone Conditions 可以对边界条件进行设置。

1）设置流体介质边界条件

流体介质边界条件采用默认设置即可，如图 7.183 所示。

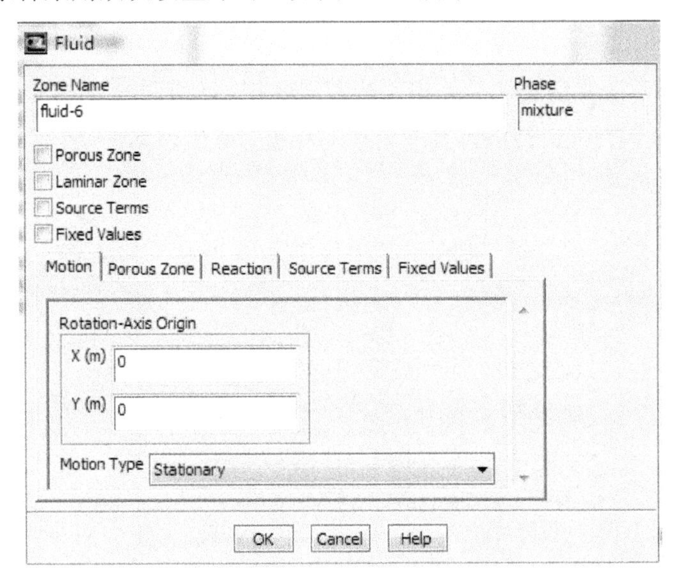

图 7.183　流体介质设置对话框

2）进出口边界条件设置

速度入口中需要对水和空气分别进行设置，水的速度为 1.53m/s，如图 7.184 所示；空气的速度为 1.6m/s，需要在 Multiphase 选项卡修改其体积分数为 0.02，如图 7.185 所示。

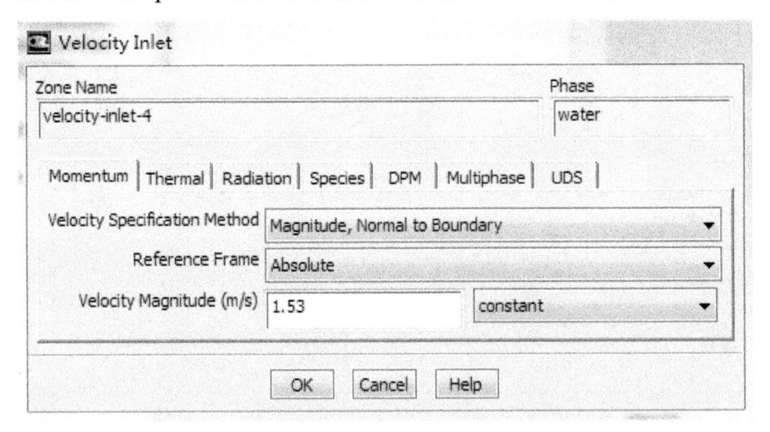

图 7.184　速度入口边界液态水相设置对话框

质量出口不需要对水和空气分别设置，在混合相设置中，对于上部的质量出口设置权重为 0.62，右侧的质量出口设置为 0.38，如图 7.186 所示。

3）其他边界条件设置

壁面边界条件不需要设置，只需要保持默认的无滑移边界条件即可，如图 7.187 所示。

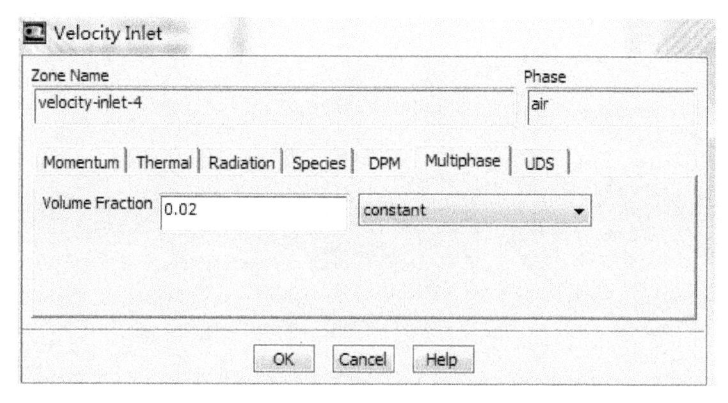

图 7.185　速度入口边界空气相设置对话框

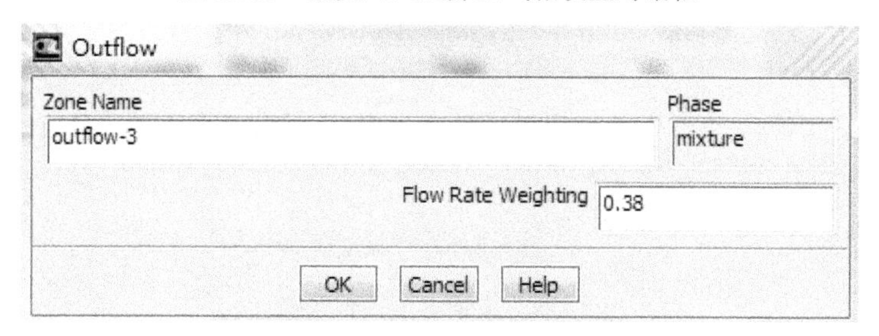

图 7.186　质量入口边界设置对话框

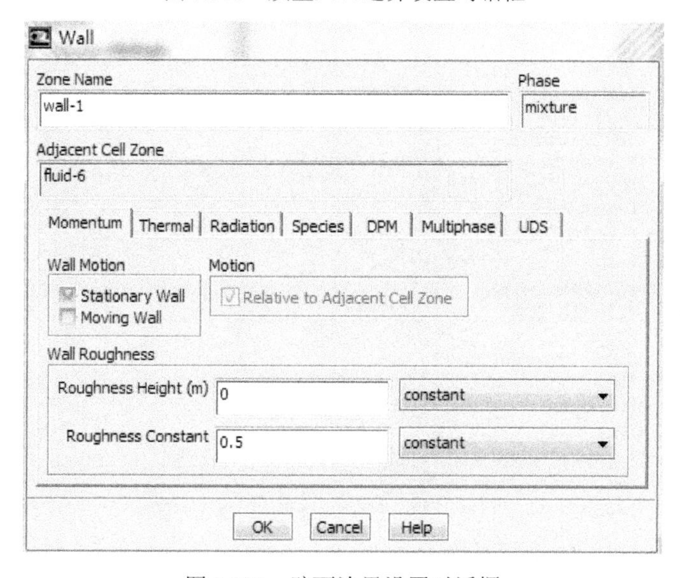

图 7.187　壁面边界设置对话框

7．求解设置

选取合适的求解方法可以加快计算收敛的速度。

1）求解器方法设置

通过 Solve→Methods 命令可以对求解方法进行设置，压力与速度耦合格式选择 Phase Coupled SIMPLE 算法，其他设置保持默认设置即可，如图 7.188 所示。

2）求解控制设置

通过 Solve→Controls 命令可以对求解控制进行设置，在此项设置里，主要设置的是松弛因

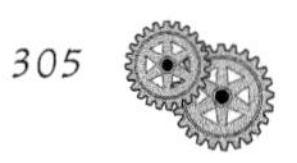

子，选取合适的松弛因子可以有效加快收敛速度。本算例中全部采用默认即可，如图 7.189 所示。

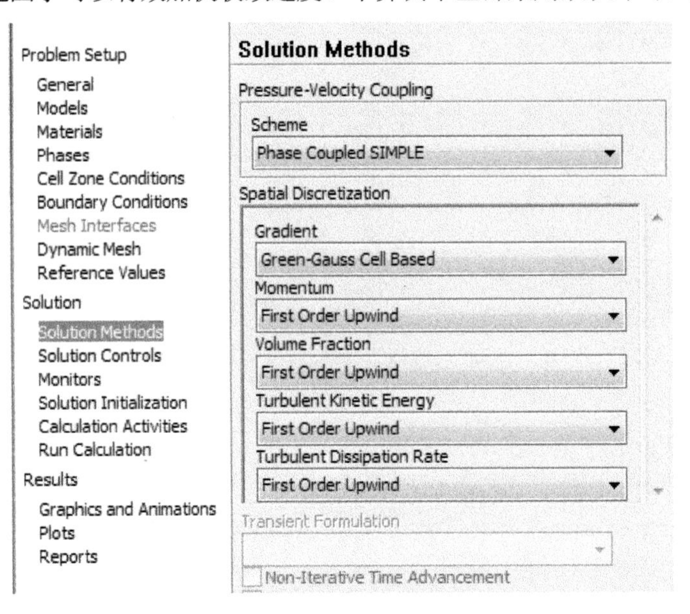

图 7.188　求解方法设置对话框

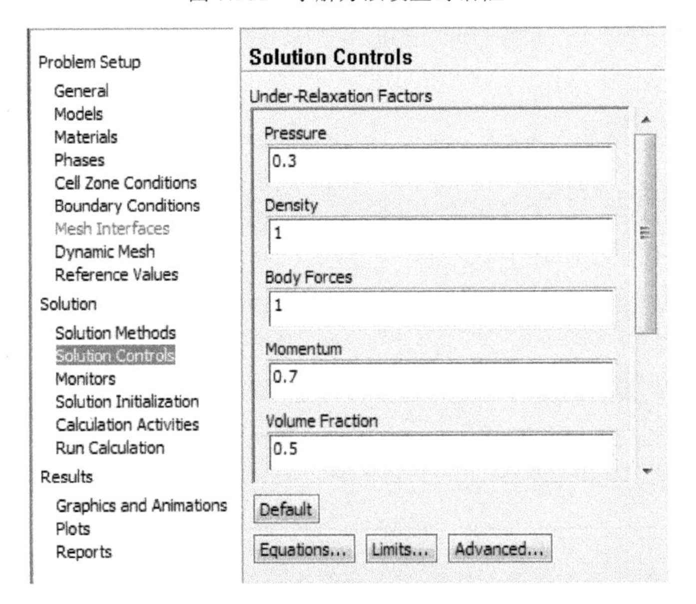

图 7.189　求解控制设置对话框

3）求解监视设置

通过 Solve→Monitors 命令可以对求解监视器进行设置，对残差曲线进行监视前需要激活残差曲线，通过 Solve→Monitors→Residuals 命令，勾选 Plot 即可，如图 7.190 所示。

8．初始化与求解设置

在计算时，良好的初始流场对计算收敛速度有很大的好处，需要对初始化进行设置。还需要对计算步数等进行设置。

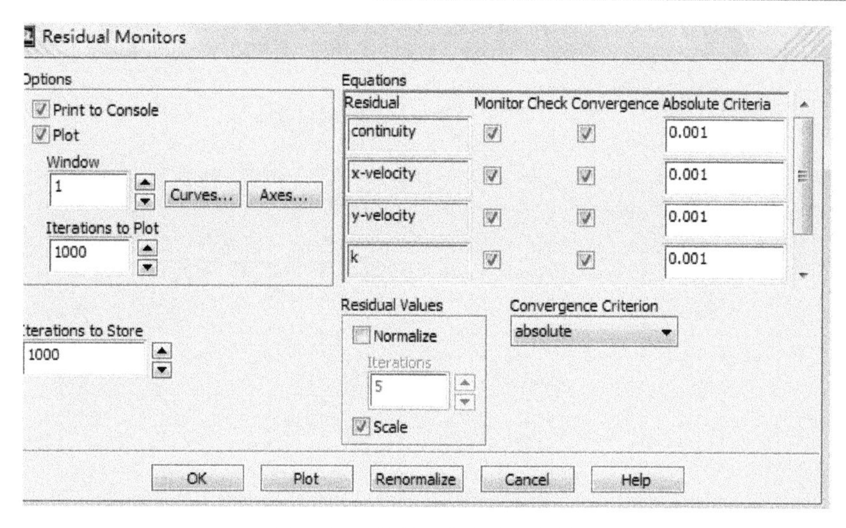

图 7.190　残差监控设置对话框

1）初始化设置

通过 Solve→Initializations 命令可以对初始化进行设置，需要在 Compute From 设置中选取 all-zones 即可，如图 7.191 所示。单击 Initialize 按钮进行初始化操作，等待片刻初始化完成。

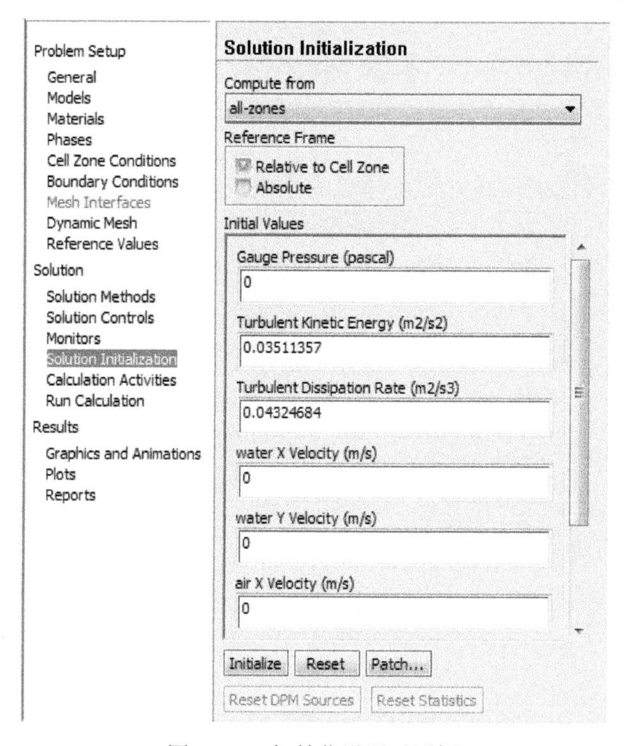

图 7.191　初始化设置对话框

2）自动保存设置

自动保存设置是一个十分实用的功能，便于用户读取之前迭代的结果，可以通过 File→Write→Autosave 命令进行设置。可以选择保存文件的路径，以及 cas 和 date 文件保存的频率和方式等，本算例设置为每 100 步自动保存 date 文件，在 Save Date File Every 下输入 100，如图 7.192 所示。

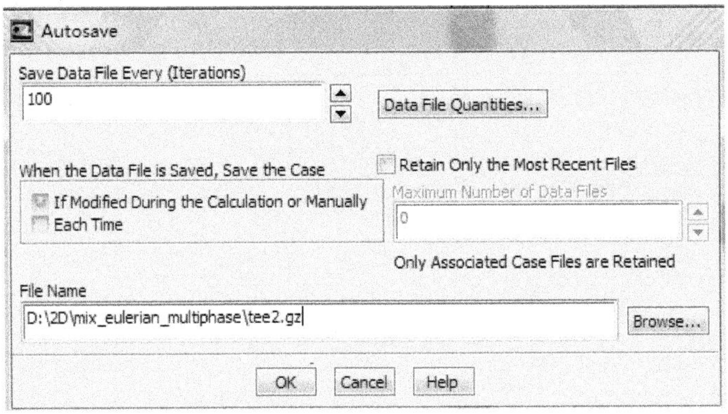

图 7.192　自动保存设置对话框

3）运行计算

在设置完成之后，应该先保存一下当前的 cas 文件，然后进行迭代计算。

通过 Solve→Run Calculation 命令进行求解运行设置，本次计算设置迭代 2000 步，计算完成后保存最终结果。

7.8.4　后处理

后处理主要希望显示体积分数云图和速度分布云图。

1. 体积分数分布云图

体积分数分布等值线图可以较好地反映管内不同组分的流动情况。通过 Display→Graphics and Animations→Contours 命令可以显示等值线图。

打开 Contours 设置后，在 Contours of 选取 Phases 和 Volume fraction；在 Phase 选项中选择 air；在 Options 选项框中选取 Filled 以显示云图，如图 7.193 所示。

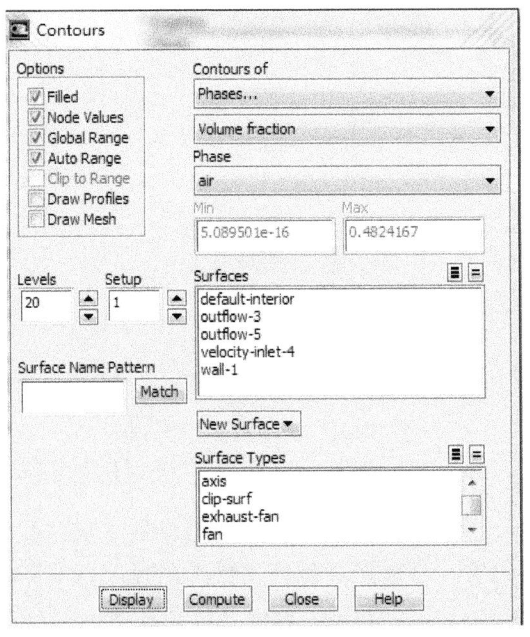

图 7.193　Contours 对话框

单击 Display 按钮显示云图，如图 7.194 所示。

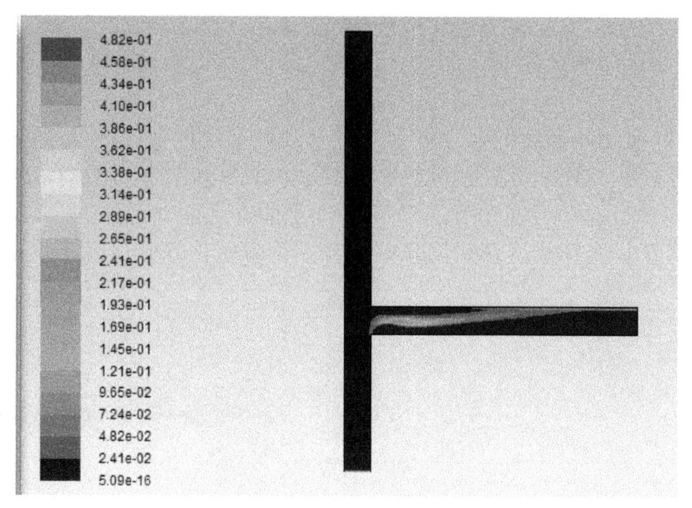

图 7.194　体积分数分布云图

组分分布云图中不同的颜色代表不同组分的大小。从图中可以看出，空气基本上都从右侧的管道中流出。

2. 不同相的速度分布云图

水和空气的速度分布云图可以很好地反映流场内的流动情况。

体积分数分布等值线云图可以较好地反映管内不同组分的流动情况。通过 Display→Graphics and Animations→Contours 命令可以显示等值线图。

打开 Contours 设置后，在 Contours of 选取 Velocity 和 Velocity Magnitude；在 Phase 选项中选择 air；在 Options 选项框中选取 Filled，如图 7.195 所示。

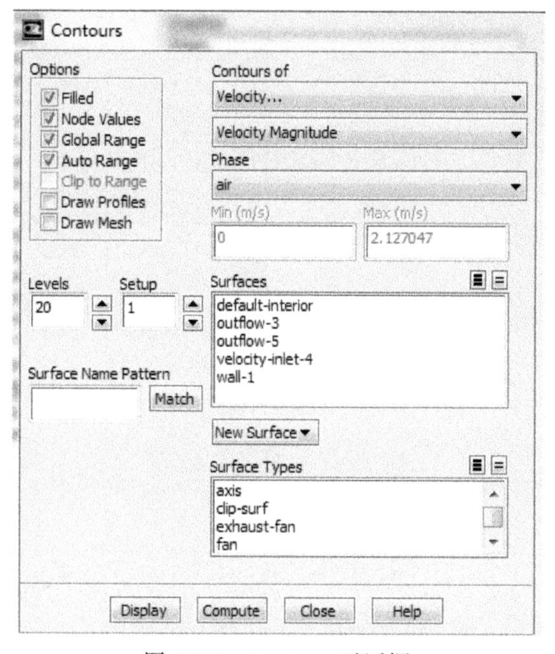

图 7.195　Contours 对话框

单击 Display 按钮显示组分云图，如图 7.196 所示。

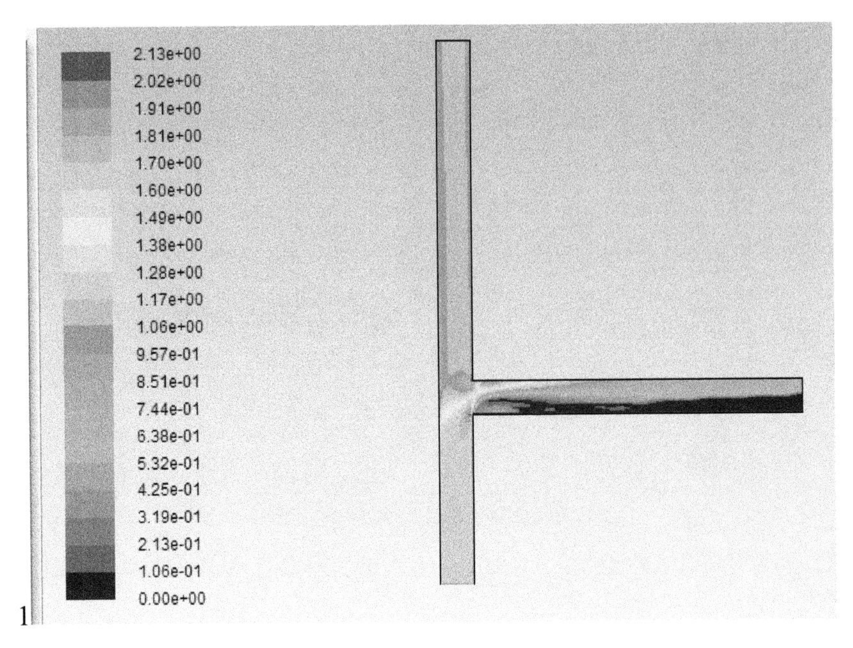

图 7.196　空气速度分布云图

采用同样的方法，可以显示水的速度分布云图，如图 7.197 所示。

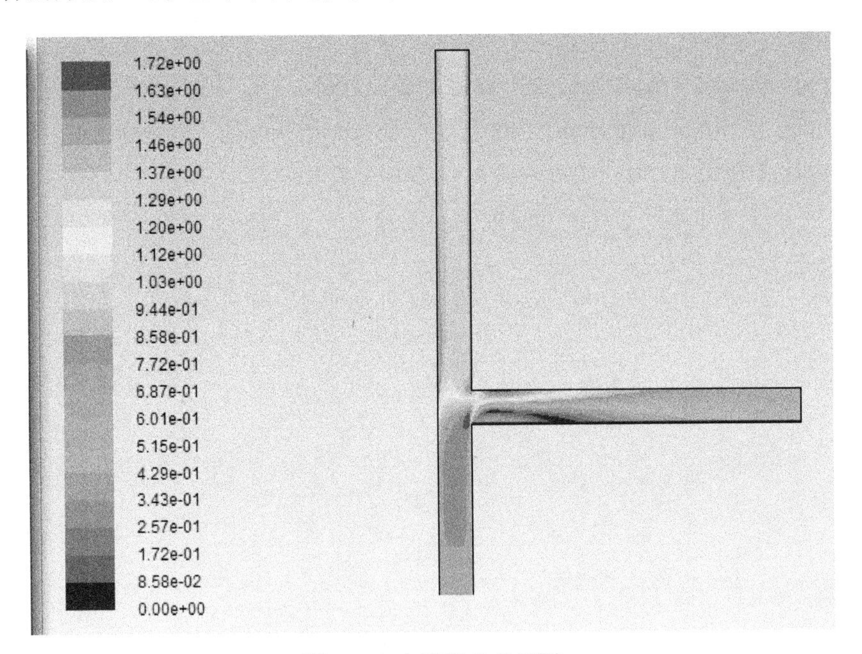

图 7.197 水速度分布云图

7.8.5　小结

本节主要结合 T 型管的流动讲解了欧拉多相流模型的使用。

7.9　液态金属凝固-凝固与熔化模型

在工程中，经常会遇到物质形态的转变过程，特别是凝固和熔化的转变。本节将以液态金属的凝固和熔化为例子，对 FLUENT 中的凝固与熔化模型进行讲解。

7.9.1　基本方法

液态金属的凝固和熔化是比较复杂的流体力学问题，但是 FLUENT 提供的凝固与融化模型能很容易解决这个问题。本算例中主要需要进行的设置有：

✧ 凝固与熔化模型。

✧ 选择需要设置的模型。

✧ 设置边界条件。

✧ 设置需要监视的残差曲线。

7.9.2　问题描述

本算例中，X 和 Y 方向的最大尺寸为 0.1m，底部入口的速度为 0.00101m/s，方向向上，温度为 1300K；顶部入口的速度为 0.001m/s，方向向上，温度为 500K；右侧为旋转轴，整个流体的旋转角速度为 1rad/s；底部壁面温度为 1300K，左侧壁面温度为 1400K，自由对流换热壁面的热传递系数为 100w/m^2 • K，自由对流温度为 1500km；如图 7.198 所示。

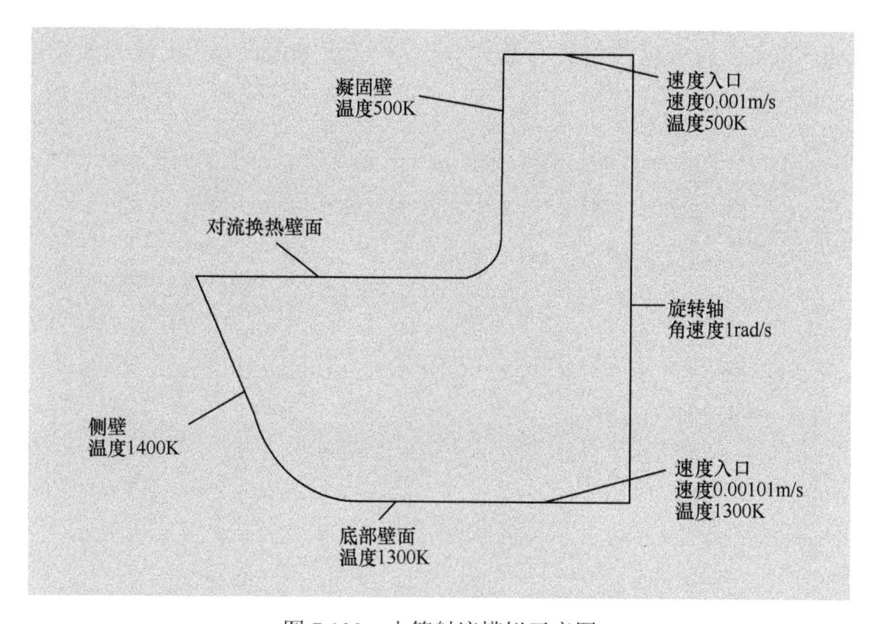

图 7.198　水管射流模拟示意图

7.9.3 计算设置

数值模拟时需要对算例进行逐步设置才能进行求解。

1. 网格

1）读入网格

通过 FLUENT 中 File→Read→Mesh 命令读入网格文件，在 FLUENT 中会显示网格，如图 7.199 所示，计算采用的是结构网格。

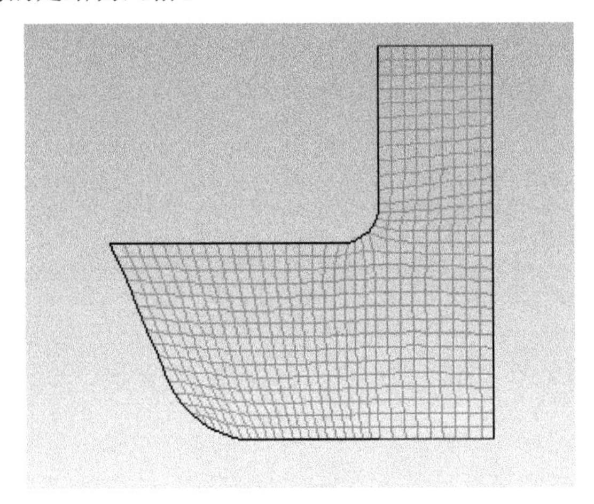

图 7.199 计算域网格显示

2）检查网格

通过 Mesh→Check 命令对网格进行检查，没有负体积、左手网格等问题可以进行下一步操作。

3）缩放

通过 Mesh→Scale 命令对网格进行缩放，一般采用 Pointwise 软件生成出的网格单位是米，需要缩小 1000 倍，而用 ICEM 软件生成出的网格单位是毫米，不需要缩放。缩放对话框如图 7.200 所示。

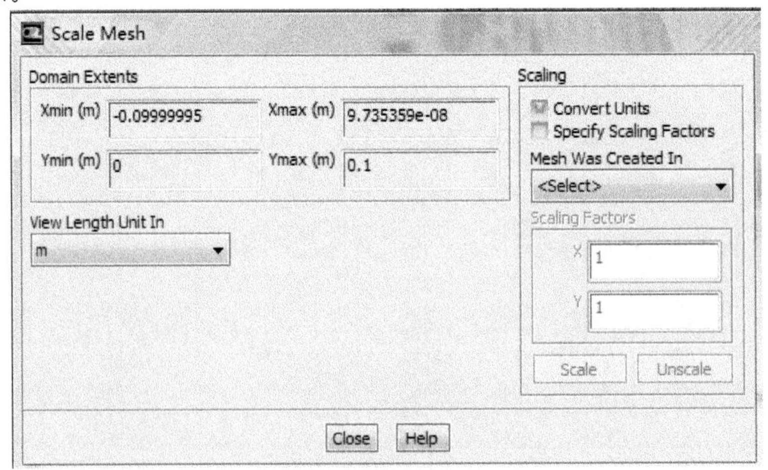

图 7.200 缩放对话框

4）旋转网格

通过 Mesh→Rotate 命令对网格进行旋转，根据具体情况而定。对于本算例需要将网格旋转 90°，如图 7.201 所示。

5）显示和关闭网格

通过 Display→Mesh 命令可以显示和关闭网格，如图 7.202 所示。

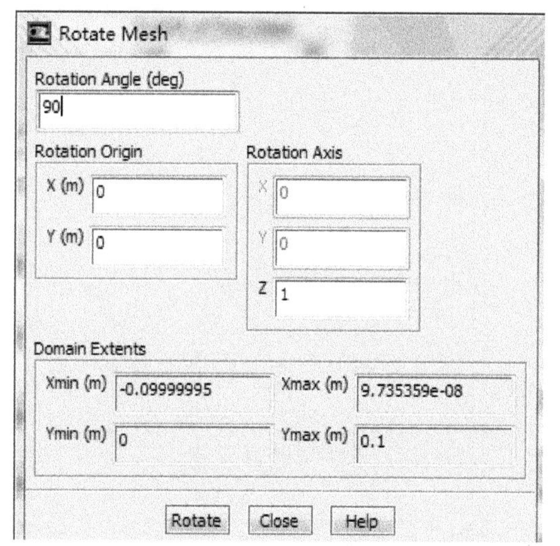

图 7.201　旋转网格对话框

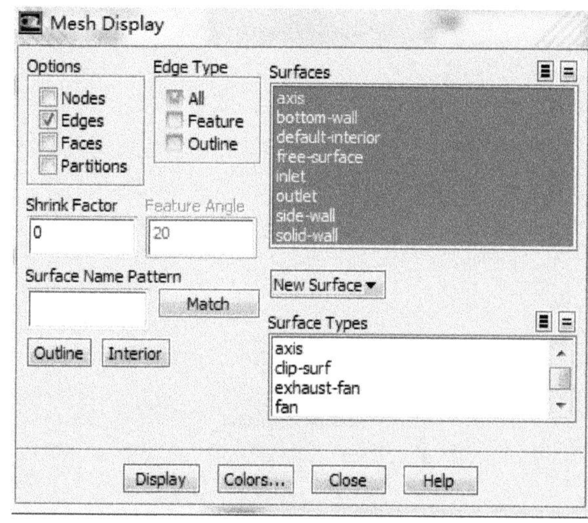

图 7.202　显示和关闭网格对话框

2. 模型设置

1）设置求解参数

通过 Define→General 命令可以设置通用的参数。对于本算例需要考虑重力，在 Gravity 点选，并修改 Y 方向重力加速度为-9.81m/s^2；需要设置为瞬态计算和轴对称旋转计算，其余不需要进行特殊设置，如图 7.203 所示。

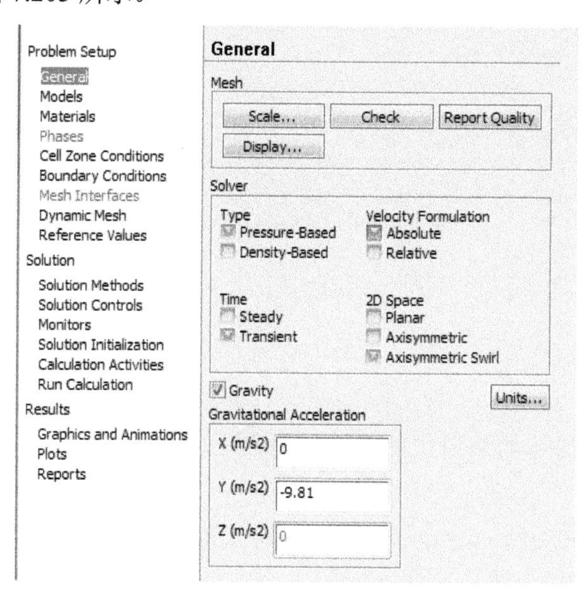

图 7.203　求解参数设置对话框

2）选择模型

本算例需要求解温度问题，可以通过 Define→Models→Energy 命令打开能量方程，如图 7.204 所示

通过 Define→Models→Viscous 命令可以选择希望的流动模型，本算例中，由于速度很低，选择层流模型，模型中的参数设置保持默认值即可，如图 7.205 所示。

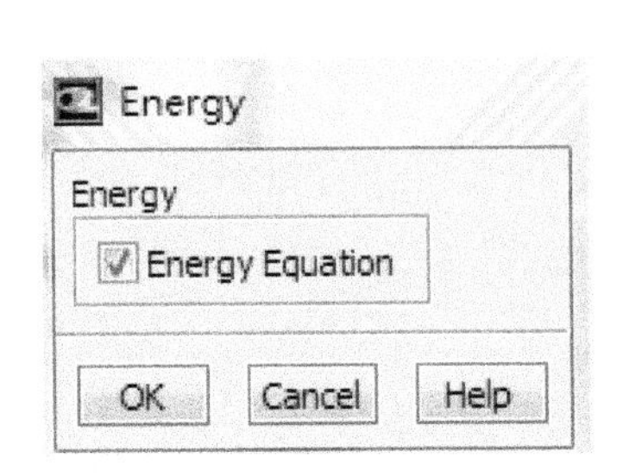

图 7.204　能量方程设置对话框

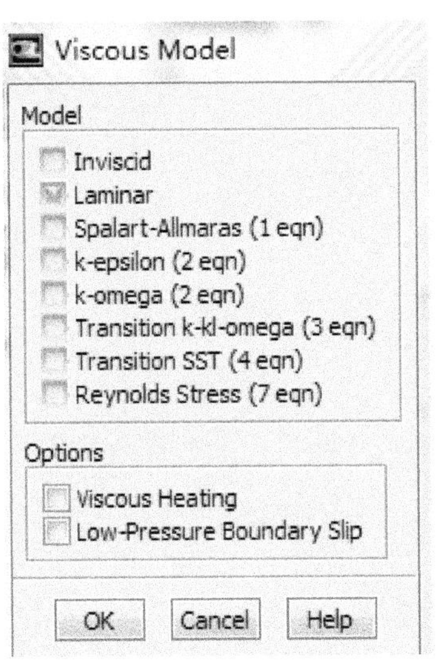

图 7.205　层流模型选取对话框

通过 Define→Models→Solidification & Melting 命令可以开启凝固与熔化模型，在参数设置中，需要开启 Include Pull Velocity，如图 7.206 所示。

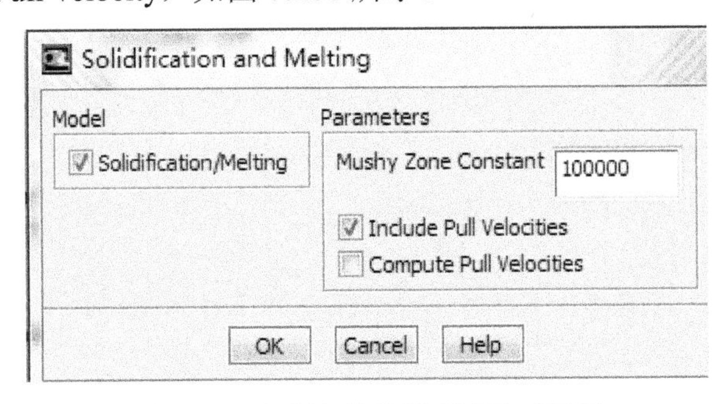

图 7.206　凝固与熔化模型选取对话框

3. 材料设置

FLUENT 默认的流体材料是空气，由于本次需要模拟液态金属的熔化和凝固问题，因此需要对其进行进一步设置，通过 Define→Materials 可以对材料属性进行设置。

由于问题研究金属的凝固与熔化问题。需要创建一种新的材料，其密度是温度的多项式函数，由两项组成，密度 $\rho(T)=8000-0.1T$；比热容 Cp 为 680J/kg • K；热导率为 30W/m • K；黏性为 0.0053kg/m • s；熔化热为 100000J/kg；固化温度为 1100K；液化温度为 1200K，如图 7.207 所示。

单击 Change/Create 按钮，再单击 Close 按钮关闭对话框。

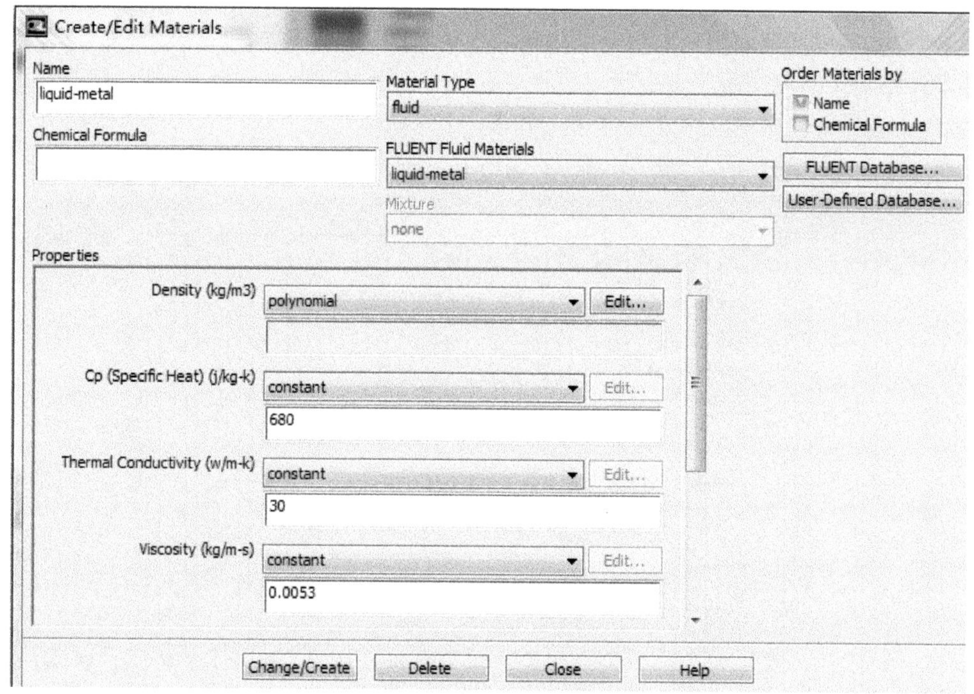

图 7.207　材料属性对话框

4．操作条件设置

操作条件主要是设置参考压力和参考压力点及重力的影响。

通过 Define→Operating Conditions 命令可以对操作条件进行设置，重力已经在之前进行过设置，如图 7.208 所示。

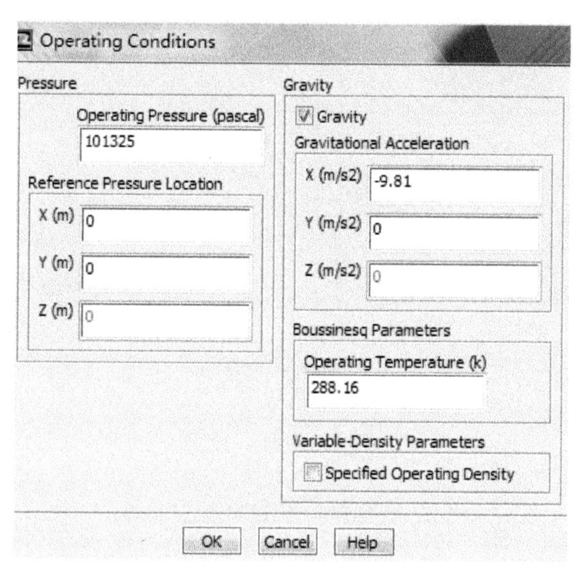

图 7.208　操作条件设置对话框

5．边界条件设置

边界条件的设置是模型设置重要的步骤，需要设置流体区域条件和边界条件。通过 Define

→Boundary Conditions 或 Cell Zone Conditions 可以对边界条件进行设置。

1）设置流动介质边界条件

流动介质边界条件采用默认设置即可，如图 7.209 所示。

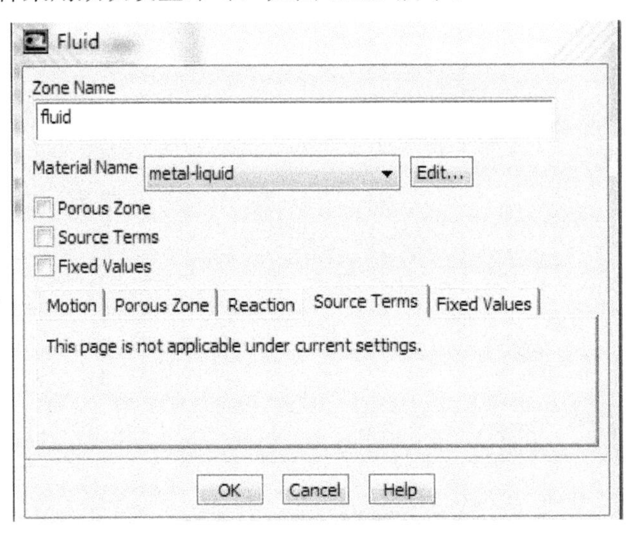

图 7.209　流体介质设置对话框

2）进出口边界条件设置

速度入口需要进行设置，在速度选择方法中选择分量形式，底部速度入口轴向速度为 0.00101m/s，在温度选项卡中将温度设置为 1300K，如图 7.210 所示。同理顶部速度入口速度为 0.001m/s，温度为 500K。

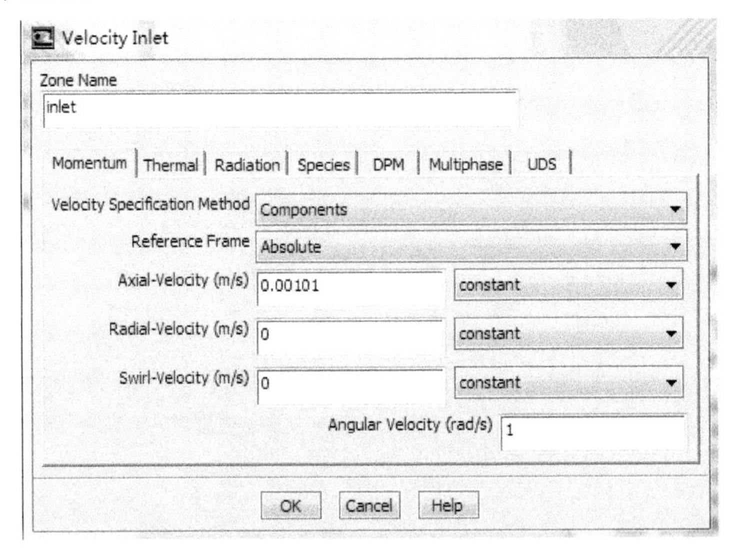

图 7.210　速度入口边界设置对话框

3）其他边界条件设置

壁面边界条件动量选项卡不需要设置，只要保持默认的无滑移边界条件即可；温度选项卡根据需要在热条件中选择温度，分别选择 500K、1300K、1400K，如图 7.211 所示。

对于自由换热壁面，壁面的热传递系数为 $100W/m^2 \cdot K$，自由来流温度为 1500K，如

图 7.212 所示。

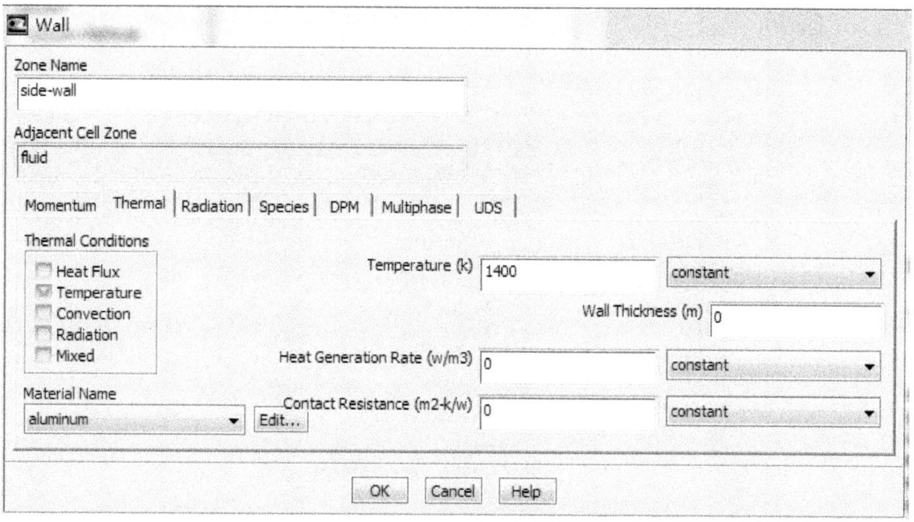

图 7.211　壁面边界设置对话框

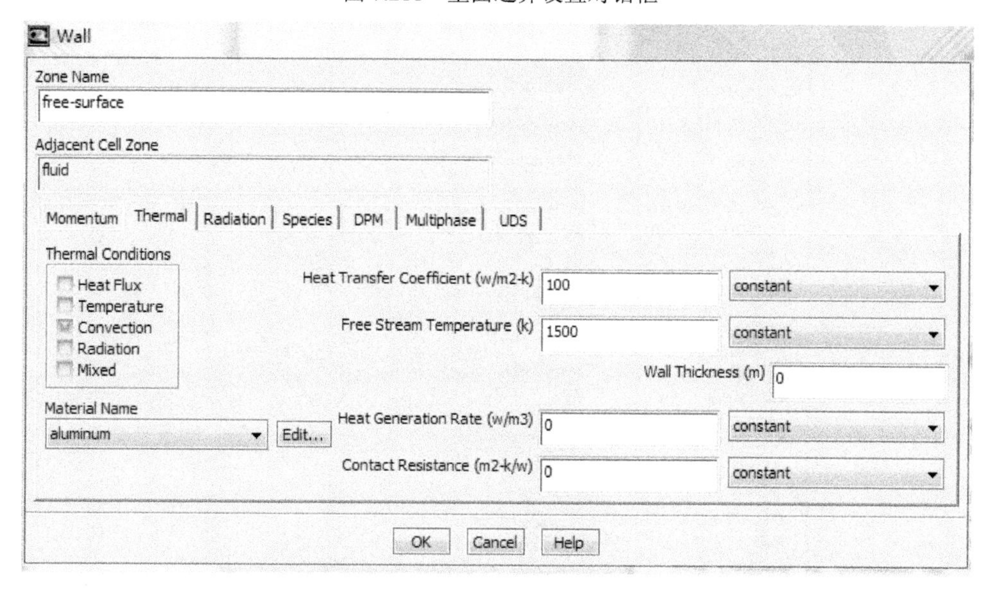

图 7.212　自由换热壁面边界设置对话框

6．求解设置

选取合适的求解方法可以加快计算收敛的速度。

1）求解器方法设置

通过 Solve→Methods 命令可以对求解方法进行设置，压力与速度耦合格式选择 SIMPLE 算法，其他设置保持默认设置即可，如图 7.213 所示。

2）求解控制设置

通过 Solve→Controls 命令可以对求解控制进行设置，在此主要设置的是松弛因子，选取合适的松弛因子可以有效加快收敛速度。本算例中全部采用默认设置即可，如图 7.214 所示。

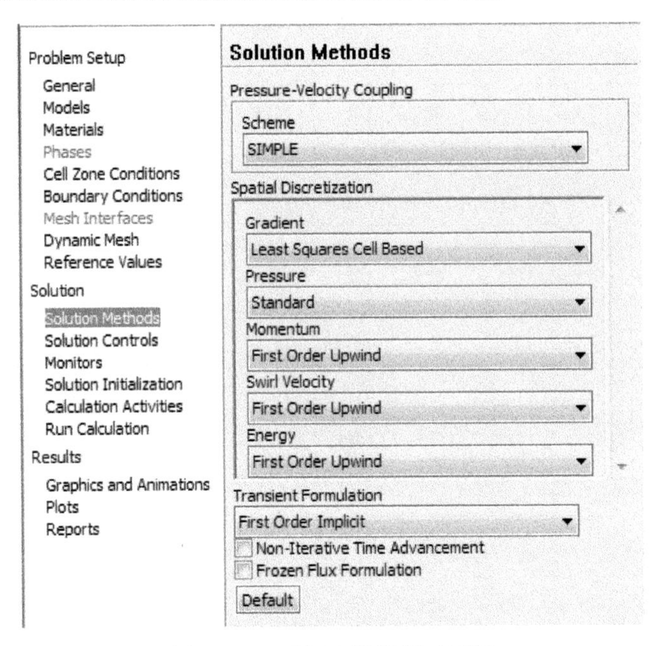

图 7.213　求解方法设置对话框

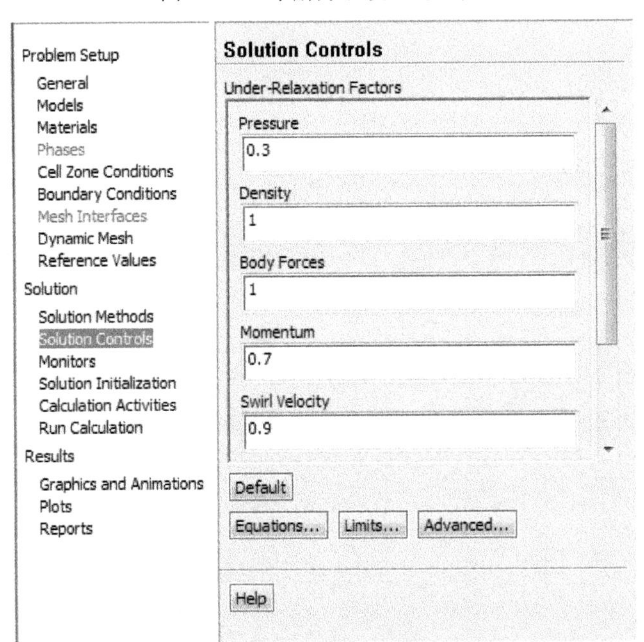

图 7.214　求解控制设置对话框

3）求解监视设置

通过 Solve→Monitors 命令可以对求解监视器进行设置，对残差曲线进行监视前需要激活残差曲线，通过 Solve→Monitors→Residuals 命令勾选 Plot 即可，如图 7.215 所示。

7. 初始化与求解设置

在计算时，良好的初始流场对计算收敛速度有很大的好处，需要对初始化进行设置。还需要对计算步数等进行设置。

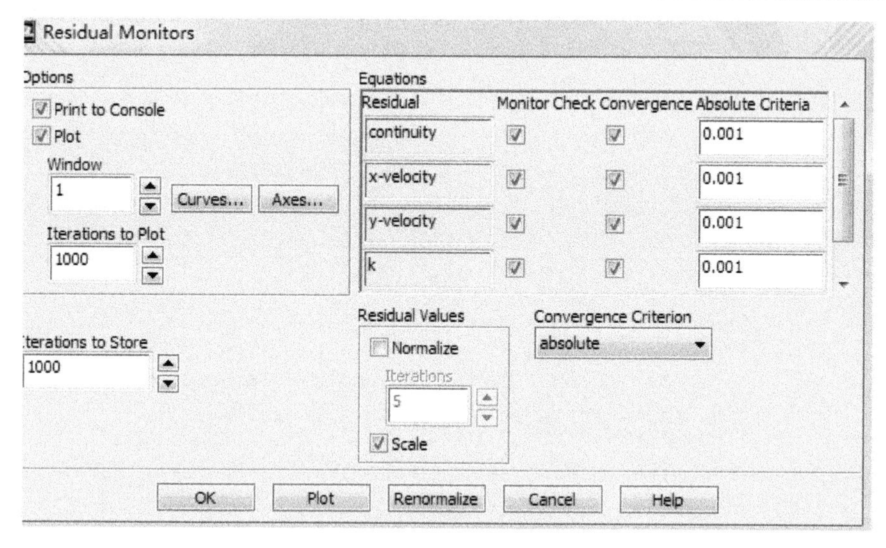

图 7.215　残差监控设置对话框

1）初始化设置

通过 Solve→Initializations 命令可以对初始化进行设置，需要设置为入口温度 1300K 即可，如图 7.216 所示。单击 Initialize 按钮进行初始化操作，等待片刻初始化完成。

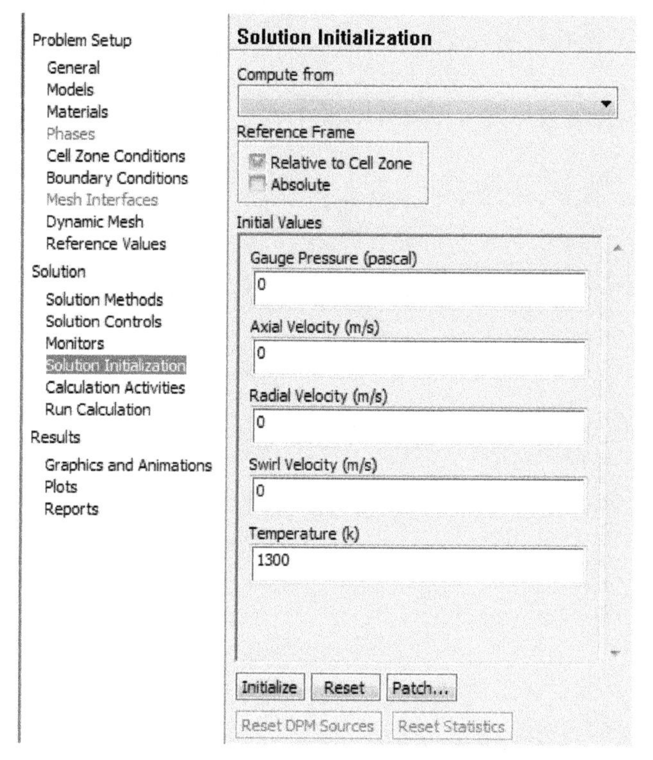

图 7.216　初始化设置对话框

2）自动保存设置

自动保存设置是一个十分实用的功能，便于用户读取之前迭代的结果，可以通过 File→Write→Autosave 命令进行设置。可以选择保存文件的路径，以及 cas 和 date 文件保存的频率和方式等，本算例自动保存设置为每 10 步自动保存 date 文件，在 Save Date File Every 下输入 10，如图 7.217 所示。

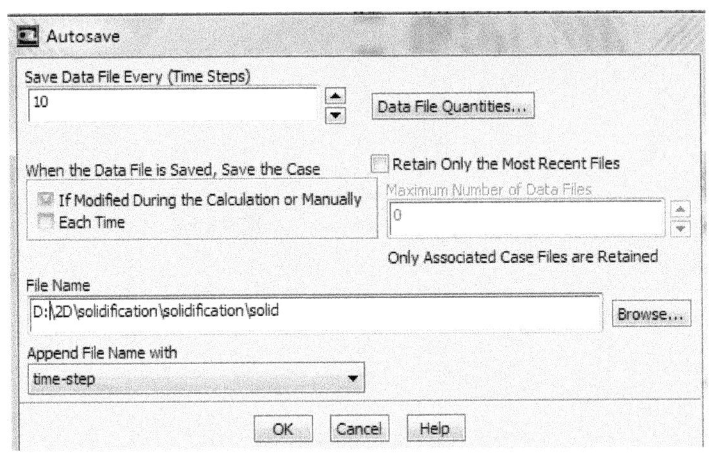

图 7.217　自动保存设置对话框

3）运行计算

在设置完成之后，应该先保存当前的 cas 文件，然后进行迭代计算。

通过 Solve→Run Calculation 命令进行求解运行设置，本次计算时间步长为 1s 每个时间步长迭代 20 次，共迭代计算 100 步，如图 7.218 所示，计算完成后保存最终结果。

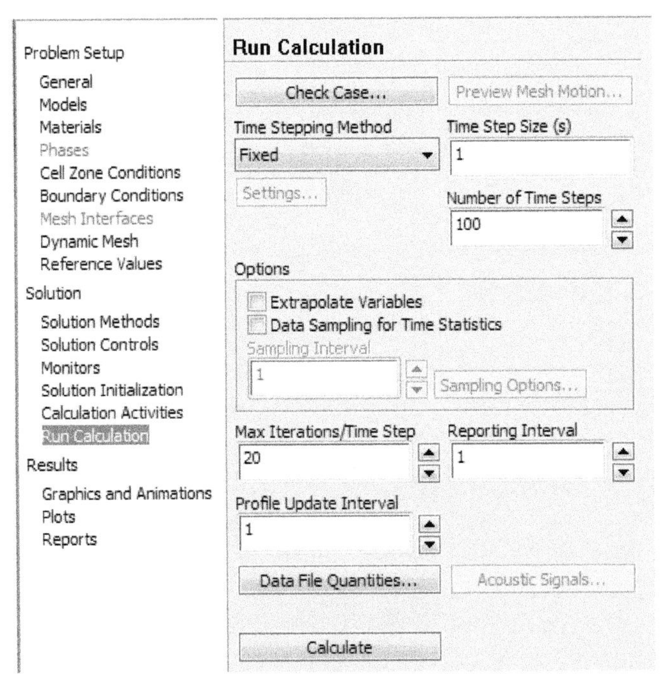

图 7.218　自动保存设置对话框

7.9.4　后处理

后处理主要显示速度矢量图和凝固的过程。

1. 速度矢量图

速度矢量图可以较好地反映流动的情况，通过 Display→Graphics and Animations→Vectors 命令可以显示。

打开 Vectors 设置后，单击 Vector Options 按钮，选择 Fixed Length 以便使所有的矢量都以相同的长度显示；在 Scale 框中输入 1，在 Skip 框中输入 0，如图 7.219 所示，单击 Display 按钮，显示矢量图，如图 7.220 所示。

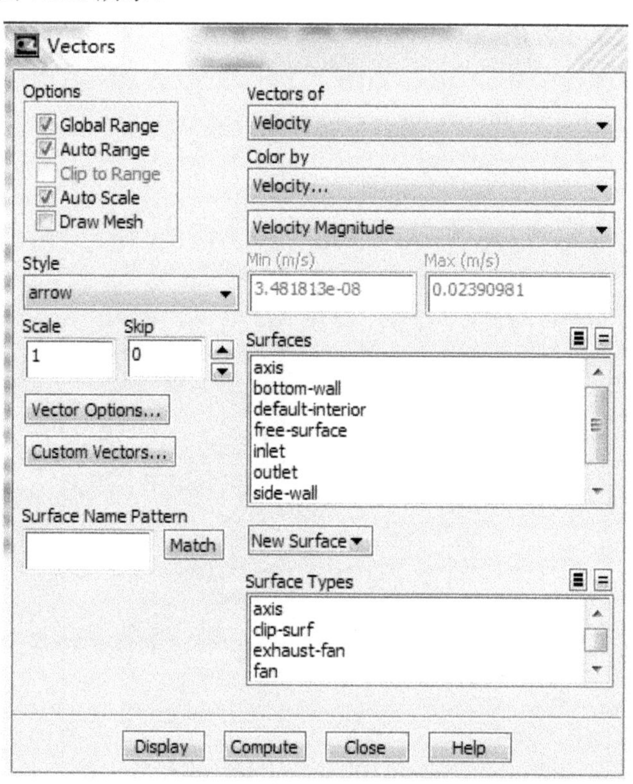

图 7.219　Vectors 对话框

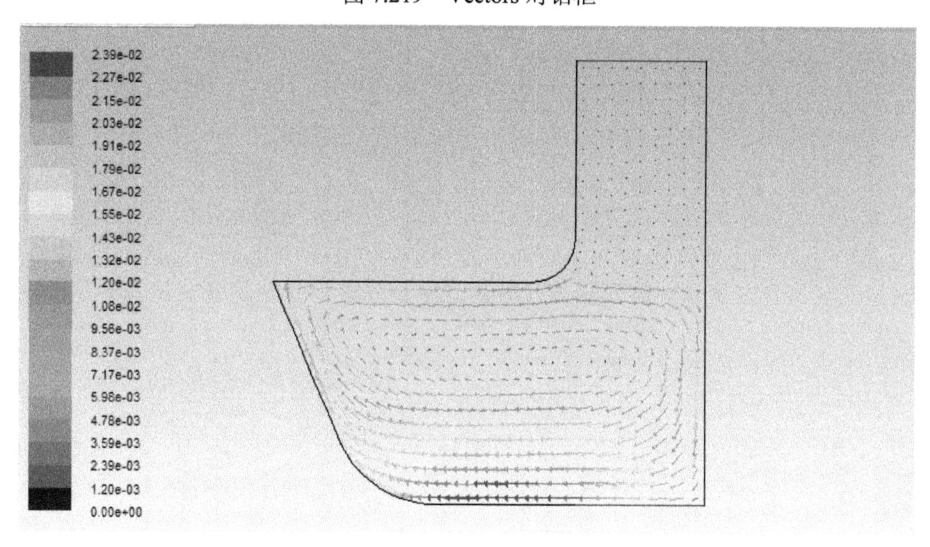

图 7.220　速度矢量图

2. 凝固变化过程-液态分数

液态分数分布等值线图可以较好地反映管内凝固的过程。通过 Display→Graphics and Animations→Contours 命令可以显示等值线图。

打开 Contours 设置后，在 Contours of 选取 Solidification/Melting 和 Liquid Fraction；在 Options 选项框中选取 Filled 以显示云图。

单击 Display 按钮显示温度云图，在 View 中单击 axis 对称显示，读入从 10～60s 的六个 date 文件，分别显示其水流的分布云图，如图 7.221～图 7.226 所示。

液态分数分布云图中不同的颜色代表不同体积分数的大小，红色表示液态的体积分数为 1，蓝色表示液态的体积分数为 0，从图中可以很好地看出射流的发展过程。

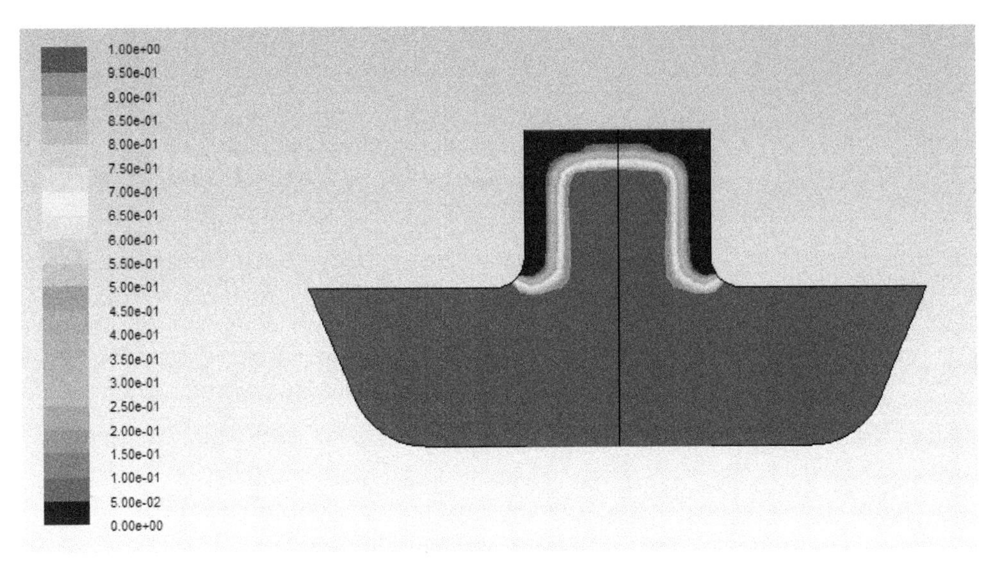

图 7.221　水体积分数分布云图（10s）

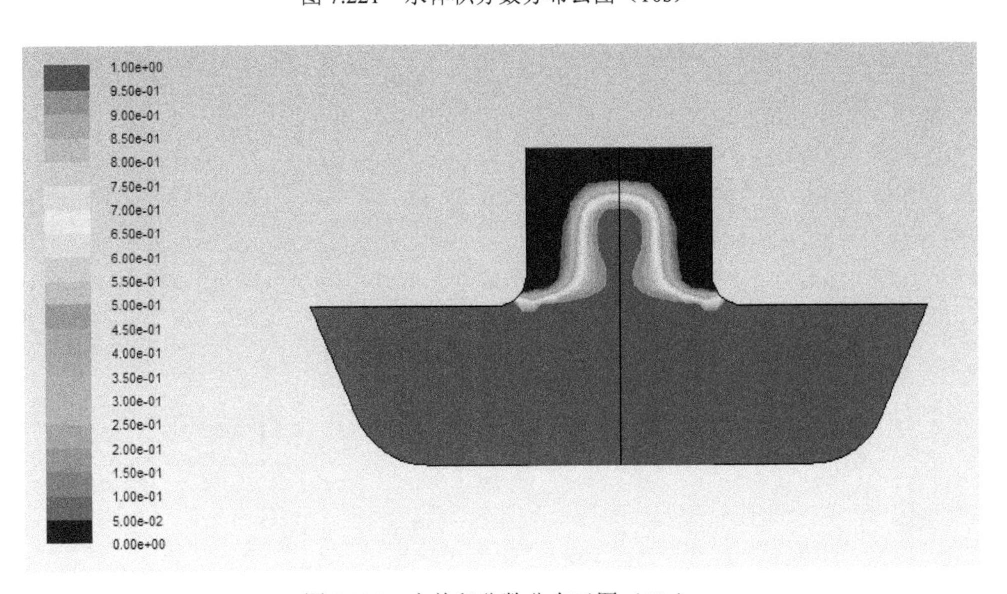

图 7.222　水体积分数分布云图（20s）

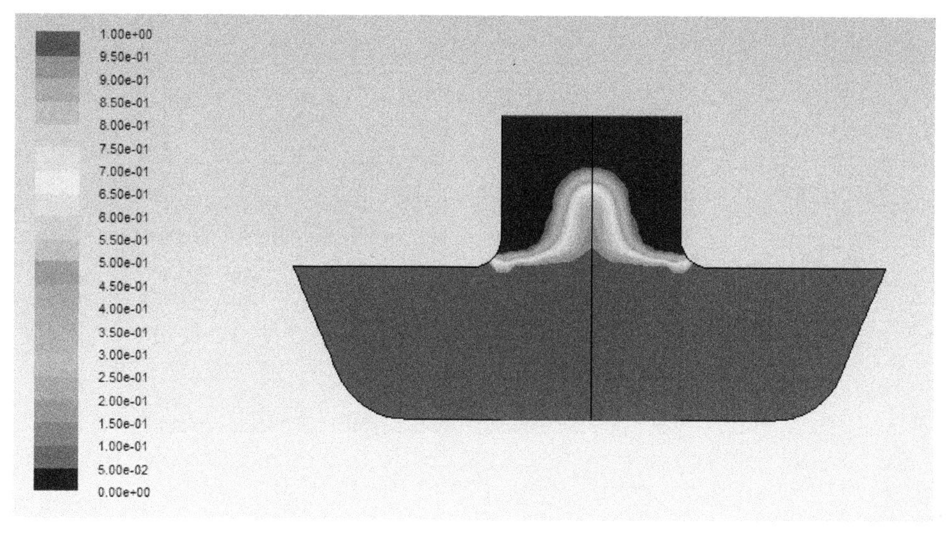

图 7.223　水体积分数分布云图（30s）

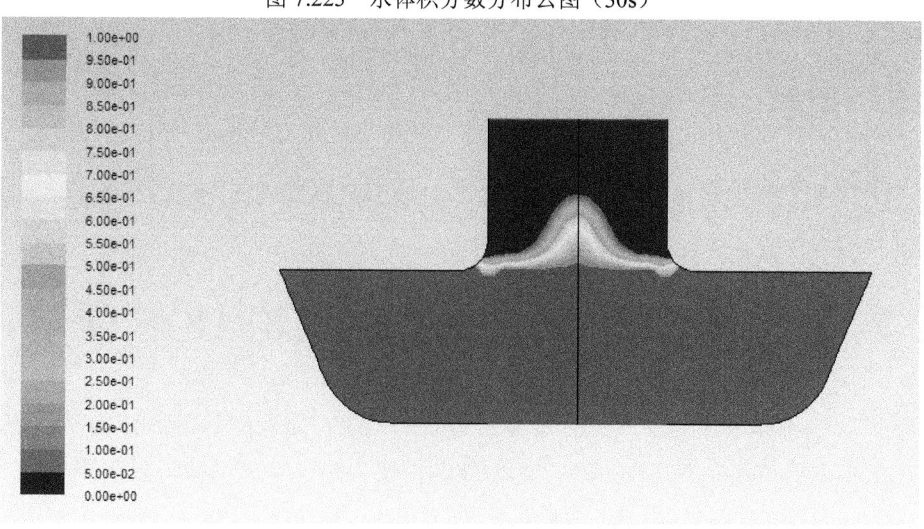

图 7.224　水体积分数分布云图（40s）

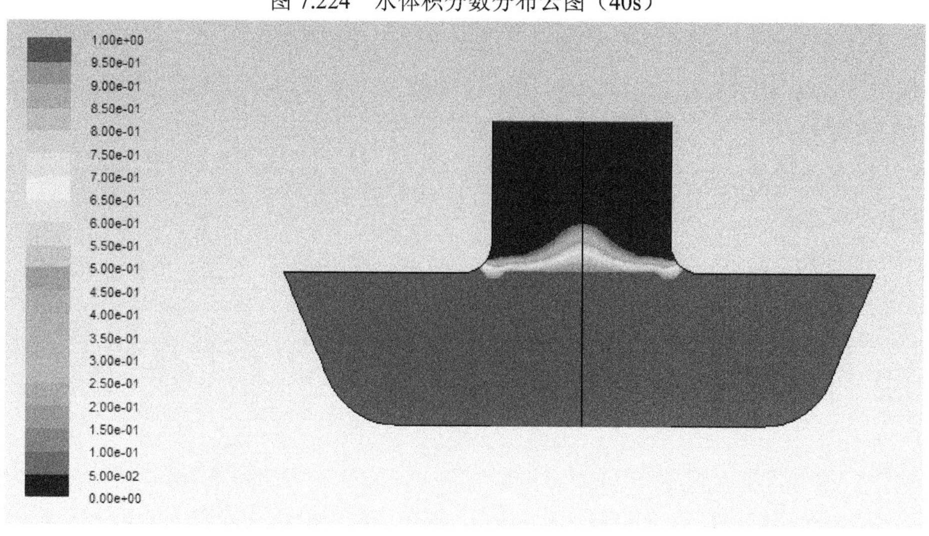

图 7.225　水体积分数分布云图（50s）

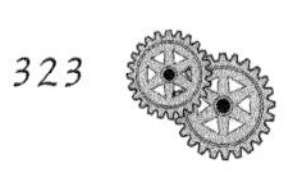

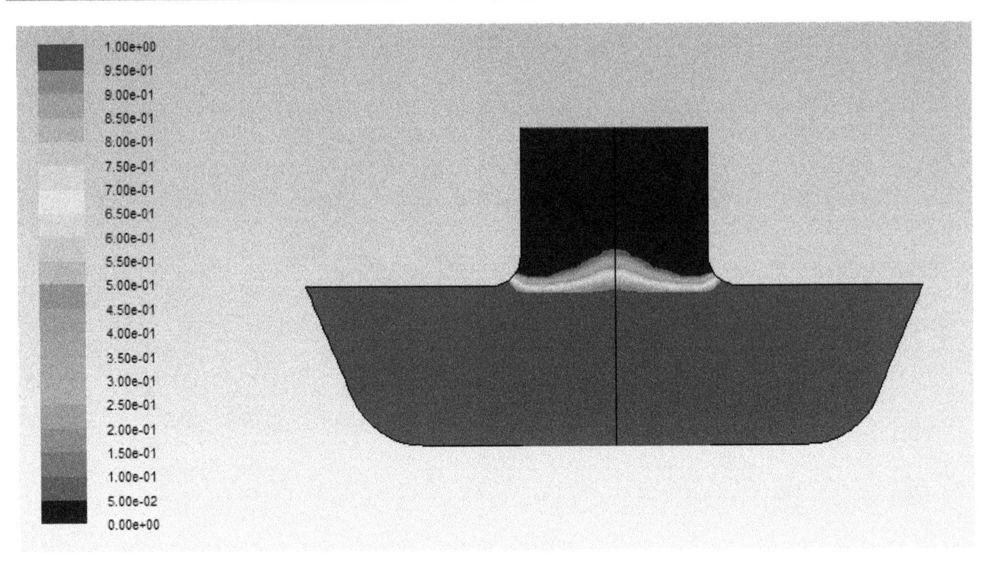

图 7.226　水体积分数分布云图（60s）

7.9.5　小结

凝固与熔化是工程中常见的一类问题，本节对液态金属凝固问题进行了模拟，讲解了凝固和熔化模型的使用方法。

7.10　渐缩渐扩管的非定常模拟-UDF 使用

渐缩渐扩管在流体力学的发展中有着非常重要的地位，是最经典的流体力学问题之一。渐缩渐扩管流动最大的特点是可压缩效应产生的激波。本节将介绍渐缩渐扩管的模拟。

7.10.1　基本方法

渐缩渐扩管的模型在实际工程中相似的是喷嘴模型。本算例中主要需要进行的设置有：

✧ 可压缩模型。
✧ 选择需要设置的模型。
✧ 设置边界条件。
✧ UDF 的使用。
✧ 设置需要监视的残差曲线。

7.10.2　问题描述

本算例中，渐缩渐扩管的总长度为 0.4m，出口、入口的半径为 0.1m，喉部半径为 0.08m；入口压力为 0.9 倍标准大气压，出口的压力采用 UDF 进行加载，是随时间变化的函数；环境温度为 300K，模型如图 7.227 所示。

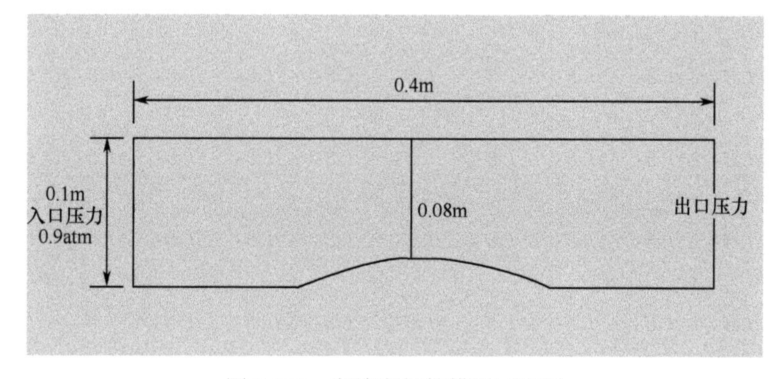

图 7.227　渐缩渐扩管模拟示意图

7.10.3　计算设置

数值模拟时需要对算例进行逐步设置，才能进行求解。

1．网格

1）读入网格

通过 FLUENT 中的 File→Read→Mesh 命令读入网格文件，在 FLUENT 中会显示网格，如图 7.228 所示，计算采用的是结构网格。

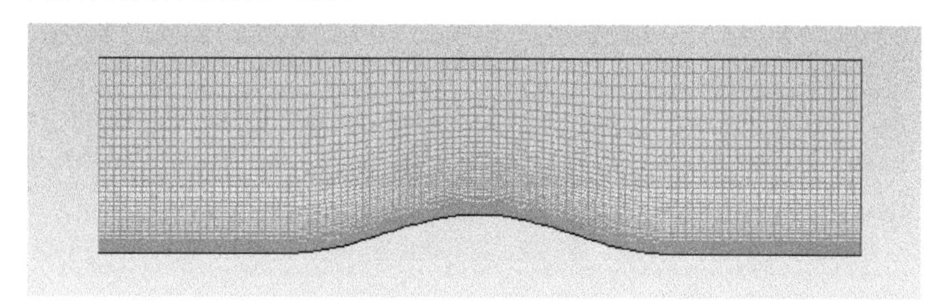

图 7.228　计算域网格显示

2）检查网格

通过 Mesh→Check 命令对网格进行检查。没有负体积、左手网格等问题可以进行下一步操作。

3）缩放

通过 Mesh→Scale 命令对网格进行缩放，一般采用 Pointwise 软件生成出的网格单位是米，需要缩小 1000 倍，而用 ICEM 软件生成出的网格单位是毫米，不需要缩放。缩放对话框如图 7.229 所示。

4）显示和关闭网格

通过 Display→Mesh 命令可以显示和关闭网格，如图 7.230 所示。

2．模型设置

1）设置求解参数

通过 Define→General 命令可以设置通用的参数。本算例由于研究的是流动的压缩性，所以求解器需要基于密度（Density-Based），还需要设置为轴对称旋转计算，时间项修改为瞬态，其余不需要进行特殊设置，如图 7.231 所示。

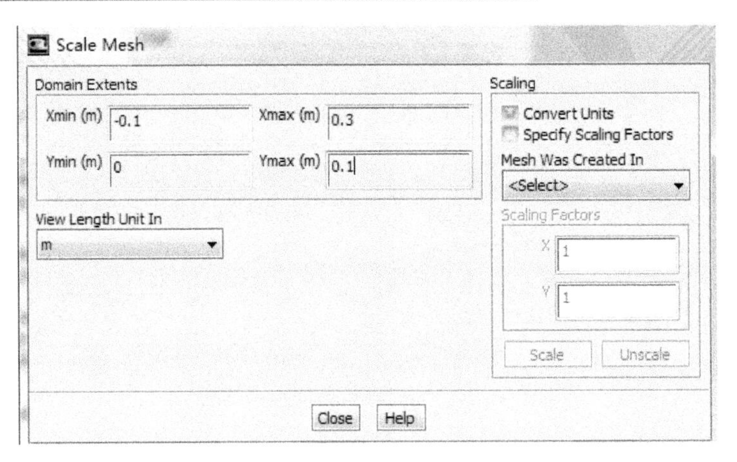

图 7.229　缩放对话框

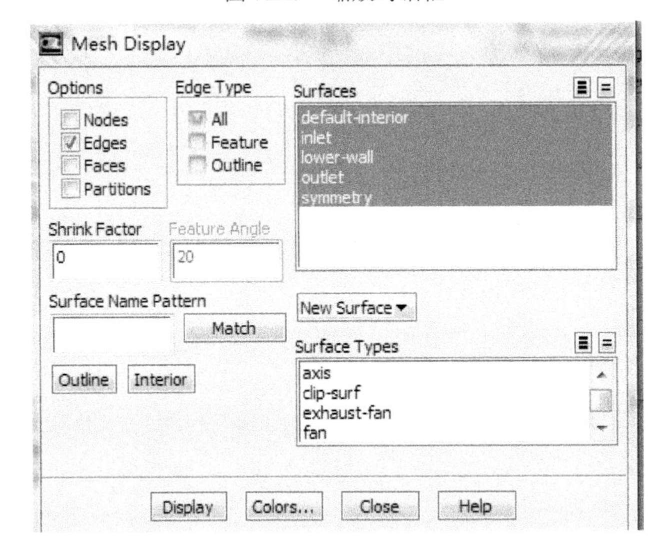

图 7.230　显示和关闭网格对话框

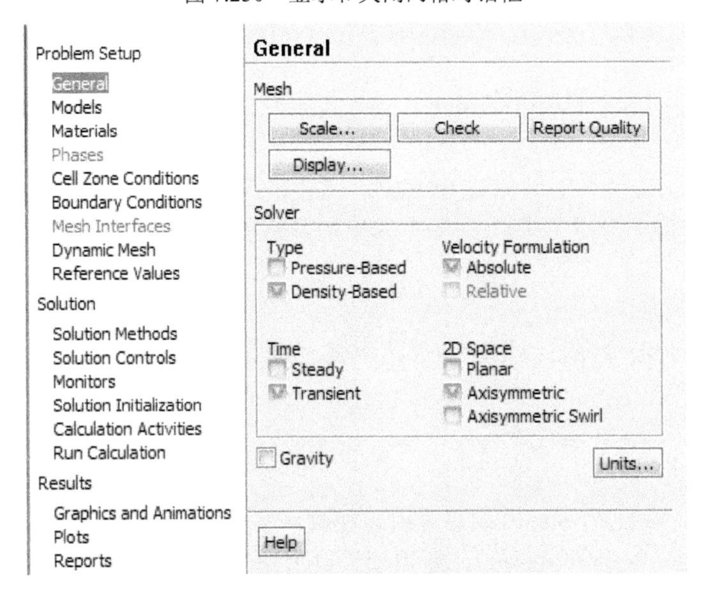

图 7.231　求解器基本设置对话框

2）选择模型

本算例需要求解温度问题，可以通过 Define→Models→Energy 命令打开能量方程，如图 7.232 所示。

通过 Define→Models→Viscous 命令可以选择希望的湍流模型，在本算例中，选择经典的 S-A 方程湍流模型，模型中的参数设置保持默认值即可，如图 7.233 所示。

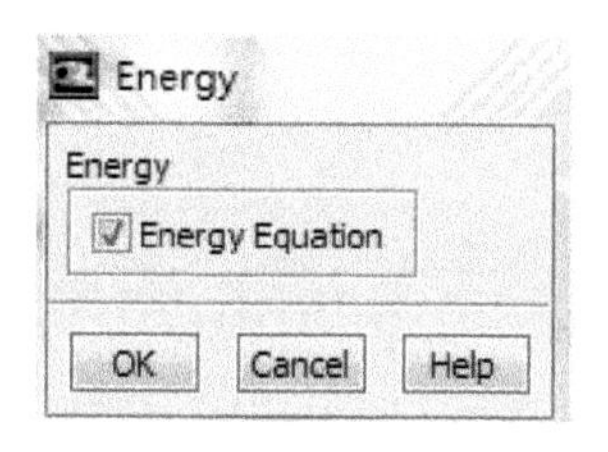

图 7.232　能量方程设置对话框

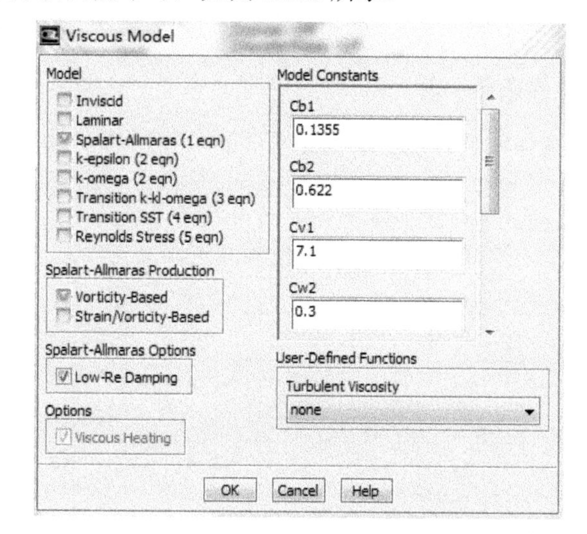

图 7.233　层流模型选取对话框

3．材料设置

通过 Define→Materials 命令可以对材料属性进行设置。FLUENT 默认的流体材料是空气，由于本次需要模拟喷管的压缩性问题，需要将密度项设置为理想气体，其余保持默认设置即可，如图 7.234 所示。

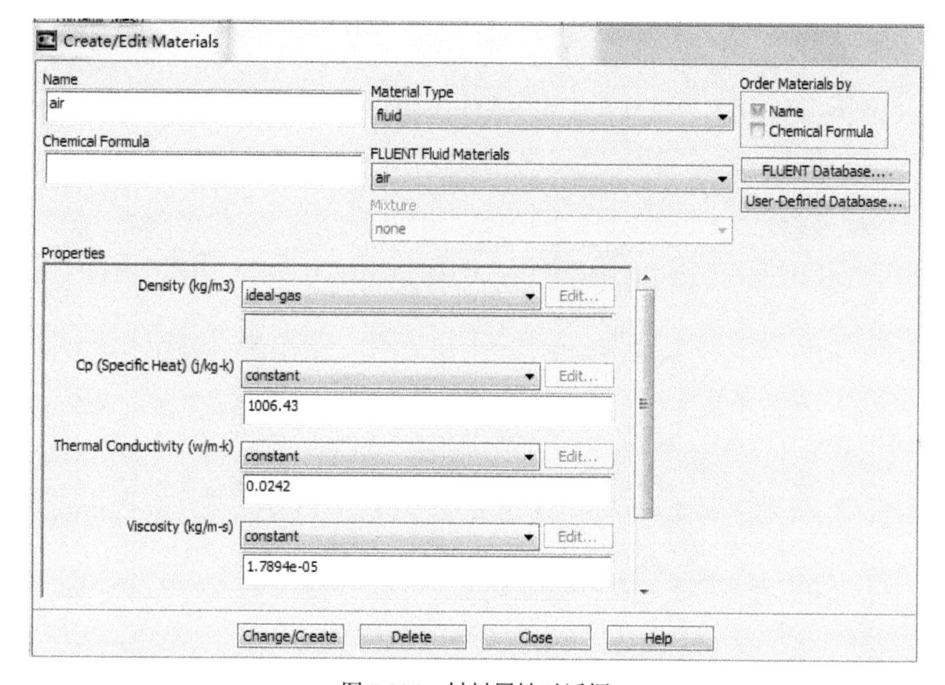

图 7.234　材料属性对话框

单击 Change/Create 按钮，再单击 Close 按钮关闭对话框。

4．操作条件设置

操作条件主要是设置参考压力和参考压力点及重力的影响。

通过 Define→Operating Conditions 命令可以对操作条件进行设置，将参考压力设置为 0，如图 7.235 所示。

5．边界条件设置

边界条件的设置是模型设置重要的步骤，需要设置流体区域条件和边界条件。通过 Define→Boundary Conditions 命令或 Cell Zone Conditions 可以对边界条件进行设置。

1）设置流体介质边界条件

流体介质边界条件采用默认设置即可，如图 7.236 所示。

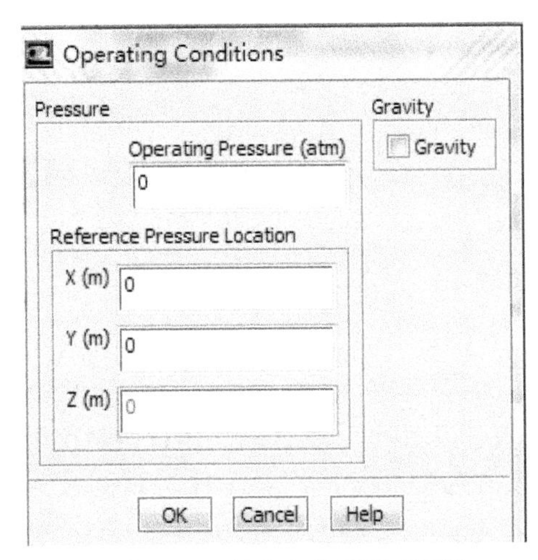

图 7.235　操作条件设置对话框

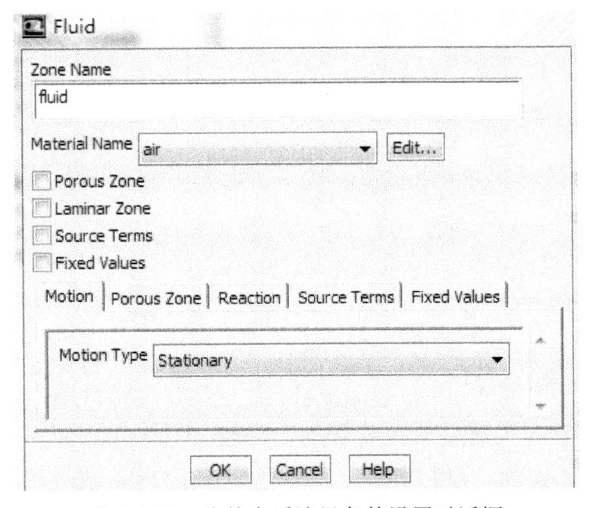

图 7.236　流体介质边界条件设置对话框

2）压力入口边界条件设置

压力入口的压力为 0.9 标准大气压，初始静压为 0.737 标准大气压，如图 7.237 所示。

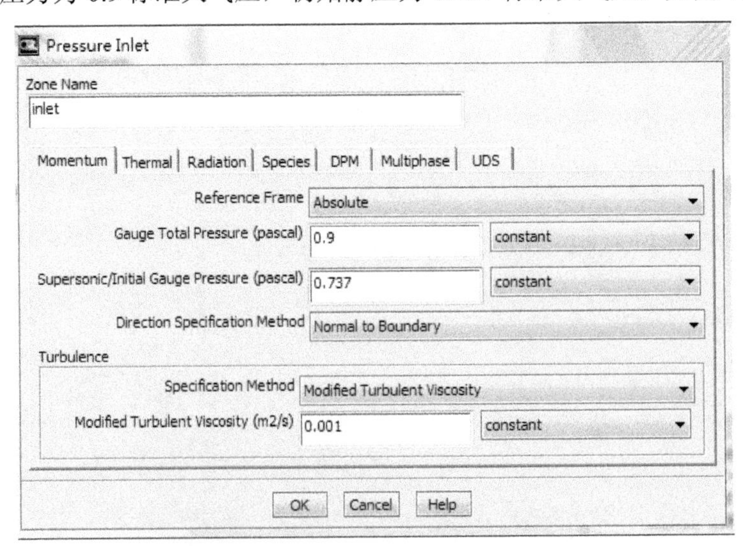

图 7.237　速度入口边界设置对话框

需要注意的是，在输入压力之间，需要通过 Define→Units→Pressure 命令将压力单位改为标准大气压（atm）。

3）压力出口边界条件设置

压力出口的压力是随时间变化的，需要通过 UDF 程序将出口压力变化的规律加载到 FLUENT 中。

通过 Define→User-Defined→Functions→Complied 命令菜单项，单击 Add 按钮选取需要加载的 UDF 函数 pexit，再单击 Build 按钮建立函数，如图 7.238 所示，再单击 Load 按钮进行加载。

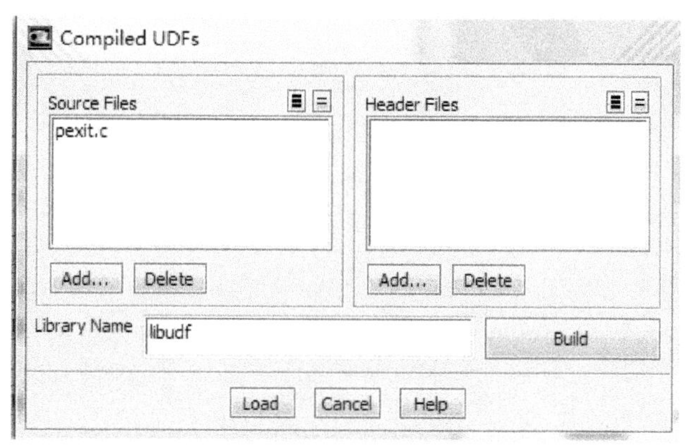

图 7.238　UDF 编译加载设置对话框

加载之后，在边界条件设置对话框中找到 outlet，设置为压力出口，在压力出口选项后面单击最右侧向下小箭头，选择 udf unsteady_pressure::libudf，如图 7.239 所示。

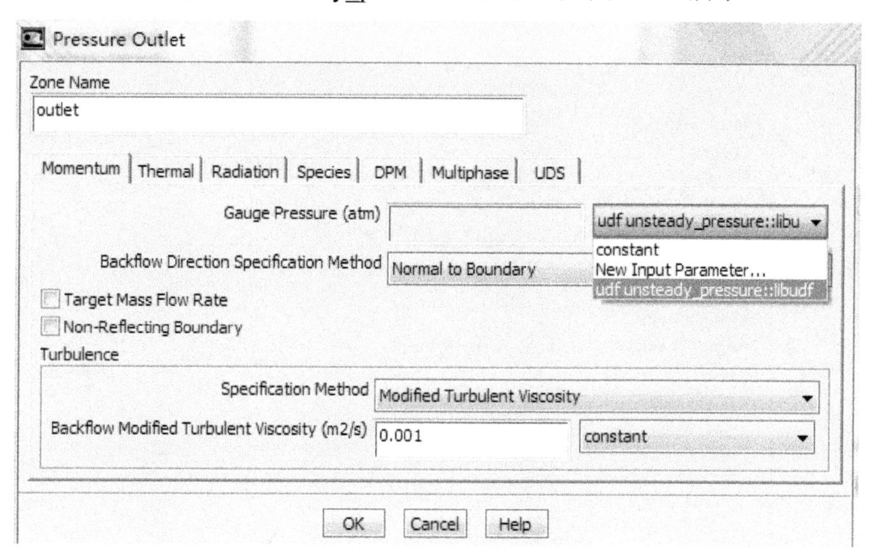

图 7.239　压力出口边界设置对话框

4）其他边界条件设置

壁面边界条件动量选项卡不需要设置，只保持默认的无滑移边界条件即可。

6．求解设置

选取合适的求解方法可以加快计算收敛的速度。

1）求解器方法设置

通过 Solve→Methods 命令可以对求解方法进行设置，保持默认设置即可，如图 7.240 所示。

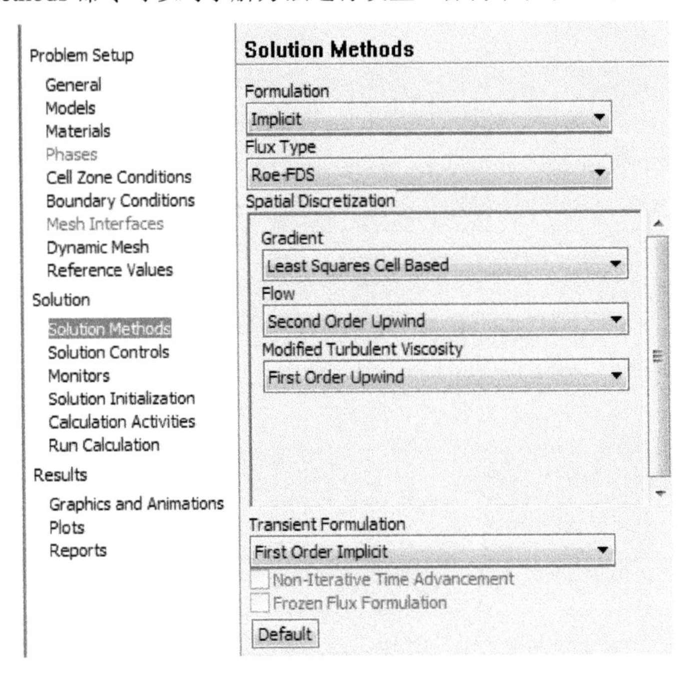

图 7. 240　求解方法设置对话框

2）求解控制设置

通过 Solve→Controls 命令可以对求解控制进行设置，在此主要设置的是松弛因子，选取合适的松弛因子可以有效加快收敛速度。本算例中全部采用默认设置即可，如图 7.241 所示。

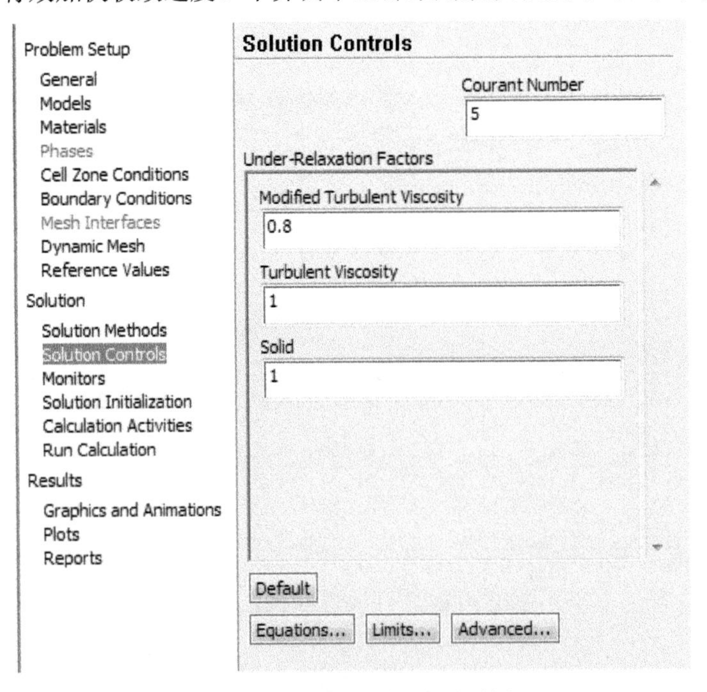

图 7.241　求解控制设置对话框

3）求解监视设置

通过 Solve→Monitors 命令可以对求解监视器进行设置，对残差曲线进行监视前需要激活残差曲线，通过 Solve→Monitors→Residuals 命令，勾选 Plot 即可，如图 7.242 所示。

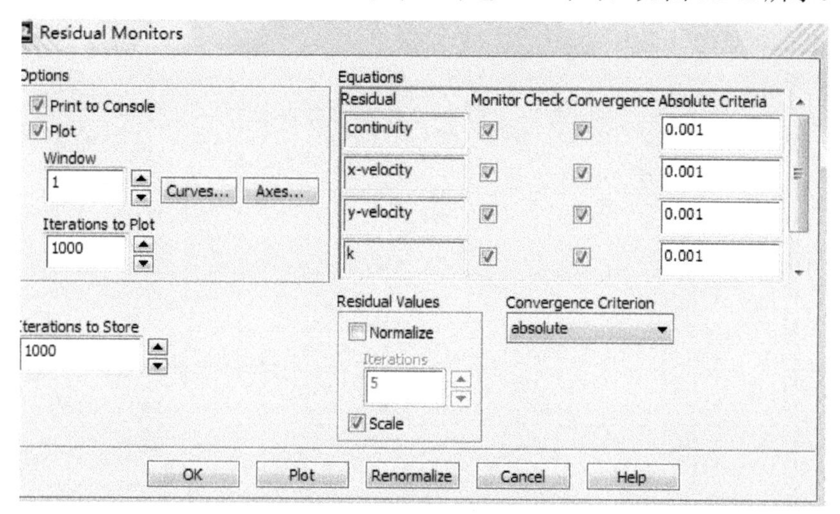

图 7.242　残差监控设置对话框

7. 初始化与求解设置

在计算时，良好的初始流场对计算收敛速度有很大的好处，需要对初始化进行设置，还需要对计算步数等进行设置。

1）初始化设置

通过 Solve→Initializations 命令可以对初始化进行设置，在 Compute From 中选取压力入口 inlet，单击 Initialize 按钮进行初始化操作，等待片刻初始化完成，如图 7.243 所示。

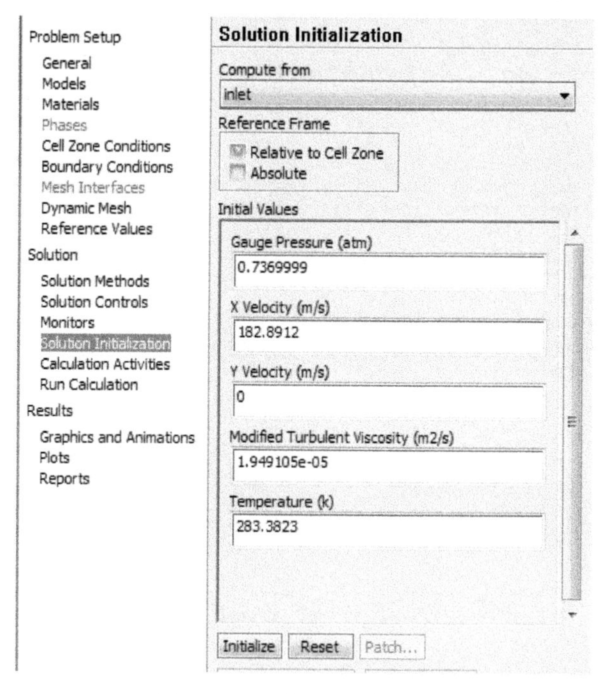

图 7.243　初始化设置对话框

2）自动保存设置

自动保存设置是一个十分实用的功能，便于用户读取之前迭代的结果，可以通过 File→Write→Autosave 命令进行设置。可以选择保存文件的路径，以及 cas 和 date 文件保存的频率和方式等，本算例自动保存设置为每 10 步自动保存 date 文件，在 Save Date File Every 下输入 10，如图 7.244 所示。

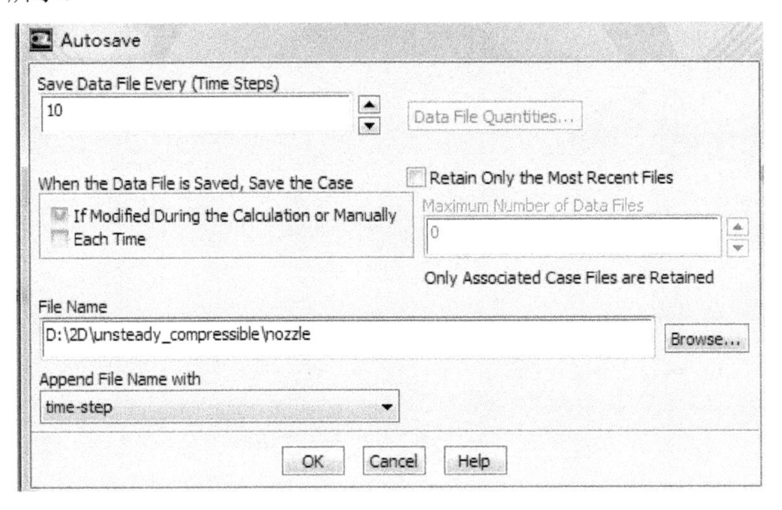

图 7.244　自动保存设置对话框

3）运行计算

在设置完成之后，应该先保存当前的 cas 文件，然后进行迭代计算。

通过 Solve→Run Calculation 命令进行求解运行设置，由于渐缩渐扩管本身比较短，流动速度又很高，所以时间步长取流体流过喷管的 1%，为 0.4/180/100≈2e-5s，每个时间步长迭代 20 次，共迭代计算 800 步，如图 7.245 所示。计算完成后保存最终结果。

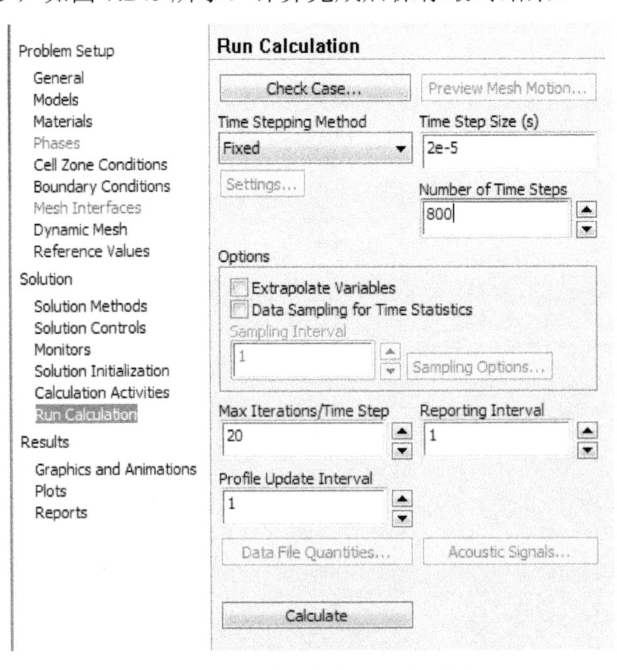

图 7.245　自动保存设置对话框

7.10.4　后处理

后处理主要希望展示激波现象。

1．压力等值线图

压力分布等值线图可以较好地反映管内的压力分布。通过 Display→Graphics and Animations→Contours 命令可以显示等值线图。

打开 Contours 设置后，在 Contours of 中选取 Pressure 和 Static Pressure；在 Options 选项框中选取 Filled 以显示云图，如图 7.246 所示，单击 Display 按钮显示压力分布云图，如图 7.247 所示。

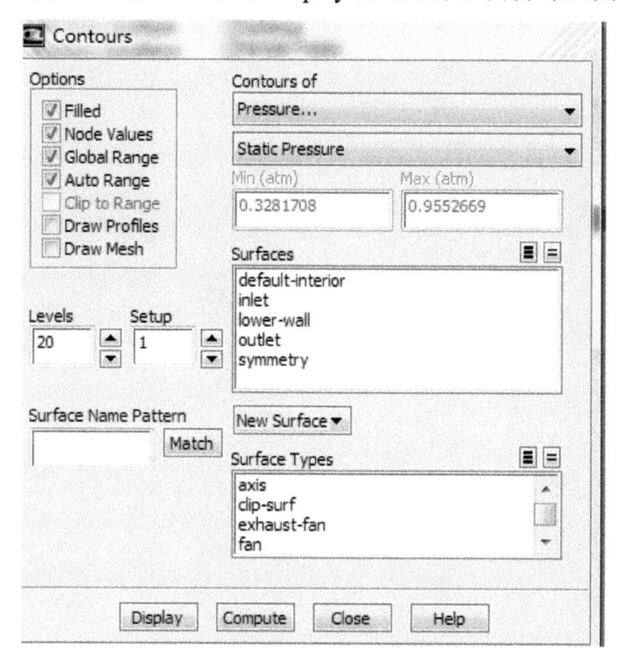

图 7.246　Contours 对话框

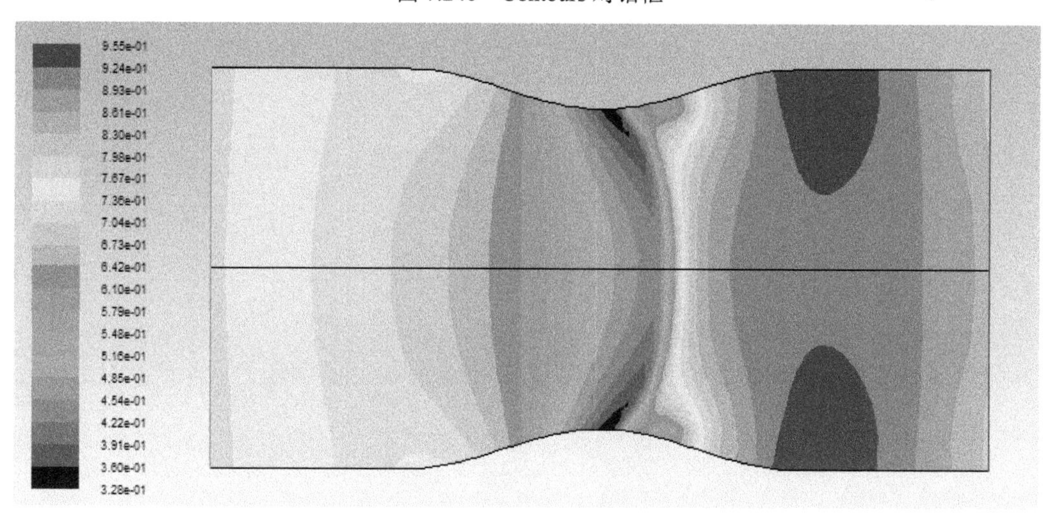

图 7.247　压力分布云图

压力分布云图中不同的颜色代表不同压力的大小。

2．速度等值线图

速度分布等值线图可以较好地反映管内的速度分布。通过 Display→Graphics and Animations→Contours 命令可以显示等值线图。

打开 Contours 设置后，在 Contours of 中选取 Velocity 和 Velocity magnitude；在 Options 选项框中选取 Filled 以显示云图，单击 Display 按钮显示速度分布云图，如图 7.248 所示。

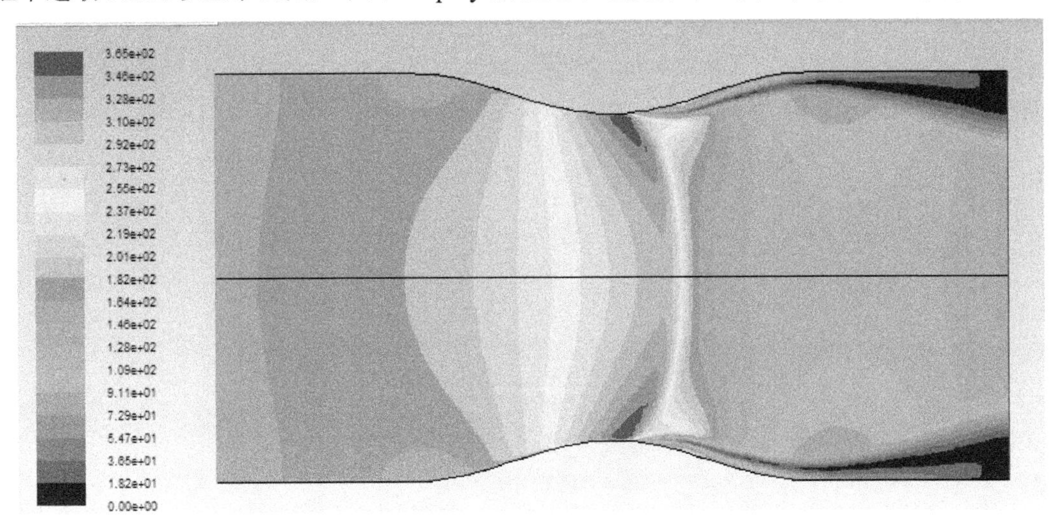

图 7.248　速度分布云图

速度分布云图中不同的颜色代表不同速度的大小，可以看出明显的激波。

7.10.5　小结

渐缩渐扩管道流动可以看出明显的激波现象。

7.11　阀门的运动-动网格使用

阀门运动的模拟是工程中会遇到的一类问题，本算例将以阀门闭合的运动来讲解动网格的使用方法。

7.11.1　基本方法

阀门运动的模拟是工程中会遇到的一类问题，具有较强的使用意义。本算例中主要需要进行的设置有：

- ✧ 选择需要设置的模型。
- ✧ 设置边界条件。
- ✧ UDF 的使用。

✧ 动网格的设置。
✧ 设置需要监视的残差曲线。

7.11.2　问题描述

本算例中，管道的总长度为 0.295m，入口的半径为 0.01m，出口入口的半径为 0.025m；质量入口的质量流量为 0.116kg/s，压力出口的压力为 0Pa，中间阀门所在的区域为动网格区域，根据受力的变化而运动；环境温度为 300K，模型如图 7.249 所示。

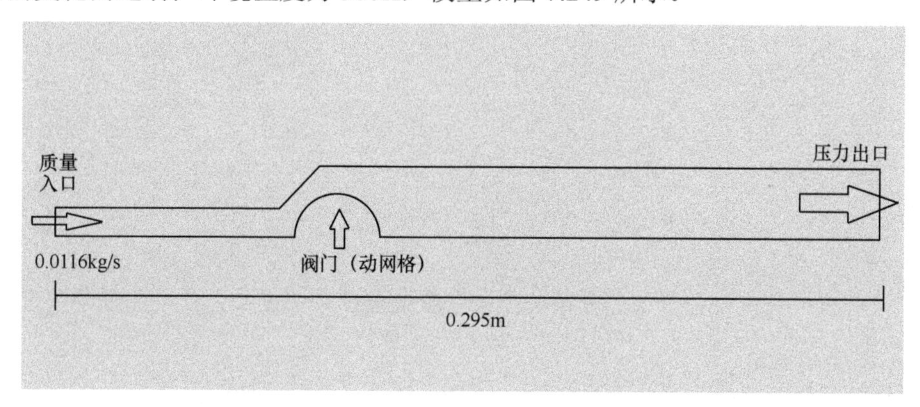

图 7.249　管道阀门运动模拟示意图

7.11.3　计算设置

数值模拟时需要对算例进行逐步设置，才能进行求解。

1. 网格

1）读入网格

通过 FLUENT 中 File→Read→Mesh 读入网格文件，在 FLUENT 中会显示网格，如图 7.250 所示，计算采用的是结构网格。

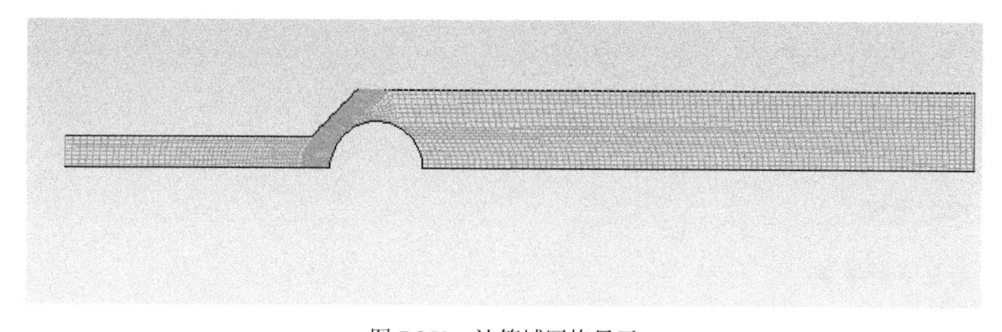

图 7.250　计算域网格显示

2）检查网格

通过 Mesh→Check 命令对网格进行检查。检查没有负体积、左手网格等问题可以进行下一步操作。

3）缩放

通过 Mesh→Scale 命令对网格进行缩放，一般采用 Pointwise 软件生成出的网格单位是米，需要缩小 1000 倍，而用 ICEM 软件生成出的网格单位是毫米，不需要缩放。缩放对话框如图 7.251 所示。

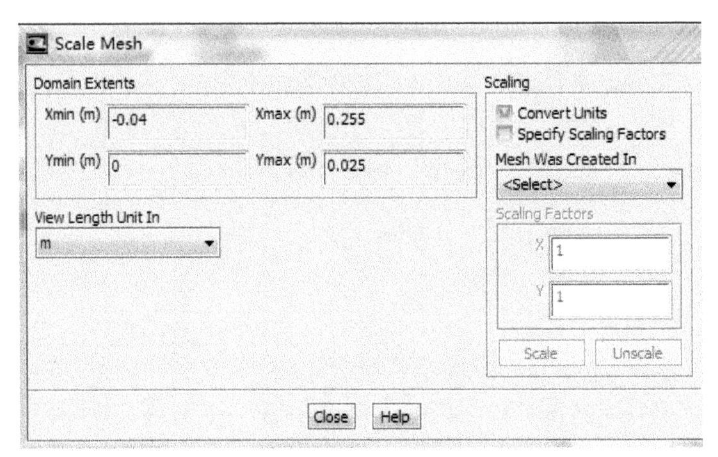

图 7.251　缩放对话框

4）显示和关闭网格

通过 Display→Mesh 命令可以显示和关闭网格，如图 7.252 所示。

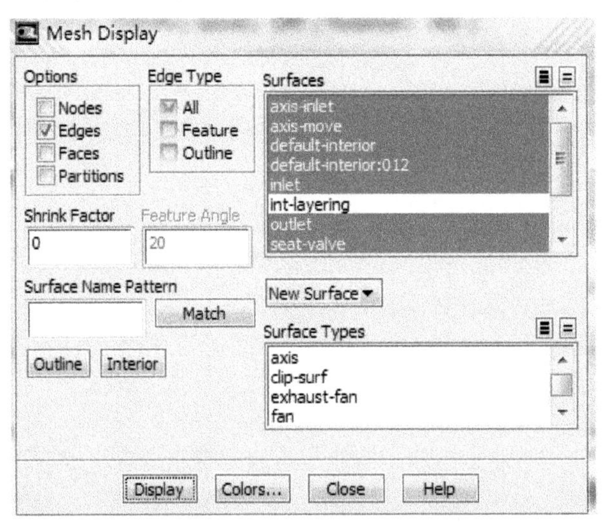

图 7.252　显示和关闭网格对话框

2. 模型设置

1）设置求解参数

通过 Define→General 命令可以设置通用的参数。对于本算例需要模拟阀门的动态过程，需要将时间项修改为瞬态，设置为二维轴对称模型，其余不需要进行特殊设置，如图 7.253 所示。

2）选择模型

本算例需要求解温度问题，可以通过 Define→Models→Energy 打开能量方程，如图 7.254 所示。

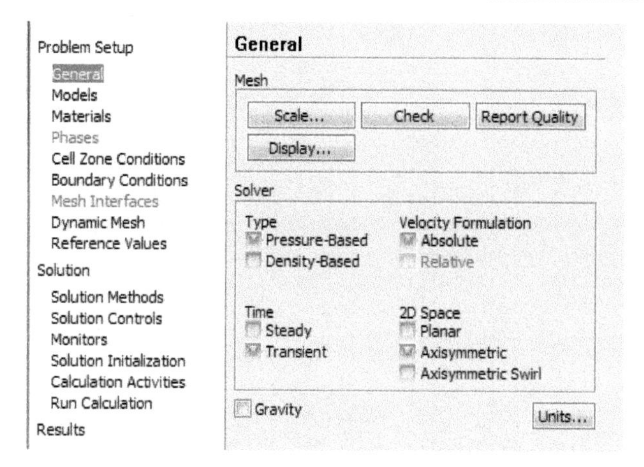

图 7.253　求解器基本设置对话框

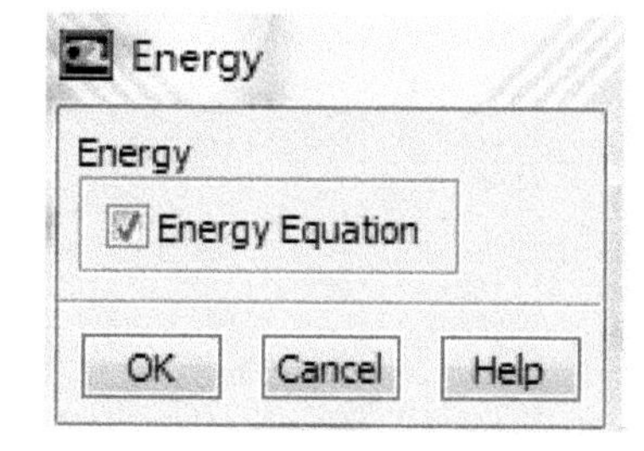

图 7.254　打开能量方程对话框

通过 Define→Models→Viscous 命令可以选择希望的湍流模型，本算例中，选择标准 k-e 两方程湍流模型，开启标准壁面函数，模型中的参数设置保持默认值即可，如图 7.255 所示。

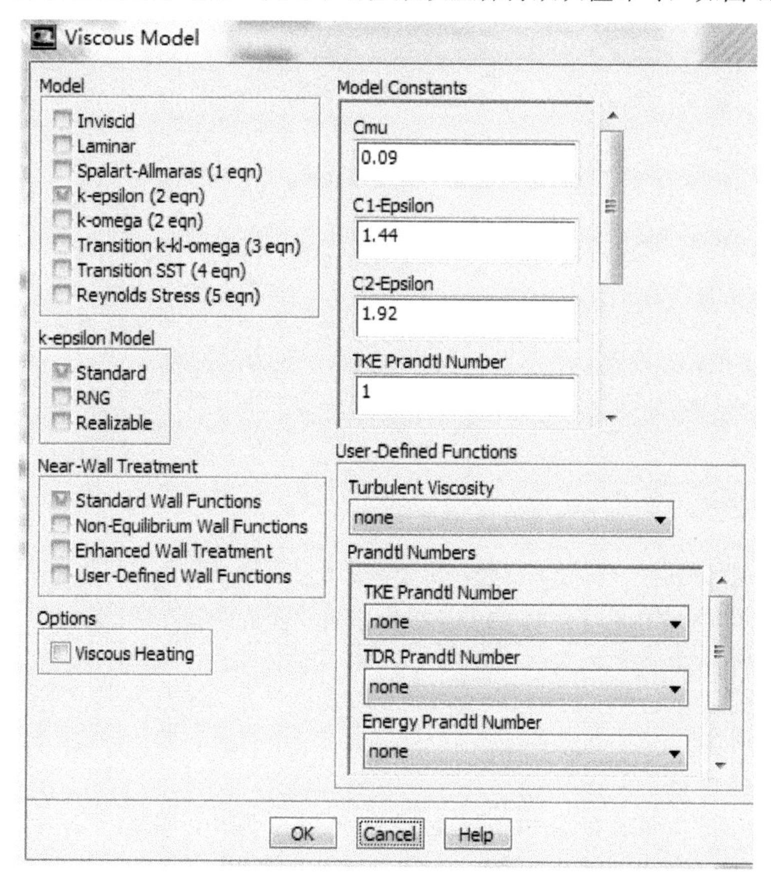

图 7.255　层流模型选取对话框

3．材料设置

通过 Define→Materials 命令可以对材料属性进行设置。FLUENT 默认的流体材料是空气，需要将密度项设置为理想气体，其余保持默认设置即可，如图 7.256 所示。

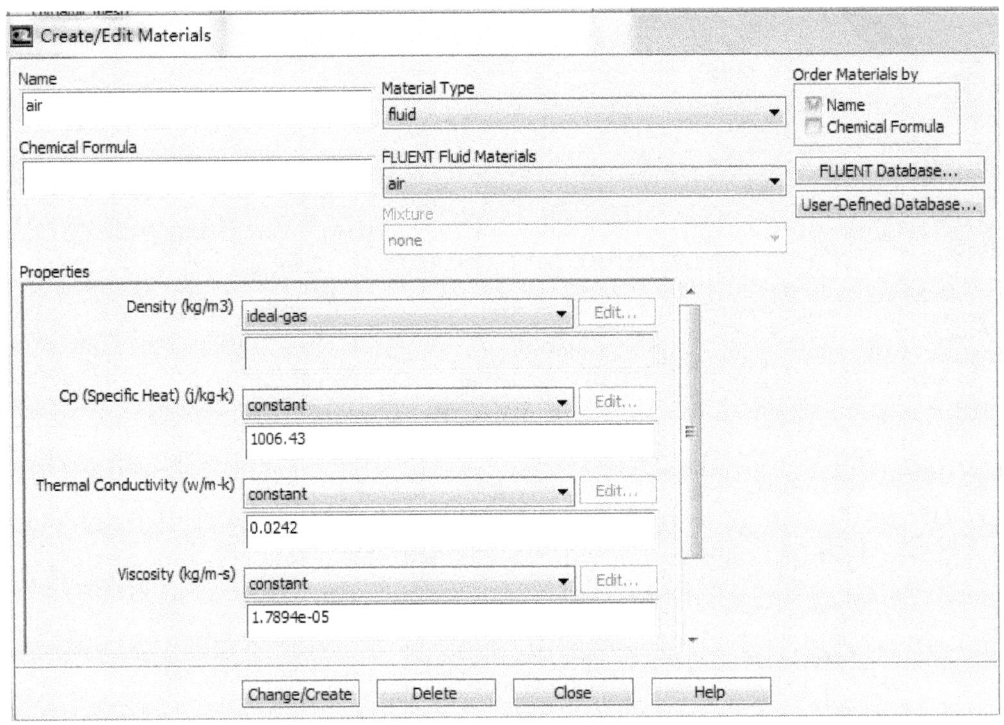

图 7.256　材料属性对话框

单击 Change/Create 按钮，再单击 Close 命令按钮关闭对话框。

4．操作条件设置

操作条件设置主要是设置参考压力和参考压力点及重力的影响。

通过 Define→Operating Conditions 可以对操作条件进行设置，保持默认设置即可，如图 7.257 所示。

5．边界条件设置

边界条件的设置是模型设置重要的步骤。需要设置流体区域条件和边界条件。通过 Define→Boundary Conditions 或 Cell Zone Conditions 可以对边界条件进行设置。

1）设置流动介质边界条件

由于动网格所运动的是流体介质内的边界，不是流体介质本身在用，所以流动介质边界条件采用默认设置即可，如图 7.258 所示。

2）质量流量入口边界条件设置

质量流量入口的质量流量为 0.0116kg/s，参考静压为 0，湍流度为 10%，水滴直径为 0.02m，温度为 300K，如图 7.259 所示。

3）压力出口边界条件设置

压力出口的压力为 0，温度为 300K，湍流度为 10%，水滴直径为 0.05m，其他不需要设置。

4）其他边界条件设置

壁面边界条件动量选项卡不需要设置，只需要保持默认的无滑移边界条件即可。

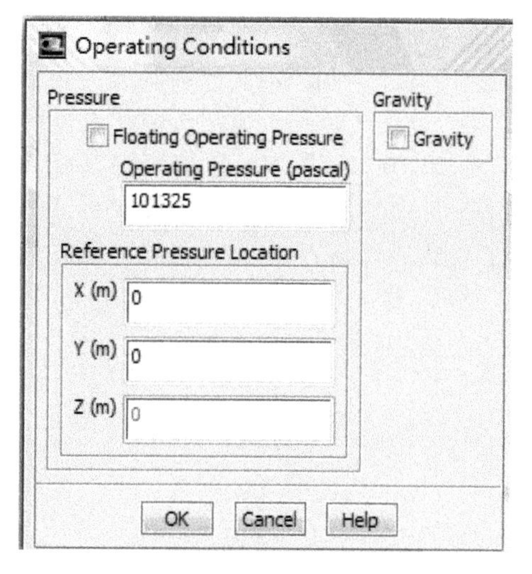

图 7.257　操作条件设置对话框

图 7.258　流体介质设置对话框

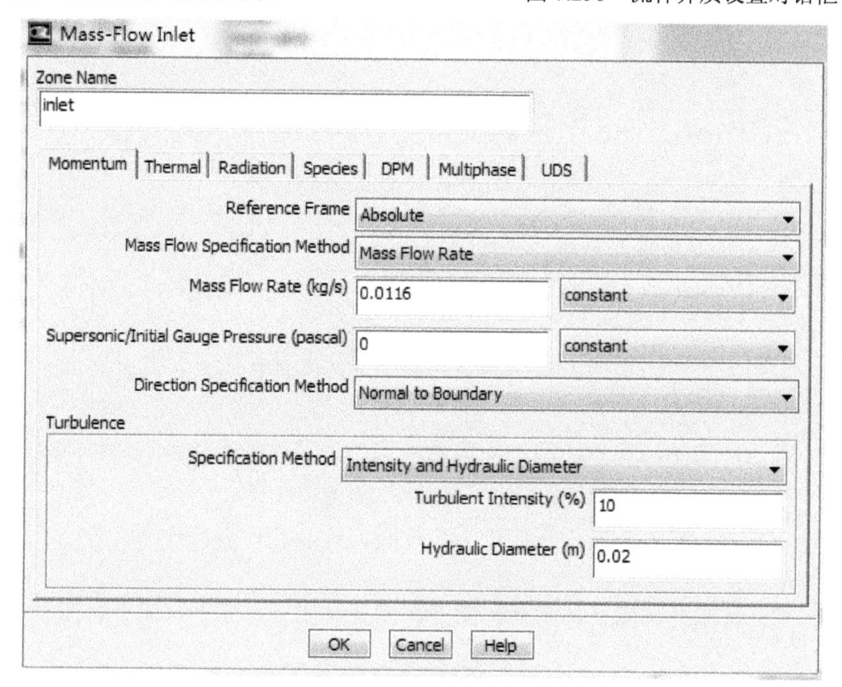

图 7.259　速度入口边界设置对话框

6．动网格设置

在设置动网格时，需要通过 UDF 程序将阀门运动的规律加载到 FLUENT 中。

通过 Define→User-Defined→Functions→Complied 命令，单击 Add 按钮选取需要加载的 UDF 函数 valve.c，再单击 Build 按钮建立函数，如图 7.260 所示，再单击 Load 按钮进行加载。

加载之后，通过 Define→Dynamic Mesh 开启动网格设置，在 Mesh Methods 只选取 Layering，表示只对层数变化，层数变化设置选取基于比例，分割因子（Split Factor）为 0.4，崩溃因子（Collapse Factor）为 0.04。Options 选项中不需要选取，如图 7.261 所示。

在 Dynamics Mesh Zones 下单击 Create/Edit 按钮创建动网格区域。首先选取运动部分的阀门 valve，在 Type 中选择 Rigid body 表示固壁，在 Motion UDF 中选取 value::libudf，如图 7.262

所示。同样 fluid-move 流体区域也是如阀门一样。在设置好运动区域后需要设置静止区域，int-layering 是运动区域和静止区域的交界，outlet 是运动区域的边界，seat-valve 也是边界。对于这三个边界附近的网格需要进行设置，以 int-layering 为例，在 Mesh Options 选项卡中相邻的区域有两个：fluid-inlet 和 fluid-move，网格高度分别设置为 0 和 0.5，这个高度是理想高度，如图 7.263 所示。对于部分动网格的运动可以通过 Preview Mesh Motion 来观看，选择好合适的时间步长和时间步数就可以观看，以便调整参数设置。对于本算例来讲，由于运动与计算后的受力有关，所以不能预先观看网格运动。

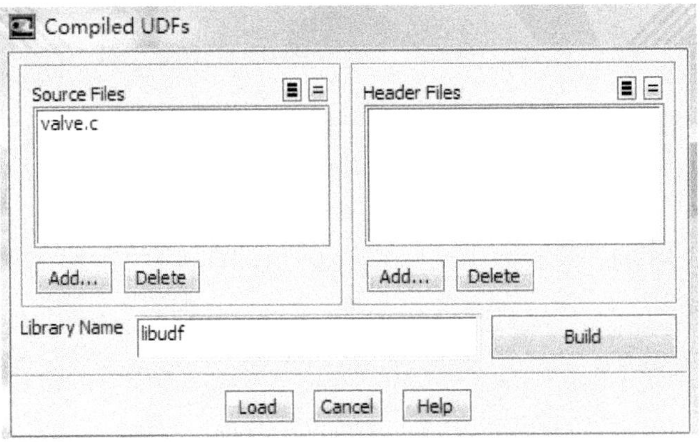

图 7.260　UDF 编译加载设置对话框

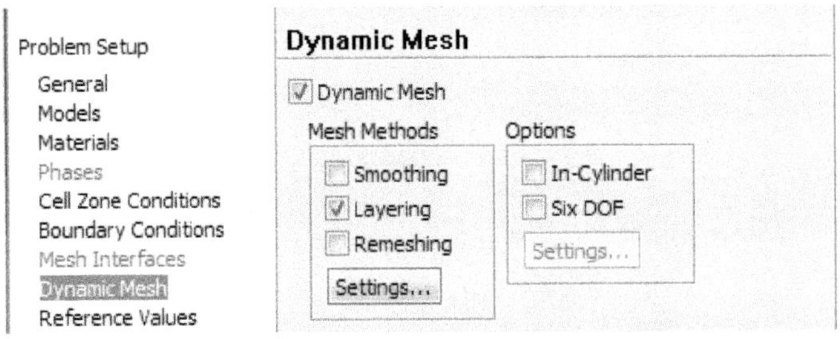

图 7.261　动网格设置对话框

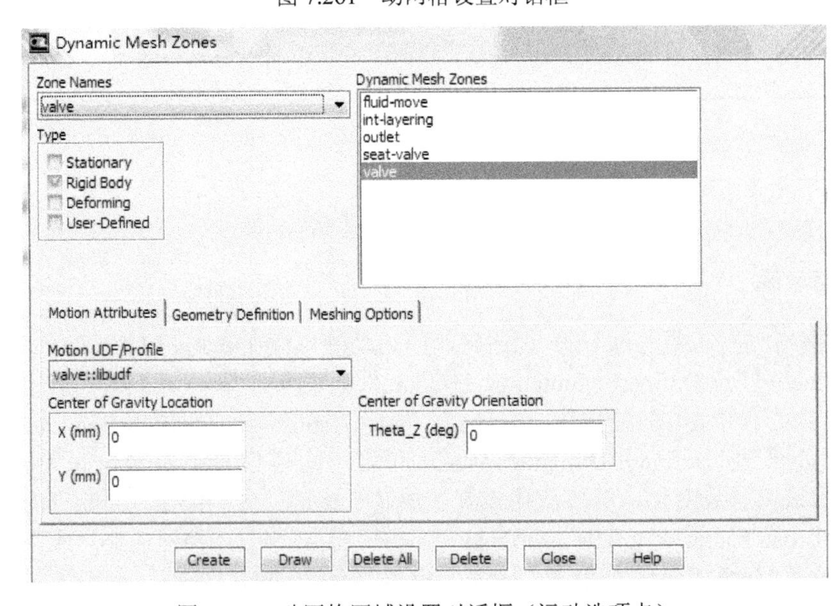

图 7.262　动网格区域设置对话框（运动选项卡）

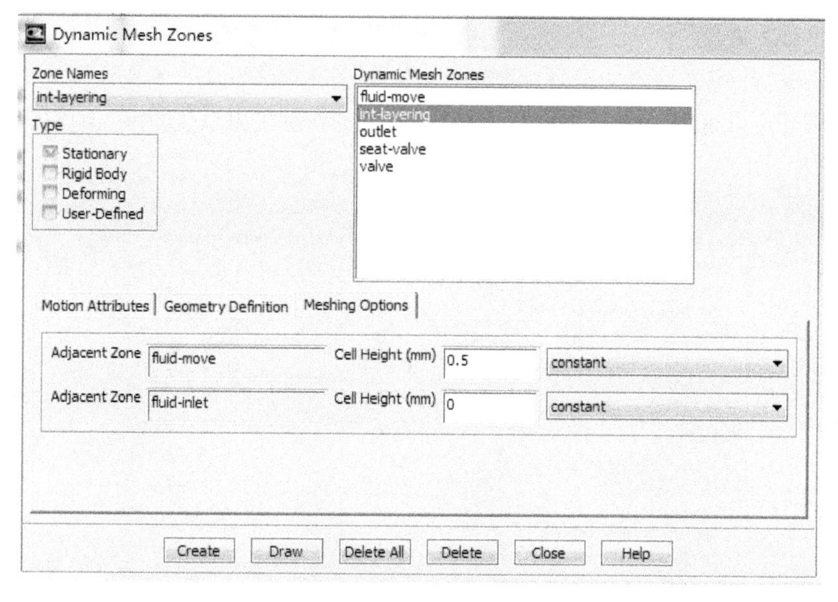

图 7.263　动网格区域设置对话框（网格选项卡）

7. 求解设置

选取合适的求解方法可以加快计算收敛的速度。

1）求解器方法设置

通过 Solve→Methods 命令可以对求解方法进行设置，本算例采用 PISO 对压力与速度进行耦合，压力项采用 PRESTO!方法，其他保持默认设置即可，如图 7.264 所示。

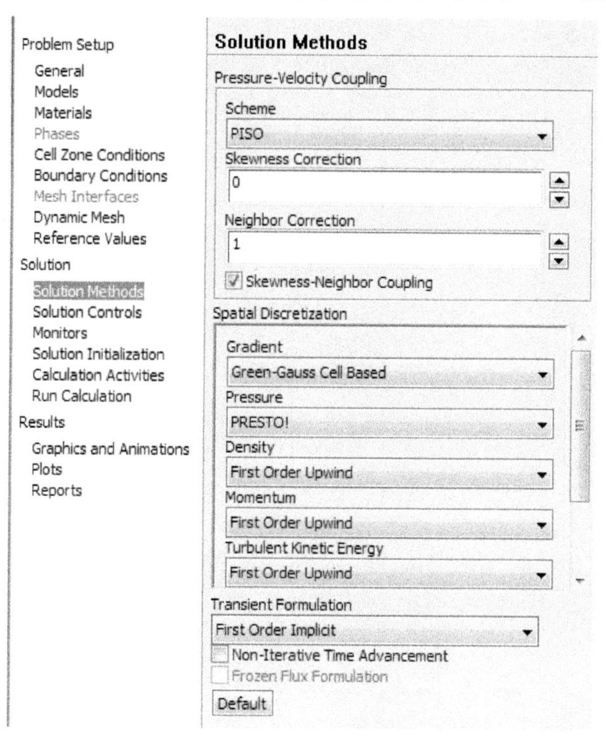

图 7. 264　求解方法设置对话框

2）求解控制设置

通过 Solve→Controls 可以对求解控制进行设置，在此项设置里，主要设置的是松弛因子，选取合适的松弛因子可以有效加快收敛速度。本算例中全部设置采用默认即可，如图 7.265 所示。

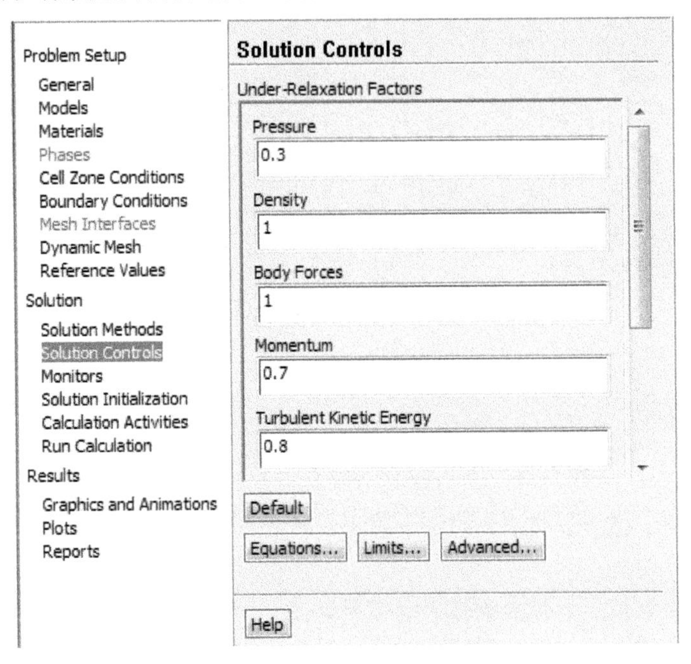

图 7.265　求解控制设置对话框

3）求解监视设置

通过 Solve→Monitors 命令可以对求解监视器进行设置，对残差曲线进行监视前需要激活，通过 Solve→Monitors→Residuals，勾选 Plot 即可，如图 7.266 所示。

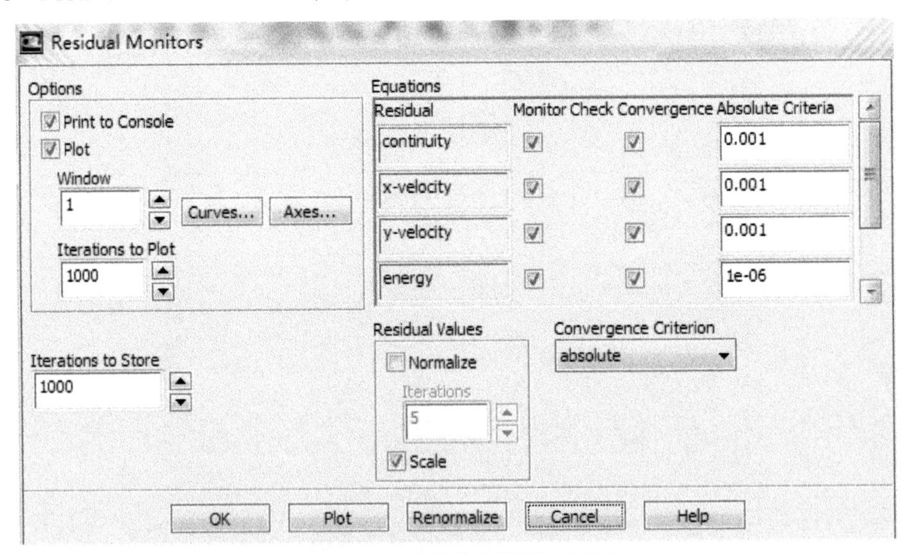

图 7.266　残差监控设置对话框

8. 初始化与求解设置

在计算时，良好的初始流场对计算收敛速度有很大的好处，需要对初始化进行设置，还需

要对计算步数等进行设置。

1）初始化设置

通过 Solve→Initializations 命令可以对初始化进行设置，在 Compute from 中选取压力入口 inlet，单击 Initialize 按钮进行初始化操作，等待片刻初始化完成，如图 7.267 所示。

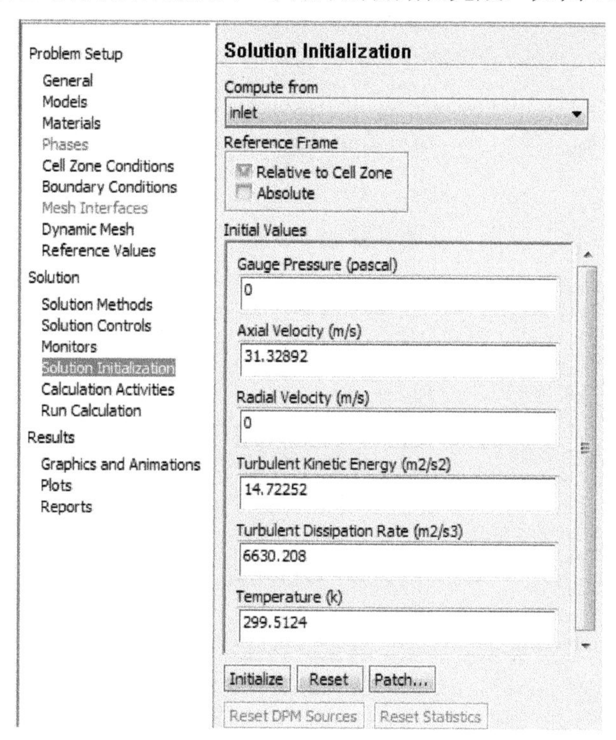

图 7.267　初始化设置对话框

2）自动保存设置

自动保存设置是一个十分实用的功能，便于用户读取之前迭代的结果，可以通过 File→Write→Autosave 命令进行设置。可以选择保存文件的路径，以及 cas 和 date 文件保存的频率和方式等，本算例自动保存设置为每 50 步自动保存 date 文件，在 Save Date File Every 下输入 50，如图 7.268 所示。

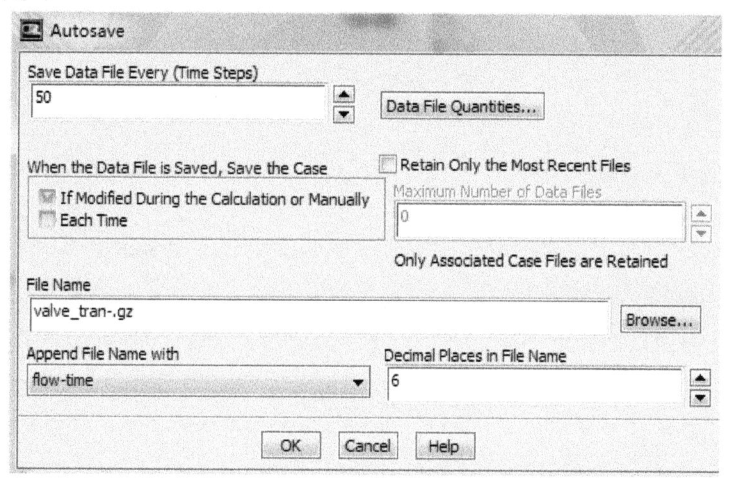

图 7.268　自动保存设置对话框

3）运行计算

在设置完成之后，应该先保存当前的 cas 文件，然后进行迭代计算。

通过 Solve→Run Calculation 命令进行求解运行设置，由于渐缩渐扩管本身比较短，流动速度又很高，所以时间步长取流体流过喷管的 1%，为 0.295/31/100≈1e-4s，每个时间步长迭代 20 次，共迭代计算 200 步，如图 7.269 所示。计算完成后保存最终结果。

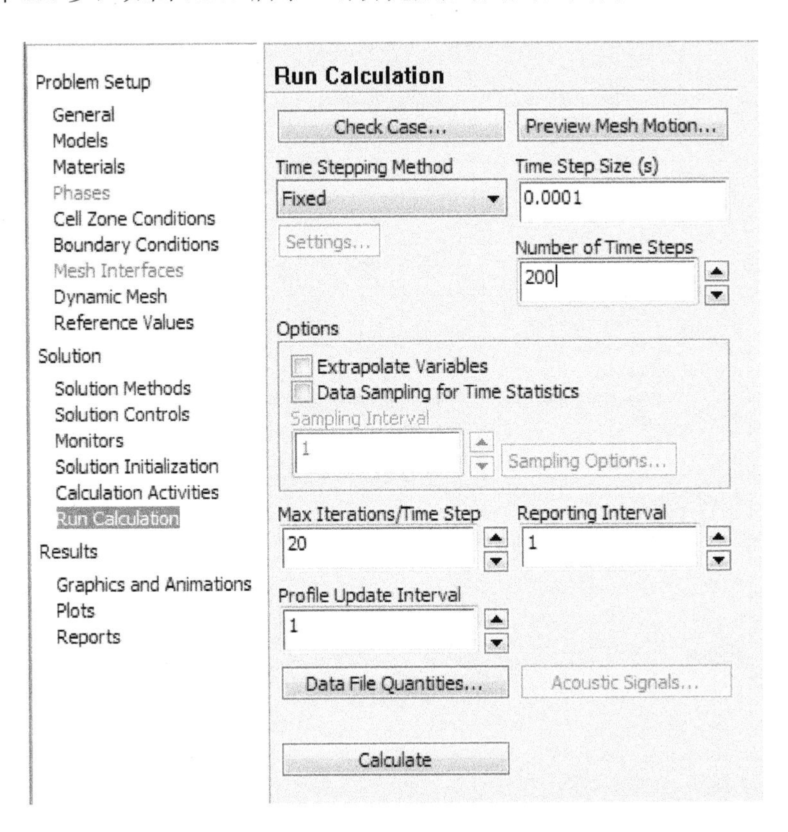

图 7.269　自动保存设置对话框

7.11.4　后处理

后处理主要希望展示激波现象。

1．不同时刻压力等值线图

压力分布等值线图可以较好地反映管内的压力分布。通过 Display→Graphics and Animations→Contours 命令可以显示等值线图。

打开 Contours 设置后，在 Contours of 选取 Pressure 和 Static Pressure；在 Options 选项框中选取 Filled 以显示云图，如图 7.270 所示，单击 Display 按钮显示压力分布云图，如图 7.270～图 7.274 所示。

压力分布云图中不同的颜色代表不同压力的大小，需要看旁边的压力颜色等级标准。

2．速度等值线图

速度分布等值线图可以较好地反映管内的速度分布。通过 Display→Graphics and Animations→Contours 命令可以显示等值线图。

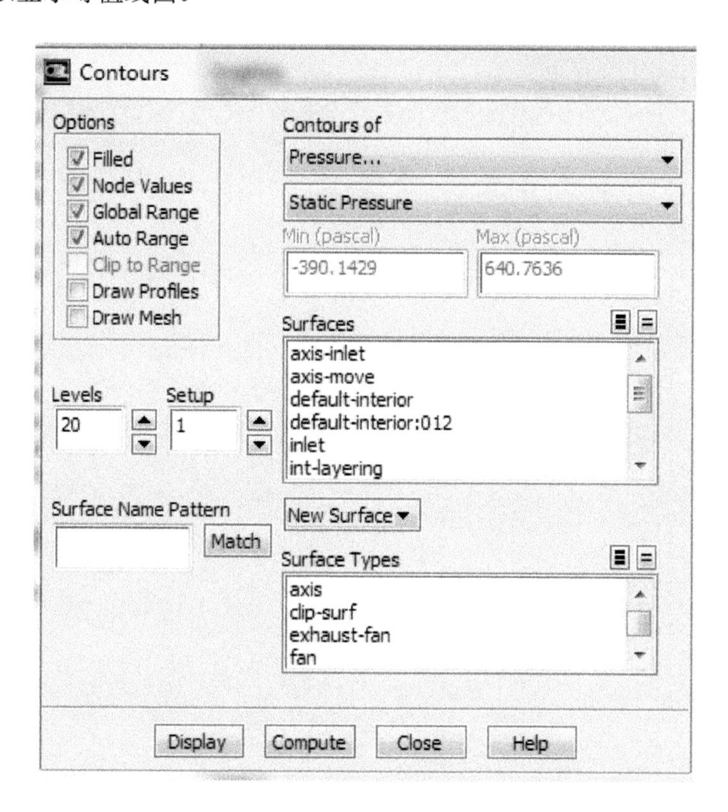

图 7.270　Contours 对话框

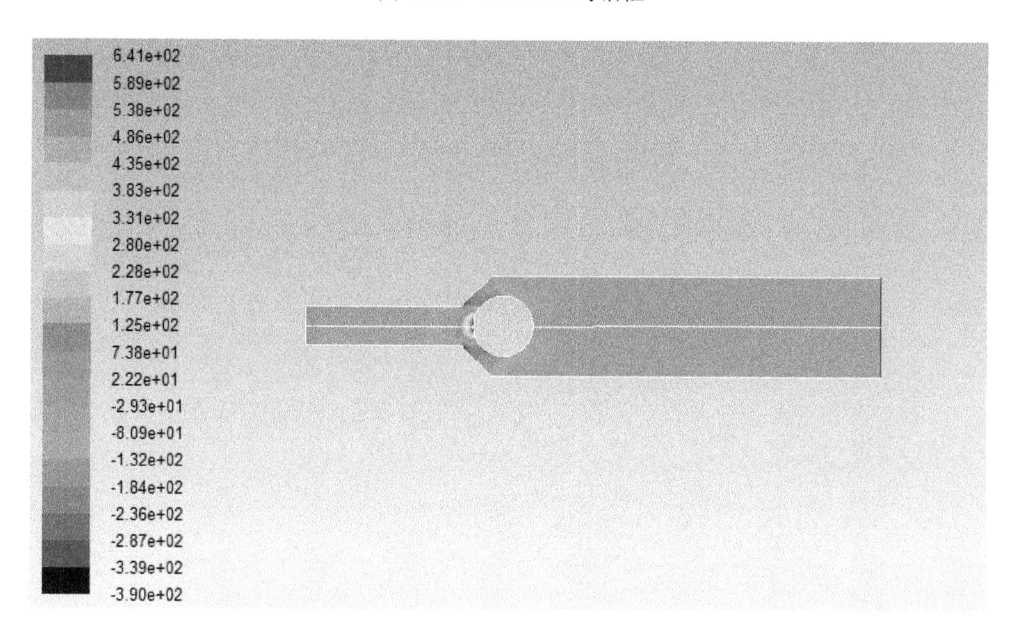

图 7.271　压力分布云图 t=0.0005s

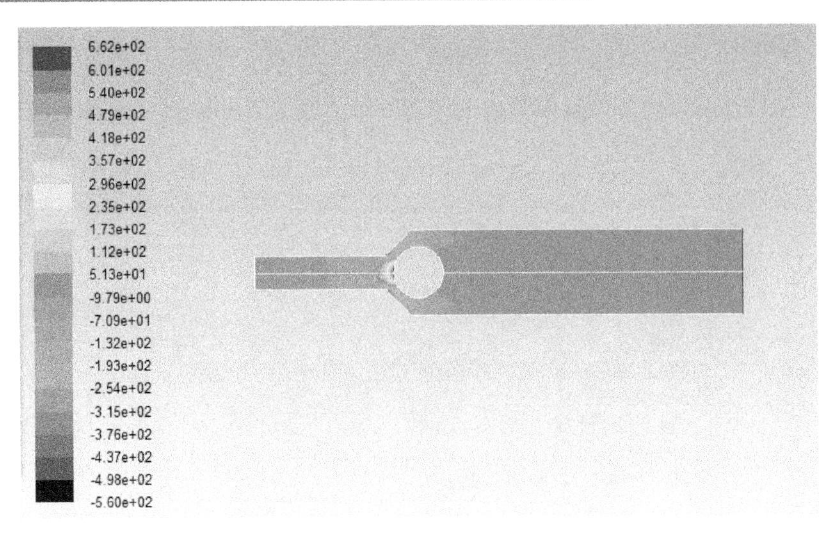

图 7.272　压力分布云图 t=0.0055s

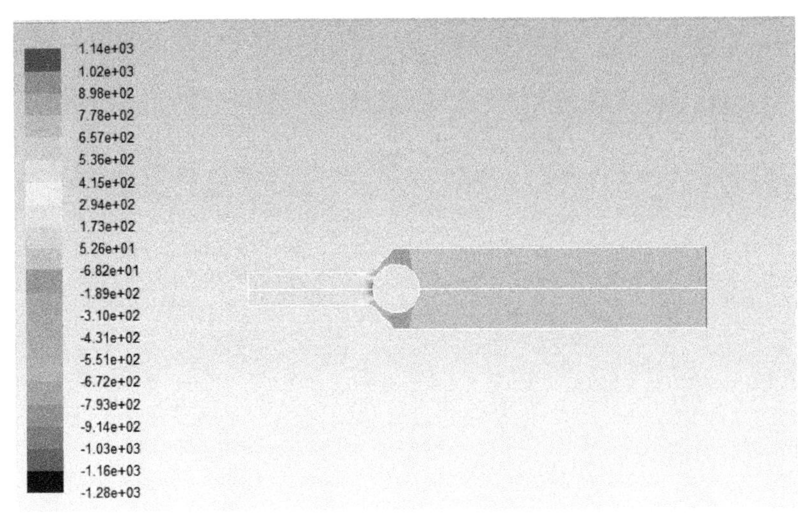

图 7.273　压力分布云图 t=0.0105s

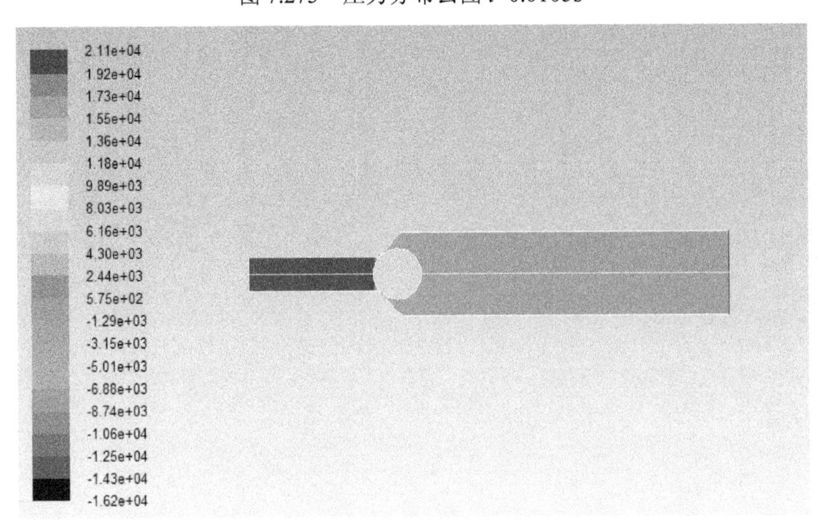

图 7.274　压力分布云图 t=0.0155s

打开 Contours 设置后，在 Contours of 中选取 Velocity 和 Velocity magnitude；在 Options 选项框中选取 Filled 以显示云图，单击 Display 按钮显示速度云图，如图 7.275～图 7.278 所示。

速度分布云图中不同的颜色代表不同速度的大小，可以明显地看出阀门时如何封闭流动的。

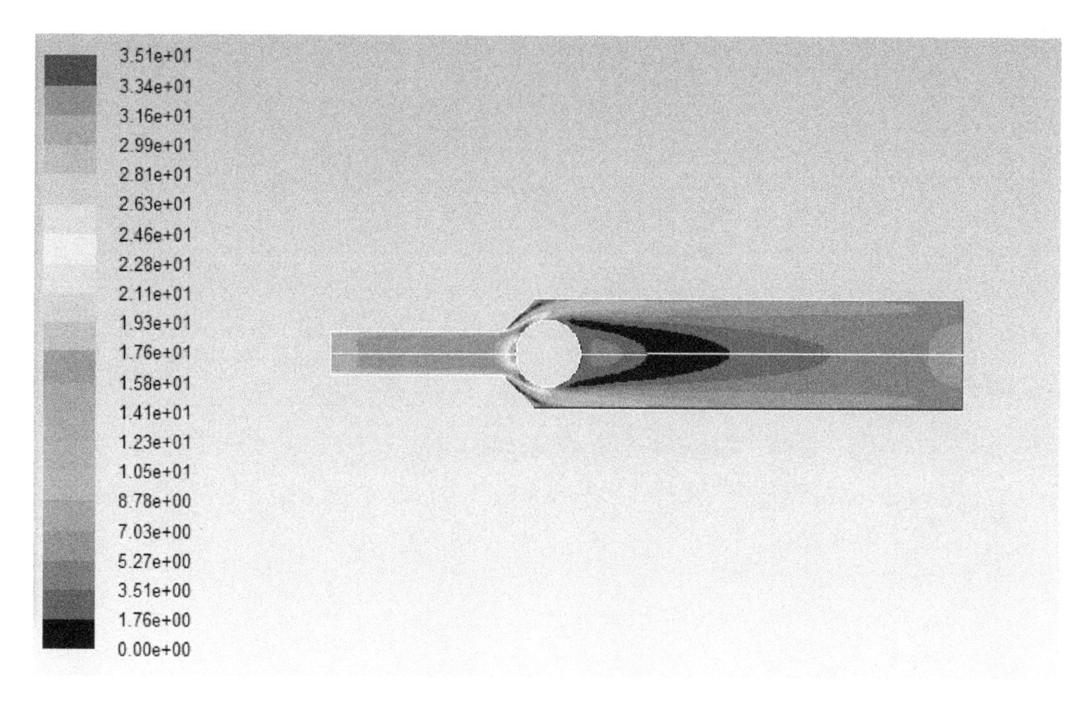

图 7.275　速度分布云图 t=0.0005s

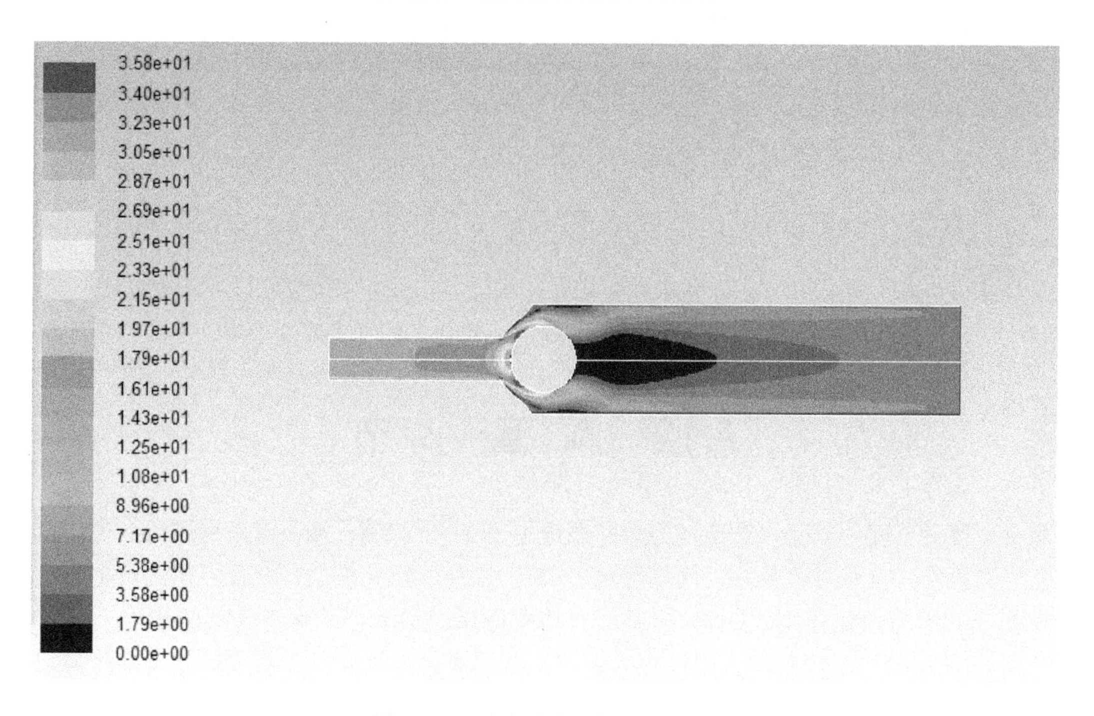

图 7.276　速度分布云图 t=0.0055s

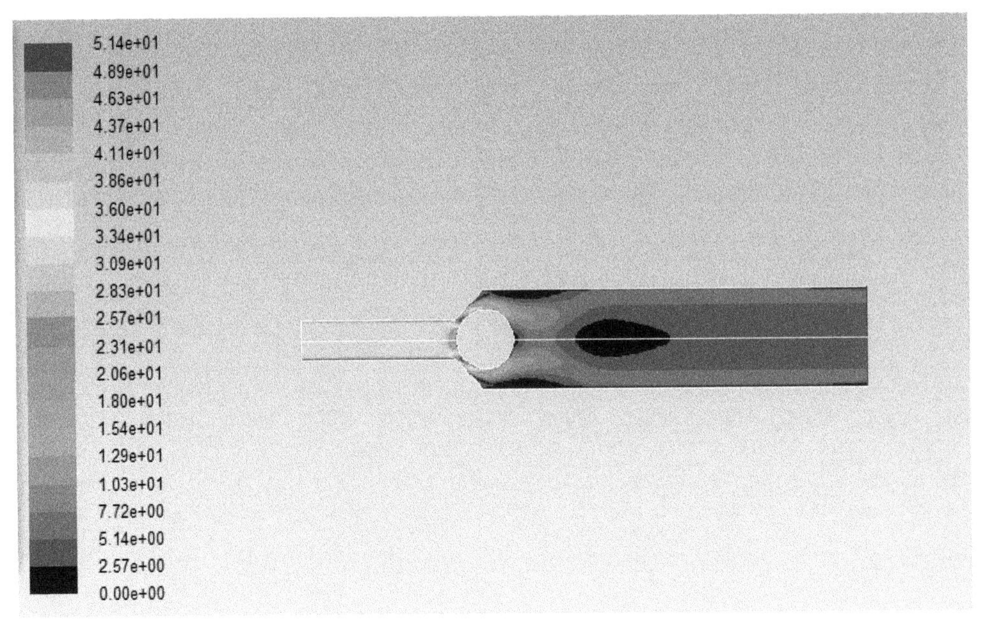

图 7.277　速度分布云图 t=0.0105s

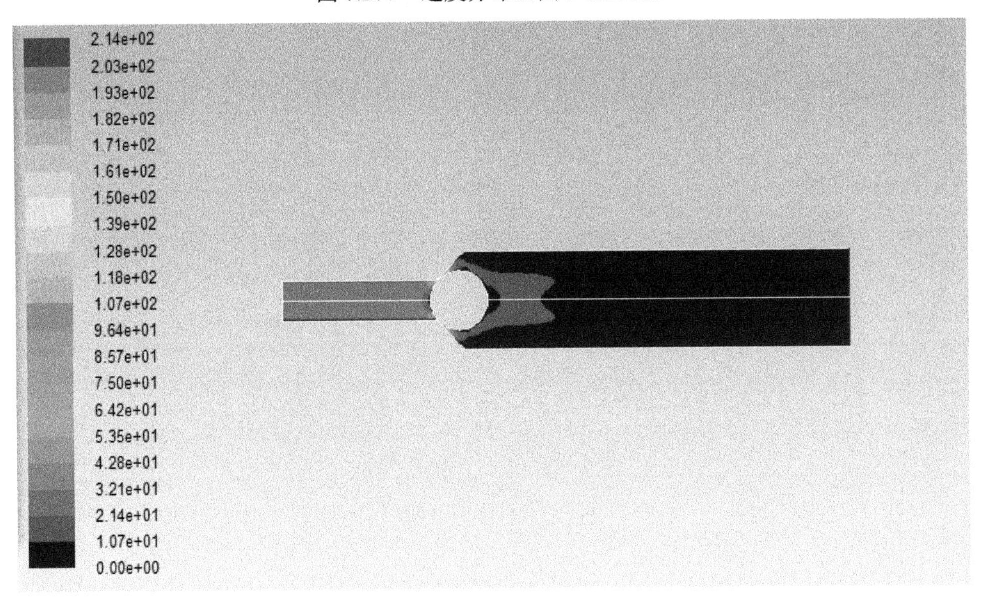

图 7.278　速度分布云图 t=0.0155s

7.12　本 章 小 节

本章主要对工程中一些二维流体力学问题给出了 11 个算例，涉及可压缩流动、传热模型、周期性边界条件、自然对流换热、气体燃烧、VOF 模型、空化模型、混合多相流模型、欧拉多相流模型、凝固与熔化模型、UDF 的使用、动网格模型等多个工程中常用的模型。每节都对 FLUENT 的使用给出了完整的使用过程。通过本章的讲解，读者可以对大部分二维流体力学问题都能很好解决。

第 8 章　三维模型 FLUENT 数值模拟实例

ANSYS FLUENT 为用户提供了充足的模型，以便可以模拟几乎所有的流体力学问题，三维模型比二维模型能更真实地反映流动的情况，更好地模拟流动的细节，特别是一些相对复杂的流体力学问题，必须用三维模型才能有效解决问题。本章将主要用多个算例讲解三维模型的模拟

8.1　冷热水在管路中的混合流动模型

管路内的流动是流体力学中经常碰到的现象，也是流体力学研究的重点问题之一，本节将介绍冷热水灾管内的混合流动。

8.1.1　基本方法

在实际工程中，经常会遇到不同温度的流体在管内混合的情况，本算例将以冷热水在管内的流动为例介绍三维流体力学。

本算例涉及的方法和需要的设置有：

✧ 设置能量方程。

✧ 设置需要的湍流模型。

✧ 设置远场边界条件。

✧ 通过显示流线来反映流动情况。

8.1.2　问题描述

本算例中主管 X 方向总长 0.4064m，Y 方向也为 0.4064m，主管半径 0.0508m，次入口的半径为 0.0177m。如图 8.1 所示。计算域主管入口速度为 0.4m/s，温度为 293.15K，次入口的流速为 1.2m/s，温度为 313.15K，如 8.2 所示。本算例选择半模，中间面为对称面，这样可以减少总网格数，提高计算效率。

8.1.3　计算设置

数值模拟时需要对算例进行逐步设置，才能进行求解。

1．网格

1）读入网格

通过 FLUENT 中 File→Read→Mesh 命令读入网格文件，在 FLUENT 中会显示网格，如图

8.3 所示。

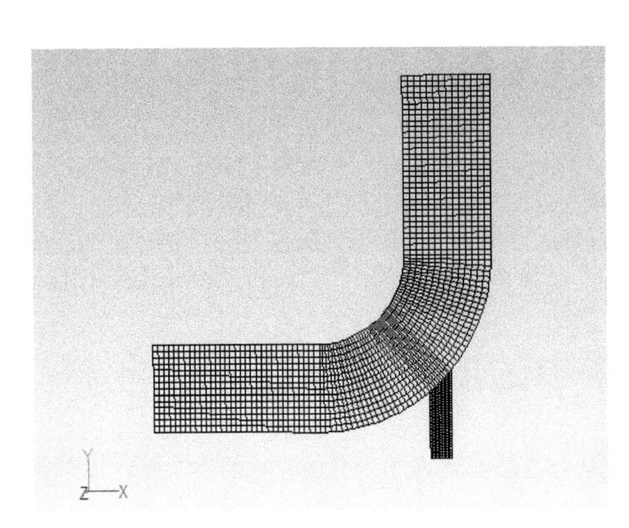

图 8.1 计算域二维示意图

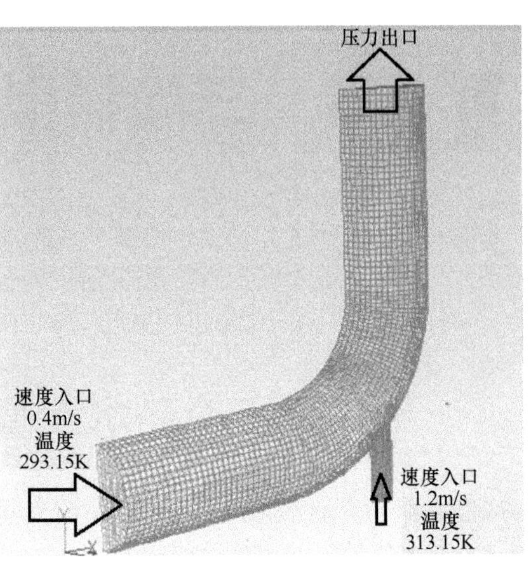

图 8.2 计算域三维示意图

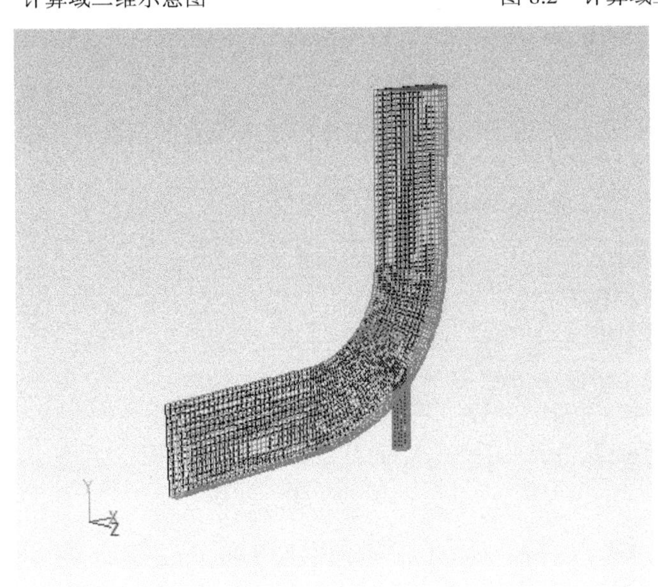

图 8.3 计算域网格显示

2）检查网格

通过 Mesh→Check 命令对网格进行检查。检查没有负体积、左手网格等问题可以进行下一步操作。

3）缩放

通过 Mesh→Scale 命令对网格进行缩放，一般采用 Pointwise 软件生成的网格单位是米，需要缩小 1000 倍，而用 ICEM 软件生成的网格单位是毫米，不需要缩放。缩放对话框如图 8.4 所示。

4）显示和关闭网格

通过 Display→Mesh 命令可以显示和关闭网格，由于三维问题往往网格数比较大，一般不显示内部网格，FLUENT 默认如此，如图 8.5 所示。

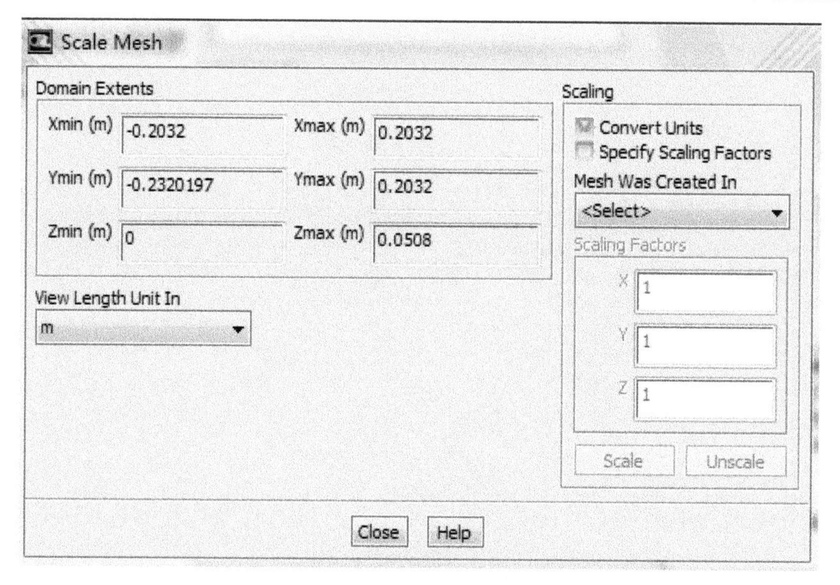

图 8.4　缩放对话框

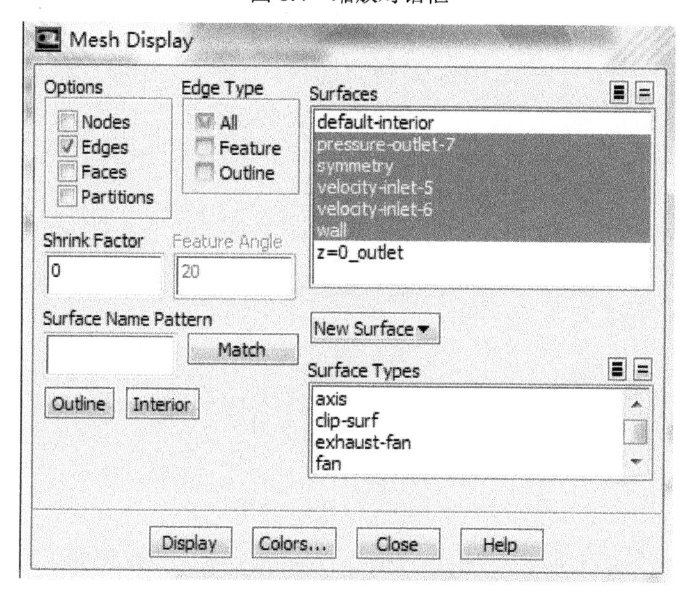

图 8.5　显示网格对话框

2. 模型设置

1）设置求解参数

通过 Define→General 命令可以设置通用的参数。对于本算例保持默认设置即可，不需要进行特殊设置。

2）选择模型

本算例需要设置湍流模型，并激活能量方程，可以通过 Define→Models→Energy 打开能量方程；通过 Define→Models→Viscous 命令可以选择希望的湍流模型，本算例中选取 Realizable k-e 两方程湍流模型，对近壁面处理选择开启标准壁面函数（Standard Wall Functions）方法，如图 8.6 所示。

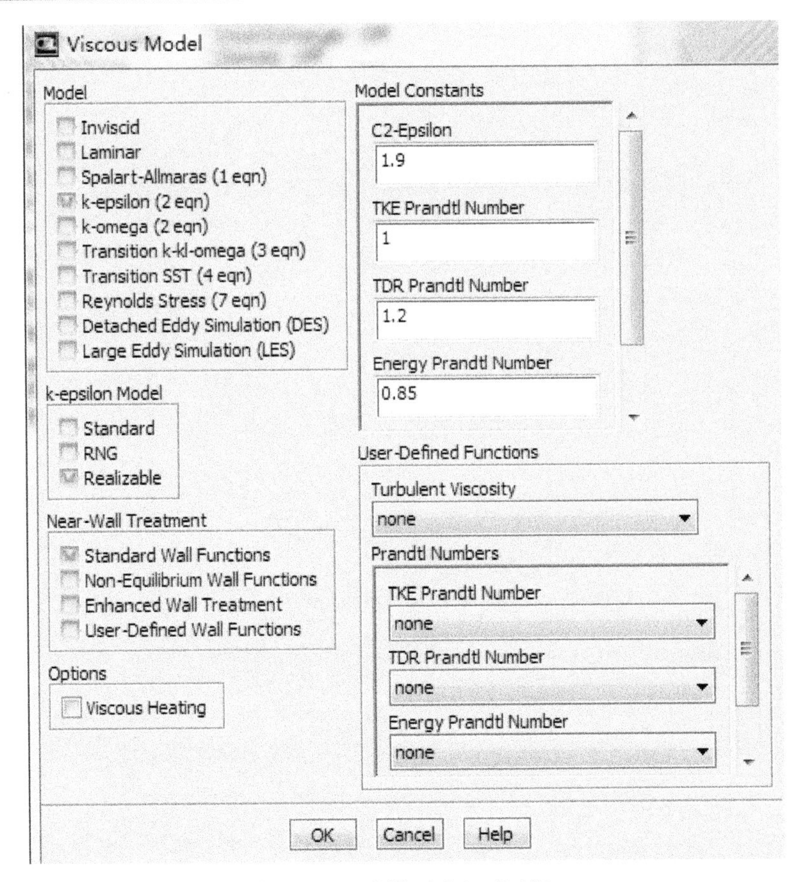

图 8.6　湍流模型选取对话框

3．材料设置

FLUENT 默认的流体材料是空气，由于本次需要模拟水流的流动问题，因此需要对其进行进一步设置。

通过 Define→Materials 命令可以对材料属性进行设置。

由于研究的问题是水流的流动问题，因此，需要在材料中增加液态水材料，在 FLUENT Database 中找到 Water-liquid，选择好之后单击 Copy 增加新的材料。如图 8.7 所示。

单击 Change/Create 按钮，再单击 Close 关闭对话框。

4．操作条件设置

操作条件设置主要是设置参考压力和参考压力点及重力的影响。

通过 Define→Operating Conditions 可以对操作条件进行设置，采用默认设置即可，如图 8.8 所示。

5．边界条件设置

边界条件的设置是最重要的步骤。通过 Define→Boundary Conditions 命令或 Cell Zone Conditions 可以对边界条件进行设置。

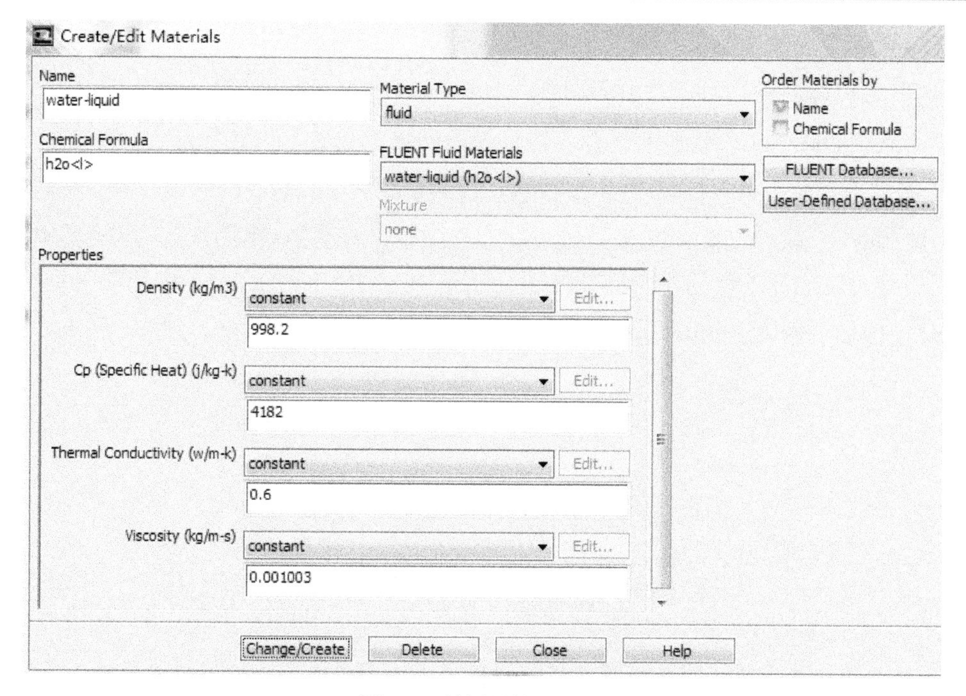

图 8.7 材料属性对话框

1）设置流动介质边界条件

在 Cell Zone Conditions 设置下，在 Zone 列表中选取 fluid，在 Type 中选取 fluid，设置为流体介质。

设置好之后，单击 Edit 按钮对流体介质进行设置，如图 8.9 所示。在 Material Name 后的下拉菜单中选取之前设置的材料液态水 water-liquid。

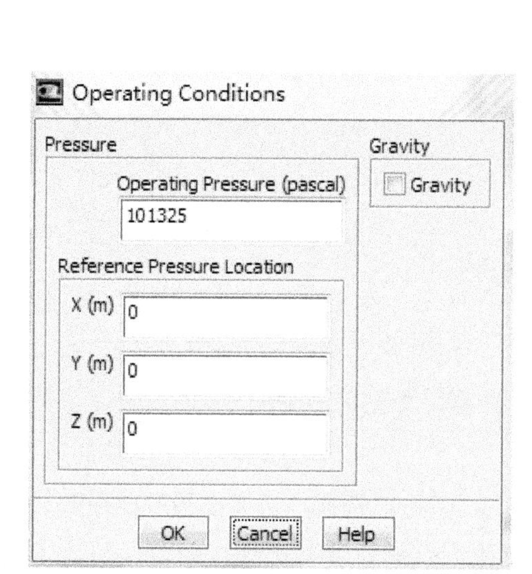

图 8.8 操作条件设置对话框

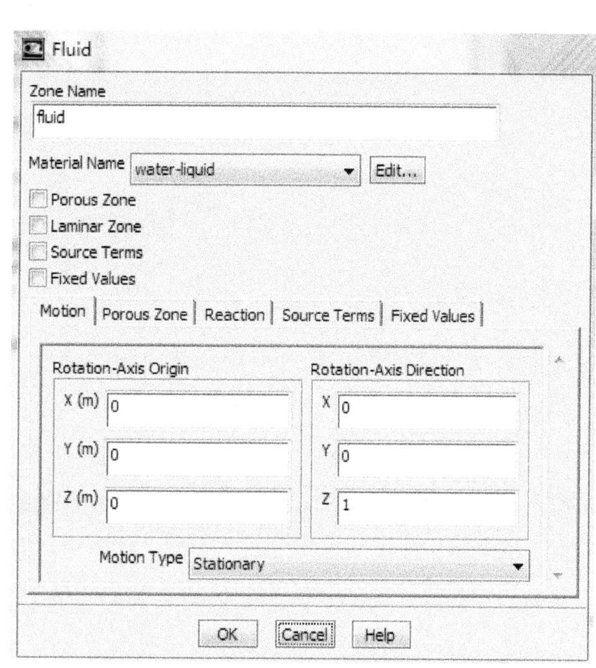

图 8.9 流体介质设置对话框

2）进出口边界条件设置

设置速度入口边界条件时，在 Boundary Conditions 的 Zone 中选取 velocity-inlet-5，在 Type 中改为 velocity –inlet，再单击 Edit 打开，对边界条件进行设置，如图 8.10 所示。X 方向速度为 0.4m/s，湍流度为 5%，水滴直径为 0.1016m，在温度选项卡中输入温度为 293.15K；同样速度入口 velocity-inlet-6 水流速度设置为 Y 向 1.2m/s，湍流度为 5%，水滴直径为 0.0254m，温度为 313.15K。压力出口边界条件的设置需要在 Boundary Conditions 的 Zone 中选取 pressure-outlet-7，在 Type 中改为 pressure-outlet，出口压力保持默认的 0 即可。

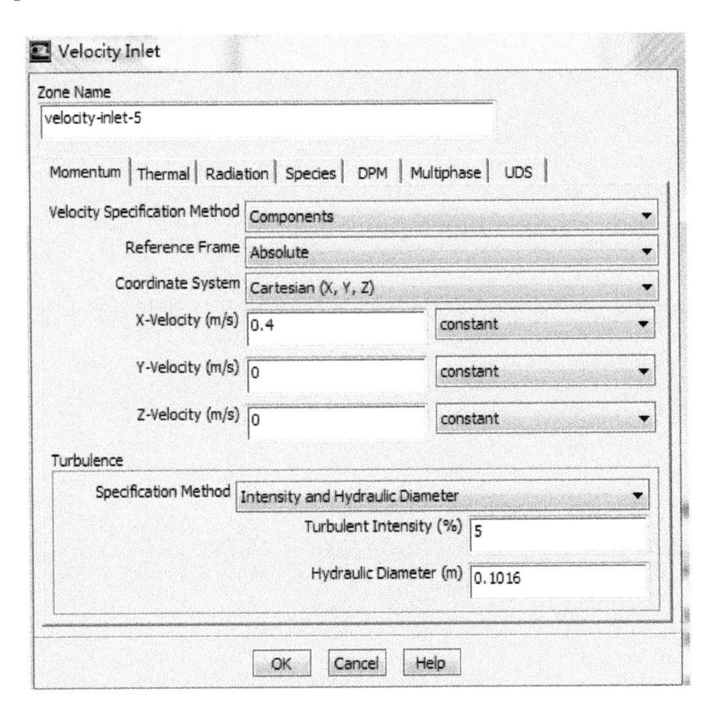

图 8.10　速度入口设置对话框

3）其他边界条件设置

对称面边界条件修改为 Symmetry 即可，壁面边界条件保持默认的无滑移边界条件。

6．求解设置

选取合适的求解方法可以加快计算收敛的速度。

1）求解器方法设置

通过 Solve→Methods 命令可以对求解方法进行设置，在设置中选择 SIMPLE 算法，其他设置为默认设置即可，在一阶格式收敛后再转到二阶格式计算，如图 8.11 所示。

2）求解控制设置

通过 Solve→Controls 命令可以对求解控制进行设置，在此项设置里，主要设置的是松弛因子，选取合适的松弛因子可以有效加快收敛速度。本算例中全部设置采用默认即可，如图 8.12 所示。

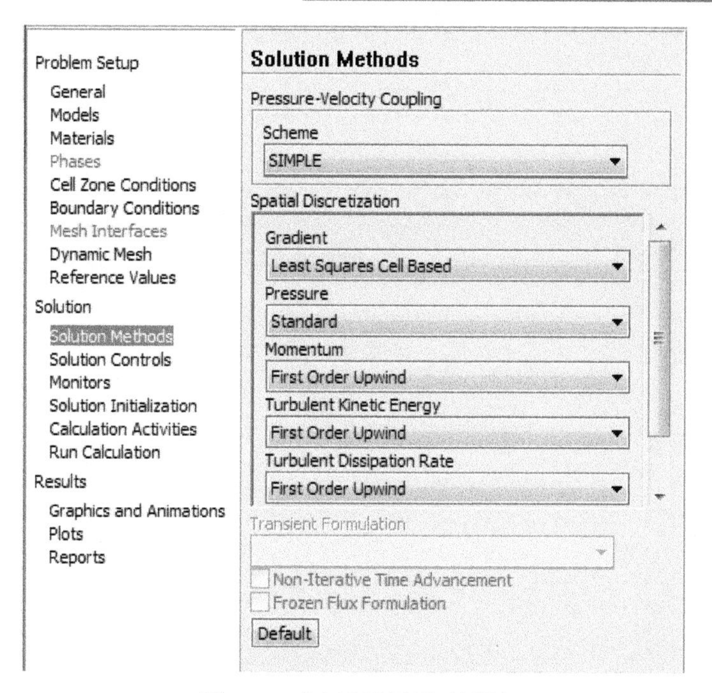

图 8.11　求解方法设置对话框

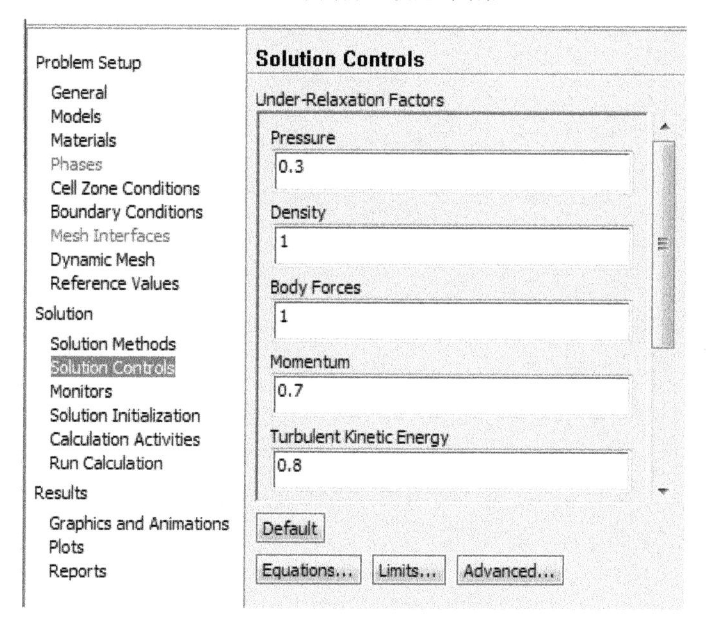

图 8.12　求解控制设置对话框

3）求解监视设置

通过 Solve→Monitors 命令可以对求解监视器进行设置，对残差曲线进行监视前需要激活残差曲线，通过 Solve→Monitors→Residuals 命令，勾选 Plot 即可，如图 8.13 所示。

7．初始化与求解设置

在计算时，良好的初始流场对计算收敛速度有很大的好处，需要对初始化进行设置，还需要对计算步数等进行设置。

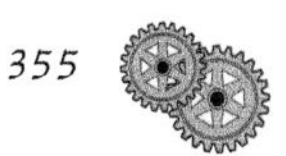

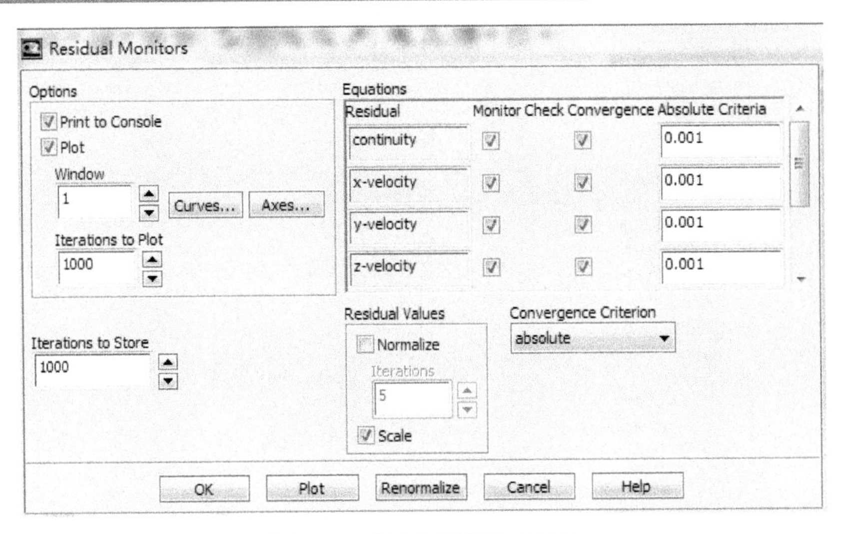

图 8.13　残差监控设置对话框

1）初始化设置

通过 Solve→Initializations 命令可以对初始化进行设置，在 Compute from 设置中选取 velocity-inlet-5，初始值会自动变化，如图 8.14 所示。单击 Initialize 进行初始化操作，等待片刻初始化完成。

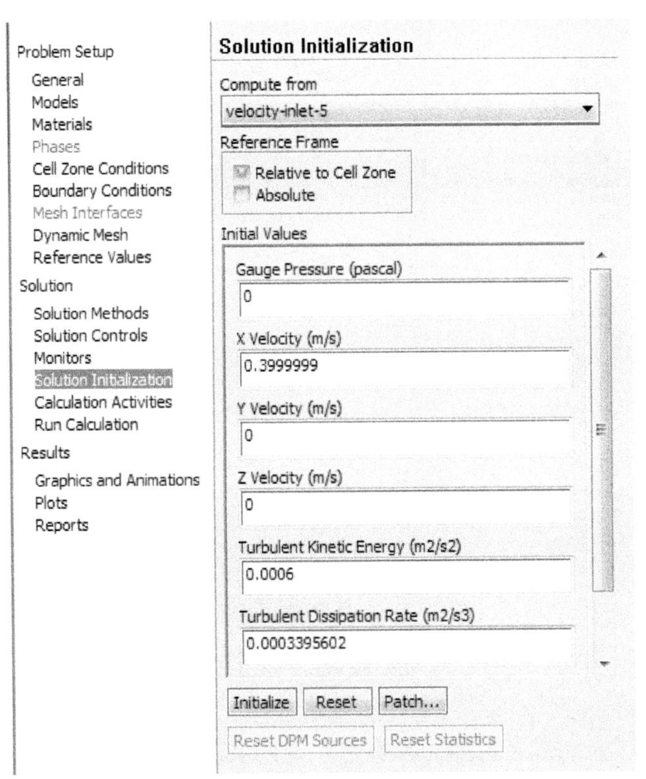

图 8.14　初始化设置对话框

2）自动保存设置

自动保存设置是一个十分实用的功能，便于用户读取之前迭代的结果，可以通过 File→

Write→Autosave 命令进行设置。可以选择保存文件的路径，以及 cas 和 date 文件保存的频率和方式等，本算例自动保存设置为每 100 步自动保存 date 文件，在 Save Date File Every 下输入 100，如图 8.15 所示。

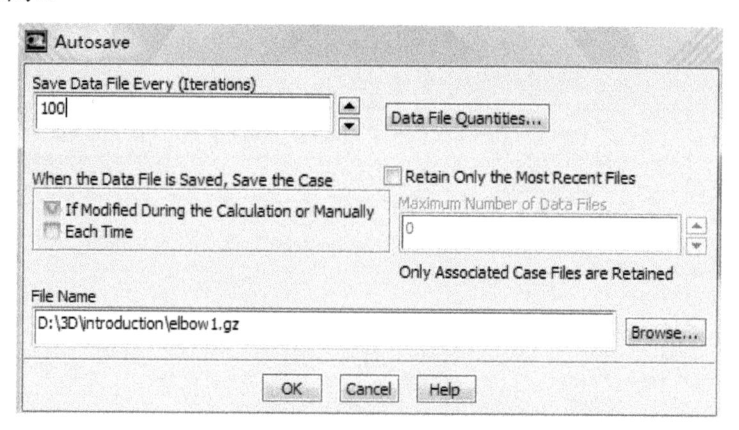

图 8.15　自动保存设置对话框

3）运行计算

在设置完成之后，应该先保存一下当前的 cas 文件，然后进行迭代计算。

通过 Solve→Run Calculation 命令进行求解运行设置，本次计算设置迭代 500 步，如图 8.16 所示。

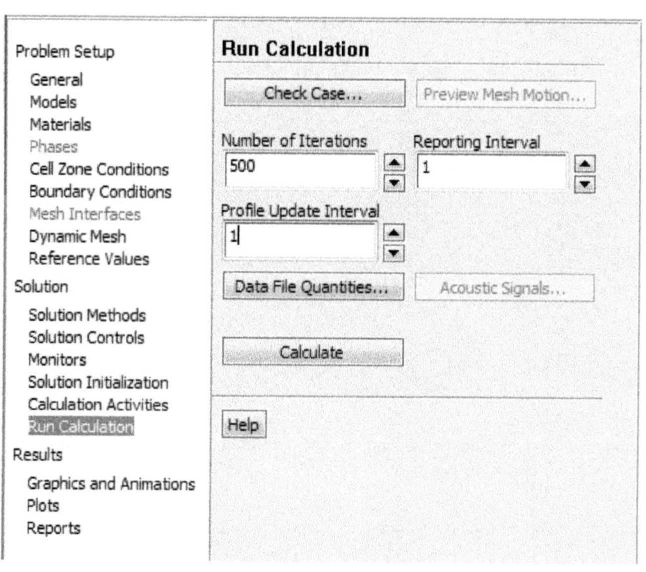

图 8.16　求解运行设置对话框

8.1.4　后处理

后处理主要通过流线图、矢量图和等值线图来反映流动的情况。

1. 流线图

流线图可以非常直观地展现流动的情况。

通过 Display→Graphics and Animations→Pathlines 命令可以显示流线，在 Color by 下面选取速度大小，表示流线的颜色是按照速度大小区分的。在 Release from Surfaces 先选取 Velocity-inlet-5 和 Velocity-inlet-6，表示流线是从两个速度入口释放出来的。在 Step size 保持默认的 0.01m，Steps 保持默认的 500，Path Skip 输入 2，每隔两条流线显示一条流线，如图 8.17 所示。单击 Display 按钮，显示流线，如图 8.18 所示，从图中可以看到次入口的速度大于主管的速度。

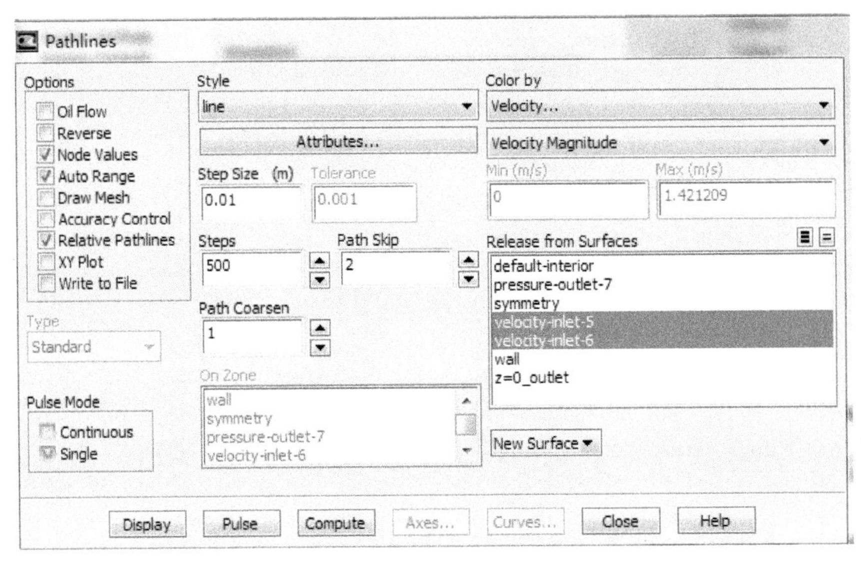

图 8.17　Pathlines 对话框

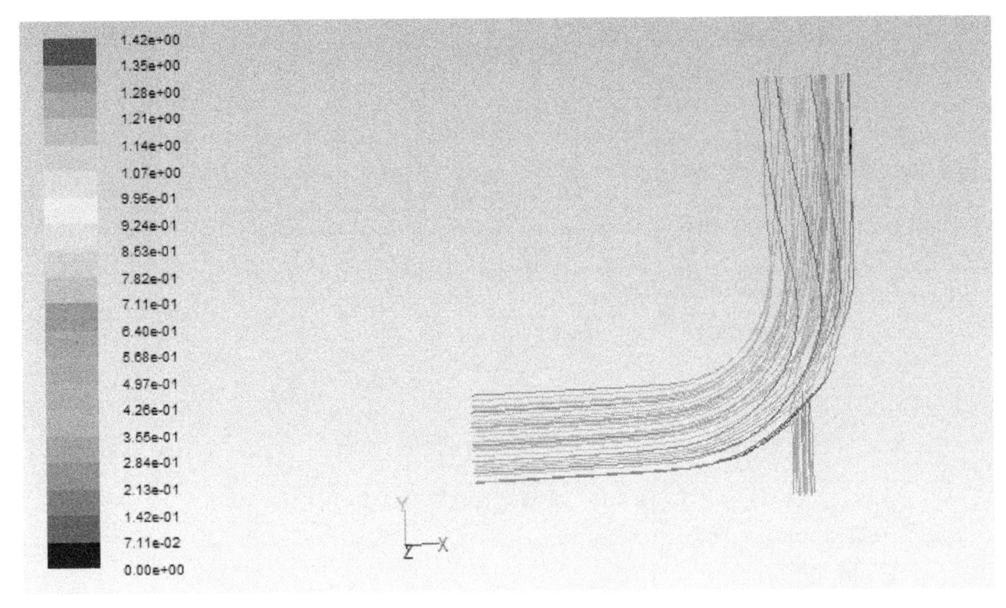

图 8.18　流线图

2．显示速度矢量

速度矢量可以较好地反映流动的细节。通过 Display→Graphics and Animations→Vectors 命令可以显示矢量图。

打开 Vectors 设置后，单击 Vector Options 按钮，选择 Fixed Length 以便使所有的矢量都以相同的长度显示；在 Scale 框中输入 2，Skip 框中输入 4，表示每隔 4 个矢量显示一个，如图 8.19 所示，单击 Display 按钮，显示矢量图，如图 8.20 所示。

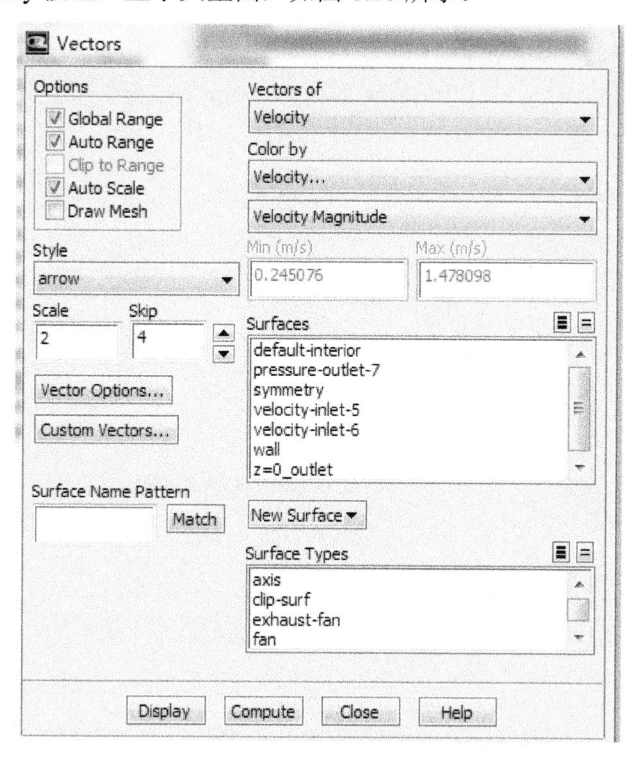

图 8.19　Vectors 对话框

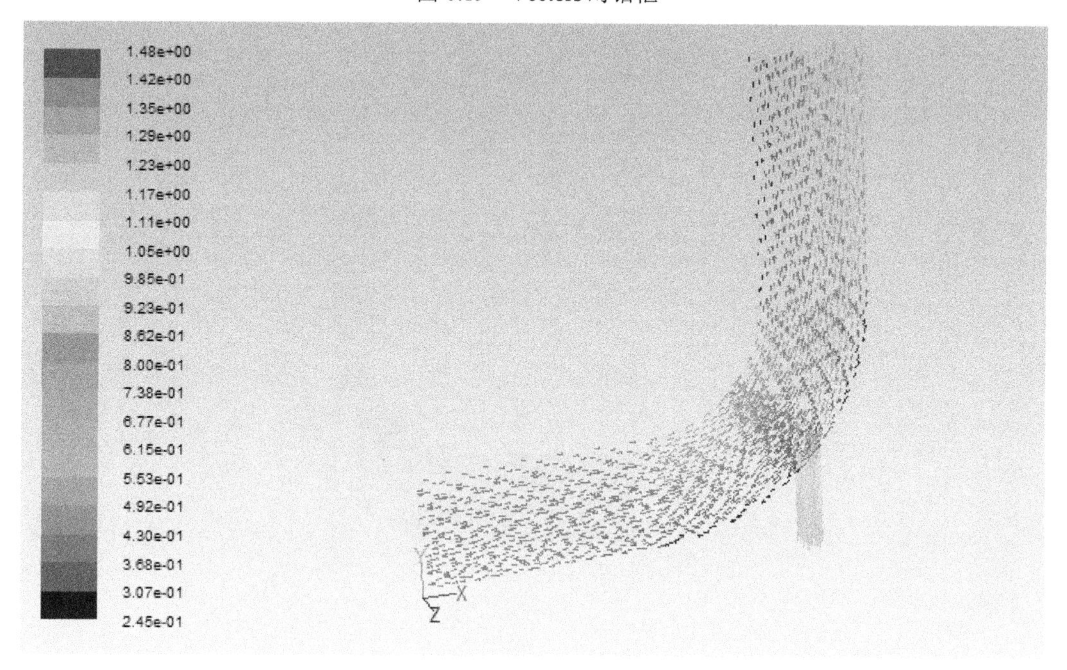

图 8.20　速度矢量图

矢量图中不同的颜色代表不同速度的大小，箭头代表速度方向。

3．显示温度分布等值线图

温度分布等值线图可以较好地反映管内水温的情况。通过 Display→Graphics and Animations→Contours 命令可以显示等值线图。

打开 Contours 设置后，在 Contours of 选取 Temperature 和 Static Temperature；在 Options 选项框中选取 Filled 以显示云图，在 Surface 中选取 symmetry，如图 8.21 所示，单击 Display 显示温度云图，如图 8.22 所示。

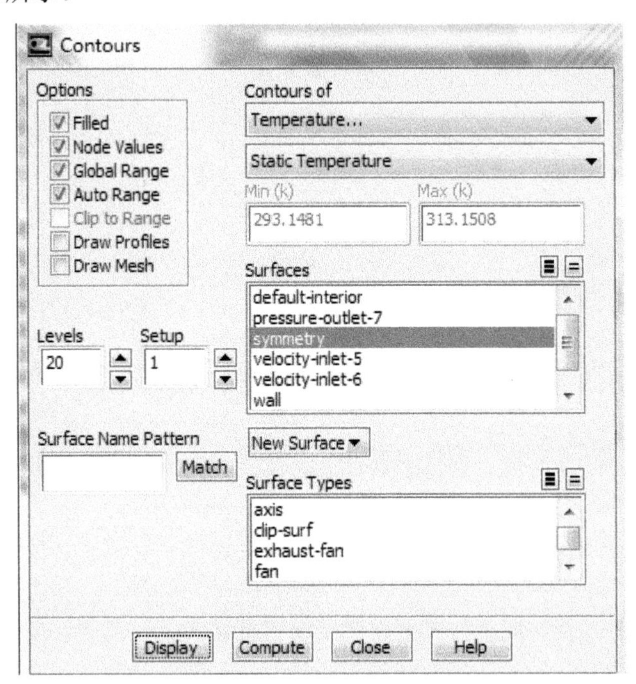

图 8.21　Contours 对话框

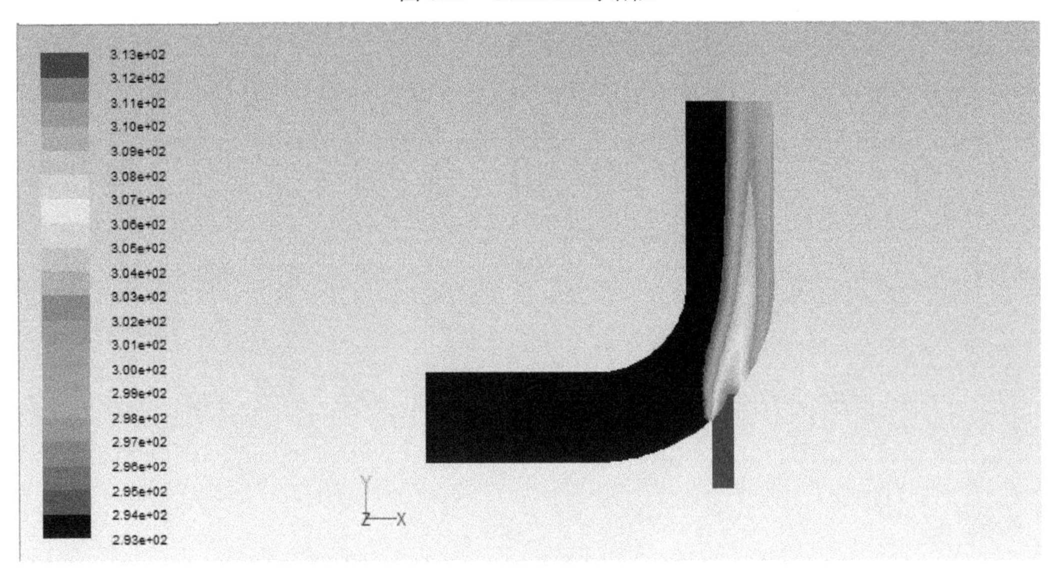

图 8.22　温度分布云图

温度分布云图中不同的颜色代表不同温度的大小。从图中可以很好地看出次入口高温水和

主入口低温水的混合过程。

8.1.5　小结

本节讲解了冷热水混合管流的问题，以此为例讲解了三维问题模拟的基本方法，流线图在三维问题中显得更为重要。希望可以经过本节的讲解，能对三维模型 FLUENT 模拟有一个比较好的认识，以便下面进行更为复杂模型的模拟。

8.2　方管内射流对主流的影响

在实际工程中，经常会出现在边界层中注入射流的问题，射流的方向一般是流动的垂直方向和与流向呈一定角度的方向。本算例将对方管内的射流进行模拟来对非一致网格的使用方法进行讲解。

8.2.1　基本方法

射流对主流的影响也是流体力学中的经典问题之一，具有很好的理论和实际研究价值，目前新的研究是零质量射流对主流的影响等问题。

本算例涉及的方法和需要的设置有：

✧ 设置能量方程。
✧ 设置需要的湍流模型。
✧ 设置远场边界条件。
✧ 设置交界面边界条件。
✧ 通过显示流线来反映流动情况。

8.2.2　问题描述

本算例中主管 X 方向总长 1.2446m，Y 方向总长 0.127m，Z 方向总长 0.01905m，两个下方喷管入口在主管的下方，如图 8.23 所示。计算域主管入口速度为 20m/s，温度为 273K，下方喷口的来流速度为 0.4559m/s，温度为 136.6K，最右侧为压力出口，温度为 273K。本算例选择半模，中间绿色面为对称面，这样可以减少总网格数，提高计算效率,如 8.24 所示。

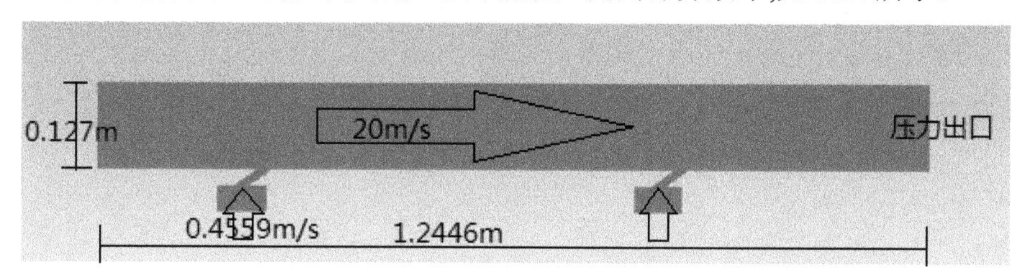

图 8.23　计算域二维示意图

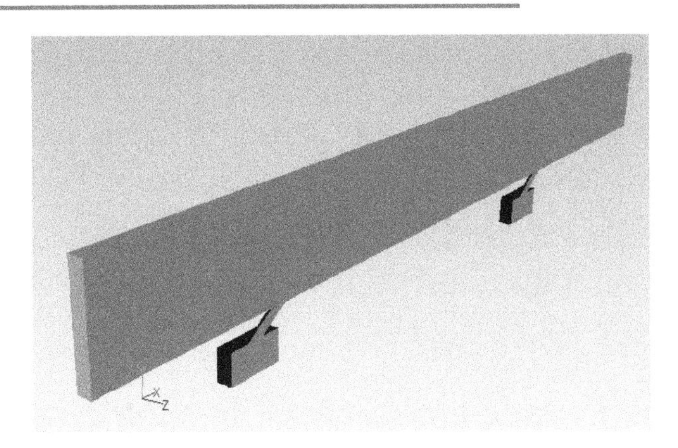

图 8.24　计算域三维示意图

8.2.3　计算设置

数值模拟时需要对算例进行逐步设置，才能进行求解。

1．网格

1）读入网格

通过 FLUENT 中 File→Read→Mesh 命令读入网格文件，在 FLUENT 中会显示网格，如图 8.25 所示，主流动区域采用的是结构网格，而下方喷管的流动区域是非结构网格，两种网格之间需要采用交界面链接，链接方法将在边界设置中说明。

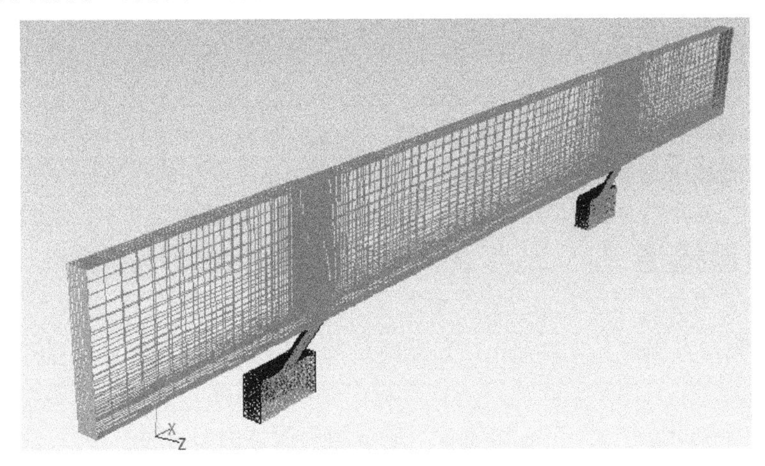

图 8.25　计算域网格显示

2）检查网格

通过 Mesh→Check 命令对网格进行检查。检查没有负体积、左手网格等问题可以进行下一步操作。

3）缩放

通过 Mesh→Scale 命令对网格进行缩放，一般采用 Pointwise 软件生成的网格单位是米，需要缩小 1000 倍，而用 ICEM 软件生成的网格单位是毫米，不需要缩放。缩放对话框如图 8.26 所示。

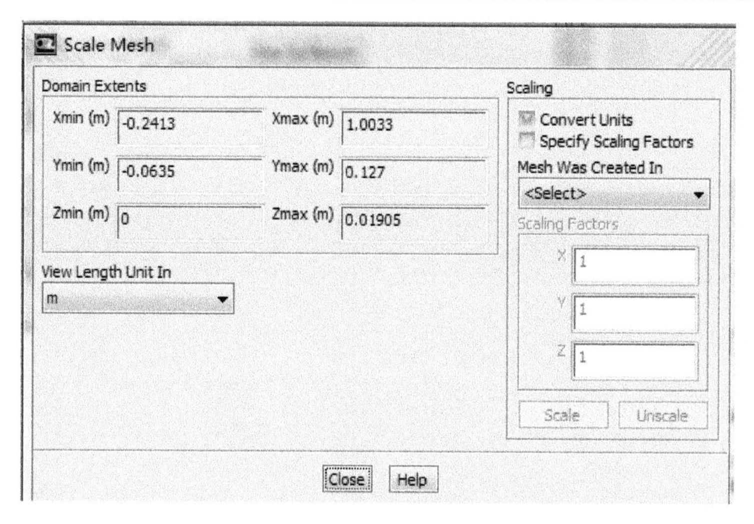

图 8.26　缩放对话框

4）显示和关闭网格

通过 Display→Mesh 命令可以显示和关闭网格，由于三维问题往往网格数比较大，一般不显示内部的网格，FLUENT 默认如此，如图 8.27 所示。还可以通过 Surface Types 选择希望显示的边界类型，如希望显示对称面、速度入口、壁面和压力出口这四种类型的边界条件，在 Surface Types 选取后会自动在 Surfaces 中选取。

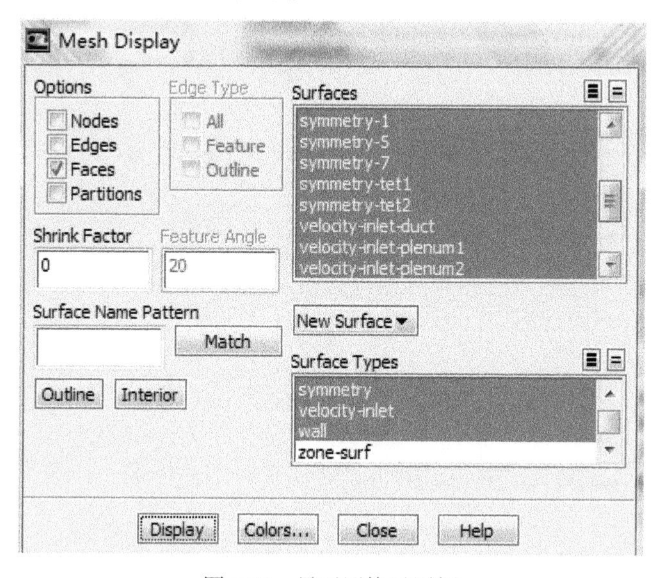

图 8.27　显示网格对话框

2. 模型设置

1）设置求解参数

通过 Define→General 命令可以设置通用的参数。对于本算例保持默认算例即可，不需要进行特殊设置，如图 8.28 所示。

2）选择模型

本算例需要设置湍流模型，并激活能量方程，可以通过 Define→Models→Energy 打开能量方程；通过 Define→Models→Viscous 命令可以选择希望的湍流模型，本算例中选取标准 k-e 两方程湍流模型，对近壁面处理选择开启标准壁面函数（Standard Wall Functions）方法，如图 8.29 所示。

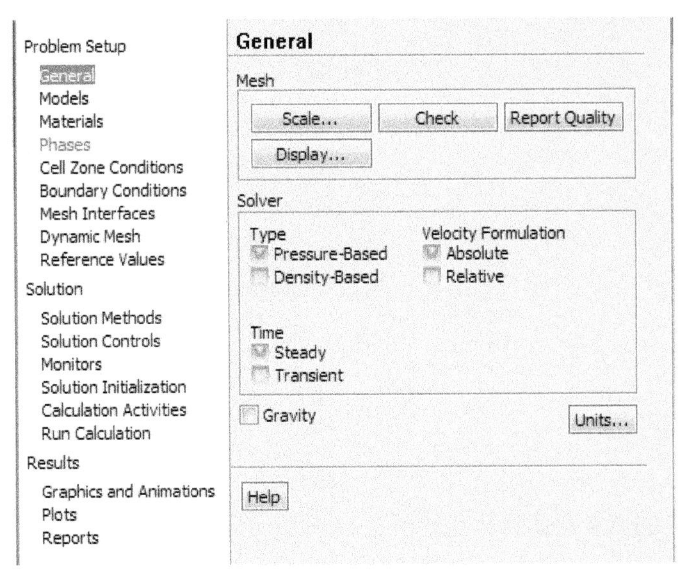

图 8.28　一般设置对话框

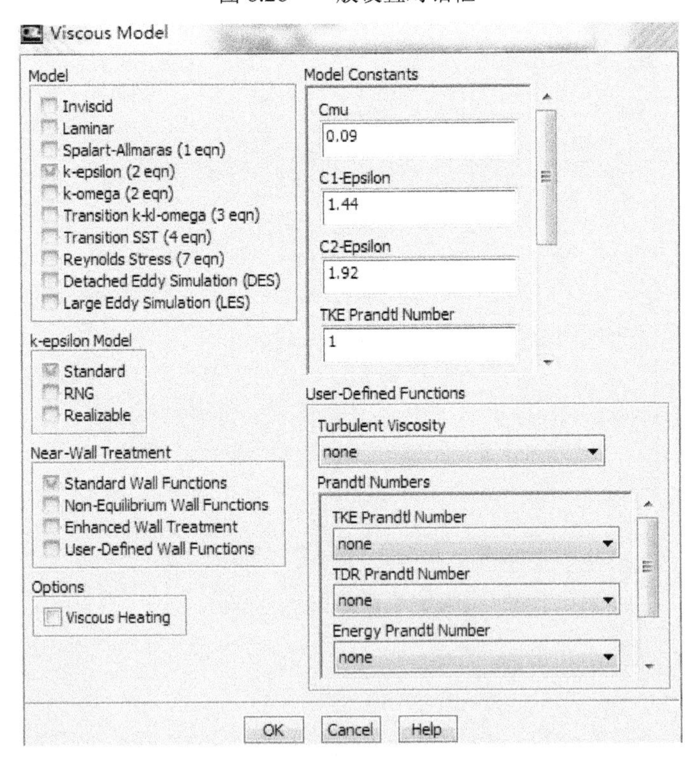

图 8.29　湍流模型选取对话框

3．材料设置

FLUENT 默认的流体材料是空气，由于本次需要模拟低温和高温的混合流动，因此需要对

其进行进一步设置。

通过 Define→Materials 命令可以对材料属性进行设置。

1）由于研究的问题涉及温度的传递，希望采用速度入口（速度入口不能用理想气体）。需要在密度项中选择不可压理想气体（incompressible-ideal-gas），如图 8.30 所示。

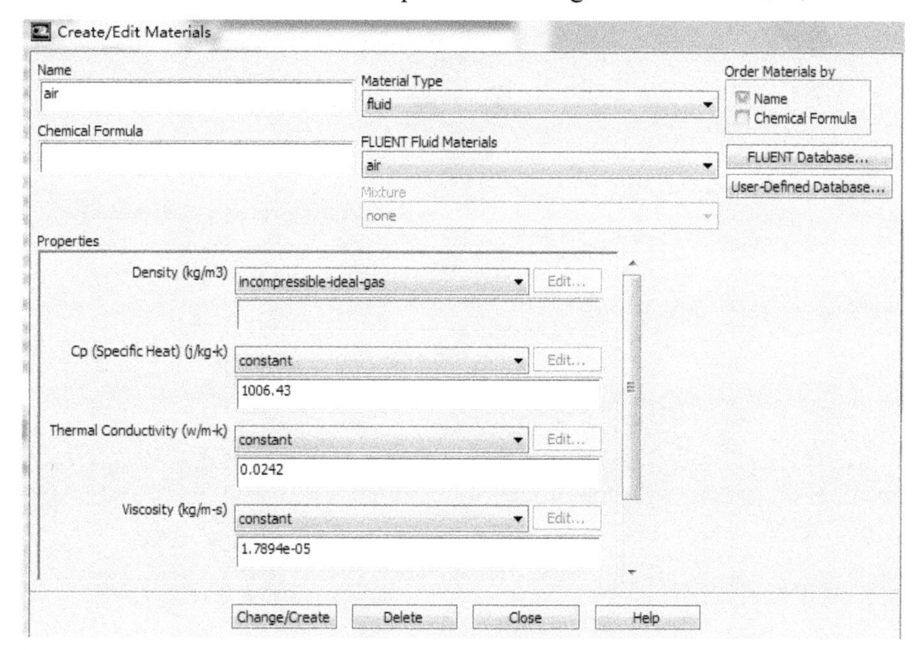

图 8.30　材料属性对话框

2）单击 Change/Create 按钮，再单击 Close 关闭对话框。

4．操作条件设置

操作条件设置主要是设置参考压力和参考压力点及重力的影响。

通过 Define→Operating Conditions 命令可以对操作条件进行设置，采用默认设置即可，如图 8.31 所示。

5．边界条件设置

边界条件的设置是最重要的步骤。通过 Define→Boundary Conditions 命令或 Cell Zone Conditions 可以对边界条件进行设置。

1）设置流动介质边界条件

在 Cell Zone Conditions 设置下，在 Zone 列表中有三个流体区域，在 Type 中都选取 fluid，设置为流体介质。

设置好之后，单击 Edit 按钮对流体介质进行设置，三个流体区域保持默认设置即可，如图 8.32 所示。

2）进出口边界条件设置

速度入口边界条件设置时，在 Boundary Conditions 的 Zone 中选取 velocity-inlet-duct，在 Type 中改为 velocity -inlet。再单击 Edit 打开对边界条件进行设置，如图 8.33 所示。垂直于边界速度为 20m/s，湍流度为 1%，水滴直径为 0.127m，在温度选项卡中输入温度 273K；同样速度入口 velocity-inlet-plenum1 和 velocity-inlet-plenum2 水流速度设置为垂直于边界 0.4559m/s，湍流度为 5%，湍流黏性比率为 10，温度为 136.6K。

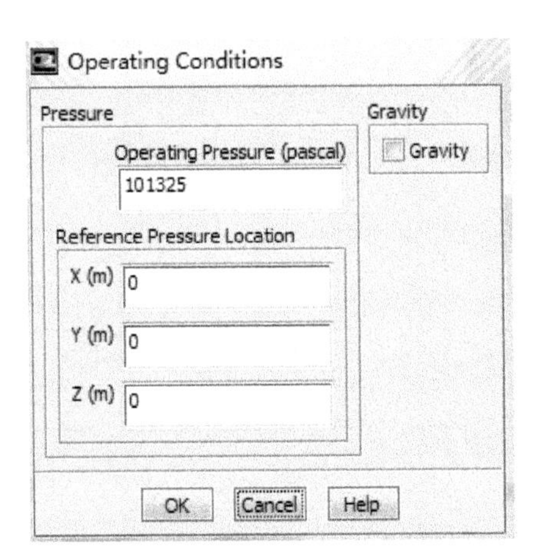

图 8.31　操作条件设置对话框

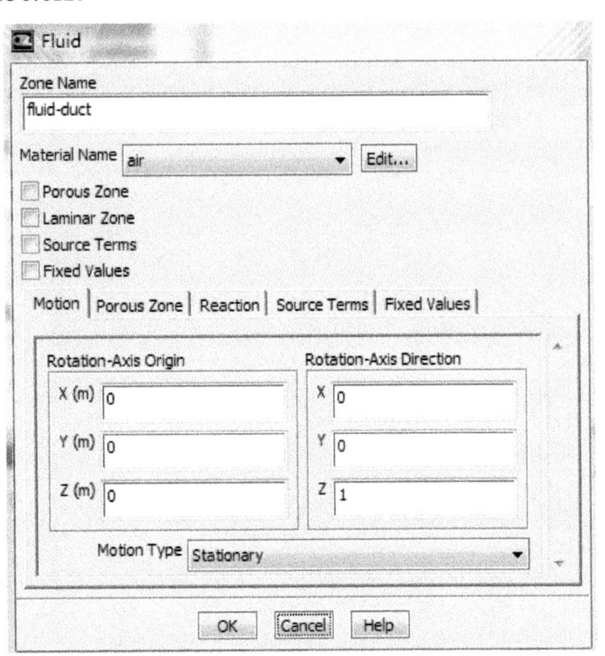

图 8.32　流体介质设置对话框

压力出口边界条件的设置需要在 Boundary Conditions 的 Zone 中选取 pressure-outlet-duct，在 Type 中改为 pressure-outlet，出口压力保持默认的 0 即可。

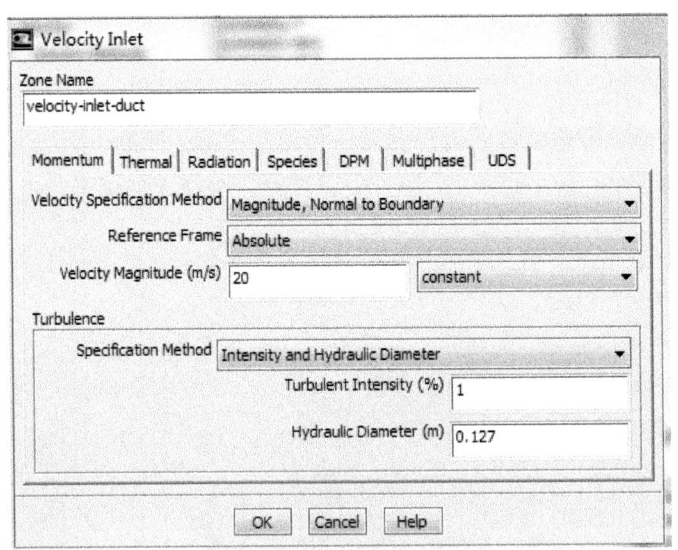

图 8.33　速度入口设置对话框

3）交界面边界设置

交界面边界条件设置时，在 Boundary Conditions 中的 Zone 中选取 interface-duct、interface-hole1 和 interface-hole2，在 Type 中改为 interface。

再单击 Define→Mesh interfaces 命令进行设置。单击 Create/Edit，打开设置对话框。在

Mesh Interface 下面输入 junction 命名；在 Interface Zone1 中选取 interface-hole1 和 interface-hole2，在 Interface Zone2 中选取 interface-duct；Interface Options 选项不进行选择，单击 Create 按钮，稍等片刻后创建好名字为 junction 的交界面，如图 8.34 所示。这样在流体区域之间的网格数据可以相互交换，从而解决了非结构网格和结构网格之间数据交换的问题，这一方法在很多复杂外形的流动中非常有用。

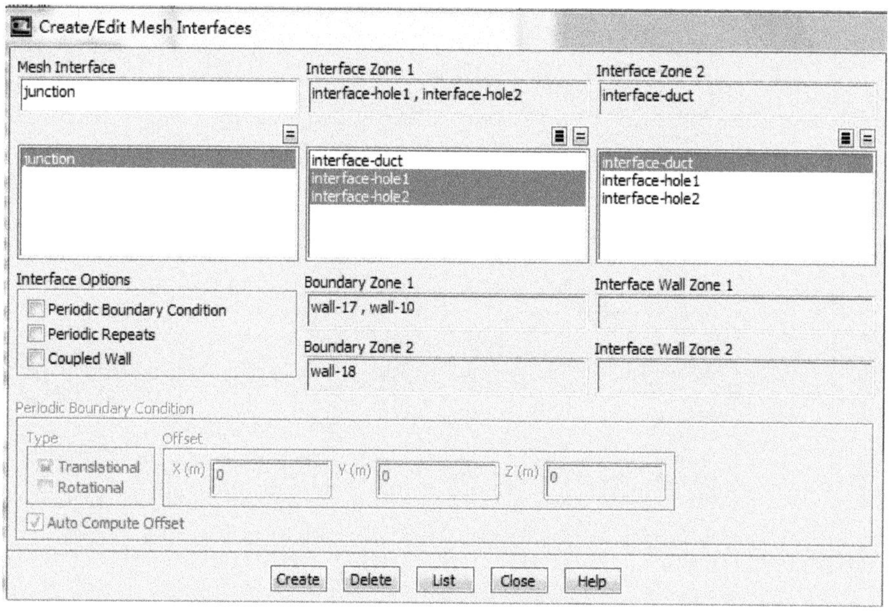

图 8.34　交界面设置对话框

4）其他边界条件设置

对称面边界条件修改为 Symmetry 即可，壁面边界条件保持默认的无滑移边界条件。

6. 求解设置

选取合适的求解方法可以加快计算收敛的速度。

1）求解器方法设置

通过 Solve→Methods 可以对求解方法进行设置，在设置中选择 SIMPLE 算法，其他设置为默认设置即可，在一阶格式收敛后再转到二阶格式计算，如图 8.35 所示。

2）求解控制设置

通过 Solve→Controls 命令可以对求解控制进行设置，在此项设置里，主要设置的是松弛因子，选取合适的松弛因子可以有效加快收敛速度。本算例中全部设置采用默认即可，如图 8.36 所示。

3）求解监视设置

通过 Solve→Monitors 命令可以对求解监视器进行设置，对残差曲线进行监视前需要激活残差曲线，通过 Solve→Monitors→Residuals 命令，勾选 Plot 即可，如图 8.37 所示。

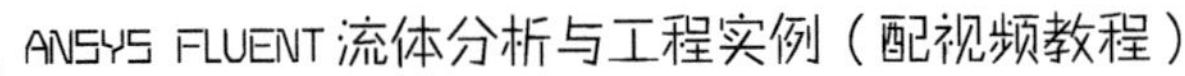

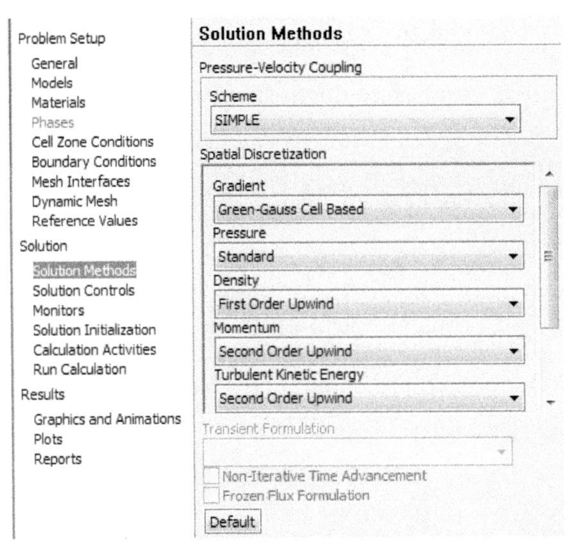

图 8.35　求解方法设置对话框

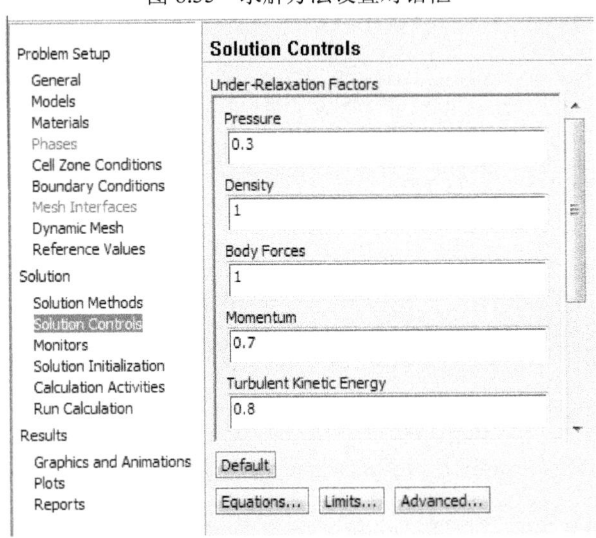

图 8.36　求解控制设置对话框

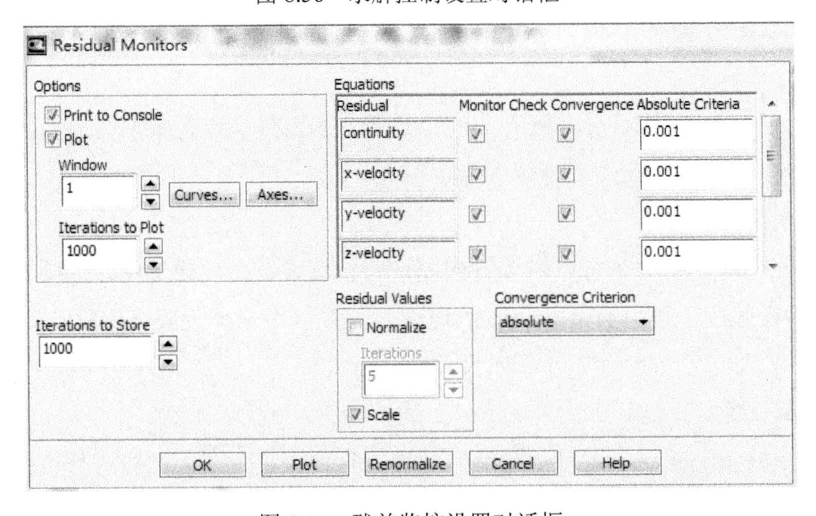

图 8.37　残差监控设置对话框

7．初始化与求解设置

在计算时，良好的初始流场对计算收敛速度有很大的好处，需要对初始化进行设置。还需要对计算步数等进行设置。

1）初始化设置

通过 Solve→Initializations 命令可以对初始化进行设置，在 Compute from 设置中选取 velocity-inlet-duct，初始值会自动变化，如图 8.38 所示。单击 Initialize 进行初始化操作，等待片刻初始化完成。

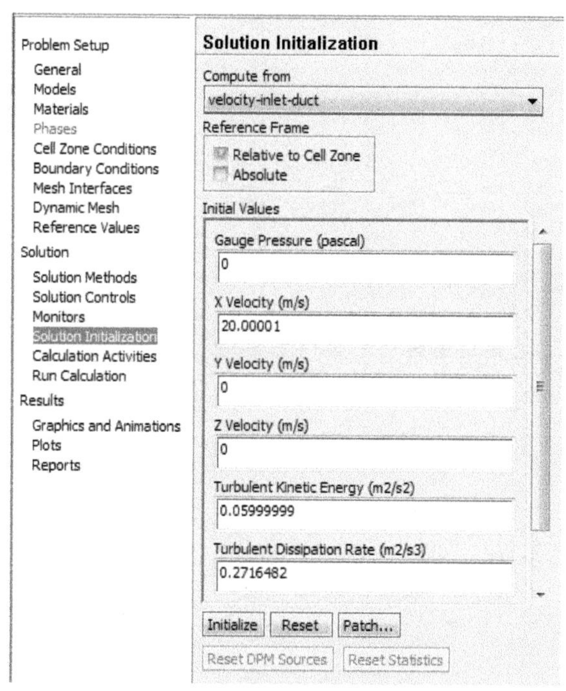

图 8.38　初始化设置对话框

2）自动保存设置

自动保存设置是一个十分实用的功能，便于用户读取之前迭代的结果，可以通过 File→Write→Autosave 命令进行设置。可以选择保存文件的路径，以及 cas 和 date 文件保存的频率和方式等，本算例自动保存设置为每 100 步自动保存 date 文件，在 Save Date File Every 下输入 100，如图 8.39 所示。

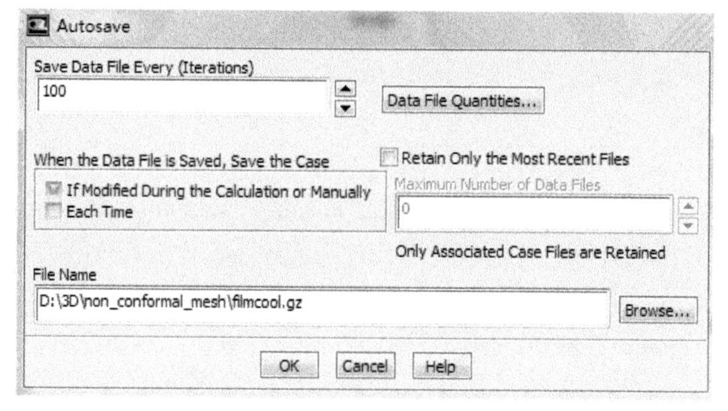

图 8.39　自动保存设置对话框

3）运行计算

在设置完成之后，应该先保存一下当前的cas文件，然后进行迭代计算。

通过Solve→Run Calculation命令进行求解运行设置，本次计算设置迭代500步，如图8.40所示。

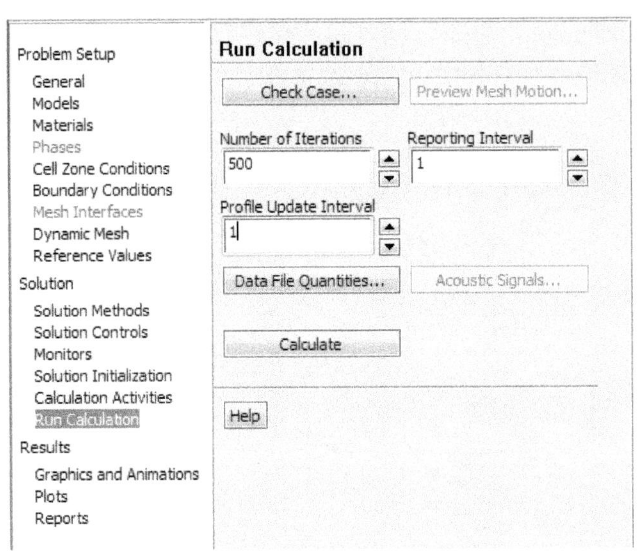

图8.40　求解运行设置对话框

8.2.4　后处理

后处理主要通过流线图、矢量图和等值线图来反映流动的情况。

1．流线图

流线图可以非常直观地展现流动的情况。

通过Display→Graphics and Animations→Pathlines命令可以显示流线，在Color by下面选取速度大小，表示流线的颜色是按照速度大小区分的。在Release from Surfaces先选取velocity-inlet-duct、velocity-inlet-plenum1和velocity-inlet-plenum2，表示流线是从三个速度入口释放出来的。在Step size保持默认的0.01m，Steps保持默认的500，Path Skip输入10，每隔10条流线显示一条流线，如图8.41所示。单击Display按钮，显示流线，如图8.42所示，从图中可以看到流动变化剧烈的区域是靠近下方壁面的区域。

2．显示速度矢量

速度矢量可以较好地反映流动的细节。通过Display→Graphics and Animations→Vectors可以显示矢量图。

打开Vectors设置后，单击Vector Options按钮，选择Fixed Length以便使所有的矢量都以相同的长度显示；在Scale框中输入3，Skip框中输入1，表示每隔1个矢量显示一个，如图8.43所示，单击Display按钮，显示矢量图，放大后观看交界面附近的速度矢量图，如图8.44所示。

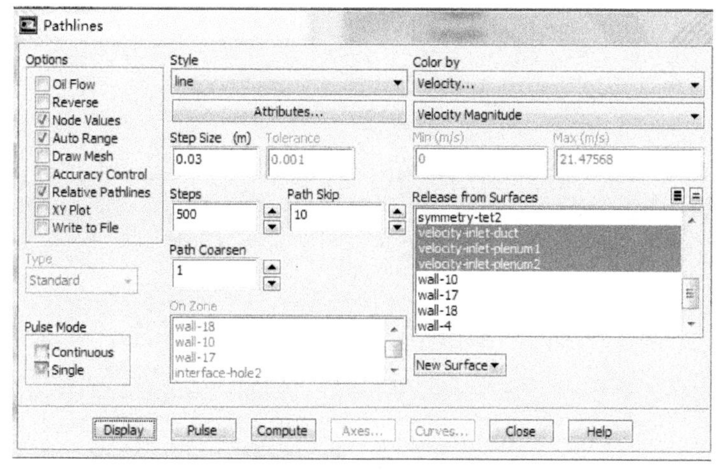

图 8.41　Pathlines 对话框

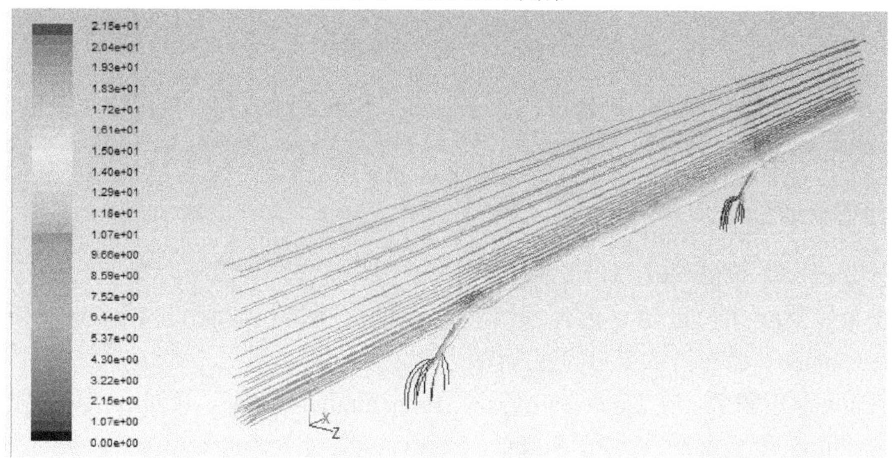

图 8.42　流线图

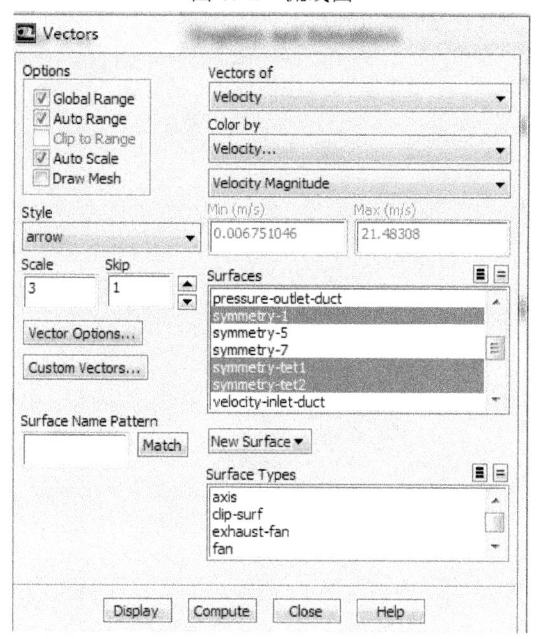

图 8.43　Vectors 对话框

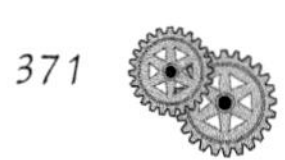

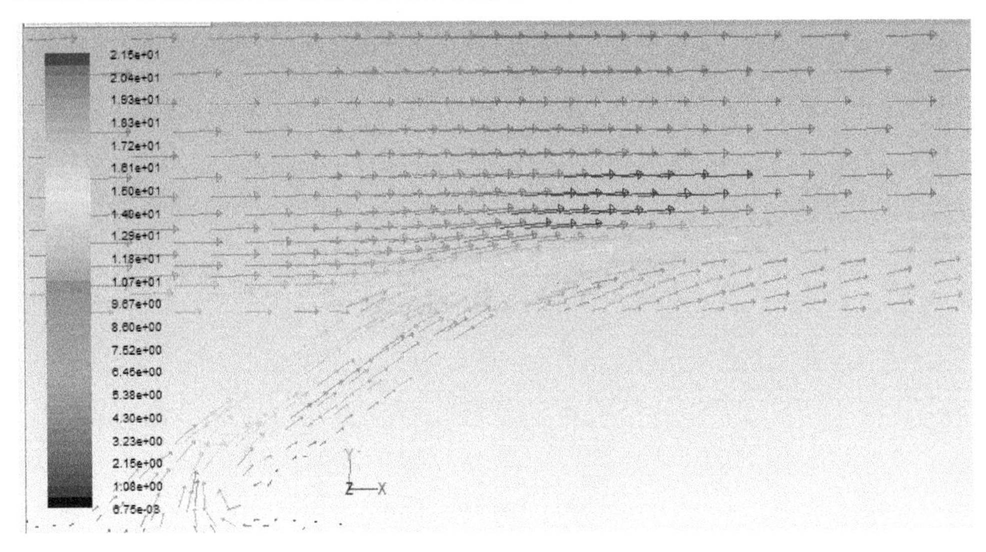

图 8.44　速度矢量图

矢量图中不同的颜色代表不同速度的大小，箭头代表速度方向，从图中可以很好地看出射流是如何影响主流的。

3. 显示等值线图

1）显示温度分布等值线图

温度分布等值线图可以较好地反映管内的温度交换情况。通过 Display→Graphics and Animations→Contours 命令可以显示等值线图。

打开 Contours 设置后，在 Contours of 选取 Temperature 和 Static Temperature；在 Options 选项框中选取 Filled 以显示云图，在 Surface Types 中选取 symmetry，如图 8.45 所示，单击 Display 按钮显示温度云图，如图 8.46 所示。

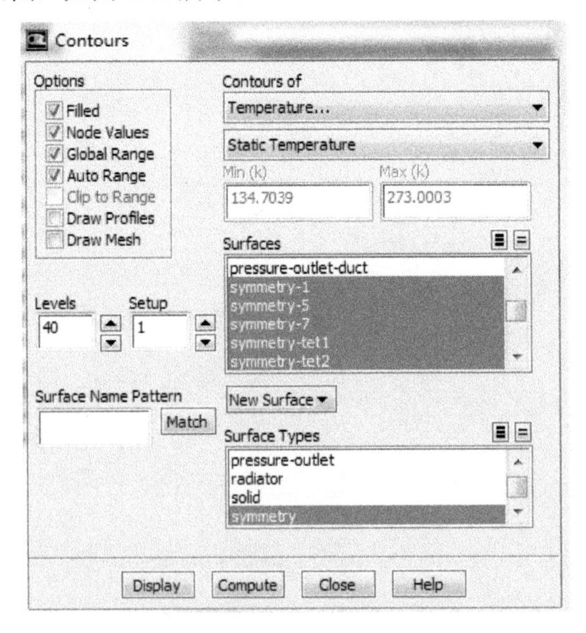

图 8.45　Contours 对话框

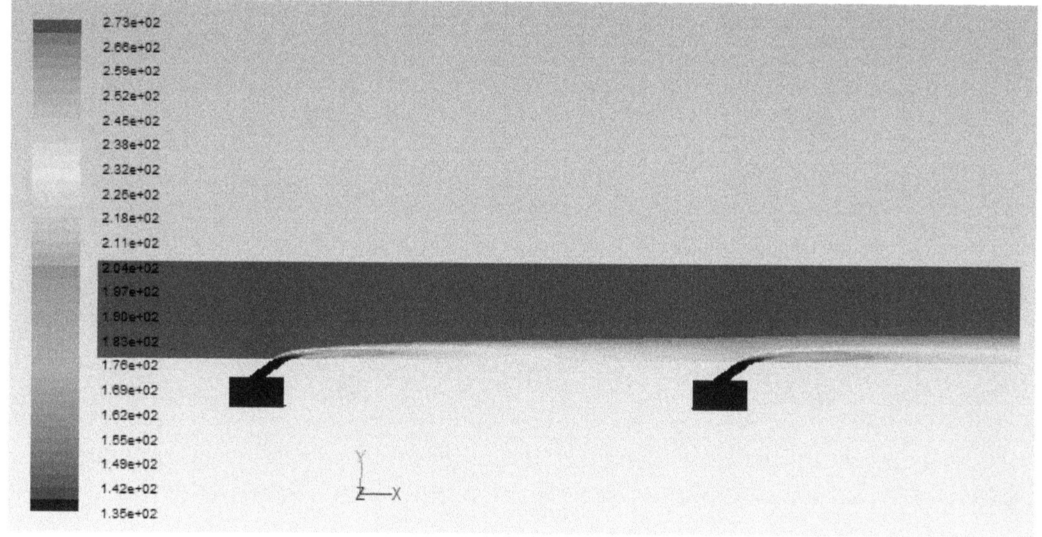

图 8.46 温度分布云图

温度分布云图中不同的颜色代表不同温度的大小。从图中可以很好地看出温度是如何交换的。

2）显示速度分布等值线图

速度分布等值线图可以较好地反映管内的速度变化情况。通过 Display→Graphics and Animations→Contours 命令可以显示等值线图。

打开 Contours 设置后，在 Contours of 选取 Velocity 和 Velocity magnitude；在 Options 选项框中选取 Filled 以显示云图，在 Surface Types 中选取 symmetry，在 Levels 中输入 40 以观看更多的流动细节，如图 8.47 所示，单击 Display 按钮显示速度分布云图，在 Display→Views 命令中以 symmetry-5 做镜像对称显示，速度分布云图如图 8.48 所示。

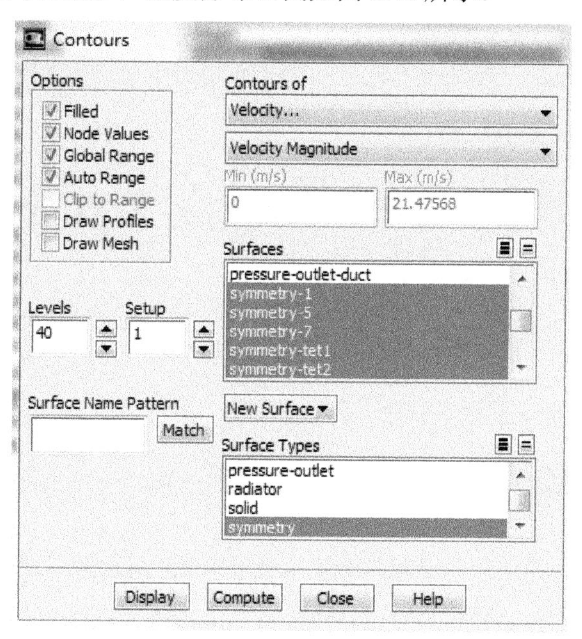

图 8.47 Contours 对话框

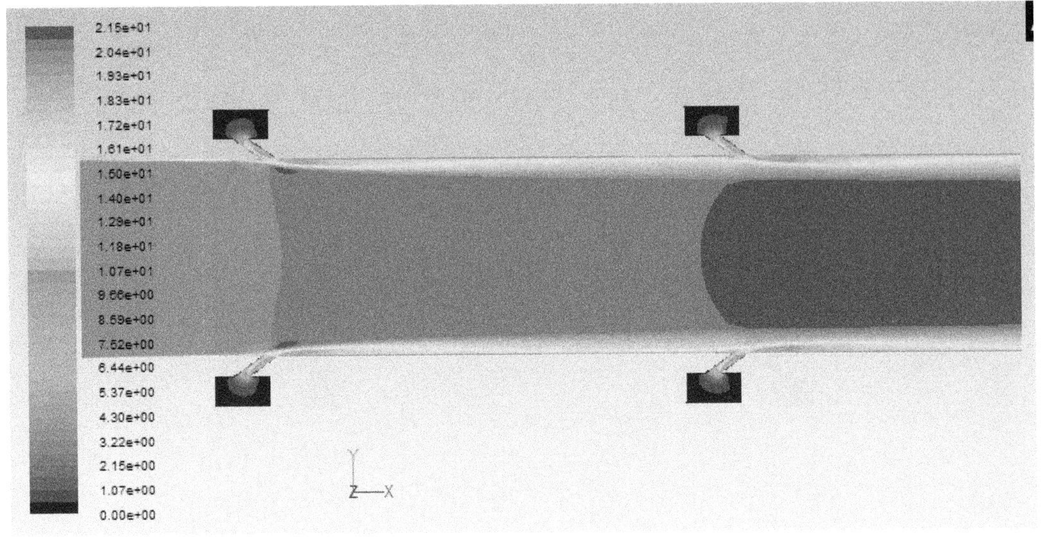

图 8.48　速度分布云图

速度分布云图中不同的颜色代表不同速度的大小。从图中可以看出，喷管对主管有明显的加速效应，主要因为：

（1）喷管作用类似于收缩管径，减小了截面积，从而增加了速度。

（2）喷管出口约为 13m/s，相当于往流动方向注入了能量。还可以看出明显的两段加速效应。

8.2.5　小结

本节讲解了射流对管内流动的影响，可以从计算结果中很好地看出射流对主流的加速效应，并且介绍了交界面边界条件的使用方法，交界面边界条件是经常使用的一类边界，对于复杂外形的流体力学问题可以大大减少工作量，特别是可以处理混合网格、滑移网格、动网格的问题。

8.3　触媒转化器流动模拟-多孔介质模型

在实际工程中，多孔介质区域是一类经常遇见的问题，这类问题具有比较广泛的应用，触媒转化器经常用于汽车排气管部分，本算例将以触媒转化器流动的模拟对多孔介质模型的使用进行讲解。

8.3.1　基本方法

触媒转化器又称催化转化器，它与汽车中其他催化转化器用于限制废气中污染物的含量，一般是蜂窝状结构，这时需要用到多孔介质区域。

本算例涉及的方法和需要的设置有：

✧ 设置需要的湍流模型。
✧ 设置远场边界条件。
✧ 设置多孔介质区域。
✧ 设置需要监视的面。
✧ 通过显示流线来反映流动情况。
✧ 对流体区域切割出某一面。

8.3.2　问题描述

本算例中 X 方向总长为 0.2767358m，多孔介质区域半径为 0.05m，入口和出口管半径为 0.2m。计算域入口为速度入口，速度为 22.6m/s，出口为压力出口，压力为 0，中间为多孔介质区域，如 8.49 所示。

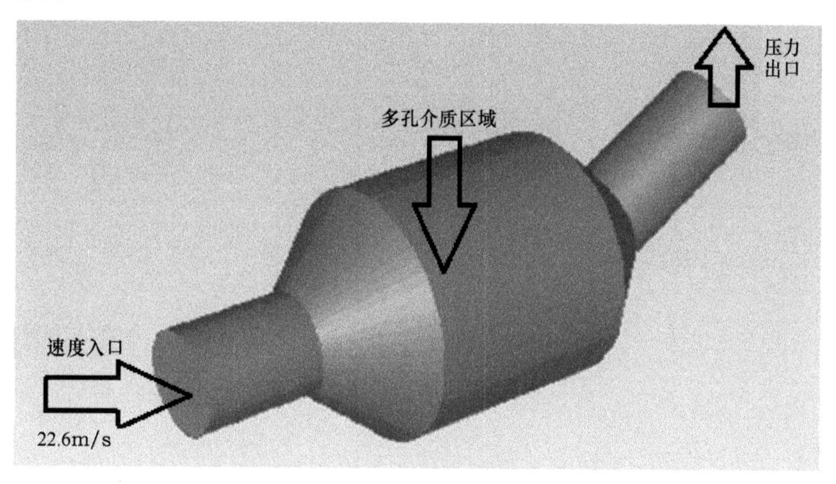

图 8.49　计算域示意图

8.3.3　计算设置

数值模拟时需要对算例进行逐步设置，才能进行求解。

1. 网格

1）读入网格

通过 FLUENT 中 File→Read→Mesh 命令读入网格文件，在 FLUENT 中会显示网格，如图 8.50 所示，全部采用结构网格。

2）检查网格

通过 Mesh→Check 命令对网格进行检查。检查没有负体积、左手网格等问题可以进行下一步操作。

3）缩放

通过 Mesh→Scale 命令对网格进行缩放，一般采用 Pointwise 软件生成的网格单位是米，需要缩小1000倍，而用ICEM软件生成的网格单位是毫米，不需要缩放。缩放对话框如图8.51所示。

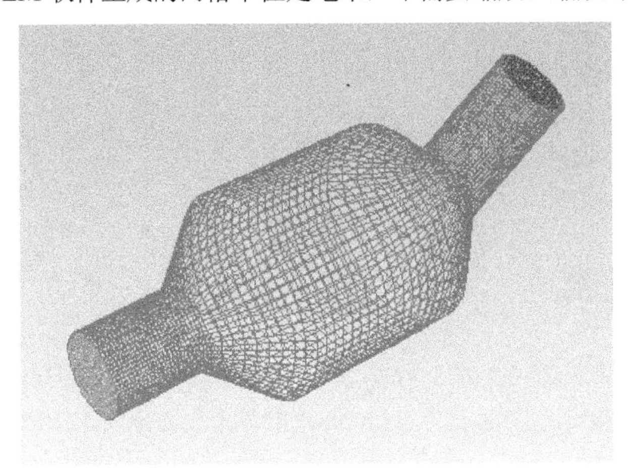

图8.50　计算域网格显示

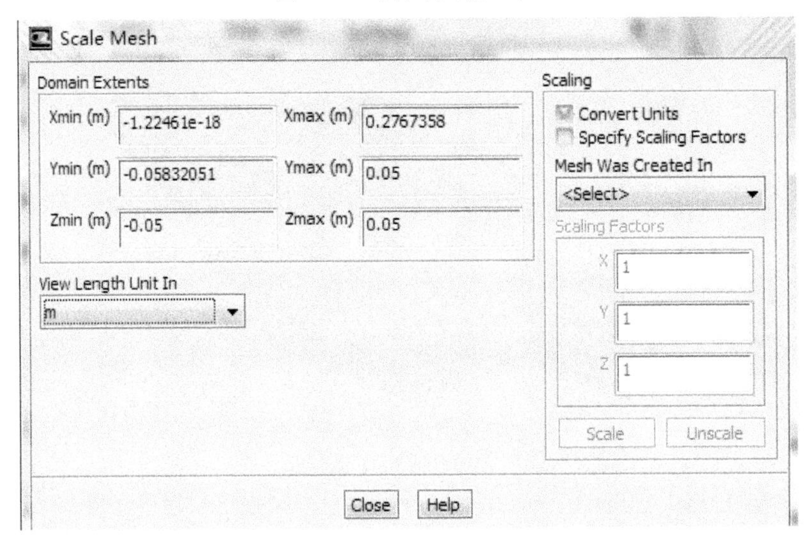

图8.51　缩放对话框

4）显示和关闭网格

通过 Display→Mesh 命令可以显示和关闭网格，由于三维问题往往网格数比较大，一般不显示内部网格，FLUENT默认如此，如图8.52所示。

2. 模型设置

1）设置求解参数

通过Define→General命令可以设置通用的参数。对于本算例保持默认算例即可，不需要进行特殊设置，如图8.53所示。

2）选择模型

本算例需要设置湍流模型，但是不需要激活能量方程；通过Define→Models→Viscous命令可以选择希望的湍流模型，本算例中选取标准 k-e 两方程湍流模型，对近壁面处理选择开启标准壁面函数（Standard Wall Functions）方法，保持默认参数即可，如图8.54所示。

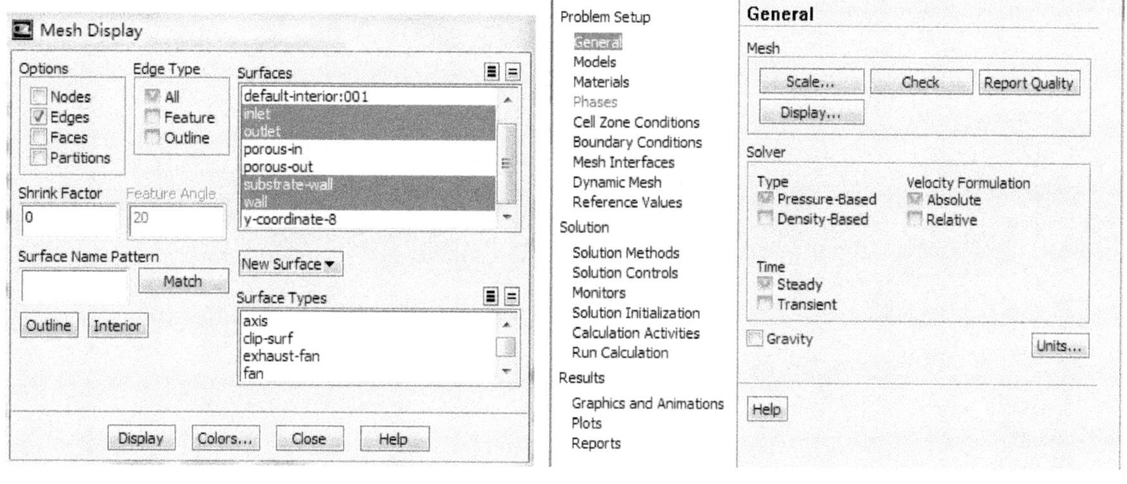

图 8.52　显示网格对话框　　　　图 8.53　一般设置对话框

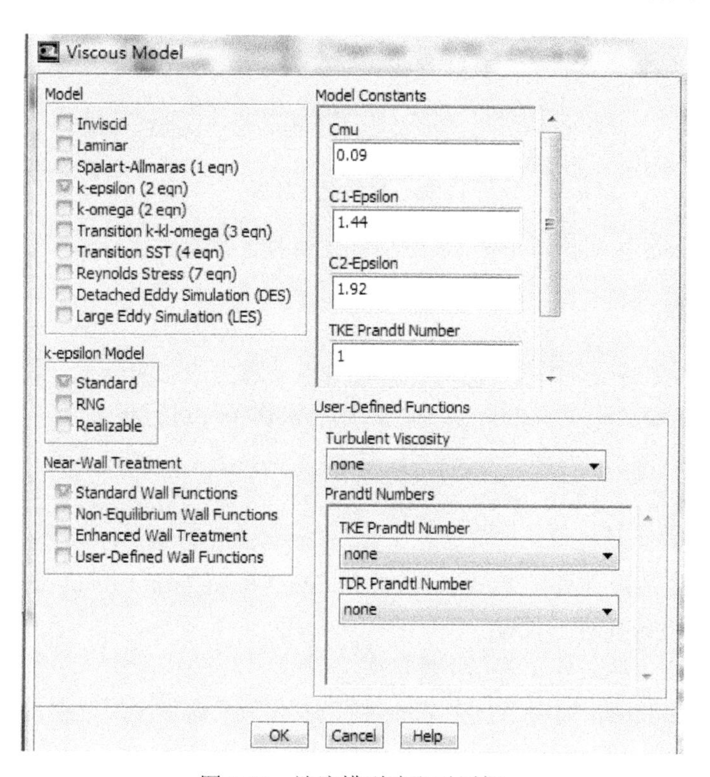

图 8.54　湍流模型选取对话框

3. 材料设置

FLUENT 默认的流体材料是空气，由于本次需要模拟氮气（N_2）的流动，因此需要对其进行进一步设置。

通过 Define→Materials 命令可以对材料属性进行设置。

由于研究的问题是氮气通过触媒转化器，需要在 FLUENT Database 中找到氮气（N_2），选择 Copy 添加新的气体，如图 8.55 所示。

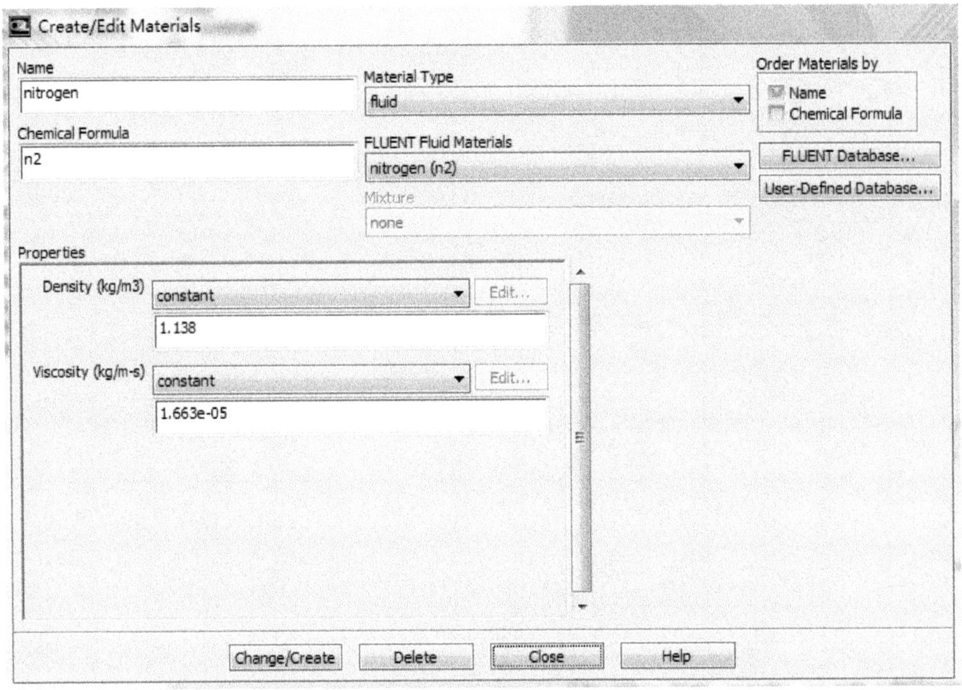

Create/Edit Materials
Name: nitrogen
Material Type: fluid
Order Materials by: Name / Chemical Formula
Chemical Formula: n2
FLUENT Fluid Materials: nitrogen (n2)
FLUENT Database...
User-Defined Database...
Mixture: none
Properties
Density (kg/m3): constant, Edit..., 1.138
Viscosity (kg/m-s): constant, Edit..., 1.663e-05
Change/Create | Delete | Close | Help

图 8.55 材料属性对话框

单击 Change/Create 按钮，再单击 Close 关闭对话框。

4. 操作条件设置

操作条件设置主要是设置参考压力和参考压力点及重力的影响。

通过 Define→Operating Conditions 命令可以对操作条件进行设置，采用默认设置即可，如图 8.56 所示。

5. 边界条件设置

边界条件的设置是最重要的步骤。通过 Define→Boundary Conditions 命令或 Cell Zone Conditions 可以对边界条件进行设置。

1）设置流动介质边界条件（多孔介质区域）

在 Cell Zone Conditions 设置下，在 Zone 列表中有两个流体区域，在 Type 中都选取 fluid，设置为流体介质。

其中 fluid 表示非多孔介质区域的流体，在材料中改为氮气，其他保持默认设置即可，如图 8.57 所示。

流体区域 Substrate 表示多孔介质区域，需要在 Porous Zone 选项点选，并且希望多孔介质区域内的流动为层流，点选 Laminar Zone。再在 Porous Zone 选项卡中对多孔介质区域进行设置。在 Director-1 方向向量和 Director-2 方向向量输入 X 和 Y 方向的向量，Director-3 即为 Director-1 方向向量和 Director-2 方向向量的法向。下面再点选 Relative Velocity Resistance Formulation，表示相对速度阻力方程。在 X、Y、Z 方向分别输入测定的阻抗值。再在 Inertial Resistance 中 X、Y、Z 方向分别输入测定的内部阻抗值。其他保持默认设置即可，如图 8.58 所示。

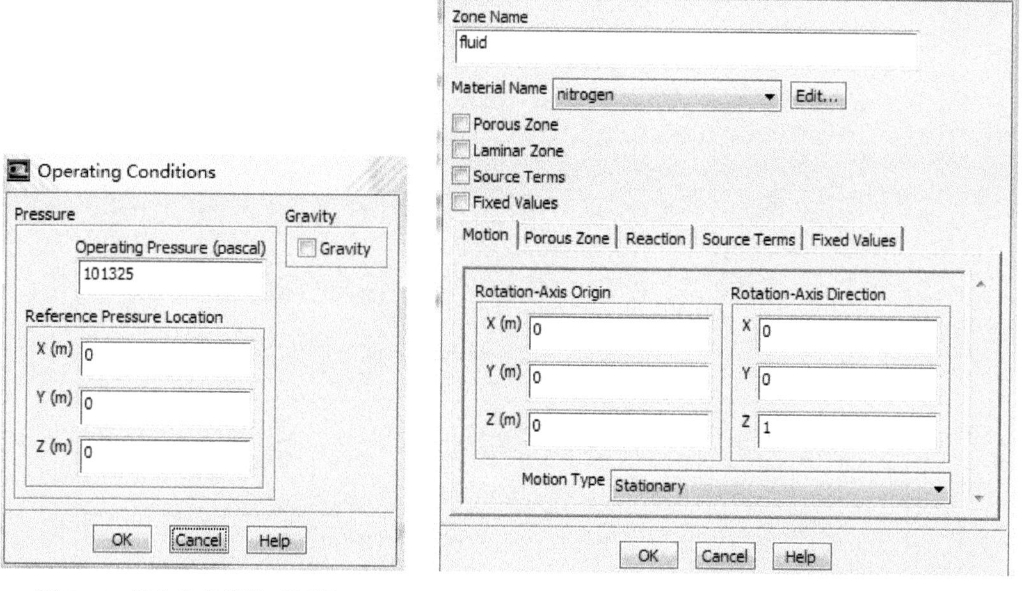

图 8.56　操作条件设置对话框

图 8.57　流体介质设置对话框

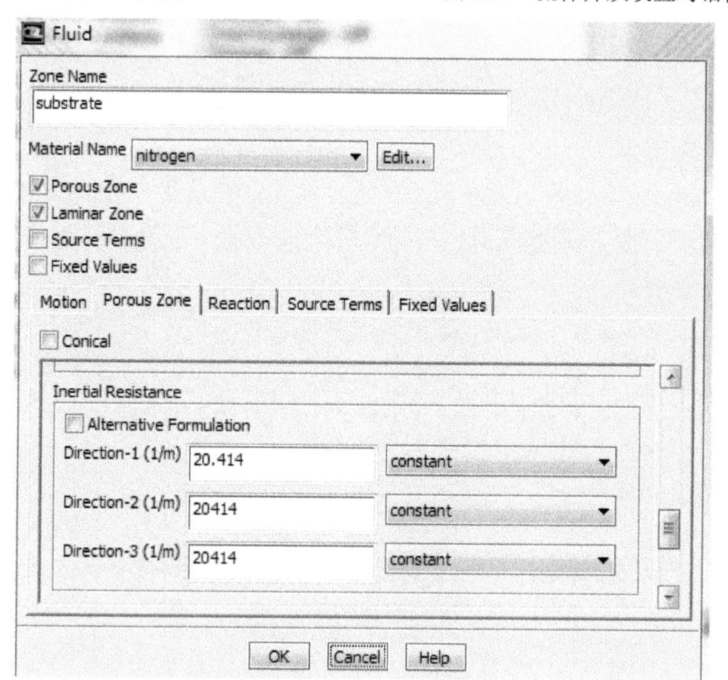

图 8.58　多孔介质设置对话框

2）进出口边界条件设置

速度入口边界条件设置时，在 Boundary Conditions 的 Zone 中选取 inlet，将 Type 中改为 velocity -inlet。再单击 Edit 打开对边界条件进行设置。垂直于边界速度为 20m/s，湍流度为 10%，水滴直径为 0.042m，如图 8.59 所示

压力出口边界条件的设置需要在 Boundary Conditions 的 Zone 中选取 outlet，将 Type 中改为 pressure-outlet，出口压力保持默认的 0 即可。

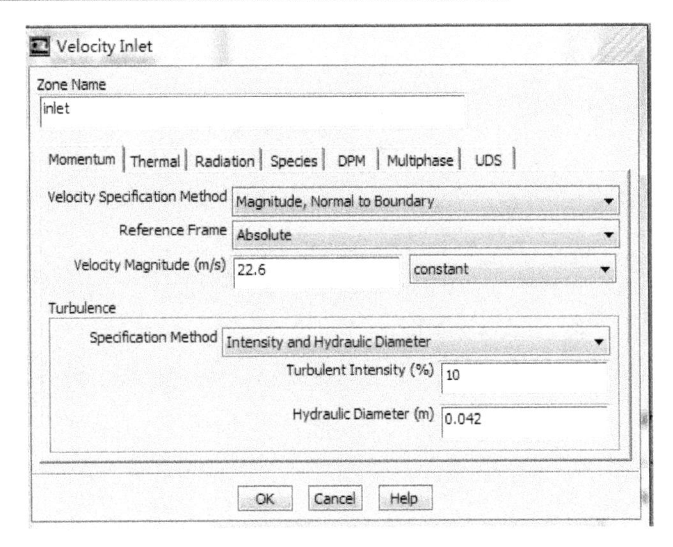

图 8.59　速度入口设置对话框

3）其他边界条件设置

对于壁面边界条件保持默认的无滑移边界条件，内部面设置为 interior 即可。

6．求解设置

选取合适的求解方法可以加快计算收敛的速度。

1）求解器方法设置

通过 Solve→Methods 命令可以对求解方法进行设置，在设置中选择 SIMPLE 算法，其他设置为默认设置即可，在一阶格式收敛后再转到二阶格式计算，如图 8.60 所示。

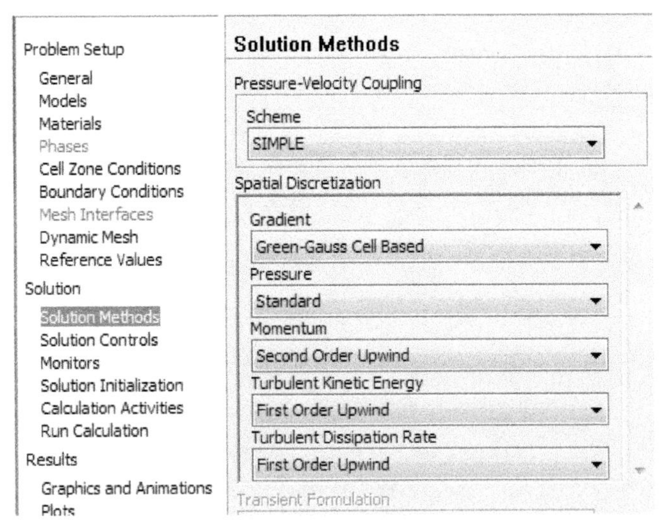

图 8.60　求解方法设置对话框

2）求解控制设置

通过 Solve→Controls 命令可以对求解控制进行设置，在此项设置里，主要设置的是松弛因子，选取合适的松弛因子可以有效加快收敛速度。本算例中全部设置采用默认即可，如图 8.61 所示。

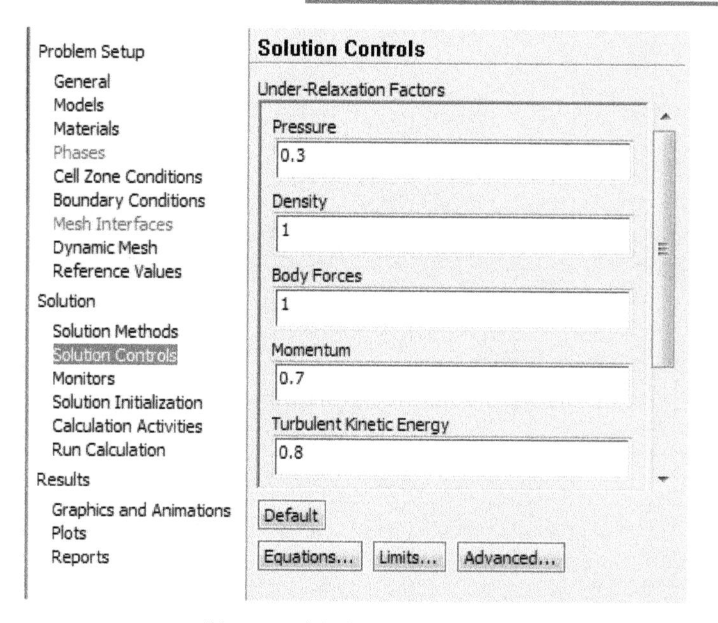

图 8.61　求解控制设置对话框

3）求解监视设置

通过 Solve→Monitors 命令可以对求解监视器进行设置，对残差曲线进行监视前需要激活残差曲线，通过 Solve→Monitors→Residuals 命令，勾选 Plot 即可，如图 8.62 所示。

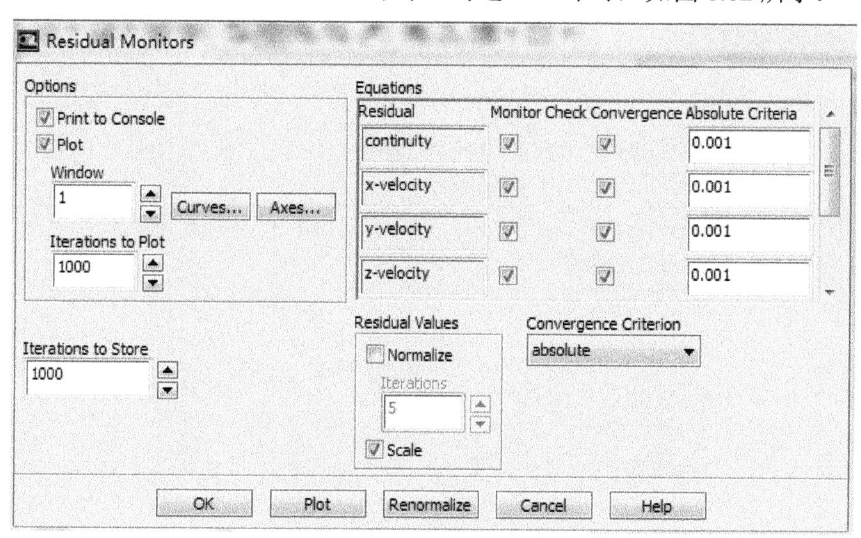

图 8.62　残差监控设置对话框

另外，还希望监视出口的质量流率，通过 Solve→Monitors→Surface Monitors 命令，单击 Create 按钮，出现对话框，在 Surfaces 中选取 outlet；在 Report Type 中选取质量流量（Mass Flow Rate）；单击 Plot 按钮进行监视；Windows 选 2 表示在监视窗口 2 号进行监视；点选 Write 保存监视曲线，其他保持默认设置，如图 8.63 所示。

7．初始化与求解设置

在计算时，良好的初始流场对计算收敛速度有很大的好处，需要对初始化进行设置，还需要对计算步数等进行设置。

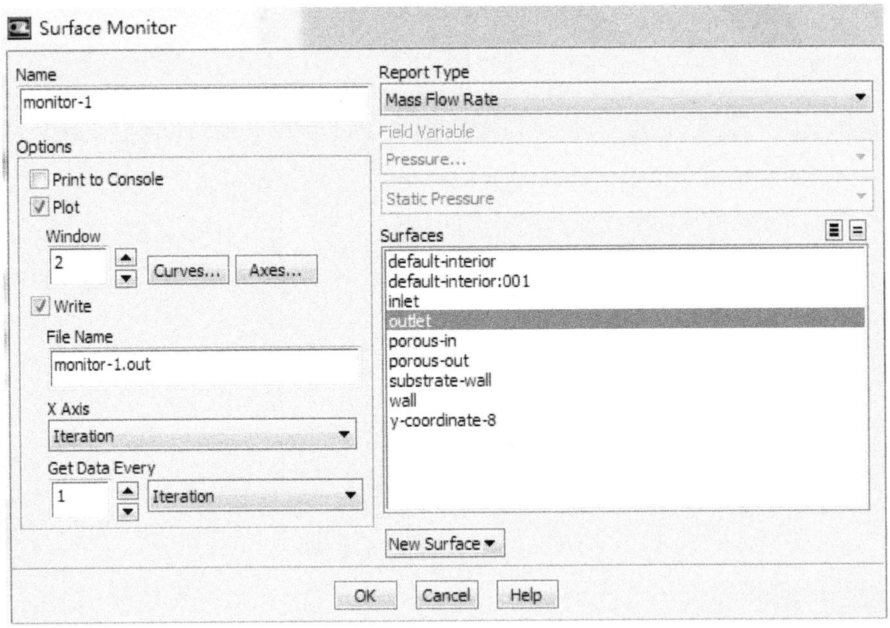

图 8.63　表面监控设置对话框

1）*初始化设置*

通过 Solve→Initializations 命令可以对初始化进行设置，在 Compute from 设置中选取 inlet，初始值会自动变化，如图 8.64 所示。单击 Initialize 进行初始化操作，等待片刻初始化完成。

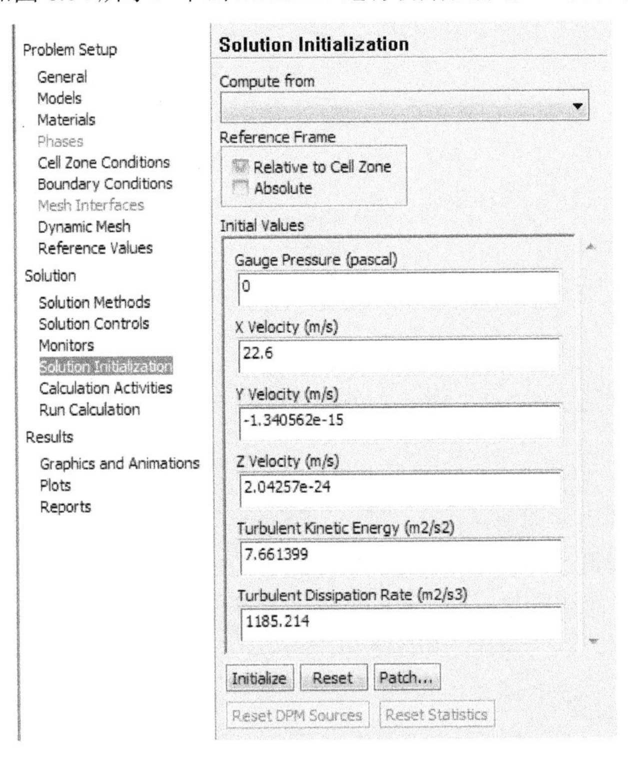

图 8.64　初始化设置对话框

2）自动保存设置

自动保存设置是一个十分实用的功能，便于用户读取之前迭代的结果，可以通过 File→Write→Autosave 命令进行设置。可以选择保存文件的路径，以及 cas 和 date 文件保存的频率和方式等，本算例自动保存设置为每 100 步自动保存 date 文件，在 Save Date File Every 下输入 100，如图 8.65 所示。

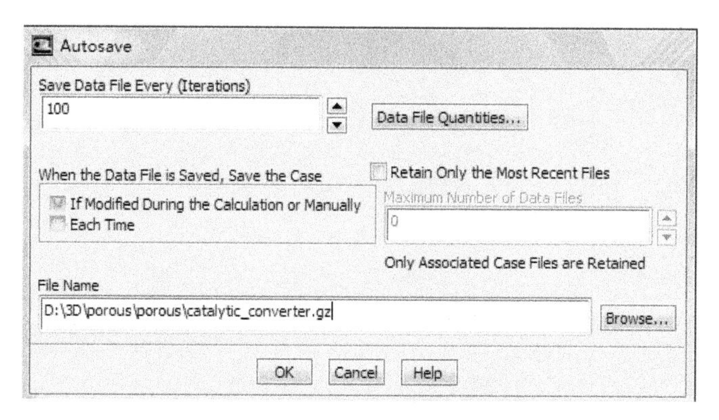

图 8.65　自动保存设置对话框

3）运行计算

在设置完成之后，应该先保存当前的 cas 文件，然后进行迭代计算。

通过 Solve→Run Calculation 命令进行求解运行设置，本次计算设置迭代 1000 步，如图 8.66 所示。

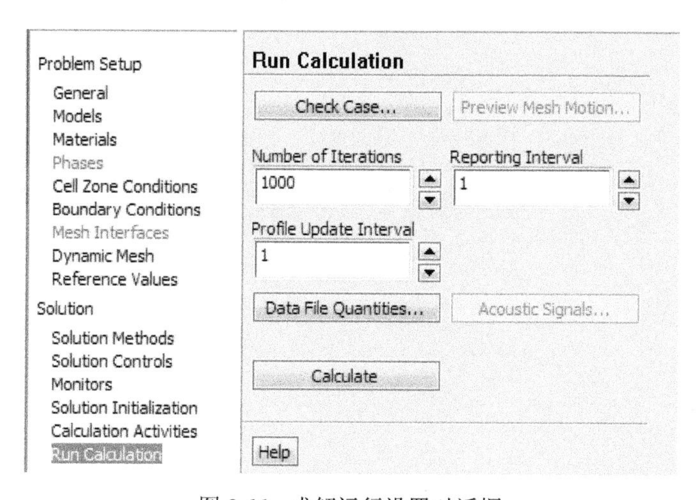

图 8.66　求解运行设置对话框

8.3.4　后处理

后处理主要通过流线图、矢量图和等值线图来反映流动的情况。

1．流线图

流线图可以非常直观地展现流动的情况。

通过 Display→Graphics and Animations→Pathlines 命令可以显示流线，在 Color by 下面选取速度大小，表示流线的颜色是按照速度大小区分的。在 Release from Surfaces 下选取 Velocity-inlet-duct、velocity-inlet-plenum1 和 velocity-inlet-plenum2，表示流线是三个速度入口释放出来的。在 Step size 保持默认的 0.01m，Steps 保持默认的 500，Path Skip 输入 5，表示每隔 5 条流线显示一条流线，如图 8.67 所示。单击 Display 按钮，显示流线，如图 8.68 所示，从图中可以看到速度的变化。

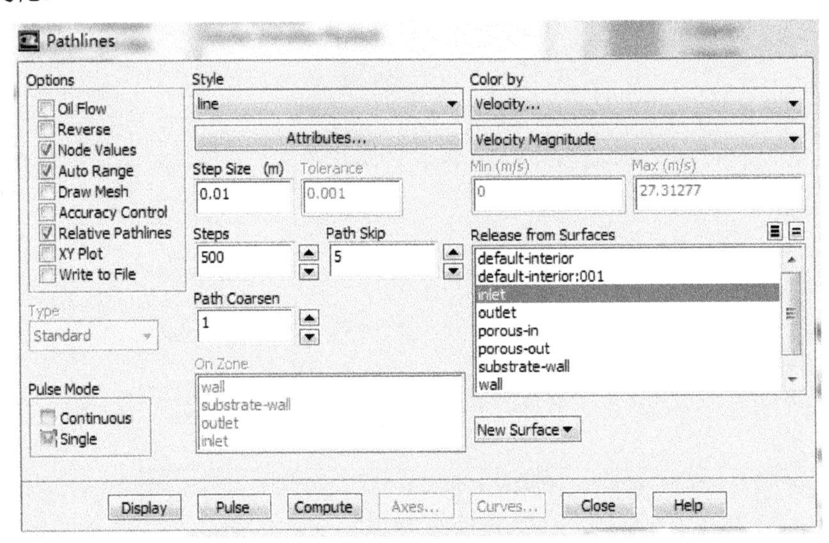

图 8.67　Pathlines 对话框

图 8.68　流线图

2. 显示等值线图

1）显示速度分布等值线图

速度分布等值线图可以较好地反映管内的速度情况。通过 Display→Graphics and Animations→Contours 命令可以显示等值线图。

在处理三维流体力学问题的时候，经常会需要选择流体区域的某一个界面进行处理，需要在 Surface→ISO-Surfaces 中对截取。在 Surface of Constant 中分别选取 Mesh 和 Z-coordinate，在 ISO-Values 输入 0，其他不需要选择，表示在网格 Z=0 截取界面，如图 8.69 所示。

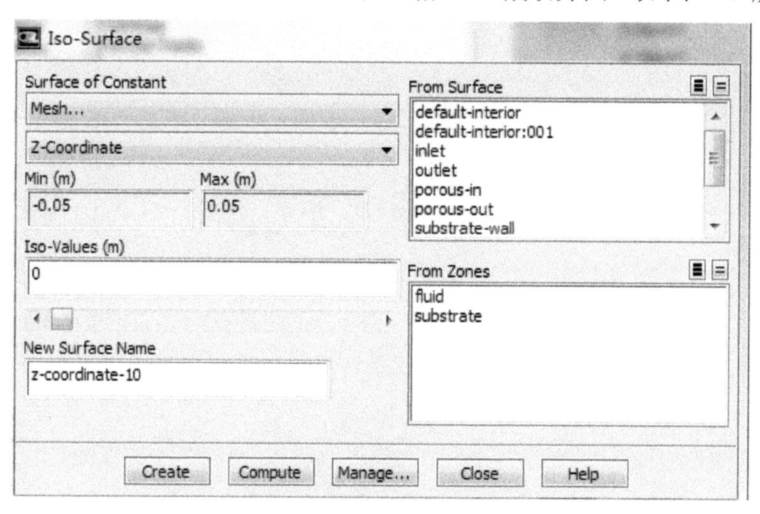

图 8.69　截取界面对话框

截取好界面后，打开 Contours 设置后，在 Contours of 中选取 Velocity 和 Velocity magnitude；在 Options 选项框中选取 Filled 以显示云图，在 Surface Types 中选取 Z-coordinate-9，在 Levels 中输入 40 以观看更多的流动细节，如图 8.70 所示，单击 Display 按钮显示速度云图，在 Display→Views 命令中以 symmetry-5 做镜像对称显示，速度分布云图如图 8.71 所示。

速度分布云图中不同的颜色代表不同速度的大小。从图中可以看出，高速气流在流经多孔介质区域的时候有明显的减小。

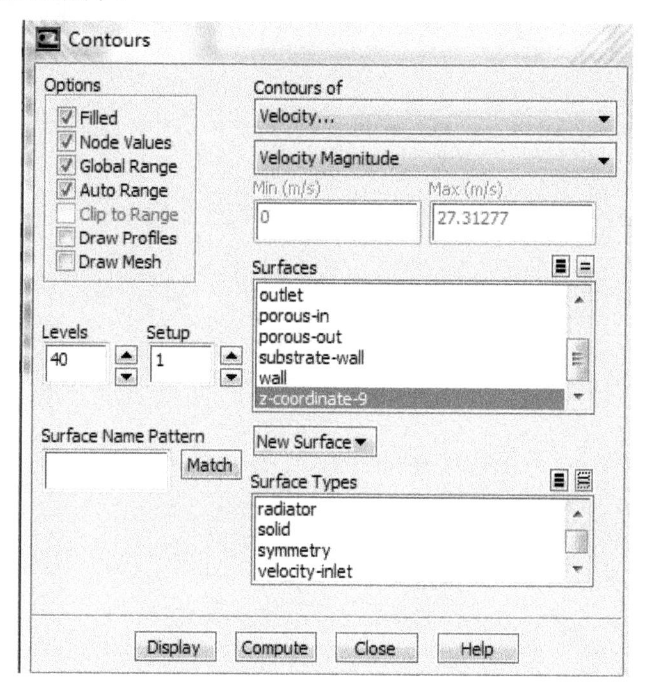

图 8.70　Contours 对话框

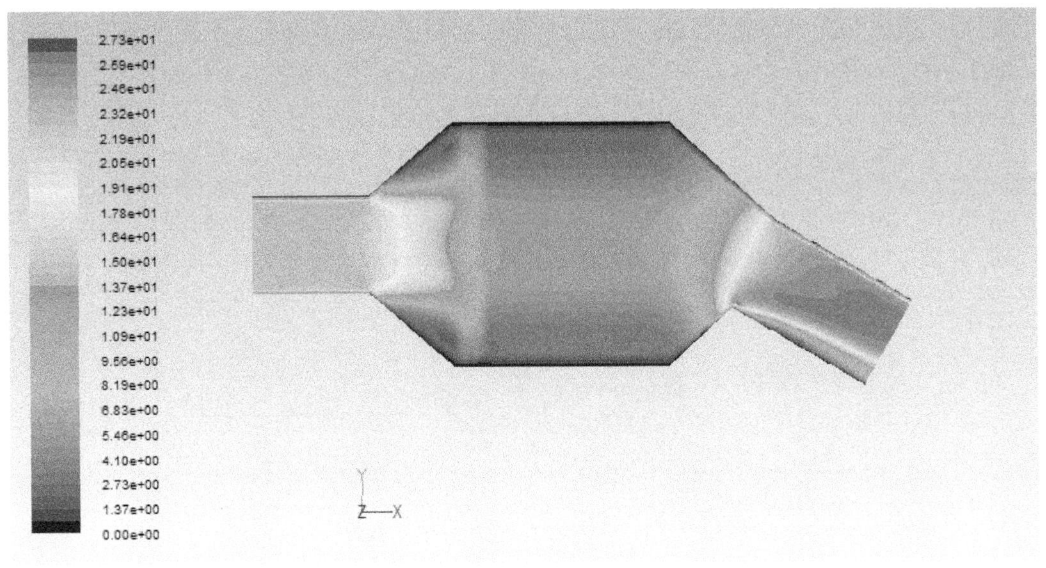

图 8.71　速度分布云图

8.3.5　小结

本节讲解了触媒转化器中的流动模型，主要通过这种模型介绍了多孔介质的使用方法、监视指定面特定信息的方法、截取内部面的方法。通过本节可以对多孔介质模型的使用方法有比较好的了解。

8.4　旋转机械流动模拟 1-混合面模型

在实际工程中，旋转机械用处十分广泛，如各种泵、风洞、螺旋桨、发动机、排风扇等，旋转机械的模拟方法有很多，如移动参考坐标系加混合面模型、动网格与交界面模型等。本算例将以旋转机械的模拟对混合面模型的使用进行讲解。

8.4.1　基本方法

旋转机械在工程中经常会遇到，因为其流动具有一定的复杂性，所以在数值模拟中也是比较复杂的依赖问题。

本算例涉及的方法和需要的设置有：

✧ 设置需要的湍流模型。
✧ 设置远场边界条件。
✧ 设置混合面模型。
✧ 设置需要监视的面。
✧ 通过显示流线来反映流动情况。

8.4.2　问题描述

本算例中流体沿 Z 的负方向流动，Z 方向总长 0.303m，最大半径为 0.14m，入口和出口都为压力边界，边界压力都为 0，左侧为旋转流动区域，右侧为静止区域。转子共 9 个，沿 Z 的负方向顺时针旋转，旋转速度为 1800r/min，定子共 12 个，静止不动，如图 8.72 所示。

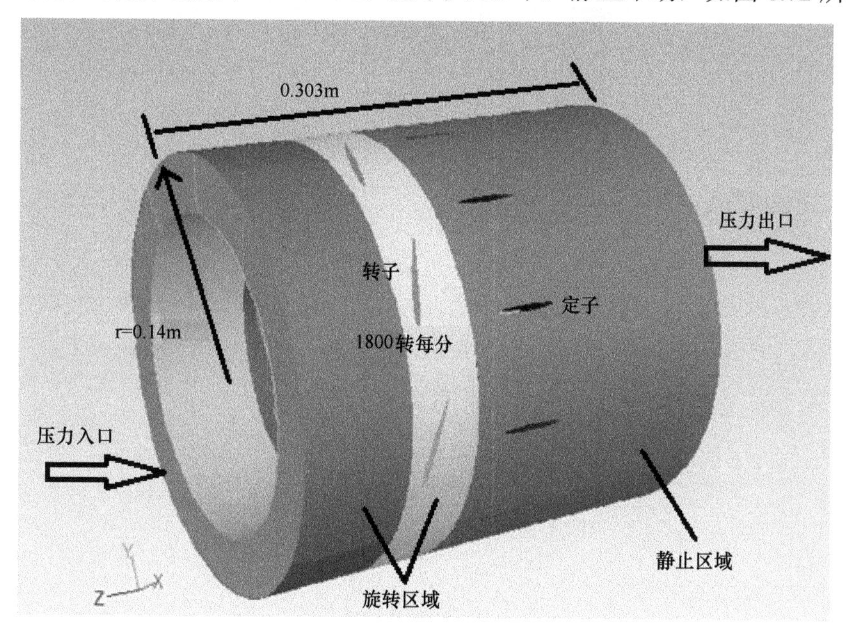

图 8.72　计算域示意图

8.4.3　计算设置

数值模拟时需要对算例进行逐步设置，才能进行求解。

1. 网格

1）读入网格

通过 FLUENT 中 File→Read→Mesh 命令读入网格文件，在 FLUENT 中会显示网格，如图 8.73 所示，全部采用非结构网格，可以将模型简化为一个定子区域和一个转子区域的周期性区域，以便减少总网格数量。

2）检查网格

通过 Mesh→Check 命令对网格进行检查。检查没有负体积、左手网格等问题可以进行下一步操作。

3）缩放

通过 Mesh→Scale 命令对网格进行缩放，一般采用 Pointwise 软件生成的网格单位是米，需要缩小 1000 倍，而用 ICEM 软件生成的网格单位是毫米，不需要缩放。缩放对话框如图 8.74 所示。

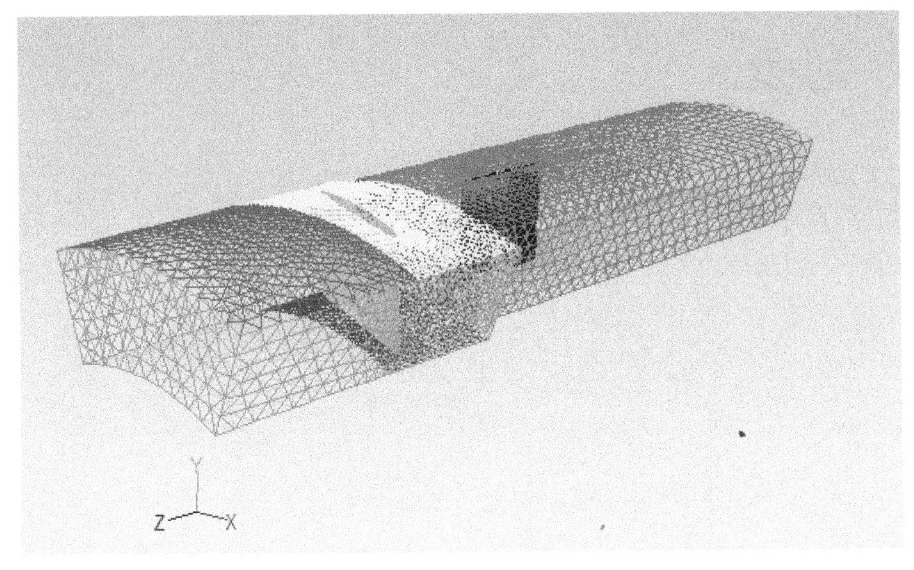

图 8.73　计算域网格显示

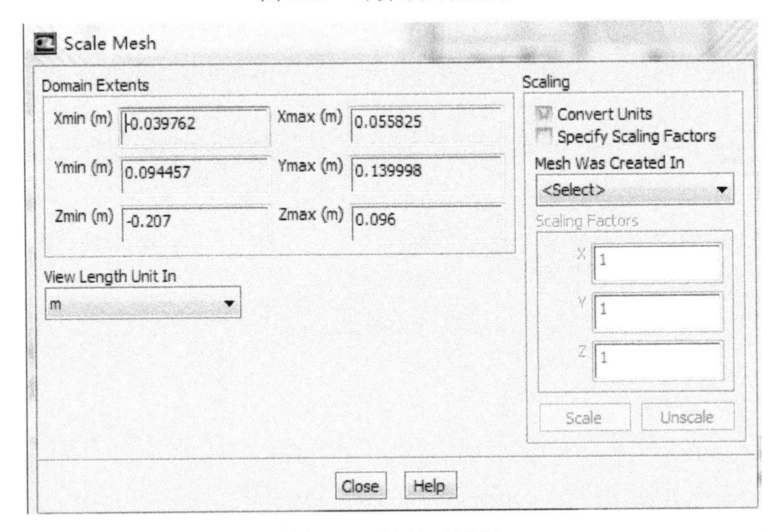

图 8.74　缩放对话框

4）显示和关闭网格

通过 Display→Mesh 命令可以显示和关闭网格，由于三维问题往往网格数比较大，一般不显示内部的网格，FLUENT 默认如此，如图 8.75 所示。

2. 模型设置

1）设置求解参数

通过 Define→General 命令可以设置通用的参数。对于本算例保持默认设置即可，不需要进行特殊设置，如图 8.76 所示。

2）选择模型

本算例需要设置湍流模型，由于最大旋转速度约为 26.376m/s，属于低速流动，不需要激活能量方程；通过 Define→Models→Viscous 命令可以选择希望的湍流模型，本算例中选取标准 k-e 两方程湍流模型，对近壁面处理选择开启标准壁面函数（Standard Wall Functions）方法，保

持默认参数即可，如图 8.77 所示。

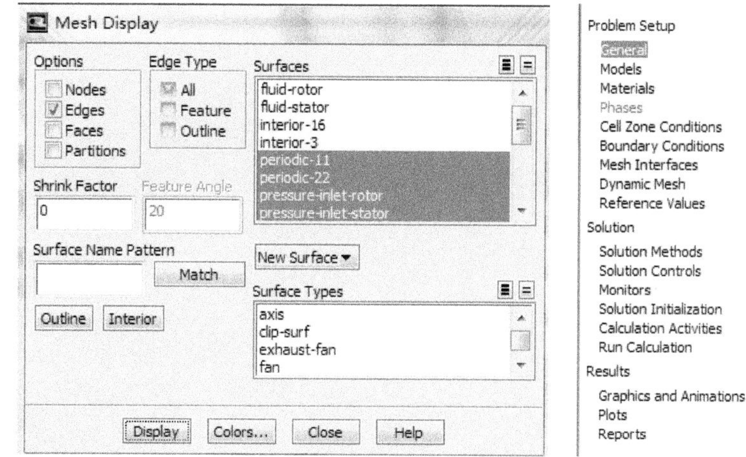

图 8.75　显示网格对话框

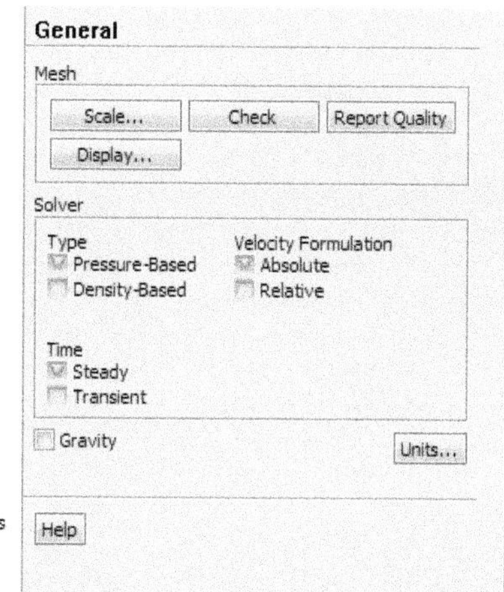

图 8.76　一般设置对话框

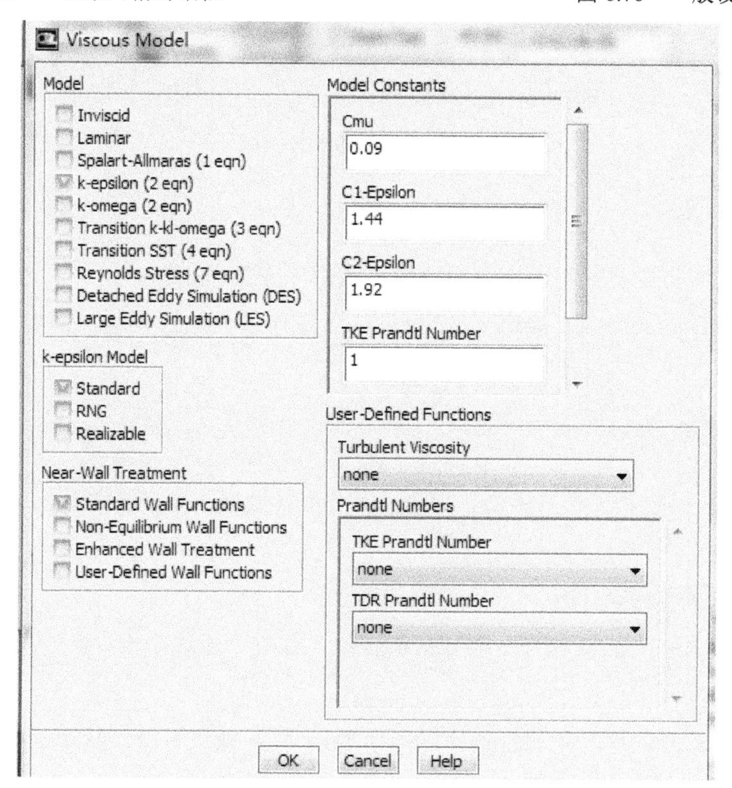

图 8.77　湍流模型选取对话框

3．材料设置

FLUENT 默认的流体材料是空气，不需要对其进行进一步设置。

通过 Define→Materials 命令可以对材料属性进行设置。

气体为空气，不需要设置，如图 8.78 所示；固体为铝材料，也不需要设置。

单击 Change/Create 按钮，再单击 Close 关闭对话框。

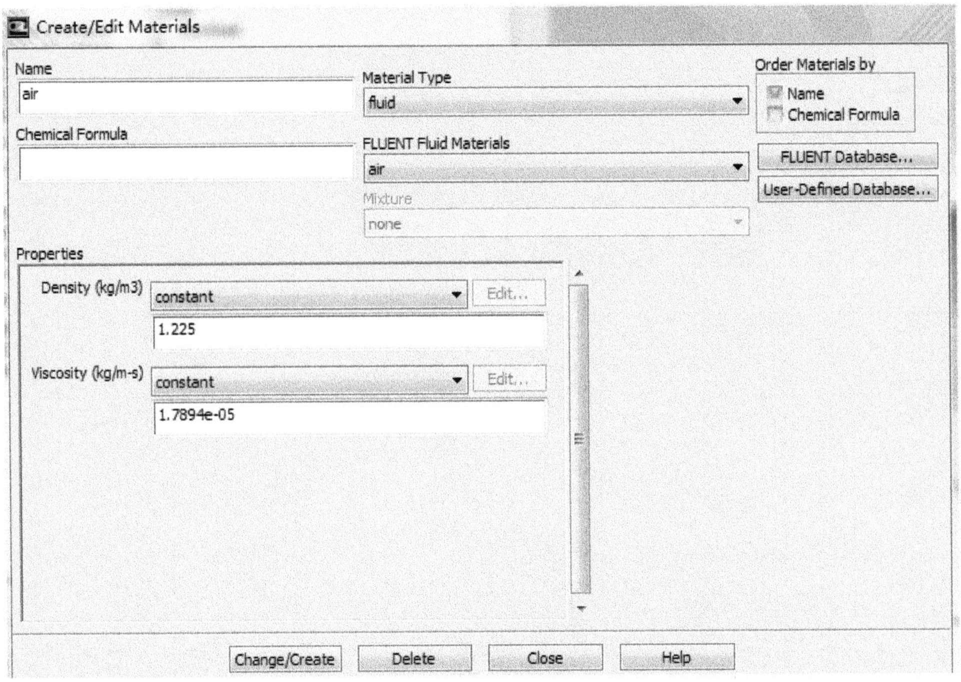

图 8.78　材料属性对话框

4．操作条件设置

操作条件设置主要是设置参考压力和参考压力点及重力的影响。

通过 Define→Operating Conditions 命令可以对操作条件进行设置，采用默认设置即可，如图 8.79 所示。

5．边界条件设置

边界条件的设置是最重要的步骤。通过 Define→Boundary Conditions 命令或 Cell Zone Conditions 可以对边界条件进行设置。

1）设置流动介质边界条件

在 Cell Zone Conditions 设置下，在 Zone 列表中有两个流体区域，在 Type 中都选取 fluid，设置为流体介质。

其中 fluid-rotor 表示旋转区域的流体，流动方向为 Z 轴负方向，将 Z 方向改为-1。Motion Type 改为 Moving Reference Frame（移动参考坐标系）。旋转速度为 1800r/min，需要先在 Define→Units→Angular-Velocity 中改为 r/min（转每分），如图 8.80 所示。

流体区域 fluid-stator 表示静止区域，可以将流动方向修改为 Z 轴负方向，也可以不修改。

2）进出口边界条件设置

压力入口和压力出口边界条件的设置需要在 Boundary Conditions 的 Zone 中选取转动区域和静止区域的出口和入口，在 Type 中改为 pressure-inlet 和 pressure-outlet，压力保持默认的 0 即可，方向改为 Z 轴负方向，如图 8.81 所示。

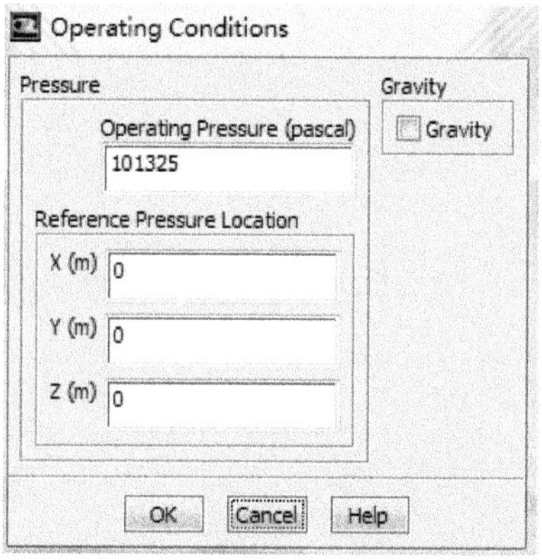

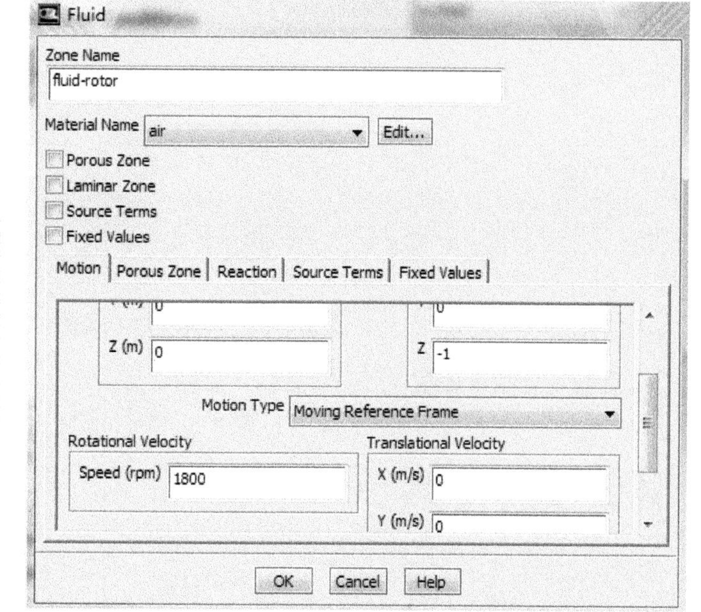

Operating Conditions
Pressure
Operating Pressure (pascal)
101325
Reference Pressure Location
X (m) 0
Y (m) 0
Z (m) 0
Gravity
Gravity
OK Cancel Help

图 8.79　操作条件设置对话框

图 8.80　流体介质设置对话框

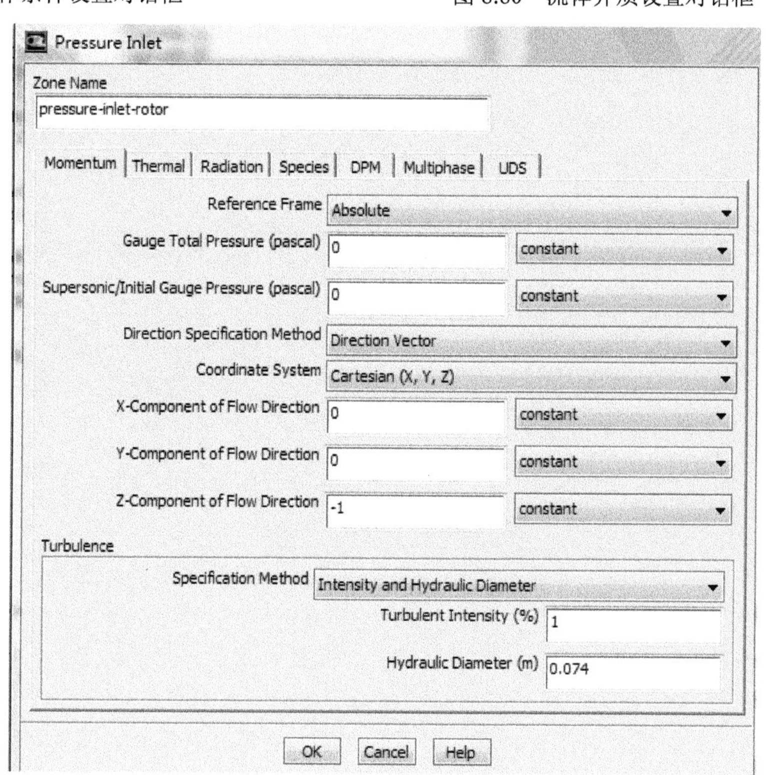

图 8.81　压力入口设置对话框

3）周期性边界条件设置

周期性边界条件设置时，在 Boundary Conditions 的 Zone 中选取 periodic-11 和 periodic-12，在 Type 中改为 periodic。再单击打开 Edit 对周期性边界条件进行设置，将周期性全部改为旋转（Rotational）即可，如图 8.82 所示。

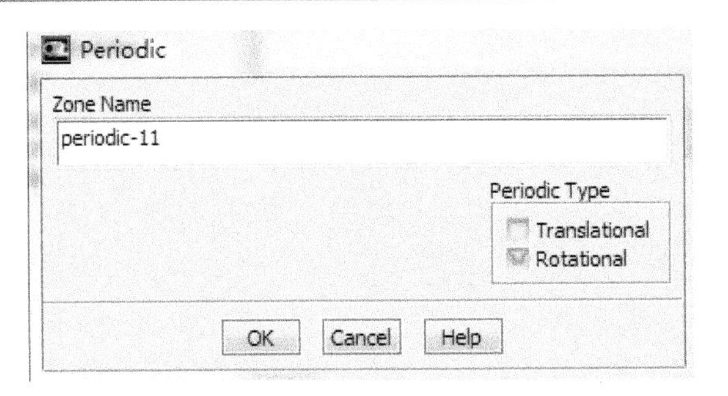

图 8.82 周期性边界设置对话框

4）壁面边界条件设置

不管是转子还是定子或者壁面，都不需要进行特殊设置，保持默认的无滑移边界条件即可。

5）混合面设置

混合面边界的思想就是前方流体的出流面为后方流体的入流面，共享网格信息。需要在Define→Mixing Plane 打开后进行设置。在 Mixing Plane Geometry 中选择径向的（Radial），在上游区域（Upstream Zone）中选择 Pressure-outlet-rotor，在下游区域（Downstream Zone）中选择 Pressure-inlet-stator，插值点数（Interpolation Points）输入 10，表示将最近的 10 个点进行插值计算，单击 Create 创建新的混合面，如图 8.83 所示。

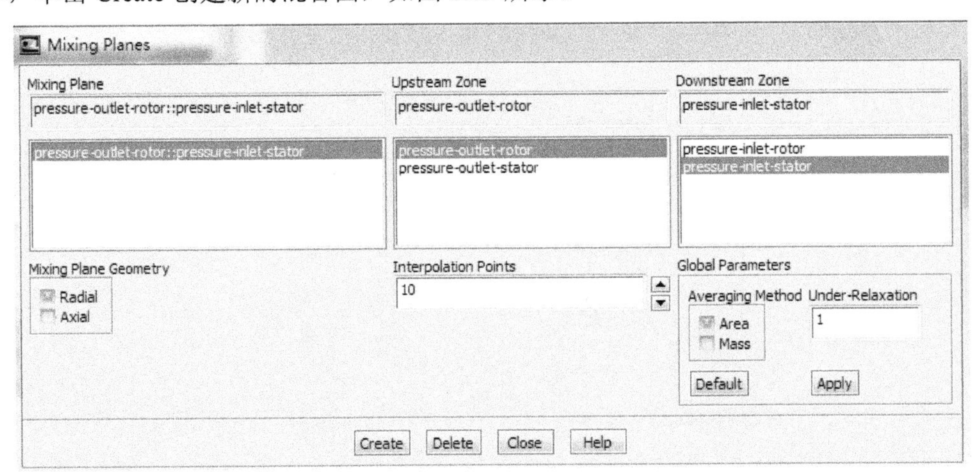

图 8.83 混合面设置对话框

6. 求解设置

选取合适的求解方法可以加快计算收敛的速度。

1）求解器方法设置

通过 Solve→Methods 命令可以对求解方法进行设置，在设置中选择 SIMPLE 算法，其他为默认设置即可，在一阶格式收敛后再转到二阶格式计算，如图 8.84 所示。

2）求解控制设置

通过 Solve→Controls 命令可以对求解控制进行设置，在此项设置里，主要设置的是松弛因子，选取合适的松弛因子可以有效加快收敛速度。本算例中需要将压力项的松弛因子调小为

0.2，因为所有的边界都是压力边界，并且采用混合面模型。其他全部设置采用默认即可，如图 8.85 所示。

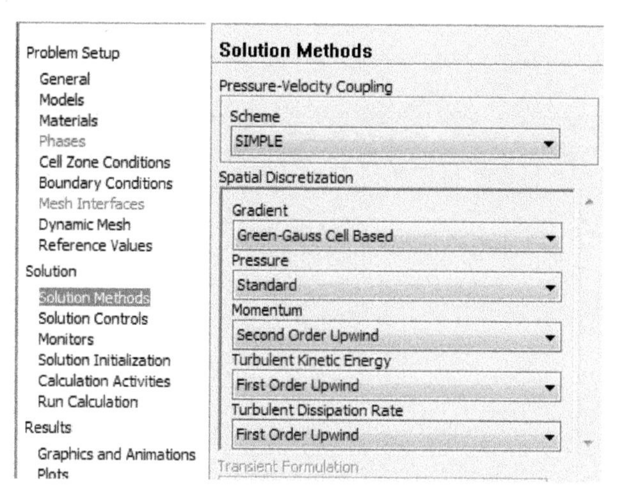

图 8.84　求解方法设置对话框

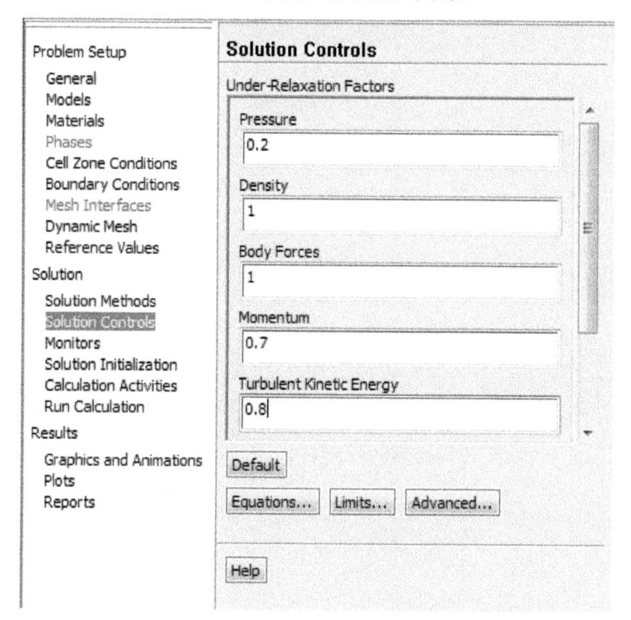

图 8.85　求解控制设置对话框

3）求解监视设置

通过 Solve→Monitors 命令可以对求解监视器进行设置，对残差曲线进行监视前需要激活残差曲线，通过 Solve→Monitors→Residuals 命令，将连续性降低为 1e-05，再勾选 Plot 即可，如图 8.86 所示。

另外，还希望监视出口的质量流率，通过 Solve→Monitors→Surface Monitors 命令，单击 Create 出现对话框，在 Surfaces 中选取 pressure-outlet-stator；在 Report Type 中选取质量流量（Mass Flow Rate）；单击 Plot 按钮进行监视；Windows 选取 2 表示对监视窗口 2 号进行监视；点选 Write 保存监视曲线；其他保持默认设置，如图 8.87 所示。

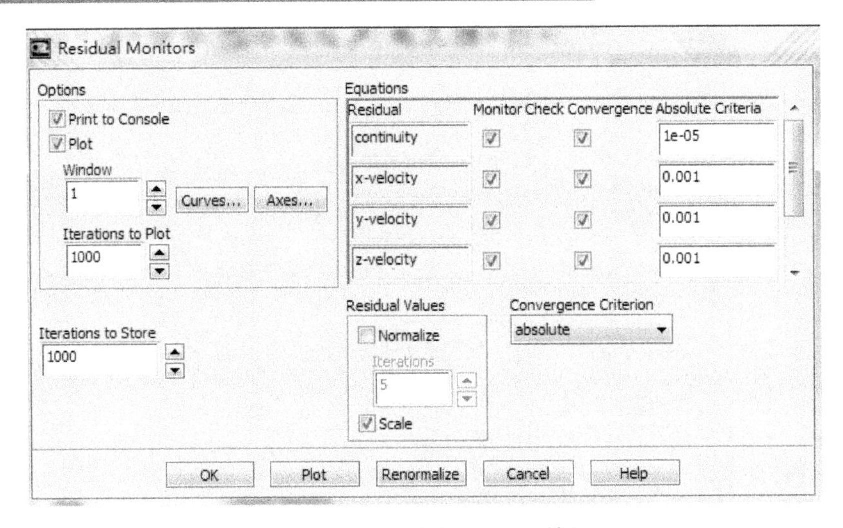

图 8.86　残差监控设置对话框

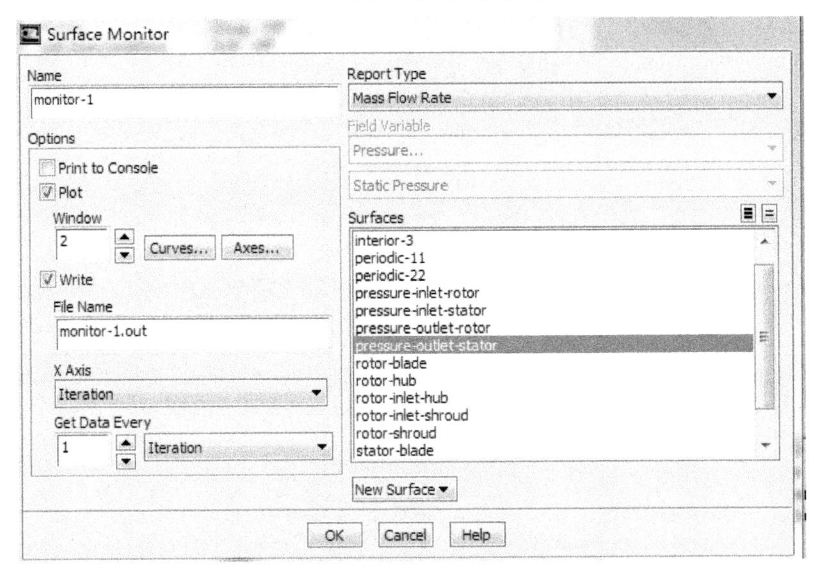

图 8.87　表面监控设置对话框

7. 初始化与求解设置

在计算时，良好的初始流场对计算收敛速度有很大的好处，需要对初始化进行设置，还需要对计算步数等进行设置。

1）初始化设置

通过 Solve→Initializations 命令可以对初始化进行设置，在 Compute from 设置中选取 pressure-inlet-rotor，初始值会自动变化，全部为 0，如图 8.88 所示。单击 Initialize 按钮进行初始化操作，等待片刻初始化完成。

2）自动保存设置

自动保存设置是一个十分实用的功能，便于用户读取之前迭代的结果，可以通过 File→Write→Autosave 命令进行设置。可以选择保存文件的路径，以及 cas 和 date 文件保存的频率和方式等，本算例自动保存设置为每 300 步自动保存 date 文件，在 Save Date File Every 下输入 300，如图 8.89 所示。

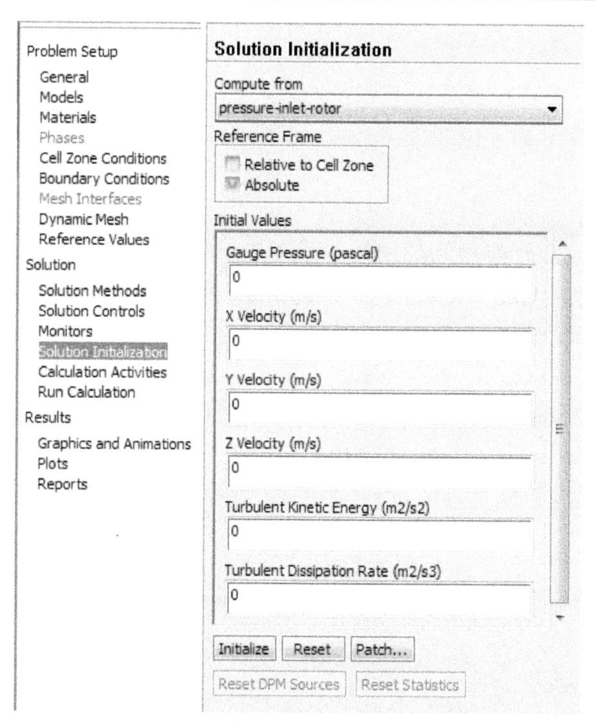

图 8.88　初始化设置对话框

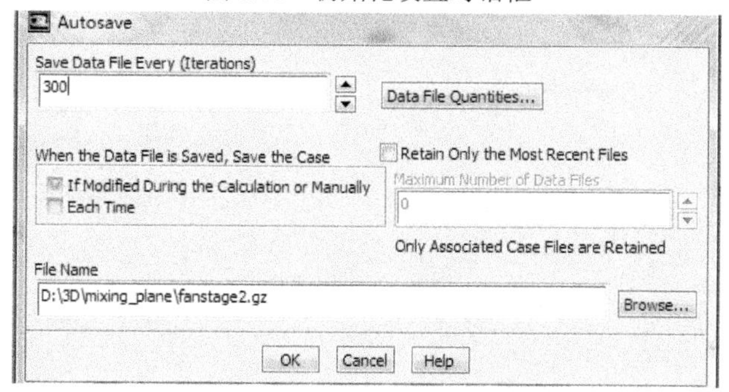

图 8.89　自动保存设置对话框

3）运行计算

在设置完成之后，应该先保存当前的 cas 文件，然后进行迭代计算。

通过 Solve→Run Calculation 命令进行求解运行设置，本次计算设置迭代 3000 步，如图 8.90 所示。

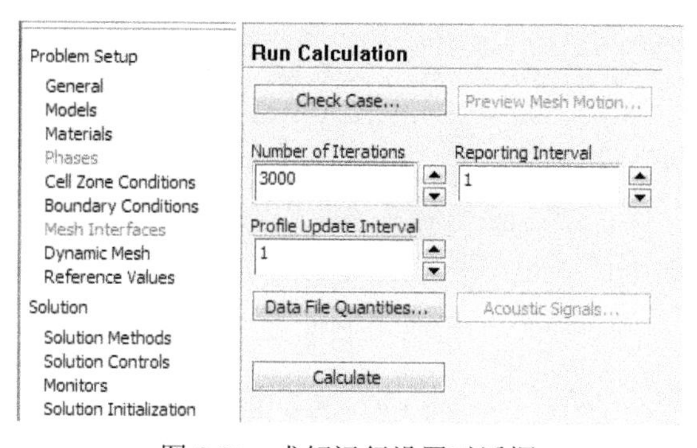

图 8.90　求解运行设置对话框

8.4.4 后处理

后处理主要通过流线图和等值线图来反映流动的情况。

1. 流线图

流线图可以非常直观地展现流动的情况。

通过 Display→Graphics and Animations→Pathlines 命令可以显示流线，在 Color by 下面选取速度大小，表示流线的颜色是按照速度大小区分的。在 Release from Surfaces 先选取 pressure-inlet-rotor、pressure-inlet-stator 和 rotor-blade，表示流线是从三个边界入口释放出来的。在 Step size 保持默认的 0.01m，Steps 保持默认的 500，Path Skip 中输入 5，表示每隔 5 条流线显示一条流线；在 Options 选项中选择显示网格（Draw Mesh）画出网格，取消选择相对流线（Relative Pathlines），如图 8.91 所示。单击 Display 按钮，显示流线，如图 8.92 所示，从图中可以看到速度的变化。

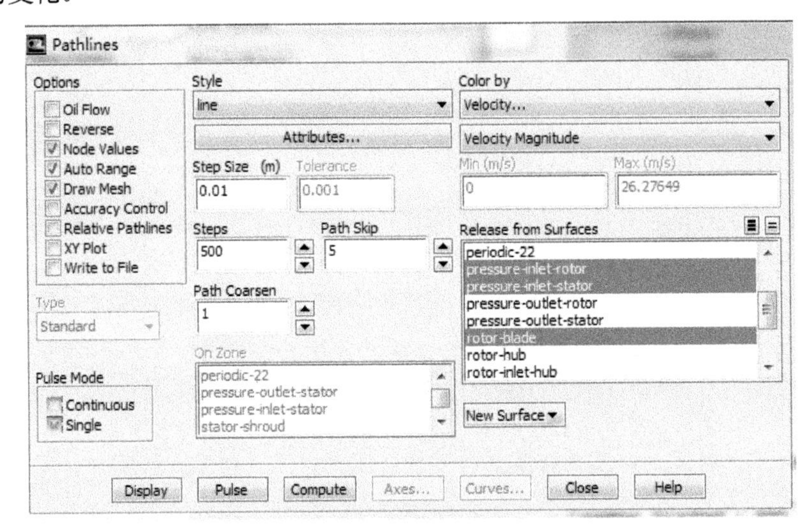

图 8.91 Pathlines 对话框

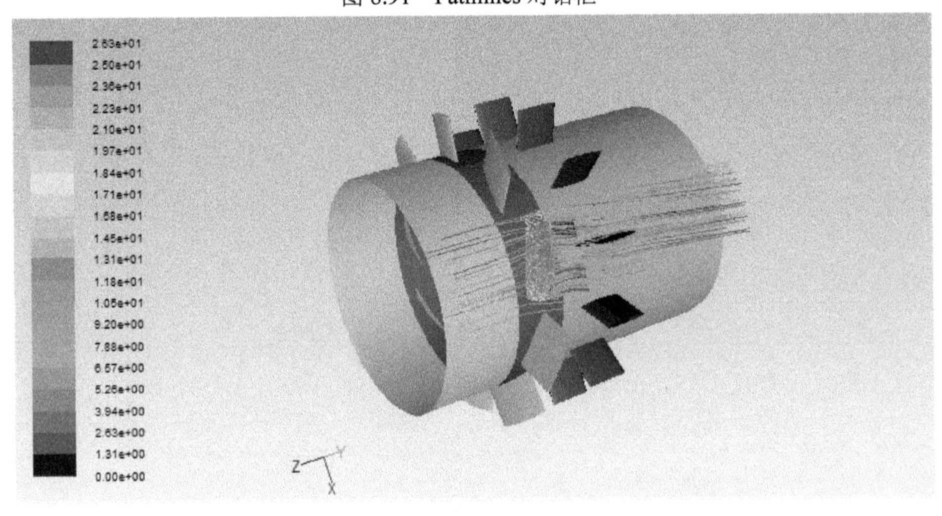

图 8.92 流线图

2．显示压力分布等值线图

压力分布等值线图可以较好地反映转子表面压力的分布情况情况。通过 Display→Graphics and Animations→Contours 命令可以显示等值线图，如图 8.93 所示。单击 Display 按钮显示转子表面的压力分布云图，如图 8.94 所示。

压力分布云图中不同的颜色代表不同压力的大小。转子靠近速度入口的方向视为正面，另一面为背面。从图 8.94 中可以看出，转子背面大部分是高压区，正面大部分是低压区。

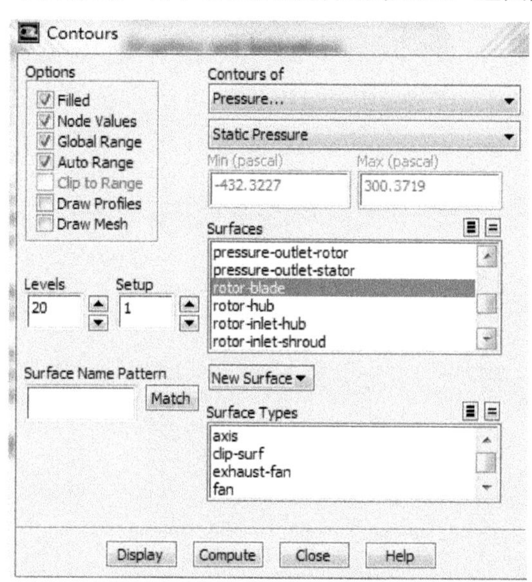

图 8.93　Contours 对话框

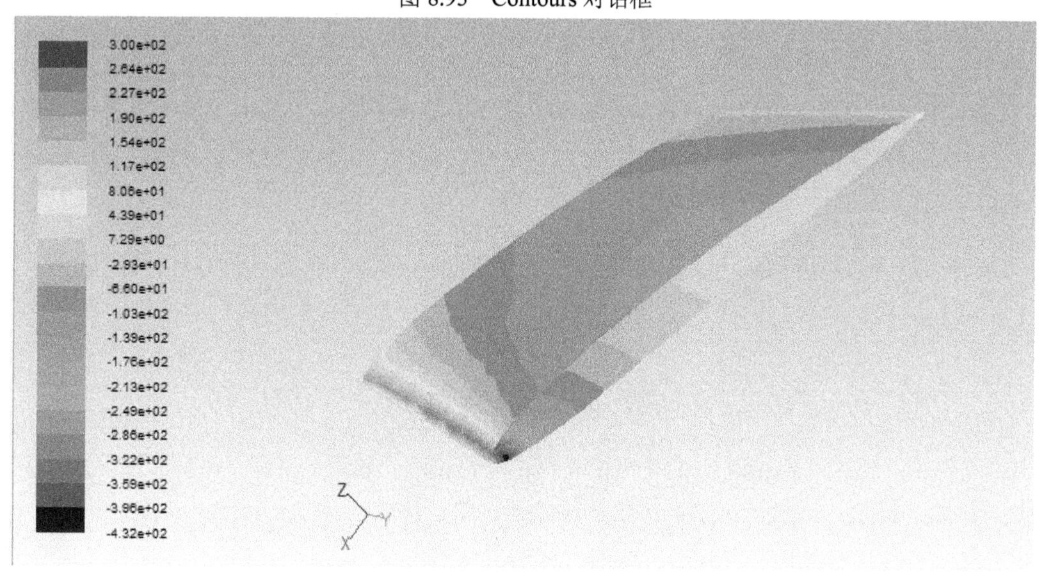

图 8.94　转子表面压力分布云图

8.4.5　小结

本节主要对旋转流动进行了模拟，主要通过这种模型介绍混合面模型的使用方法。通过这

节可以对混合面模型的使用方法有比较好的了解。

8.5 旋转机械流动模拟2-滑移网格

在实际工程中，旋转机械用处十分广泛，正如 8.4 节所说的，如各种泵、风洞、螺旋桨、发动机、排风扇等，对于旋转机械的模拟方法有很多，如移动参考坐标系加混合面模型、动网格与交界面模型等。本算例将以旋转机械的模拟对滑移网格的使用进行讲解。

8.5.1 基本方法

旋转机械在工程中经常会遇到，因为其流动具有一定的复杂性，所以在数值模拟中也是比较复杂的依赖问题。

本算例涉及的方法和需要的设置有：

✧ 设置需要的湍流模型。
✧ 设置远场边界条件。
✧ 设置滑移网格。
✧ 设置需要监视的面。
✧ 通过显示流线来反映流动情况。

8.5.2 问题描述

本算例中流体沿 Z 的负方向流动，Z 方向总长 0.08197m，最大半径约为 0.1m，入口和出口都为压力边界，压力入口边界压力为 1 个标准大气压，压力出口边界压力为 1.08 个标准大气压。左侧为旋转流动区域，右侧为静止区域。沿 Z 的负方向逆时针旋转，旋转速度为 37500r/min，定子静止不动，如图 8.95 所示。

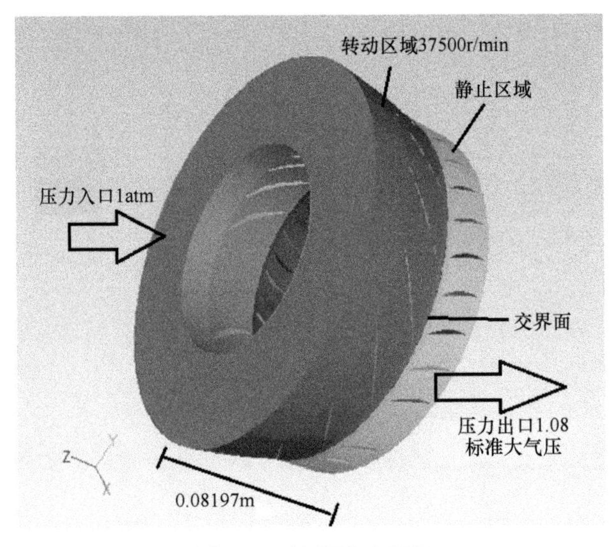

图 8.95　计算域示意图

8.5.3　计算设置

数值模拟时需要对算例进行逐步设置，才能进行求解。

1．网格

1）读入网格

通过 FLUENT 中 File→Read→Mesh 命令读入网格文件，在 FLUENT 中会显示网格，如图 8.96 所示，全部采用结构网格，可以将模型简化为一个定子区域和一个转子区域的周期性区域以便减少总网格数量。两部分网格之间采用交界面边界条件连接。

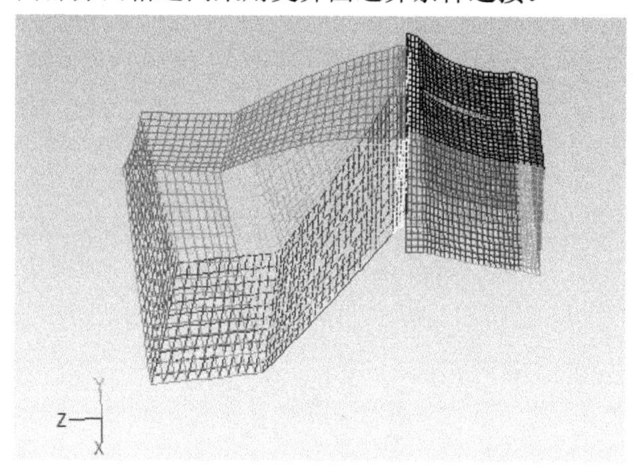

图 8.96　计算域网格显示

2）检查网格

通过 Mesh→Check 命令对网格进行检查。检查没有负体积、左手网格等问题可以进行下一步 操作。

3）缩放

通过 Mesh→Scale 命令对网格进行缩放，一般采用 Pointwise 软件生成的网格单位是米，需要缩小 1000 倍，而用 ICEM 软件生成的网格单位是毫米，不需要缩放。缩放操作栏如图 8.97 所示。

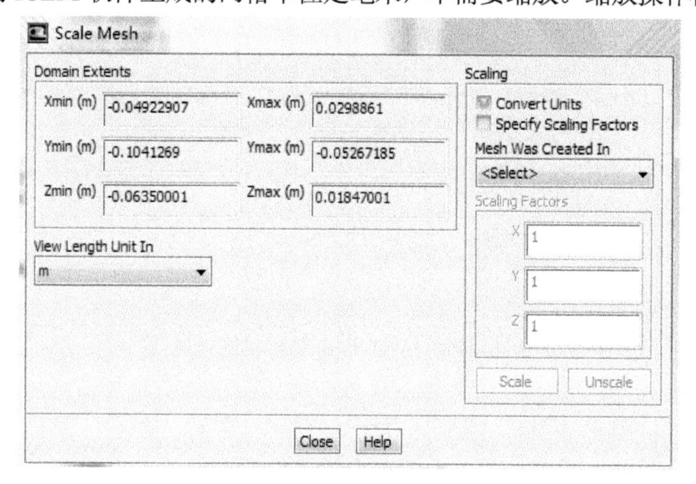

图 8.97　缩放对话框

4）显示和关闭网格

通过 Display→Mesh 命令可以显示和关闭网格，由于三维问题往往网格数比较大，一般不显示内部网格，FLUENT 默认如此，如图 8.98 所示。

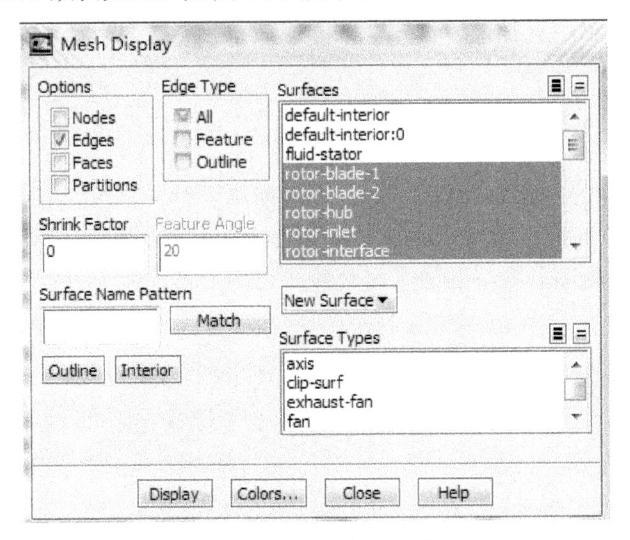

图 8.98　显示网格对话框

2. 模型设置

1）设置求解参数

通过 Define→General 命令可以设置通用的参数。对于本算例需要将求解器类型选择基于密度的，时间选项为瞬时，其余保持默认算例即可，如图 8.99 所示。

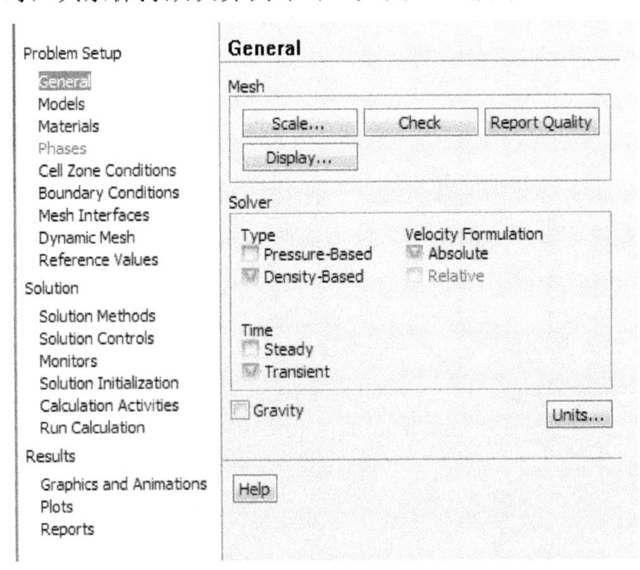

图 8.99　一般设置对话框

2）选择模型

本算例需要设置湍流模型，由于最大旋转速度为 37500r/min，最高旋转线速度约为 392m/s，属于超音速流动，需要激活能量方程；通过 Define→Models→Energy 可以激活能量

方程。

通过 Define→Models→Viscous 命令可以选择希望的湍流模型，本算例中选取标准 k-e 两方程湍流模型，对近壁面处理选择开启标准壁面函数（Standard Wall Functions）方法，保持默认参数即可，如图 8.100 所示。

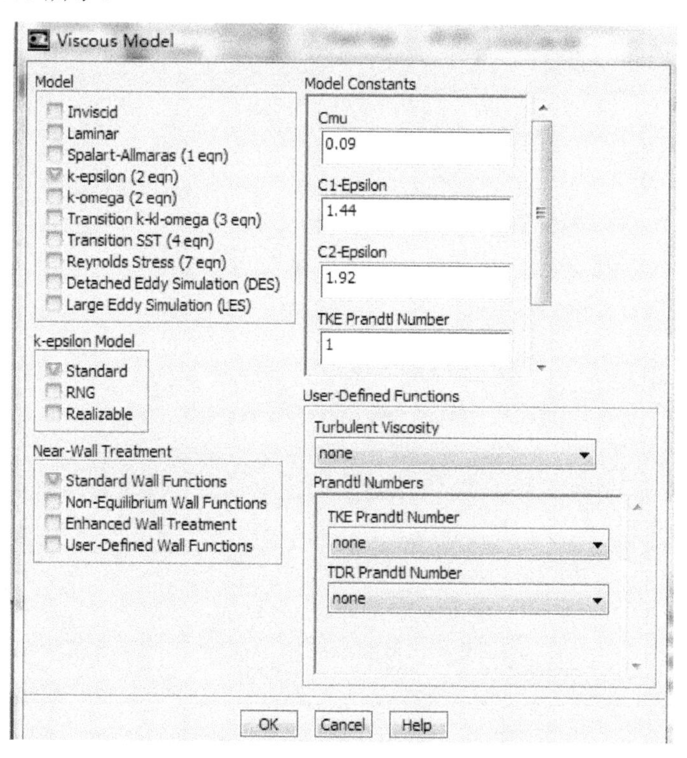

图 8.100　湍流模型选取对话框

3. 材料设置

FLUENT 默认的流体材料是空气，不需要对其进行进一步设置。

通过 Define→Materials 命令可以对材料属性进行设置。

气体为空气，需要设置为理想气体，如图 8.101 所示；固体为铝材料，不需要设置。

单击 Change/Create 按钮，再单击 Close 关闭对话框。

4. 操作条件设置

操作条件设置主要是设置参考压力和参考压力点及重力的影响。

通过 Define→Operating Conditions 命令可以对操作条件进行设置，设置为参考压力为 0 即可，如图 8.102 所示。

5. 边界条件设置

边界条件的设置是最重要的步骤。通过 Define→Boundary Conditions 命令或 Cell Zone Conditions 可以对边界条件进行设置。

1）设置流动介质边界条件

在 Cell Zone Conditions 设置下，在 Zone 列表中有两个流体区域，在 Type 中都选取 fluid，

设置为流体介质。

其中 fluid-rotor 表示旋转区域的流体，流动方向为 Z 轴方向，将 Z 方向改为 1。Motion Type 改为 Moving Mesh（移动网格）。旋转速度为 37500r/min，需要先在 Define→Units→Angular-Velocity 中改为 r/min（转每分），如图 8.103 所示。

Create/Edit Materials
Name
air
Chemical Formula
Material Type
fluid
FLUENT Fluid Materials
air
Mixture
none
Order Materials by
Name
Chemical Formula
FLUENT Database...
User-Defined Database...
Properties
Density (kg/m3) ideal-gas Edit...
Cp (Specific Heat) (j/kg-k) constant Edit...
1006.43
Thermal Conductivity (w/m-k) constant Edit...
0.0242
Viscosity (kg/m-s) constant Edit...
1.7894e-05
Change/Create Delete Close Help

图 8.101　材料属性对话框

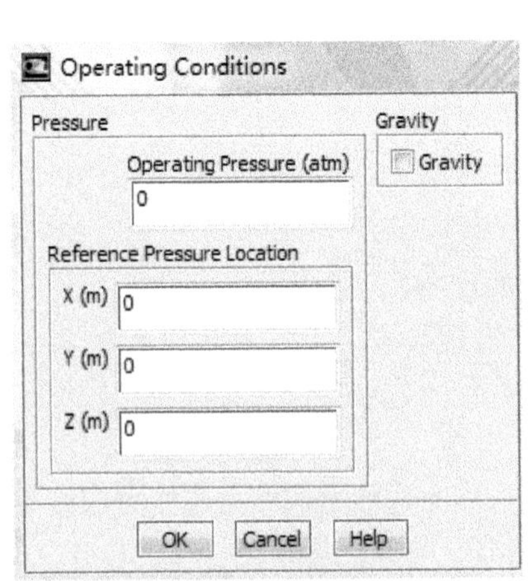

Fluid
Zone Name
fluid-rotor
Material Name air Edit...
Porous Zone
Source Terms
Fixed Values
Motion | Porous Zone | Reaction | Source Terms | Fixed Values
Y (m) 0
Z (m) 0
Y 0
Z 1
Motion Type Moving Mesh
Rotational Velocity
Speed (rpm) 37500
Translational Velocity
X (m/s) 0
OK Cancel Help

图 8.102　操作条件设置对话框

图 8.103　流体介质设置对话框

流体区域 fluid-stator 表示静止区域，可以将流动方向修改为 Z 轴方向，也可以不修改。

2）进出口边界条件设置

压力入口和压力出口边界条件的设置需要在 Boundary Conditions 的 Zone 中选取转动区域和静止区域的出口和入口，在 Type 中改为 pressure-inlet 和 pressure-outlet，压力入口边界条件的压力设置为 1atm，需要先在 Define→Units→Pressure 中改为 atm（标准大气压），参考压力设置为 0.9atm，如图 8.104 所示。压力出口边界需要将出口压力设置为 1.08atm。出口入口流体的温度都为 288K。

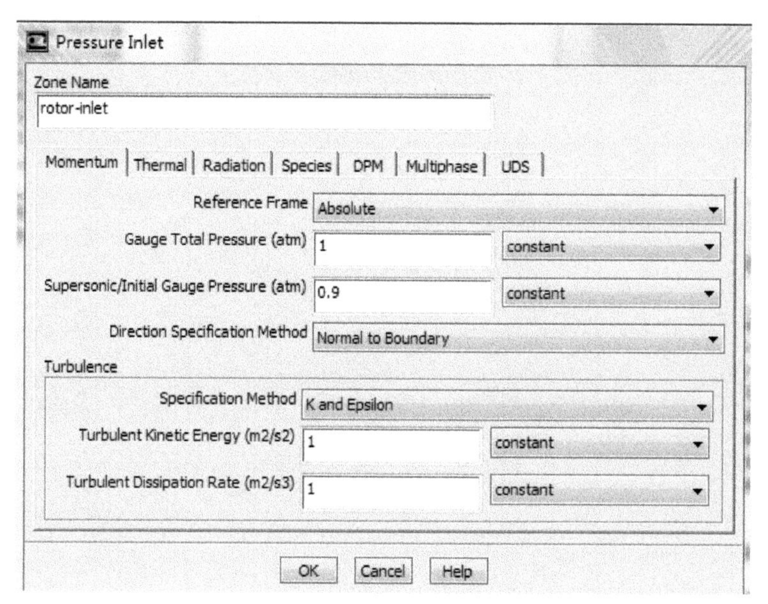

图 8.104　压力入口设置对话框

3）周期性边界条件设置

周期性边界条件设置时，在 Boundary Conditions 的 Zone 中选取 stator-per-1、stator-per-2 和 rotor-per-1、rotor-per-1，在 Type 中改为 periodic。再单击打开 Edit 对周期性边界条件进行设置，将周期性全部改为旋转（Rotational）即可，如图 8.105 所示。

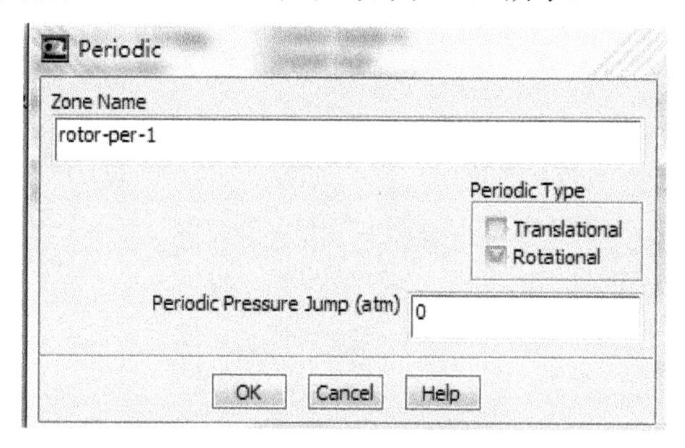

图 8.105　周期性边界设置对话框

4）壁面边界条件设置

不管是转子还是定子或者壁面，都不需要进行特殊设置，保持默认的无滑移边界条件即可。

5）交界面设置

交接面边界需要在 Define→Interfaces 命令打开后进行设置。在 Interface Zone 1 中选择 rotor-interface、在 Interface Zone 2 中选择 stator-interface，在 Mesh Interface 中输入 int 作为名称，在 Interface Options 中选择 Periodic Repeats，单击 Create 按钮创建新的混交界面，如图 8.106 所示。

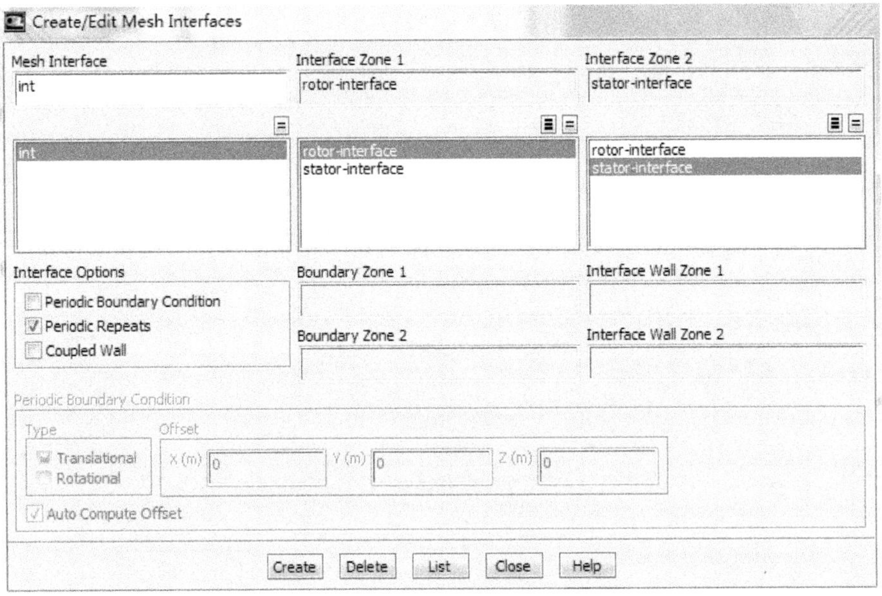

图 8.106　混合界面设置对话框

6．求解设置

选取合适的求解方法可以加快计算收敛的速度。

1）求解器方法设置

通过 Solve→Methods 命令可以对求解方法进行设置，在设置中选择隐式算法，其他为默认设置即可，在一阶格式收敛后再转到二阶格式计算，如图 8.107 所示。

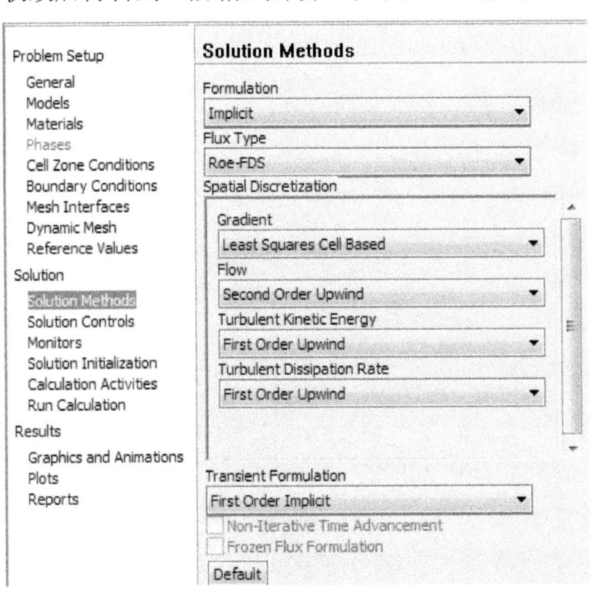

图 8.107　求解方法设置对话框

2）求解控制设置

通过 Solve→Controls 命令可以对求解控制进行设置，Courant Number 设置为 5，其他需要设置的是松弛因子，选取合适的松弛因子可以有效加快收敛速度。本算例中全部设置采用默认值即可，如图 8.108 所示。

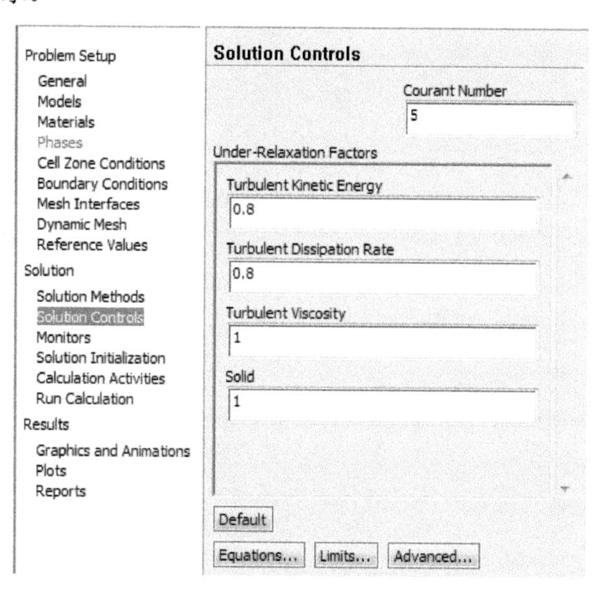

图 8.108　求解控制设置对话框

3）求解监视设置

通过 Solve→Monitors 命令可以对求解监视器进行设置，对残差曲线进行监视前需要激活残差曲线，通过 Solve→Monitors→Residuals 命令，全部采用默认设置，再勾选 Plot 即可，如图 8.109 所示。

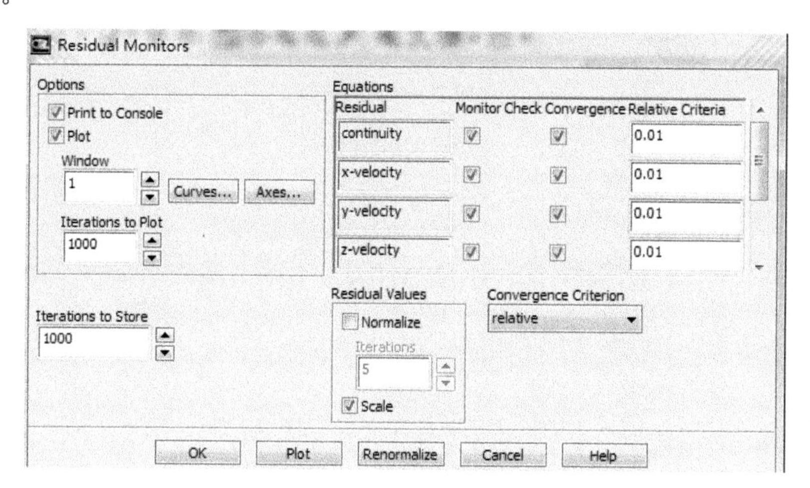

图 8.109　残差监控设置对话框

另外，还希望监视压力入口、压力出口的质量流率，通过 Solve→Monitors→Surface Monitors 命令，单击 Create 按钮出现对话框，在 Surfaces 中分别选取 rotor-inlet、stator-outlet；在 Report Type 中选取质量流量（Mass Flow Rate）；单击 Plot 按钮进行监视；Windows 选取 2（3）表示对监视窗口 2（3）号进行监视；点选 Write 保存监视曲线；其他保持默认设置，如

图 8.110 所示。

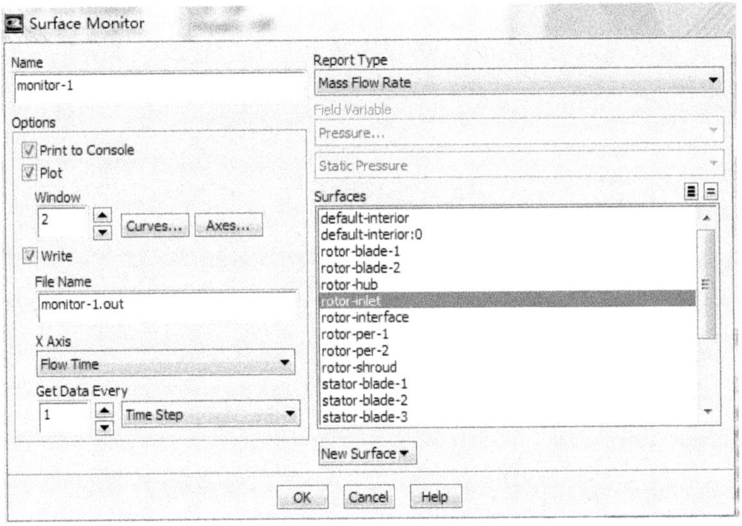

图 8.110　表面监控设置对话框

7．初始化与求解设置

在计算时，良好的初始流场对计算收敛速度有很大的好处，需要对初始化进行设置。还需要对计算步数等进行设置。

1）初始化设置

通过 Solve→Initializations 命令可以对初始化进行设置，在 Compute From 设置中选取 rotor-inlet，初始值会自动变化，如图 8.111 所示。单击 Initialize 按钮进行初始化操作，等待片刻初始化完成。

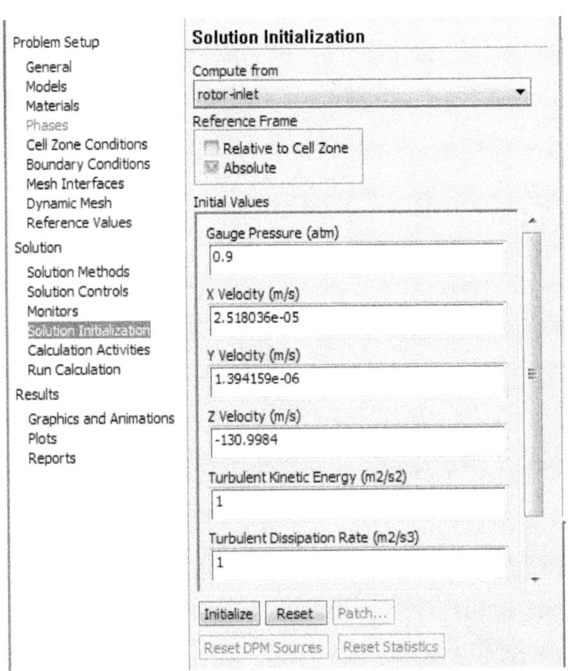

图 8.111　初始化设置对话框

2）自动保存设置

自动保存设置是一个十分实用的功能，便于用户读取之前迭代的结果，可以通过 File→Write→Autosave 命令进行设置。可以选择保存文件的路径，以及 cas 和 date 文件保存的频率和方式等，本算例自动保存设置为每 240 步自动保存 date 文件，在 Save Date File Every 下输入 240，如图 8.112 所示。其中文件后缀为.gz 表示保存压缩格式的文件。在三维计算，特别是三维瞬态计算中，自动保存为压缩格式的文件可以有效减少占用的硬盘空间。

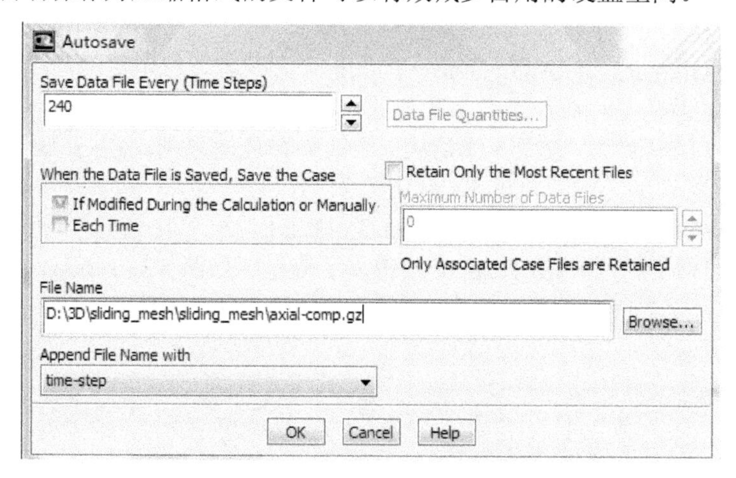

图 8.112　自动保存设置对话框

3）运行计算

在设置完成之后，应该先保存当前的 cas 文件，然后进行迭代计算。

通过 Solve→Run Calculation 命令进行求解运行设置，本次计算时间步长为 6.667e-06s，每个时间步长内的最大迭代次数为 20 次，设置迭代 1200 步，如图 8.113 所示。监视器中质量流量不再发生变化即为收敛。

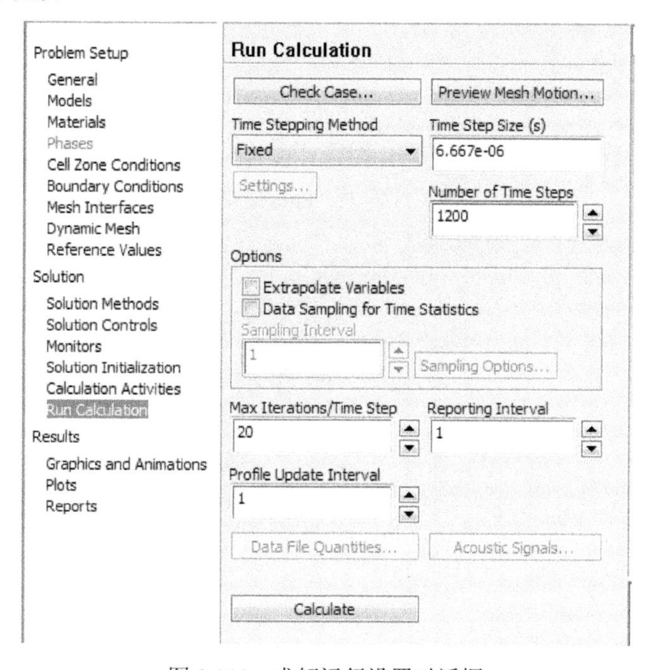

图 8.113　求解运行设置对话框

8.5.4 后处理

后处理主要通过流线图和等值线图来反映流动的情况。

1．流线图

流线图可以非常直观地展现流动的情况。

通过 Display→Graphics and Animations→Pathlines 命令可以显示流线，在 Color by 下选取速度大小，表示流线的颜色是按照速度大小区分的。在 Release from Surfaces 中选取 rotor-inlet、rotor-blade-1 和 rotor-blade-2，表示流线是从三个边界释放出来的。在 Step size 中保持默认的 0.01m，Steps 保持默认的 500，Path Skip 中输入 5，表示每隔 5 条流线显示一条流线；在 Options 选项中选择显示网格（Draw Mesh）画出网格，取消选择相对流线（Relative Pathlines），如图 8.114 所示。单击 Display 按钮显示流线，如图 8.115 所示，从图中可以看到速度的变化，并且流经交界面后流线没有发生转折。将流线图周期性显示后，只显示叶片和轮毂的面，如图 8.116 所示，

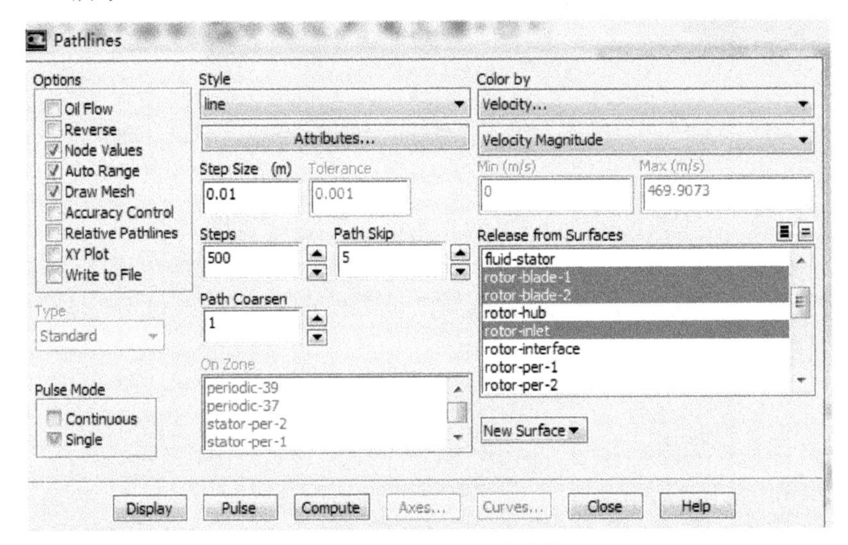

图 8.114 Pathlines 对话框

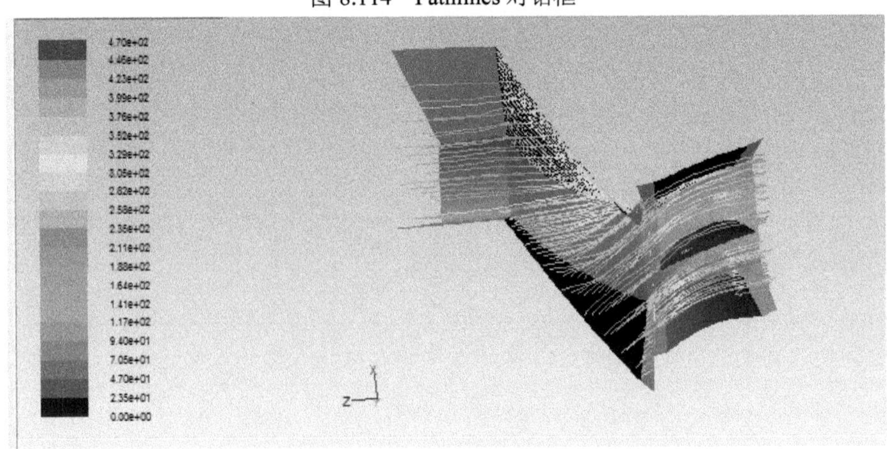

图 8.115 流线图

图 8.116　叶片和轮毂

2. 显示压力分布等值线图

压力分布等值线图可以较好地反映转子表面压力的分布情况。通过 Display→Graphics and Animations→Contours 命令可以显示等值线图，如图 8.117 所示。单击 Display 按钮显示转子表面的压力分布云图，如图 8.118 所示。

压力分布云图中不同的颜色代表不同压力的大小。

另外，如果把各个时间保存的数据保留下来，采用相同的视角输出流线图或压力云图可以制作动画。

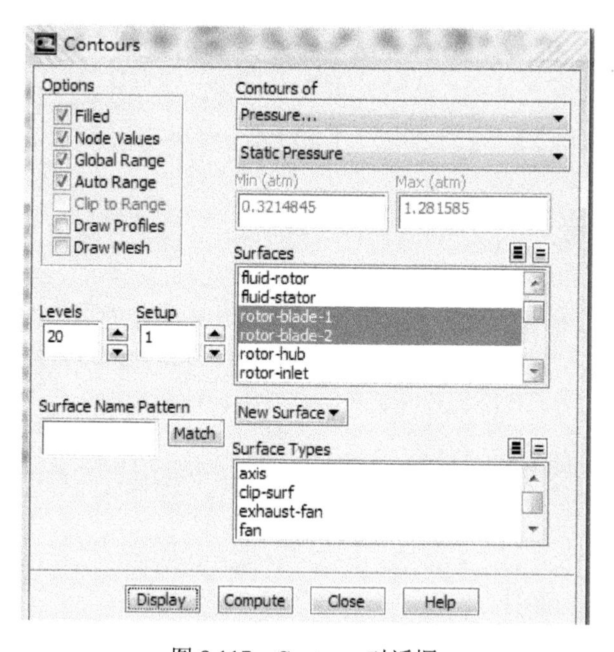

图 8.117　Contours 对话框

图 8.118　转子表面压力分布云图

8.5.5　小结

本节主要对旋转流动进行模拟，通过这种模型介绍了滑移网格模型的使用方法。通过这节可以对滑移网格的使用方法有比较好的了解。总的来说，滑移网格加交界面的方法在计算精确度和真实度方面要优于采用混合面模型模拟旋转流动，但是采用混合面模型能大大减少工作量。

8.6　表面沉积法生成砷化镓-表面化学反应

在工程中，经常会采用表面反应的方法生成需要的化合物。砷化镓是重要的半导体化合物材料，可以用来制作微波集成电路、红外线发光二极管、半导体激光器和太阳能电池等元件。本算例将以表面沉积法模拟砷化镓的生成，以介绍 Fluent 表面化学反应方法的使用。

8.6.1　基本方法

砷化镓是重要的半导体化合物材料，具有一些比硅还要好的电子特性，如高的饱和电子速率和电子迁移率等。$Ga(ch_3)_3$ 和 AsH_3 在一定温度下发生热分解可以成 GaAs，本节将介绍用表面沉积反应生成砷化镓。

本算例涉及的方法和需要的设置有：

✧ 设置需要的模型。

✧ 设置远场边界条件。

✧ 设置表面化学反应模型。

✧ 设置需要监视的面。

8.6.2 问题描述

本算例中流体沿 Z 方向的方向流动，Z 方向总长 0.254m，最大半径约为 0.279m，入口为速度入口，速度为 0.02189m/s，温度为 293K，入口组分比率 AsH_3 为 0.4、$Ga(ch_3)_3$ 为 0.15、CH_3 为 0，其余为 H_2，出口为质量出口。计算域半径为 0.279m，如图 8.119 所示。表面沉积的部件如图 8.120 所示，圆盘和圆柱共同沿 Z 方向顺时针旋转，旋转速度为 80rad/s，圆盘表面发生沉积反应，温度为 1023k，圆柱表面温度为 720K。

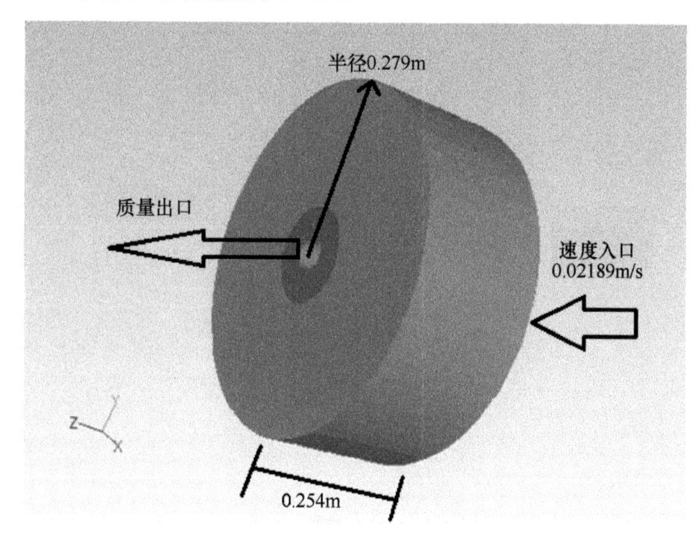

图 8.119 计算域示意图

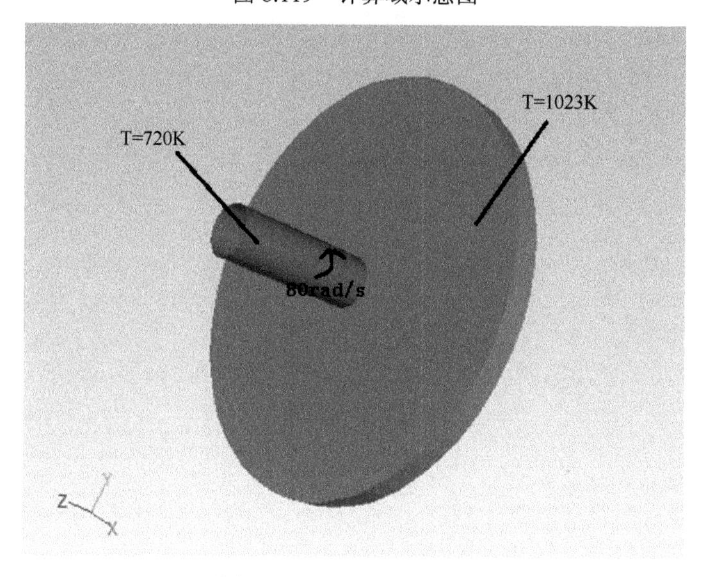

图 8.120 反应表面示意图

8.6.3 计算设置

数值模拟时需要对算例进行逐步设置，才能求解。

1．网格

1）读入网格

通过 FLUENT 中 File→Read→Mesh 命令读入网格文件，在 FLUENT 中会显示网格，如图 8.121 所示，全部采用结构网格。

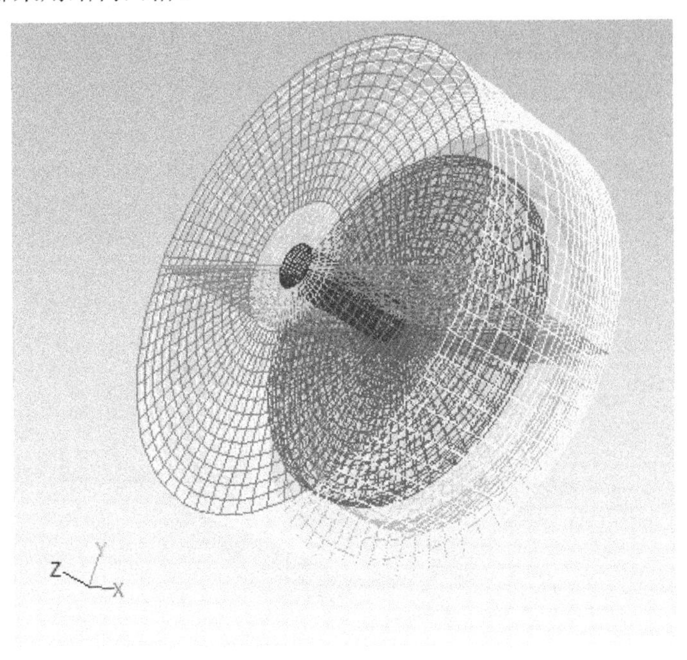

图 8.121　计算域网格显示

2）检查网格

通过 Mesh→Check 命令对网格进行检查，没有负体积、左手网格等问题可以进行下一步操作。

3）缩放

通过 Mesh→Scale 命令对网格进行缩放，一般采用 Pointwise 软件生成的网格单位是米，需要缩小 1000 倍，而用 ICEM 软件生成的网格单位是毫米，不需要缩放。缩放对话框如图 8.122 所示。

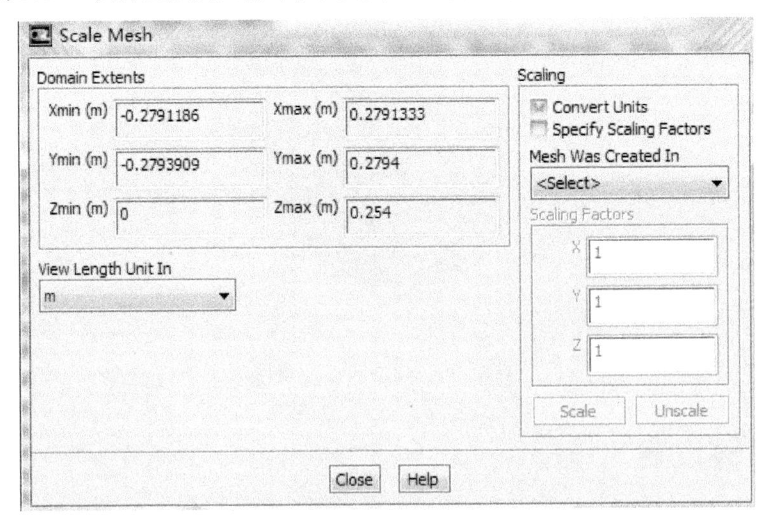

图 8.122　缩放对话框

4）显示和关闭网格

通过 Display→Mesh 命令可以显示和关闭网格，由于三维问题往往网格数比较大，一般不显示内部的网格，FLUENT 默认如此，如图 8.123 所示。

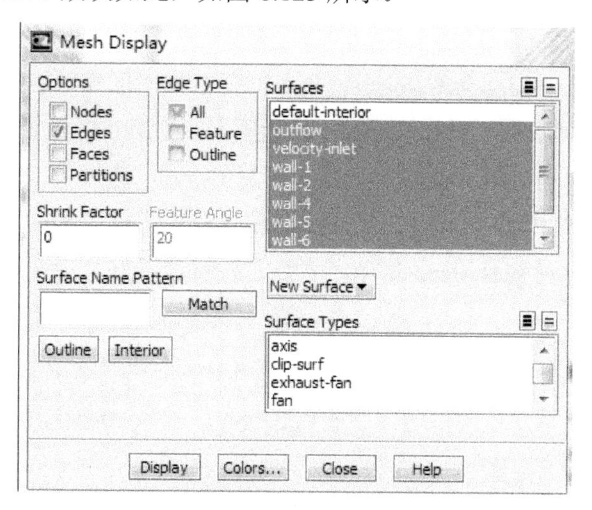

图 8.123　显示网格对话框

2．模型设置

1）设置求解参数

通过 Define→General 命令可以设置通用的参数。对于本算例需要将重力项开启，重力加速度方向为 Z 的正方向，重力加速度 9.81m/s^2，其余保持默认算例即可，如图 8.124 所示。

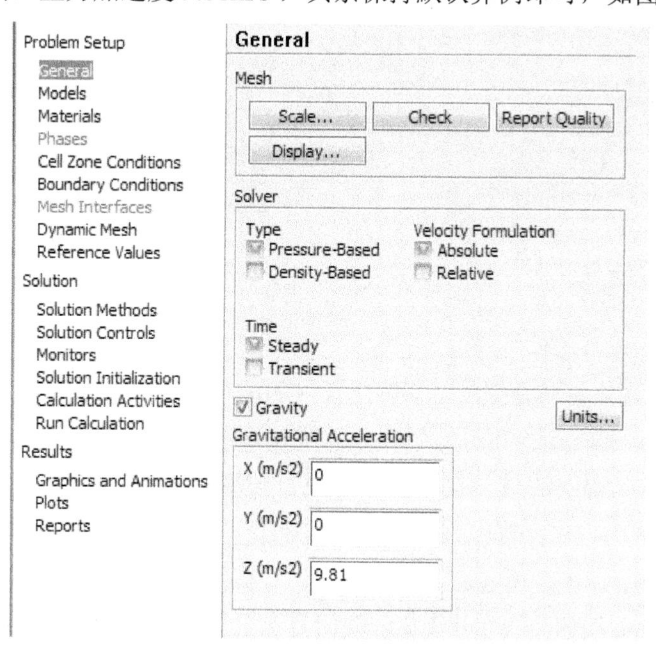

图 8.124　一般设置对话框

2）选择模型

本算例由于需要设置涉及温度的化学反应，需要激活能量方程；通过 Define→Models→

Energy 可以激活能量方程。

通过 Define→Models→Viscous 命令可以选择希望的模型，本算例中选取简单的层流模型，保持默认即可，如图 8.125 所示。

3）选择表面反应模型

首先需要通过 Define→Models→Species 命令打开组分输运模型 Species Transport；在反应（Reactions）选项中打开体反应（Volumetric）和壁面反应（Wall Surface）；在表面反应选项中选取质量沉积源（Mass Deposition Source）选项；再从 Options 选项中选取能量源扩散（Diffusion Energy Source）、全多成分扩散（Full Multicomponent Diffusion）和热扩散（Thermal Diffusion）选项；在混合物材料中选取 gaas_deposition（需要在材料设置好之后选取），如图 8.126 所示。

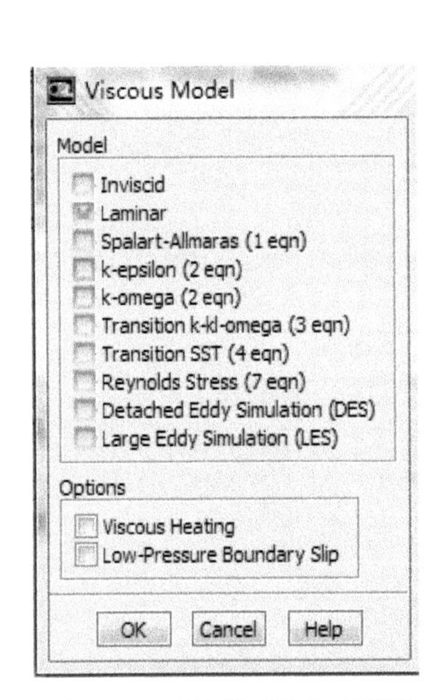

图 8.125　层流模型选取对话框

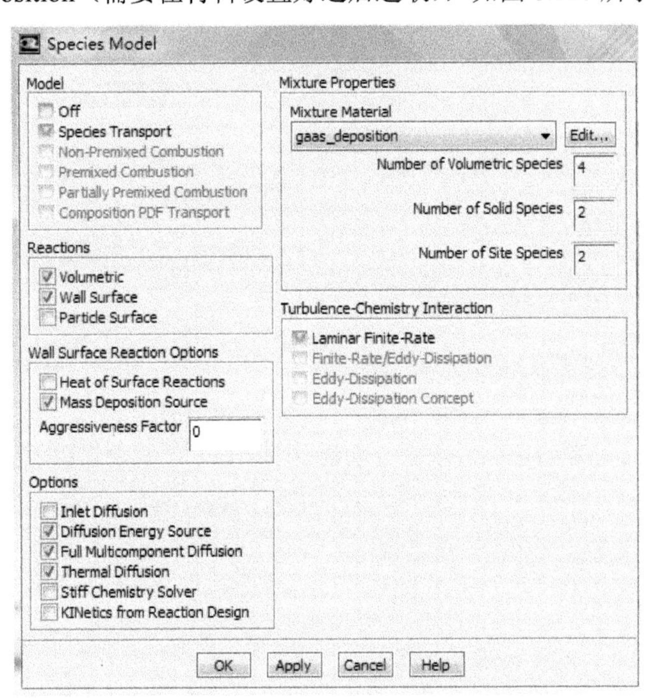

图 8.126　表面反应模型选取对话框

3. 材料设置

FLUENT 默认的流体材料是空气，实际上反应的混合物需要进一步设置。

通过 Define→Materials 命令可以对材料属性进行设置。

首先，需要将混合物中的材料在气体中都进行设置，有 as（气态）、as_s（沉积态）、ga（气态）、ga_s（沉积态）、H2、CH_3、$Ga(ch_3)_3$ 和 AsH_3。每一个物质的具体参数设置都不相同，以 AsH_3 为例，设置如图 8.127 所示。

单击 Change/Create 按钮，再单击 Close 关闭对话框。

在设置好基本材料后，对混合物反应进行设置，在 Mixture 中进行，打开混合物，将名称定义为 gaas_deposition；在 Mixture Species 定义混合物组分，将不需要的组分移出 Selected Species、将需要的组分 H2、CH_3、$Ga(ch_3)_3$ 和 AsH_3 移入 Selected Species，如图 8.128 所示。

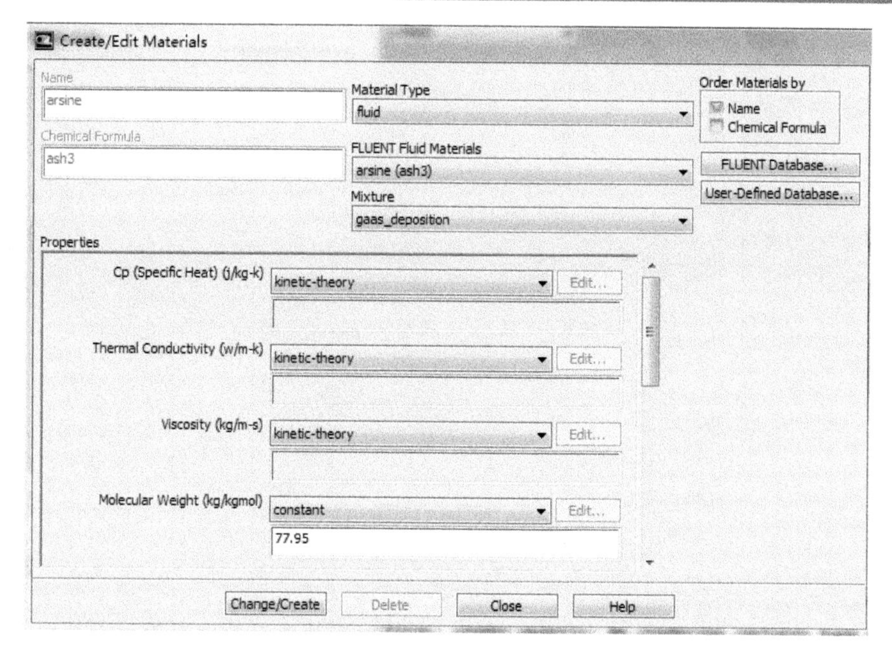

图 8.127　材料属性对话框

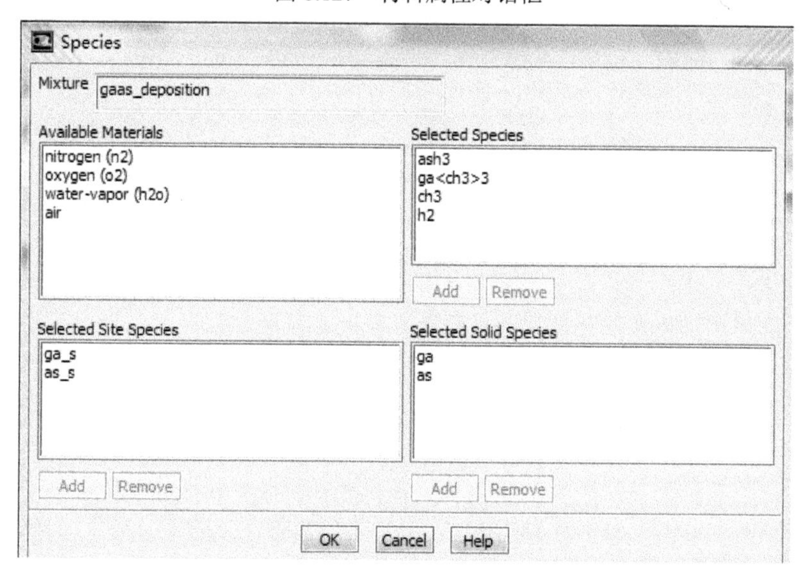

图 8.128　选择混合物组分对话框

打开 Reactions 进行表面反应设置操作，在上方 Total Number of Reactions 中选择 2，表示有两种反应；定义第一种反应，名称为 galium-dep，表示镓沉积，在 Number of Reactant 中选择 2，表示反应物为 2 种，在 Reaction Type 中选择 Wall Surface，表示表面反应。在 Number of Reactant 选择 3，表示有 3 种产物，分别在反应物和产物中选择好对应的材料，在 Stoich Coefficient 和 Rate Exponent 中输入需要的参数，如图 8.129 所示。同样在第二个反应中输入 arsenic-dep，表示砷化物沉积，同样按照设置选择表面反应，输入希望的 Stoich Coefficient 参数和 Rate Exponent。

将表面反应设置好之后，可以设置反应结构，如图 8.130 所示。反应结构命名为 gaas-ald，反应类型选择表面反应（Wall Surface)。将之前定义的两个反应都选择，再定义位置组分，总的位置组分 2 个，分别是 as_s（沉积态）和 ga_s（沉积态），如图 8.131 所示。

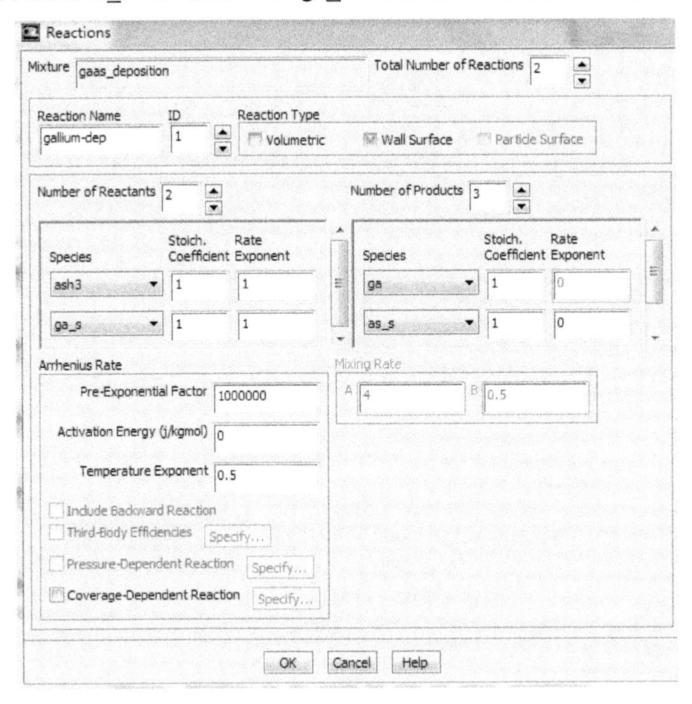

图 8.129　选择反应对话框

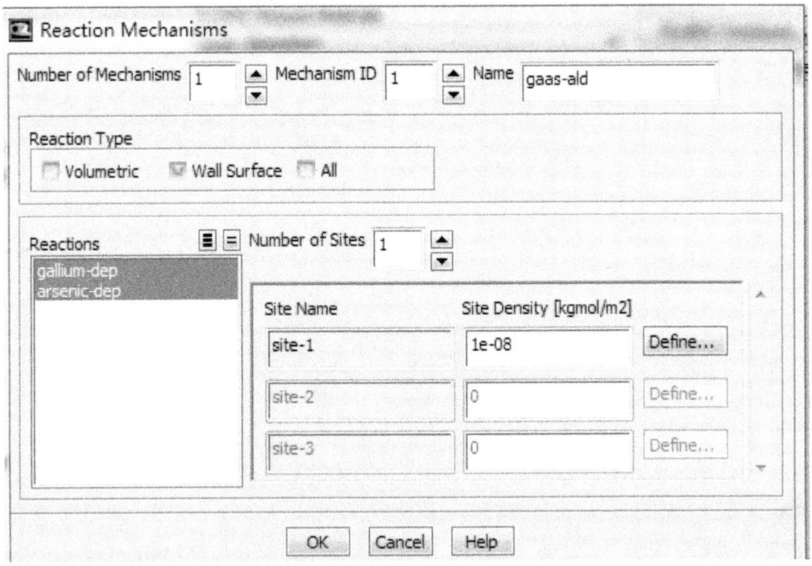

图 8.130　选择反应对话框

材料设置好之后可以进行操作设置。

4. 操作条件设置

操作条件设置主要是设置参考压力和参考压力点以及重力的影响。

通过 Define→Operating Conditions 命令可以对操作条件进行设置，设置重力、参考温度（303k）和工作压力（10000pa）即可，如图 8.132 所示。

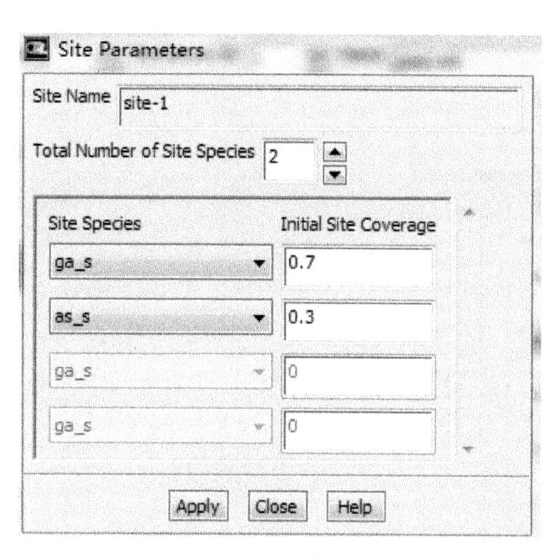

图 8.131　选择反应对话框

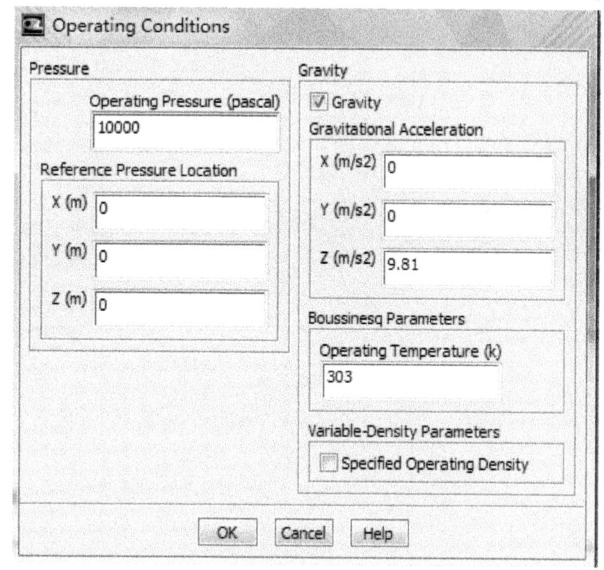

图 8.132　操作条件设置对话框

5．边界条件设置

边界条件的设置是最重要的步骤。通过 Define→Boundary Conditions 命令或 Cell Zone Conditions 可以对边界条件进行设置。

1）设置流动介质边界条件

在 Cell Zone Conditions 设置下，反应选项已经自动打开，其他不需要进行设置，如图 8.133 所示。

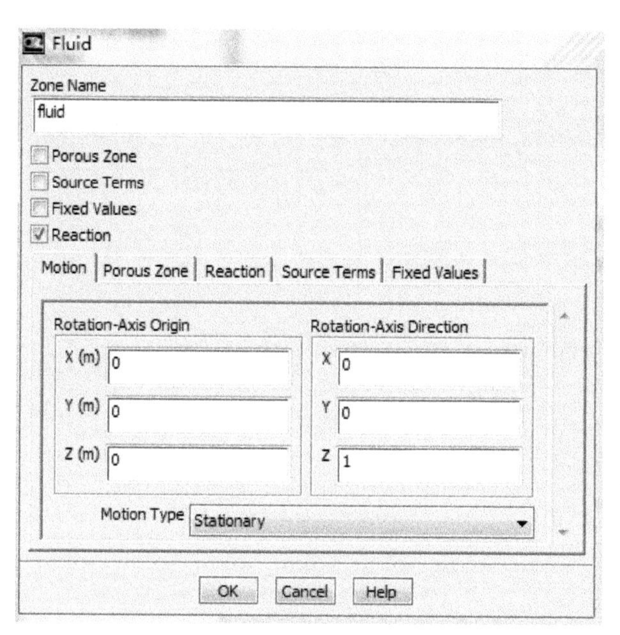

图 8.133　流体介质边界条件设置对话框

2）进出口边界条件设置

速度入口速度为 0.02189m/s，温度为 293K，组分项需要进行设置，对于每一项设置好比例，如图 8.134 所示。出口为质量出口，不需要特殊设置。

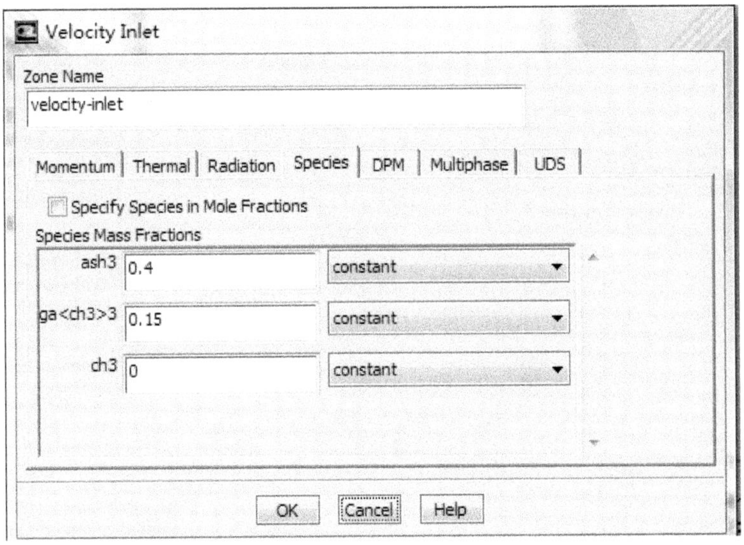

Velocity Inlet
Zone Name
velocity-inlet
Momentum | Thermal | Radiation | Species | DPM | Multiphase | UDS
Specify Species in Mole Fractions
Species Mass Fractions
ash3 0.4 constant
ga<ch3>3 0.15 constant
ch3 0 constant
OK Cancel Help

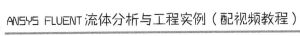

图 8.134　速度入口设置对话框

3）壁面边界条件设置

壁面边界条件需要对各个壁面进行温度设置，沉积盘的表面温度为 1023K，转轴为 720K、其他壁面的温度也需要单独设置。沉浸盘和转轴的旋转速度为 80rad/s，如图 8.135 所示。而对于沉积反应的表面，需要在组分选项卡中进行设置，开启反应（Reaction），然后在反应中选取之前设置好的 gaas_ald，如图 8.136 所示。

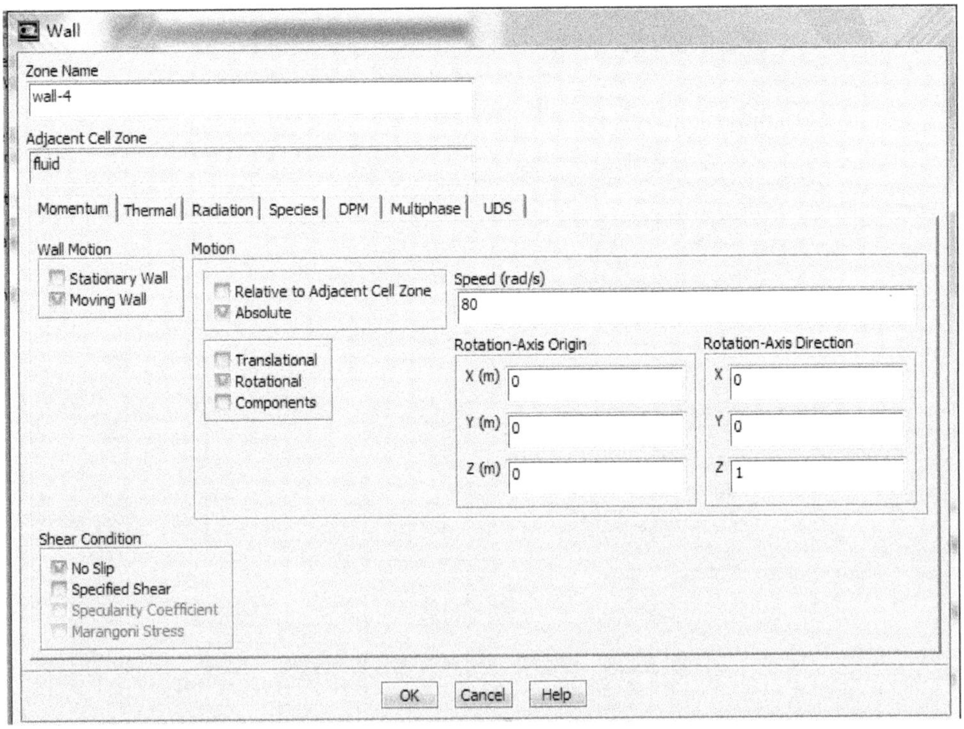

Wall
Zone Name
wall-4
Adjacent Cell Zone
fluid
Momentum | Thermal | Radiation | Species | DPM | Multiphase | UDS
Wall Motion: Stationary Wall, Moving Wall
Motion: Relative to Adjacent Cell Zone, Absolute; Translational, Rotational, Components
Speed (rad/s) 80
Rotation-Axis Origin: X (m) 0, Y (m) 0, Z (m) 0
Rotation-Axis Direction: X 0, Y 0, Z 1
Shear Condition: No Slip, Specified Shear, Specularity Coefficient, Marangoni Stress
OK Cancel Help

图 8.135　壁面动量选项卡设置对话框

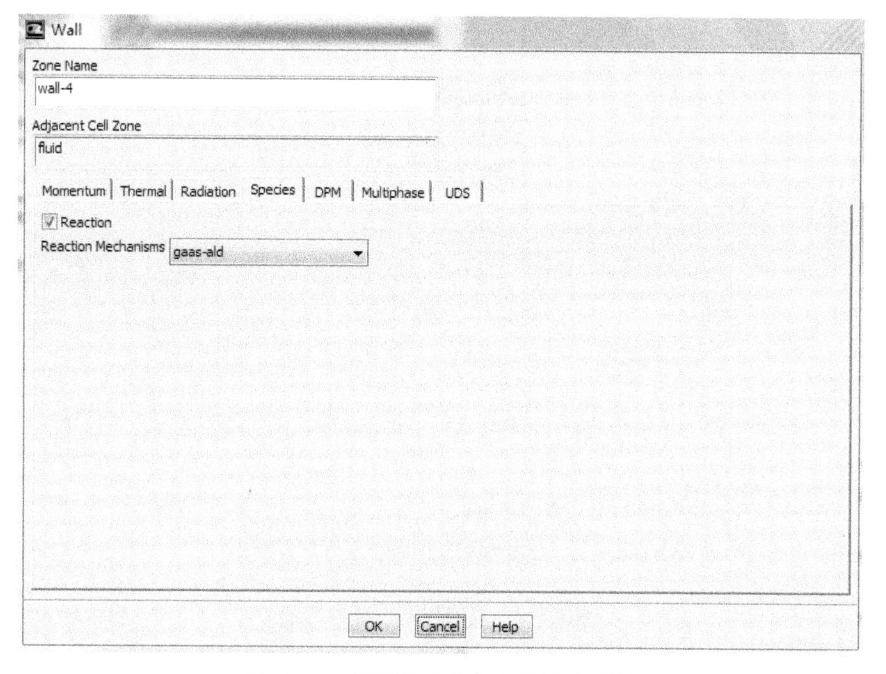

图 8.136 壁面组分选项卡设置对话框

6. 求解设置

选取合适的求解方法可以加快计算收敛的速度。

1）求解器方法设置

通过 Solve→Methods 命令可以对求解方法进行设置，在设置中选择 SIMPLE 算法，其他为默认设置即可，在一阶格式收敛后再转到二阶格式计算，如图 8.137 所示。

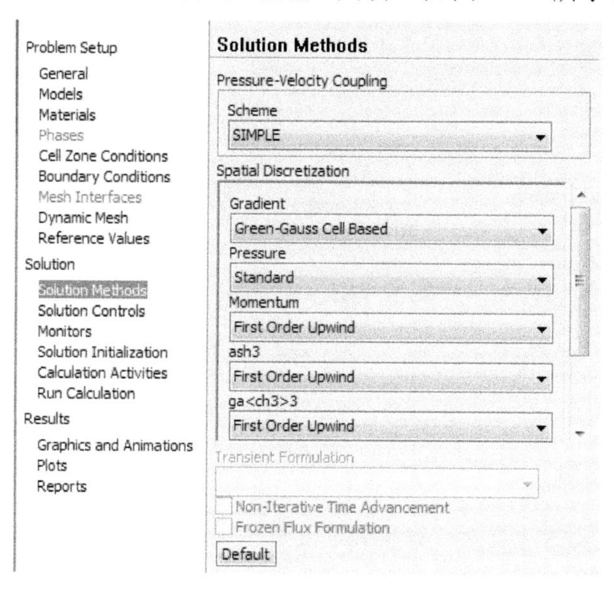

图 8.137 求解方法设置对话框

2）求解控制设置

通过 Solve→Controls 命令可以对求解控制进行设置，选取合适的松弛因子可以有效加快收敛速度。本算例中全部采用默认设置即可，如图 8.138 所示。

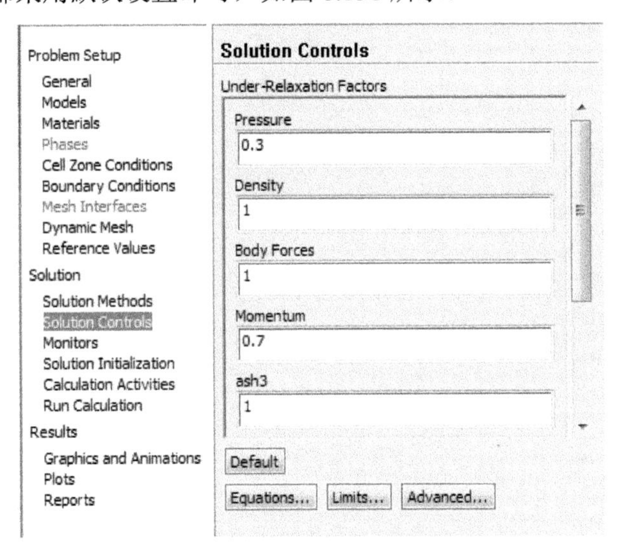

图 8.138　求解控制设置对话框

3）残差监控设置

通过 Solve→Monitors 命令可以对求解监视器进行设置，对残差曲线进行监视前需要激活残差曲线，通过 Solve→Monitors→Residuals 命令，全部采用默认设置，再勾选 Plot 即可，如图 8.139 所示。

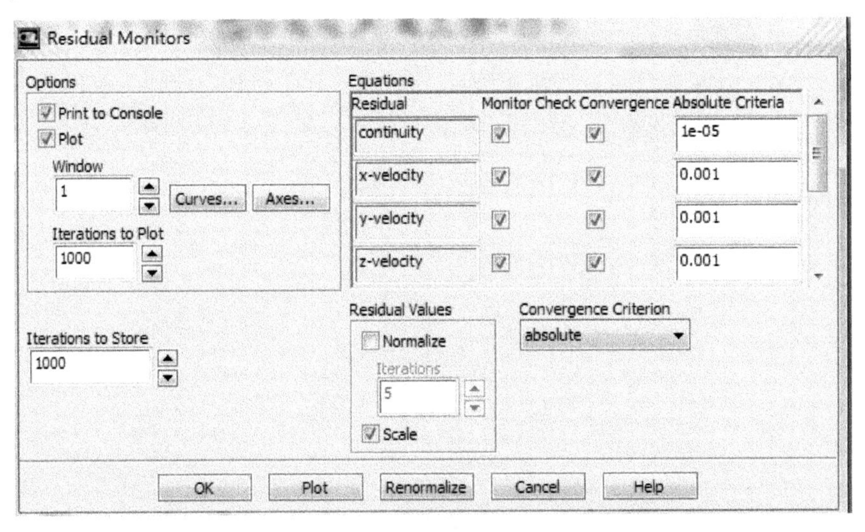

图 8.139　残差监控设置对话框

7．初始化与求解设置

在计算时，良好的初始流场对计算收敛速度有很大的好处，需要对初始化进行设置。还需要对计算步数等进行设置。

1）初始化设置

通过 Solve→Initializations 通过可以对初始化进行设置，在 Compute From 设置中选取 Velocity-inlet，初始值会自动变化，如图 8.140 所示。单击 Initialize 进行初始化操作，等待片刻

初始化完成。

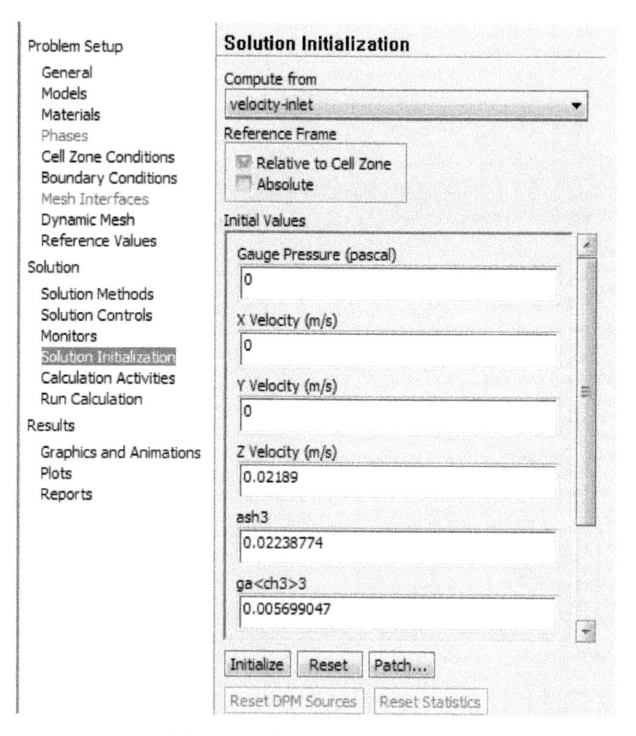

图 8.140　初始化设置对话框

2）自动保存设置

自动保存设置是一个十分实用的功能，便于用户读取之前迭代的结果，可以通过 File→Write→Autosave 命令进行设置。可以选择保存文件的路径，以及 cas 和 date 文件保存的频率和方式等，本算例自动保存设置为每 100 步自动保存 date 文件，在 Save Date File Every 下输入 100，如图 8.141 所示。其中文件后缀为.gz，表示保存压缩格式的文件，在三维计算，特别是三维瞬态计算中，自动保存为压缩格式的文件可以有效减少占用的硬盘空间。

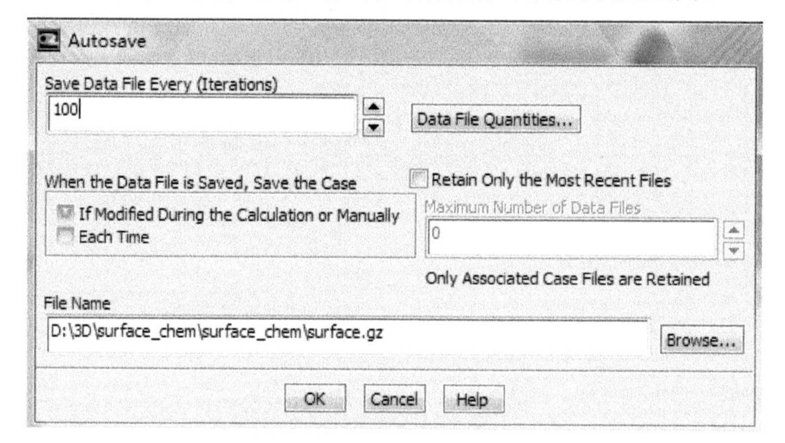

图 8.141　自动保存设置对话框

3）运行计算

在设置完成之后，应该先保存一下当前的 cas 文件，然后进行迭代计算。

通过 Solve→Run Calculation 命令进行求解运行设置，本次计算设置迭代 2000 步，如图 8.142 所示。

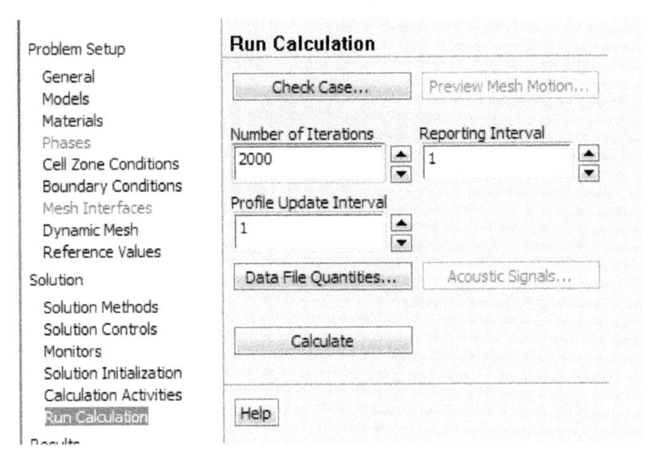

图 8.142 求解运行设置对话框

8.6.4 后处理

后处理主要通过流线图和等值线图来反映流动的情况。

1. 流线图

流线图可以非常直观地展现流动的情况。

通过 Display→Graphics and Animations→Pathlines 命令可以显示流线，在 Color by 选取速度，下面选取速度大小，表示流线的颜色是按照速度大小区分的。在 Release from Surfaces 先选取 Velocity-inlet，表示流线是从边界释放出来的。在 Step size 保持默认的 0.01m，Steps 保持默认的 500，Path Skip 输入 10，表示每隔 10 条流线显示一条流线，如图 8.143 所示。单击 Display 按钮，显示流线，如图 8.144 所示，从图中可以看到速度的变化。

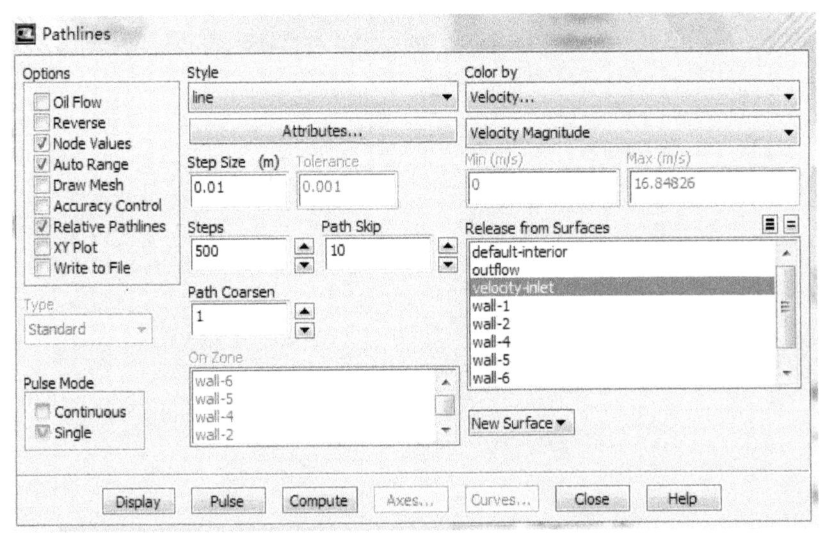

图 8.143 Pathlines 对话框

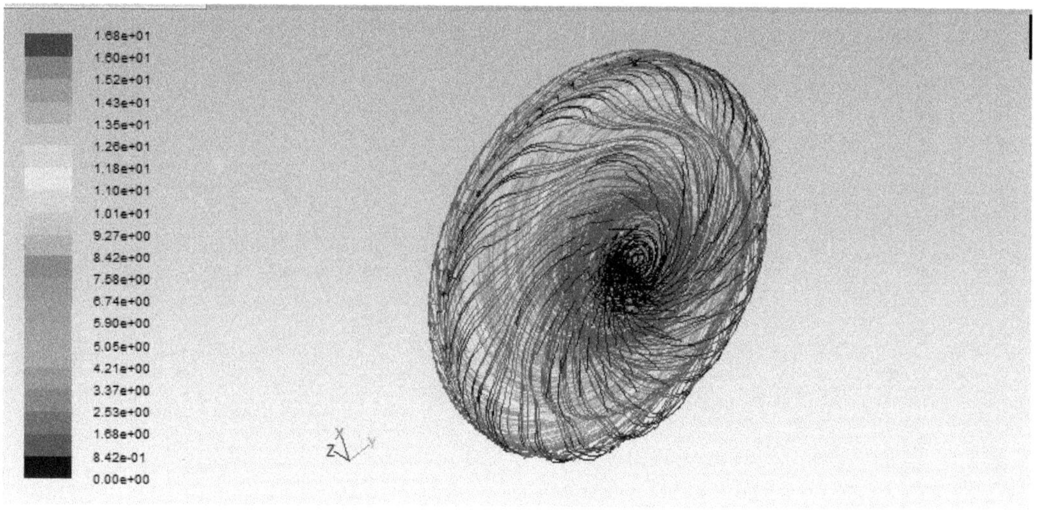

图 8.144　流线图

2. 显示组分分布等值线图

组分分布等值线图可以较好地反映表面组分的分布情况情况。通过 Display→Graphics and Animations→Contours 命令可以显示等值线图，打开 Contours 设置后，在 Contours of 选取 Species 和 Surface Coverage of ga_s；在 Options 选项框中选取 Filled 以显示云图，在 Surface 中选取 wall-4，如图 8.145 所示。在单击 Display 按钮显示沉积盘表面镓分布云图，如图 8.146 所示。

组分分布云图中不同的颜色代表不同组分的大小。可以看出明显的沉积现象。

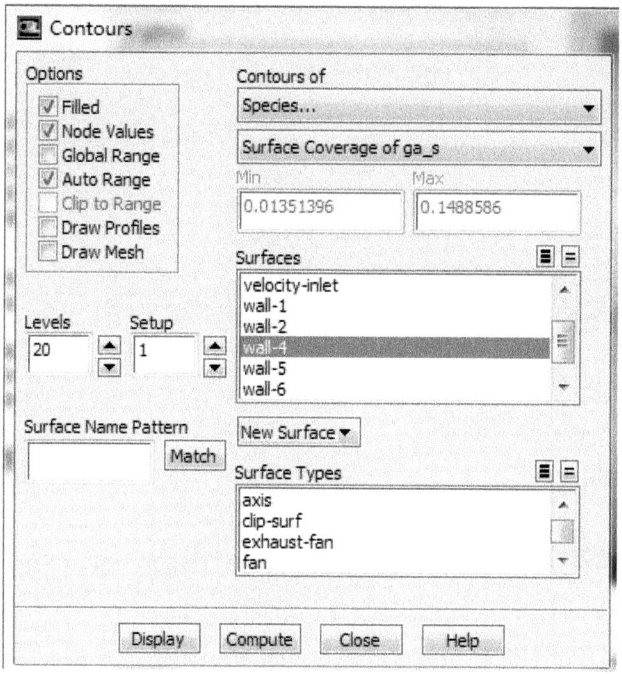

Contours
Options
Filled
Node Values
Global Range
Auto Range
Clip to Range
Draw Profiles
Draw Mesh
Contours of
Species...
Surface Coverage of ga_s
Min
Max
0.01351396
0.1488586
Surfaces
velocity-inlet
wall-1
wall-2
wall-4
wall-5
wall-6
Levels
20
Setup
1
Surface Name Pattern
Match
New Surface
Surface Types
axis
clip-surf
exhaust-fan
fan
Display
Compute
Close
Help

图 8.145　Contours 对话框

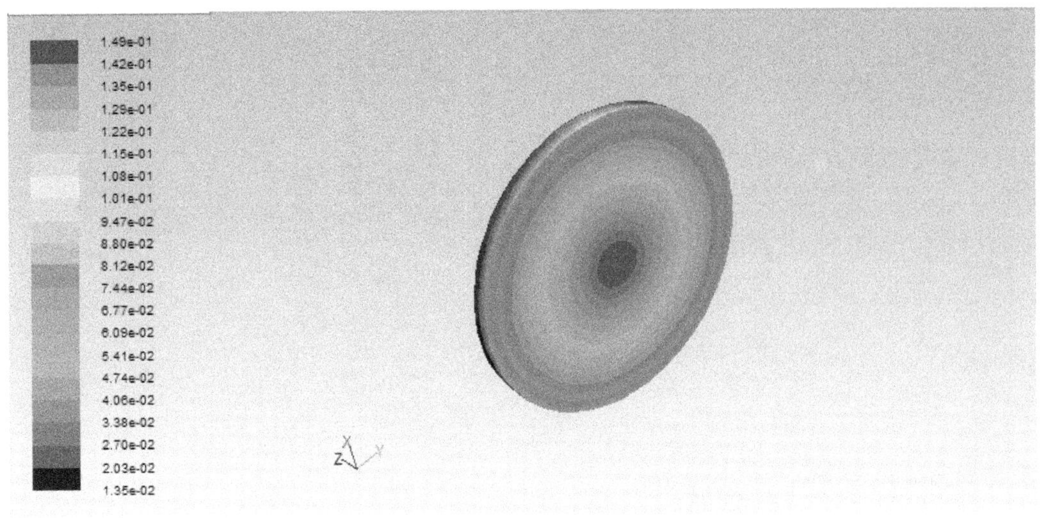

图 8.146　沉积盘表面镓分布云图

8.6.5　小结

本节主要对砷化镓表面沉积反应进行了模拟，以此来介绍表面反应的设置和求解方法。

8.7　喷气雾化器模拟-离散相模型

在工程中会遇到离散相的问题。本算例将以喷气雾化器模拟甲醇在混合物中的雾化，用于介绍 FLUENT 离散相模型的使用。

8.7.1　基本方法

喷气雾化器也是工程中经常遇到的一类问题，本身不涉及化学反应。本算例将以甲醇在混合物中的雾化来介绍离散相模型的使用方法。

本算例涉及的方法和需要的设置有：

- ✧ 设置需要的流动模型。
- ✧ 设置远场边界条件。
- ✧ 设置离散相模型。
- ✧ 设置组分输运模型。
- ✧ 设置需要监视的面。

8.7.2　问题描述

本算例中流体沿 Z 方向流动，Z 方向总长 0.05m，最大半径约为 0.025m，如图 8.147 所示。入口共有三个，分别是中央流体，旋转流体和周围流体三个入口边界。其中，中央流体为质量入口，入口处质量流量为 9.167e-05kg/s；旋转流体为速度入口，速度大小为 19m/s，旋转

切向矢量为 0.7071；周围流体为速度入口，速度大小为 1m/s，三个入口边界都温度为 293K，入口组分比例是氧气为 0.23、氮气 0.77。出口为压力出口，出口压力为 0，如图 8.148 所示。

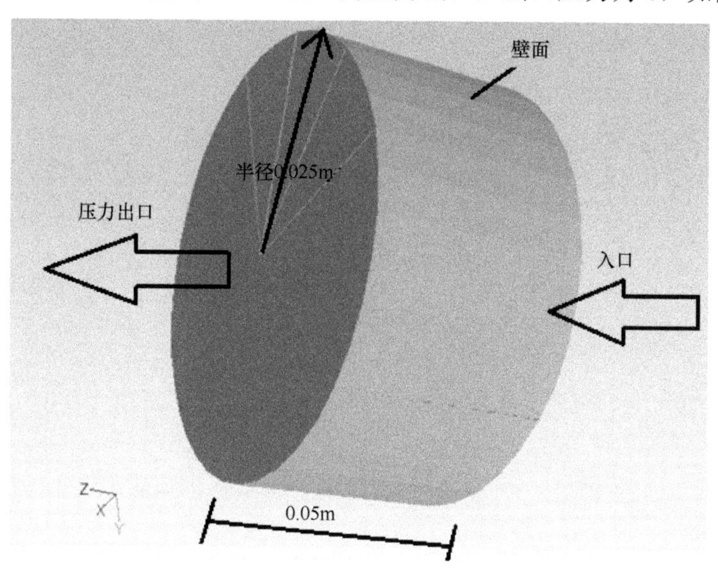

图 8.147　计算域示意图

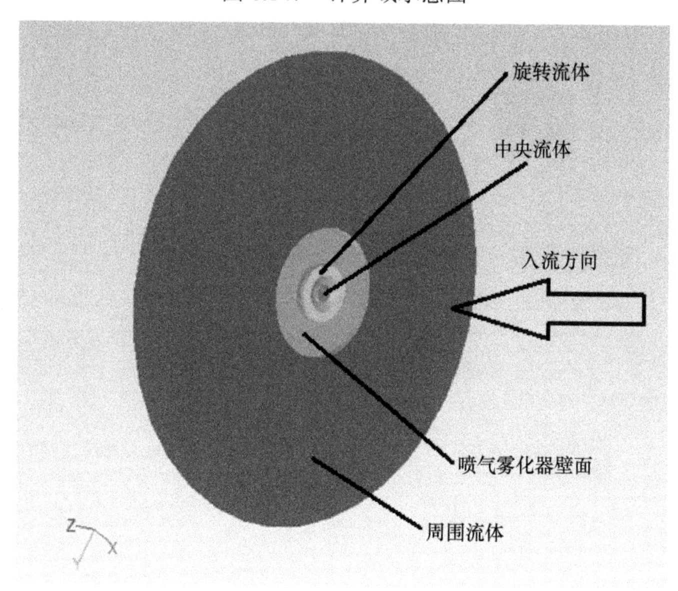

图 8.148　入口边界示意图

8.7.3　计算设置

数值模拟时需要对算例进行逐步设置，才能求解。

1．网格

1）读入网格

通过 FLUENT 中 File→Read→Mesh 命令读入网格文件，在 FLUENT 中会显示网格，如

图 8.149 所示，全部采用结构网格。

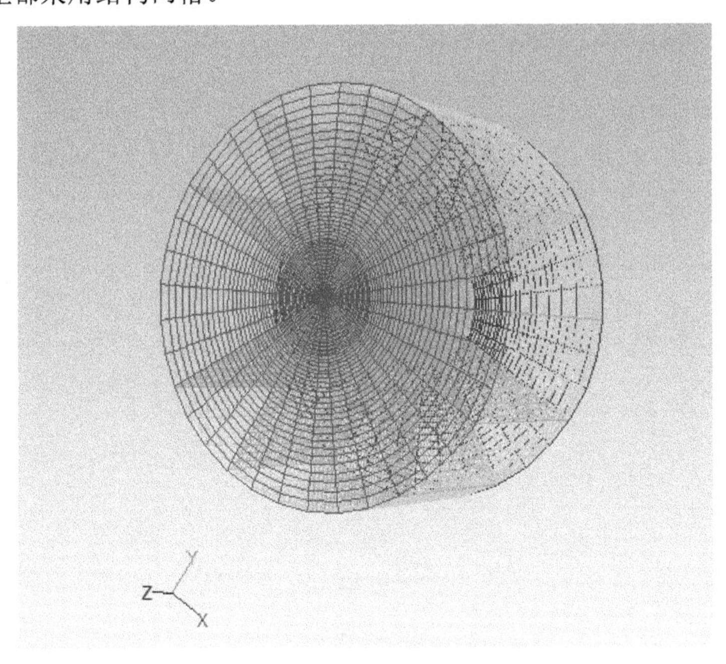

图 8.149　计算域网格显示

2）检查网格

通过 Mesh→Check 命令对网格进行检查。检查没有负体积、左手网格等问题可以进行下一步操作。

3）缩放

通过 Mesh→Scale 命令对网格进行缩放，一般采用 Pointwise 软件生成的网格单位是米，需要缩小 1000 倍，而用 ICEM 软件生成网格单位是毫米，不需要缩放。缩放对话框如图 8.150 所示。

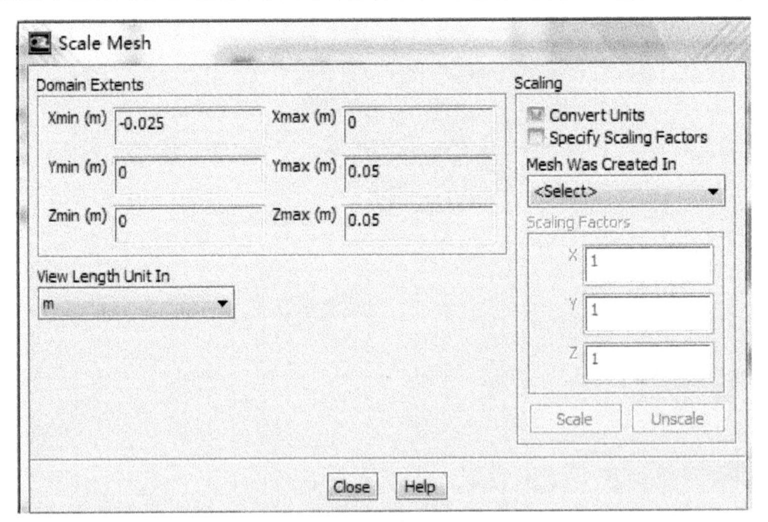

图 8.150　缩放对话框

4）显示和关闭网格

通过 Display→Mesh 命令可以显示和关闭网格，由于三维问题往往网格数比较大，一般不

显示内部的网格，FLUENT 默认如此，如图 8.151 所示。

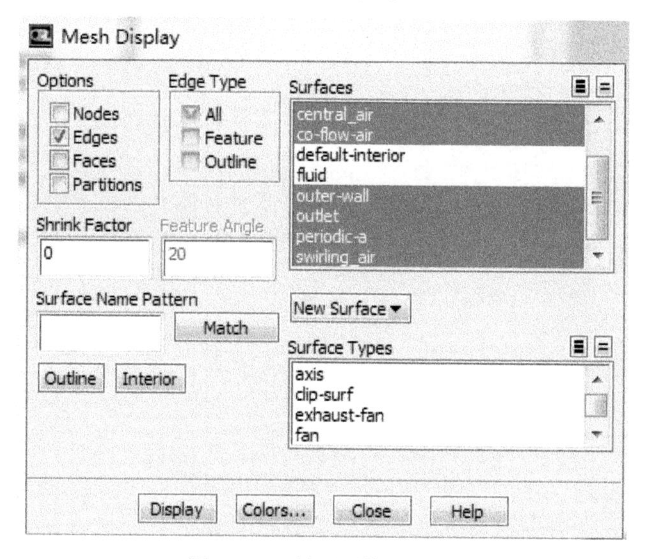

图 8.151　显示网格对话框

2. 模型设置

1）设置求解参数

通过 Define→General 命令可以设置通用的参数。本算例保持默认设置即可，如图 8.152 所示。

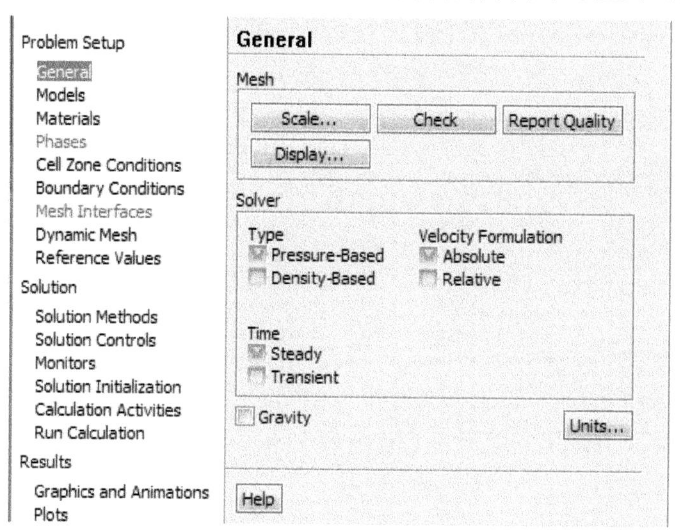

图 8.152　一般设置对话框

2）选择模型

本算例设置由于涉及温度的传递，需要激活能量方程，通过 Define→Models→Energy 可以激活能量方程。

通过 Define→Models→Viscous 命令可以选择希望的湍流模型，本算例中选取 Realizable k-e 两方程湍流模型，对近壁面处理选择开启标准壁面函数（Standard Wall Functions）方法，保持默认参数即可，如图 8.153 所示。

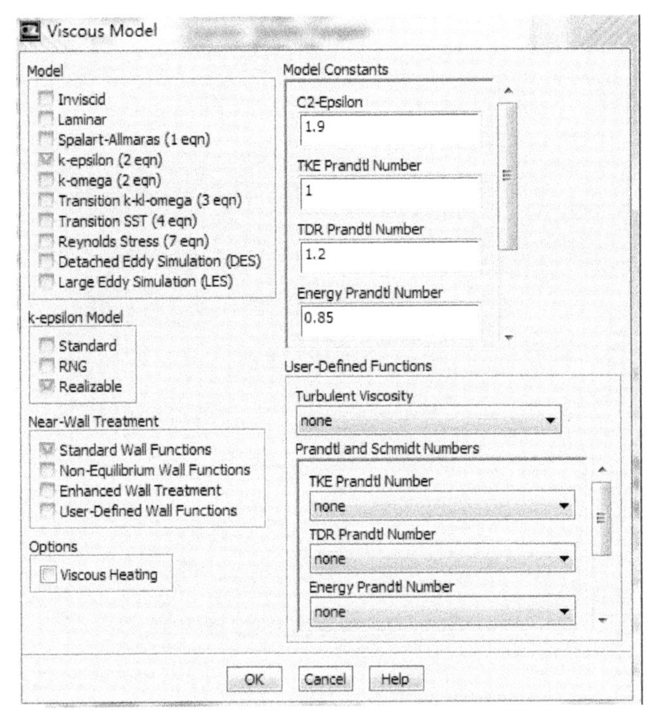

图 8.153　湍流模型选取对话框

3）选择组分输运模型

通过 Define→Models→Species 命令打开组分输运模型 Species Transport；从 Options 选项中选取入口扩散（Inlet Diffusion）、能量源扩散（Diffusion Energy Source）；在混合物材料中选取 methyl-alcohol-air（需要在材料设置好之后选取），如图 8.154 所示。

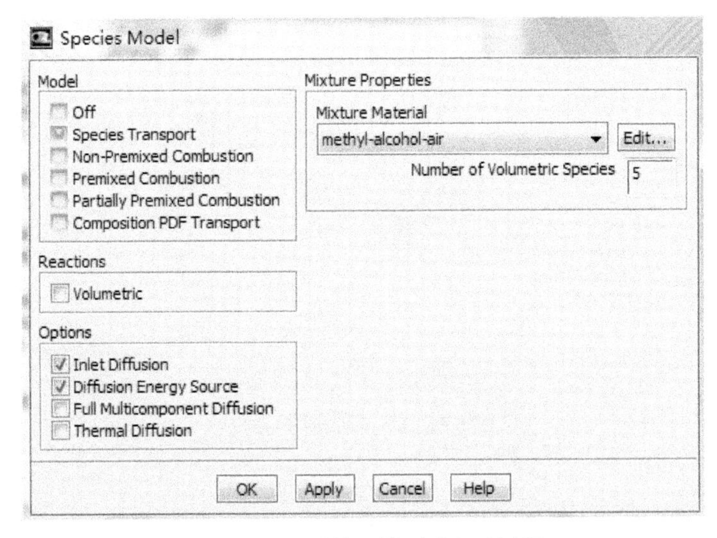

图 8.154　组分输运模型选取对话框

4）选择离散相模型

通过 Define→Models→Discrete Phase 命令打开离散相模型 Species Transport；在相互作用方式（Interaction）中选取与连续相相互作用（Interaction with Continuous Phase）；在轨迹（Tracking）选项卡的轨迹参数（Tracking Parameters）的最大步数中输入 500、步长因子输入

5、阻力参数（Drag Parameters）选择动态阻力（dynamic-drag）；在粒子处理方式中选取非定常粒子轨迹（Unsteady Particle Tracking），粒子时间步长为 0.0001s，步数为 1 步，如图 8.155 所示。在物理模型选项卡中，在喷雾模型中选取液滴碰撞（Droplet Collision）和液滴破裂（Droplet Breakup），破裂模型选取 TAB 模型，破裂捆数（Breakup Parcels）输入 50。

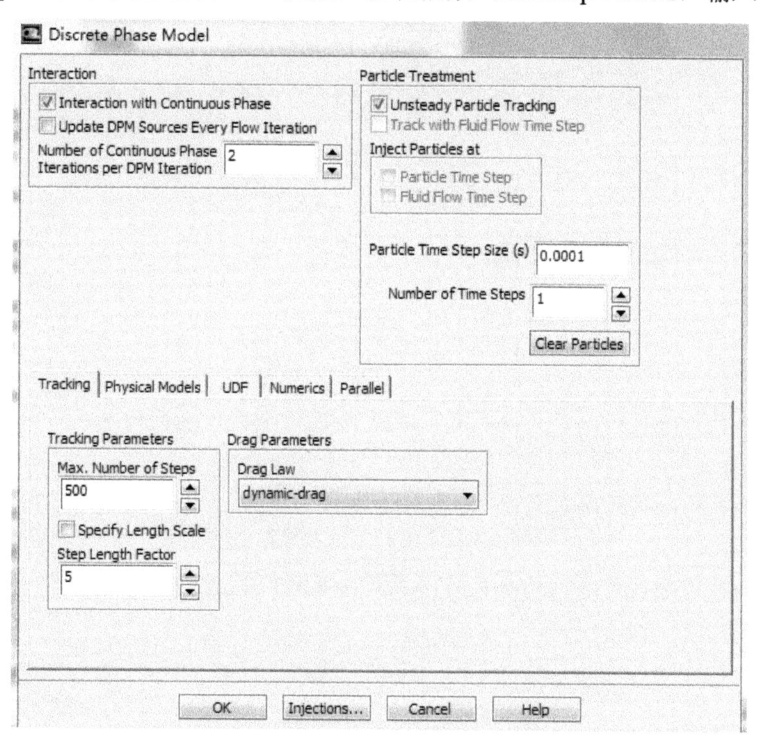

图 8.155　离散相模型设置对话框

在对离散相模型基本设置好后，单击下方入射（Injections）按钮创建一个入射方式，在入射名称上保持默认的 injection-0，在入射类型（Injection Type）中选取喷气雾化器模型（air-blast-atomizer），在粒子束数量（Number of Particle Streams）中输入 60。粒子类型选取液滴（Droplet）。材料为 methyl-alcohol-air（需要在材料设置好之后选取），蒸发组分选择甲醇 ch3oh（需要在材料设置好之后选取），在点属性选项卡中选取 Z 方向为 0.015m、Z 轴矢量为 1、温度为 263K、质量流率为 0.00017kg/s、开始时间为 0s、结束时间为 100s、入射器内径为 0.0035m、外径为 0.0045m、半喷射角为-45°、相对速度为 82.6m/s、起始方位角为 0°、结束方位角为 30°、覆盖常数为 12、纽带常数为 0.5、喷雾器分散角度为 3.5°，如图 8.156 所示。在湍流分散选项卡中，随机轨道（Stochastic Tracking）选项中选取离散随机步模型（Discrete Random Walk Model）和随机涡时间（Random Eddy Lifetime），设置好后单击 OK 按钮添加离散相入射。

3．材料设置

FLUENT 默认的流体材料是空气，但是实际上反应的混合物需要进一步设置。

通过 Define→Materials 命令可以对材料属性进行设置。

首先，需要将混合物中的材料在气体中都进行设置，在 Fluid 中添加在 Fluent Database 中选取的氮气、气态水、一氧化碳、氧气和甲醇，设置如图 8.157 所示。

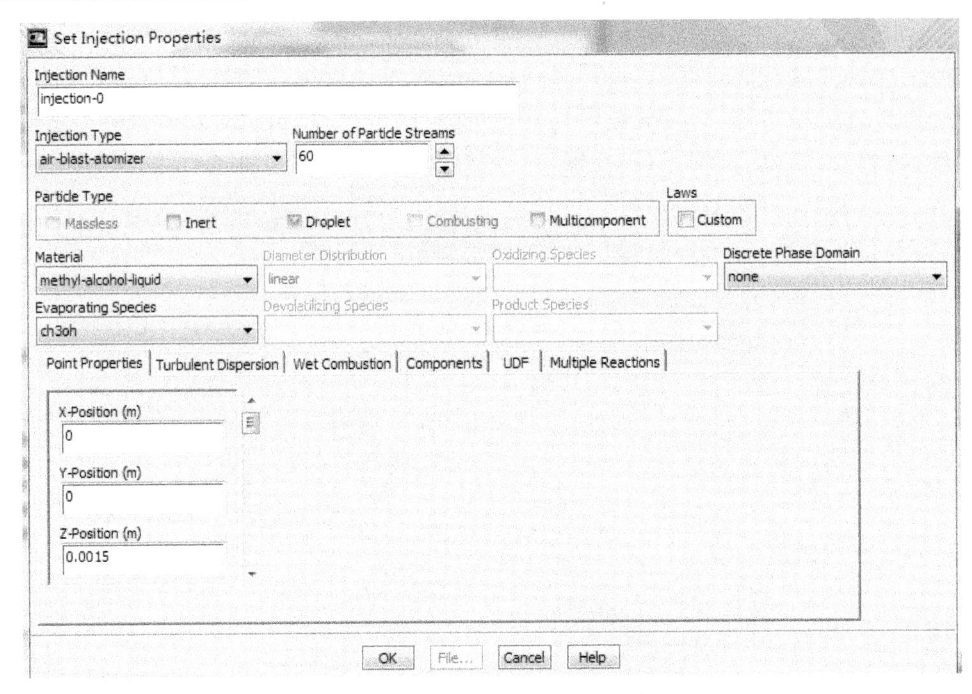

图 8.156　入射粒子束设置对话框

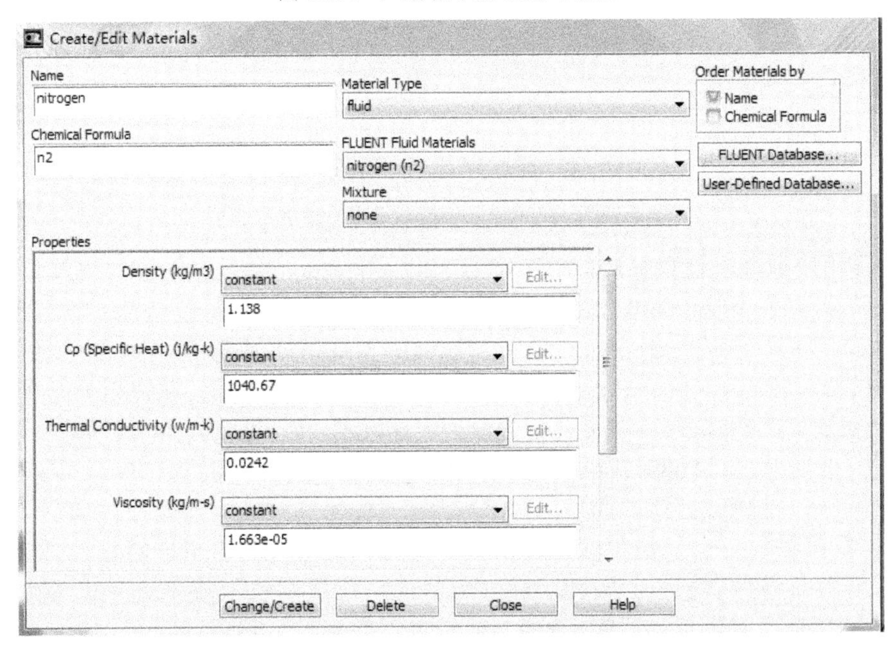

图 8.157　材料属性对话框

单击 Change/Create 按钮，再单击 Close 按钮关闭对话框。

在设置好基本材料后，对混合物进行设置，在 Mixture 中进行设置，打开混合物，将名称定义为 methyl-alcohol-air；在 Mixture Species 中定义混合物组分，将不需要的移出、将需要的组分氮气、气态水、一氧化碳、氧气和甲醇移入，如图 8.158 所示。

再打开混合物材料属性设置，密度项设置为不可压理想气体、Cp 设置为 mixing-law。

在设置好混合物后，对液滴粒子属性进行设置，打开液滴粒子属性设置对话框，将所有参数都

设置好，需要特别注意的是黏性、汽化温度、潜热和水滴的表面张力等属性，如图 8.159 所示。

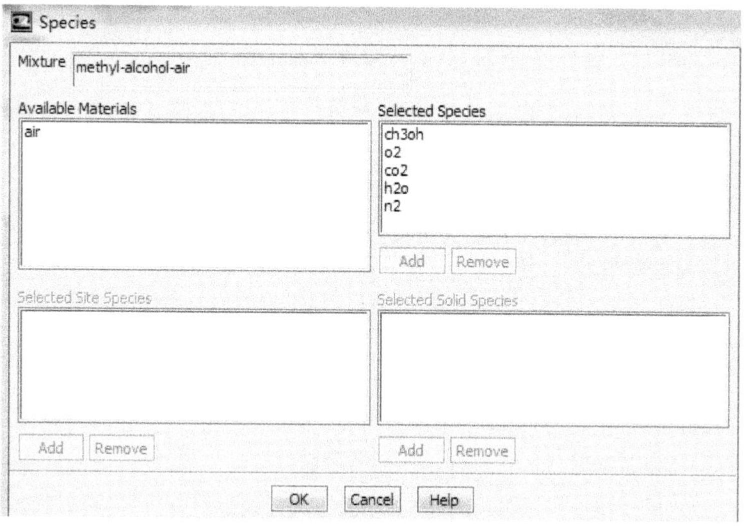

图 8.158　选择混合物组分对话框

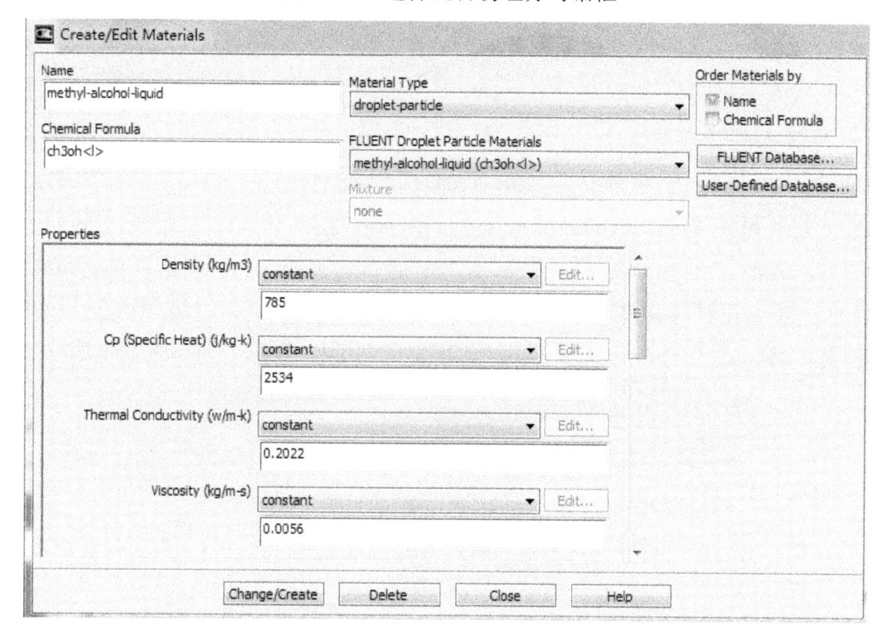

图 8.159　液滴属性设置对话框

材料设置好之后可以进行操作设置。

4．操作条件设置

操作条件设置主要是设置参考压力和参考压力点及重力的影响。

通过 Define→Operating Conditions 命令可以对操作条件进行设置，不需要进行特殊设置，如图 8.160 所示。

5．边界条件设置

边界条件的设置是最重要的步骤。通过 Define→Boundary Conditions 命令或 Cell Zone

Conditions 可以对边界条件进行设置。

1）设置流动介质边界条件

在 Cell Zone Conditions 下，不需要设置，如图 8.161 所示。

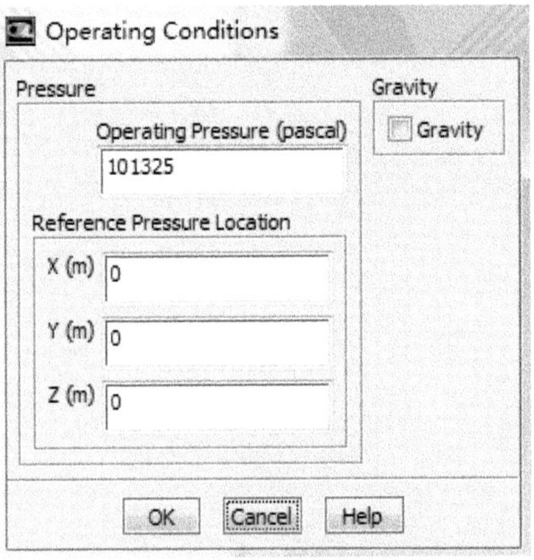

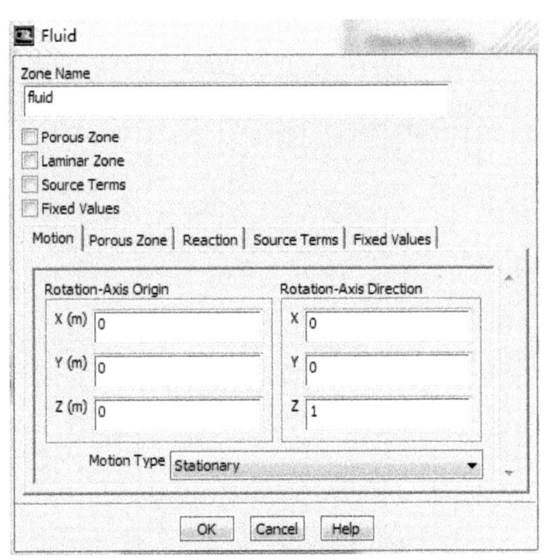

图 8.160　操作条件设置对话框

图 8.161　流体介质设置对话框

2）进出口边界条件设置

入口共有三个，分别是中央流体，旋转流体和周围流体三个入口边界。其中，中央流体为质量入口，入口处质量流量为 9.167e-05kg/s；旋转流体为速度入口，速度大小为 19m/s，速度定义方式为大小、方向和坐标系为柱状坐标系，旋转流动的切向矢量和轴向矢量都为 0.7071，如图 8.162 所示；周围流体为速度入口，速度大小为 1m/s，三个入口边界温度都为 293K，入口组分比率是氧气 0.23、氮气 0.77，需要在组分选项卡中进行设置，如图 8.163 所示。

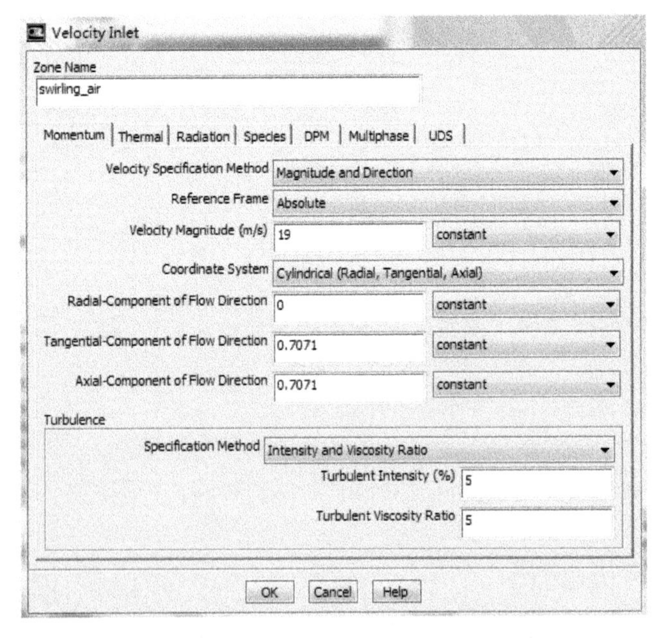

图 8.162　速度入口动量选项卡设置对话框

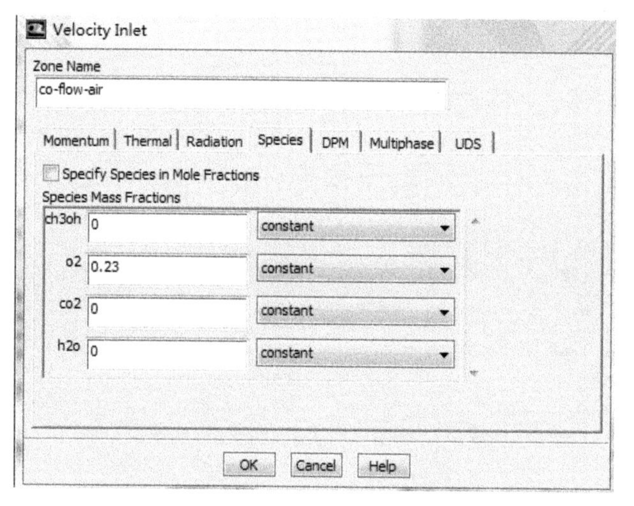

图 8.163　速度入口组分选项卡设置对话框

出口为压力出口，不需要特殊设置。离散相模型在入口和出口全部设置为逃逸（escape）即可。

3）壁面边界条件设置

壁面边界条件需要对温度进行设置，在热选项卡中设为热流即可，如图 8.164 所示。

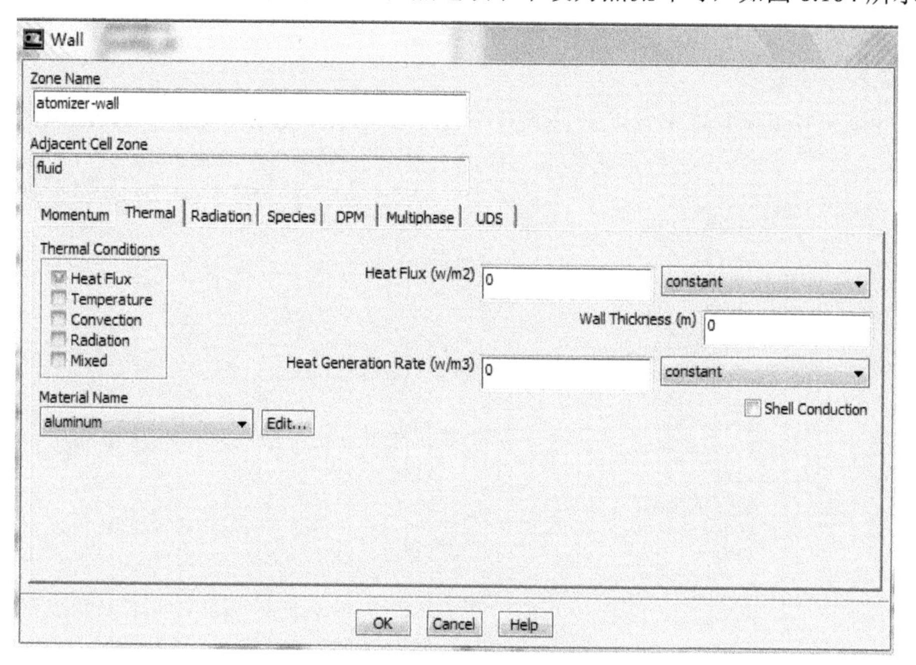

图 8.164　壁面热选项卡设置对话框

壁面边界条件还需要对离散相粒子进行设置，在离散相选项卡中设为反射即可，如图 8.165 所示，法向和切向的反射参数设置为 1。

6. 求解设置

选取合适的求解方法可以加快计算收敛的速度。

Wall
Zone Name
atomizer-wall
Adjacent Cell Zone
fluid
Momentum | Thermal | Radiation | Species | DPM | Multiphase | UDS
Discrete Phase Model Conditions
Boundary Cond. Type reflect
Discrete Phase Reflection Coefficients
Normal polynomial Edit...
Tangent polynomial Edit...
OK Cancel Help

图 8.165　壁面组分选项卡设置对话框

1）求解器方法设置

通过 Solve→Methods 命令可以对求解方法进行设置，在设置中选择 SIMPLE 算法，其他为默认设置即可，在一阶格式收敛后再转到二阶格式计算，如图 8.166 所示。

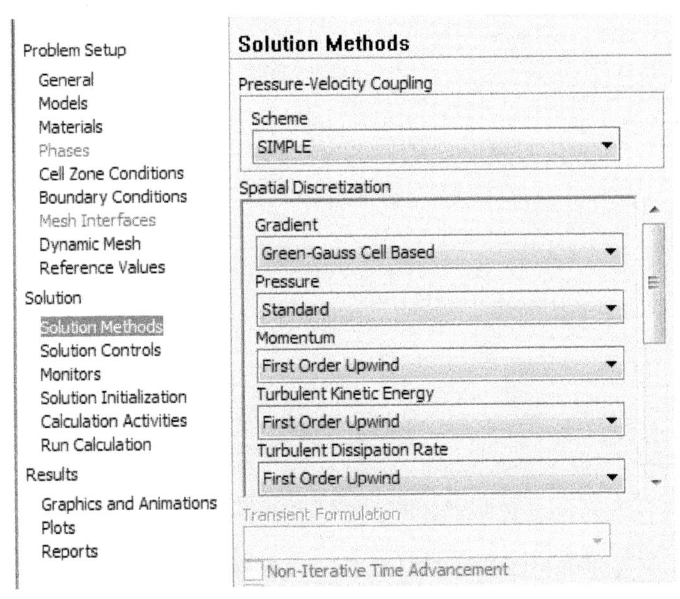

图 8.166　求解方法设置对话框

2）求解控制设置

通过 Solve→Controls 命令可以对求解控制进行设置，选取合适的松弛因子可以有效加快收敛速度。本算例中全部采用默认设置即可，如图 8.167 所示。

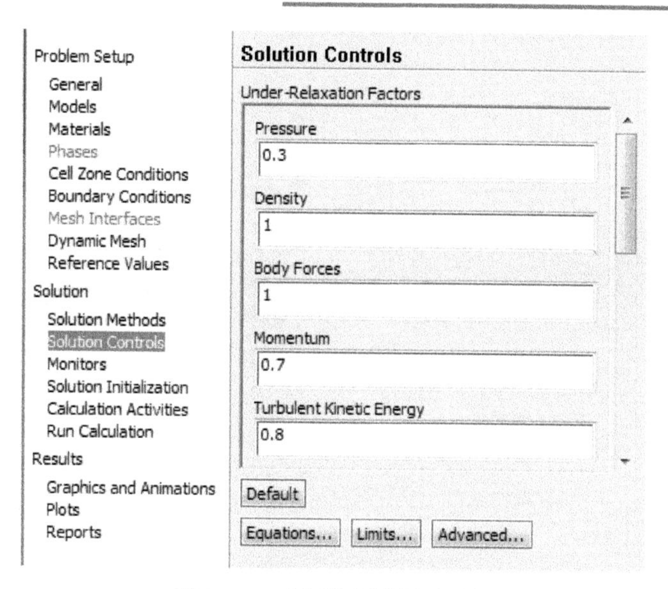

图 8.167　求解控制设置对话框

3）求解监视设置

通过 Solve→Monitors 命令可以对求解监视进行设置，对残差曲线进行监视前需要激活残差曲线，通过 Solve→Monitors→Residuals 命令，全部采用默认设置即可，再勾选 Plot 即可，如图 8.168 所示。

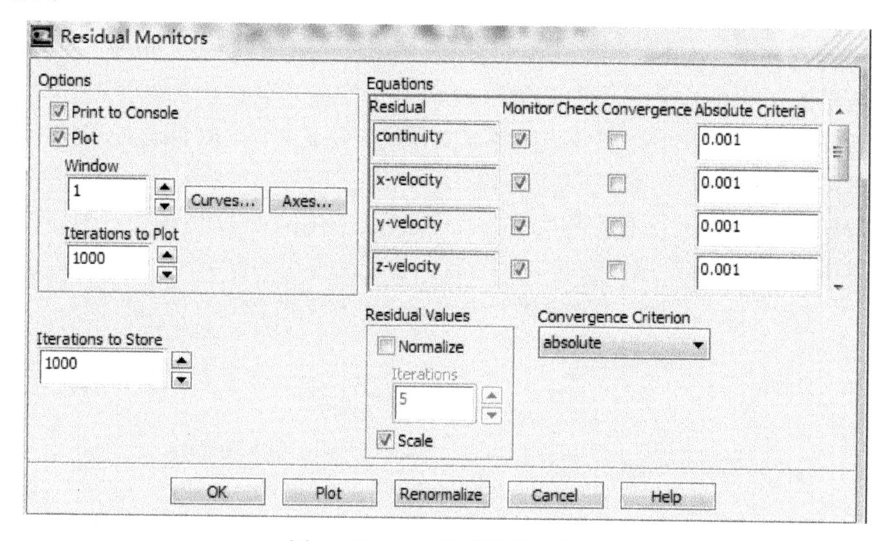

图 8.168　残差监控设置对话框

7．初始化与求解设置

在计算时，良好的初始流场对计算收敛速度有很大的好处，需要对初始化进行设置，还需要对计算步数等进行设置。

1）初始化设置

通过 Solve→Initializations 可以对初始化进行设置，在 Compute From 设置中选取 co-flow-air，初始值会自动变化，如图 8.169 所示。单击 Initialize 进行初始化操作，等待片刻初始化完成。

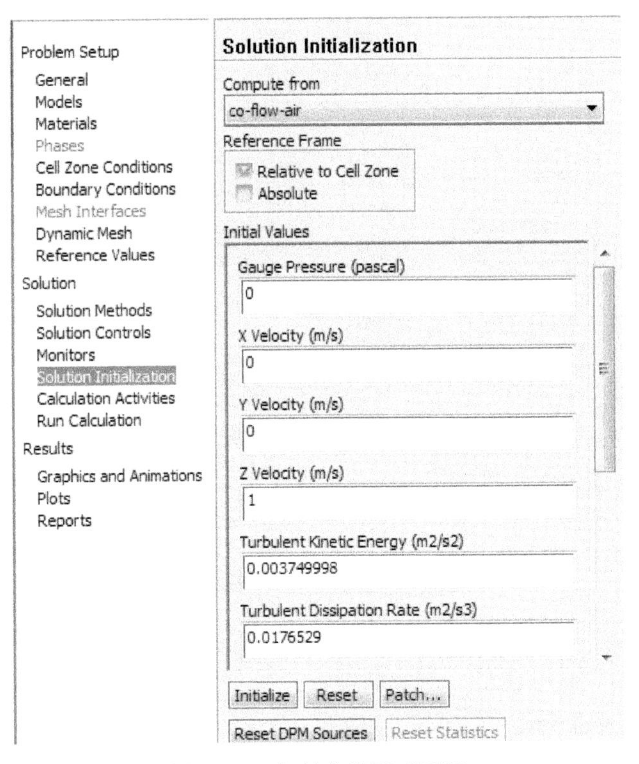

图 8.169　初始化设置对话框

2）自动保存设置

自动保存设置是一个十分实用的功能，便于用户读取之前迭代的结果，可以通过 File→Write→Autosave 命令进行设置。可以选择保存文件的路径，以及 cas 和 date 文件保存的频率和方式等，本算例自动保存设置为每 200 步自动保存 date 文件，在 Save Date File Every 下输入 200，如图 8.170 所示。其中文件后缀为.gz 表示保存压缩格式的文件，在三维计算，特别是三维瞬态计算中，自动保存为压缩格式的文件可以有效减少占用的硬盘空间。

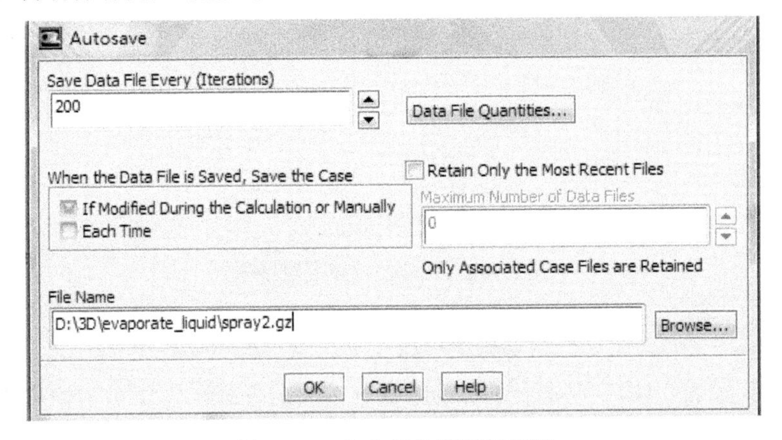

图 8.170　自动保存设置对话框

3）运行计算

在设置完成之后，应该先保存一下当前的 cas 文件，然后进行迭代计算。

通过 Solve→Run Calculation 命令进行求解运行设置，本次计算设置迭代 1000 步，如图 8.171

所示。

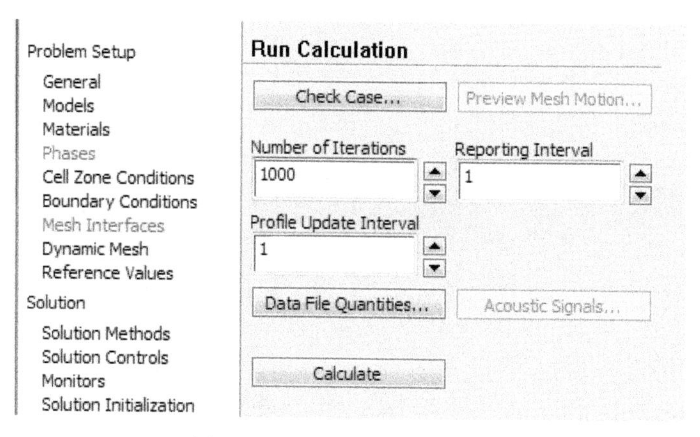

图 8.171　求解运行设置对话框

8.7.4　后处理

后处理主要通过流线图和等值线图来反映流动的情况。

1．流线图

流线图可以非常直观地展现流动的情况。

通过 Display→Graphics and Animations→Pathlines 命令可以显示流线，在 Color by 的选取速度下选取速度大小，表示流线的颜色是按照速度大小区分的。在 Release from Surfaces 下选取 Central-air 和 swirling-air，表示流线是从两个边界释放出来的。Step Size 保持默认的 0.01m，Steps 保持默认的 500，Path Skip 中输入 5，表示每隔 5 条流线显示一条流线，如图 8.172 所示。单击 Display 按钮，显示流线，如图 8.173 所示，从图中可以看到速度的变化，在喷射器的中心，最大速度在 100m/s 左右。

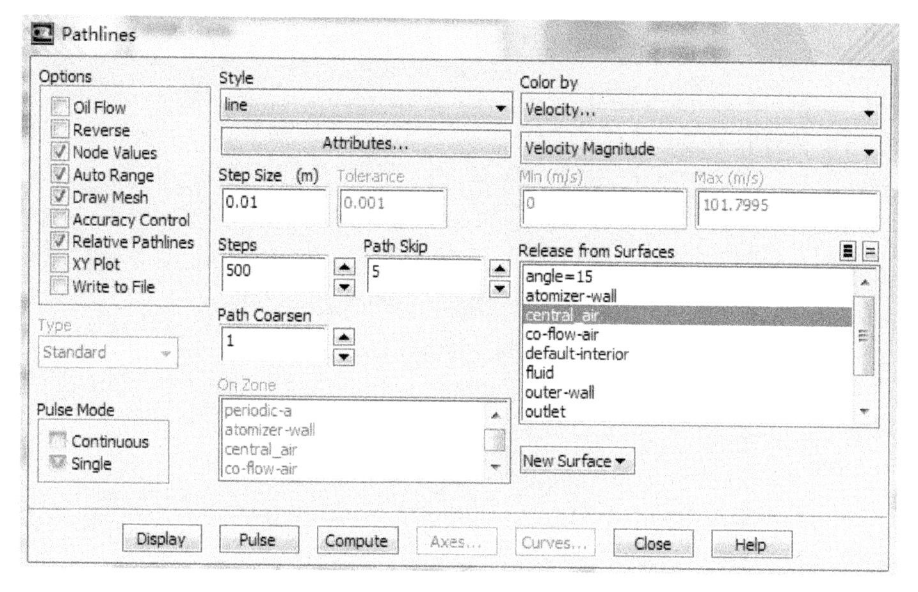

图 8.172　Pathlines 对话框

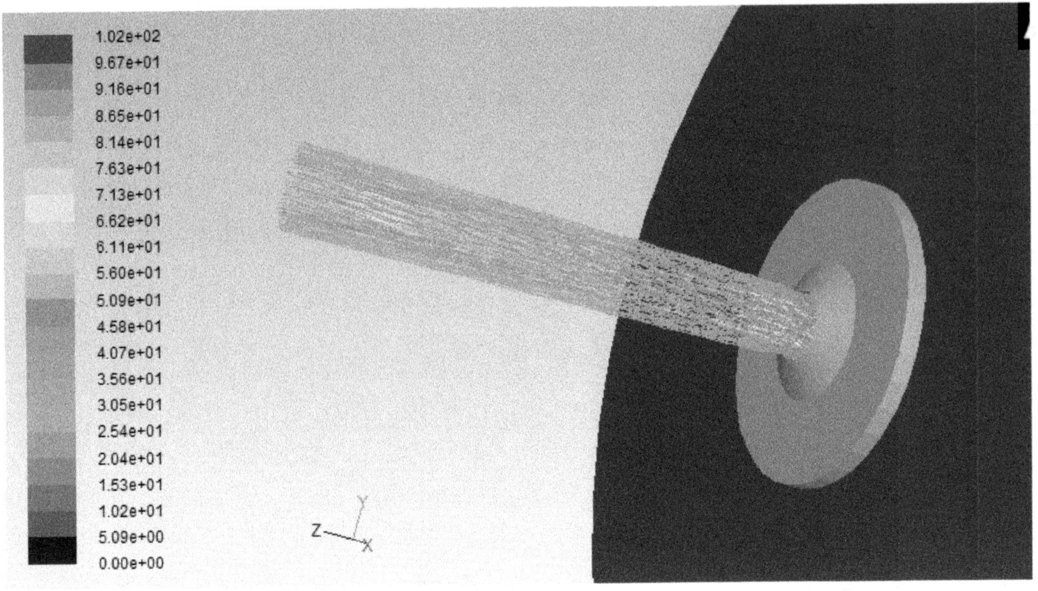

图 8.173　流线图

2. 显示组分分布等值线图

组分分布等值线图可以较好地反映界面的组分分布情况情况。通过 Display→Graphics and Animations→Contours 命令可以显示等值线图，打开 Contours 设置后，在 Contours of 中选取 Species 和 Mass fraction of ch3oh；在 Options 选项中选取 Filled 以显示云图，在 Surface Types 中选取截取好的 X 为 0d 的平面，如图 8.174 所示。再单击 Display 按钮显示沉积盘表面组分分布，如图 8.175 所示。

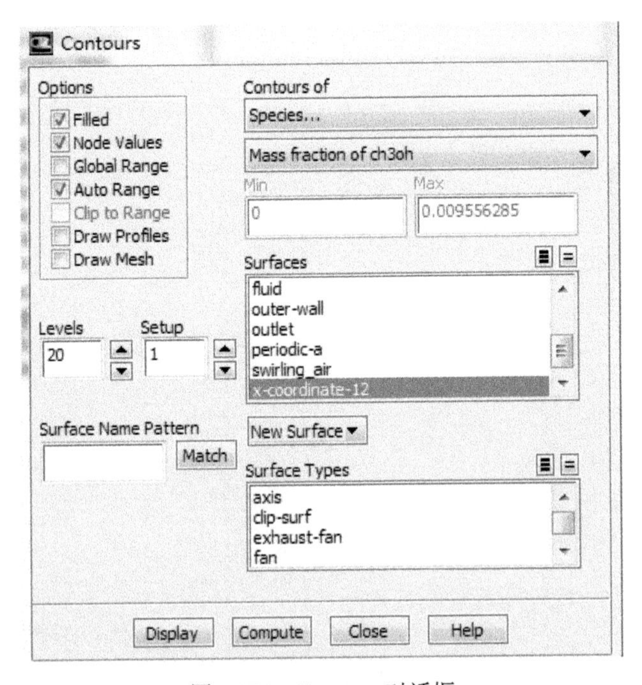

图 8.174　Contours 对话框

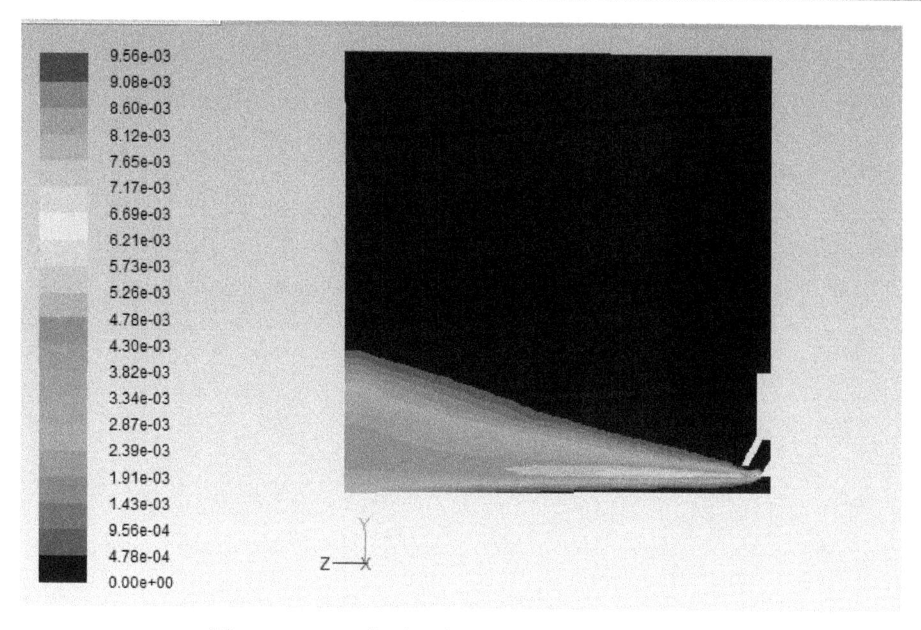

图 8.175 X=0 截面甲醇 ch3oh 质量分数分布云图

组分分布云图中不同的颜色代表甲醇不同质量分数的大小。从图中可以看喷射器喷出的甲醇雾化现象。

8.8 本章小节

本章主要对工程中三维流体力学问题给出了七个算例：管路混合流动、非一致网格、多孔介质模型、混合面模型、滑移网格、表面化学反应模型、离散相模型等多个工程中常用的模型。每小节都对 FLUENT 的使用给出了完整的过程。通过本章的讲解，读者可以对大部分三维流体力学问题都能很好解决。